ANATOMIE ET PHYSIOLOGIE

ANIMALES

SUIVIES DE

LA CLASSIFICATION

BACCALAURÉATS ÈS SCIENCES, ÈS LETTRES
ET DE L'ENSEIGNEMENT SPÉCIAL
COURS SUPÉRIEURS DES JEUNES FILLES

PAR

Er. BELZUNG
Agrégé des lycées pour les sciences naturelles
Professeur d'histoire naturelle au lycée Charlemagne
Docteur ès sciences

DEUXIÈME ÉDITION REVUE
ET AUGMENTÉE DE LA CLASSIFICATION ANIMALE
Avec 622 figures dans le texte

PARIS
ANCIENNE LIBRAIRIE GERMER BAILLIÈRE ET Cie
FÉLIX ALCAN, ÉDITEUR
108, BOULEVARD SAINT-GERMAIN, 108

1891

ANATOMIE ET PHYSIOLOGIE
ANIMALES
SUIVIES DE
LA CLASSIFICATION

3128. — Imp. réunies, rue Mignon, 2, Paris.

ANATOMIE ET PHYSIOLOGIE
ANIMALES

SUIVIES DE

LA CLASSIFICATION

BACCALAURÉATS ÈS SCIENCES, ÈS LETTRES
ET DE L'ENSEIGNEMENT SPÉCIAL
COURS SUPÉRIEURS DES JEUNES FILLES

PAR

Er. BELZUNG
Agrégé des lycées pour les sciences naturelles
Professeur d'histoire naturelle au lycée Charlemagne
Docteur ès sciences

DEUXIÈME ÉDITION REVUE
ET AUGMENTÉE DE LA CLASSIFICATION ANIMALE
Avec 622 figures dans le texte

PARIS
ANCIENNE LIBRAIRIE GERMER BAILLIÈRE ET Cie
FÉLIX ALCAN, ÉDITEUR
108, BOULEVARD SAINT-GERMAIN, 108

1891

La deuxième édition de ce livre a été complétée et unifiée par trois chapitres nouveaux, relatifs les deux premiers à la classification zoologique, le troisième aux caractères généraux des animaux; ces trois chapitres constituent la cinquième Partie de l'ouvrage.

Le lecteur devra donc toujours se reporter de la troisième et de la quatrième Parties aux points correspondants de la cinquième, qui renferment non seulement l'indication des principaux groupes zoologiques, mais encore des renseignements morphologiques ou physiologiques complémentaires.

L'ouvrage se trouve ainsi embrasser, sous une forme aussi simple et aussi résumée que possible, et seulement dans leurs traits les plus essentiels, les principales branches de la Zoologie. Aussi n'est-il pas destiné seulement, par l'une ou l'autre de ses Parties, à la préparation aux divers examens de l'enseignement secondaire classique et de l'enseignement secondaire spécial; il rendra en outre quelque service, nous l'espérons du moins, à ceux qui, au moment de se spécialiser dans l'étude des sciences naturelles, ne se trouvent pas en possession des éléments de la Zoologie, soit parce que les programmes antérieurement parcourus par eux ne les ont pas appelés à ce genre d'études, soit pour toute autre raison.

En ce qui concerne la description des principales espèces animales, ainsi que l'indication de leurs mœurs et de leur habitat, renseignements que ne comporte pas le cadre général du présent ouvrage, le lecteur pourra consulter notre *Cours élémentaire de Zoologie* (1).

Em. B.

(1) *Cours élémentaire de Zoologie* (Classe de 6e et Enseignement secondaire spécial, 1re année), par E. Belzung. 1 vol. in-18 avec 372 figures, 2 fr. (F. Alcan, éditeur).

ANATOMIE ET PHYSIOLOGIE

ANIMALES

DIVISIONS DE LA BIOLOGIE

La *Biologie* ou science des êtres vivants comprend deux parties : 1° la *Zoologie* ou science des animaux ; 2° la *Botanique* ou science des plantes.

La Zoologie se divise elle-même en deux grandes branches : la Morphologie et la Physiologie.

1° La Morphologie animale est l'étude des formes. Suivant que l'on considère le corps à l'extérieur ou à l'intérieur, on distingue la *Morphologie externe* et la *Morphologie interne*. On donne fréquemment le nom de *Morphologie proprement dite* à la Morphologie externe, et celui de *Structure*, d'*Anatomie* ou d'*Histologie* à la Morphologie interne (p. 16).

2° La Physiologie animale est l'étude des fonctions. Elle se divise en *Physiologie externe* ou étude des rapports entre l'être vivant et le milieu extérieur, et en *Physiologie interne* ou étude des phénomènes qui s'accomplissent dans l'intérieur même du corps.

Suivant que, sous ces deux points de vue, on considère l'animal en général, sans s'inquiéter du groupe zoologique auquel il appartient, ou que l'on compare les animaux entre eux, pour dégager leurs ressemblances et leurs dissemblances dans le but de les classer, on fait, dans le premier cas, de la *Morphologie* ou de la *Physiologie générale* (externe ou interne) ; dans le second cas, de la *Morphologie* ou de la *Physiologie spéciale* (externe ou interne).

La Morphologie et la Physiologie des animaux étant connues, on se trouve amené à dresser, sous une forme résumée, le tableau général des connaissances acquises, de telle manière que chaque animal y occupe la place qui lui revient d'après l'ensemble de ses caractères morphologiques et physiologiques. Un pareil tableau est ce que l'on appelle une CLASSIFICATION.

La connaissance du Règne animal n'est complète qu'à la condition d'embrasser les divers point de vue précédents, qui d'ailleurs se complètent et se justifient les uns les autres.

Plan de l'ouvrage. — Le présent ouvrage comprend cinq parties.

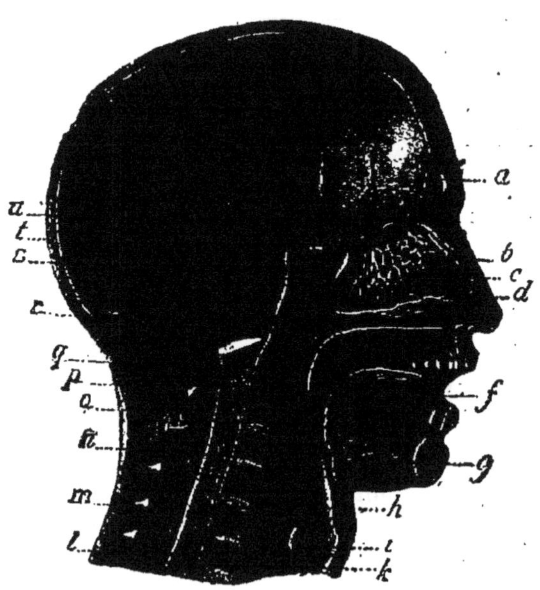

FIG. 1.

FIG. 1. — Anatomie de la tête. — *a*, sinus de l'os frontal ; *b*, nerfs olfactifs ; *c*, rameau nasal de l'ophthalmique du nerf trijumeau ; *d*, rameau nasal du grand nerf palatin ; *f*, langue ; *g*, muscle mylo-hyoïdien ; *h*, pharynx ; *i*, cordes vocales ; *k*, trachée ; *l*, vertèbres cervicales ; *m*, leurs épines dorsales ; *n*, moelle épinière ; *o*, amygdale ; *p*, muscle splénius ; *q*, voile du palais ; *r*, orifice de la trompe ; *s*, sphénoïde ; *t*, nerf moteur oculaire commun ; *u*, nerf olfactif, donnant *b*.

La première traite de la structure du corps des animaux dans ce qu'elle a de plus général. La seconde est consacrée spécialement à l'Anatomie et à la Physiologie de l'Homme.

Dans la troisième se trouvent exposées les principales dispositions organiques des diverses classes de Vertébrés ; dans la quatrième, l'organisation générale des Invertébrés.

Enfin, la cinquième partie, complément des deux précédentes, est relative à la Classification zoologique et se termine par un aperçu des Caractères généraux des animaux.

PREMIÈRE PARTIE

STRUCTURE DU CORPS DES ANIMAUX EN GÉNÉRAL

CHAPITRE PREMIER[1]

CELLULE

Pour étudier l'organisation interne ou *structure* du corps, on pratique des coupes minces en ses différentes régions et on les observe au moyen du microscope, en s'aidant le plus souvent, au préalable, de réactifs destinés, les uns à durcir les parties étudiées et par suite à faciliter les sections, les autres à les colorer pour mettre en évidence les détails de la structure et faciliter ainsi l'observation microscopique.

1° **Structure cellulaire.** — Dans ces conditions, on se rend compte que le corps de l'Homme et de la plupart des animaux est divisé en un nombre considérable d'éléments microscopiques, de forme et de fonction variables, appelés *cellules*. Leur taille varie de quelques millièmes à un cinquième de millimètre ; le plus grand nombre ont des dimensions à peu près moyennes.

Ainsi l'*épiderme* ou couche superficielle de la peau présente de nombreuses assises de cellules, les plus profondes cylindriques, les suivantes ovales, les plus extérieures aplaties (fig. 1 *bis*, AB).

Parties de la cellule. — Une cellule (fig. 2) présente à considérer quatre parties distinctes :

1° Une petite masse incolore d'une substance homogène ou granuleuse, de consistance molle, appelée *protoplasme* (*a*), composée essentiellement de matières *albuminoïdes*, c'est-à-dire de matières qui se rapprochent du blanc d'œuf ou albumine par leur composition chimique.

Ces matières, les plus complexes de celles que l'on rencontre

(1) Un certain nombre de paragraphes de cet ouvrage sont imprimés en caractères plus petits et peuvent être négligés à une première lecture. Ils sont indispensables néanmoins pour une étude plus approfondie.

dans l'organisme, résultent de la combinaison de quatre corps simples : le carbone, l'hydrogène, l'oxygène et l'azote ; on les appelle aussi *matières azotées* ou *quaternaires*. Chacune de leurs molécules contient un assez grand nombre d'atomes de

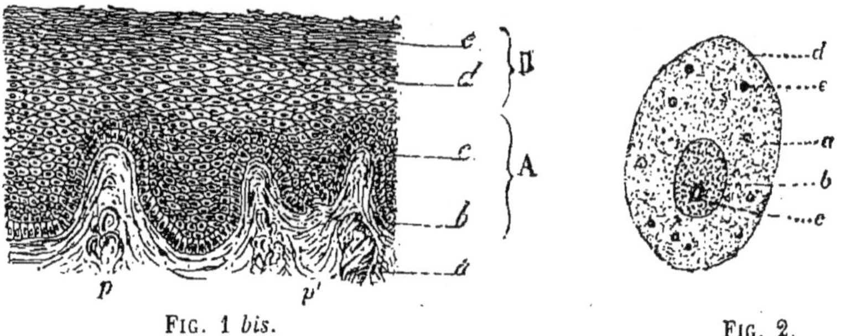

FIG. 1 *bis*. FIG. 2.

FIG. 1 *bis*. — Coupe transversale de la peau. — *a*, derme ; *p*, *p'*, papilles dermiques; AB, épiderme; A, couche muqueuse ; *b*, assise de cellules cylindriques ; *c*, assises de cellules ovales ; B, couche cornée ; *d*, cellules losangiques (*stratum granulosum*) ; *e*, cellules aplaties et mortes.

FIG. 2. — Cellule. — *a*, protoplasme; *b*, noyau; *c*, nucléole ; *d*, membrane; *e*, produits du protoplasme.

ces quatre éléments, et il s'y ajoute le plus souvent un petit nombre d'atomes de soufre et parfois de phosphore.

Le protoplasme est la partie fondamentale, vivante, de la cellule.

2° Quelque part dans le protoplasme, on distingue un corps arrondi ou ovale, appelé *noyau* (*b*), dans l'intérieur duquel s'en trouvent un ou deux autres plus denses, appelés *nucléoles*. Le noyau se compose de matières albuminoïdes phosphorées.

3° La partie périphérique du protoplasme, plus condensée que le reste, forme une fine enveloppe, également albuminoïde, appelée *membrane* (*d*). Dans bien des cas, elle manque ou tout au moins est peu distincte, par exemple dans les cellules des os et du cerveau (fig. 45), dans les cellules incolores ou *globules blancs* du sang (fig. 103).

4° Enfin dans la masse du protoplasme on rencontre diverses substances dues à son activité physiologique et appelées *produits du protoplasme* (*e*). Telles sont les matières colorantes des cellules épidermiques, très abondantes chez les nègres ; la graisse, qui remplit les cellules du *derme* ou partie profonde de la peau (lard) ; le glycogène, matière voisine de l'amidon, qui s'accumule dans les cellules du foie, et bien d'autres substances que nous aurons occasion de citer dans le cours de notre étude.

— La *forme* des cellules varie suivant les points du corps où on les considère ; elles peuvent être sphériques, polyédriques, cylindriques, étoilées ou fusiformes (fig. 3). Lorsque les cellules se présentent en fuseaux ou en cylindres allongés, on les appelle *fibres* (fibres musculaires, f. nerveuses) (fig. 47). La conformation interne des cellules peut changer aussi, ainsi qu'on le verra par l'étude des tissus.

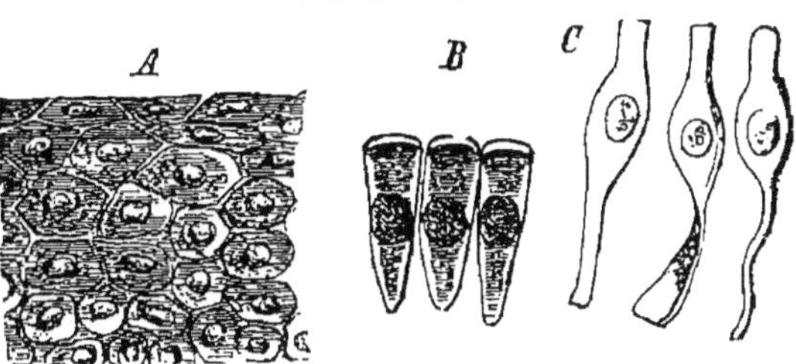

Fig. 3.

Fig. 3. — A, épithélium pavimenteux vu de face; B, cellules cylindriques; C, cellules cylindriques aplaties par pression réciproque, ici isolées.

La cellule ne manifeste son activité qu'à la condition de renfermer une certaine quantité de protoplasme. Dans le jeune âge, elle en est abondamment pourvue, et sa vie est très active; à l'âge adulte, elle peut être le siège d'une destruction progressive et complète qui porte à la fois sur le protoplasme et sur le noyau : on dit alors qu'elle est *morte;* c'est le cas pour les cellules superficielles de l'épiderme, pour les cellules graisseuses du derme de la peau (fig. 33).

2° **Structure non cellulaire.** — Il peut arriver que le corps ne soit pas divisé en cellules. Cette structure, dite *continue* ou *non cellulaire*, s'observe chez de nombreux animaux inférieurs, généralement, comme l'on sait, de *très petite taille* et aquatiques, tels que les Infusoires (fig. 4), les Grégarines (fig. 5) ; ces derniers vivent en parasites dans l'estomac du Homard et peuvent atteindre jusqu'à 16 millimètres de longueur. Le corps est alors limité par une membrane, et son contenu, qui comprend, comme dans les organismes cellulaires, du protoplasme, un ou plusieurs noyaux et des produits divers, n'est nullement découpé en cellules. Il

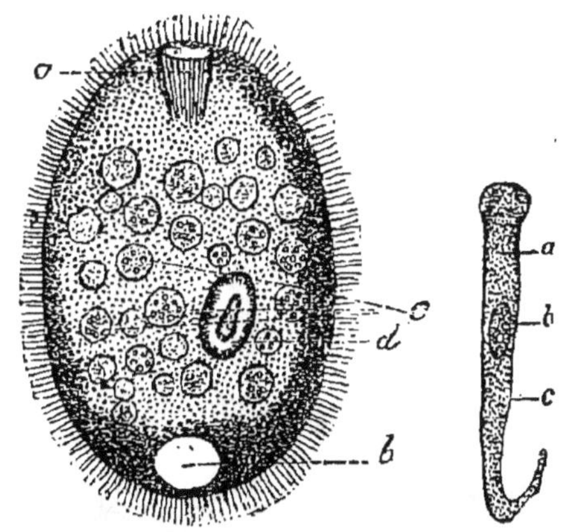

Fig. 4. Fig. 5.

Fig. 4. — Infusoire cilié. — *a*, bouche; *c*, aliment; *d*, noyau; *b*, vacuole pulsatile ($0^{mm},02$).

Fig. 5. — Grégarine gigantesque (16 millim.). — *a*, protoplasme homogène; *b*, noyau; *c*, membrane.

peut même arriver que la membrane limitante manque et que la substance du corps soit uniquement formée de protoplasme avec ou sans noyaux. Tel est le cas pour les Foraminifères (fig. 6) et les Radiolaires (fig. 7), organismes généralement microscopiques, dont le protoplasme est protégé, chez les premiers par une carapace calcaire, chez les seconds par un squelette siliceux variable; pour les Amibes (fig. 8), petites masses de protoplasme munies d'un noyau; les Monères (fig. 9), simples masses protoplasmiques, sans noyau apparent et microscopiques.

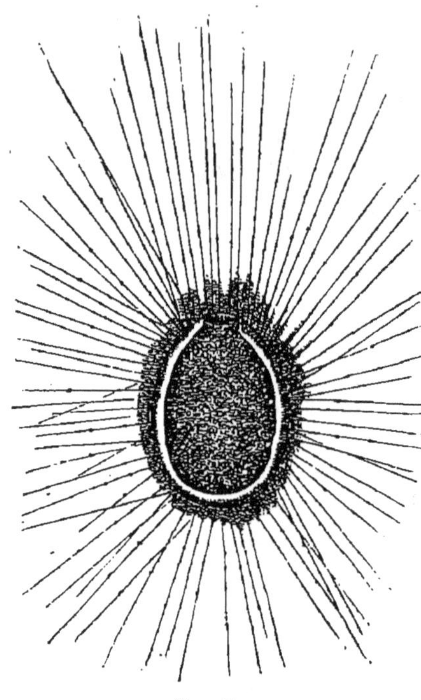

Fig. 6.

Fig. 6. — Gromia (Foraminifère; 0mm,05).

Toutes ces formes non cellulaires se rencontrent en abondance dans les eaux douces. Les Monères représentent le type des formes vivantes les plus simples; elles nous montrent que chez les organismes supérieurs, où le corps est divisé en cellules, c'est bien le protoplasme qui est la partie fondamentale de chacune de ces dernières.

Fig. 7.

Fig. 7 — Actinocomme (Rhizopode); très grossi.

Du protoplasme.

A. Ses propriétés. — Le protoplasme est une substance gélatineuse, composée le plus souvent de granulations albuminoïdes, unies entre elles par une substance fluide hyaline de même nature. Il se prend en masse, se *coagule* en un mot, sous l'influence de la chaleur, de l'alcool, de l'acide picrique, etc., et perd par là même toutes ses propriétés distinctives.

1° Une des deux propriétés fondamentales de la matière vivante est la *motilité* ou faculté de *mouvement*.

Pour étudier les mouvements du protoplasme, on peut le considérer soit *libre*, soit *inclus* dans une membrane.

a. Les Amibes et les Monères (fig. 8 et 9) sont des exemples de protoplasme *libre*. Lorsqu'on observe de pareils organismes dans une goutte d'eau, à l'aide du microscope, on distingue deux sortes de mouvements : d'une part des mouvements de déplacement du corps tout entier, de l'autre des mouvements de ses granulations élémentaires. — Dans le premier cas, on voit se produire lentement et irrégulièrement des prolongements, en divers points de la surface, tandis qu'en d'autres la masse protoplasmique se rétracte; les prolongements peuvent s'unir les uns aux autres et englober des corps étrangers dont l'Amibe et la Monère font leur nourriture; puis ils s'écartent de nouveau pour rejeter les résidus de la digestion. Les mouvements de reptation ainsi effectués s'appellent *mouvements amiboïdes*.

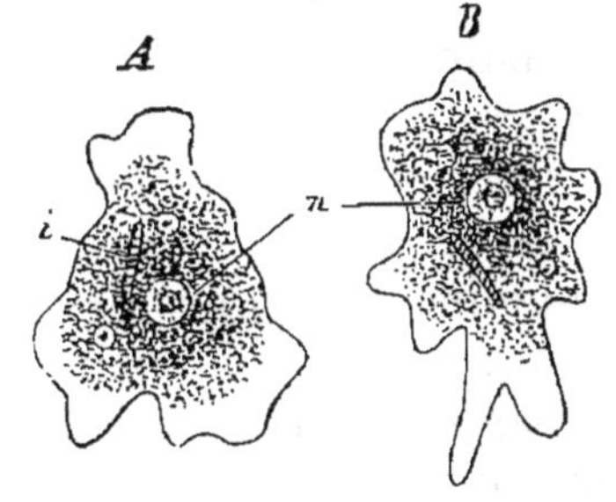

Fig. 8.

Fig. 8. — Un Amibe à deux moments différents de son mouvement. — *n*, noyau ; *i*, nourriture absorbée.

— Dans le second cas, on voit, au sein même du protoplasme, les granulations se mouvoir, tantôt irrégulièrement, tantôt dans un sens déterminé, les unes à la suite des autres, puis rebrousser chemin ou continuer d'un autre côté. Il en résulte que, tandis que le protoplasme se meut lentement en masse, sa substance est soumise à un brassage continu par suite des déplacements de ses granules.

Fig. 9.

Fig. 9. — Monère. — 1 et 2, la même Monère à deux moments différents.

b. Lorsqu'on observe le protoplasme *inclus* dans une membrane consistante, par exemple celui des Infusoires et des Grégarines, les mouvements amiboïdes ne peuvent se manifester, et l'on n'aperçoit alors que les déplacements ou courants internes de granules.

— Les mouvements protoplasmiques acquièrent leur plus grande intensité à une température déterminée, variable suivant les organismes, au-dessus et au-dessous de laquelle ils diminuent et bientôt disparaissent. Dans le cas du protoplasme libre, les mouvements sont aussi influencés par la lumière.

2° La seconde propriété caractéristique du protoplasme est la *nutrilité*, c'est-à-dire la faculté qu'il possède de *se nourrir*. A cet effet, il emprunte sans cesse au milieu extérieur divers matériaux (principes azotés, sucre...), qu'il modifie chimiquement de manière à les incorporer à sa propre substance, en un mot à les transformer en protoplasme, qui s'ajoute à celui déjà existant. Ces matériaux venus de l'extérieur constituent l'*aliment*, et leur élaboration par le protoplasme s'appelle *assimilation* : cette dernière détermine la *croissance du corps*. En même temps que la cellule assimile l'aliment, elle est le siège, à chaque instant, de destructions organiques qui ont pour agent l'*oxygène* atmosphérique et qui consistent par conséquent en oxydations. Ces destructions constituent le phénomène de la *désassimilation* : l'oxygène absorbé décompose les substances formées précédemment par le travail de l'assimilation et donne naissance à divers produits, tous plus simples que les matières albuminoïdes du protoplasme, et dits *produits de destruction organique*, ou de désassimilation, nuisibles à la substance vivante et par suite destinés à être rejetés au dehors ; tels sont l'acide carbonique, l'urée, etc. La désassimilation a pour effet le dégagement d'une certaine quantité de *chaleur* ou énergie calorifique ; plus elle est active, plus la température du corps est élevée (Mammifères, Oiseaux). Elle peut aussi donner lieu à la production d'électricité ou énergie électrique.

Selon que l'assimilation est plus intense, égale ou plus faible que la désassimilation, la masse du corps augmente, reste constante ou diminue. C'est ainsi que, pendant le premier tiers de la vie, le corps grandit très rapidement ; que, chez l'adulte, il reste souvent stationnaire, et qu'enfin il dépérit lentement chez les vieillards.

Assimilation ou *création organique* et désassimilation ou *destruction organique* sont deux phénomènes qui s'accomplissent simultanément et d'une manière ininterrompue dans toute substance vivante, depuis la Monère jusqu'à l'Homme. La *vie nutritive* n'est pas autre chose que le conflit incessant de ces deux phénomènes ; elle consiste, comme on vient de le voir, en un ensemble d'actions chimiques fort complexes ; mais ce que le protoplasme a de particulier, c'est qu'il recèle en lui-même la puissance nécessaire à leur accomplissement. L'assimilation et la désassimilation constituent la *nutrition* de la matière vivante.

Multiplication des cellules. — Lorsque le protoplasme a grandi pendant un certain temps, il *se divise* en deux, soit par étranglement progressif (fig. 10), soit par formation d'une cloison albuminoïde; ainsi se constituent deux cellules, douées des mêmes propriétés que celles dont elles procèdent et qui les transmettront à leur tour aux suivantes; mais cette division est toujours précédée de celle du noyau, chaque moitié du protoplasme conservant avec elle la moitié de la substance du noyau. Tel est le mécanisme de la *multiplication des cellules.*

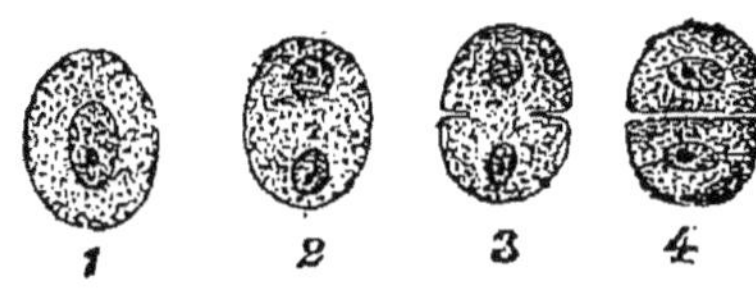

Fig. 10.

Fig. 10. —Phases de la division cellulaire. 1, cellule indivise ; 4, cellule divisée en deux.

— *Mouvement*, *assimilation et désassimilation*, *dégagement d'énergie* (chaleur....), *développement*, *multiplication* : telles sont les propriétés fondamentales de tout protoplasme; il faut y ajouter l'*hérédité*, faculté qu'ont les organismes de transmettre à leurs descendants une certaine somme de caractères qui leur sont propres.

B. Sa composition chimique. — Les phénomènes chimiques dont le protoplasme est le siège peuvent changer à chaque instant d'intensité; aussi sa composition est-elle essentiellement variable, quoique dans de faibles limites, et par suite très difficile à formuler. Tout ce que l'on peut dire, c'est que le protoplasme se compose essentiellement de *principes albuminoïdes*, unis à une grande proportion d'eau, et en continuelle voie de transformation par suite des phénomènes d'assimilation et de désassimilation dont elle est le siège.

Outre les principes albuminoïdes, on trouve encore dans la substance vivante une petite quantité de *substances ternaires* (C, H, O), telles que des corps gras, du sucre, et enfin des *sels minéraux*.

L'*eau* forme environ les quatre cinquièmes de la masse totale du protoplasme ; mais elle y entre à deux titres différents, soit combinée à sa substance (eau de constitution), soit simplement interposée entre ses particules : cette dernière facilite les échanges avec le milieu ambiant.

Lorsqu'on dessèche le protoplasme sans le tuer, ce que l'on reconnaît à ce qu'il manifeste de nouveau ses propriétés en présence de l'eau, c'est simplement l'eau interposée qui disparaît. Dès qu'il perd son eau de constitution, il meurt par suite d'un changement survenu dans sa structure intime. Les animalcules microscopiques (Rotifères, Tardigrades) qui apparaissent lorsqu'on délaye dans l'eau les poussières des toits ne sont pas autre chose que des organismes privés jusqu'alors de leur eau interposée et passant de la vie très ralentie à la vie active.

C. Son origine. — A l'époque actuelle, et sans doute aussi depuis l'époque très reculée à laquelle les premiers êtres vivants ont apparu sur le globe, *tout protoplasme dérive d'un protoplasme antérieur*. Jamais, dans les conditions actuelles, la matière inerte ne s'organise directement, par le simple jeu des forces externes (chaleur, lumière...), de manière à présenter les phénomènes d'assimilation et de désassimilation qui caractérisent la substance vivante : en un mot, il n'y a jamais d'organisation directe de la matière inerte. Pour participer de la vie, celle-ci doit être élaborée, assimilée par un protoplasme déjà existant, et ce n'est qu'à la suite des actions chimiques du travail de l'assimilation qu'elle devient elle-même substance vivante. C'est ainsi que tous les organismes, quelle que soit leur complexité de structure, procèdent d'une cellule unique, qui se développe en organisant, par l'assimilation, des matériaux inertes (aliment); de même, une Monère, après avoir grandi pendant quelque temps, se divise en deux autres qui grandissent à leur tour en assimilant de nouvelles substances alimentaires, et ainsi de suite, chacune d'elles étant liée à une autre, antérieurement existante. Le protoplasme, et la vie qui l'anime, ne font donc que se transmettre, se continuer de génération en génération, sans jamais provenir directement de la matière inerte.

Quant au mode d'apparition des premiers êtres vivants sur la terre, la science est jusqu'ici restée muette. Toutefois, rien n'autorise à croire que la substance vivante soit soumise à d'autres lois que les substances dites inertes et qu'elle soit constituée par autre chose que de simples composés chimiques. Il est donc permis d'espérer que la science de l'avenir arrivera à réaliser la synthèse du protoplasme à partir de ses éléments (C, H, O, Az, etc.); mais il va sans dire que cette synthèse, si jamais elle venait à réussir, ne nous éclairerait pas nécessairement sur l'origine des premiers êtres vivants de notre planète.

Noyau. — Le noyau (fig. 11) représente, avec le protoplasme, l'élément fondamental de toute cellule vivante. Il se compose : 1° d'une fine *membrane* limitante (*d*), de nature albu-

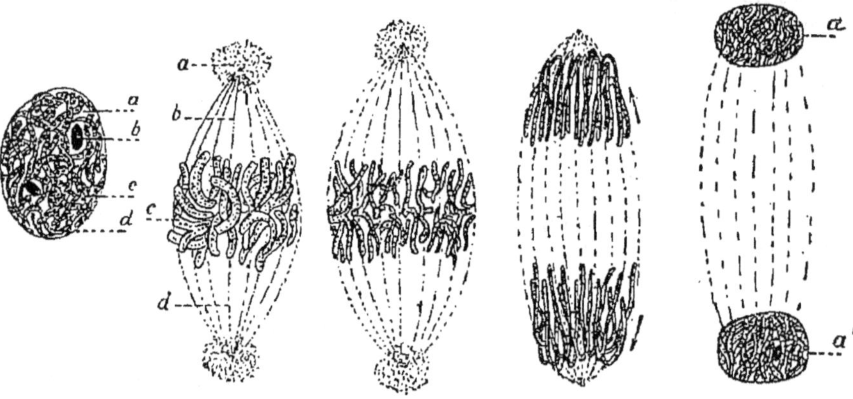

FIG. 11. FIG. 12. FIG. 13. FIG. 14. FIG. 15.

FIG. 11 à 15. — Division du noyau. — 11, noyau au repos; *a*, suc du noyau; *b*, nucléole; *c*, filaments chromatiques; *d*, membrane. 12, les filaments forment une rosette *c*, suivant l'équateur du tonnelet *b d*; *b*, *d*, filaments protoplasmiques; *a*, légère condensation de protoplasme. 13, les segments se coupent longitudinalement. 14, les moitiés cheminent vers les pôles. 15, les deux nouveaux noyaux *a*, *a'*.

minoïde, qui le sépare nettement du protoplasme ambiant; 2° d'un filament granuleux (*c*), pelotonné sur lui-même et remplissant presque complètement la cavité interne; on y distingue des granulations de *chromatine*, substance qui absorbe énergiquement les matières colorantes; souvent il y a plusieurs filaments nucléaires distincts; 3° d'une matière hyaline demi-liquide, le *suc* du noyau (*a*), qui remplit les interstices du filament chromatique; 4° d'un ou plusieurs *nucléoles* (*b*).

Le noyau est constitué essentiellement par une matière albuminoïde phosphorée, appelée *nucléine*, dont la constitution chimique est représentée par la formule $C^{58}H^{49}Az^{9}Ph^{3}O^{44}$.

Division du noyau. — De même que le protoplasme, le noyau a la faculté de grandir, et dès qu'il a acquis une certaine taille, d'ailleurs très limitée, il se divise en deux moitiés qui se séparent lentement l'une de l'autre pour constituer deux nouveaux noyaux, parfaitement distincts. Comme on n'a jamais observé de formation directe de noyaux au sein du protoplasme, on peut dire que les noyaux proviennent tous de la division de noyaux préexistants et représentent par suite la simple continuation de ceux des premiers êtres pourvus de cette formation, de même que le protoplasme des êtres vivants actuels est rattaché à celui des formes vivantes primordiales de notre planète.

La division du noyau comprend diverses phases que nous allons rapidement décrire. La membrane du noyau disparaît d'abord en se fusionnant avec le protoplasme ambiant, ce qui permet au suc de s'y répandre lui-même par diffusion. Le filament chromatique se divise ensuite transversalement en un certain nombre de segments (fig. 12) qui se séparent et occupent bientôt le protoplasme voisin; si le noyau renfermait dès l'origine plusieurs filaments chromatiques distincts, ces filaments ne font que se séparer. Les segments se raccourcissent à cause du rapprochement de leurs granulations et par suite s'épaississent; ils sont généralement arqués ou en forme de V plus ou moins régulier. A ce moment, le noyau est comme disséminé dans le protoplasme. Les segments se disposent ensuite en une sorte de rosette (fig. 12, *c*), de manière que les sommets des V soient tous dirigés vers le centre de la cellule, tandis qu'apparaissent au-dessus et au-dessous de la rosette des filaments protoplasmiques, dessinant une sorte de fuseau très délicat. Chaque segment se découpe alors longitudinalement en deux moitiés (fig. 13), qui cheminent chacune vers l'un des pôles du fuseau, en glissant, pour ainsi dire, le long des filaments protoplasmiques, la pointe du V dirigée vers le pôle correspondant (fig. 14). Les moitiés des segments s'assemblent aux pôles, s'y condensent, s'entourent d'une membrane et constituent ainsi deux noyaux distincts (fig. 15); ceux-ci grandissent et présentent à leur tour les phénomènes de division que nous venons de décrire. Puis le fuseau protoplasmique disparaît.

La cellule peut donc, à un moment donné, renfermer deux ou plusieurs noyaux; c'est le cas pour les cellules de la moelle des os (fig. 16). Mais le plus souvent la division du noyau est suivie de très près de la division du protoplasme (fig. 10), laquelle donne lieu à la formation de deux cellules distinctes, munies chacune d'un seul noyau. Si donc les cellules ne contiennent normalement qu'un seul noyau, cela tient uniquement à ce que chaque division nucléaire est suivie de la division du protoplasme, et lorsqu'un élément du corps en renferme plusieurs, il faut le considérer comme ayant la valeur d'autant de cellules qu'il offre de noyaux distincts.

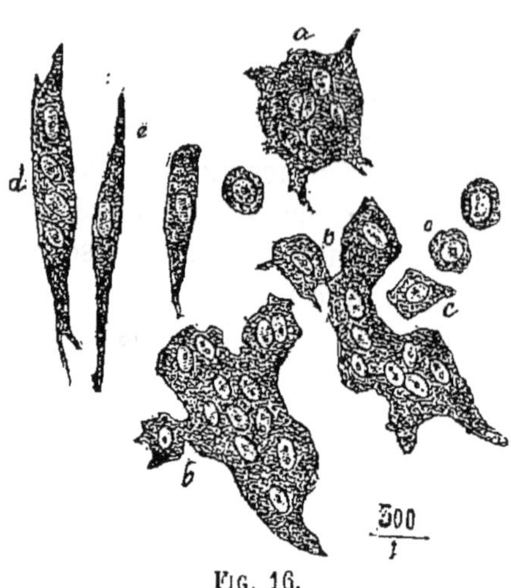

Fig. 16.

Fig. 16. — Cellules à plusieurs noyaux (*myéloplaxes*) de la moelle des os (*a*, *b*, *d*); *c*, cellules ordinaires à un seul noyau.

Les propriétés physiologiques du noyau sont inconnues; mais, d'après ce qu'on vient de voir, il y a tout lieu d'admettre qu'elles sont de première importance.

Origine de la structure cellulaire : œuf. — Tout organisme dont le corps est divisé, à l'âge adulte, en cellules, le corps de l'Homme par exemple, n'est constitué à l'origine que par une cellule unique, appelée *œuf*, provenant elle-même de la combinaison de deux cellules distinctes, l'une mâle,

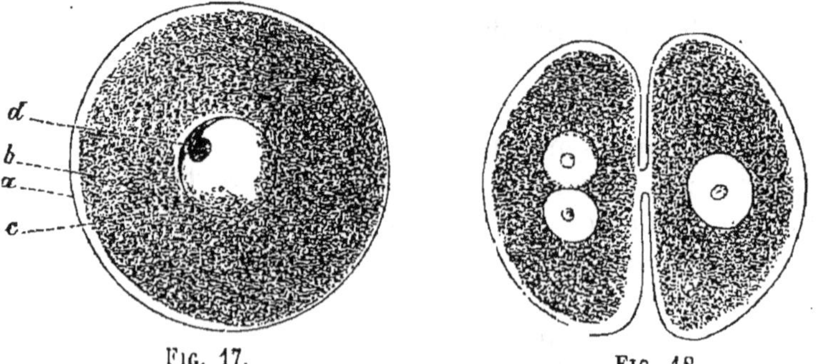

Fig. 17. Fig. 18.

Fig. 17. — Œuf. — *a*, membrane; *b*, protoplasme ou vitellus; *c*, noyau; *d*, nucléole.
Fig. 18. — Début de la segmentation de l'œuf.

l'autre femelle, détachées de deux individus de la même espèce. Ces deux cellules renferment, condensées en elles, l'ensemble des propriétés de ces derniers, et les transmettent intactes à leur résultante, c'est-à-dire à l'œuf. On ne peut donc pas dire à proprement parler qu'un organisme naît : il continue simplement des organismes plus ou moins semblables à lui.

Chez les Mammifères, l'œuf peut atteindre jusqu'à 1/5 de millimètre et être par conséquent visible à l'œil nu, chose très rare pour une cellule. Chez les Oiseaux, il est beaucoup plus développé, puisqu'il est constitué par le jaune de ce qu'on appelle vulgairement l'œuf.

L'œuf se compose (fig. 17) d'une membrane généralement très épaisse, la *membrane vitelline* (*a*); d'un protoplasme granuleux abondant, appelé

Fig. 19.

Fig. 20.

Fig. 19. — Œuf divisé en quatre cellules.
Fig. 20. — Œuf divisé en seize cellules, dont huit petites et huit grandes.

vitellus (*b*); d'un gros noyau ou *vésicule germinative* (*c*), et enfin d'un nucléole ou *tache germinative* (*d*).

Chez les Mammifères, il se divise, par étranglement médian progressif (fig. 18 à 20), d'abord en deux, puis en quatre, en huit, seize, trente-deux, etc., cellules, chaque division du protoplasme étant précédée, comme il a été dit précédemment, de la division du noyau; toutes ces cellules se

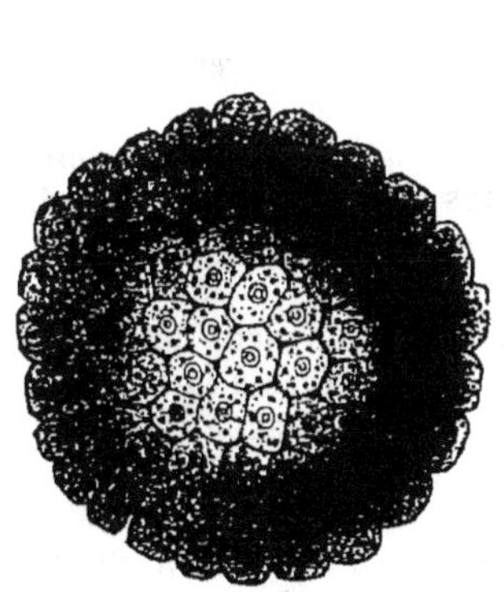

Fig. 21.

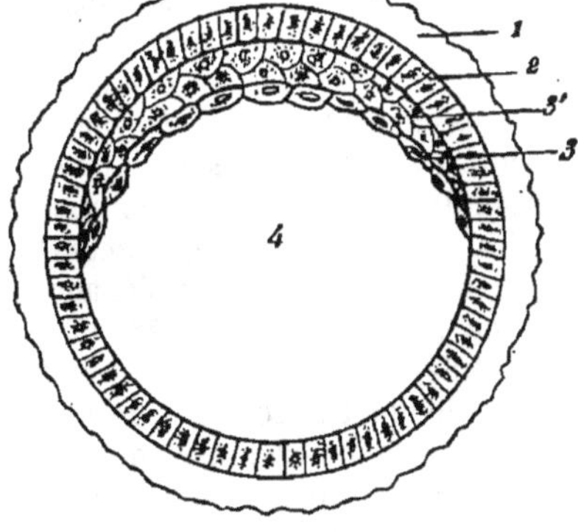

Fig. 22.

Fig. 21. — La segmentation continue : les cellules forment une mûre.
Fig. 22. — 2, 3, 3', blastoderme; 1, membrane vitelline; 2, ectoderme; 3', mésoderme; 3, entoderme; 4, cavité blastodermique.

séparent et s'arrondissent au fur et à mesure qu'elles apparaissent et constituent ainsi une sorte de mûre homogène (fig. 21), entourée par la membrane vitelline; elles n'ont à ce moment aucune membrane propre.

Cette division cellulaire répétée porte le nom de *segmentation;* elle ne diffère en rien de celle qu'on observe chez l'adulte, par exemple dans l'assise la plus interne des cellules épidermiques.

Bientôt le centre de la mûre se remplit d'un liquide dont la proportion augmente avec les progrès du développement, de sorte que les cellules embryonnaires, refoulées vers le dehors, forment bientôt une assise unique de cellules étroitement unies, limitées extérieurement par la membrane vitelline et intérieurement par le liquide central (fig. 22). On donne le nom de *blastoderme* à cette assise cellulaire qui représente actuellement l'organisme dont nous suivons le développement. Par des modifications ultérieures, le blastoderme présente bientôt deux, puis trois assises de cellules, appelées *feuillets blastodermiques* (fig. 22); ce sont : le feuillet externe ou *ectoderme*,

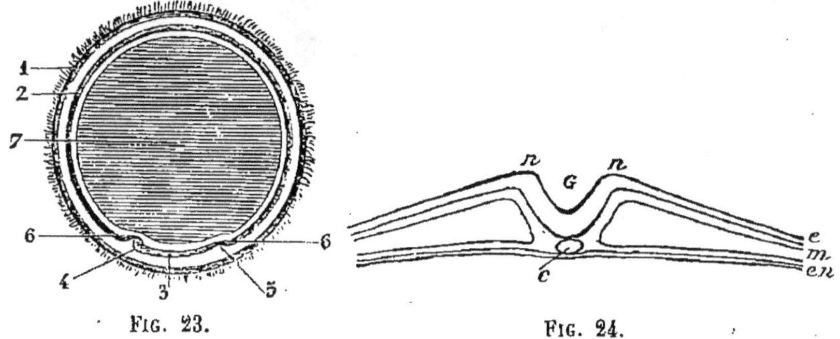

FIG. 23. FIG. 24.

FIG. 23. — Première ébauche de l'embryon sur la vésicule blastodermique. — 1, membrane vitelline; 2, blastoderme; 7, cavité de la vésicule; 4, 3, 5, ébauche de l'embryon, 4, extrémité céphalique; 5, extrémité caudale.

FIG. 24. — Coupe transversale de l'ébauche de l'embryon.—*ngn*, sillon qui donnera la moelle épinière; *c*, corde dorsale; *e*, ectoderme; *m*, mésoderme; *en*, entoderme.

le feuillet moyen ou *mésoderme* et le feuillet interne ou *entoderme*. Le premier donnera naissance aux organes des sens et au système nerveux, peut-être aussi au squelette et aux muscles; le second engendrera le système vasculaire; le troisième, les appareils digestif et respiratoire.

Ainsi, au moment où le blastoderme n'a qu'une assise de cellules, ces dernières sont toutes semblables, du moins en apparence; le fait de l'apparition des trois assises ou feuillets constitue un premier changement appréciable, une première *différenciation*.

Le corps de l'embryon s'ébauche peu à peu aux dépens des cellules d'une région blastodermique très limitée (fig. 23, 3), grâce à la multiplication et à la différenciation progressive de ces dernières, chaque cellule acquérant graduellement la forme et la fonction qu'elle est destinée à conserver chez l'adulte : il s'opère ainsi une *division du travail de la vie*.

Avantages de la structure cellulaire. — La *division du travail* se mesure au nombre des groupes d'éléments physiologiquement distincts dont se compose l'organisme adulte. Plus elle est étendue, plus l'être considéré est élevé en organisation, plus il est perfectionné. C'est chez les animaux vertébrés qu'elle est poussée le plus loin; elle diminue chez les Invertébrés, au fur et à mesure que l'on considère des êtres placés plus bas dans la série animale; elle est à peu près nulle chez les Infusoires et complètement nulle chez les Amibes et les Monères. Ainsi, les fonctions de la vie (digestion, respiration, circulation...), qui chez l'Homme sont accomplies par autant de groupes de cellules spéciales, sont confondues dans le grumeau microscopique de protoplasme qui forme le corps d'une Monère.

Et comment une division du travail pourrait-elle avoir lieu dans les organismes non divisés en cellules (Infusoires, Amibes...), alors que le protoplasme conserve une structure identique, ou à peu près, dans tous ses points, par suite des mouvements variés de ses granulations? La structure cellulaire, dans laquelle le corps est divisé en une infinité d'éléments distincts (cellules), permet à ces derniers de se différencier en certains points du corps pour accomplir des fonctions spéciales, correspondant à leur changement de structure : elle est donc la condition même de la division du travail interne. On comprend d'après cela pourquoi les organismes non divisés en cellules sont ceux dont l'organisation est la plus simple.

La division du travail physiologique établit une solidarité intime entre les divers groupes d'éléments fonctionnellement différents qui composent le corps, au point que si l'un de ces groupes vient à disparaître, sa mort survient rapidement et entraîne parfois celle de l'organisme tout entier. Comment, par exemple, les cellules du mouvement (fibres musculaires) ou de la sensibilité (cellules nerveuses) pourraient-elles vivre en dehors de l'organisme auquel elles appartiennent, et continuer, les premières à se mouvoir, les secondes à percevoir, alors qu'elles sont séparées de celles qui ont pour fonction d'absorber l'aliment et de le répartir entre toutes les cellules de cet organisme?

Notre corps peut être comparé à un laboratoire complexe dont les différentes sortes de cellules représentent autant de catégories d'ouvriers, accomplissant chacune un travail physiologique différent, et la vie de l'ensemble n'est assurée qu'à la condition que toutes ces activités s'exercent simultanément.

Ainsi, dans les organismes cellulaires différenciés, il y a *dépendance mutuelle* entre les diverses sortes de cellules, car elles se rendent les unes aux autres des services spéciaux et nécessaires. Il existe aussi des êtres cellulaires qui ne présentent pour ainsi dire aucune différenciation (Hydre, etc.) : il y a alors *indépendance* entre les cellules, puisque chacune d'elles accomplit à la fois toutes les fonctions nécessaires à l'entretien de la vie, au lieu d'être spécialisée, comme dans le cas précédent, dans l'exercice de l'une quelconque d'entre elles: c'est ce qui résulte notamment des propriétés de l'Hydre (p. 438).

Destinée du corps. — La durée du corps est essentiellement transitoire. A partir de l'œuf, et durant la première phase de l'existence, les cellules assimilent plus qu'elles ne détruisent, leur recette est plus forte que leur dépense : le corps grandit. Peu à peu l'excès de l'assimilation sur la désassimilation va en diminuant, et il peut arriver une seconde phase, à l'âge adulte, où il s'annule; le corps reste alors stationnaire : il emprunte au milieu extérieur, sous forme d'aliment, une quantité de substance égale à celle qu'il lui rend sous forme de déchets organiques. Enfin, dans une troisième phase, la désassimilation l'emporte sur l'assimilation; la dépense est plus forte que la recette : le corps dépérit, totalement ou partiellement; et lorsque l'épuisement atteint, dans une cellule, une valeur déterminée, le protoplasme perd ses propriétés distinctives. A partir de ce moment, que l'épuisement du corps soit général ou qu'il porte seulement sur certains organes prépondérants, le corps cesse de vivre. Il rentre alors dans le domaine des lois ordinaires de la physique et de la chimie, sans plus jamais participer de la vie, à moins qu'il ne serve d'aliment à un être vivant qui l'assimile à son propre protoplasme.

Si l'on se reporte à l'origine de l'organisme, c'est-à-dire à l'œuf, simple cellule, ordinairement microscopique, on voit que, pour passer à l'état adulte, cette cellule communique la vie, par le pouvoir de son protoplasme et de son noyau, à une masse souvent considérable de matière inerte (aliment); un ou plusieurs œufs se produisent, destinés à le perpétuer; puis lui-même perd les propriétés qui en faisaient un être vivant, se désorganise et revient ainsi à la nature inanimée à laquelle en définitive il appartient.

On donne à cet ensemble de phénomènes (naissance, croissance, décroissance et mort) le nom d'*évolution*. L'évolution n'est pas une caractéristique des êtres vivants : elle se poursuit dans la nature entière.

CHAPITRE II

TISSUS

Définitions. — Les cellules dont se compose notre corps ont des formes variées, adaptées à autant de fonctions distinctes; mais elles ne sont pas associées d'une manière quelconque : les cellules de chaque sorte sont réunies en groupes, appelés *tissus*.

On appelle *tissu* une association de cellules de même forme et de même fonction, nées les unes des autres. On verra toutefois par la suite que des tissus de même forme n'ont pas nécessairement les mêmes fonctions (tissus épithéliaux), et que réciproquement la même fonction peut être accomplie par des tissus morphologiquement différents (tissu musculaire lisse et strié).

Deux ou plusieurs tissus différents, concourant à l'accomplissement d'une fonction déterminée, d'ordre supérieur à celle de chaque tissu, constituent un *organe* (foie, estomac...); deux ou plusieurs organes différents, exerçant de même une fonction déterminée, d'ordre supérieur à celle de chaque organe, forment un *appareil* (appareil digestif...); enfin plusieurs appareils constituent un *organisme*, et la somme de leurs fonctions représente la vie de cet organisme.

Les cellules représentant les éléments les plus simples du corps, c'est-à-dire les individus du premier degré, les tissus seront les individus du second degré; les organes ceux du troisième; les appareils ceux du quatrième, et enfin, les organismes ceux du cinquième degré. On verra même (p. 419) que plusieurs organismes peuvent se fusionner en une seule individualité.

— On donne quelquefois le nom d'*Anatomie* à la morphologie externe des organes, en réservant celui d'*Histologie* à leur morphologie interne, c'est-à-dire à l'étude des tissus et par suite des éléments qui les composent. Pour faciliter l'étude des tissus, on se sert de réactifs divers, les uns durcissants (alcool...), les autres colorants (fuchsine...); les premiers rendent les tissus assez consistants pour qu'on puisse les couper en tranches minces; les seconds rendent plus apparents certains détails de structure qui même, sans leur emploi, pourraient passer complèteme inaperçus.

Diverses sortes de tissus. — Les tissus dont se compose le corps de l'Homme sont au nombre de sept principaux, savoir :

1° Le *tissu cellulaire proprement dit* ou *tissu épithélial*, formé de cellules plus ou moins isodiamétriques, séparées le plus souvent par une très mince couche de substance unissante de nature albuminoïde.

2° Le *tissu conjonctif;*
3° Le *tissu cartilagineux;*
4° Le *tissu osseux;*
5° Le *sang*,

Ces quatre tissus sont caractérisés, d'une part, par la forme de leurs cellules; de l'autre, par une substance unissante très abondante, solide ou liquide.

6° Le *tissu musculaire;*
7° Le *tissu nerveux;*

Ces deux tissus sont caractérisés par une différenciation profonde de leurs cellules, aussi bien dans leur forme que dans leur structure.

1° **Tissu épithélial.** — Le tissu éphithélial on *épithélium* se compose de cellules étroitement unies, disposées en une ou plusieurs assises et formant des lames qui recouvrent exactement les tissus sur lesquels elles sont placées. Lorsqu'il n'a qu'une seule assise de cellules, l'épithélium est dit *simple* (fig. 25); *stratifié*, lorsqu'il en a plusieurs (fig. 26). Ainsi l'estomac

Fig. 25.

Fig. 25. — *a*, épithélium cylindrique simple; *b*, membrane conjonctive; *c*, une cellule de *a*, vue par le haut.

et l'intestin sont tapissés par un épithélium simple; la bouche, par un épithélium stratifié, pourvu de nombreuses assises de cellules.

Fig. 26.

Fig. 26. — *a*, épithélium stratifié; *b*, membrane.

L'épithélium stratifié qui forme la couche superficielle de la peau s'appelle *épiderme* (fig. 1 *bis*).

La forme des cellules épithéliales est variable; elle peut être arrondie, ovale, cylindrique, polyédrique, ou pavimenteuse (aplatie) (fig. 27); parfois

Fig. 27.

Fig. 27. — *a*, épithélium pavimenteux simple; *c*, une de ses cellules vue par le haut; *b*, membrane.

ces cellules présentent des prolongements albuminoïdes protoplasmiques, mobiles et fort déliés, appelés *cils vibratiles* (fig. 29).

Lorsque l'épithélium est *simple*, il est tantôt *cylindrique* (fig. 25), tantôt *pavimenteux* (fig. 27); l'épithélium de l'estomac et de l'intestin réalise la première forme (épithélium cylindrique simple); celui qui tapisse les cavités pulmonaires, celui qui, à lui seul, constitue la paroi des vaisseaux capillaires, réalisent la seconde (épithélium pavimenteux simple).

Cependant, dans certains organes de sécrétion, comme les glandes salivaires et les glandes à pepsine, l'épithélium simple, qui revêt la cavité interne dans laquelle s'accumule le produit sécrété, est cylindrique dans la région externe de la glande, c'est-à-dire dans le canal excréteur, et arrondi ou ovale dans la région profonde (fig. 28) : ce sont alors ces dernières seules qui élaborent aux dépens du sang le produit sécrété. Dans d'autres glandes, au contraire, le revêtement épithélial est uniformément cylindrique, par exemple dans les glandes muqueuses de l'estomac (fig. 65).

Lorsque l'épithélium est *stratifié*, les cellules offrent des formes variables, suivant le rang de l'assise à laquelle elles appartiennent. Considérons, par exemple, l'épiderme et l'épithélium de la trachée-artère.

L'épiderme (fig. 1 *bis*) commence intérieurement par une assise de cellules cylindriques (*b*), régulièrement juxtaposées et recouvrant d'une manière ininterrompue le derme, c'est-à-dire le tissu conjonctif sous-jacent. Dans les assises suivantes (*c*), les cellules sont arrondies ou ovales, et les espaces interstitiels sont occupés par une substance unissante gélatineuse peu abondante, produite par elles. Plus en dehors, elles s'aplatissent peu à peu, perdent leur protoplasme et se réduisent finalement chacune à une

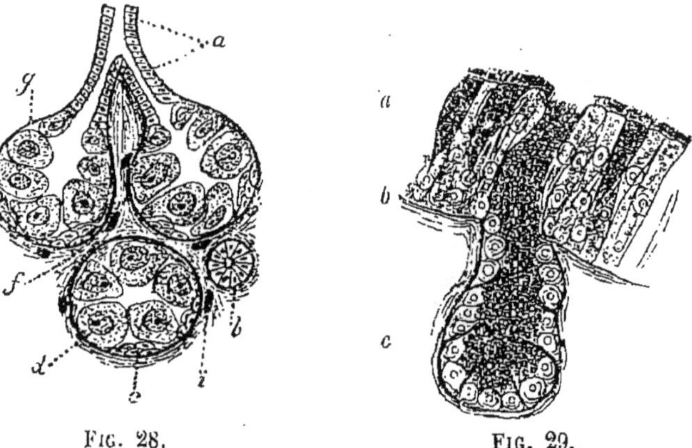

Fig. 28. Fig. 29.

Fig. 28. — Structure des glandes salivaires. — *a*, canal excréteur avec épithélium cylindrique ; *b*, sa section transversale ; *i*, vaisseaux sectionnés ; *c*, amas de petites cellules ; *d*, épithélium sécrétoire, à grandes cellules granuleuses ; *f*, tissu conjonctif interposé aux acini ; *g*, membrane propre de ces derniers.

Fig. 29. — Muqueuse nasale de la Grenouille. — *a*, épithélium vibratile ; *b*, cellules profondes ovales de cet épithélium ; *c*, glandes muqueuses.

lamelle desséchée et cornée (*e*). Ces cellules mortes de la couche cornée tombent, s'exfolient, tandis qu'apparaissent, dans la région profonde, des cellules nouvelles, très vivantes, provenant de la division transversale de celles qui composent l'assise cylindrique ; l'épiderme conserve ainsi une épaisseur constante.

On voit que les cellules épidermiques n'ont qu'une existence éphémère ; elles naissent par division des cellules cylindriques profondes, se développent, se déplacent mutuellement de dedans en dehors, perdent peu à peu leur protoplasme et finalement meurent ; après cette courte évolution elles se détachent du corps. Cette vie transitoire est caractéristique de tous les épithéliums ; ainsi l'épithélium intestinal, qui est simple, tombe périodiquement, usé par l'absorption des produits de la digestion, et est remplacé par des cellules plus petites qui se développent, absorbent et meurent, comme celles qui les ont précédées.

L'épithélium de la trachée (fig. 29) se compose de plusieurs rangées de petites cellules ovales et d'une assise limitante externe de cellules cylindriques et vibratiles : c'est un exemple très net d'épithélium vibratile stratifié. Les fosses nasales sont aussi tapissées par un épithélium vibratile.

D'une manière générale, les épithéliums ont pour caractère de former des lames de revêtement à toutes les cavités de l'organisme, que ces dernières soient en communication avec l'extérieur (tube digestif, glandes), ou closes (membranes séreuses, vaisseaux sanguins). On en distingue deux grands groupes d'après leurs fonctions :

1° Les *épithéliums de revêtement* ou *protecteurs*; les uns stratifiés, avec assise superficielle pavimenteuse (épiderme, épithélium buccal...), ou cylindrique et vibratile (épithélium de la trachée); les autres simples, soit cylindriques (estomac, intestin), soit pavimenteux (poumons, séreuses, vaisseaux); 2° les *épithéliums glandulaires* ou *sécréteurs*, d'ordinaire simples et tantôt uniformément cylindriques (glandes muqueuses de l'estomac), tantôt arrondis ou ovales dans la partie profonde, sécrétante, des glandes et cylindriques dans le canal excréteur (glandes salivaires, glandes pepsinifères).

Les épithéliums ne reçoivent pas de vaisseaux sanguins; mais on y remarque des filets nerveux qui se terminent dans les interstices des cellules, par exemple dans l'épiderme.

2° **Tissu conjonctif.** — Le tissu conjonctif ou *connectif*, comme son nom l'indique, sert d'intermédiaire entre les organes et parfois aussi entre les éléments des organes. Ainsi, non seulement il comble les interstices des différentes masses musculaires, il forme encore une zone mince entre les fibres de chacune d'elles. Il est très répandu dans l'organisme; tous les épithéliums, par exemple, sont doublés intérieurement d'une couche de tissu conjonctif, très épaisse sous l'épiderme (fig. 229) où elle constitue le derme de la peau, mince sous l'épithélium du tube digestif et des glandes; là elle sert d'intermédiaire entre les vaisseaux sanguins et les cellules épithéliales. D'une manière générale on peut dire que le tissu conjonctif joue le rôle de substance unissante pour les éléments dont l'activité physiologique est la plus considérable, notamment pour les cellules et fibres nerveuses, les fibres musculaires et les cellules glandulaires.

Le tissu conjonctif peut se présenter sous deux aspects : tantôt en couches épaisses (derme de la peau), tantôt en lames minces, appelées *membranes*. Ainsi, une glande se compose d'une membrane conjonctive limitante (fig. 28) dans laquelle se ramifient les vaisseaux sanguins et les nerfs, et d'un épithélium simple (*d*) qui tapisse la cavité limitée par la membrane; le foie et beaucoup d'autres organes présentent aussi une enveloppe conjonctive, qui leur est intimement accolée. On donne le nom d'*aponévrose* ou *périmysium* à la membrane irrégulière qui enveloppe les muscles et qui de là se prolonge entre les diverses fibres élémentaires; c'est elle qui forme une couche blanchâtre autour des viandes de boucherie. Autour du cœur (fig. 93), des poumons..., se trouve une sorte de sac clos (péricarde, plèvre), aplati sur l'organe et interceptant entre ses deux feuillets un liquide destiné à faciliter les mouvements de ces viscères; ce sac fermé se compose d'une membrane tapissée intérieurement par un épithélium pavimenteux simple. — On donne souvent le nom de *muqueuse* à l'ensemble formé par une membrane conjonctive et son épithélium, lorsque ce dernier limite une cavité ouverte à l'extérieur (muqueuse stomacale, intestinale, pulmonaire...); on appelle au contraire *séreuse* le même ensemble lorsqu'il limite une cavité close (plèvre ou séreuse des poumons, péricarde ou séreuse du cœur).

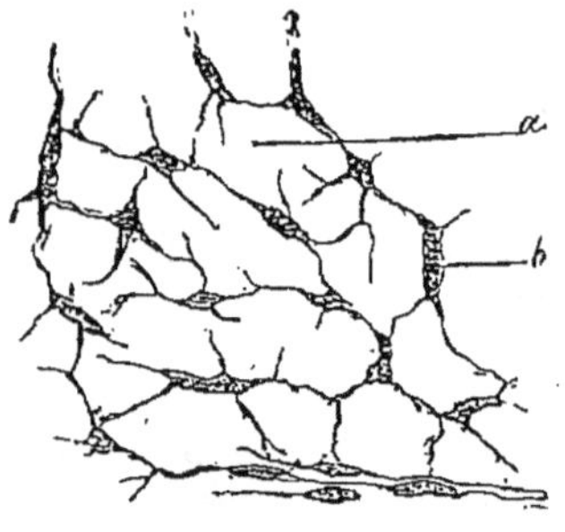

Fig. 30.

Fig. 30. — Tissu conjonctif. — *b*, cellules irrégulières de ce tissu; *a*, faisceaux conjonctifs (coupe tr.).

Le tissu conjonctif se compose de cellules irrégulièrement étoilées (fig. 30), séparées les unes des autres par une matière interstitielle abondante que l'on considère comme un produit d'élimination de ces cellules et qui est de nature albuminoïde. Cette substance, rarement homogène, est le plus souvent différenciée (fig. 33, *c*) en *fibres conjonctives* ou *faisceaux conjonctifs*, qu'il ne faut pas confondre avec les fibres proprement dites (fibres musculaires, fibres nerveuses), lesquelles représentent des cellules allongées.

Les fibres conjonctives sont enchevêtrées irrégulièrement et forment avec les cellules un tissu lâche dont les mailles sont occupées par une matière amorphe, demi-liquide. Elles sont de deux sortes (fig. 31) : les unes, plus gonflées, présentent de nombreux étranglements; ce sont les fibres conjonctives proprement dites (*a*); les autres beaucoup plus fines et plus ondulées; ce sont les fibres élastiques (*b*). On remarque en outre, parmi ces fibres, des cellules sphériques plus petites que celles du tissu conjonctif et offrant les caractères des globules de la lymphe. — Les principales *modifications* du tissu conjonctif sont :

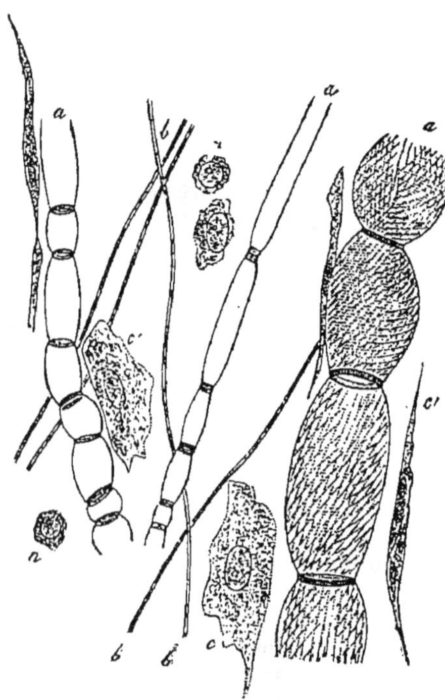

Fig. 31.

Fig. 31. — Éléments du tissu conjonctif. — *a*, faisceaux conjonctifs gonflés par l'acide formique; *b*, fibres élastiques; *c*, *c'*, cellules du tissu conjonctif; *n*, cellules lymphatiques.

a. Le *tissu conjonctif fibreux* (fig. 32), dans lequel les faisceaux conjonctifs, au lieu d'être disposés irrégulièrement, sont parallèles les uns aux autres et plus serrés; les cellules y sont très aplaties. Ce tissu est élastique et constitue les tendons, les aponévroses et les ligaments.

b. Le *tissu adipeux* (fig. 33), dans lequel les cellules se remplissent de gouttelettes grasses qui peu à peu se fusionnent et forment une goutte sphérique plus ou moins volumineuse. Les cellules adipeuses se composent d'une membrane albuminoïde très nette, d'une couche mince de protoplasme contenant le noyau, et du globule gras central; elles n'ont plus qu'une très faible activité

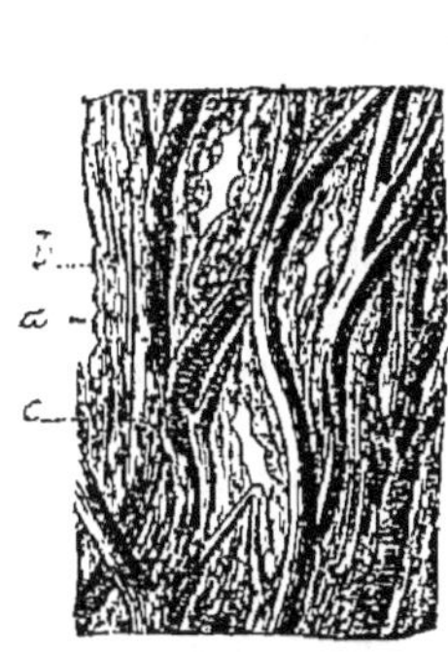

FIG. 32.

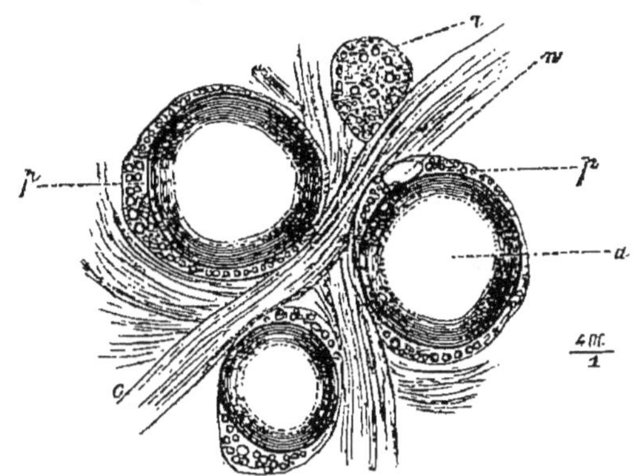

FIG. 33.

FIG. 32. — Tissu conjonctif fibreux. — *a*, cellules irrégulières (en blanc); *b*, substance interstitielle; *c*, fibres élastiques.

FIG. 33. — Tissu adipeux. — *p*, protoplasme réduit et infiltré de graisse; *n*, noyau; *a*, globule gras; *c*, faisceaux conjonctifs; *i*, cellule lymphatique.

physiologique. Parfois elles sont complètement dépourvues de protoplasme et réduites à la sphère adipeuse entourée de la membrane cellulaire; elles sont alors inertes.

Le tissu adipeux forme une couche épaisse (lard) sous le derme de la peau; on le trouve également autour des viscères internes en couches assez développées, surtout chez les animaux soumis à l'engraissement.

3° **Tissu cartilagineux.** — Il forme les *cartilages* (cartilages des côtes, du larynx, des surfaces osseuses d'articulation). Les cellules, pourvues d'un

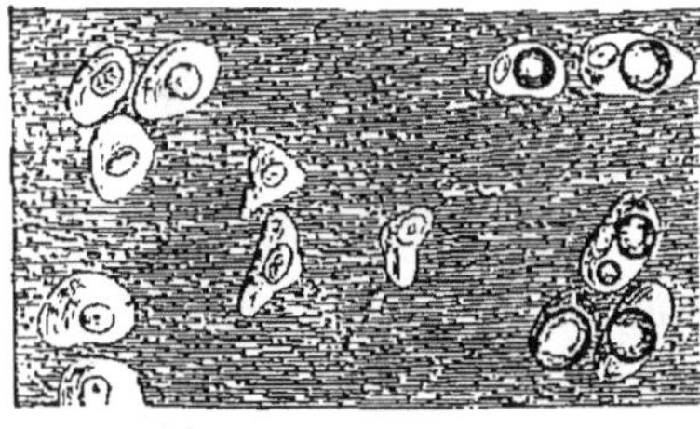

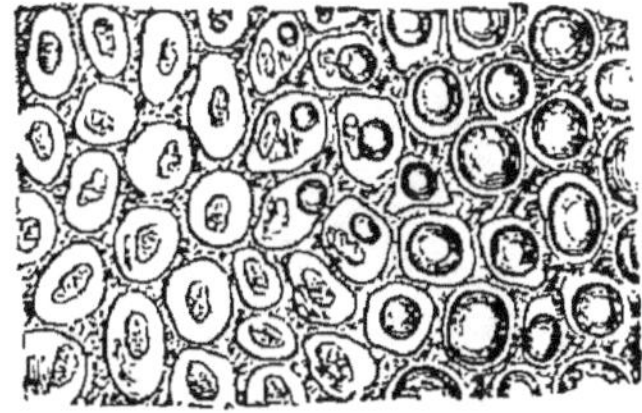

FIG. 34. FIG. 35.

FIG. 34, 35. — Cartilage hyalin.

FIG. 34. — La substance interstitielle domine.

FIG. 35. — Les cellules prédominent; on y voit des gouttes de graisse.

protoplasme abondant et d'un noyau, y sont arrondies ou ovales (fig. 34, 35) et nettement séparées les unes des autres par une matière interstitiella homogène qui se condense autour de chacune d'elles pour leur former une *capsule* cartilagineuse qu'il ne faut pas prendre pour leur membrane propre (fig. 36).

Par l'ébullition prolongée dans l'eau, la matière interstitielle cartilagineuse se transforme en *chondrine*, substance albuminoïde mélangée à une petite proportion de sels minéraux (3 pour 100) et qui se prend en gelée par le refroidissement.

4° **Tissu osseux.** — Dans le tissu osseux, la substance interstitielle qui sépare les cellules, au lieu d'être presque exclusivement albuminoïde comme dans les tissus précédents, est en outre incrustée de sels minéraux calcaires qui lui donnent sa dureté.

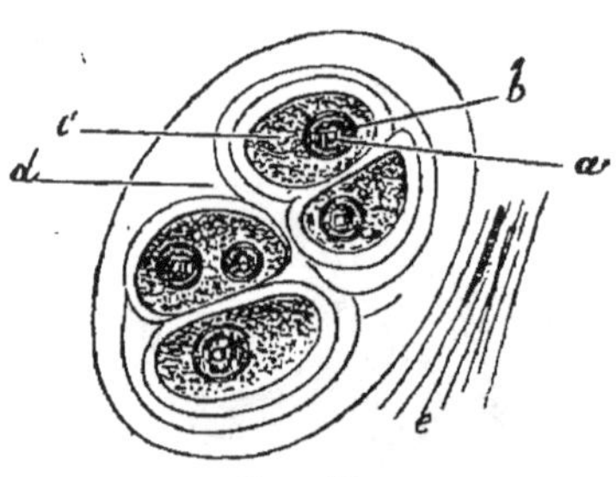

FIG. 36.

FIG. 36. — Cellule cartilagineuse en voie de multiplication. — *c*, protoplasme; *b*, noyau; *a*, nucléole; *d*, capsules cartilagineuses, primitive et secondaire; *e*, substance interstitielle.

Examinons la structure d'un os long, tel que le fémur ou l'humérus. Sur la coupe transversale, on distingue trois parties, savoir : 1° au centre, la *moelle;* 2° tout autour, la *substance osseuse proprement dite*, compacte; 3° le *périoste*, membrane conjonctive enveloppante, de nature fibreuse, qui est à l'os ce qu'est l'aponévrose au muscle.

1° La *substance osseuse* est creusée de canaux, cheminant parallèlement d'une extrémité de l'os à l'autre (fig. 37) et appelés *canaux de Havers* (0,2 mill. à 1 mill.); ils communiquent entre eux par des branches transversales dont quelques-unes s'ouvrent directement à la surface externe, et d'autres à la surface interne de la substance osseuse. Dans les canaux de Havers cheminent des artères et des veines qui assurent la nutrition de l'os, et

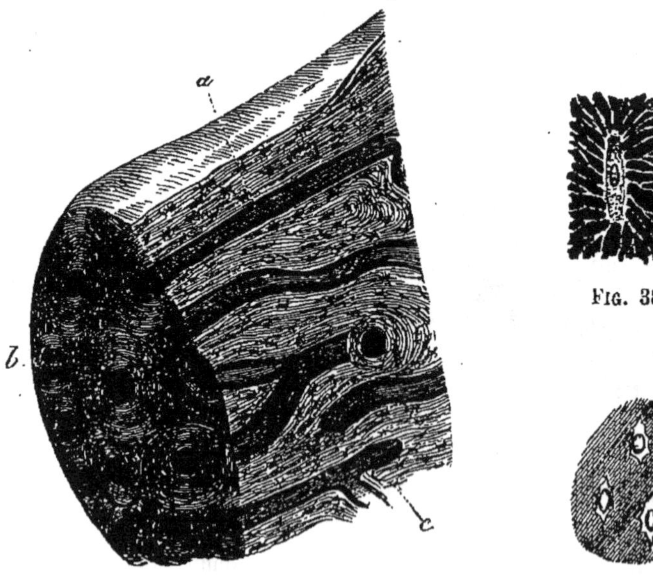

FIG. 37.

FIG. 38.

FIG. 39.

FIG. 37. — Substance compacte d'un os long. — *a*, canaux de Havers; *b*, leur section transversale; *c*, corpuscules osseux.

FIG. 38. — Une lamelle osseuse. — On y voit une cellule, la matière interstitielle osseuse (*a*) et les canalicules qui sillonnent cette dernière.

FIG. 39. — Trois corpuscules osseux avec leur cellule, vus au microscope.

des filaments nerveux. Autour de chacun d'eux, la substance osseuse est différenciée en *lamelles*, serrées plus ou moins régulièrement les unes à côté des autres en un système de couches concentriques (fig. 41). Vers la périphérie de l'os, sous le périoste, de même que dans la région profonde, vers la moelle, les lamelles osseuses sont disposées en couches concentriques générales, enveloppant les systèmes propres des différents canaux de Havers.

Chaque *lamelle osseuse* est creusée parallèlement à ses deux faces, d'une ou plusieurs cavités ovales, appelées *corpuscules osseux* (fig. 38), qui se prolongent en tous sens par de fins canaux, appelés *canalicules osseux;* ceux-ci se mettent en rapport avec les prolongements analogues des corpuscules voisins, ainsi qu'avec les canaux de Havers. Le plus grand nombre de ces canalicules sont disposés perpendiculairement aux lamelles, de sorte que lorsqu'on examine une coupe d'ensemble de l'os, on aperçoit de nombreuses stries rayonnantes, plus ou moins régulières, autour des canaux de Havers. Chaque corpuscule (fig. 39 et 40) contient une cellule, dite *cellule*

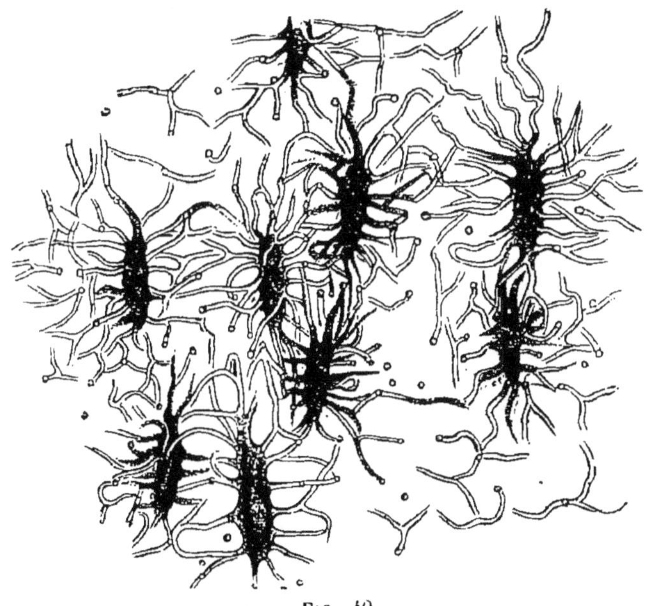

Fig. 40.

Fig. 40. — Fragment d'une coupe d'os. — On voit les corpuscules osseux et leurs canalicules anastomosés ; entre les corpuscules, la matière interstitielle osseuse.

osseuse ou *ostéoblaste*, composée d'une petite masse de protoplasme et d'un noyau.

Si l'on fait abstraction des cellules, qui en sont les éléments vivants, les lamelles osseuses représentent la substance interstitielle excrétée par elles. Cette substance dure se compose de deux parties : l'une, de nature albuminoïde, appelée *osséine*, qui par l'ébullition dans l'eau se transforme en *gélatine*, matière voisine de la chondrine ; l'autre, minérale, qui incruste la précédente et qui se compose de *phosphate* et de *carbonate de calcium*, plus de petites quantités de phosphate de magnésium et de fluorure de calcium.

On peut donc dire que *l'os est un tissu cellulaire dont les cellules sont séparées par une matière interstitielle scléreuse, composée d'osséine et de sels calcaires.* Toutefois, dans les intervalles compris entre les systèmes concentriques des canaux de Havers, on remarque des faisceaux de fibres conjonctives qui se sont maintenues depuis le jeune âge sans s'ossifier; on les appelle *fibres de Scharpey.* Elles cheminent parallèlement, d'un bout de l'os à l'autre, et se mettent en rapport avec le périoste, avec les tendons des muscles et avec les ligaments articulaires. Enfin, de nombreuses fibres, dites *fibres arciformes*, partent du périoste et se dirigent obliquement dans la substance osseuse. Grâce à ces deux systèmes de fibres, le périoste adhère intimement à l'os.

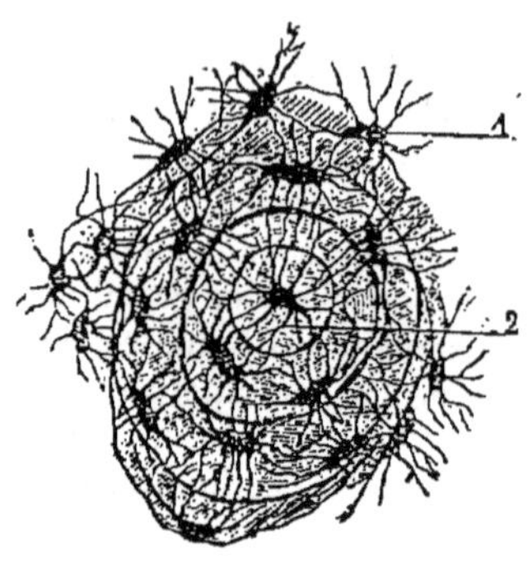

Fig. 41.

Fig. 41. — Section transversale d'un fragment d'os. — 1, corpuscules osseux renfermant chacun une cellule vivante ; 2, canal de Havers, oblitéré par plusieurs couches de nouvelle substance osseuse (dans une maladie).

L'os passe par trois phases durant son *développement:* 1° l'état *muqueux*, correspondant au très jeune âge et essentiellement transitoire; le tissu osseux est alors représenté, comme les autres tissus, simplement par un tissu cellulaire sans matière interstitielle; en un mot, il n'y a pas encore de différenciation; 2° l'état *cartilagineux*, dans lequel le tissu cellulaire est pourvu d'une matière interstitielle cartilagineuse; 3° l'état *osseux*, provenant de l'ossification du tissu cartilagineux (voy. p. 178).

Certains os (os du crâne et de la face) *ne passent pas par l'état cartilagineux* et naissent directement dans le tissu conjonctif fibreux.

2° La *moelle* se compose de cellules de diverses formes : les unes petites, arrondies, avec un seul noyau et nettement limitées; d'autres plus grandes, irrégulières, sans membrane et renfermant plusieurs noyaux (fig. 16); d'autres enfin adipeuses; en outre de nombreux vaisseaux sanguins et des nerfs. C'est dans la moelle que la nutrition de l'os est la plus active.

3° Le *périoste* (fig. 158) est une membrane de tissu conjonctif fibreux et élastique, soudée intimement aux assises cellulaires qui limitent l'os extérieurement; il forme une enveloppe continue jusqu'aux cartilages articulaires où il s'arrête; de nombreux vaisseaux s'y ramifient et se prolongent dans les canaux de Havers pour constituer une partie du système nourricier de l'organe. Le périoste protège l'os; les assises sous-jacentes l'épaississent.

Composition chimique des os. — Les os renferment environ un tiers de leur poids en matières organiques (cellules osseuses et osséine) et deux tiers en matières minérales. Parmi ces dernières, le phosphate de calcium entre à lui seul pour 80 centièmes, le carbonate à peu près pour 20 centièmes.

Pour *isoler la matière organique*, on traite des os entiers, ou mieux concassés, par l'acide chlorhydrique ou sulfurique étendu; les matières minérales sont dissoutes, lentement dans le premier cas, plus rapidement dans le second; il en est de même des cellules. Après l'opération, les os n'ont pas changé de forme, mais ils sont réduits à l'osséine; ils se transforment en effet en gélatine par l'ébullition prolongée dans l'eau.

Pour *isoler la matière minérale*, on calcine les os à l'air libre : toute la matière organique, oxydée par l'oxygène de l'air, est décomposée et se dégage à l'état de gaz divers. Si l'on se sert d'os entiers, ils gardent leur forme après la calcination, mais deviennent plus légers et poreux par suite de la disparition de la matière albuminoïde. En analysant le produit de la calcination, on y trouve les sels précédemment énumérés; on sait qu'il est utilisé, sous le nom de *cendre d'os*, pour la préparation du phosphore.

5° **Sang.** — Le sang se compose de cellules de deux sortes séparées par une abondante matière interstitielle liquide, dans laquelle elles flottent librement. Les cellules ou *globules* du sang (fig. 103) sont, les unes très nombreuses et rouges, les autres, beaucoup plus rares et incolores. La substance interstitielle s'appelle *plasma*.

Le sang peut donc être considéré histologiquement comme une association intime de deux tissus, formés l'un par les globules rouges, l'autre par les globules blancs. Il sera étudié ultérieurement en détail (p. 100).

6° **Tissu musculaire.** — Le tissu musculaire compose les muscles. Il est formé de cellules profondément différenciées dans leur forme et dans leur structure, et appelées *fibres musculaires*. La propriété fondamentale de ces fibres est la *contractilité*.

On en distingue deux sortes : 1° les fibres musculaires *lisses*, caractérisées par une contraction lente et involontaire (estomac); 2° les fibres musculaires *striées*, caractérisées par une contraction vive, le plus souven volontaire (muscles des membres).

1° Les *fibres lisses* (fig. 42) sont de simples cellules allongées en fuseau, formées d'une masse protoplasmique sans enveloppe distincte, et d'un

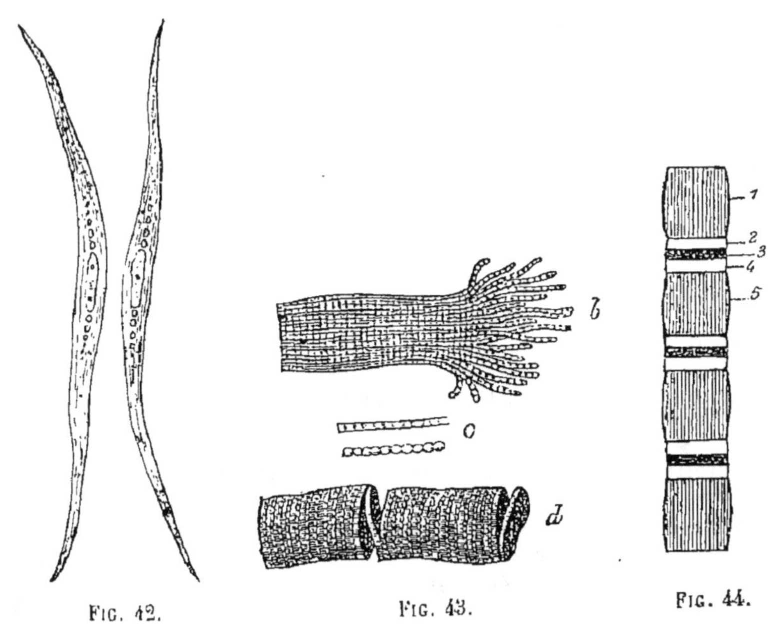

FIG. 42. FIG. 43. FIG. 44.

FIG. 42. — Fibres musculaires lisses séparées.

FIG. 43. — Fibres striées ou faisceaux musculaires. — *b*, une seule fibre divisée en fibrilles; *c*, deux fibrilles isolées; *d*, disques de Bowman.

FIG. 44. — Fibrille musculaire isolée. — 1, disque épais; 2, bande claire; 3, disque mince; 4, bande claire; 5, disque épais.

noyau. Leur longueur varie de 40 à 200 millièmes de millimètre; leur largeur de quatre à vingt. Leur protoplasme est amorphe et transparent; toutefois, à l'aide de réactifs, on peut y distinguer une division en fibrilles longitudinales très ténues. Les muscles composés de fibres lisses se rencontrent dans les organes internes, par exemple dans l'estomac et l'intestin; leur contraction est lente et complètement indépendante de la volonté. C'est ainsi que les mouvements de l'estomac se produisent au moment de la digestion sans que nous en ayons conscience. On donne quelquefois aux muscles lisses le nom de *muscles de la vie organique*.

2° Les *fibres striées* (fig. 43) sont des éléments beaucoup plus différenciés que les précédents. Elles peuvent s'étendre sur une longueur de 3 et même 4 centimètres. Sous le microscope, elles se distinguent au premier abord par une striation transversale très nette.

En s'aidant de réactifs colorants, on y distingue les parties suivantes : 1° une membrane d'enveloppe très apparente, appelée *sarcolemme* (fig. 186); 2° la *substance musculaire*, provenant de la différenciation du protoplasme de la cellule originelle : elle est sillonnée non seulement par des stries

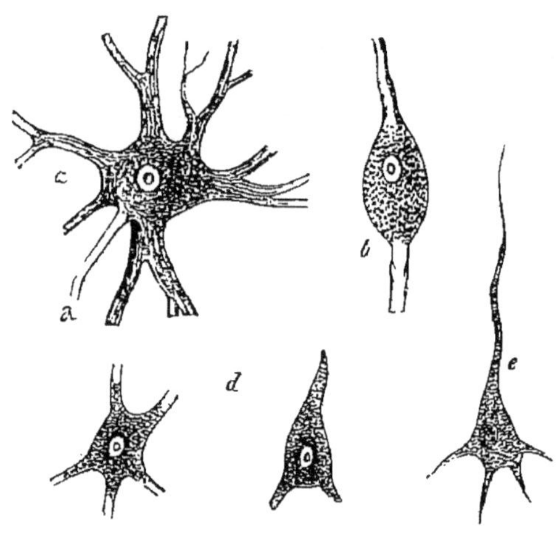

Fig. 45.

Fig. 45. — Cellules nerveuses. — *a*, cellule multipolaire : a, son prolongement simple; *b*, cellule bipolaire d'un ganglion spinal; *d*, cellules du noyau denté du cervelet; *e*, cellule pyramidale de l'écorce du cerveau.

transversales, mais par des stries longitudinales; ces dernières divisent la substance musculaire en nombreuses fibrilles, séparées les unes des autres par une couche extrêmement mince de protoplasme non différencié; chaque *fibrille* musculaire se compose elle-même (fig. 44) d'une succession de disques alternativement épais et minces, granuleux, séparés par des espaces clairs où la substance musculaire est beaucoup moins dense; ces disques sont la cause de la striation transversale; 3° entre la substance musculaire et le sarcolemme se trouvent plusieurs *noyaux*, entourés d'une petite quantité de protoplasme non transformé en fibrilles.

On voit que les disques des fibrilles sont les éléments les plus simples que révèle l'analyse de la *fibre* ou *faisceau musculaire*.

Par exception, les fibres striées qui forment le cœur sont *involontaires*.

Chez les Mollusques, les muscles, volontaires ou non, sont presque tous lisses; chez les Arthropodes (Insectes...), ils sont striés.

Les muscles striés s'appellent aussi *muscles de la vie animale.*

7° **Tissu nerveux.** — Tandis que les tissus précédents ne renferment qu'une seule sorte d'éléments histologiques, le tissu nerveux en contient deux, tantôt isolées, tantôt unies; ce sont les *cellules nerveuses* et les *fibres nerveuses.*

Les *cellules nerveuses* (fig. 45) se composent d'une simple masse protoplasmique, sans membrane, et munie d'un noyau très développé. Elles forment l'élément fondamental de tous les *centres* nerveux (cerveau...); ce sont elles, en effet, qui élaborent les sensations, les incitations motrices et les incitations glandulaires. Leur taille varie entre 10 et 100 millièmes de millimètre; les plus grandes peuvent être distinguées à *l'œil nu*, par exemple le long de la région inférieure de la moelle épinière du Bœuf.

Les cellules nerveuses sont toujours munies de prolongements; parfois on en trouve deux (*b*) (cellules *bipolaires* du cervelet); le plus souvent plusieurs prolongements (de trois à dix); *en un mot, ces cellules sont* surtout étoilées ou *multipolaires* (*a*). Les prolongements sont eux-mêmes ramifiés et se mettent en rapport avec ceux des cellules voisines, leur ensemble formant une sorte de réseau. Un seul reste simple *et* se *continue* avec le cylindre-axe d'une fibre nerveuse. Les mailles du réseau des cellules nerveuses sont occupées par une substance gélatineuse de nature albuminoïde, appelée *névroglie*, dans laquelle cheminent les vaisseaux capillaires, et qui sert d'intermédiaire entre le sang et les cellules qu'il doit nourrir.

Les *fibres nerveuses* (fig. 46) se rencontrent dans les centres, unies aux cellules par le prolongement simple de ces dernières (*d*); mais elles for-

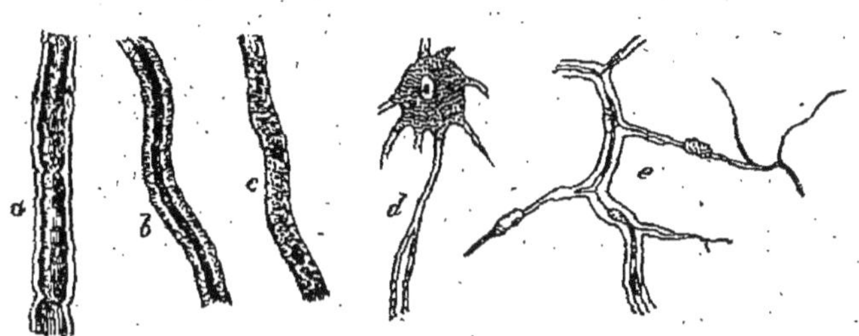

Fig. 46.

Fig. 46. — Fibres nerveuses. — *a*, fibre à myéline avec cylindre-axe large; *b*, id.; *c*, fibre de Remak; *d*, origine centrale d'une fibre; *e*, sa terminaison périphérique (dans la peau).

ment à elles seules les *nerfs*, cordons blanchâtres qui mettent les centres en rapport avec toutes les autres parties du corps (organes des sens, muscles, glandes...).

On en distingue de deux sortes : 1° les fibres nerveuses à *myéline* ; 2° les fibres sans myéline ou fibres de *Remak.*

Les *fibres à myéline* (fig. 47) peuvent s'étendre dans toute la longueur d'un nerf; leur diamètre moyen est de 10 millièmes de *millimètre*; elles sont divisées par des étranglements annulaires équidistants en segments qui peuvent atteindre 1 millimètre de longueur et qui correspondent chacun à une cellule. Chaque segment se compose (fig. 48) : 1° *d'un cordon* axile vitreux, appelé *cylindre-axe* (*a*), qui se continue sans interruption d'une extrémité de la fibre à l'autre; il est de nature albuminoïde; 2° tout autour un manchon isolant de *myéline* (*hi*), matière oléagineuse riche en lécithine, substance grasse phosphorée ($C^{42}H^{84}AzPhO^9$); 3° la myéline est recouverte par une *lame protoplasmique* très mince (*h* et *i*) qui se réfléchit au niveau des étranglements pour se continuer sur le cylindre-axe; elle est ainsi isolée à la fois du cylindre-axe, et de la myéline des segments voisins; dans le protoplasme on distingue un *noyau*, logé dans une dépression de la myéline; 4° enfin la fibre est protégée par une membrane homogène et résistante, la *gaine de Schwann* (*s*).

Les *fibres nerveuses sans myéline* (fig. 46, *c*) sont généralement cylindriques; elles se composent d'une partie axile (cylindre-axe) divisée en fibrilles longitudinales, et d'un manchon protoplasmique, muni de noyaux et légèrement condensé en membrane à la périphérie.

Dans le très jeune âge, les nerfs ne renferment que des fibres sans myéline; chez l'adulte, on y trouve à la fois des fibres à myéline et des fibres de Remak, mais en proportions variables. Ainsi, dans les nerfs émanés du

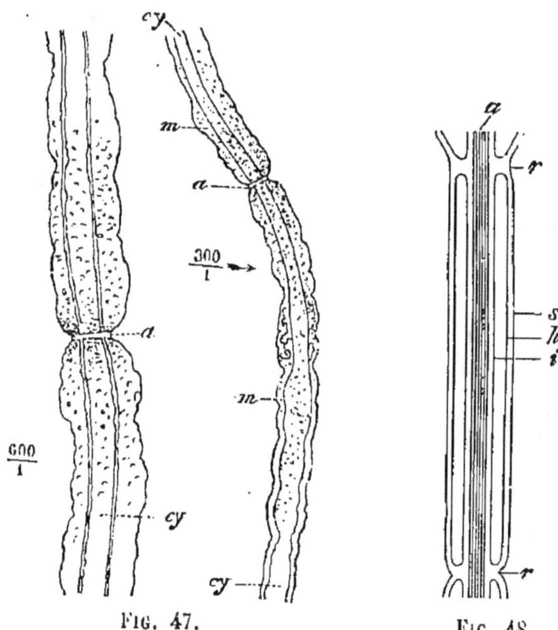

Fig. 47. Fig. 48.

Fig. 47. — Fibres nerveuses. — *cy*, cylindre-axe; *m*, myéline; *a*, étranglements annulaires.

Fig. 48. — Schéma d'une fibre nerveuse à myéline. — *a*, cylindre-axe; *r*, étranglement annulaire; *s*, gaine de Schwann; *h*, lame protoplasmique externe; *i*, lame protoplasmique interne (en blanc); entre *h* et *i*, myéline.

cerveau et de la moelle épinière, les premières dominent; au contraire, les nerfs du système sympathique, qui sont ternes, et non brillants comme les nerfs cérébro-spinaux, sont presque exclusivement formés de fibres de Remak.

Tissus chimiques; tissus mécaniques. — Les divers tissus peuvent être répartis d'après leurs fonctions en deux groupes : 1° les *tissus chimiques*, physiologiquement très actifs et prépondérants (t. musculaire, nerveux, secréteur; sang); 2° les *tissus mécaniques*, à vie plus réduite, servant seulement à la protection ou au soutien du corps (t. osseux, cartilagineux; épith. de revêtement).

DEUXIÈME PARTIE

ANATOMIE ET PHYSIOLOGIE DE L'HOMME

Division du sujet. — Les fonctions qui s'accomplissent dans notre organisme sont de trois ordres :

1° Les fonctions de *nutrition*, qui ont pour but d'assurer la vie du corps;

2° Les fonctions de *relation*, qui servent à mettre le corps en rapport avec le monde extérieur;

3° Les fonctions de *reproduction*, qui assurent la perpétuité de l'espèce.

Fonctions et appareils de nutrition. — Les fonctions de nutrition sont elles-mêmes variées.

On peut les diviser en fonctions d'*entrée*, fonctions de *nutrition proprement dites* et fonctions de *sortie*.

Les *fonctions d'entrée* consistent dans l'apport de l'aliment à toutes les cellules de l'organisme ; ce sont :

1° La *digestion*, action préalable de l'être vivant sur l'aliment, destinée à amener ce dernier à un état tel qu'il puisse pénétrer dans le corps;

2° L'*absorption* ou passage de l'aliment digéré, ainsi que de l'oxygène, du milieu extérieur dans le milieu intérieur, c'est-à-dire dans le sang;

3° La *circulation*, transport de l'aliment digéré et absorbé, ainsi que de l'oxygène, à tous les éléments anatomiques, par la voie du sang.

Les *fonctions de nutrition proprement dites* sont : l'*assimilation* ou création de matières organiques aux dépens de l'aliment, par le protoplasme des éléments, et la *désassimilation* ou destruction des substances organiques contenues dans ces mêmes éléments, par l'oxygène absorbé. Ces deux fonctions s'exercent dans toute cellule vivante (p. 8).

Les *fonctions de sortie* ont pour but d'amener hors de l'organisme, soit définitivement, soit transitoirement, divers produits élaborés par les éléments. Elles se réduisent à l'*excrétion*, fonction complexe dans laquelle il y a lieu de distinguer l'*excrétion proprement dite* ou rejet définitif des déchets organiques dans le milieu extérieur (l'urée par les reins, l'acide carbonique par les poumons...), et la *sécrétion* ou élaboration de liquides utiles, amenés hors de l'organisme pour l'accomplissement d'une fonction déterminée et susceptibles d'être réabsorbés par lui (sécrétion des sucs digestifs...).

L'absorption de l'oxygène présente ce caractère particulier qu'elle est en rapport déterminé avec la sortie ou dégagement de l'acide carbonique, un des principaux déchets : aussi réunit-on d'ordinaire ces deux phénomènes, constituant l'échange gazeux entre l'organisme et le milieu extérieur, sous le nom de *respiration;* on voit que cette fonction est *mixte*, c'est-à-dire à la fois d'entrée et de sortie.

Chacune des fonctions précédemment énumérées s'accomplit grâce à un appareil spécial : l'*appareil digestif, absorbant, circulatoire;* l'*appareil*

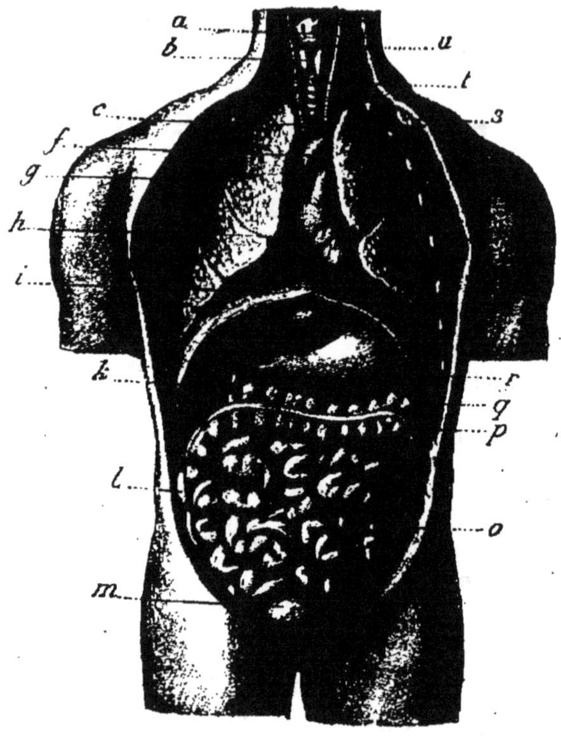

Fig. 49.

Fig. 49. — Principaux organes du tronc. — *a*, larynx ; *b*, corps thyroïde (goitre) ; *c*, tronc brachio-céphalique ; *f*, aorte ; *g*, poumon ; *h*, cœur ; *i*, diaphragme ; *k*, foie ; *l*, cæcum ; *m*, vessie ; *o*, intestin grêle ; *p*, gros intestin ; *q*, côte sectionnée ; *r*, estomac ; *s*, clavicule ; *t*, trachée ; *u*, artère carotide gauche.

d'assimilation et *de désassimilation* (protoplasme et noyau) ; l'*appareil excréteur* (excréteur proprement dit et sécréteur) ; l'*appareil respiratoire*.

Fonctions et appareils de relation. — Les fonctions de relation sont au nombre de deux principales :

1° La *fonction de sensibilité*, qui consiste en un ensemble de modifications organiques (sensations, phénomènes intellectuels...) provoquées en nous par les forces du milieu extérieur (lumière, son...) et destinées à former nos représentations sur le monde ambiant ;

2° La *fonction de mouvement* ou *de contraction*, ensemble de réactions à ces mêmes forces, réactions qui nous permettent de nous mettre en rapport avec des points variés du milieu extérieur.

Sensations, phénomènes intellectuels et mouvements sont toujours la conséquence plus ou moins éloignée d'excitations dues aux forces externes, lesquelles agissent sur certains points déterminés (organes des sens) de la surface de notre corps.

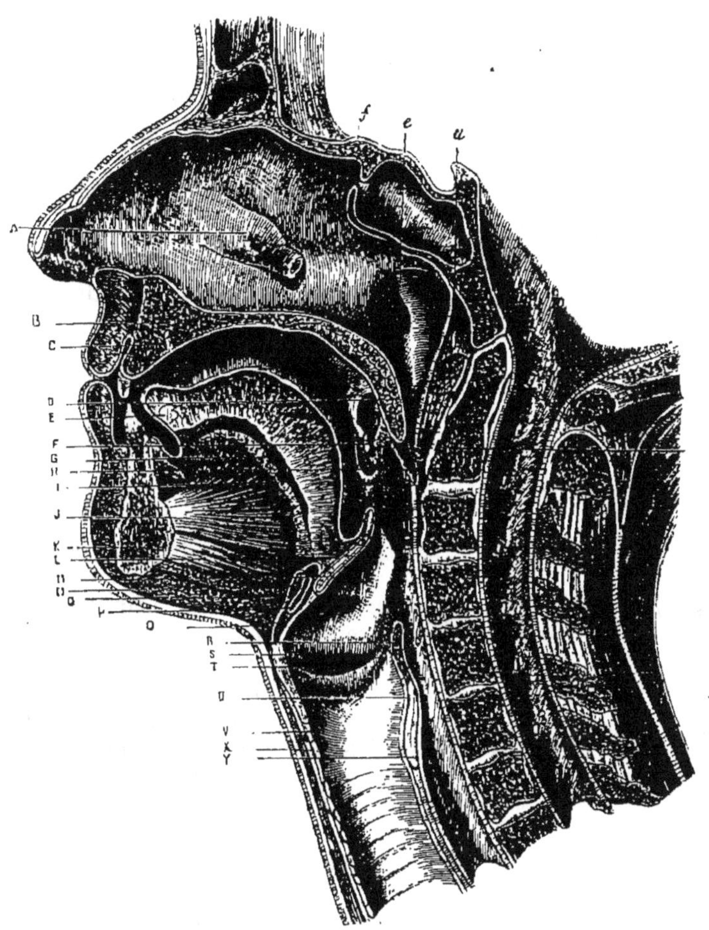

FIG. 49 *bis*.

FIG. 49 *bis*. — Coupe antéro-postérieure de la face et du cou. — A, cloison des fosses nasales; B, maxillaire supérieur; C, canal palatin antérieur; D, coupe du voile du palais; E, glande de Nuhn; F, amygdale; G, coupe du muscle génio-glosse; H, luette; I, tissu graisssux situé entre les deux génio-glosses; J, tendon d'insertion du génio-glosse; K, maxillaire inférieur; L, muscle génio-hyoïdien; M, coupe de l'épiglotte; N, coupe du muscle mylo-hyoïdien; O, coupe de l'os hyoïde; P, bourse séreuse rétro-hyoïdienne; Q, membrane thyro-hyoïdienne; R, coupe du muscle aryténoïdien; S, corde vocale supérieure; T, ventricule du larynx; UY, coupe du cartilage cricoïde (partie postérieure); X, coupe du cartilage cricoïde (partie antérieure); *b*, axis; *a*, arc antérieur de l'atlas; *e*, pavillon de la trompe d'Eustache; *f*, ouverture du sinus sphénoïdal.

Les appareils de relation sont :

1° *L'appareil sensoriel*, comprenant les *organes des sens* et le *système nerveux*, pour la sensibilité et les phénomènes intellectuels;

2° L'*appareil locomoteur*, comprenant le *système musculaire*, le *système squelettique* et le *système nerveux*, pour la fonction de mouvement.

(*Système* se dit plutôt d'un ensemble d'organes semblables, et *appareil* d'un ensemble d'organes différents : système musculaire, appareil digestif.)

— Les fonctions de nutrition sont, comme on le verra dans la suite, intimement liées aux fonctions de relation : ainsi la digestion, la respiration... comportent des mouvements et se trouvent par suite sous l'empire de la fonction de contraction ; d'autre part, les organes de relation, le cerveau par exemple, sont placés sous la dépendance directe des appareils de nutrition, ceux-ci étant destinés à entretenir leur vie ; etc...

Fonctions de nutrition et de relation sont donc étroitement solidaires et ne peuvent s'accomplir les unes sans les autres.

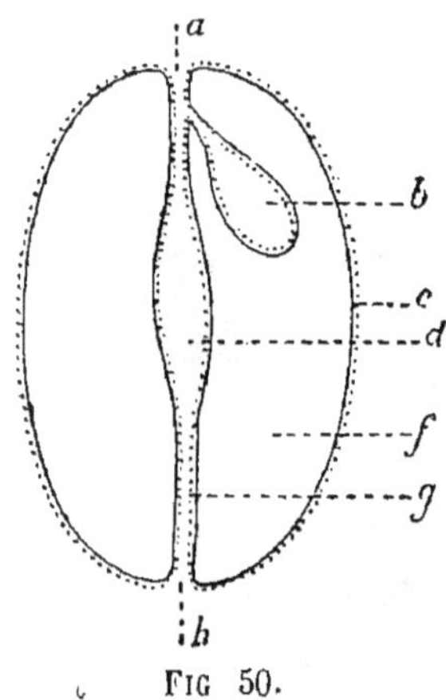

FIG 50.

FIG. 50. — *a*, bouche ; *b*, poumons ; *c*, tégument ; *d*, estomac ; *f*, intérieur du corps ; *g*, intestin ; *h*, anus (fig. sch.). La ligne pointillée indique l'*extérieur* du corps : les cavités digestives et pulmonaires en font partie.

Position des appareils et systèmes dans l'organisme. — Le corps de l'Homme présente à considérer trois grandes régions : 1° la tête ; 2° le tronc ; 3° les membres.

La *tête* contient l'*encéphale*, organe central du système nerveux, et les *organes des sens spéciaux* (organes de la vue, de l'odorat, de l'ouïe et du goût). Elle représente donc essentiellement le lieu d'élection des organes sensitifs et intellectuels (fig. 49 *bis*).

Le *tronc* est divisé en deux parties par une cloison musculaire bombée, appelée *diaphragme* (fig. 49, *i*), insérée sur le pourtour de sa paroi : le *thorax* ou poitrine en haut et l'*abdomen* ou ventre en bas. Dans le tronc en général, on trouve la partie fondamentale du *squelette* (colonne vertébrale, côtes et sternum) ; dans le thorax sont situés le *cœur* et les *poumons ;* dans l'abdomen, l'*estomac*, l'*intestin*, le *foie*, les *reins* et les *organes génitaux*. Le tronc est donc le lieu d'élection des organes de la nutrition et de la reproduction.

Enfin les *membres*, au nombre de quatre, symétriques deux à deux, renferment la plupart des muscles et leviers qui président à la locomotion.

Le corps de l'Homme est divisible en deux parties symétriques par un plan longitudinal médian antéro-postérieur : sa *symétrie* est en un mot *bilatérale*.

LIVRE PREMIER

APPAREILS ET FONCTIONS DE NUTRITION

CHAPITRE PREMIER

APPAREIL DIGESTIF

Division. — L'appareil digestif est un ensemble d'organes destinés à recevoir les aliments, à les digérer et à rejeter au dehors les parties qui ont résisté à l'action digestive.

Il se compose de deux grandes parties : 1° le *tube digestif*, cavité *extérieure* (fig. 50), qui comprend elle-même la *bouche*, le *pharynx*, l'*œsophage*, l'*estomac* et l'*intestin;* 2° les *glandes annexes*, savoir, les *glandes salivaires*, le *pancréas* et le *foie*, qui versent leurs produits de sécrétion dans le tube digestif.

TUBE DIGESTIF

I. **Bouche.** — La bouche, cavité initiale du tube digestif, est limitée en avant par les lèvres, latéralement par les joues, en

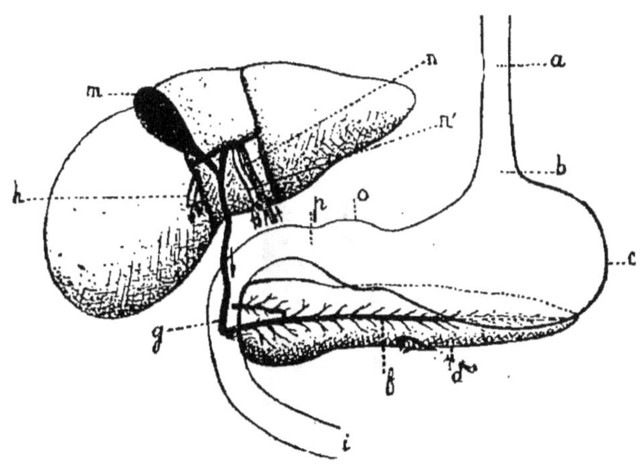

FIG. 50 *bis*.

FIG. 50 *bis*. — *a*, œsophage ; *b*, cardia ; *c*, grande tubérosité ; *d*, pancréas ; *f*, son canal principal ; *g*, canal cholédoque ; *h*, veine sus-hépatique ; *m*, vésicule biliaire ; *n*, artère hépatique ; *n'*, veine porte.

haut par la voûte palatine, en bas par la langue, en arrière par le *voile du palais* (fig. 83, *f*). L'orifice antérieur s'appelle *orifice buccal ;* l'orifice postérieur, *isthme du gosier*. La bouche renferme, outre la langue, les parties libres des deux mâchoires

dans lesquelles sont implantées les dents. Les glandes saliva[ires]
y versent leur produit de sécrétion.

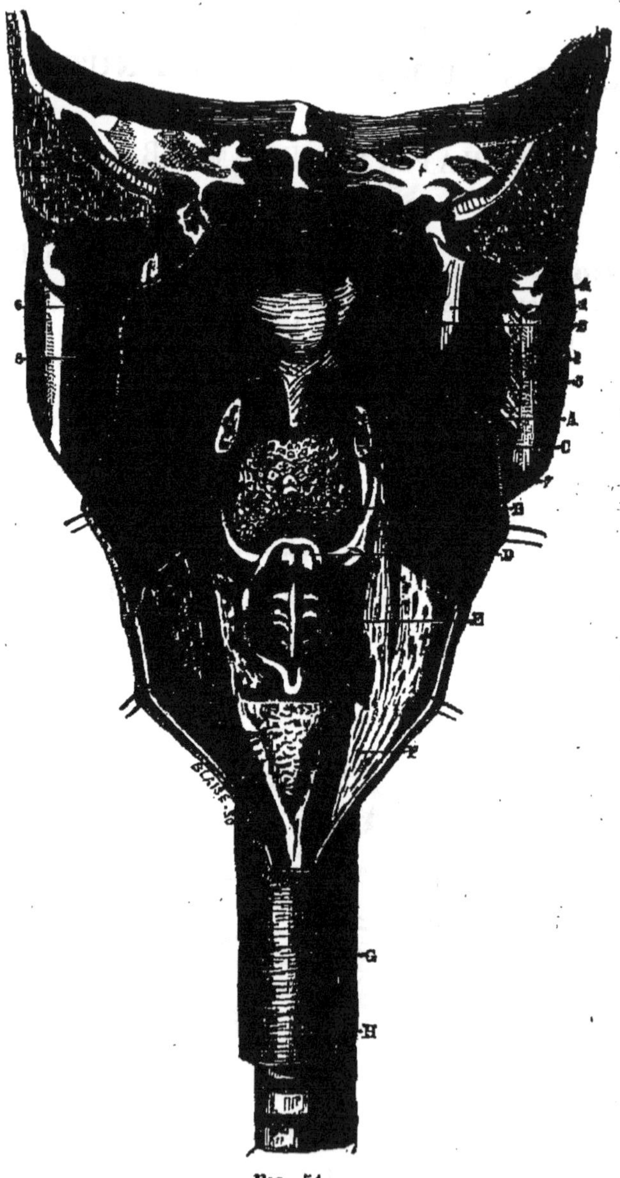

FIG. 51.

FIG. 51. — Pharynx, vu par la face postérieure du cou. — 4, muscle ptérygo[ï]dien externe ; 1, muscle stylo-pharyngien ; 2, muscle stylo-hyoïdien ; 3, muscle ptérygoïdien interne ; 5, muscle masséter ; A, luette ; C, amygdales ; 7, muscle pharyngo-staphylin ; B, langue ; D, épiglotte ; E, orifice supérieur du larynx ; F, muqueuse du pharynx ; G, œsophage ; H, trachée ; 8, muscle constricteur moyen du pharynx ; 6, muscle péristaphylin interne.

Lèvres et joues renferment de nombreux muscles, leur do[...]

nant une grande mobilité et recouverts, extérieurement par la peau, intérieurement par une membrane muqueuse rosée ; cette dernière contient de nombreuses petites glandes en grappe, formant autant de granulations sensibles au toucher. On appelle *gencive* la partie de la muqueuse qui tapisse le bord libre des deux mâchoires et qui enchâsse la base des dents ; ses glandules sécrètent le *tartre*, matière minérale composée de phosphate de chaux qui se solidifie à la base des dents.

Le *voile du palais* (fig. 51, 6) est une lame musculaire épaisse, limitant avec la partie postérieure de la langue l'isthme du gosier ; il est fixé au bord postérieur de la voûte du palais et se termine par un prolongement parfois très développé, la *luette* (fig. 51, A). De chaque côté de la base de la luette se voient deux replis, appelés *piliers antérieurs* et *postérieurs* du voile du palais ; les premiers se dirigent en avant et se portent sur les parties latérales de la langue ; les seconds se terminent en arrière sur les côtés du pharynx. Les deux piliers de chaque côté limitent entre eux un espace triangulaire dans lequel se trouve un petit organe, appelé *amygdale* (C), composé de nombreux amas de cellules, emprisonnées dans les mailles d'un réseau conjonctif riche en vaisseaux sanguins. Le voile du palais contient six paires de muscles, parmi lesquels nous citerons le *péristaphylin interne* (6), qui va s'insérer sur la partie cartilagineuse de la trompe d'Eustache (p. 250) ; le *péristaphylin externe*, etc.

Muscles masticateurs. — La mâchoire inférieure seule est mobile ; elle se compose (fig. 171) d'un fer à cheval antérieur et de deux branches montantes articulées de chaque côté avec l'os temporal par un renflement transversal, appelé *condyle* (E), un peu en avant et au-dessous du trou auditif ; les deux branches montantes présentent une apophyse, appelée *apophyse coronoïde* (F).

De nombreux muscles animent la mâchoire inférieure. Les uns sont élévateurs, les autres abaisseurs de cette mâchoire, et représentent par suite les muscles masticateurs.

Les principaux *élévateurs* sont : 1° le muscle *masséter* (fig. 52), fixé d'une part à la face externe de la mâchoire inférieure, depuis l'angle jusqu'à l'apophyse coronoïde, d'autre part, à l'os de la pommette ; 2° le muscle *temporal* (fig. 197), inséré en haut à l'os temporal par un bord circulaire et en bas à l'apophyse coronoïde ; 3° le *ptérygoïdien interne* (fig. 53) va de la base du crâne à la face interne de la branche montante du maxillaire inférieur ; non seulement, il élève la mâchoire, mais il la déplace latéralement ; 4° le *ptérigoïdien externe* (2) s'étend de la face inférieure du crâne à la partie antérieure du condyle ; il imprime à la mâchoire des mouvements d'avant en arrière, favorables au broiement des aliments.

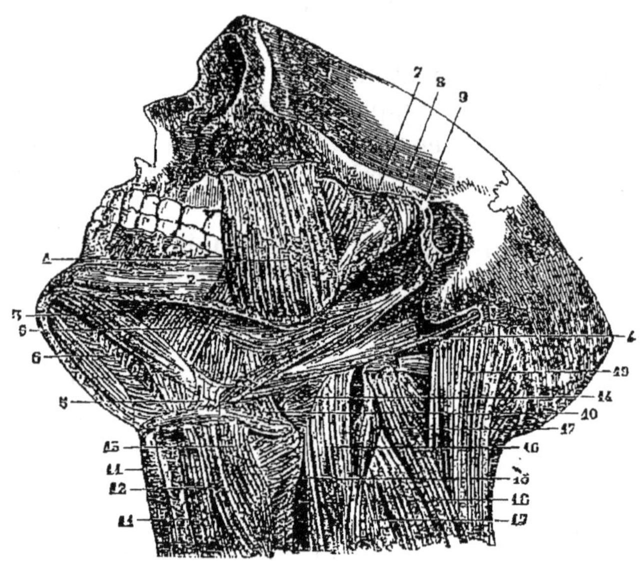

Fig. 52.

Fig. 52. — Muscles masticateurs, etc. — 1, muscle masséter (couche superficielle); 2, *id.*, couche profonde; 3, 5, 4, muscle digastrique; 3, son ventre antérieur; 4, son ventre postérieur; 6, muscle mylo-hyoïdien; 13, muscle thyro-hyoïdien; 17, muscle scalène antérieur; 15, 14, muscles constricteurs du pharynx; 19, muscle splénius; 7, muscle stylo-glosse; 8, muscle stylo-hyoïdien.

Les principaux *abaisseurs* sont : 1° le muscle *digastrique*

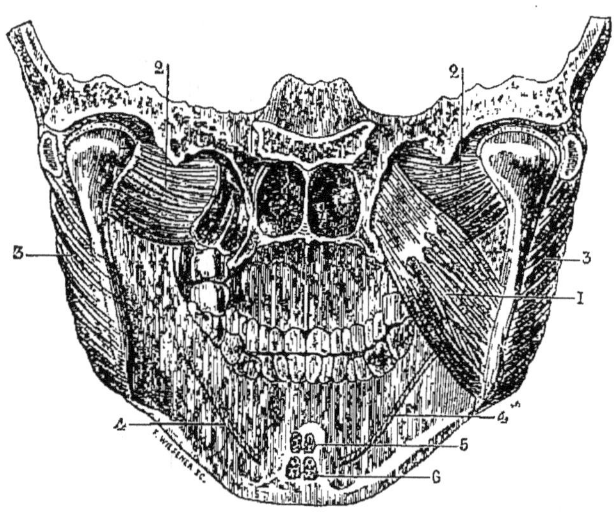

Fig. 53.

Fig. 53. — 1, muscle ptérygoïdien interne; 2, muscle ptérygoïdien externe; 3, muscle masséter; 4, insertion du mylo-hyoïdien; 5, 6, apophyses où s'insèrent des muscles, les génio-glosses en 5, les génio-hyoïdiens en 6.

(fig. 52) qui part de l'apophyse mastoïde du temporal, se dirige obliquement de haut en bas et d'arrière en avant (4), puis présente un tendon uni à l'os hyoïde par l'intermédiaire d'une sorte d'anneau fibreux (5) et enfin change de direction pour aller s'insérer à la partie antérieure et interne de la mâchoire inférieure (3). Les deux renflements ou ventres que présente ce muscle de chaque côté du tendon médian lui ont fait donner le nom de digastrique. Lorsque l'os hyoïde est fixé, le ventre antérieur abaisse la mâchoire inférieure par sa contraction. 2° Le muscle *mylo-hyoïdien* (fig. 52, 6) et le muscle *génio-hyoïdien* s'étendent de la partie antérieure et interne de la mâchoire inférieure à l'os hyoïde; ils abaissent la mâchoire, lorsque ce dernier est fixé, condition réalisée pendant la mastication; dans le cas contraire, l'os hyoïde est porté en avant, condition réalisée pendant la déglutition.

Dents. — Les dents sont les organes essentiels de la mastication des aliments (fig. 53). Elles sont implantées dans des cavités des mâchoires, appelées *alvéoles*, et entourées à la base de leur portion libre par la gencive.

La dentition de l'Homme présente des caractères différents suivant qu'on la considère chez l'adulte ou chez l'enfant.

Fig. 54 (a).

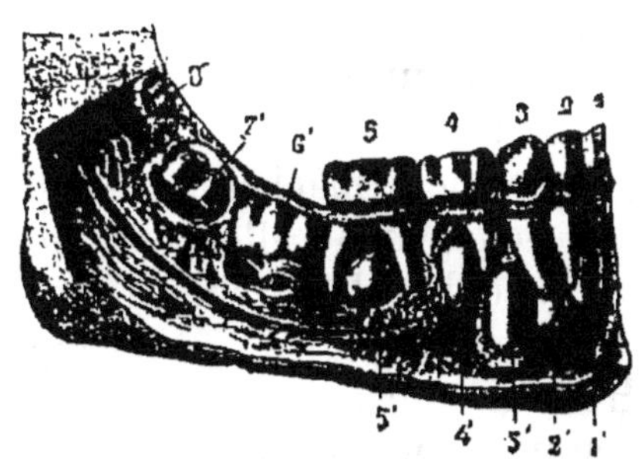

Fig. 54 (b).

Fig. 54 (a). — 1, incisives; 2, canine; 3, 4, molaires.

Fig. 54 (b). — Dents de lait (1-5) et germes des dents définitives (1'-8').

1° *Dentition de l'adulte.* — Lorsqu'elle est complète (fig. 54), elle comprend 32 dents, savoir, à chaque mâchoire :

Les *incisives* (1), au nombre de quatre, situées en avant; les *canines* (2), au nombre de deux, une de chaque côté des incisives; celles de la mâchoire inférieure sont situées immédiatement en avant de celles de la mâchoire supérieure; puis les *molaires*, au nombre de dix, cinq de chaque côté ; elles occupent le fond des mâchoires. De ces cinq molaires, les deux premières, plus petites, portent le nom de *prémolaires* (3) et les trois dernières, celui de molaires proprement dites ou *mâchelières* (4). La hauteur des dents au-dessus de la gencive est à peu près uniforme.

Chaque dent présente à considérer extérieurement trois parties : 1° la *couronne* (fig. 54) ou partie libre ; elle est large et taillée en biseau dans les incisives, apte parfois à inciser les aliments ; elle est terminée en pointe mousse dans les canines et sert à déchirer ; c'est chez les Carnassiers (*Canis*), que ces dents ont leur plus grand développement ; les prémolaires ont une couronne munie de deux tubercules séparés par une rainure ; enfin les mâchelières présentent une couronne cuboïde, large, munie supérieurement de quatre tubercules séparés par deux fentes cruciales ; 2° la *racine* ou partie implantée dans l'alvéole ; elle est simple et droite dans les incisives, qui agissent de haut en bas ; simple et recourbée à son extrémité dans les canines, qui exercent des tractions latérales ; simple ou double dans les prémolaires ; double ou triple, rarement quadruple, dans les molaires, ainsi solidement implantées dans les mâchoires ; 3° le *collet*, partie rétrécie, située au niveau de la gencive, entre la couronne et la racine.

Les incisives servent à découper certains aliments ; les canines à les déchirer, et les molaires à les broyer ; ces dernières agissent les unes sur les autres à la manière d'une meule, de là leur nom.

La dernière mâchelière n'apparaît que très tard (de vingt à trente-cinq ans) ; elle peut même rester durant toute la vie enfermée dans la mâchoire. On l'appelle *dent de sagesse*.

Formule dentaire. — On représente le système dentaire de l'Homme et des animaux par la *formule dentaire*. On appelle ainsi une suite de trois fractions, relatives, la première aux incisives, la seconde aux canines, la troisième aux molaires ; le numérateur de chacune d'elles indique la moitié du nombre des dents correspondantes de la mâchoire supérieure et le dénominateur, la moitié de celles de la mâchoire inférieure.

En d'autres termes, $\text{F. D.} = \dfrac{\frac{1}{2}\text{I}}{\frac{1}{2}\text{I}} + \dfrac{\frac{1}{2}\text{C}}{\frac{1}{2}\text{C}} + \dfrac{\frac{1}{2}\text{M}}{\frac{1}{2}\text{M}}$

Appliquée à l'Homme, cette formule devient :

$$\text{F. D.} = \frac{2}{2}\,\text{I} + \frac{1}{1}\,\text{C} + \frac{5}{5}\,\text{M} = 32 \text{ dents.}$$

De plus $\frac{5}{5}\,\text{M} = \frac{2}{2}\,pm + \frac{3}{3}\,m$ (pm = prémolaires, m = mâchelières).

Par suite $\text{F. D.} = \frac{2}{2}\,\text{I} + \frac{1}{1}\,\text{C} + \frac{2}{2}\,pm + \frac{3}{3}\,m$ ou simplement et en conservant toujours le même ordre,

$$= \frac{2}{2} + \frac{1}{1} + \frac{2}{2} + \frac{3}{3}.$$

2° *Dentition de l'enfant ou dentition de lait.* — La dentition dont nous venons de parler n'apparaît que vers l'âge de sept ans. Auparavant l'enfant possède une première dentition transitoire, composée de vingt dents seulement, appelées *dents de lait ;* savoir, à chaque mâchoire, quatre incisives, deux canines et deux prémolaires ; il n'y a à ce moment aucune trace externe des mâchelières (fig. 54, B).

La formule dentaire de l'enfant est donc :

$$\text{F. D.} = \frac{2}{2}\,\text{I} + \frac{1}{1}\,\text{C} + \frac{2}{2}\,pm.$$

Ces dents tombent successivement à partir de sept ans, pour laisser place aux dents de remplacement ou *dents permanentes* qui existaient à l'état d'ébauche depuis la naissance, au-dessous des dents de lait et dans le même alvéole, et qui ont simplement repris leur développement jusque-là interrompu ; les mâchelières sont dans le même cas.

Certains Mammifères (Cétacés, Édentés) manquent complètement de dentition de lait. Cela tient à un développement de plus en plus précoce des germes des dents définitives, qui a pour effet d'empêcher les dents de lait d'arriver au dehors et par suite d'occasionner l'atrophie de leurs germes.

La disparition de la dentition de lait s'étendra vraisemblablement pour la même raison à d'autres Mammifères, dans la suite des temps.

Structure des dents. — Étudions maintenant la conformation interne des dents. Pour cela, faisons une coupe longitudinale d'une incisive par exemple; nous y distinguerons quatre parties (fig 55), savoir :

1° L'*ivoire* (b), qui forme la masse principale ou corps de la dent ; 2° l'*émail* (a), qui constitue une couche mince sur la couronne ; 3° le *cement* (h), qui enveloppe la racine ; 4° la *pulpe dentaire* (*c*), partie molle qui remplit la cavité de l'ivoire.

1° L'*ivoire* est une substance jaunâtre, dure, creusée d'une cavité renfermant la pulpe dentaire. Il est sillonné de nombreux tubes, légèrement sinueux, qui vont de la pulpe à l'émail, perpendiculairement à la surface de cette dernière ; ces tubes, appelés *canalicules dentaires*, sont réunis les uns aux autres par de nombreuses anastomoses (fig. 56); ils se terminent, à la périphérie de l'ivoire, soit en pointes fines, soit en anses pour se continuer avec les canalicules voisins. Dans chaque canalicule, on trouve un filament protoplasmique qui n'est pas autre chose que le prolongement d'une cellule de la pulpe; on l'appelle quelquefois *fibre dentaire*. La couche limitante externe de l'ivoire présente de nombreux corpuscules irréguliers, laissant entre eux des espaces vides, et surtout nombreux sur les racines au contact du cément; on l'appelle *couche granuleuse* de l'ivoire. C'est en elle que viennent se terminer ou se réfléchir les canalicules dentaires.

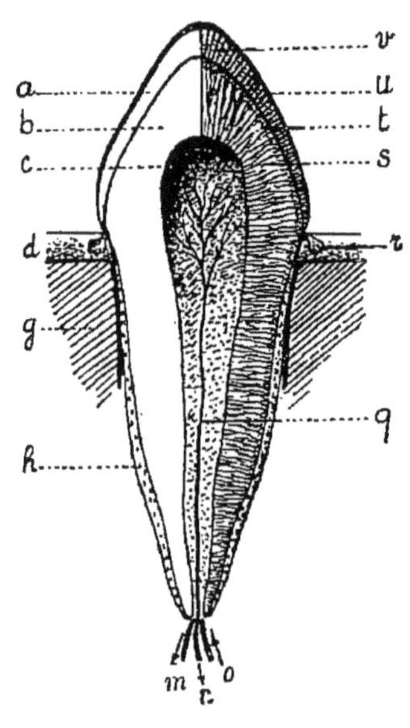

FIG. 55.

FIG. 55. — Coupe d'une incisive.

2° L'*émail* est une substance blanche composée de *prismes* ondulés (fig. 56), exactement juxtaposés et dirigés verticalement sur la surface de mastication, obliquement, puis horizontale-

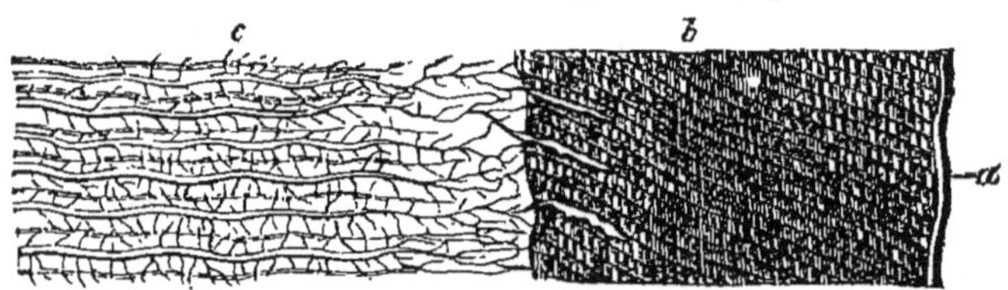

FIG. 56.

FIG. 56. — Coupe mince d'une dent. — *b*, émail ; *a*, sa cuticule; *c*, ivoire.

ment sur les bords. La surface externe de l'émail est limitée par un revêtement mince, appelé *cuticule*, particulièrement remarquable par sa résistance aux réactifs chimiques, tels que les acides et les alcalis : c'est la couche protectrice de la dent.

L'émail qui s'amincit régulièrement depuis le sommet de la couronne jusqu'au collet, est beaucoup plus dur que l'ivoire; il est par contre beaucoup plus fragile, à tel point qu'il peut se fracturer sous l'influence d'une variation de température trop brusque ; cela tient à la faible proportion de matières organiques qu'il contient. Lorsque la cuticule de l'émail vient à être entamée par accident en un de ses points, les prismes sous-jacents sont peu à peu altérés par des organismes microscopiques (bactéries) et bientôt la décomposition gagne l'ivoire. Ainsi se produit la *carie* des dents. A la longue, l'émail s'use complètement et met à nu l'ivoire.

3° Le *cément* est une matière jaunâtre, moins dure que l'ivoire et dont la structure rappelle celle du tissu osseux. Il fait suite à l'émail et se prolonge jusqu'au sommet de la racine. Dans sa substance, homogène ou lamelleuse, on trouve de nombreux *corpuscules osseux* ou ostéoplastes, munis de prolongements anastomosés entre eux et avec les canalicules de l'ivoire. Chez les personnes âgées, où le cément est très épais, on y remarque de véritables *canaux de Havers*, allant de l'extérieur à l'intérieur. Le cément est entouré d'une membrane, appelée *périoste alvéolaire*.

4° La *pulpe dentaire* est le tissu conjonctif qui remplit la cavité de l'ivoire, ainsi que les canaux par lesquels elle se prolonge dans la racine. Ces canaux dentaires donnent accès à un rameau artériel et à un rameau veineux (*mo*) qui se divisent en capillaires dans la pulpe, dont elles constitue le réseau nourricier ; on y remarque en outre un filet nerveux (nerf dentaire), dépendant du nerf trijumeau, cinquième paire crânienne : ses fines ramifications sont facilement irritées, lorsque la pulpe, mise à nu par l'usure progressive de l'ivoire, est soumise à un brusque abaissement de température, ou lorsqu'on dépose à sa surface certaines substances, telles que du sucre... De là des sensations douloureuses, momentanées ou persistantes (maux de dents).

La pulpe dentaire est la seule partie vivante de la dent ; les cellules qu'elle contient sont particulièrement nombreuses à sa surface, au point de contact avec l'ivoire ; elles sont cylindriques et forment une couche continue rappelant un épithélium. Les fibres dentaires ne sont pas autre chose que les prolongements externes de ces cellules.

Composition chimique des dents. — L'ivoire, l'émail et le cément se composent de deux parties : 1° une *substance organique*, de nature albuminoïde, peu abondante, surtout dans l'émail ; 2° des *sels minéraux*, qui incrustent la partie organique et donnent à la dent sa dureté ; parmi eux le phosphate de chaux domine ; vient ensuite le carbonate de chaux, puis le fluorure de calcium, etc. L'émail contient environ 90 pour 100 de matières minérales et 10 pour 100 seulement de matières organiques. Quant à la pulpe, elle représente un tissu conjonctif et consiste par suite surtout en matières albuminoïdes.

On analyse les dents comme les os (p. 24).

Développement des dents. — La première ébauche des dents apparaît dès le second mois de la vie embryonnaire dans l'épaisseur des mâchoires non encore ossifiées; mais ce n'est que de cinq à huit mois après que les premières dents de lait, complètement constituées, se montrent au dehors.

Le bord libre des mâchoires présente au début un sillon au-dessous duquel commence le développement. Les futures mâchoires sont recouvertes d'une muqueuse (fig. 57), composée d'un derme (*b*) de tissu conjonctif et d'un épithélium stratifié (*a*), ayant les mêmes caractères de structure que le derme et l'épiderme de la peau. Ainsi, l'assise profonde de l'épithélium est formée, comme celle de l'épiderme, par des cellules cylindriques (fig. 1, *b*), étroitement juxtaposées et dirigées perpendiculairement à la surface libre de la muqueuse. Ce sont ces cellules qui sont actives dans l'évolution des dents, ainsi que le tissu conjonctif dermique voisin.

Au point où doit naître une dent, l'assise cylindrique s'enfonce dans le derme sous-jacent sous la forme d'une *double lame* de cellules (*c*); celles-ci se multipliant dans la région inférieure du repli, il en résulte bientôt la formation d'un bourgeon, le *bourgeon épithélial* (fig. 58, *c*) rattaché à l'assise

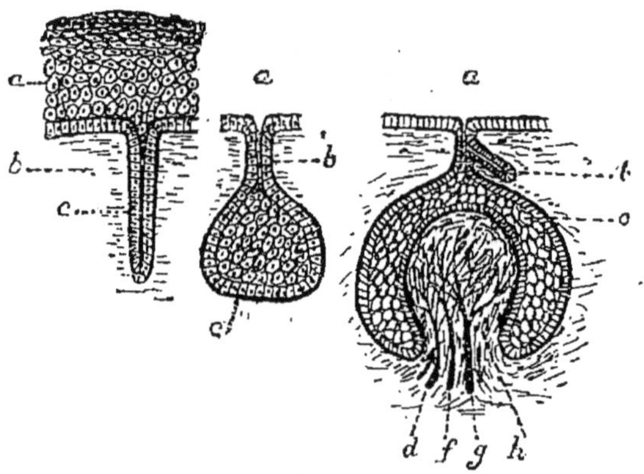

FIG. 57. FIG. 58. FIG. 59.

FIG. 57 à 59. — Développement des dents.

FIG. 57. — *a*, épithélium; *b*, derme de la muqueuse; *c*, repli de l'assise cylindrique.

FIG. 58. — *c*, futur organe adamantin (massif de cellules).

FIG. 59. — *a*, épithélium; *b*, origine de la dent de remplacement; *c*, organe adamantin en capuchon ; *d*, *g*, artère et veine; *f*, filet nerveux; *h*, papille dermique.

cylindrique par la partie initiale (*b*) de la double lame où aucun cloisonnement cellulaire n'a eu lieu. Ce bourgeon est l'ébauche de l'*organe adamantin* qui plus tard formera l'émail de la dent.

Pendant ce temps, le tissu conjonctif situé au-dessous du bourgeon épithélial s'accroît de bas en haut, soulève peu à peu ce dernier et constitue bientôt le *germe dentaire* (fig. 59, *h*) qui plus tard formera l'ivoire. Ce germe est recouvert comme d'un capuchon par le bourgeon épithélial déprimé. Dans le germe ou *papille dentaire* se ramifient des vaisseaux sanguins (*d*, *g*), artériels et veineux, qui apportent les matériaux nécessaires à l'édification de la dent, et un filet nerveux (*f*) qui lui donnera sa sensibilité. A ce moment, les cellules centrales du bourgeon épithélial se transforment en une masse gélatineuse transparente, limitée seulement par les cellules du repli primitif, et dont l'aspect a fait donner au bourgeon le nom d'organe adamantin (*c*).

Tandis que ces phénomènes s'accomplissent, le germe de la dent définitive apparaît ; à cet effet, les cellules de la double lame, situées au-dessus de l'organe adamantin, se comportent comme il vient d'être dit pour la dent de lait (fig. 59, *b*). Les ébauches des deux sortes de dents apparaissent donc au même moment, par le même mécanisme, et l'on peut dire que, si elles ne continuent pas à grandir toutes à la fois, c'est uniquement faute de place, à cause de la faible longueur des mâchoires. *La dentition de lait et la dentition définitive sont donc deux parties d'une seule et même formation,* apparues au même moment, mais achevant leur évolution à des époques différentes.

Autour des ébauches des dents de lait, le tissu conjonctif dermique voisin

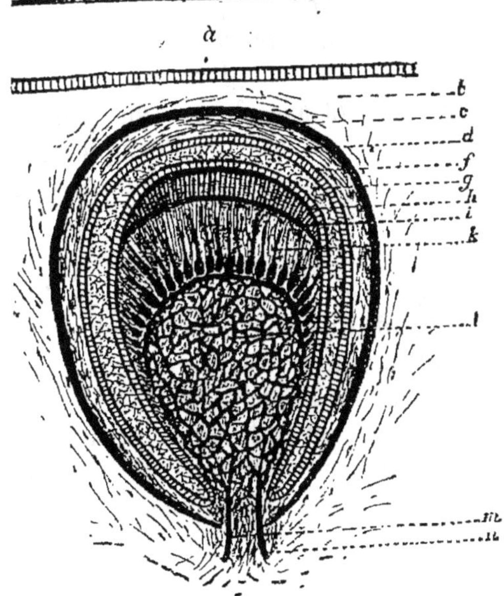

FIG. 60.

FIG. 60. — Développement des dents (suite). — *a*, épithélium ; *b*, derme ; *c*, sac dentaire (sa partie externe, dense) ; *d*, sac dentaire (sa partie interne, plus lâche) ; *f*, *g*, *h*, organe adamantin ; *g*, gelée adamantine ; *h*, membrane adamantine ; *i*, émail formé par cette dernière ; *k*, ivoire avec les cellules ciliées qui le sécrètent ; *l*, papille ; *m*, *n*, vaisseaux nourriciers.

forme de bonne heure une enveloppe, appelée *sac dentaire* (fig. 60, *c*), qui les sépare complètement de l'épithélium de la muqueuse ; les ébauches des dents permanentes se placent ensuite peu à peu au-dessous des précédentes.

Les choses étant en cet état, l'ossification commence. *L'ivoire* est une substance sécrétée par les *cellules ciliées* (fig. 60, *k*) qui recouvrent le germe dentaire (*l*); il s'épaissit de dehors en dedans ; le germe lui-même avec ses vaisseaux et nerfs formera la *pulpe* de la dent adulte. *L'émail* (*i*) est sécrété par la *membrane adamantine* (*h*), c'est-à-dire par l'assise cellulaire qui borde intérieurement l'organe adamantin et qui, au début, est au contact des cellules de l'ivoire ; mais cette assise ne fonctionne que dans sa région supérieure correspondant à la couronne de la future dent. L'émail s'épaissit de dedans en dehors, sous la membrane adamantine ; peu à peu la gelée est résorbée, et l'émail arrive au contact du sac dentaire. Le *cément* provient de la différenciation du tissu conjonctif lâche qui forme la partie interne du *sac dentaire* (*d*), mais seulement dans sa région inférieure, correspondant à la racine. La cavité qui contient la pulpe dentaire, d'abord largement ouverte, se rétrécit peu à peu à sa base pour constituer le canal dentaire, simple, double ou triple, qui donne accès aux nerfs et aux vaisseaux. La dent, grandissant toujours, paraît bientôt au dehors. A un moment donné, la croissance cesse par suite de l'oblitération du ou des canaux dentaires.

II. **Pharynx.** — Le pharynx ou arrière-bouche est un canal irrégulier (fig. 51 et 83), à parois musculaires, long de 12 à 14 centimètres et large de 5 à 6; il communique supérieurement avec les fosses nasales et avec la bouche, plus bas avec la trachée-artère et inférieurement avec l'œsophage. Les muscles de sa paroi servent les uns à rétrécir le pharynx (*muscles constricteurs*) (fig. 52, 15), les autres à l'élever (*muscles élévateurs*), par leur contraction.

III. **Œsophage.** — L'œsophage est un tube cylindrique (fig. 83, *e*), s'étendant du pharynx à l'estomac ; ses dimensions sont : 22 à 25 centimètres de longueur et 25 à 30 millimètres de diamètre ; l'épaisseur de sa paroi est d'environ 4 millimètres. L'œsophage est compris entre la trachée en avant et la colonne vertébrale en arrière. Après avoir traversé le diaphragme, un peu à gauche, il s'ouvre dans l'estomac, au cardia.

Structure. — La paroi de l'œsophage comprend trois tuniques :

1° Une *membrane fibreuse* externe ; 2° une *couche musculeuse*, moyenne, composée de fibres longitudinales et plus en dedans de fibres circulaires formant des anneaux parallèles ; 3° d'une *tunique muqueuse*, interne, formée elle-même d'une couche épaisse de tissu conjonctif, d'une zone mince de fibres musculaires lisses et d'une muqueuse proprement dite limitée par un épithélium pavimenteux stratifié ; en outre, de nombreuses *glandes en grappe*, faciles à reconnaître à l'œil nu au relief qu'elles produisent sur la muqueuse. Les fibres musculaires longitudinales et circulaires sont toutes striées dans le cou; plus bas elles se mélangent à des fibres lisses, et inférieurement on ne trouve plus que des fibres lisses.

IV. **Estomac.** — L'estomac (fig. 49, *r*) est une poche située sous le diaphragme, communiquant d'une part avec l'œsophage par le *cardia*, de l'autre avec l'intestin par le *pylore*. Ce dernier orifice est limité par un repli circulaire de la muqueuse, d'environ 1 centimètre de largeur, appelé *valvule pylorique*, renfermant un fort muscle circulaire qui rétrécit l'orifice pylorique au moment de sa contraction. Le cardia ne présente ni valvule, ni sphincter.

On distingue dans l'estomac (fig. 61), la *grande tubérosité* (*f*) ou région gauche, renflée lorsqu'elle est remplie d'aliments; la *petite tubérosité* (*l*) ou région pylorique; la *grande courbure* (*h*) ou bord inférieur convexe et la *petite courbure* (*p*) ou bord supérieur concave. Les dimensions moyennes sont : 25 centimètres dans le sens transversal; 12 dans le sens antéro-postérieur et 9 en hauteur. La paroi est lisse extérieurement, plissée intérieurement.

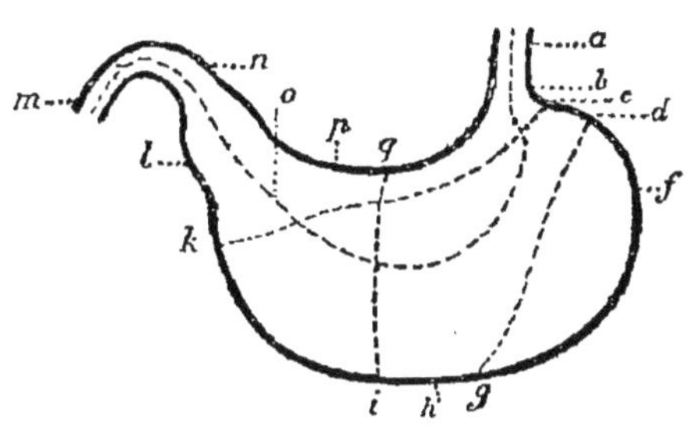

Fig. 61.

Fig. 61. — Estomac de l'Homme (fig. schém.). — *a*, œsophage; *b*, cardia; *n*, pylore; *m*, intestin; *ck*, *dg*, fibres obliques; *ckgd*, surface occupée par elles; *qi*, fibres transversales; *o*, fibres longitudinales; *f*, grande tubérosité, *l*, petite tubérosité; *h*, grande courbure; *p*, petite courbure. (Pour les nerfs, voy. fig. 340).

Structure. — L'estomac comprend, comme l'œsophage, trois tuniques (fig. 62), savoir :

1° Une tunique *séreuse* externe (C), dépendant du péritoine; c'est la tunique péritonéale; elle est interrompue au niveau des deux courbures et de la grande tubérosité; 2° la tunique *musculeuse* (B), composée de trois plans de fibres enchevêtrées : les unes, longitudinales (fig. 61, *o*), continuation de celles de l'œsophage; les secondes, transversales (*qi*), croisant les premières à angle droit; les troisièmes, internes et obliques (*ckgd*), occupant la grande tubérosité. Ces fibres s'entre-croisent à la manière des fils d'une étoffe; 3° la tunique *muqueuse* (fig. 62, A), comprenant une couche épaisse de tissu conjonctif lâche (*c*), une couche mince de fibres lisses (*b*) et enfin la muqueuse proprement dite, limitée par un épithélium cylindrique simple ; en outre, de nombreuses *glandes* (*a*)

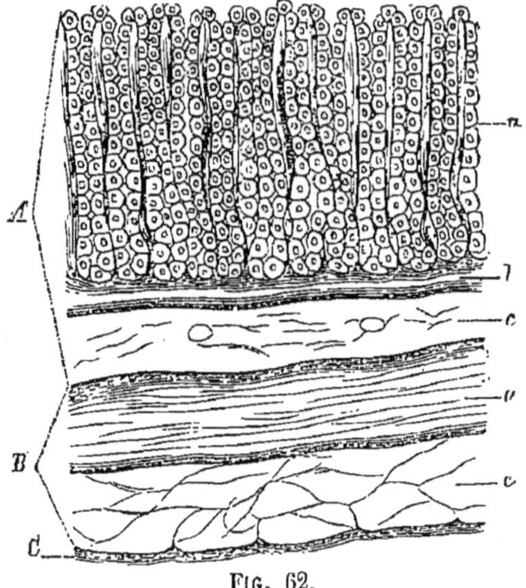

Fig. 62.

Fig. 62. — Coupe transversale de la paroi de l'estomac. — A, tunique muqueuse; B, tunique musculeuse; C, tunique séreuse; *a*, glandes en tube, situées dans la muqueuse proprement dite ; *b*, couche musculaire de la tunique muqueuse; *c*, sa couche conjonctive ; *e*, muscles longitudinaux ; *d*, muscles circulaires.

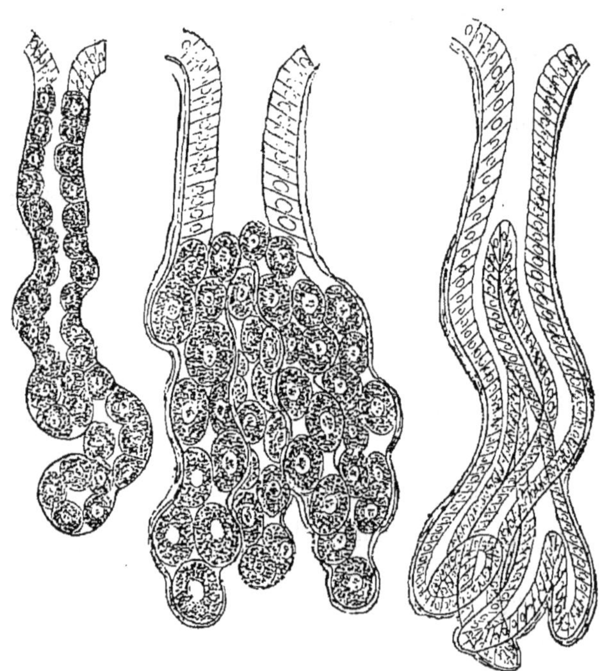

Fig. 63. Fig. 64. Fig. 65.

Fig. 63 à 65. — Glandes gastriques représentées isolément.

Fig. 63. — Glande pepsinifère en tube. — Fig. 64. — Glande pepsinifère en grappe. — Fig. 65. — Glande muqueuse.

logées dans cette dernière. La muqueuse gastrique est pâle à l'état de vacuité, rosée pendant la digestion.

Glandes de l'estomac. — Les glandes de la muqueuse gastrique sont de deux sortes : 1° les *glandes à pepsine*, sécrétant le suc gastrique ; les unes sont en tube (fig. 63), les autres en grappe (fig. 64) ; leur épithélium est composé de grandes cellules, ovales dans la région profonde, cylindriques sur le canal excréteur ; les cellules ovales, à contenu granuleux, sont seules sécrétantes. Elles sont localisées dans la moitié gauche, cardiaque, de l'estomac ; leur nombre est d'environ cinq millions ; un réseau vasculaire très riche chemine dans leur membrane limitante ; 2° les *glandes muqueuses* (fig. 65), produisant simplement du mucus stomacal, sans pepsine ; on les trouve dans toute la muqueuse, mais particulièrement dans la région pylorique. Elles sont toutes en grappe et leur épithélium est uniformément cylindrique, à cellules claires, non pas granuleuses comme les cellules à pepsine.

Toutes ces glandules viennent s'ouvrir par groupes dans de petits enfoncements de la muqueuse stomacale, bordés par un relief en forme de tronc de cône.

V. **Intestin.** — L'intestin est un long tube, partant du pylore et se terminant à l'anus ; il présente deux parties bien distinctes : l'*intestin grêle* (fig. 49, *o*), plus long et plus étroit (5 à 7 mètres), le *gros intestin* (fig. 49, *p*), plus court et plus large (2 mètres).

L'*intestin grêle* (fig. 68) est généralement divisé en trois parties, mais dont la première seule est bien distincte : le *duodénum*, de 12 à 15 centimètres de longueur (fig. 74, B), le *jéjunum* et l'*iléon* ; ces deux dernières forment une masse flexueuse présentant de nombreuses circonvolutions, sans limite précise entre le jéjunum et l'iléon. L'intestin grêle est suspendu à la colonne vertébrale par un repli du péritoine, appelé *mésentère* (fig. 68, *a*), qui l'enveloppe complètement, sauf au duodénum ; il est ainsi doué d'une très grande mobilité et cède facilement à la pression des organes voisins distendus, tels que la vessie lorsqu'elle est remplie d'urine.

La surface interne de l'intestin grêle présente de nombreux replis transversaux de la muqueuse, distants d'environ un centimètre et flottant librement dans la cavité intestinale ; on les appelle *valvules conniventes ;* elles ont une forme semilunaire et n'intéressent par suite que la moitié ou les deux tiers du pourtour de la muqueuse. Ces valvules augmentent considérablement la surface par laquelle s'effectuera l'absorption des produits de la digestion. Lorsqu'on examine un fragment d'intestin dans l'eau, on voit à l'œil nu que sa muqueuse est recouverte de nombreux prolongements qui lui donnent un aspect velouté; ce sont les *villosités intestinales* (fig. 67); on les rencontre aussi bien sur les valvules conniventes que sur les autres parties de la paroi. Les villosités sont les organes de l'absorption intestinale. Leur longueur varie de $0^{mm},2$ à 1 millimètre; leur nombre s'élève à plusieurs millions. On observe en outre, dans l'intervalle des villosités, de petits orifices glandulaires.

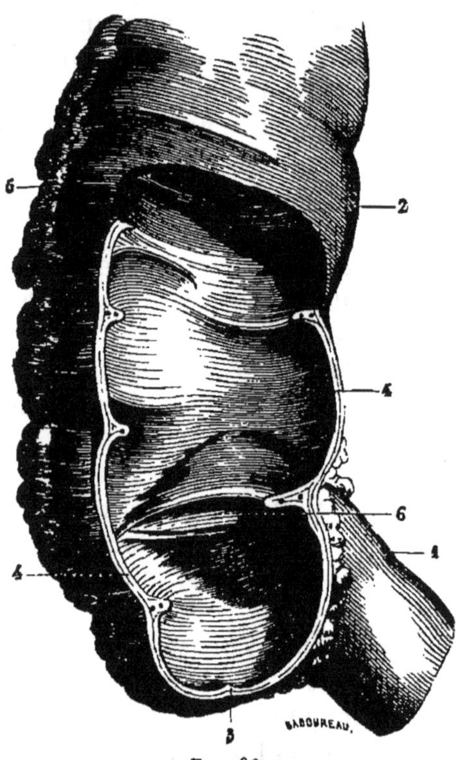

FIG. 66.

FIG. 66. — 1, intestin grêle (iléon); 2, côlon ascendant; 3, cæcum; 4, bosselures du gros intestin; 5, appendices graisseux; 6, valvule iléo-cæcale.

Le *gros intestin* (fig. 68) comprend trois parties : le *cæcum*, le *côlon* et le *rectum*. Le cæcum est un cul-de-sac court qui fait suite à l'iléon; il se prolonge vers le bas par l'*appendice vermiculaire*, large comme une plume d'oie et long de 3 à 15 centimètres. L'iléon, refoulant devant lui la paroi du cæcum, forme avec cette dernière la *valvule iléo-cæcale* (fig. 66), sorte de boutonnière à deux lèvres interceptant un orifice en forme de fente. Les aliments passent facilement de l'iléon dans le cæcum; mais ils ne peuvent effectuer le trajet inverse, les deux lèvres de la valvule s'adossant l'une contre l'autre et fermant l'orifice, d'autant mieux que la pression de reflux est plus considérable.

Le côlon entoure l'intestin grêle; on y distingue le côlon ascendant, le côlon transverse et le côlon descendant; ce dernier décrit inférieurement une courbe, appelée S iliaque.

Enfin le *rectum*, partie ultime du tube digestif, se termine à l'*anus*, orifice entouré d'un muscle circulaire ou *sphincter anal*. La surface du gros intestin est bosselée et munie de nombreux replis du péritoine, gorgés de graisse, appelés *appendices graisseux* (fig. 66, 5) ; la surface interne présente des valvules conniventes, mais jamais de villosités.

Structure de l'intestin. — Une section transversale de l'intestin grêle (fig. 67) permet de distinguer trois parties : 1° l'*enveloppe péritonéale;* 2° la *tunique musculaire* (*k*, *h*), composée d'une couche de fibres longitudinales et d'une couche

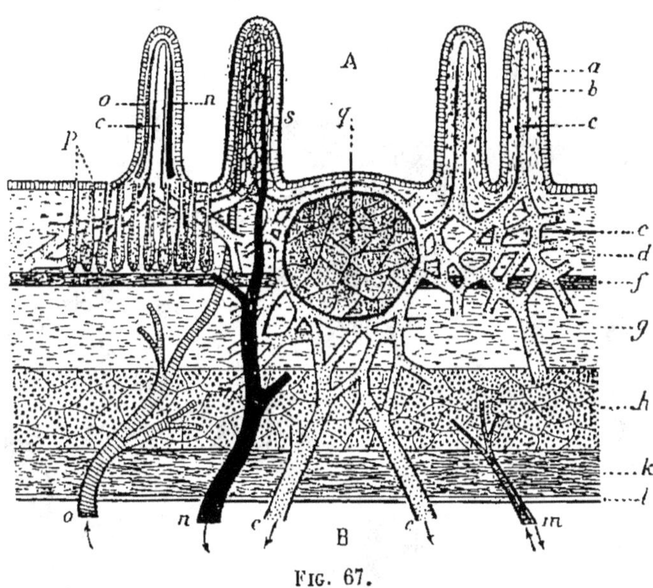

Fig. 67.

Fig. 67. — Coupe de l'intestin grêle (1 millimètre d'épaisseur). — A, cavité intestinale ; B, mésentère ; *a*, épithélium des villosités ; *b*, derme ; *c*, chylifère central ; *c c*, *c*, réseau des chylifères ; *d*, derme de la muqueuse ; *f*, couche musculaire ; *g*, zone conjonctive ; *h*, muscles circulaires ; *k*, muscles longitudinaux ; *l*, membrane péritonéale ; *m*, nerfs ; *n*, veines intestinales ; *o*, artère mésentérique ; *p*, glandes en tube avec leurs orifices : les glandes voisines s'ouvrent autour de la base de la villosité ; *s*, une villosité montrant les vaisseaux sanguins et lymphatiques ; *q*, follicules clos.

de fibres annulaires, toutes lisses et par suite involontaires ; 3° la *tunique muqueuse*, formée elle-même d'une couche épaisse de tissu conjonctif lâche que nous avons déjà rencontrée dans les autres parties du tube digestif, d'une zone mince de fibres lisses, et d'une muqueuse proprement dite composée d'un derme conjonctif et d'un épithélium cylindrique simple. Dans la muqueuse proprement dite sont logés de nombreuses *glandes* (*p*) et des corpuscules arrondis, de nature lymphatique, appelés *follicules clos* (*q*). Ces derniers, formés d'un réseau de tissu conjonctif riche en vaisseaux sanguins, emprisonnent dans leurs mailles de nombreuses cellules lymphatiques. Ils sont tantôt isolés, tantôt groupés et comprimés, comme dans l'iléon, où ils forment des amas ovales, visibles à l'œil nu et appelés *plaques de Peyer*.

GLANDES DE L'INTESTIN. — Elles sont fort nombreuses et

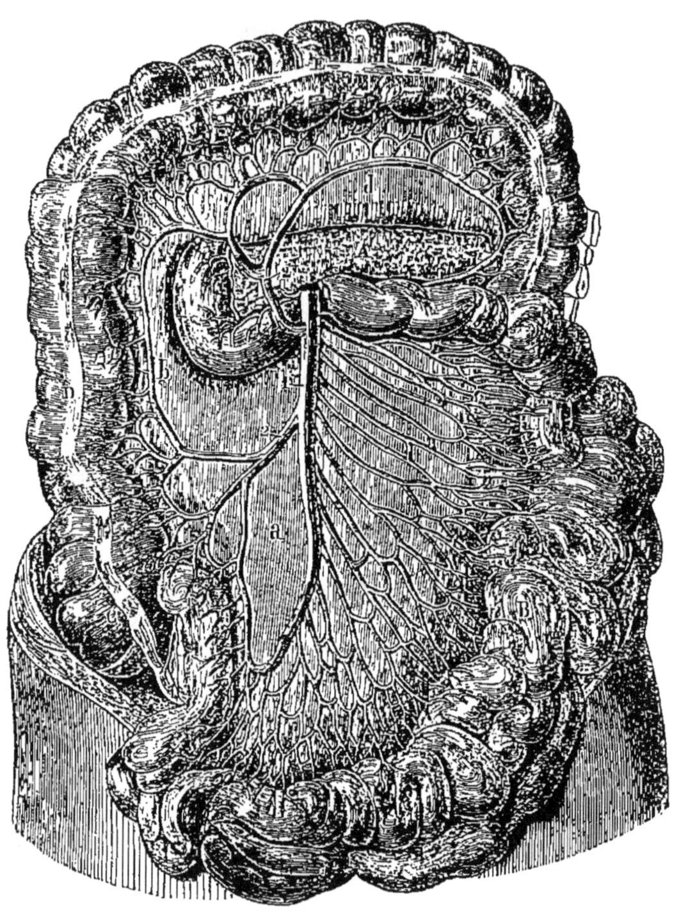

FIG. 68.

FIG. 68. — Intestin et artère mésentérique supérieure. — A, pancréas; B, intestin grêle ; C, cæcum ; D, côlon ascendant ; E, côlon transverse ; *a*, mésentère; *b*, mésocôlon ascendant ; *d*, mésocôlon transverse ; 1, artère mésentérique supérieure ; 2, artères coliques droites.

de deux sortes : 1° les glandes en *tube* (gl. de Lieberkühn) se rencontrent dans toute la muqueuse (*p*), sauf au niveau des follicules clos ; elles consistent en une simple assise de cellules cylindriques, sans membrane propre, directement en rapport avec le tissu conjonctif ambiant ; leurs orifices entourent la base des villosités ; leur nombre est considérable (longueur, 0^{mm},1).

2° Les glandes en *grappe* (gl. de Brunner) sont localisées dans le duodénum et visibles à l'œil nu; elles présentent un grand nombre de courtes ramifications, terminées chacune par un petit renflement sécréteur.

Les glandes de l'intestin sécrètent le suc intestinal.

Vaisseaux et nerfs. — Les vaisseaux de l'intestin sont : — l'*artère mésentérique supérieure* (fig. 68) et *inférieure*, en un mot les vaisseaux nourriciers; — les *veines intestinales* (fig. 69, *b*) qui font suite aux artères; elles se réunissent de proche en proche en un seul tronc, la *veine porte*, qui pénètre dans le foie; — des *vaisseaux lymphatiques* (fig. 69, *e*), issus un à un du centre des villosités; ils forment un réseau à la surface des follicules clos, avec les mailles desquels ils communiquent, puis sortent de la paroi de l'intestin. On donne le nom de *chylifères* aux lymphatiques de l'intestin. De distance en distance ils présentent des renflements blanchâtres (fig. 122), appelés *ganglions lymphatiques*; ils se réunissent de proche en proche les uns aux autres et forment finalement un canal unique, appelé *canal thoracique* (1). Ce dernier commence par une sorte de réservoir irrégulier de chyle, la *citerne de Pecquet* (4), traverse ensuite le diaphragme et se jette dans la veine sous-clavière gauche (2). Artères, veines et vaisseaux chylifères cheminent dans le mésentère.

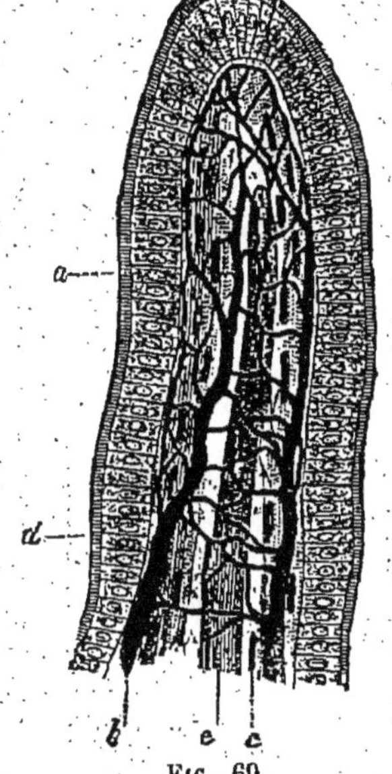

FIG. 69.

FIG. 69. — Une villosité intestinale. — *a*, derme de la villosité; *d*, épithélium cylindrique simple, dont les cellules sont limitées par un plateau strié; *c*, base de ces cellules; *b*, vaisseaux sanguins; *e*, vaisseau chylifère central.

Les *nerfs* proviennent du système sympathique.

Structure des villosités. — D'après ce qui précède, les villosités, organes de l'absorption, se composent (fig. 69) : 1° d'un *épithélium cylindrique*, à cellules étroitement unies; 2° du *derme conjonctif*, dans lequel sont disséminées des fibres musculaires lisses; il forme le *corps* de la villosité; 3° d'un *chylifère central* terminé en cul-de-sac; 4° de *vaisseaux capillaires*, artériels et veineux, formant un réseau très riche, surtout au voisinage de l'épithélium.

Péritoine. — Le péritoine est une membrane séreuse fort

importante qui enveloppe la plupart des organes abdominaux et les relie à la paroi du corps; il leur permet de se mouvoir, de glisser facilement les uns sur les autres, sans se mêler; de plus il les maintient en place en les suspendant en quelque sorte à la paroi abdominale et les empêche ainsi d'exercer les uns sur les autres des pressions qui seraient nuisibles à leur bon fonctionnement.

Pour nous faire une idée de la disposition fort compliquée du péritoine, supposons la cavité abdominale vide d'organes, occupée seulement par un sac fermé (fig. 70), rempli de liquide et tapissant la paroi : ce sac est le péritoine; le liquide qu'il contient est le liquide péritonéal. Or, chez l'embryon, les viscères naissent précisément entre la paroi du corps et le péritoine; pendant leur développement, ils font saillie dans l'abdomen (*k*) et s'enfoncent peu à peu dans le péritoine qui, refoulé en dedans, forme bientôt aux organes une enveloppe, dite péritonéale, complète ou partielle, mais toujours reliée à la partie du péritoine qui est restée adhérente à la paroi du corps. Le liquide péritonéal diminue ainsi de plus en plus; chez l'adulte il est très réduit; c'est lui qui permet le glissement des différents feuillets péritonéaux les uns sur les autres.

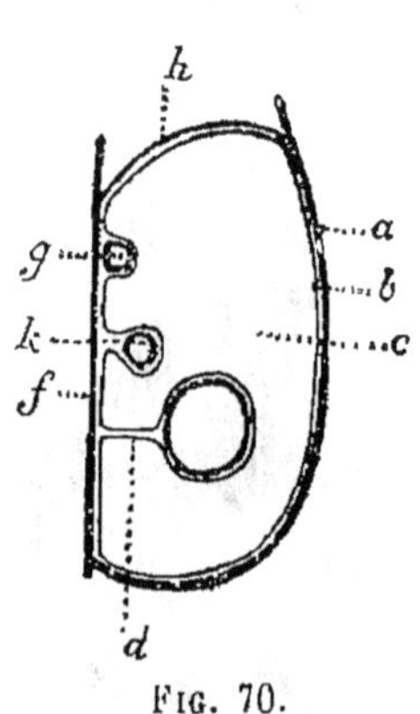

Fig. 70.

Fig. 70. — Péritoine (fig. schém.). — *a*, paroi abdominale antérieure; *f*, paroi postérieure; *h*, diaphragme; *b*, péritoine; *c*, cavité péritonéale; *g*, un organe abdominal; *k*, le même s'enfonçant peu à peu dans le péritoine; *d*, double repli péritonéal (mésentère) rattachant l'organe adulte à la paroi du corps.

La figure 71 représente une coupe verticale du péritoine; on y voit l'enveloppe complète qu'il forme à l'intestin grêle et le double repli (*k*) (mésentère) qui le rattache à la colonne vertébrale. Le duodénum et la vessie n'ont pas d'enveloppe péritonéale. On appelle *grand épiploon* un double repli très développé (*g*, *h*) situé sous le tégument ventral et faisant suite au péritoine stomacal; il se charge chez les personnes obèses d'une quantité considérable de graisse. Chez les hydropiques, le gonflement de l'abdomen est dû à une accumulation de liquide péritonéal, par suite de l'inflammation du péritoine.

GLANDES ANNEXES DU TUBE DIGESTIF

Elles sont de trois sortes : 1° les glandes salivaires ; 2° le pancréas ; 3° le foie. Ces glandes *extrinsèques* du tube digestif forment avec les glandes *intrinsèques* (glandules buc-

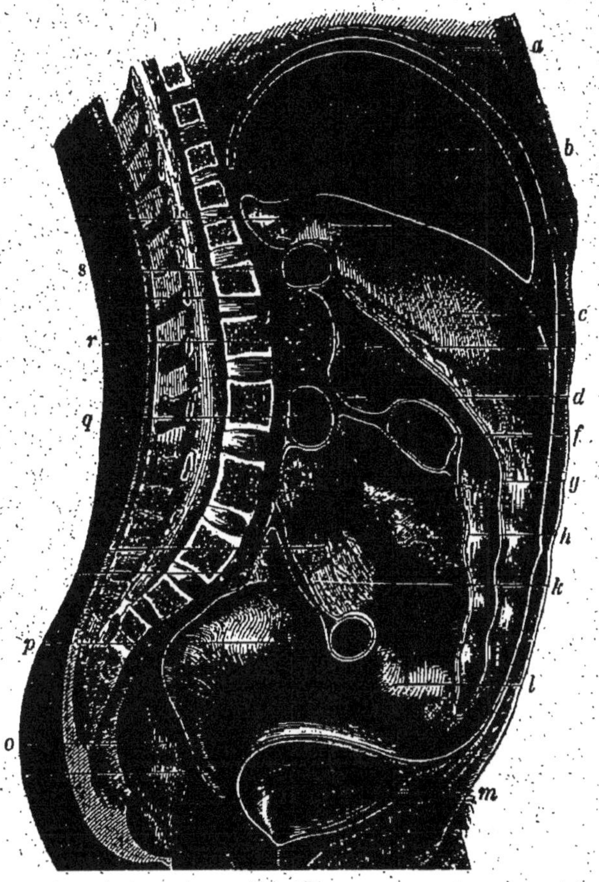

Fig. 71.

Fig. 71. — Péritoine. — *a*, diaphragme ; *b*, foie ; *c*, estomac ; *d*, feuillet supérieur du mésocôlon transverse ; *f*, coupe du côlon transverse ; *g*, les deux feuillets antérieurs du grand épiploon ; *h*, ses deux feuillets postérieurs ; *k*, les deux feuillets du mésentère ; *l*, intestin grêle ; *m*, vessie ; *o*, rectum ; *p*, S iliaque ; *q*, duodénum ; *r*, pancréas ; *s*, duodénum, première partie.

cales, glandes muqueuses et pepsinifères de l'estomac, glandes intestinales) le système glandulaire entier de l'appareil digestif. C'est grâce à leurs produits de sécrétion que s'accomplissent les phénomènes essentiels de la digestion.

I. **Glandes salivaires.** — Elles sont au nombre de trois

paires : 1° les glandes *parotides ;* 2° les glandes *sous-maxillaires ;* 3° les glandes *sublinguales*. Toutes trois sont des glandes en grappe.

1° Les *glandes parotides* sont les plus volumineuses (5 centimètres) ; elles sont logées au-dessous et en avant du trou auditif et sont en rapport par leur face interne avec le muscle masséter, le ptérygoïdien, et par leur face externe avec la peau.

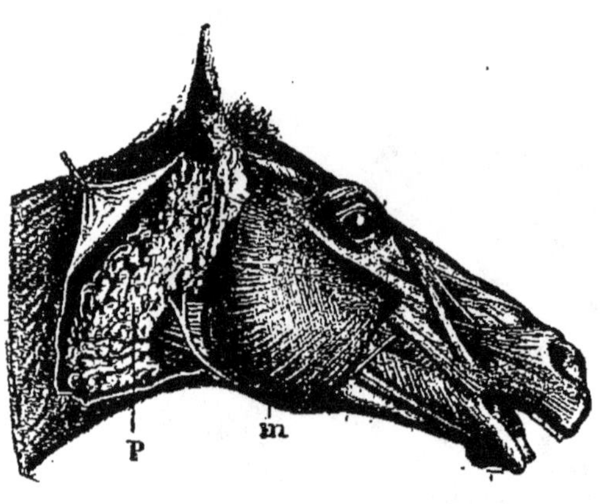

Fig. 72.

Fig. 72. — Glande parotide du Cheval, avec son canal excréteur ; *m*, muscle masséter.

Les parotides ont chacune un canal excréteur, le *canal de Sténon*, sur le trajet duquel on voit une petite glande complémentaire ; ce canal croise le masséter à angle droit et s'ouvre à la surface de

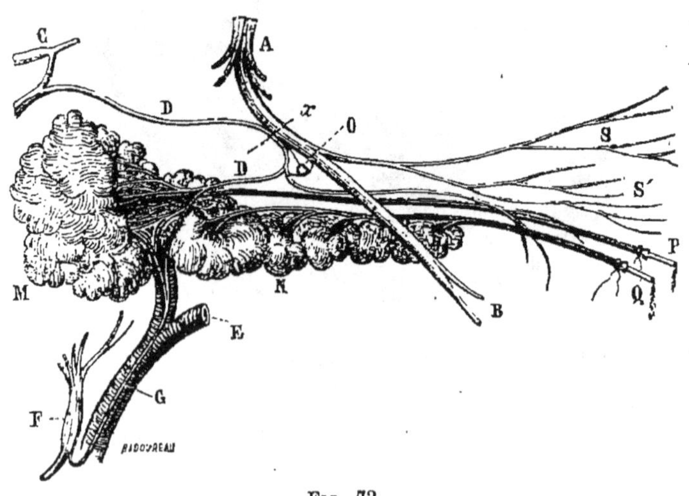

Fig. 73.

Fig. 73. — M, glande sous-maxillaire mise à nu ; N, glande sublinguale ; P, canal de Warthon dans lequel on a introduit un tube pour recueillir la sécrétion ; Q, canal excréteur de la glande sublinguale, également avec un tube ; AB, nerf lingual ; SS', les rameaux qu'il donne à la muqueuse linguale ; C, nerf facial ; D, la corde du tympan, rameau du facial se ramifiant en partie dans la glande sous-maxillaire ; G, rameau nerveux venu du ganglion cervical inférieur, allant à cette dernière, ainsi que E, artère maxillaire profonde.

la muqueuse buccale, au niveau de l'intervalle qui sépare les deux premières mâchelières supérieures (fig. 197, A).

2° Les *glandes sous-maxillaires* (fig. 73) sont situées en dedans du corps de la mâchoire inférieure ; en bas elles sont circonscrites par le ventre antérieur du muscle digastrique ; en dehors elles confinent à la mâchoire ; en dedans aux muscles de la langue. Leur canal excréteur, le *canal de Warthon* (fig. 73, P), s'ouvre de chaque côté du frein de la langue par un orifice très étroit situé en arrière des incisives inférieures.

3° Les *glandes sublinguales* (fig. 73, N), de la taille d'une petite noisette, sont situées dans une fossette du maxillaire inférieur et arrivent fréquemment au contact des glandes sous-maxillaires par leur extrémité postérieure; en haut, elles répondent à la muqueuse du plancher de la bouche. Par cinq ou six conduits excréteurs très courts, dont un plus développé, elles s'ouvrent sur les côtés du frein de la langue ; ces canaux sont connus sous le nom de *canaux de Rivinus* ou *de Bartholin* (Q).

Structure des glandes salivaires. — Les glandes salivaires ont la structure des glandes en grappe (p. 151). L'épithélium des acini est composé de grosses cellules ovales (fig. 139), tandis qu'il est cylindrique sur les conduits excréteurs. On remarque de plus, entre les cellules sécrétantes et la membrane propre, de petits groupes de cellules irrégulières, affectant la forme de croissants (*c*).

II. **Pancréas.** — Le pancréas (fig. 74) est une glande en grappe d'un blanc grisâtre qui présente avec les glandes salivaires une si grande analogie de structure qu'on l'appelle quelquefois glande salivaire abdominale. Ses dimensions sont : 12 à 16 centimètres en longueur ; 3 à 4 en hauteur et environ 1 centimètre en épaisseur. Il est disposé transversalement dans l'anse du duodénum. Par sa face antérieure, il est en rapport avec l'estomac ; par sa face postérieure, avec la colonne vertébrale ; à droite, il confine au duodénum ; à gauche, à la rate. Le pancréas comprend la *tête*, partie renflée qui confine au duodénum ; le *col*, partie rétrécie, puis le *corps* et enfin la *queue*. Le canal excréteur du pancréas ou *canal de Wirsung* chemine dans l'épaisseur de la glande, d'une extrémité à l'autre (2), et reçoit les canaux propres des nombreux lobules et par suite des acini qui la composent. Près du duodénum, il s'unit au canal biliaire ou canal cholédoque (F) et s'ouvre, à côté de lui, par un orifice distinct, au fond d'une saillie creuse de la muqueuse intestinale, appelée *ampoule de Vater*. Il existe en outre un second canal plus petit, partant du canal principal au niveau du col et débouchant dans le duodénum, au-dessus de ce dernier ; on l'appelle

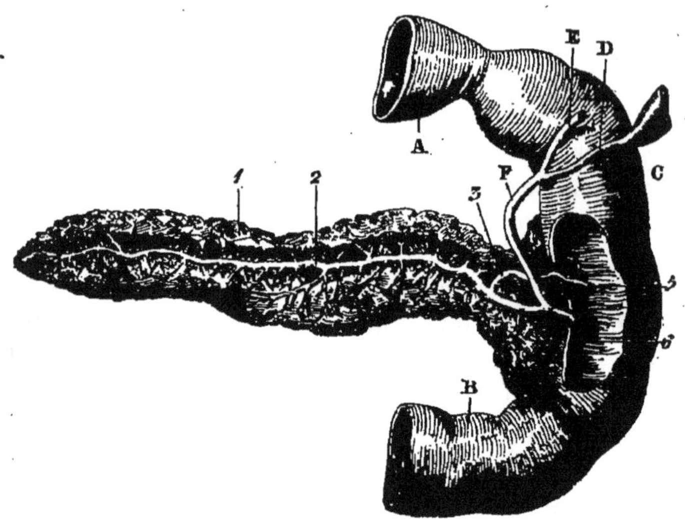

Fig. 74.

Fig. 74. — Pancréas (face postérieure). — 1, pancréas; 2, canal de Wirsung; 3, canal accessoire; 5, son orifice intestinal; 6, pli de Vater et orifice du canal de Wirsung; A, région pylorique de l'estomac; B, duodénum; C, vésicule biliaire; D, canal cystique; E, canal hépatique; F, canal cholédoque.

canal accessoire. Le pancréas sécrète le suc pancréatique,

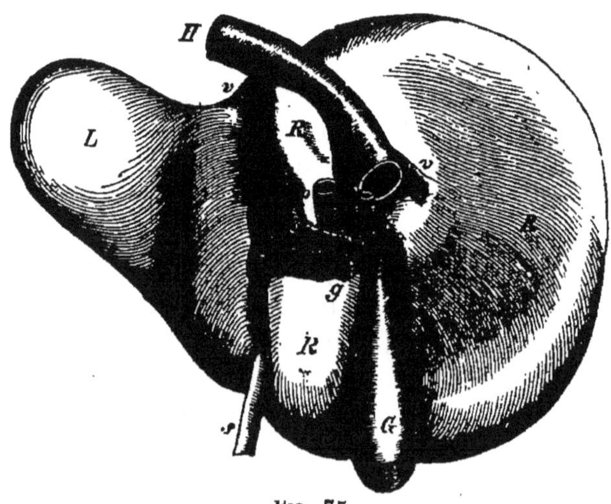

Fig. 75.

Fig. 75. — Face inférieure du foie, vue de la partie postérieure du corps. — R, lobe droit; L, lobe gauche; R (en haut), lobule de Spiegel; R (en bas), lobe carré; *a*, artère hépatique; *p*, veine porte; *v*, veine sus-hépatique; H, veine cave inférieure; G, vésicule biliaire; *g*, canal hépatique; *s*, cordon provenant de l'atrophie de la veine ombilicale de l'embryon.

III. **Foie.** — Le foie est le plus volumineux de tous les viscères abdominaux. Il occupe la partie droite de l'abdomen (fig. 49) et s'étend à gauche, en s'amincissant, sur la face antérieure de l'estomac ; il est situé sous le diaphragme. Sa teinte est d'un rouge brun foncé. Il est maintenu en place par sa tunique péritonéale, ainsi que par les vaisseaux qui y entrent ou en sortent. Le foie élabore deux produits : la *bile*, produit d'excrétion, agissant aussi comme liquide digestif, et le *glycogène*, réserve nutritive ternaire. Son poids varie de 1kg,5 à 2 kilogrammes ; ses dimensions moyennes sont : 30 centimètres dans le sens transversal, 18 d'avant en arrière et 7 de haut en bas.

La face supérieure de l'organe est convexe et en rapport avec le diaphragme ; sa face inférieure (fig. 75), concave et creusée de trois sillons en forme d'H, deux antéro-postérieurs et un transverse ; ce dernier constitue le *hile* du foie : on en voit sortir les vaisseaux, nerfs et conduits excréteurs de l'organe. Les sillons divisent le foie en quatre lobes, savoir : le *lobe droit* (R), le plus volumineux, le *lobe gauche* (L) et, entre eux, le *lobe carré* en avant (R), le *lobule de Spiegel* en arrière (R, en haut). Le sillon antéro-postérieur de gauche loge dans sa moitié antérieure la veine ombilicale (*s*), oblitérée depuis la naissance et en rapport avec la veine porte ; dans sa moitié postérieure, un cordon fibreux provenant de l'oblitération du *canal veineux* de l'embryon ; ce dernier faisait communiquer la veine porte avec la veine cave inférieure.

Canaux excréteurs et vésicule biliaire. — La bile sécrétée par le foie se rassemble dans deux canaux qui s'unissent au niveau du sillon transverse pour former le *canal hépatique* (fig. 75, *g*) ; ce canal, après un trajet descendant de deux à quatre centimètres, reçoit l'anastomose du *canal cystique*, terminé lui-même par la *vésicule biliaire* (G), petit réservoir de bile, long de 7 à 8 centimètres, attaché à la face inférieure de l'organe, en avant, dans le sillon antéro-postérieur droit. Le canal hépatique et le canal cystique une fois réunis constituent le *canal cholédoque*, large comme une plume d'oie et long d'environ 6 à 8 centimètres : il gagne (fig. 74) la partie moyenne du duodénum, traverse la tunique musculaire de ce dernier, parcourt un trajet d'environ 2 centimètres entre cette tunique et la muqueuse intestinale et s'ouvre enfin à la partie inférieure du pli saillant vertical de cette dernière, connu sous le nom de *pli de Vater*, à côté de l'orifice du canal pancréatique principal. La bile est ainsi versée dans le duodénum. La vésicule biliaire, comme d'ailleurs les autres parties des voies biliaires, contient une tunique musculaire qui lui permet d'expulser son contenu.

Vaisseaux; nerfs. — La vascularisation du foie est fort importante. Les vaisseaux sanguins sont les uns afférents, les autres efférents (fig. 75).

Les vaisseaux *afférents* sont l'*artère hépatique* et la *veine porte*. L'*artère hépatique* (*a*) est le vaisseau nourricier de l'organe; elle y pénètre par le hile, en se divisant au préalable en deux branches, qui se dirigent l'une à droite, l'autre à gauche. Cette artère, d'un très petit calibre relativement à la masse du foie, est l'une des trois branches du tronc cœliaque, issu lui-même de l'aorte. La *veine porte* (*p*) résulte du confluent des veines intestinales, ainsi que des veines splénique et coronaire stomachique; elle entre aussi dans le foie par le hile ; son calibre est large. Le sang qu'elle contient est chargé des produits absorbés par les villosités intestinales ; en traversant le foie, il éprouve d'importantes modifications (p. 165).

Le vaisseau *efférent* unique est la *veine sus-hépatique* (*v*); cette veine, très courte, sort du foie à la partie postérieure du lobule de Spiegel et se jette presque immédiatement dans la veine cave inférieure (H). Son calibre est plus développé que celui de la veine porte ; c'est qu'en effet elle reçoit le sang qui chemine dans les deux vaisseaux afférents et le ramène dans la circulation générale. La veine cave inférieure longe la partie postérieure du sillon antéro-postérieur droit, puis monte vers le cœur.

On remarque, en outre, au sortir du foie, des *vaisseaux lymphatiques*, ainsi que des *filets nerveux*, issus à la fois du nerf pneumogastrique et du système sympathique.

Structure du foie. — Le foie présente à considérer deux parties : 1° ses enveloppes; 2° sa substance propre.

1° Les *enveloppes* sont au nombre de deux : l'une, externe, de nature péritonéale (fig. 71) : l'autre interne, fibreuse, qui recouvre la surface même de l'organe. Cette dernière est la tunique propre du foie; on l'appelle *capsule de Glisson*. Elle se prolonge sur les vaisseaux qui la traversent et forme autour d'eux une tunique supplémentaire qui les sépare de la substance propre du foie, dans laquelle ils se ramifient en capillaires ; de plus, par toute sa face interne, elle se prolonge sous forme de minces cloisons qui divisent cette substance propre en un grand nombre d'éléments de la grosseur d'un grain de mil, appelés *lobules hépatiques*.

2° *Substance propre : lobule hépatique.* — La *substance*

propre, qui reçoit les vaisseaux et les nerfs, n'est pas autre chose qu'une agglomération de *lobules hépatiques* polyédriques, qui apparaissent sous forme de petites granulations lorsqu'on déchire un fragment de cet organe. La taille des lobules varie de 1 millimètre à 1mm,5; leur nombre est d'environ cinq cents par centimètre cube. Il nous suffira d'analyser l'un quelconque d'entre eux pour connaître l'organe tout entier.

Un lobule hépatique (fig. 76) se compose des parties sui-

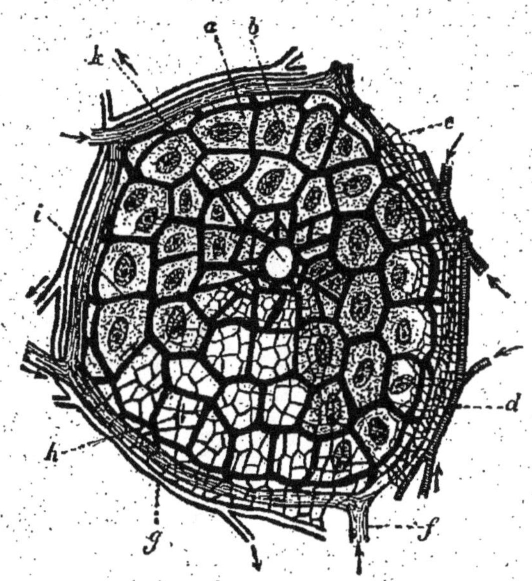

Fig. 76.

Fig. 76. — Lobule hépatique (fig. schém.). — *a*, cellules hépatiques (leur protoplasme); *b*, leur noyau; *d*, artère hépatique; *c*, ses capillaires très serrés; *f*, ramifications de la veine porte; *i*, ses capillaires entourant les cellules; *k*, veinule sus-hépatique; *g*, canalicules biliaires périlobulaires; *h*, leurs capillaires intralobulaires.

vantes : 1° d'une masse de cellules arrondies, ovales ou polyédriques, appelées *cellules hépatiques* (*a*), entre lesquelles s'interposent les ramifications des différents vaisseaux et canaux précités ; elles forment la partie essentielle de l'organe. Chacune d'elles se compose (fig. 77) d'un protoplasme finement granuleux, sans membrane, et d'un ou deux noyaux. Dans le protoplasme, on distingue de plus des gouttelettes grasses, des granulations jaunes formées de pigment biliaire et des granules de glycogène, matière ternaire de réserve. Les cellules hépatiques, qui constituent les trois quarts de la masse totale de l'organe, élaborent à la fois la bile et le glycogène. 2° Les *canalicules biliaires* (fig. 76, *g*) cheminent à la périphérie des lobules dans une gaine de tissu conjonctif fibreux ; ils envoient entre les cellules hépatiques des rameaux très fins, formant un réseau capillaire à mailles polygonales (*h*), en contact direct avec les cellules. La paroi des capillaires biliaires est due simplement à la condensation du protoplasme périphérique des cellules à leur niveau ; au contraire, celle des canalicules périlobulaires, dans lesquels se jette le réseau capillaire intralobulaire, comprend une membrane propre revêtue intérieurement d'un épithélium. Tous les canalicules biliaires se jettent les uns dans les autres et forment finalement deux canaux

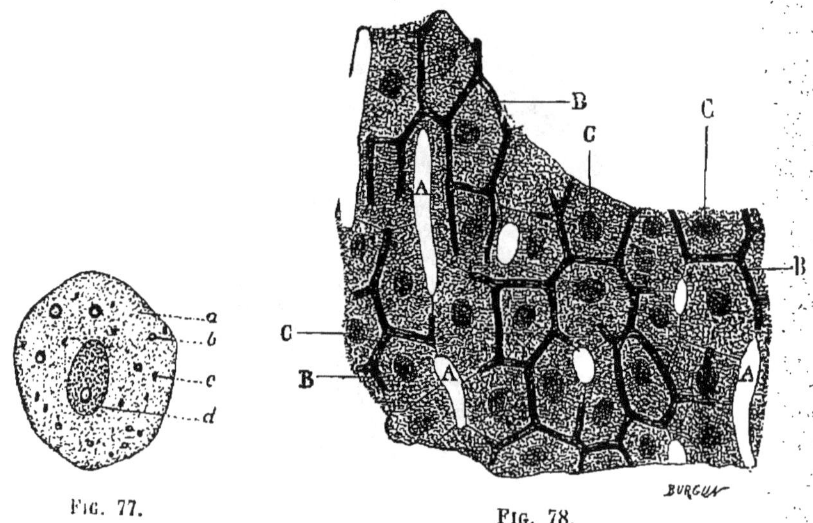

Fig. 77. Fig. 78.

Fig. 77. — Une cellule hépatique isolée. — *a*, protoplasme ; *d*, noyau ; *c*, pigment biliaire ; *b*, gouttelettes grasses.

Fig. 78. — Fragment d'une coupe mince de lobule hépatique. — A, A, A, capillaires de la veine porte, coupés obliquement ou transversalement ; B, capillaires biliaires, formant un réseau autour des cellules ; C, cellules hépatiques.

qui s'unissent eux-mêmes pour former le canal hépatique ; la paroi de ce dernier est musculaire. La bile, sécrétée par les cellules, passe dans les capillaires biliaires qui les entourent, de là dans les canalicules périlobulaires et de proche en proche dans le canal hépatique ; elle se rend ensuite dans la vésicule biliaire ou directement dans l'intestin. 3° Les ramifications de l'*artère hépatique* forment aussi entre les cellules un réseau capillaire (*d*, *c*), surtout abondant à la périphérie des lobules ; elles ne communiquent pas avec les capillaires biliaires. Ce réseau capillaire est le réseau nourricier de l'organe. 4° Les ramifications de la *veine porte* (*f*) se comportent comme les précédentes. 5° De chaque lobule sort la *veine hépatique intralo-*

bulaire (*k*) qui, unie à ses analogues, constitue la veine sus-hépatique, vaisseau efférent du foie ; au centre du lobule, elle se résout en capillaires qui se mettent en rapport avec ceux de la veine porte et de l'artère hépatique. 6° On trouve enfin dans les lobules hépatiques des *vaisseaux lymphatiques* et des *filets nerveux*; ceux-ci paraissent se terminer dans la paroi des vaisseaux lobulaires superficiels.

On voit que, en ce qu'il a d'essentiel, le foie peut être envisagé comme un amas de cellules ayant chacune la valeur d'une glande unicellulaire ; les vaisseaux afférents apportent à ces dernières les éléments de la bile et du glycogène ; les canaux excréteurs assurent le départ de la bile, et la veine sus-hépatique, celui du glucose provenant, au moment du besoin, de l'hydratation du glycogène. (Pour les fonctions du foie, voy. p. 78 et 165.)

CHAPITRE II

DIGESTION

Avant d'étudier la fonction de digestion, il est nécessaire de connaître la composition et les propriétés des substances sur lesquelles cette fonction s'exerce, en un mot de l'aliment.

I. — ALIMENT

On appelle *aliment* l'ensemble des substances prises au milieu extérieur qui, une fois digérées, absorbées et transportées par le sang à tous les éléments du corps, sont assimilées par le protoplasme pour compenser les pertes qu'il subit à chaque instant par le fait des oxydations (désassimilation) dont il est le siège, et pour alimenter la croissance.

Corps simples de l'aliment. — Pour déterminer les corps simples qui, par leurs combinaisons variées, constituent les substances alimentaires destinées à entrer dans la composition de notre corps, on fait l'analyse élémentaire de ce dernier. On trouve ainsi qu'il renferme deux sortes d'éléments, les uns essentiels, les autres accidentels.

Les éléments *essentiels* sont ceux qui ne peuvent disparaître de l'aliment sans compromettre la vie du corps ; ils sont au nombre de douze, savoir : le *carbone*, l'*oxygène*, l'*hydrogène*, l'*azote*, le *soufre*, le *phosphore*, le chlore, le potassium, le sodium, le calcium, le magnésium et le fer. Les six premiers, en particulier l'oxygène et le carbone, sont de beaucoup les plus abondants ; les autres peuvent être en quantité minime, notamment le chlore, le fer. C'est l'oxygène qui occupe le premier rang, quant au poids, chez les êtres vivants. Les douze éléments essentiels devront toujours entrer dans la composition de l'aliment ; on voit qu'ils comptent parmi les corps les plus répandus dans la nature. Les éléments *accidentels* sont ceux qui ne se rencontrent que chez certains individus, mais dont l'existence n'est nullement nécessaire à la manifestation de la vie. C'est ainsi que chez les animaux marins on trouve de l'iode et du brome.

Composition de l'aliment. — Les combinaisons que sont susceptibles de former les corps simples essentiels sont fort nombreuses; mais un certain nombre d'entre elles peuvent seules faire partie de notre aliment.

Ce sont : 1° des *substances binaires*, c'est-à-dire ne renfermant que deux éléments ; ce sont les plus simples. Il en est une de première importance : l'*eau ;* on pourrait y ajouter le chlorure de sodium et quelques autres sels ; nous les rangerons avec les substances salines ;

2° Des *substances ternaires*, c'est-à-dire formées par la combinaison de trois corps simples, le *carbone*, l'*hydrogène* et l'*oxygène*. Les unes sont d'origine animale ; les autres, d'origine végétale ; un certain nombre nous viennent à la fois des animaux et des végétaux. On en distingue trois groupes principaux : 1° les *matières grasses ;* elles constituent la partie essentielle du tissu adipeux (lard) ; le beurre, abstraction faite de la pellicule albuminoïde qui enveloppe les globules gras du lait (fig. 79); elles forment à elles seules les huiles que nous retirons principalement des graines (huiles d'amandes douces, de noix, de colza), quelquefois des fruits (huile d'olive); 2° les *matières féculentes ;* elles nous viennent des végétaux et sont représentées essentiellement par l'amidon (fig. 80). Cette substance ternaire existe surtout dans les graines (Blé, Seigle,

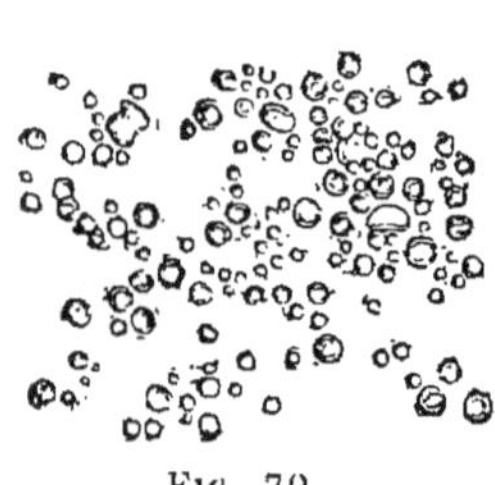

FIG. 79.

FIG. 79. — Globules gras (beurre) du lait.

Haricot, Pois, Fève, Lentille) et dans les tubercules (Pomme de terre). A côté de l'amidon, il faut citer la cellulose, qui constitue l'enveloppe des cellules végétales. Le foie des animaux (Veau) renferme aussi, en faible proportion il est vrai, un prin-

Fig. 80.

Fig. 80. — Grains d'amidon. — P, de la Pomme de terre; W, du Blé; R, du Riz; A, d'Arrow-root.

cipe voisin de l'amidon, appelé glycogène; 3° les *matières sucrées* nous sont également fournies en presque totalité par les végétaux. Ce sont: le saccharose ou sucre de Canne, de Betterave; le glucose et le lévulose, qui existent dans les fruits (raisin, cerise). Le sucre que contient l'organisme animal, dans le sang par exemple, est généralement du glucose.

Comme substances ternaires alimentaires autres que les précédentes, on peut citer des acides, l'acide citrique (citron, orange), l'acide malique (pomme); l'acool, etc.;

3° Des *substances quaternaires* ou *albuminoïdes*. Ces principes résultent de la combinaison des quatre éléments fondamentaux du corps, le *carbone*, l'*oxygène*, l'*hydrogène* et l'*azote*, auxquels s'ajoutent de petites quantités de *soufre*, de *phosphore* et de *sels minéraux*. L'un des principaux est l'albumine ou blanc d'œuf, qui a fait donner au groupe entier de ces substances complexes le nom de substances albuminoïdes. Elles constituent la majeure partie du protoplasme animal ou végétal dont la composition est, comme l'on sait, à chaque instant changeante : de là leur autre nom de *substances protéiques*. Ce sont les albuminoïdes qui forment la partie la plus importante de l'aliment, car eux seuls renferment l'azote nécessaire à la synthèse du protoplasme.

Les principales sont: 1° l'albumine ou blanc d'œuf; 2° la fibrine, matière albuminoïde spontanément coagulable du sang; 3° la syntonine qui constitue la chair (muscles); 4° la caséine, dissoute dans le lait; elle est la base du fromage; 5° la gélatine, provenant de l'ébullition prolongée des tendons, ligaments, os; 6° la chondrine, matière voisine de la gélatine, résultant de l'ébullition des cartilages.

Les végétaux nous fournissent une matière albuminoïde très importante, appelée aleurone (fig. 81) ; elle se présente sous forme de granulations microscopiques remplissant parfois presque complètement les cellules. On trouve de l'aleurone dans les graines (Blé, Maïs, Haricot, Pois, Lentille) ; c'est elle qui forme la partie azotée ou gluten du pain, sa partie ternaire étant composée d'amidon. Les graines des Légumineuses (Haricot) lui doivent leurs propriétés nutritives. On a pu retirer de l'aleurone des substances qui se rapprochent de l'albumine, de la fibrine et de la caséine animales.

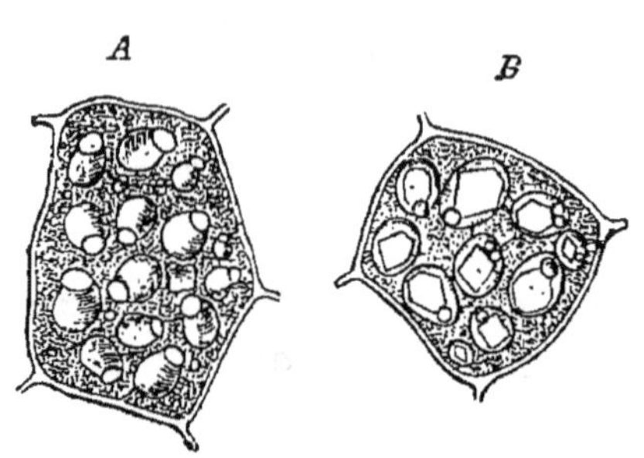

Fig. 81.

Fig. 81. — Deux cellules de l'albumen d'une graine de Ricin. — Le protoplasme granuleux renferme de nombreux grains d'aleurone; chacun de ces derniers contient (B) un cristalloïde azoté et un petit globoïde.

Pour préparer le *gluten*, on malaxe de la pâte de farine entre les doigts, sous un filet d'eau pure. L'eau entraîne peu à peu l'amidon et reste blanchâtre tant qu'il n'a pas complètement disparu ; lorsqu'elle garde sa limpidité après avoir passé sur la pâte, il reste une substance grise élastique qui n'est autre que le gluten ;

4° Des *sels ;* ils existent dans l'eau que nous buvons (carbonate de calcium, etc.) ; le seul que nous puisions directement dans le milieu extérieur est le chlorure de sodium. Ce sel est essentiel à l'économie par ses deux éléments, chlore et sodium.

On donne le nom de *principes immédiats* aux combinaisons chimiques extraites des êtres vivants et dont la préexistence chez ces êtres est certaine. Les principaux sont : l'eau, l'acide carbonique, l'urée, les substances grasses, féculentes, sucrées et albuminoïdes ; les phosphates et carbonates (os). Lorqu'on calcine de la matière nerveuse, le soufre et le phosphore de ses albuminoïdes sont oxydés et amenés à l'état de sulfates et de phosphates : on ne dira pas que ces sels sont des principes immédiats, car ils n'existaient pas tout faits dans la substance considérée. Au contraire, les phosphates de l'urine, provenant des oxydations naturelles de la matière nerveuse sont des principes immédiats.

Notre aliment est presque exclusivement composé de principes immédiats.

L'aliment doit être mixte : albuminoïde et ter-

naire. — Les principes alimentaires les plus importants sont les principes ternaires et quaternaires. On pourrait croire au premier abord que ces derniers peuvent remplacer les premiers, puisqu'ils contiennent leurs trois éléments C, H, O, et, par suite, qu'un régime exclusivement albuminoïde suffirait à entretenir la vie. Il n'en est rien : le régime mixte, composé à la fois de substances ternaires et de substances albuminoïdes, est absolument nécessaire à l'organisme. Les albuminoïdes servent surtout à accroître la masse du protoplasme et alimentent par suite la croissance; de là leur nom de *substances plastiques*; au contraire, les principes ternaires sont détruits par oxydation pour fournir à l'organisme l'énergie (chaleur...) nécessaire à l'accomplissement de ses fonctions ; de là leur nom de *substances respiratoires*.

Une Oie, nourrie exclusivement avec du blanc d'œuf cuit, meurt au bout de six ou sept semaines; des Chiens nourris avec de la viande succombent au bout de trois mois. Lorsque l'alimentation est exclusivement ternaire (huile, amidon), la mort arrive fatalement et plus vite que dans le cas d'un régime exclusivement albuminoïde, car le protoplasme se trouve, faute d'azote, dans l'impossibilité de réparer par assimilation les pertes qu'il subit par le fait de la désassimilation ; ainsi, des Chiens, nourris avec du beurre, de l'huile d'olive ou du sucre, meurent au bout de trente jours environ.

L'aliment doit donc renfermer une juste proportion de principes ternaires et albuminoïdes pour être apte à entretenir la vie. Parmi les substances qui remplissent à elles seules cette condition, citons le pain (gluten et amidon) ; la viande (musculine et graisse); les haricots, les pois, les lentilles (aleurone et amidon) ; les œufs (albumine et matière grasse) ; le lait (caséine, beurre et sucre de lait).

Au contraire, les pommes de terre, dont les cellules sont gorgées d'amidon, mais pauvres en matières protéiques, ont besoin d'être associées à une substance albuminoïde comme la viande ; dans le chou, la carotte, c'est la cellulose qui domine : le protoplasme des cellules, peu abondant, ne contient ni aleurone, ni amidon ; le riz, contrairement au blé, est pauvre en aleurone ; aussi les populations qui en font un usage continu le mélangent-elles avec du poisson.

Caractères des substances ternaires. — 1° SUBSTANCES GRASSES. — Les corps gras naturels (graisses, beurres, huiles) sont des mélanges d'*éthers* de la glycérine, c'est-à-dire de sels organiques à base commune, la glycérine ($C^3H^8O^3$), et à acide variable, ce dernier appartenant presque toujours à la série dite des acides gras. Ces éthers peuvent être isolés de leur mélange par divers dissolvants; ils constituent les *corps gras simples* ou *principes immédiats gras*; les principaux sont la stéarine, la margarine ou palmitine et l'oléine.

La série des acides gras, qui a pour formule générale $C^nH^{2n}O^2$, commence par l'acide formique CH^2O^2 et l'acide acétique $C^2H^4O^2$; ceux de ces acides qui entrent dans la composition des graisses sont des termes beaucoup plus compliqués de la série; ainsi l'acide margarique ou palmitique a pour formule $C^{16}H^{32}O^2$; l'acide stéarique, $C^{18}H^{36}O^2$. L'acide oléique fait partie d'une autre série chimique ($C^{18}H^{34}O^2$).

Ceci posé, la stéarine n'est pas autre chose que du stéarate neutre de glycérine, combinaison d'acide stéarique et de glycérine; la margarine, du margarate de glycérine; l'oléine, de l'oléate de glycérine.

La stéarine et la margarine ou palmitine sont solides et dominent dans les graisses; l'oléine est liquide et domine dans les huiles. Le beurre comprend surtout de la margarine et de l'oléine.

Les matières grasses sont insolubles dans l'eau, solubles dans l'éther, dans le sulfure de carbone. Elles possèdent deux propriétés qu'il est important de connaître pour comprendre leur mode de digestion et d'absorption :

1° Lorsqu'elles sont liquides, les substances grasses peuvent être divisées par l'agitation dans l'eau en particules d'une extrême finesse qui restent pendant quelque temps suspendues dans ce liquide, surtout si l'on a la précaution d'ajouter au mélange une petite quantité de gomme qui fixe les gouttelettes grasses microscopiques. Le liquide en apparence homogène, de couleur blanchâtre, ainsi constitué, s'appelle *émulsion*.

2° Soumis à l'action des alcalis, de la chaux, de l'oxyde de plomb, en présence de l'eau et à la température de l'ébullition, les corps gras absorbent de l'eau et se dédoublent en leurs deux éléments générateurs, savoir l'acide gras et la glycérine; celle-ci se dissout dans l'eau; quant à l'acide gras, il s'unit à la base ajoutée pour former un *savon*. Exemple :

Stéarate de glycérine + soude = stéarate de soude + glycérine.
(Stéarine.) (Base.) (Savon.)

Oléate de glycérine + potasse = oléate de potasse + glycérine.
(Oléine.) (Base.) (Savon.)

Les savons à base de potasse et de soude sont solubles dans l'eau.

On appelle *saponification* le dédoublement des matières grasses en leurs deux éléments générateurs, l'acide gras et la glycérine. Nous verrons que, dans le tube digestif, la saponification des graisses paraît s'exercer par une diastase (p. 77).

2° Substances féculentes et sucrées : Hydrates de carbone. — Ces principes immédiats répondent à la formule générale $C^mH^{2n}O^n$ ou $C^m(H^2O)^n$; les atomes d'hydrogène et d'oxygène s'y trouvent dans la proportion de l'eau. On peut donc considérer ces substances comme formées d'un certain nombre d'atomes de carbone unis à un nombre plus ou moins différent de molécules d'eau, de là leur nom d'*hydrates de carbone*.

L'*amidon* a pour formule $C^6H^{10}O^5$; il se compose de grains arrondis ou ovales (fig. 80) dont le diamètre varie de $\frac{1}{1000}$ à $\frac{1}{10}$ de millimètre. Parmi les plus gros, citons ceux de la pomme de terre; ceux du blé sont notablement plus petits. Les grains d'amidon sont insolubles dans l'eau. Vers 60 ou 70 degrés, ils se gonflent dans ce liquide, se soudent les uns aux autres et forment une masse gélatineuse, appelée empois. L'amidon se reconnaît à ce qu'il bleuit dans l'eau iodée. Lorsqu'on fait bouillir de l'amidon dans de l'eau renfermant quelques centièmes d'acide sulfurique, il se transforme d'abord en *dextrine*, puis, par fixation d'eau, en un sucre, le *glucose*. Dextrine et glucose sont solubles dans l'eau :

$$\underset{\text{Amidon.}}{C^6H^{10}O^5} + \underset{\text{Eau.}}{H^2O} = \underset{\text{Glucose.}}{C^6H^{12}O^6}.$$

Cette hydratation, qui s'accomplit ici en présence d'un acide, s'effectue dans l'organisme, en particulier dans le tube digestif, au moyen d'une diastase spéciale, c'est-à-dire d'une matière azotée soluble.

Les principaux *sucres* sont : 1° le glucose, qui existe dans les fruits, dans le miel ; il a pour formule $C^6H^{12}O^6$; dans l'industrie, on l'obtient en faisant bouillir, pendant une demi-heure, de l'amidon dans de l'eau acidulée par l'acide sulfurique ; 2° le lévulose existe aussi dans les fruits, avec le glucose ; il présente des propriétés optiques différentes de ce dernier, mais sa composition chimique est la même, $C^6H^{12}O^6$; 3° le saccharose, sucre de canne ou de betterave, a pour formule $C^{12}H^{22}O^{11}$; en présence des acides étendus, il absorbe les éléments de l'eau et se dédouble en glucose et en lévulose.

$$\underset{\text{Saccharose.}}{C^{12}H^{22}O^{11}} + \underset{\text{Eau.}}{H^2O} = \underset{\text{Glucose.}}{C^6H^{12}O^6} + \underset{\text{Lévulose.}}{C^6H^{12}O^6}.$$

On donne le nom de *sucre inverti* au mélange de ces deux sucres. L'inversion du saccharose se produit dans le tube digestif par une diastase. Le saccharose existe dans de nombreux fruits, concurremment avec le glucose et le lévulose, par exemple dans la pêche, l'abricot, l'ananas, la fraise, etc. ; dans la betterave, la racine renferme seulement du saccharose, et les feuilles du glucose.

Caractères des matières albuminoïdes. — Ce sont les plus complexes de toutes les matières organiques et leur connaissance chimique est encore fort incomplète. Elles contiennent dans leur molécule un grand nombre d'atomes de carbone, d'oxygène, d'hydrogène et d'azote, plus quelques atomes de soufre et de phosphore. Elles ne cristallisent pas.

La plupart des albuminoïdes peuvent revêtir deux formes, l'une soluble, l'autre insoluble. Ainsi, l'albumine et la caséine sont normalement solubles dans l'eau ; mais, sous l'influence d'une température de 70 degrés pour l'albumine ou d'un acide pour la caséine, elles se prennent en masse, en un mot se *coagulent*, et deviennent insolubles par suite du changement moléculaire effectué dans leur substance. Lorsque la caséine est coagulée, on dit que le lait est caillé. La fibrine est dissoute dans le plasma du sang vivant ; hors du corps, elle se coagule rapidement, pour des raisons mal connues, et forme avec les globules rouges le caillot du sang.

Les matières albuminoïdes sont décomposées par les alcalis et donnent naissance à des produits en partie semblables à ceux qui, dans l'organisme, résultent de leur désassimilation. Ainsi une solution de blanc d'œuf, soumise à l'ébullition prolongée avec de l'hydrate de baryte, à la température de 150 degrés, donne de l'acide carbonique, de l'ammoniaque, de l'acide oxalique, acétique, de la tyrosine, de la leucine, etc. ; la molécule d'albumine absorbe de l'eau durant la réaction et, par l'effet de cette hydratation, subit de nombreux dédoublements donnant naissance aux divers produits précités.

Une des principales propriétés des substances albuminoïdes est qu'elles ne sont pas *osmotiques*, c'est-à-dire qu'elles ne peuvent pas, comme la plupart des autres substances, passer au travers des membranes. Pour mettre cette propriété en évidence, prenons un vase *a* (fig. 82), fermé exactement à l'une de ses extrémités par une membrane, du papier parchemin, par exemple ; versons-y une solution d'albumine et un peu d'eau sucrée et plaçons-le dans un autre vase *b*, plus grand et rempli d'eau pure. Le sucre et les sels contenus dans le blanc d'œuf traversent la membrane en vertu de la force osmotique que cette dernière exerce sur ces substances ; une fois arrivés au contact de l'eau pure du vase extérieur, ils se répandent de proche en proche dans toute sa masse, en un mot se diffusent. Ce mouvement d'osmose et de diffusion ne cessera que lorsque la proportion de ces substances sera la même dans les deux vases. Si l'eau est très abondante en *b*, les substances osmosées n'existeront plus en *a* qu'en proportion insignifiante : l'albumine restera seule sur la membrane ; ses molécules renferment chacune, on le sait, un grand nombre d'atomes et sont peut-être trop développées pour pouvoir passer au travers des pores de la membrane. On voit qu'en ne mettant sur cette dernière qu'une petite quantité d'albumine, on peut la débarrasser complètement des sels qu'elle contient normalement ; elle a alors perdu la propriété de se coaguler, mais la reprend dès qu'on lui rend les sels qu'elle a perdus par osmose et diffusion.

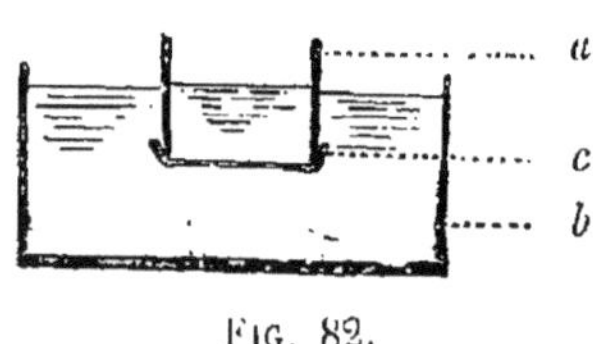

Fig. 82.

Fig. 82. — *a*, petit vase contenant une solution concentrée d'albumine et fermé par la membrane *c* ; *b*, vase extérieur renfermant de l'eau pure.

On appelle *cristalloïdes* les substances, très nombreuses, généralement susceptibles de cristalliser, qui ont la propriété de traverser les membranes (sels solubles, sucres), et *colloïdes*, les substances amorphes qui en sont dépourvues (albuminoïdes). La *dialyse* est l'opération qui consiste à séparer dans un mélange les cristalloïdes des colloïdes ; elle se fait au moyen d'un appareil, appelé *dialyseur*, qui consiste essentiellement en une membrane perméable séparant deux liquides, l'un renfermant les substances soumises à la dialyse, l'autre recevant les produits dialysés. La muqueuse intestinale joue le rôle d'un véritable dialyseur envers les substances contenues dans l'intestin, et les albuminoïdes ne sauraient la traverser pour se répandre dans le sang qu'après avoir été transformés en substances cristalloïdes, précisément par le fait de la digestion.

II. — DIGESTION

On appelle *digestion* l'ensemble des actions qui s'exercent sur l'aliment durant son passage dans les diverses parties du tube digestif. Les unes, accessoires, comprennent des mouvements, le plus souvent involontaires, qui assurent la progression de l'aliment et son mélange intime avec les sucs digestifs ; on les appelle *phénomènes mécaniques de la digestion* les autres, essentielles, consistent en actions chimiques, accomplies par les sucs digestifs dans le but de rendre solubles et absorbables par la muqueuse intestinale les diverses parties de l'aliment ; on les appelle *phénomènes chimiques de la digestion* ou *digestion proprement dite.*

Phénomènes mécaniques de la digestion. — Ces phénomènes sont : 1° la *préhension* de l'aliment ; 2° la *mastication ;* 3° la *déglutition ;* 4° les *mouvements de l'estomac ;* 5° les *mouvements de l'intestin.*

1° La *préhension* est intéressante surtout au point de vue de la physiologie comparée; chez l'Homme, chez les Singes, chez quelques Rongeurs (Écureuil), elle se fait avec les mains; chez le Cheval, ce sont les lèvres qui saisissent l'aliment; chez l'Éléphant, la trompe, prolongement du nez; chez le Fourmiler, la langue, protractile et couverte de salive gluante, etc. Les liquides, lorsque les lèvres y plongent complètement, pénètrent dans la bouche à la suite d'une aspiration due au déplacement de la langue ou par l'effet d'un mouvement d'inspiration; le premier cas se trouve aussi réalisé dans l'action de téter.

2° Une fois introduits dans la bouche, les aliments solides sont soumis à la *mastication.* Les mouvements les plus étendus de la mâchoire, à cause de la forme même de l'articulation, sont les mouvements de haut en bas; pendant qu'ils se produisent, les condyles sont portés en avant et sortent par conséquent de la cavité d'articulation, ainsi qu'il est facile de s'en rendre compte en plaçant le doigt un peu en avant du trou auditif. Dans le broiement des substances alimentaires par les molaires, c'est le mouvement de haut en bas qui domine, combiné avec un léger mouvement de droite à gauche ou de gauche à droite qui permet aux couronnes de glisser les unes sur les autres. Dans l'incision des substances de moyenne consistance (fruits) par les incisives, ce sont les mouvements de haut en bas et d'avant en arrière qui sont utilisés (muscles ptérygoïdiens).

3° La *déglutition* consiste dans le passage du bol alimentaire de la bouche dans le pharynx et dans l'œsophage, d'où il se rend directement dans l'estomac. Le bol alimentaire est peu à peu poussé par la langue vers l'isthme du gosier ; une fois arrivé au contact du voile du palais, ce dernier se tend (fig. 84, *f*) par suite de la contraction simultanée des muscles péristaphylins externes, vers le haut, et des muscles des piliers antérieurs (muscles glosso-staphylins), vers le bas. A ce moment, la base de la langue s'applique contre le voile du palais et détermine le glissement de la masse alimentaire vers le pharynx. Cette dernière ne saurait s'engager en haut dans les fosses nasales, car celles-ci sont à ce moment fermées par le voile du palais, tendu horizontalement; elle ne peut pas non plus pénétrer dans la trachée, qui est alors soulevée et portée en avant de façon que l'épiglotte (fig. 84, *g*), languette cartilagineuse qui surmonte l'orifice de la trachée, s'abaisse et ferme ce dernier; il n'y a de libre que l'orifice œsophagien; le bol alimentaire s'y engage très rapidement; car la respiration est interrompue pendant le passage dans le pharynx. Accidentellement, des liquides ou des parcelles solides peuvent tomber dans la trachée ; il en résulte une toux violente qui les expulse de nouveau dans le pharynx. L'aliment parcourt l'œsophage, grâce aux contractions successives des fibres annulaires de sa paroi, en un mot grâce aux *mouvements péristaltiques ;* de plus les fibres longitudinales entrent en action au-dessous du bol, élargissent l'œsophage à leur niveau et facilitent encore la marche de l'aliment vers l'estomac.

4° Lorsque l'estomac est rempli par la masse alimentaire, sa direction, sa forme et ses dimensions sont bien différentes de ce qu'elles étaient à l'état de vacuité; ainsi le pylore est dévié vers la droite d'environ 7 centimètres. Comme l'organe est alors très distendu, il exerce des pressions sur les organes voisins, notamment sur le diaphragme et par suite sur les poumons; de là la gêne dans la respiration qu'on éprouve après un repas copieux. Grâce à ses trois sortes de fibres, l'estomac peut effectuer des contractions variées, toutes involontaires, par l'effet desquelles les aliments sont intimement brassés et mélangés au suc gastrique; les mouvements sont peu sensibles et ne se produisent que de place en place, à la

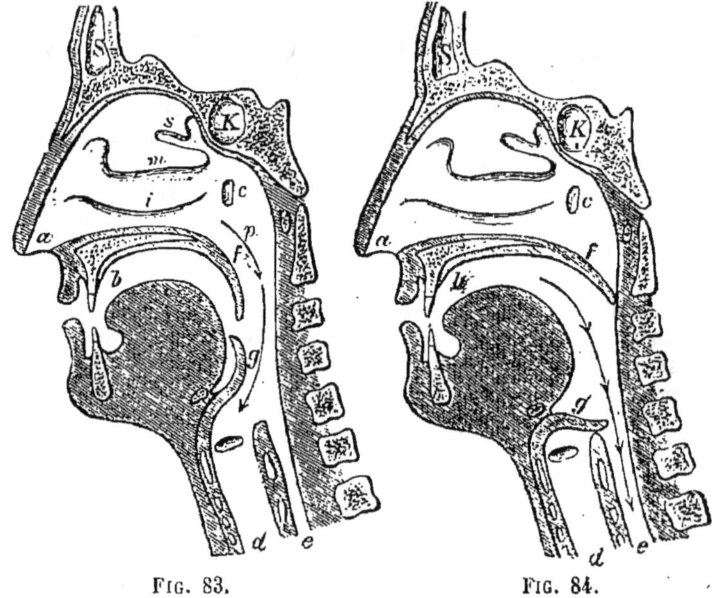

FIG. 83. FIG. 84.

FIG. 83 et 84. — FIG. 83. — Le pharynx pendant la respiration. — La cavité buccale *b* est séparée de la voie aérienne *apg* par le voile du palais *f* et l'épiglotte *g*; *a*, narines; *s*, *m*, *i*, cornets supérieur, moyen et inférieur; *c*, ouverture de la trompe d'Eustache; *d*, trachée; *e*, œsophage.

FIG. 84. — Le pharynx pendant la déglutition. — *f*, voile du palais tendu; *g*, épiglotte abaissée; *be* représente la voie suivie par les aliments; K, sinus sphénoïdal; S, sinus frontal.

manière de véritables mouvements péristaltiques. Lentement la masse alimentaire chemine vers le pylore.

On sait qu'au moment de l'inspiration de l'air, le diaphragme s'abaisse par sa propre contraction et exerce une certaine pression sur les viscères abdominaux, qui, à leur tour, la transmettent à la paroi du ventre : celle-ci est en effet soulevée à chaque inspiration. Exceptionnellement, il arrive que les muscles de la paroi ventrale se contractent en même temps que le diaphragme et avec une grande énergie; l'estomac est alors comprimé de deux côtés à la fois et les matières alimentaires qu'il contient sont promptement régurgitées, grâce aux *mouvements antipéristaltiques* de l'œsophage. Ces phénomènes caractérisent le vomissement.

5° La bouillie alimentaire continue sa marche dans les diverses circonvolutions de l'intestin grêle, grâce aux *mouvements péristaltiques* de sa paroi. Les fibres circulaires et longitudinales se comportent comme celles de l'œsophage. De l'iléon, les matières alimentaires passent dans le cæcum en écartant les deux lèvres de la valvule iléo-cæcale (fig. 66); elles continuent ensuite leur chemin dans le côlon et le rectum, sans jamais refluer dans l'intestin grêle; dès qu'elles tendent à retourner dans l'iléon, la pression qu'elles exercent de haut en bas provoque l'adossement des deux lèvres de la valvule et supprime par suite toute communication des deux intestins.

Enfin les résidus de la digestion, qui seuls sont arrivés jusqu'au rectum, sont rejetés au dehors par l'acte de la *défécation*. Maintenus normalement dans cette partie du tube digestif par le sphincter anal, ils sont expulsés sous l'influence de la contraction simultanée du diaphragme et des muscles des parois de l'abdomen.

Tous les mouvements du tube digestif, sauf ceux de la bouche et ceux qui s'accomplissent lors du passage des aliments dans le pharynx, sont involontaires.

Phénomènes chimiques de la digestion. — La *digestion proprement dite* comprend l'ensemble des actions chimiques exercées par les sucs digestifs sur l'aliment dans le but de le rendre soluble, absorbable par la muqueuse intestinale et assimilable par les éléments du corps.

Les sucs digestifs sont : la *salive*, le *suc gastrique*, le *suc pancréatique*, le *suc intestinal* et la *bile*. Tous, sauf la bile qui a une composition et un mode d'action particuliers, renferment une substance active du groupe des *diastases*, principes azotés solubles qui, en très petite quantité, ont la propriété de fixer de l'eau, en un mot d'hydrater une très grande quantité de certaines substances alimentaires pour les digérer, c'est-à-dire pour les rendre solubles et absorbables.

Les diastases sont précipitées de leurs dissolutions par l'alcool. Cette réaction est utilisée pour leur préparation.

Il ne faudrait pas croire que les matières alimentaires solides subissent seules le travail chimique de la digestion ; certaines substances dissoutes, mais non assimilables, comme le saccharose sous forme d'eau sucrée, ne traversent jamais telles quelles la muqueuse intestinale pour se répandre dans le sang, puis dans les éléments : elles doivent au préalable être digérées par une diastase, comme les substances insolubles; le saccharose, par exemple, devient sucre inverti dans l'intestin, est absorbé sous cette forme et distribué ensuite à toutes les parties de l'organisme. Lorsqu'on injecte directement du saccharose dans le sang, il est excrété en nature par les reins et se retrouve dans l'urine, ce qui montre bien qu'il n'est pas assimilable par les éléments anatomiques. L'eau, le glucose, sont au contraire des substances directement absorbables par l'intestin et assimilables par les éléments du corps : elles n'ont donc pas besoin d'être digérées.

I. **Salive.** — Les produits de sécrétion des différentes glandes salivaires sont mélangés dans la bouche, où ils constituent la *salive mixte*.

Pour se procurer l'une quelconque des salives, parotidienne, sous-maxillaire ou sublinguale, on établit une *fistule* sur le canal excréteur (fig. 73), en opérant sur le Chien, ou mieux sur les grands Herbivores (Cheval, Bœuf), chez qui les glandes salivaires sont fort développées. A cet effet, on met à nu, par exemple, le canal de Sténon, on l'incise en un point et on introduit dans l'orifice une fine canule en argent à l'autre bout de laquelle on adapte un petit ballon de caoutchouc dans lequel s'accumule la salive parotidienne.

La *salive parotidienne* est très aqueuse et beaucoup plus abondante pendant la mastication que dans l'intervalle des repas ; l'Homme à jeun en sécrète de 1 à 4 grammes par heure et jusqu'à 35 grammes au moment de la mastication. Chez le Cheval, qui mâche alternativement avec les moitiés droites et les moitiés gauches des deux mâchoires en changeant de sens tous les quarts d'heure, il se produit deux ou trois fois plus de salive du côté où se fait la mastication que du côté opposé. La salive parotidienne est surtout abondante chez les Herbivores ; comme elle arrive dans la bouche au niveau des grosses molaires supérieures, elle tombe précisément sur les matières sèches (herbe) soumises à la mastication. Les glandes parotides manquent le plus souvent chez les animaux aquatiques (Cétacés).

Les *salives sous-maxillaire et sublinguale* sont moins abondantes que la salive parotidienne; leur consistance est visqueuse. Ce sont elles qui sont surtout sécrétées dans l'intervalle des repas et soumises à la déglutition à des intervalles plus ou moins rapprochés. La salive sous-maxillaire est abondamment sécrétée à la suite de l'action d'une substance sapide (sel) sur la langue ou même par la simple vue d'un aliment désiré; la sécrétion est alors la conséquence d'un phénomène nerveux réflexe. (Voy. SYSTÈME NERVEUX.)

Composition de la salive. — La salive mixte est un liquide opalin, renfermant en suspension un plus ou moins grand nombre de cellules de l'épithélium buccal, ce dernier s'exfoliant constamment par sa surface et se régénérant aux dépens de l'assise profonde de cellules cylindriques. Elle se compose d'eau et de substances dissoutes. Ces dernières sont : 1° des matières albuminoïdes, notamment la *ptyaline* ou diastase salivaire, principe actif de la salive; 2° des sels, semblables à ceux du plasma sanguin (chlorure, phosphate et carbonate de sodium, carbonate de calcium); on y trouve en outre des traces de sulfocyanate de potassium; mais cette substance n'a pas été jusqu'ici rencontrée dans les canaux excréteurs et paraît être le résultat d'une action chimique produite dans la bouche; 3° enfin une petite proportion de matières grasses et d'oxyde de fer.

La densité de la salive n'est que très peu supérieure à celle de l'eau (1,01); sa réaction est toujours alcaline pendant les repas; dans leur intervalle elle peut être neutre ou même légèrement acide. La ptyaline est surtout abondante dans les salives sous-maxillaire, sublinguale et buccale.

ACTION DE LA SALIVE : DIGESTION DES FÉCULENTS. — Par sa ptyaline, la salive agit exclusivement sur les féculents : elle les transforme d'abord en un corps soluble isomère de l'amidon, la dextrine, puis par hydratation en glucose :

$$\underset{\text{Amidon.}}{C^6H^{10}O^5} + \underset{\text{Eau.}}{H^2O} = \underset{\text{Glucose.}}{C^6H^{12}O^6}.$$

L'action digestive de la salive ne fait que commencer dans la bouche, les féculents (amidon du pain, de la pomme de terre) ne faisant pour ainsi dire que la traverser; elle s'effectue en majeure partie dans l'estomac.

On peut opérer artificiellement la digestion des féculents en faisant agir la salive mixte sur l'empois d'amidon, à une température de 38 à 40 degrés : l'amidon est partiellement transformé en glucose. On sait que la même transformation peut être obtenue par le moyen d'un acide étendu.

La salive n'agit ni sur le saccharose, ni sur les graisses, ni sur les albuminoïdes.

II. **Suc gastrique.** — Le suc gastrique est le produit des glandes pepsinifères et muqueuses de l'estomac; il n'est sécrété que lorsque les matières nutritives séjournent dans cet organe. Le contact d'un corps étranger quelconque suffit même à déterminer l'afflux de ce suc digestif, à la suite d'un phénomène nerveux réflexe; on sait d'ailleurs que les anciens physiologistes recueillaient le suc gastrique en faisant avaler à des animaux des éponges sèches, retenues au moyen de ficelles, et en les retirant quelque temps après : par expression ils obtenaient le suc gastrique.

Aujourd'hui on recueille directement ce liquide au moyen de fistules gastriques.

A cet effet, on pratique sur la région ventrale d'un Chien, au niveau de l'estomac, une incision de 4 ou 5 centimètres de longueur; on ramène au dehors la partie voisine de l'estomac, on fait une ouverture dans sa paroi et on rattache par une suture les bords des deux plaies ainsi formées. Au bout de quelques jours, l'inflammation détermine l'adhérence intime entre la paroi de l'estomac et celle de l'abdomen : la communication est dès lors établie entre la cavité stomacale et l'extérieur. On introduit alors dans l'ouverture une canule (fig. 85) composée de deux parties semblables se vissant l'une dans l'autre et terminées chacune par un rebord circulaire saillant; la fistule étant un peu moins large que le rebord, il faut introduire la canule avec force pour qu'ensuite elle soit bien maintenue en

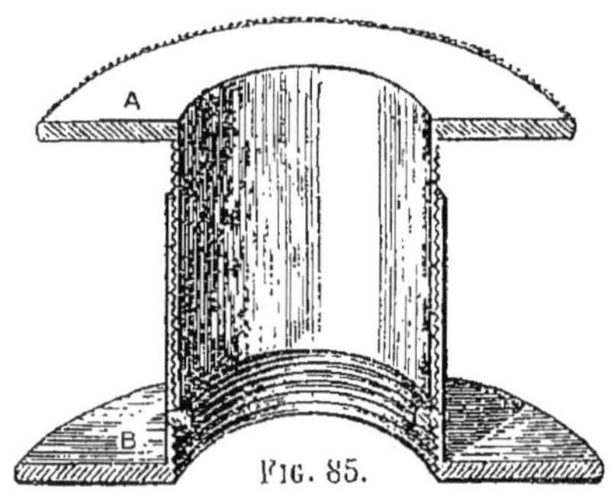

FIG. 85.

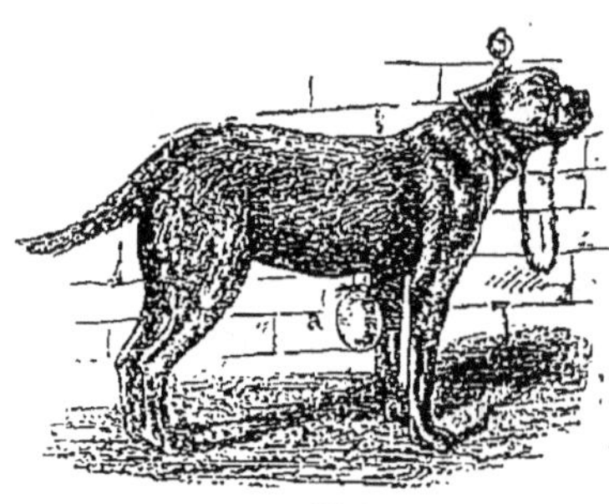

FIG. 85 *bis*.

FIG. 85. — Coupe verticale d'une canule pour fistule gastrique. — A, rebord supérieur; B, rebord inférieur et externe.

FIG. 85 *bis*. — Chien porteur d'une fistule gastrique. — *a*, ballon dans lequel s'accumule la sécrétion.

place et que le suc gastrique ne puisse s'écouler que dans son intérieur. A la canule on adapte un ballon de caoutchouc muni d'un robinet. Pour obtenir du suc gastrique, on fait manger à l'animal de la viande crue en aussi gros morceaux que possible; dès qu'ils arrivent dans l'estomac, le suc perle de tous côtés sur la muqueuse et s'écoule dans le ballon à l'état de pureté; car il n'a pas eu le temps d'attaquer les fragments de viande.

Dans l'intervalle des repas, la muqueuse stomacale est grise; elle devient rosée, à cause de l'afflux du sang, au moment de la sécrétion, en même temps que sa température augmente d'environ 1 degré. Un Chien de taille moyenne produit à peu près 70 grammes de suc gastrique par heure, l'Homme environ 500 grammes.

On a pu recueillir le suc gastrique de l'Homme dans divers cas, au nombre de cinquante et un aujourd'hui, où des fistules stomacales permanentes se sont établies à la suite d'accidents ou de maladies; l'une de ces fistules, due à l'ouverture d'un abcès au niveau de la région épigastrique, ne mesurait pas moins de 10 centimètres dans le sens transversal et 6 dans le sens vertical; une autre 5 centimètres sur 3, etc.

Composition du suc gastrique. — Le suc gastrique est un liquide incolore, limpide et à réaction toujours acide. Il se compose : 1° d'eau (99 pour 100); 2° de sels (chlorure de sodium, phosphate de calcium); 3° d'un acide libre qui paraît être l'acide chlorhydrique ; 4° enfin une diastase, la *pepsine*, principe actif du suc gastrique; elle n'exerce son action digestive qu'en présence de l'acide libre du suc; dès qu'on neutralise ce dernier, aucune digestion artificielle n'a plus lieu. Outre la diastase, il faut citer un peu d'albumine ordinaire.

Pour *préparer la pepsine*, on traite le suc gastrique par dix fois son volume d'alcool; la pepsine et la petite quantité d'albumine sont précipitées; on recueille le précipité et on le traite par l'eau : la pepsine seule est dissoute. On filtre et on précipite de nouveau par l'alcool pour avoir la pepsine pure. On la dessèche et on la réduit en poudre; elle est grisâtre. La pepsine est administrée aux personnes chez lesquelles la digestion stomacale est difficile, faute de suc gastrique actif.

Le suc gastrique a la propriété de coaguler la caséine, c'est-à-dire de faire cailler le lait. Le liquide, appelé *présure*, dont on se sert dans ce but, n'est pas autre chose qu'une solution étendue de suc gastrique, obtenue en faisant macérer une caillette de veau (quatrième estomac) dans l'eau salée pendant quarante-huit heures.

Action du suc gastrique : digestion des albuminoïdes. — Par sa pepsine, le suc gastrique digère les matières albuminoïdes, qu'elles soient insolubles (viande) ou solubles (blanc d'œuf); à cet effet, la pepsine les hydrate, et, par une série de dédoublements chimiques, les amène à l'état de *peptones*, produits azotés complexes, solubles, absorbables et assimilables. On dira donc d'un principe albuminoïde qu'il est digéré, lorsqu'il est transformé en peptones. La même transformation peut s'opérer par l'ébullition prolongée sous pression; de même la viande, chauffée dans la marmite de Papin, est hydratée et amenée à l'état de peptones, comme par l'effet du suc gastrique.

Le suc gastrique digère la musculine (viande), la caséine (fromage), l'albumine (blanc d'œuf), le gluten (partie azotée du pain), l'aleurone (principe albuminoïde des haricots, pois) ; le sucre de canne paraît aussi subir à la longue un commencement de digestion, c'est-à-dire de transformation en glucose et lévulose. Les autres parties de l'aliment (féculents, graisses) ne subissent aucune action chimique de la part de l'estomac; mais il ne faut pas oublier que l'amidon, sous l'influence de la salive, continue à y être transformé en glucose.

Les albuminoïdes sont digérés avec plus ou moins de facilité suivant leur nature. Un Chien met une heure et demie à digérer de la viande hachée sans graisse; deux heures pour le gluten cuit; trois heures et demie pour la caséine coagulée et six heures pour le blanc d'œuf cuit. Le mode de cuisson influe également sur la digestibilité; ainsi, chez l'Homme, le bœuf bouilli demande quatre heures; rôti, trois heures seulement; les volailles rôties, trois heures; le poisson frit, à peine deux heures et demie.

On peut étudier l'action du suc gastrique en dehors de l'organisme en procédant à des *digestions artificielles;* pour cela, il suffit de mélanger l'aliment (viande) avec du suc gastrique ou une solution de pepsine légèrement acidulée et de placer le tout dans une étuve à 35-40 degrés, c'est-à-dire à la température du corps. On voit alors la viande ou le blanc d'œuf cuit se dissocier et se dissoudre peu à peu; le blanc d'œuf non cuit perdre sa consistance gélatineuse et devenir mobile comme de l'eau : ces substances sont alors devenues peptones; la caséine du lait est d'abord coagulée par la pepsine et puis seulement digérée : les mêmes phénomènes se passent dans l'estomac.

III. **Suc pancréatique.** — Le suc pancréatique, sécrété par le pancréas, est versé dans le duodénum par le canal de Wirsung au même point que la bile et par le canal accessoire un peu au-dessus.

Pour se le procurer, on établit une fistule pancréatique sur le canal accessoire, en faisant au préalable une incision dans la paroi ventrale, et en opérant comme pour la fistule salivaire (fig. 86).

Composition du suc pancréatique. — Le suc pancréatique est incolore et visqueux. Comme la salive, il est alcalin, tandis que le suc gastrique est constamment acide. Sa sécrétion est continue, mais plus abondante au moment de l'arrivée de la masse alimentaire dans le duodénum.

Il se compose : 1° d'eau; 2° de sels; 3° d'une petite quantité de matières grasses; 4° de trois principes diastasiques, dont l'un opère l'émulsion et même la saponification des corps gras, le second, la saccharification des féculents, comme la diastase salivaire, et enfin le troisième, comparable à la pepsine et nommé *trypsine*, la transformation des albuminoïdes en peptones.

Action du suc pancréatique : digestion des graisses, des albuminoïdes et des féculents. — Le suc pancréatique est le plus important de tous les sucs digestifs.

1° En premier lieu, il digère les matières grasses, qui n'ont été modifiées, ni par la salive, ni par le suc gastrique. A cet effet, ces substances sont *émulsionnées*, c'est-à-dire divisées par lui en une infinité de gouttelettes d'une finesse extrême qui restent suspendues dans le suc pancréatique, sans s'y dissoudre, et passent avec lui sous cette forme au travers de la muqueuse intestinale. On peut obtenir artificiellement une émulsion en agitant de l'huile avec du suc pancréatique : le mélange est blanchâtre et en apparence homogène. Les graisses sont les

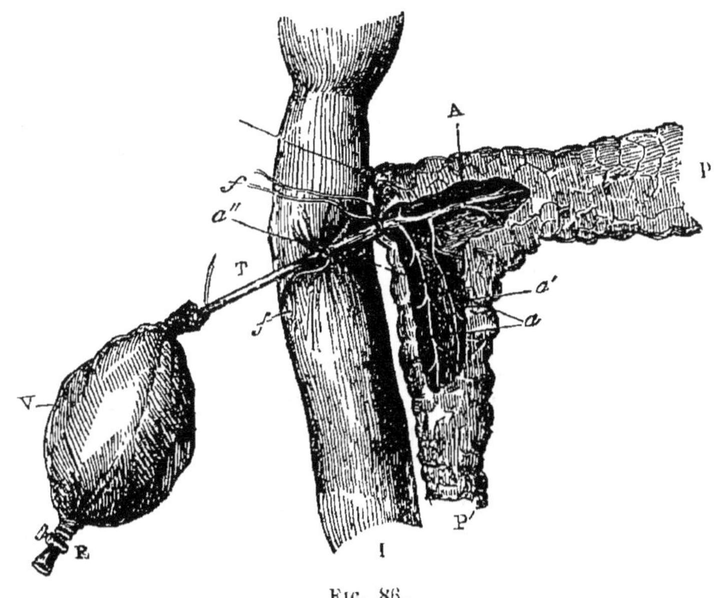

Fig. 86.

Fig. 86. — Fistule pancréatique (Chien). — A, canal pancréatique principal ; a′, petit canal ; T, canule fixée à l'intestin en a″ ; V, sac en caoutchouc, muni d'un robinet R ; PP′, pancréas ; I, intestin.

seules substances insolubles de l'aliment qui soient absorbées en nature, sans avoir été au préalable dissoutes.

Quelques auteurs admettent que la digestion des graisses se fait, non seulement par émulsion, mais encore par *saponification*, c'est-à-dire par dédoublement des corps gras en glycérine et acides gras ; la stéarine, par exemple, donnerait de l'acide stéarique et de la glycérine sous l'influence du suc pancréatique. Les acides gras sont insolubles dans l'eau : ils seraient absorbés sous forme de savons alcalins (stéarate de soude...), dont la base serait fournie par les sels du suc pancréatique. Ce mode de digestion, s'il existe, est tout à fait secondaire : c'est essentiellement par émulsion que les matières grasses sont digérées.

2° Le suc pancréatique digère aussi les féculents qui ont

échappé à l'action de la salive : une diastase, comparable à la ptyaline, les transforme en glucose.

3° Enfin il transforme en peptones les albuminoïdes qui n'ont pas été attaqués par le suc gastrique.

IV. **Suc intestinal.** — Ce liquide est sécrété par les glandes en tube et en grappe de l'intestin. Pour le recueillir à l'état de pureté, on ouvre l'abdomen d'un Chien et on dégage une portion d'intestin grêle d'environ 50 centimètres de longueur ; on la sectionne à ses deux extrémités en maintenant intacts le repli péritonéal par lequel il est relié à la paroi du corps et les vaisseaux nourriciers. On réunit ensuite par une suture les deux bouts de l'intestin, afin de permettre aux matières alimentaires d'y cheminer comme dans les conditions normales. On ferme par une ligature l'un des bouts du segment détaché et on fixe l'autre à la plaie abdominale : c'est par l'orifice de cette dernière que s'écoule le suc intestinal.

Composition. — Outre les substances indiquées pour tous les sucs précédents, le suc intestinal contient une diastase spéciale, appelée *invertine*, qui en est le principe actif.

Action du suc intestinal : digestion du saccharose. — Par son invertine, le suc intestinal digère le saccharose (sucre de canne, de betterave), principe non assimilable, quoique soluble. Directement injecté dans le sang, le sucre de canne est bientôt rejeté en nature par les reins sans avoir été utilisé par l'organisme. La digestion consiste ici en la transformation du saccharose en glucose et lévulose, c'est-à-dire en *sucre inverti*, par hydratation :

$$\underset{\text{Saccharose.}}{C^{12}H^{22}O^{11}} + \underset{\text{Eau.}}{H^2O} = \underset{\text{Glucose.}}{C^6H^{12}O^6} + \underset{\text{Lévulose.}}{C^6H^{12}O^6}.$$

V. **Bile.** — La bile est un liquide jaune d'or au moment où il sort du foie par le canal hépatique, vert foncé et filant lorsqu'il a séjourné dans la vésicule biliaire. Au point de vue physiologique, elle représente à la fois un produit de désassimilation et un suc digestif. Sa sécrétion est continue, comme celle de tous les déchets organiques (acide carbonique, urine). La bile humaine est neutre ou légèrement alcaline ; l'Homme en sécrète en moyenne 1 kilogramme en vingt-quatre heures. On se la procure au moyen de fistules établies sur les canaux excréteurs chez les animaux.

Composition de la bile. — La bile a une composition très complexe ; on y trouve : 1° de l'eau ; 2° des sels minéraux, notamment le chlorure, le phosphate et le carbonate de sodium ;

3° une petite proportion de matières grasses ; 4° des sels à acides organiques azotés, savoir : le *glycocholate de soude*, combinaison d'acide glycocholique ($C^{26}H^{43}AzO^{6}$), substance cristallisable, avec la soude, et le *taurocholate de soude*, combinaison d'acide taurocholique ($C^{26}H^{45}AzSO^{7}$) avec la même base ; on voit que ce dernier acide est non seulement azoté, mais sulfuré ; 5° de la *cholestérine* ($C^{26}H^{44}O$), substance ternaire cristallisable (fig. 151), se comportant chimiquement comme un alcool ; 6° des *matières colorantes azotées*, notamment la bilirubine et la biliverdine ; leur composition rappelle celle des dérivés de l'hémoglobine, matière colorante rouge du sang ; ainsi l'hématoïdine (fig. 87) que l'on rencontre dans le sang et qui résulte de la décomposition de l'hémoglobine est identique à la bilirubine ; le foie est en effet le siège d'une destruction de globules rouges, d'où résultent précisément les pigments biliaires.

Fig. 87.

Fig. 87. — *d*, cristaux d'hématoïdine ; *a*, globules du sang devenus granuleux et en voie de décomposition ; *b*, cellules lymphatiques, dont quelques-unes renferment du pigment cristallisé ; *f*, vaisseau oblitéré, rempli de pigment rouge cristallisé.

Sels azotés, cholestérine et pigments biliaires sont des produits de désassimilation, destinés à être rejetés au dehors ; la cholestérine, en particulier, paraît résulter surtout de l'oxydation de la substance nerveuse.

Les diverses substances que contient la bile se déposent fréquemment dans la vésicule biliaire ou dans le canal cholédoque pour former des *calculs biliaires* ; la taille de ces derniers atteint parfois 1 ou 2 centimètres. Ils sont très durs et se composent surtout de cholestérine, de bilirubine, et de sels minéraux formant des couches concentriques.

Action de la bile. — Le rôle de la bile est multiple. 1° En premier lieu, la bile joue un rôle incontestable dans la digestion des matières grasses ; comme le suc pancréatique, elle les émulsionne et même, d'après certains auteurs, les saponifie partiellement. L'action émulsive de la bile est rendue manifeste par la ligature des canaux pancréatiques ou par l'établissement d'une fistule qui distrait le suc pancréatique de l'intestin et le verse au dehors : les vaisseaux chylifères renferment alors comme d'ordinaire un contenu laiteux, c'est-à-dire chargé de matières grasses, au moment de la digestion. Le même fait se produit lorsqu'on supprime l'arrivée de la bile dans le duodénum ; c'est alors le suc pancréatique seul qui digère les graisses. Les animaux porteurs d'une fistule biliaire par laquelle la bile s'écoule au dehors s'affaiblissent peu à peu, ne pouvant absorber qu'une partie des substances grasses que contient l'intestin, l'autre étant rejetée en nature avec les résidus de la digestion ; on peut, il est vrai, remplacer par des substances féculentes cette partie perdue de l'aliment et prolonger ainsi la vie des animaux soumis à l'expérience. 2° Une partie de la bile, mélangée aux résidus de la digestion et destinée à être rejetée avec eux, empêche leur putréfaction dans l'intestin ; chez les animaux porteurs d'une fistule biliaire, les excréments acquièrent, en effet, une extraordinaire fétidité. La bile est donc aussi un antiputride. 3° Une autre partie de la bile est absorbée par l'intestin et rentre de nouveau dans l'économie ; c'est le cas pour le taurocholate de soude. Le soufre de cette substance paraît nécessaire au développement des poils. 4° Enfin la bile détermine la contraction des villosités intestinales et favorise ainsi l'absorption des produits solubles de la digestion, ceux-ci étant poussés vers les vaisseaux; de plus elle hâte la chute des anciennes cellules épithéliales usées rapidement par le travail d'absorption et facilite ainsi le développement des jeunes cellules situées au-dessous d'elles. A cet égard la bile est l'agent de la desquamation intestinale.

En résumé, la bile est un liquide excrémentitiel qui, pendant son passage dans l'intestin, digère en partie les graisses et assure la marche normale de l'absorption des produits digérés.

Résumé de la digestion. — Les principes immédiats de notre aliment sont digérés par les sucs suivants :

Principes	Sucs	Principes	Sucs
1° *Féculents*......	*Salive.* *Suc pancréatique.*	3° *Graisses*.......	*Suc pancréatique.* *Bile.*
2° *Saccharoses*....	*Suc intestinal.*	4° *Albuminoïdes*..	*Suc gastrique.* *Suc pancréatique.*

Les produits de la digestion, formes absorbables et assimilables de ces principes, sont au nombre de trois principaux :

1° Le *glucose*, pour les féculents et les saccharoses ;

2° L'*émulsion*, pour les matières grasses ;

3° Les *peptones*, pour les albuminoïdes.

Ils forment, avec les matières non digérées, une bouillie appelée *chyme*. Voyons maintenant comment ils sont absorbés.

CHAPITRE III

ABSORPTION DE L'ALIMENT

On appelle *absorption* d'une substance son passage du milieu extérieur dans le milieu intérieur, c'est-à-dire dans le sang.

Chez l'Homme, l'absorption se fait par trois régions du corps.

1° Par la peau; c'est l'*absorption cutanée* (p. 228);

2° Par la muqueuse pulmonaire; c'est la *respiration*, au moins le premier acte de cette double fonction, savoir l'absorption d'oxygène;

3° Par la muqueuse digestive, notamment par celle de l'intestin grêle; c'est l'*absorption intestinale*.

ABSORPTION INTESTINALE

C'est par les villosités de l'intestin (fig. 88) que sont absorbés les produits de la digestion. Leur structure a été précédemment étudiée; elles constituent dans leur ensemble l'appareil absorbant; l'épithélium en est la partie fondamentale.

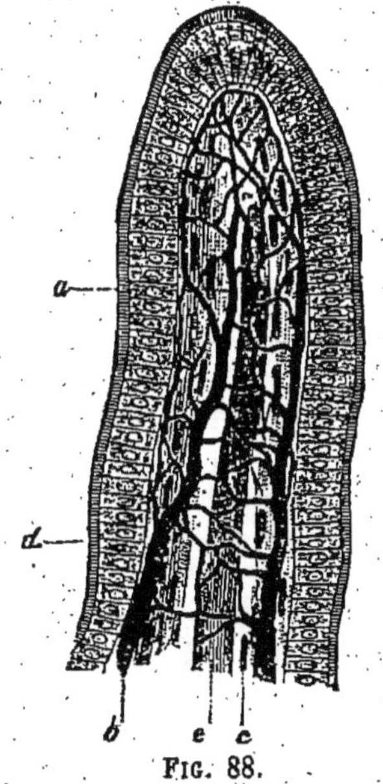

Fig. 88.

Fig. 88. — Une villosité intestinale. — *a*, derme de la villosité; *d*, épithélium cylindrique simple dont les cellules sont limitées par un plateau strié; *c*, base de ces cellules; *b*, vaisseaux sanguins; *e*, vaisseau chylifère central.

L'absorption intestinale consiste dans le passage des produits digérés au travers de l'épithélium et du derme des villosités, jusque dans les capillaires sanguins veineux et dans les vaisseaux chylifères. Elle représente donc un phénomène d'*osmose*, c'est-à-dire de passage au travers d'une membrane perméable. L'absorption sera plus rapide pour les substances qui prendront le chemin des veines intestinales que pour celles qui s'engageront dans les chylifères; les capillaires veineux sont en effet situés la plupart au voisinage immédiat de l'épithélium, tandis que les chylifères sont centraux. Une fois absorbées, les substances alimentaires sont rapidement transportées dans tous les départements du corps, grâce à la circulation du sang; chaque élément puise constamment dans ce dernier l'aliment nécessaire à l'entretien de sa vie.

Conditions de l'absorption. — Pour que l'absorption ait lieu, il faut que la membrane de séparation du milieu extérieur et du milieu intérieur, c'est-à-dire les villosités, remplisse certaines conditions.

1° En premier lieu, il faut qu'elle soit constamment *imbibée* de liquide, condition normalement réalisée par les sécrétions intestinales.

2° Il faut ensuite que la membrane soit *osmotique* pour les substances destinées à être absorbées, en d'autres termes qu'elle se laisse traverser par elles. A cet égard, la digestion a pour effet de transformer les principes colloïdes de l'aliment en principes cristalloïdes, c'est-à-dire osmotiques; c'est ainsi que la viande et l'albumine deviennent peptones et sont absorbables sous cette forme. Certaines substances colloïdes parcourent la cavité digestive entière sans subir l'action d'aucun des sucs digestifs; elles ne sauraient être absorbées. Telles sont la gélatine des os, matière cependant voisine de l'albumine et qui semblerait devoir être un aliment plastique de premier ordre; le curare; le venin des serpents. On peut avaler impunément une quantité de curare telle qu'injectée directement dans le sang, elle produirait rapidement les troubles particuliers à ce poison; c'est l'épithélium du tube digestif qui seul s'oppose à l'absorption, car, dès qu'il disparaît localement, comme par exemple dans la bouche à la suite d'une égratignure, l'absorption se produit avec une grande rapidité et les effets toxiques du curare se manifestent aussitôt.

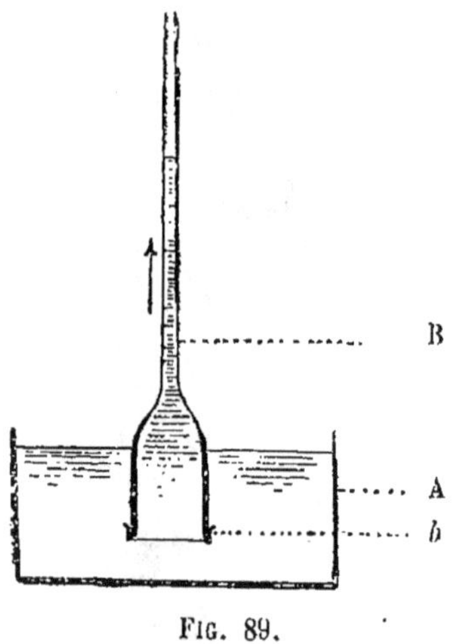

Fig. 89.

Fig. 89. — B, tube étroit, fermé en bas par une membrane *b*; A, vase rempli d'eau pure.

3° La *vitesse* de l'absorption est déterminée par les propriétés osmotiques des cellules épithéliales et par la proportion relative des substances considérées contenues dans le sang et dans l'intestin.

Le protoplasme des cellules épithéliales est granuleux et fort abondant; son pouvoir osmotique est considérable, comme d'ailleurs celui de toutes les substances albuminoïdes. Pour le prouver, introduisons dans le vase B (fig. 89), fermé inférieurement par une membrane (*b*), une petite quantité d'albumine ou blanc d'œuf, et plongeons-le dans le vase A rempli d'eau pure. L'eau traverse la membrane avec une grande force et monte peu à peu dans le tube B. Or, si l'on répète la même expérience en remplaçant la solution d'albumine par des solutions d'autres substances, mais de même densité, telles que de la gomme, du sucre, des sels, on remarque que, toutes les autres conditions restant les mêmes, l'eau de A est absorbée en quantités inégales par B, suivant la nature de la dissolution, mais toujours en quantités moindres que pour l'albumine. Cet appareil porte le nom d'*osmomètre*.

Ainsi, par leur contenu albuminoïde, les cellules épithéliales activent considérablement le phénomène de l'absorption: les matières digérées les traversent avec une grande force et, par le derme des villosités, gagnent peu à peu les veines et les vaisseaux chylifères.

La proportion d'une substance dans le sang influe sur l'absorption ultérieure de cette substance; lorsque le sang en est saturé, l'absorption cesse.

Ainsi, lorsque la proportion des matières grasses s'élève au-dessus de trois ou quatre millièmes, celles que contient l'intestin ne passent plus que très difficilement au travers des villosités et se retrouvent en presque totalité dans les résidus de la digestion.

L'osmose se fait normalement de dehors en dedans, c'est-à-dire de la cavité intestinale vers le sang ; en un mot il y a *endosmose*. Peut-il y avoir aussi *exosmose*; en d'autres termes, les substances contenues dans le sang peuvent-elles traverser l'épithélium et se répandre dans l'intestin ? L'exosmose ne peut guère se produire que pour l'eau du sang, par exemple sous l'inflence des purgatifs salins (sulfate de magnésie) ; elle ne saurait avoir lieu pour l'albumine qui est une substance colloïde, ni pour les sels qui sont généralement plus abondants dans le tube digestif que dans le sang.

Marche de l'absorption. — Dès que le chyme acide passe de l'estomac dans l'intestin, l'épithélium de ce dernier prend une coloration blanchâtre due à l'apparition d'une multitude de gouttelettes grasses dans le protoplasme de ses cellules. Il est à remarquer que ces gouttelettes se produisent aussi bien lorsque le chyme est dépourvu de matières grasses que lorsqu'il en renferme; elles sont seulement plus abondantes dans le second cas. En même temps, les cellules épithéliales se gonflent par l'effet des liquides absorbés, et comme elles sont intimement unies latéralement, elles s'allongent perpendiculairement au derme sous-jacent ; celles des villosités deviennent ainsi plus longues que le derme n'est large.

Voyons maintenant quel chemin suivent les produits de la digestion.

1° Les *matières grasses émulsionnées* traversent lentement les cellules des villosités, puis le derme qu'elles envahissent complètement et arrivent de proche en proche au chylifère central. Les vaisseaux chylifères, qui cheminent dans le mésentère, ne tardent pas à présenter une blancheur éclatante, due aux gouttelettes grasses, et qui leur a fait donner le nom de *vaisseaux lactés*. Dans l'intervalle de deux absorptions, ils sont invisibles, leur contenu étant transparent. Outre les matières grasses, les chylifères reçoivent une faible partie des peptones, du glucose et des sels. Par le canal thoracique (fig. 122), le chyle ou contenu des vaisseaux chylifères est versé dans la veine sous-clavière gauche (2) et de là répandu dans toute l'économie.

Le chyle se compose de lymphe, semblable à celle des vaisseaux lymphatiques du corps autres que les vaisseaux chylifères, et des produits absorbés (graisse).

2° Les *produits dissous* (peptones, glucose, sels), après avoir traversé l'épithélium, passent en majeure partie dans les capillaires des veines intestinales et par suite dans la veine porte (fig. 118, *s*). Chez les animaux en pleine digestion dont l'aliment renferme des féculents, le sang de la veine porte contient toujours une proportion de glucose plus considérable que le sang de tout autre vaisseau; il en est de même pour les peptones. Quant aux matières grasses, elles ne cheminent qu'en très faible proportion par les veines intestinales. Le sang de la veine porte traverse le foie et y subit des modifications importantes; puis, par la veine sus-hépatique, les produits dissous qu'il contient sont distribués, en partie au moins, à tous les éléments du corps.

Conséquence de l'absorption : chute de l'épithélium. — Les cellules épithéliales, qui sont les agents essentiels de l'absorption, s'usent rapidement au travail qu'elles effectuent. Après un certain temps de fonctionnement, leur contenu s'appauvrit, devient granuleux et bientôt ces cellules se détachent pour laisser place à des cellules jeunes, situées à la surface du derme, qui grandiront, absorberont et disparaîtront comme les précédentes. C'est que, par l'effet de l'absorption, les éléments épithéliaux, perdant lentement leur protoplasme, perdent parallèlement leur pouvoir osmotique, de sorte qu'à un moment donné leur renouvellement s'impose; la fonction, en un mot, tue l'organe. Nous avons vu précédemment que la bile favorise cette sorte de mue de l'épithélium intestinal.

En résumé, l'appareil absorbant est constitué par les villosités, dont l'épithélium, partie essentielle, est soumis à une chute et à un renouvellement périodiques; les matières grasses absorbées sont essentiellement recueillies par les vaisseaux chylifères, et les substances dissoutes, par les veines intestinales. L'aliment ainsi introduit dans le milieu intérieur (sang et lymphe) est ensuite facilement transporté à tous les éléments, grâce à l'appareil circulatoire.

CHAPITRE IV

APPAREIL CIRCULATOIRE

Division. — L'*appareil circulatoire* est un ensemble d'organes destinés à assurer la marche continue du liquide qu'ils renferment, à assurer en un mot la circulation du sang.

Il se compose de quatre parties (fig. 90) :

1° Le *cœur* (*vg*), organe central musculaire, mettant le sang en mouvement par ses contractions répétées ;

2° Des vaisseaux, appelés *artères*, partant du cœur et se rendant aux organes pour leur apporter le sang artériel ou sang nourricier (*a*). Ce dernier chemine toujours du cœur aux organes ; les artères sont donc les *vaisseaux efférents du cœur* et *afférents des organes* ;

3° D'autres vaisseaux, appelés *veines* (*v*), partant des organes et se rendant au cœur pour y ramener le sang veineux, c'est-à-dire le sang devenu impropre à l'entretien de la vie, pendant son passage au travers des organes. Le sang veineux chemine toujours des organes vers le cœur ; les veines sont donc les *vaisseaux efférents des organes* et *afférents du cœur* ;

4° Dans chaque organe (O), l'artère et la veine sont unies par un réseau extrêmement riche de *vaisseaux capillaires* (O), microscopiques, anastomosés dans tout l'organe et placés au voisinage immédiat des éléments anatomiques. C'est au niveau des capillaires que se fait l'*échange nutritif* : le sang artériel cède aux cellules l'aliment qui leur est nécessaire, tandis que ces dernières y rejettent leurs produits de désassimilation. A la suite de cet échange, le sang artériel est devenu veineux ; le premier est rouge vermeil ; le second, rouge brun.

Fig. 90.

Fig. 90. — Appareil circulatoire (fig. schém.). — *o*, *o'*, oreillettes gauche et droite ; *vg*, *vd*, ventricules gauche et droit ; *a*, *a*, artères ; *v*, *v*, veines ; *ap*, artère pulmonaire ; *vp*, veines pulmonaires ; O, capillaires des organes ; P, capillaires des poumons.

Les cavités limitées par le cœur, les artères, les veines et les vaisseaux capillaires forment un système continu et clos ; c'est par osmose au travers des parois des capillaires que se fait l'échange nutritif.

I. **Cœur**. — Le cœur est logé dans le thorax, entre les

poumons, en avant de la colonne vertébrale et de l'œsophage ; il est maintenu en place par une enveloppe séreuse, appelée péricarde (fig. 93) ; inférieurement il repose sur le diaphragme. Sa forme est celle d'un cône à base supérieure, dirigé de haut en bas, de droite à gauche et d'arrière en avant ; son sommet se trouve au niveau de l'espace intercostal compris entre la cinquième et la sixième côte, un peu en dedans du mamelon gauche, contre la paroi thoracique. La longueur et la largeur du cœur sont d'environ 10 centimètres ; son poids moyen est de 280 grammes.

Le cœur (fig. 91) est creusé de quatre cavités, deux *oreillettes*

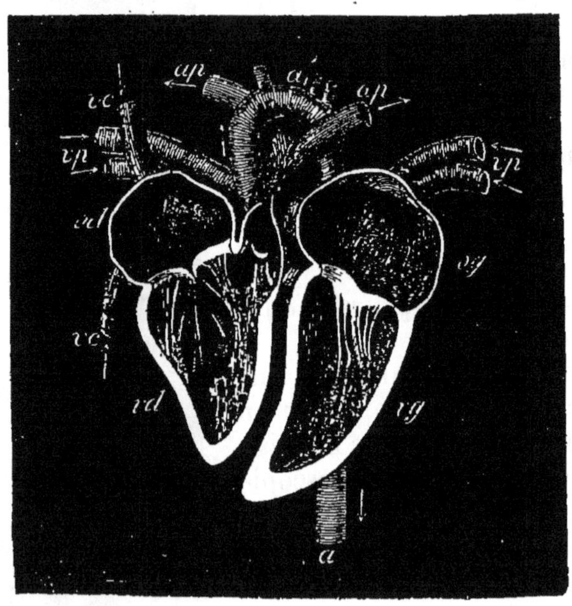

FIG. 91.

FIG. 91. — Cœur et vaisseaux qui en partent. — *vd*, *vg*, ventricules droit et gauche ; *od*, *og*, oreillettes droite et gauche. — Les flèches indiquent le sens du courant sanguin. A droite, on voit de face une des lames de la valvule mitrale.

(*od*, *og*) en haut et deux *ventricules* (*vd*, *vg*) en bas ; l'oreillette droite communique avec le ventricule du même côté par un orifice, appelé *orifice auriculo-ventriculaire* droit, creusé dans la cloison de séparation du même nom ; de même l'oreillette gauche communique avec le ventricule gauche. Mais, ni les oreillettes, ni les ventricules ne communiquent directement entre eux, la cloison séparatrice du cœur droit (O. et V. droits) et du cœur gauche (O. et V. gauches) étant complète. Toutefois dans le très jeune âge la cloison interauriculaire est percée d'un orifice, le trou de Botal, qui se ferme peu à peu pendant le développement ; on reconnaît chez l'adulte la trace du trou

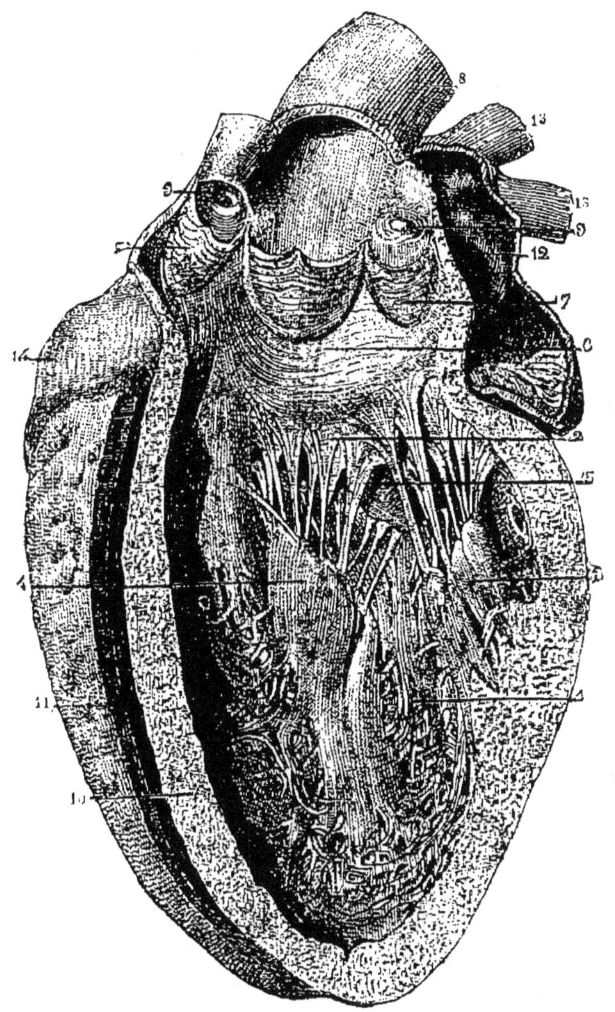

Fig. 92.

Fig. 92. — Coupe verticale du cœur. — 1, cavité ventriculaire gauche ; 2, valvule mitrale ; 3, 4, colonnes charnues ; 5, orifice auriculo-ventriculaire gauche ; 6, orifice aortique ; 7, valvule sygmoïde ; 8, aorte ouverte ; 9, 9, origine des artères coronaires ; 10, cloison interventriculaire ; 11, cavité du ventricule droit ; 12, oreillette gauche ouverte ; 13, 13, veines pulmonaires ; 14, oreillette droite.

de Botal à une petite dépression de cette cloison, appelée *fosse ovale*.

Le cœur droit renferme toujours du sang veineux ; le cœur gauche toujours du sang artériel.

La surface externe du cœur présente à considérer un sillon

circulaire à la jonction des ventricules avec les oreillettes et deux sillons longitudinaux à la jonction du ventricule droit avec le ventricule gauche ; dans ces sillons cheminent les artères et veines coronaires. La surface interne du cœur présente de nombreuses saillies enchevêtrées, appelées *colonnes charnues* (fig. 92, 3). La paroi des ventricules, surtout celle du ventricule gauche, est beaucoup plus épaisse que celle des oreillettes ; aussi l'impulsion donnée au sang par l'effet de la contraction est-elle plus considérable dans le premier que dans le second cas. La pointe extrême du cœur est uniquement constituée par le ventricule gauche.

Chaque orifice auriculo-ventriculaire est muni d'un petit appareil, appelé *valvule* (fig. 92, 2), composé de lames élastiques allongées, triangulaires, fixées par leur base au bord de l'orifice et prolongées à leur extrémité opposée, ainsi qu'à leur face externe par de nombreux filaments élastiques rattachés à la paroi des ventricules. La valvule auriculo-ventriculaire de droite s'appelle *valvule tricuspide :* elle comprend trois lames ; celle de gauche se nomme *valvule mitrale :* elle n'a que deux lames. Les trois lames de la première sont munies d'environ cent prolongements tendineux ; les deux lames de la seconde, d'environ cent vingt.

Les *colonnes charnues* (fig. 92) sont particulièrement nettes dans les ventricules; on en distingue de trois ordres : 1° les unes, dites colonnes charnues du premier ordre, sont de simples prolongements coniques de la paroi (3, 4), dirigés de bas en haut et donnant insertion à leur extrémité libre aux filaments tendineux des valvules ; quelques-unes sont fort développées ; 2° les colonnes charnues du second ordre (1) sont libres dans toute leur étendue, sauf aux deux extrémités, par lesquelles elles s'insèrent sur les ventricules ; elles sont enchevêtrées en réseau ; 3° enfin celles du troisième ordre, très nombreuses, sont de simples saillies de la paroi, unies par conséquent à cette dernière par toute l'étendue d'une de leurs faces.

Vaisseaux en rapport avec le cœur. — On appelle *artères* les vaisseaux qui partent des ventricules, et *veines* ceux qui partent des oreillettes. Les artères et veines du cœur droit renferment du sang veineux; celles du cœur gauche du sang artériel.

Dans l'oreillette gauche débouchent quatre *veines pulmonaires* (fig. 91), venant deux à deux de chaque poumon et y apportant le sang artériel : ce sont des veines artérielles.

Du ventricule gauche part un gros tronc artériel, l'*aorte*, origine de toutes les artères nourricières des organes.

A l'oreillette droite arrivent deux gros troncs veineux, appelés *veines caves*, représentant le confluent des veines de tous les organes et ramenant au cœur le sang veineux.

Du ventricule droit part l'*artère pulmonaire*, destinée à conduire aux poumons le sang veineux qui lui vient de l'oreillette droite : c'est une artère veineuse.

Péricarde. — Le péricarde (fig. 93) est une membrane séreuse, une sorte de sac fermé qui enveloppe complètement le cœur, ainsi que l'origine des vaisseaux. L'une de ses moitiés est directement appliquée sur l'organe et soudée à lui ; c'est le *feuillet viscéral* (*e*) ; l'autre, appelée *feuillet pariétal* (*d*), est en rapport direct avec la plèvre et séparée de la précédente par un interstice rempli d'un liquide, appelé *liquide péricardique* (*f*), destiné à permettre le glissement du feuillet interne sur le feuillet externe, et par suite à faciliter les mouvements du cœur. Dans le cas d'*hydropisie péricardique*, ce liquide s'accumule en quantité telle qu'il devient une gêne pour les mouvements cardiaques. Sur les côtés, le péricarde est en contact avec les plèvres, membranes séreuses des poumons ; inférieurement, avec le diaphragme, auquel il est très adhérent chez l'adulte.

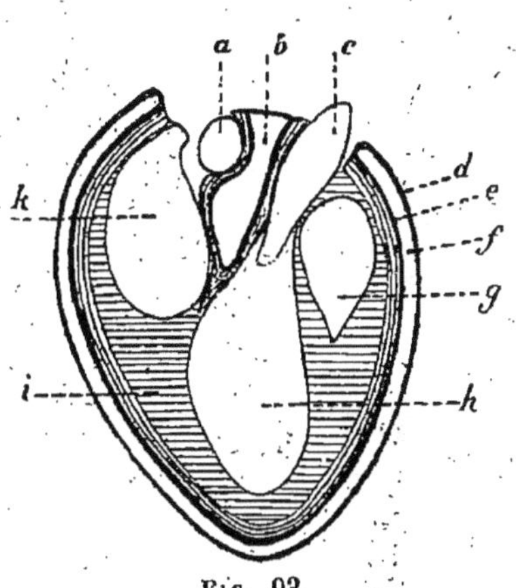

Fig. 93.

Fig. 93. — Péricarde (fig. schém.). — *a*, branche droite de l'artère pulmonaire; *b*, partie du péricarde située entre l'aorte et la face supérieure des oreillettes ; *c*, aorte ; *d*, péricarde (feuillet externe) ; *e*, son feuillet interne ; *f*, cavité du péricarde ; *g*, artère pulmonaire ; *h*, ventricule gauche ; *i*, paroi cardiaque ; *k*, oreillette gauche.

Structure du cœur. — La paroi du cœur se compose de trois parties : 1° le *péricarde*, dont le feuillet interne est adhérent à la partie moyenne du cœur ; 2° le *myocarde*, partie moyenne, de beaucoup la plus épaisse, composée de fibres musculaires striées, involontaires ; 3° l'*endocarde*, constitué essentiellement par un endothélium pavimenteux, qui se continue avec la tunique interne ou endothélium des vaisseaux.

On trouve en outre des ramifications des artères et veines coronaires et des filets nerveux, issus les uns du nerf pneumogastrique, les autres du système sympathique ; sur le trajet de ces derniers se trouvent divers petits ganglions nerveux, dont trois principaux, situés, l'un dans la cloison auriculo-ventriculaire gauche, l'autre dans la cloison interauriculaire et le troisième dans l'oreillette droite à l'embouchure de la veine cave inférieure.

Les *fibres musculaires* du cœur (fig. 94), outre qu'elles sont *striées*, sont *ramifiées* et anastomosées les unes avec les autres, les ramifications d'une fibre s'unissant à celles des fibres voisines ; elles peuvent s'étendre sur toute la longueur des ventricules ; chacun de leurs nombreux segments ne renferme qu'un noyau et représente par conséquent une cellule.

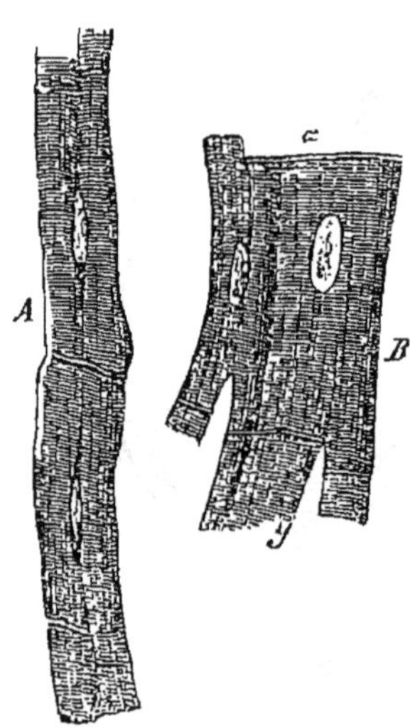

FIG. 94.

FIG. 94. — Fibres musculaires du cœur. — Les lignes transversales indiquent les cellules constitutives.

Les fibres cardiaques sont de deux sortes : 1° les *fibres propres*, spéciales à chaque oreillette ou à chaque ventricule ; 2° les *fibres unitives*, communes aux deux oreillettes ou aux deux ventricules.

Les *fibres unitives* sont particulièrement nombreuses dans les ventricules ; on les distingue en fibres unitives antérieures et fibres postérieures ; elles naissent à la base des ventricules, c'est-à-dire à la jonction de ces derniers avec les oreillettes, et se dirigent vers la pointe du cœur. Les fibres antérieures partent de la base du ventricule droit, où elles sont superficielles, se réfléchissent à la pointe du cœur, passent dans le ventricule gauche et là deviennent profondes pour constituer la couche interne du myocarde. Inversement les fibres unitives postérieures partent de la base du ventricule gauche, où elles sont superficielles, vont se réfléchir à la pointe du cœur en s'enlaçant avec les anses des précédentes et forment ensuite les fibres unitives profondes du ventricule droit.

Les *fibres propres* du cœur sont disposées transversalement et sont intimement unies par les fibres unitives : elles sont en effet recouvertes par les faisceaux superficiels de ces dernières et recouvrent à leur tour leurs faisceaux profonds. L'ensemble forme un tissu très résistant.

On voit, d'après ce qui précède, que le cœur est essentiellement un *muscle creux*.

II. **Artères.** — Les artères ou vaisseaux nourriciers des organes naissent toutes d'un tronc commun, l'*artère aorte* (fig. 95), qui part du ventricule gauche. A sa sortie du cœur, l'aorte se dirige de bas en haut, puis, se portant vers la gauche, se recourbe, descend verticalement en arrière du cœur et traverse le diaphragme pour se continuer dans l'abdomen. On distingue ainsi trois parties : l'*aorte ascendante*, la *crosse de l'aorte* et l'*aorte descendante.* A son origine, l'aorte (ainsi que l'artère pulmonaire) est munie d'une *valvule sygmoïde* (fig. 95, H), composée de trois lames membraneuses hémisphériques, simples replis de la partie voisine du cœur (fig. 92, 7). Lorsque le sang passe du ventricule gauche dans l'aorte, ces trois lames s'écartent, s'appliquent contre la paroi de cette dernière et laissent le passage libre ; au contraire, lorsqu'il tend à refluer de l'aorte vers le cœur, elles se gonflent, prennent la forme de goussets ou, comme l'on dit souvent, de nids de pigeon, s'adossent fortement les unes contre les autres et ferment ainsi l'orifice aortique ; le sang est alors obligé de continuer son chemin dans l'aorte.

Les principales artères sont : 1° sur l'aorte ascendante et à son origine, les *artères coronaires* (fig. 95, 1) ou artères nourricières du cœur ; on distingue l'artère coronaire antérieure, logée dans le sillon ventriculaire antérieur, et l'artère coronaire postérieure, qui chemine dans le sillon auriculo-ventriculaire droit et gagne le sillon ventriculaire de la face postérieure du cœur ; ces deux vaisseaux se ramifient abondamment dans le tissu cardiaque ; 2° sur la crosse de l'aorte, le *tronc brachio-céphalique* (6), qui, après un trajet de 3 ou 4 centimètres, se divise en deux branches : l'*artère carotide droite* (7) et l'*artère sous-clavière droite* (8) ; le premier de ces vaisseaux nourrit la moitié droite de la tête ; le second est destiné au bras droit, au cou, etc. ; viennent ensuite l'*artère carotide gauche* (10) et l'*artère sous-clavière gauche* (9) ; ces deux troncs naissent isolément sur la crosse aortique et correspondent aux branches du tronc brachio-céphalique droit. Chaque artère sous-clavière donne une branche très importante, l'*artère vertébrale*, qui chemine dans le canal latéral des vertèbres et se ramifie dans la moelle épinière et dans la base de l'encéphale. Les *artères bronchiques* (14), au nombre de deux à cinq, se rendent aux poumons, dont ils constituent les vaisseaux nourriciers, en suivant les bronches. On trouve ensuite les *artères œsophagiennes* (15) ; 3° sur l'aorte descendante, les *artères intercostales* (16, 17) (9 ou 10 paires) se ramifient dans les muscles intercostaux correspondant aux neuf ou dix dernières

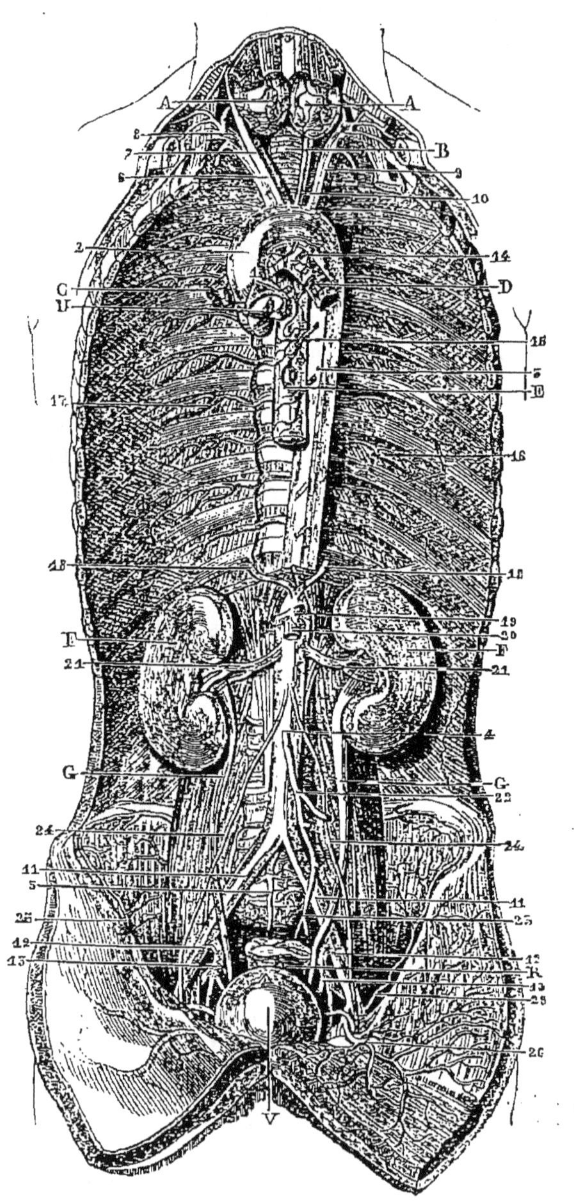

Fig. 95.

Fig. 95. — Artère aorte. — A, corps thyroïde; B, trachée; C, D, bronches; H, valvule sygmoïde; E, œsophage; F, reins; G, uretères; R, rectum; V, vessie; 1, artères coronaires; 2, 3, 4, aorte; 5, artère sacrée; 6, tronc brachio-céphalique; 7, artère carotide; 8, artère sous-clavière droite; 10, 9, carotide et sous-clavière gauches; 14, artères bronchiques; 15, artères œsophagiennes; 16, 17, artères intercostales; 18, artères diaphragmatiques; 19, tronc cœliaque; 20, artère mésentérique supérieure; 21, artères rénales; 22, artère mésentérique inférieure; 11, artères iliaques; 26, artères épigastriques.

côtes; celles qui nourrissent les mêmes muscles qui correspondent aux deux ou trois premières côtes sont fournies par l'artère sous-clavière; les *artères diaphragmatiques* (18); le *tronc cœliaque* (19), volumineuse artère de 10 à 15 millimètres de longueur seulement, qui naît de l'aorte en avant, immédiatement au-dessous du diaphragme; elle se divise en trois branches (fig. 96, 3, 8, 9) : l'*artère coronaire stomachique* des-

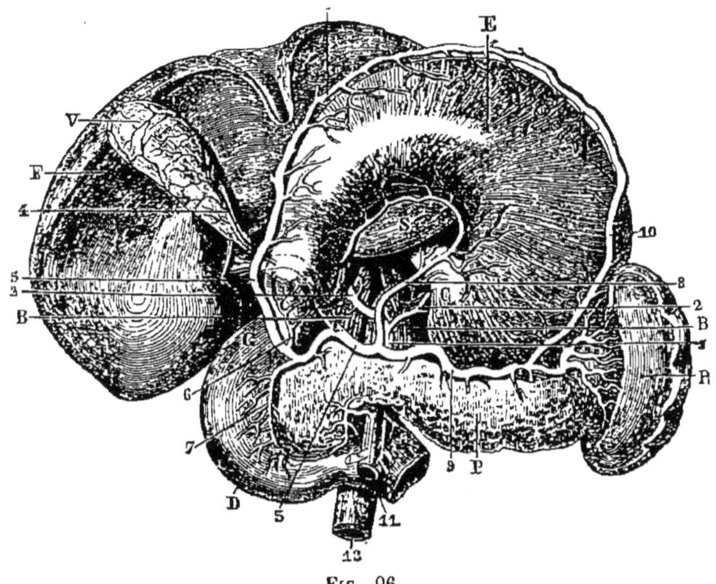

FIG. 96.

FIG. 96. — Tronc cœliaque et ses branches. — E, estomac relevé; B, piliers du diaphragme; R, rate; P, pancréas; D, duodénum; G, pylore; S, lobule de Spiegel; C, cardia; F, foie; V, vésicule biliaire; 1, tronc cœliaque (très court); 2, 2, artères diaphragmatiques inférieures; 3, artère hépatique; 5, artère gastro-épiploïque droite; 8, artère coronaire stomachique; 9, artère splénique; 10, artère gastro-épiploïque gauche; 11, artère mésentérique supérieure; 12, aorte.

tinée à l'estomac, l'*artère hépatique* ou vaisseau nourricier du foie et l'*artère splénique* qui se rend à la rate. L'*artère mésentérique supérieure* (fig. 95, 20) se ramifie dans l'intestin grêle et le gros intestin. Les *artères rénales* (21), très développées, sont parfois au nombre de deux ou trois de chaque côté. L'*artère mésentérique inférieure* (22) se rend au côlon et au rectum.

Au niveau de l'origine des membres inférieurs, l'aorte se bifurque et donne ainsi naissance aux deux *artères iliaques* (11), destinées aux membres inférieurs; une branche externe de ces dernières, appelée *artère iliaque externe*, donne naissance à l'*artère épigastrique* (26), qui se ramifie dans le muscle droit de l'abdomen en s'anastomosant avec *l'artère mammaire*, rameau de la sous-clavière.

Anastomoses des artères. — Ce n'est qu'exceptionnellement que les artères présentent des branches anastomotiques le long de leur parcours. Ainsi, les trois branches du tronc cœliaque communiquent les unes avec les autres; il en est de même des artères du cerveau : ces dernières sont reliées par de petites branches perpendiculaires à leur direction. L'artère mammaire communique avec l'artère épigastrique, non par des branches anastomotiques comme dans le cas précédent, mais par les vaisseaux capillaires (fig. 95, 26). Grâce à ces anastomoses, le sang peut arriver à certains organes par deux voies différentes, de sorte que, lorsque des caillots sanguins viennent à oblitérer la lumière d'un des vaisseaux, la circulation n'est pas pour cela interrompue dans ces organes. Ainsi, le sang de l'aorte ascendante peut arriver aux artères des membres inférieurs aussi bien par l'anastomose des artères mammaires et épigastriques que par la voie directe de l'aorte descendante.

STRUCTURE DES ARTÈRES. — La paroi des artères (fig. 97)

FIG. 97.

FIG. 97. — Structure des artères (fig. schém.). — AB, artère; BC, artériole; CD, capillaire; *a*, *a*, endothélium; *b*, fibres élastiques; *c*, fibres musculaires lisses; *d*, tunique externe.

comprend trois tuniques : 1° la *tunique externe* (*d*), composée de tissu conjonctif et de tissu élastique; 2° la *tunique moyenne* (*bc*), la plus épaisse et la plus importante, formée de fibres élastiques anastomosées, dans les interstices desquelles se trouvent des fibres musculaires lisses, à direction transversale; 3° la *tunique interne* (*a*), formée essentiellement d'une assise de cellules épithéliales aplaties et appelée *endothélium*. La tunique externe possède seule des capillaires artériels et veineux; dans la tunique moyenne se terminent des filets nerveux venus du système sympathique.

Lorsqu'on passe des grosses artères aux petites artères ou *artérioles* (fig. 97, BC), on remarque que les fibres élastiques diminuent peu à peu; la tunique moyenne devient essentiellement musculaire.

Enfin dans les vaisseaux capillaires (CD), qui font suite aux artérioles, on ne trouve plus que l'endothélium composé de cellules à contour très variable (fig. 102) et pourvues d'un noyau; la paroi est donc très mince. La figure 97 montre la variation de structure de la paroi, depuis les artères jusqu'aux capillaires.

Caractères des artères. — Les artères se distinguent des veines par leur couleur jaunâtre, leur paroi épaisse et élastique; sectionnées, elles restent béantes, au lieu de s'affaisser comme les veines, et le jet de sang qui s'en échappe est très net, beaucoup plus puissant que celui qui sort d'une veine. Après la mort, les artères sont vides de sang; ce dernier se loge dans le système veineux. Les artères cheminent toujours le plus profondément possible, au contact des os; rarement elles arrivent au voisinage de la surface, comme l'artère radiale, branche de la sous-clavière, au poignet; l'artère temporale, branche de la carotide, sur les côtés de la tête, etc.; ces artères superficielles permettent de constater facilement le pouls artériel. Les artères n'ont pas, comme les veines, un réseau sous-cutané; on ne trouve pas non plus de valvules dans leur intérieur.

III. **Veines.** — Les veines ou vaisseaux efférents des organes accompagnent généralement les artères qui leur correspondent et sont le plus souvent au nombre de deux par artère; on peut donc dire que le système veineux a une capacité à peu près double de celle du système artériel. De plus, outre le système veineux profond, qui correspond au système artériel, il existe un *réseau veineux sous-cutané*, rampant sous la peau et formant en particulier ces cordons bleuâtres si apparents à la face supérieure de la main. Les veines superficielles sont anastomosées en réseau et s'unissent toujours aux veines profondes des organes considérés.

Les veines présentent parfois des renflements irréguliers, appelés *sinus*, soudés aux tissus voisins et privés de toute action propre sur le mouvement du sang qu'ils contiennent. Il en existe de très importants sur le trajet des veines du cerveau (fig. 98), veines qui par leur réunion forment la jugulaire interne; les sinus crâniens sont logés dans l'épaisseur de la dure-mère, enveloppe externe de l'encéphale, et sont de plus en rapport avec les os du crâne, qui présentent une gouttière pour les recevoir; tous s'unissent à la base du crâne, vers le trou occipital. Ils facilitent le départ vers le cœur du sang veineux de l'encéphale. La figure 98 montre le sinus longitudinal supérieur et divers autres.

Les veines du corps, en se réunissant les unes aux autres, forment en définitive deux gros troncs (fig. 99), la *veine cave inférieure* et la *veine cave supérieure*, qui débouchent dans l'oreillette droite du cœur et y apportent le sang veineux. Seules les veines coronaires se jettent directement dans l'oreillette; ainsi la *grande veine coronaire*, qui suit d'abord le sillon longitudinal antérieur, puis, à angle droit, le sillon auriculo-

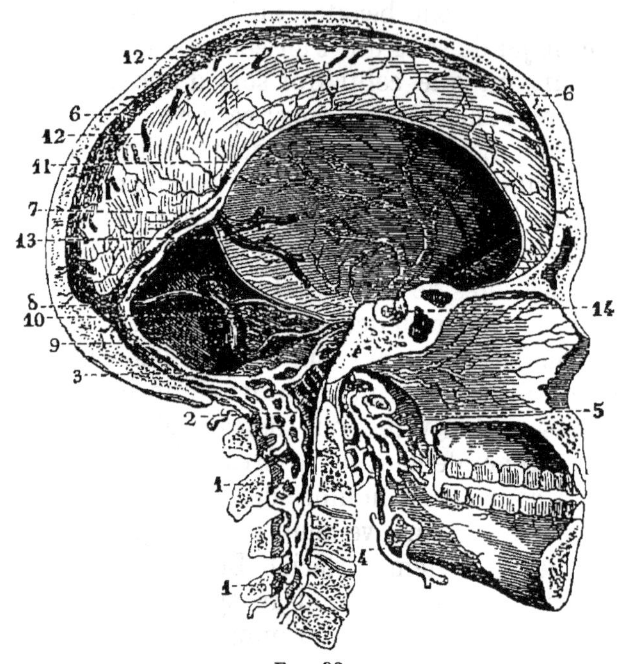

Fig. 98.

Fig. 98. — Sinus de la dure-mère, etc. — 1, grandes veines rachidiennes; 2, 5, plexus veineux; 6, 6, sinus longitudinal supérieur; 7, 9, 10, 11, autres sinus; 8, confluent des sinus; 12, veines de la pie-mère, s'ouvrant dans le sinus longitudinal supérieur.

ventriculaire gauche, y débouche près de la cloison interauriculaire.

La *veine cave supérieure* (fig. 99, 1) résulte de l'union des deux *troncs brachio-céphaliques veineux*, composés chacun de la *veine sous-clavière* et des *veines jugulaires;* elle représente donc le tronc commun des veines de la tête, du cou et des membres supérieurs. La *veine cave inférieure* (fig. 99, 2) est formée par les deux *veines iliaques* ou veines des membres inférieurs; elle chemine de bas en haut, parallèlement à l'aorte, passe dans l'échancrure que présente le bord postérieur du foie, traverse le diaphragme et va s'ouvrir dans l'oreillette droite. Sur son trajet, elle reçoit les *veines rénales*, la *veine sus-hépatique*, les *veines diaphragmatiques*, etc.; d'une manière générale, les veines de la région sous-diaphragmatique du corps.

Les deux veines caves sont unies entre elles par une veine impaire, appelée *veine azygos* (fig. 99, 8). Elle représente le confluent des veines de la région lombaire de la colonne vertébrale; sur son trajet elle reçoit, à droite les veines intercostales droites, à gauche la veine demi-azygos inférieure (10) et la veine demi-azygos supérieure (9). La veine azygos se jette dans la veine cave supérieure; dans sa partie inférieure elle communique par une ou plusieurs branches avec la veine cave inférieure. Il résulte de cette disposition que le sang des membres inférieurs peut arriver au cœur par la veine azygos, lorsque la voie directe de la veine cave inférieure se trouve interceptée.

Système de la veine porte. — On appelle *veine porte* une veine qui présente deux fois des capillaires sur son trajet, contrairement aux veines ordinaires, qui n'ont que le système des capillaires d'origine, au sein des organes qu'elles desservent.

Le système de la *veine porte hépatique* se compose (fig. 118) : 1° de la veine porte (*s*) et de ses branches d'origine, savoir : les veines intestinales, la veine coronaire stomachique, la veine splénique ou veine de la rate et les veines pancréatiques; 2° des capillaires (*l*) en lesquels la veine porte se divise dans le foie; 3° de la veine sus-hépatique (*m*), confluent

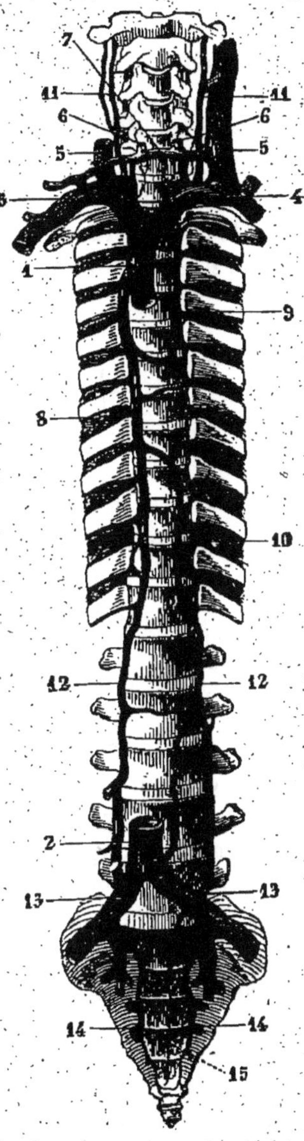

Fig. 99.

Fig. 99. — Veine azygos et veines caves. — 1, veine cave supérieure; 2, veine cave inférieure; 3, veine sous-clavière droite; 4, veine sous-clavière gauche; 5 et 6, veines jugulaires internes et antérieures; 7, anastomose entre les jugulaires; 8, grande veine azygos; 9, 10, petites veines azygos supérieure et inférieure; 12, veines lombaires; 13, veines iliaques; 14, 15, veines sacrées.

de ces capillaires, ainsi que de ceux de l'artère hépatique (p. 58). Les deux systèmes de vaisseaux capillaires sont situés l'un essentiellement dans les villosités intestinales, l'autre dans le foie.

Valvules des veines. — Les veines présentent de distance en distance, contrairement aux artères, des *valvules* (fig. 100) composées le plus souvent de deux replis de la paroi en forme de calottes dont la concavité est toujours tournée du côté du cœur. Les valvules sont surtout nombreuses dans les veines profondes, par exemple celles des membres inférieurs, où le sang chemine de bas en haut, c'est-à-dire contrairement à l'action de la pesanteur; elles manquent dans les veines de la tête et du cou; de même dans les plus gros troncs veineux (veine cave inférieure).

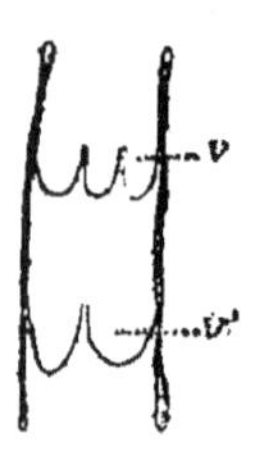

Fig. 100.

Fig. 100. — Veine.— *v*, valvule à trois lames; *v'*, valvule à deux lames.

A leur arrivée dans l'oreillette droite, la veine cave inférieure et la grande veine coronaire sont seules munies de valvules (valvules d'Eustachi et de Thébésius).

Grâce aux valvules des veines, le sang peut facilement circuler vers le cœur, tandis que le mouvement vers les capillaires est impossible, les lames valvulaires s'adossant l'une contre l'autre et oblitérant le canal, dès que le reflux tend à se produire.

Structure des veines. — La paroi des veines est beaucoup plus mince que celle des artères; elle se compose aussi de trois tuniques, mais moins nettement limitées : 1° la *tunique externe*, conjonctive, est ici très épaisse; elle renferme elle-même des vaisseaux nourriciers (vasa vasorum); 2° la *tunique moyenne* est composée surtout de fibres musculaires lisses et de faisceaux de tissu conjonctif parsemés de fibres élastiques; ces dernières sont peu nombreuses : aussi les parois opposées d'une veine sectionnée s'affaissent-elles rapidement l'une sur l'autre; 3° la *tunique interne*, formée comme dans les artères d'un endothélium.

Anévrysmes; varices. — Les artères et les veines présentent parfois sur certains points de leur trajet des altérations de forme et de structure. On appelle *anévrysme* une dilatation artérielle en forme de poche (fig. 101). A cause de la pression exercée par le sang contre la paroi des artères, les lames musculaires et élastiques de la tunique moyenne peuvent être dissociées et peu à peu résorbées; la tunique externe et la tunique interne se dilatent alors, faute d'éléments élastiques qui les retiennent, sous l'influence de la pression sanguine et constituent un anévrysme dont la paroi, de plus en plus amincie, finit par se rompre. L'abondante hémorragie interne que détermine cette *rupture de l'anévrysme* a le plus souvent pour conséquence la mort immédiate.

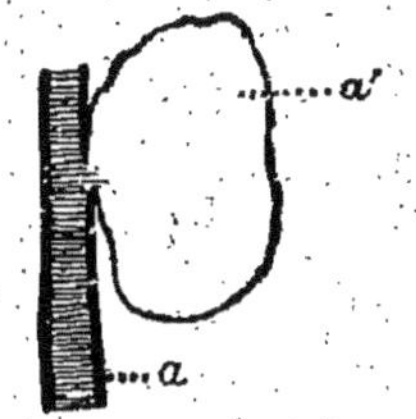

Fig. 101.

Fig. 101. — *a*, artère ; *a'*, anévrysme.

Les veines présentent quelquefois aussi des dilatations, appelées *varices ;* on les observe surtout sur les veines superficielles des membres inférieurs. Les veines variqueuses sont très irrégulières ; leur paroi est incrustée de calcaire. Les varices peuvent s'amincir au point de se rompre et donner lieu à des hémorragies que l'on pré-

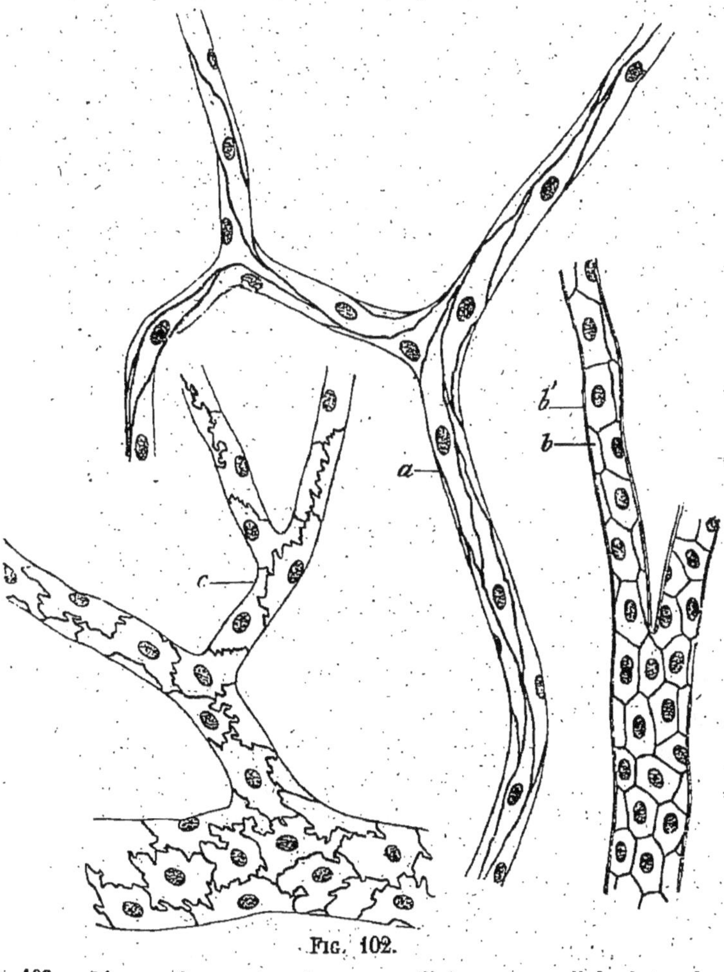

Fig. 102.

Fig. 102. — Diverses formes de vaisseaux capillaires. — *a*, cellules losangiques ; *b*, cellules polygonales ; *c*, cellules crénelées.

vient par l'emploi de bas élastiques, dits bas à varices, qui exercent une légère pression sur les parois veineuses et les empêchent de se dilater trop facilement.

Système de la grande et de la petite circulation. — Les vaisseaux qui se rendent du cœur aux organes ont une fonction bien différente de ceux qui, du cœur, vont aux poumons.

On donne le nom de *système de la grande circulation* à l'ensemble formé (fig. 90, *vg*, *O*, *o'*) par le ventricule gauche, l'aorte et par suite les artères nourricières des organes, les veines qui leur font suite et l'oreillette droite; on peut encore l'appeler *système nourricier* des organes.

Au contraire, le ventricule droit, l'artère pulmonaire (artère veineuse), les capillaires pulmonaires, les veines pulmonaires (veines artérielles) et l'oreillette gauche représentent le *système de la petite circulation* ou *circulation pulmonaire* (*vd*, *P*, *o*). Comme il se rapporte à l'échange gazeux (absorption d'oxygène, dégagement d'acide carbonique), on peut aussi l'appeler *système de l'échange gazeux*. Notons que les poumons, outre leur réseau de petite circulation, reçoivent chacun, en tant qu'organes, une artère nourricière, l'artère bronchique, issue de l'aorte, et une veine, la veine bronchique; en un mot deux vaisseaux du système de la grande circulation.

CHAPITRE V

DU SANG

Le *sang* est le *milieu intérieur* de l'organisme, intermédiaire obligé entre le milieu extérieur et les éléments anatomiques, apportant à ces derniers, grâce au réseau des vaisseaux capillaires, l'aliment nécessaire à l'entretien de leurs fonctions et emportant vers le milieu extérieur leurs produits de désassimilation. Si le sang est le liquide nourricier, il est aussi le liquide chargé des résidus organiques.

Composition du sang. — Le sang se compose de deux parties: l'une, essentielle, figurée, composée de nombreuses cellules, appelées *globules* du sang; l'autre, liquide, appelée *plasma*. Au point de vue de sa structure, le sang représente donc un tissu dont les cellules sont séparées par une matière interstitielle fluide (plasma). La saveur du sang est salée; sa réaction alcaline; sa densité varie de 1,045 à 1,075.

1° **Globules du sang.** — Ils sont de deux sortes : 1° les *globules rouges* ou *hématies*, seuls éléments colorés du sang, mais en nombre si considérable que le sang tout entier, vu à l'œil nu, paraît rouge. Au microscope, on reconnaît facilement que le plasma est un liquide incolore ; 2° les *globules blancs* ou *leucocytes*.

On a observé en outre une troisième sorte d'éléments figurés beaucoup plus petits que les globules rouges, appelés *globulins* ou *hématoblastes;* on les considère comme des globules rouges incomplètement développés.

Hématies. — Les globules rouges (fig. 103, A) sont de petits

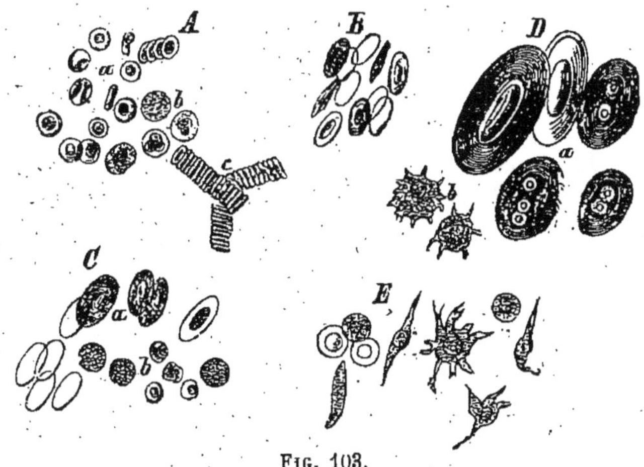

Fig. 103.

Fig. 103. — Globules du sang (très grossis). — A, globules sanguins de l'Homme : *a*, globules rouges; *b*, globules blancs; *c*, globules rouges empilés; B, globules du Pigeon; C, globules de la Raie : *a*, globules rouges; *b*, globules blancs; D, globules du Protée : *a*, globules rouges; *b*, globules blancs; E, globules des Invertébrés.

corpuscules circulaires, à bord légèrement renflé, déprimés au milieu de chaque face; en un mot, des disques circulaires biconcaves. Vus de face, ils sont circulaires (*a*); de profil, ils affectent la forme d'un biscuit rétréci en son milieu (*c*); de trois quarts, une forme ovale. Leur diamètre est en moyenne de 7 millièmes de millimètre; leur épaisseur de 2 seulement.

Chaque globule se compose d'une fine membrane d'enveloppe, albuminoïde et très élastique, et d'un contenu composé d'une matière albuminoïde, appelée *globuline*, d'une matière rouge également azotée, l'*hémoglobine*, qui imprègne cette dernière, et de matières minérales, notamment de sels de potasse. On remarquera que le plasma renferme au contraire des sels de soude. Les hématies adultes n'ont jamais de noyau; mais ce dernier a été observé dans ceux de l'embryon.

Grâce à leur élasticité, les globules rouges peuvent s'allonger lorsqu'ils cheminent dans des capillaires plus étroits qu'eux et reprendre leur forme lorsqu'ils passent dans d'autres plus larges. On les voit aussi quelquefois, au niveau de la bifurcation d'un capillaire, s'incurver de chaque côté de l'éperon de bifurcation, cédant ainsi à l'impulsion que leur communique le plasma sanguin.

Lorsque le sang est extrait de l'organisme, les globules rouges, jusque-là distincts, s'accolent par petites piles (*c*), et leur contour prend un aspect crénelé, indice de l'altération de leur substance. Tous les Mammifères, sauf les Caméliens (Chameau, Dromadaire), ont les globules circulaires, biconcaves et sans noyau, comme ceux de l'Homme. Chez les Caméliens, les hématies sont ovales et biconvexes, mais toujours sans noyau. Les Vertébrés ovipares ont tous des globules elliptiques (C, D), constamment pourvus d'un noyau.

La taille et par suite le nombre des globules varient avec l'*activité respiratoire :* plus la respiration est active, plus les hématies sont petits et nombreux. On verra, par la suite, que ce sont précisément les globules rouges qui recueillent l'oxygène absorbé par la muqueuse pulmonaire pour le transporter à tous les éléments du corps; or, plus le nombre des globules est grand, plus cet emmagasinement d'oxygène est facile, plus aussi les globules sont petits. C'est le Chevrotain porte-musc, animal sans défense qui ne peut échapper à ses ennemis que par la fuite, qui possède les plus petits globules; leur diamètre est d'environ 0^{mm},002. Chez le Cheval, le Bœuf, 0^{mm},005; chez la Souris, le Rat, 0^{mm},006; chez l'Éléphant, 0^{mm},009. Ce sont les Amphibiens qui ont les plus grands globules; chez la Grenouille, ils mesurent 0^{mm},05 et chez le Protée, 0^{mm},07; ces derniers peuvent être vus à l'œil nu (fig. 103, D).

La surface totale des globules de l'Homme a été évaluée à près de 3000 mètres carrés.

Leucocytes.— Les leucocytes ou globules incolores (fig. 103, *b*), beaucoup moins nombreux que les hématies, sont des cellules sphériques, en tout semblables aux globules de la lymphe. On les trouve abondamment dans le pus. Leur diamètre varie de 0^{mm},008 à 0^{mm},009 ; ils sont donc un peu plus gros que les globules rouges.

Un leucocyte se compose d'une membrane d'enveloppe, d'un contenu protoplasmique et d'un à quatre noyaux que l'on met en évidence au moyen de l'acide acétique. Lorsqu'on examine de pareils globules sous le microscope, on les voit changer de forme : des prolongements irréguliers se produisent (fig. 104, *c*), se déplacent lentement, puis se contractent et rentrent dans la masse des globules; les globules blancs sont, en un mot, doués de mouvements amiboïdes (voy. p. 6).

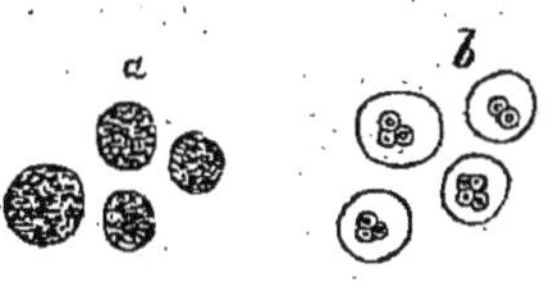

FIG. 104.

FIG. 104. — Globules du pus (leucocytes). — *a*, dans un liquide neutre; *b*, dans un liquide acide; *c*, globules vivants avec leurs mouvements amiboïdes.

Normalement le sang contient un globule blanc pour mille globules rouges ; cependant à sa sortie de certains organes, la proportion de leucocytes est plus grande. Ainsi le sang des veines hépatique et splénique contient un leucocyte pour deux cents ou trois cents hématies. Dans quelques cas pathologiques, par exemple dans les maladies du foie, du système lymphatique, le nombre des leucocytes peut devenir considérable; il peut y avoir un leucocyte pour cent, cinquante ou même pour dix globules rouges; parfois le nombre des globules blancs égale celui des globules rouges. Cette modification pathologique du sang s'appelle *leucocythémie;* elle est caractérisée par une coloration rouge lie de vin du liquide nourricier.

Nombre des globules. — Pour évaluer le nombre des globules, on commence par diluer du sang pur au moyen d'un sérum artificiel, composé d'une dissolution de gomme, de sulfate de soude et de chlorure de sodium, qui n'exerce sur les globules aucune altération. Le mélange de sang et de sérum est fait par exemple dans la proportion d'une partie de sang pour deux cents parties de sérum. On en remplit un *compte-globules* qui consiste simplement en un tube capillaire dont les divisions correspondent à des parties d'égal volume. Plaçant ensuite le tube sous le microscope et se servant d'un oculaire dit quadrillé qui permet d'observer une longueur de tube bien déterminée, on compte le nombre de globules contenus dans une certaine étendue du tube. D'après le volume du liquide observé et le degré de dilution du sang pur, on en déduit le nombre de globules de ce dernier.

Un millimètre cube de sang renferme en moyenne cinq millions de globules; ce nombre peut descendre à trois millions dans l'affection appelée *anémie* ou *chlorose*. 1000 grammes de sang contiennent environ 450 grammes de globules et 550 de plasma.

2° **Plasma.** — Le plasma du sang consiste essentiellement en une dissolution d'albumine, de fibrine, de sels alcalins (chlorure, carbonate et phosphate de sodium) et de gaz ; on y trouve, en outre, les principes absorbés (peptones, glucose, graisse) et les produits de désassimilation (urée, etc.).

L'*albumine* du plasma, appelée encore sérine, existe à la dose de 70 grammes par litre de sang ; elle se coagule par la chaleur comme le blanc d'œuf.

La *fibrine* n'existe que dans la proportion de 2 à 3 grammes par litre. Lorsque le sang est extrait des vaisseaux, elle se coagule très rapidement, en formant une masse spongieuse, de consistance gélatineuse, qui emprisonne les globules du sang et constitue ainsi le caillot. Les causes de la coagulation du sang sont loin d'être bien établies; toujours est-il que le contact de l'air l'accélère; que les alcalis, le sucre... la retardent, etc.

Quand on abandonne du sang frais à lui-même, en présence de l'air, il ne tarde pas à se séparer en deux parties : l'une, rouge, qui se dépose peu à peu et comprend la fibrine coagulée et les globules: c'est le *caillot;* l'autre, jaunâtre, appelé *sérum*, composée d'eau, d'albumine et de sels. On voit que le sérum diffère du plasma par la fibrine en moins et que le caillot comprend, outre les globules, la fibrine coagulée. Le sérum, à cause de l'albumine qu'il renferme, est coagulable par la chaleur.

Pour *préparer la fibrine*, on bat du sang frais pendant quelques minutes, dans un vase un peu large, avec un petit balai d'osier; le battage a pour effet d'y introduire une plus grande quantité d'oxygène et de faciliter la coagulation. Peu à peu s'agglomère au bout du balai une substance gélatineuse rouge que l'on recueille et qu'on lave sous un filet d'eau pure, en la malaxant entre les doigts, afin de faciliter le départ des globules sanguins. Lorsque l'opération est terminée, il reste en main une substance grise, élastique, qui n'est autre que la fibrine. Pour la conserver, on la dessèche.

Lorsque le sang est défibriné, il conserve sa consistance liquide et les globules se rassemblent peu à peu au fond du vase. On peut séparer ces derniers par filtration au travers d'un papier à grain très fin : le sérum seul passe et les globules restent sur le filtre, sous la forme d'un mince enduit.

La fibrine paraît être un produit de déchet organique, résultant du dédoublement de matières albuminoïdes ; on remarque en effet que le sang efférent des muscles en renferme d'autant plus que le travail accompli par eux est plus considérable, c'est-à-dire que les oxydations dont ils sont le siège sont plus intenses.

Les *gaz* du sang sont ceux de l'air, savoir : l'oxygène, l'acide carbonique et l'azote. Pour les extraire, on se sert (fig. 105) d'un petit ballon, muni d'un long col relié à la machine pneumatique à mercure. On commence par y faire le vide, par une manœuvre très simple de cette dernière, puis on met en rapport avec le tube à robinet (partant du ballon, mais non représenté sur la figure), une seringue remplie de sang frais qui vient d'être puisé dans une veine. Ouvrant alors doucement le robinet, le sang pénètre dans le récipient vide ; on le referme aussitôt. Les gaz du sang se dégagent rapidement, d'autant mieux qu'on a soin de plonger le ballon dans un bain-marie à environ 40 degrés. On les recueille, par la manœuvre de la pompe pneumatique, dans une éprouvette, et on procède ensuite à l'analyse du mélange gazeux. Le sang, traité comme il vient d'être dit, renferme encore une notable quantité d'oxygène que l'on ne peut doser qu'avec des réactifs très sensibles, tels que l'hydrosulfite de soude, qui a la propriété de décolorer l'indigo tant que cette matière colorante se trouve en présence d'oxygène.

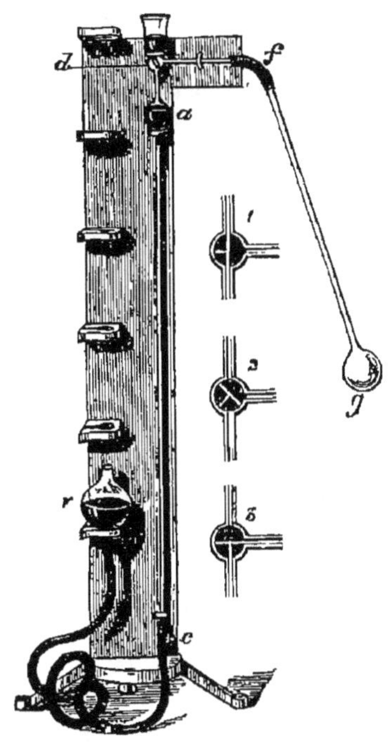

FIG. 105.

FIG. 105. — Pompe à mercure pour extraire les gaz du sang. — 1, 2, 3, différentes positions du robinet *d*, pendant la manœuvre ; *fg*, ballon à long col. (Supposer en *g*, un autre tube muni d'un robinet.)

100 centimètres cubes de sang renferment en moyenne 34 centimères cubes d'acide carbonique, 22 d'oxygène et 2 d'azote. L'azote est simplement dissous dans le plasma ; l'oxygène est uni à l'hémoglobine des globules rouges, sous forme d'oxyhémoglobine, combinaison instable ; ce composé se forme au contact de la muqueuse pulmonaire et est décomposé dans les capillaires des organes en oxygène, consommé par les éléments, et

en hémoglobine, qui se charge de nouveau de gaz vivifiant lorsque les globules qu'elle imprègne repassent dans les capillaires pulmonaires ; l'acide carbonique est en partie dissous et en partie combiné aux carbonates et aux phosphates alcalins du plasma, sous la forme de bicarbonates et de phosphocarbonates ; dans les poumons, ces derniers composés devront être dissociés pour assurer le départ de l'acide carbonique.

Hémoglobine. — L'hémoglobine ou *hématocristalline* est le pigment rouge qui imprègne la masse albuminoïde des hématies. Son importance physiologique est fondamentale ; c'est en effet l'hémoglobine qui fixe l'oxygène de l'air au contact de la muqueuse pulmonaire pour le transporter sous forme d'*oxyhémoglobine* jusqu'aux éléments anatomiques, où il est de nouveau mis en liberté ; à cet égard les globules rouges peuvent être considérés comme de véritables magasins d'oxygène.

Un kilogramme de sang renferme environ 135 grammes d'hémoglobine. Pour la préparer, on se sert d'un ballon à long col recourbé dans lequel on fait bouillir au préalable un peu d'eau pour chasser l'air ; on y introduit du sang frais en plongeant l'extrémité du col dans une artère ; la vapeur d'eau restée dans l'appareil se condensant par le refroidissement, le vide se produit dans le ballon et détermine l'entrée du liquide nourricier. De cette façon, aucun germe destructeur n'a pu pénétrer dans l'appareil. On ferme le col à la lampe. Le sang ne tarde pas à se coaguler et l'hémoglobine cristallise, soit dans la masse du caillot, soit contre la paroi du ballon.

Chez l'Homme, les cristaux d'hémoglobine sont des prismes à quatre pans (fig. 106), quelquefois très minces et allongés en aiguilles. L'hémoglobine est soluble dans l'eau et l'éther, insoluble dans l'alcool. Outre le carbone, l'hydrogène, l'oxygène et l'azote, elle renferme une petite quantité de fer : elle représente donc une *matière albuminoïde ferrugineuse*. Le fer y existe à la dose de $0^{gr},5$ pour 100 grammes d'hémoglobine ; il est, on le voit, un aliment essentiel pour le sang. Les formes assimilables de ce métal sont le citrate et le tartrate de fer, que l'on administre fréquemment aux personnes anémiques pour faciliter la reconstitution des globules rouges.

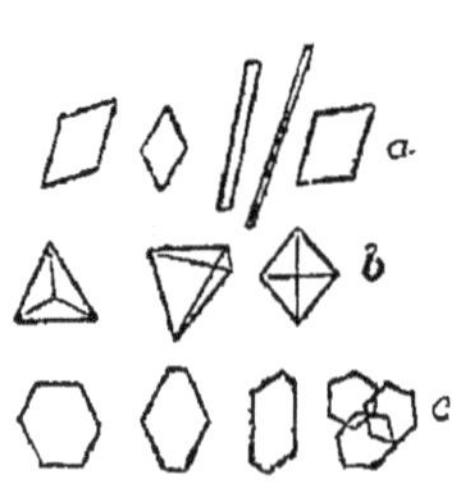

Fig. 106.

Fig. 106. — Cristaux d'hémoglobine. — *a*, Homme ; *b*, Cochon d'Inde ; *c*, Écureuil.

Traitée par l'acide chlorhydrique naissant, l'hémoglobine se dédouble en deux corps dont le plus important est l'*hématine*, qui, combinée à l'acide chlorhydrique, constitue l'*hémine* (chlorhydrate d'hématine); ce corps cristallise en tablettes losangiques brunes, souvent groupées en étoiles.

En se décomposant par oxydation, l'hémoglobine donne naissance à l'hématoïdine (fig. 87), substance identique à la bilirubine de la bile.

L'oxyde de carbone a la propriété de former avec l'hémoglobine une combinaison stable, appelée *hémoglobine oxycarbonée*, telle que toute absorption ultérieure d'oxygène par les globules rouges devient impossible; il en résulte que les éléments anatomiques ne reçoivent plus la quantité d'oxygène dont ils ont besoin à chaque instant et meurent rapidement par asphyxie. Telle est la cause de l'empoisonnement par l'oxyde de carbone qui se dégage des charbons ardents.

Différence entre le sang artériel et le sang veineux. — Le sang artériel, à sa sortie des poumons, est d'un rouge vermeil; le sang veineux, à sa sortie des organes, est d'un rouge brun. Cette différence tient à ce que ce dernier contient moins d'oxygène. Il suffit, en effet, d'agiter du sang veineux dans un flacon rempli d'oxygène pour lui communiquer la teinte vermeille caractéristique du sang artériel.

Le sang artériel renferme les mêmes *gaz* que le sang veineux. Mais, tandis que la proportion d'azote est à peu près constante, le rapport de la quantité d'acide carbonique à la quantité d'oxygène est constamment plus grand pour le sang veineux que pour le sang artériel. Ainsi, pour 100 centimètres cubes de sang de Chien, on a trouvé :

Sang artériel : 19,66 O; 48,02 CO^2; 2,19 Az. $\frac{CO^2}{O} = 2$ environ.

— veineux : 11,98 O; 55,47 CO^2; 2,26 Az. $\frac{CO^2}{O} = 4$ —

Au point de vue des *substances dissoutes*, la composition du sang artériel est constante dans toute l'étendue du système artériel, tandis que celle du sang veineux est essentiellement variable, suivant l'action propre exercée sur le sang par chaque organe. Ainsi, le sang des veines intestinales diffère de celui des veines jugulaires par la présence des produits digérés; celui de la veine sous-clavière gauche est modifié par le chyle; celui des veines rénales se distingue par sa faible teneur en urée, etc.

— Le *poids total du sang* équivaut environ au $\frac{1}{13}$ du poids du corps : ce qui fait 5 kilogrammes, c'est-à-dire près de 5 litres, pour l'Homme de poids moyen (65 kilogrammes).

CHAPITRE VI

CIRCULATION

Étudions maintenant les actions qui mettent le sang en mouvement dans l'appareil circulatoire dont nous venons d'indiquer la structure.

I. **Fonction du cœur.** — La fonction générale du cœur consiste à communiquer au sang l'impulsion nécessaire à son transport dans les capillaires des organes, où il doit exercer son action nutritive.

A cet effet, les oreillettes et les ventricules se contractent et se relâchent alternativement. On appelle *systole* l'état de contraction, soit des oreillettes (*systole auriculaire*), soit des ventricules (*systole ventriculaire*), et *diastole* l'état de relâchement ou de repos (*diastole auriculaire, ventriculaire*). Les deux oreillettes se contractent en même temps ; il en est de même pour les ventricules, mais leur contraction a lieu un peu après celle des oreillettes ; lorsque les oreillettes sont en systole, les ventricules sont en diastole et réciproquement. En outre, la fin de la systole ventriculaire est séparée du commencement de la systole auriculaire par un temps de repos général du cœur. La durée d'une révolution cardiaque, c'est-à-dire le temps écoulé entre le commencement de deux systoles auriculaires successives, est d'environ 0″,75 et le nombre des systoles, et par suite, des diastoles, de 70 à 80 par minute.

Les mouvements du cœur peuvent très bien être observés sur un cœur de Grenouille préalablement mis à nu par une incision du tégument ventral ; la paroi du cœur étant presque transparente, il est facile de discerner l'existence ou l'absence momentanée de sang dans ses cavités. Or, au moment de la diastole ventriculaire, la paroi des ventricules prend une teinte rouge qui disparaît presque complètement au moment de la systole, c'est-à-dire lorsque le sang est lancé dans les artères.

Cardiographe. — On appelle *cardiographe* (fig. 107) un appareil destiné à enregistrer les mouvements du cœur ; il fait connaître avec précision l'ordre de ces mouvements, leur énergie, leur durée, leur amplitude, ainsi que les phénomènes qui s'y rattachent, comme le choc ou battement du cœur.

Le principe de cet appareil est le suivant. Imaginons un tube flexible terminé à ses deux extrémités par une ampoule élastique en caoutchouc, le tout formant un système clos rempli d'air. Toute pression exercée sur l'une des ampoules, A, par exemple, sera transmise à l'ampoule opposée, B, grâce à l'élasticité de l'air intérieur, et déterminera un léger soulèvement, une légère dilatation de cette dernière. Si un levier mobile autour d'une de ses extrémités est mis en relation avec cette ampoule par une petite tige métallique et si, d'autre part, la pointe libre de ce levier est mise en rapport avec une feuille de papier qui

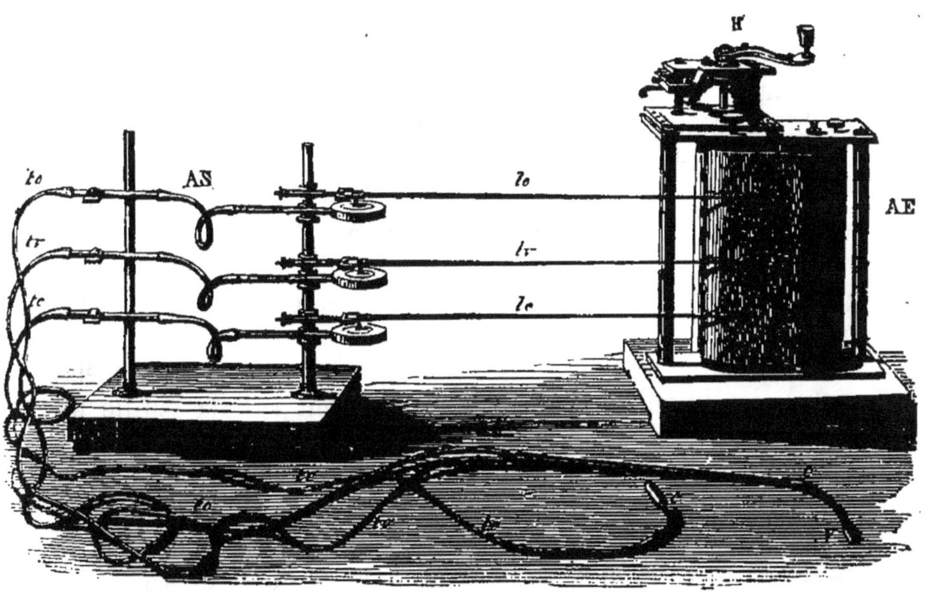

Fig. 107.

Fig. 107.— Cardiographe.— AE, les deux cylindres mobiles ; H, mouvement d'horlogerie ; Vo, sonde à double ampoule ; *c*, ampoule isolée ; *lo*, *lv*, *lc*, leviers en rapport avec les tambours récepteurs et inscrivant les mouvements de l'oreillette, du ventricule et du choc précordial.

se déplace devant elle, la dilatation sera amplifiée par le levier et inscrite sur la feuille de papier. L'ampoule A s'appelle *ampoule exploratrice;* l'ampoule B *ampoule réceptrice.* Cette dernière est le plus souvent remplacée par un petit tambour aplati en cuivre, dont une des bases est percée d'un orifice fermé hermétiquement par une lame de caoutchouc; celle-ci est mise en rapport avec le levier enregistreur (fig. 108). La bande de papier destinée à recevoir le graphique des mouvements est noircie et recouvre les faces opposées de deux cylindres (fig. 107, AE) qui se meuvent d'un mouvement uniforme, grâce à un système d'horlogerie (H); la bande de papier est entraînée ainsi dans le sens de leur mouvement.

Étude des mouvements du cœur. — Pour étudier la systole et la diastole des diverses parties du cœur et en même temps le *battement* que l'on perçoit en dedans du sein gauche, on dispose trois appareils enregistreurs (fig. 107) l'un au-dessous de l'autre; les ampoules exploratrices (V, *o*) de deux d'entre eux sont situées au bout d'une sonde, disposée de telle sorte que, bien que faisant partie d'un même système, elles ne transmettent à leurs tambours récepteurs que les seules pressions qui s'exercent à leur propre surface.

L'ensemble constitue un cardiographe.

On opère, par exemple, sur le Mouton ou le Cheval. On met à nu la veine jugulaire droite et on y introduit la sonde à double ampoule; par une douce pression, on la descend dans le tronc veineux brachio-céphalique, puis dans la veine cave supérieure et enfin dans la moitié droite du cœur. L'une des ampoules (*o*) plonge dans l'oreillette, l'autre (*v*) dans le ventricule. L'ampoule exploratrice (*c*) du troisième cardiographe est introduite dans les parois de la poitrine, de façon à recevoir le choc ou battement du cœur.

On met alors les cylindres en mouvement, et les leviers, obéissant à des impulsions variables, inscrivent sur la feuille de papier trois tracés, correspondant, l'un au mouvement du ventricule droit, l'autre au mouvement de l'oreillette droite et le troisième au choc précordial. Ces tracés sont représentés dans la figure 109.

On voit que la systole auriculaire dure $\frac{1}{10}$ de la durée totale d'une révolution cardiaque (0″,75) et la diastole $\frac{9}{10}$; la systole ventriculaire $\frac{4}{10}$ et la diastole $\frac{6}{10}$; le repos général du cœur $\frac{4}{10}$. De plus, entre la fin de la systole auriculaire et le commencement de la systole ventriculaire, il y a un intervalle d'environ $\frac{1}{10}$. Le tracé montre que la contraction du ventricule est beaucoup plus étendue et plus vive que celle de l'oreillette.

La figure 108 représente un tambour explorateur destiné à l'étude des battements du cœur de l'Homme; par un tube à robinet on y comprime au préalable de l'air, de façon à donner aux deux membranes de caoutchouc (*i*, *h*) plus de convexité; on l'applique ensuite directement sur la poitrine, dans la région précordiale.

Marche du sang dans le cœur. — Le sens du mouvement du sang dans le cœur est réglé par le fonctionnement des valvules auriculo-ventriculaires.

Le sang veineux du corps arrive dans l'oreillette droite par les veines caves (fig. 91), et le sang artériel, venu des poumons, dans l'oreillette gauche par les veines pulmonaires ; il afflue

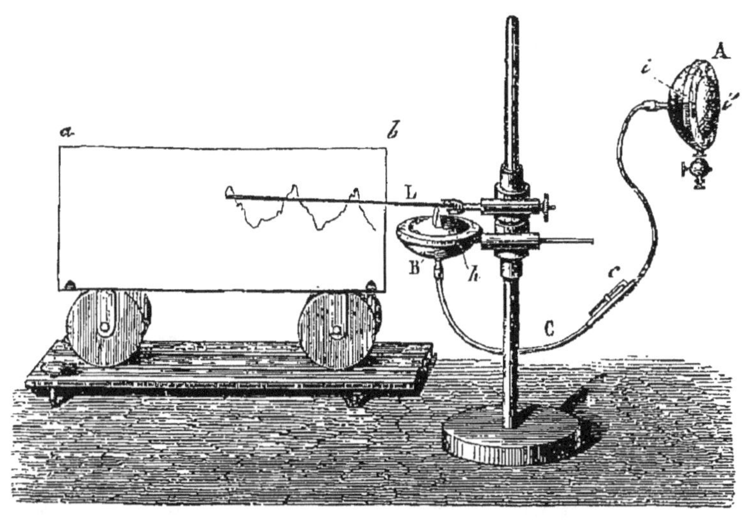

Fig. 108.

Fig. 108. — Cardiographe applicable à l'Homme. — A, tambour explorateur ; ii', sa membrane élastique ; B, tambour récepteur ; h, sa membrane ; L, levier enregistreur ; ab, planchette mobile.

des deux côtés tant que dure la diastole auriculaire, et d'autant plus facilement que les parois des oreillettes sont très extensibles.

Puis se produit la systole auriculaire, qui a pour effet de pousser le sang dans les ventricules ; il ne peut en effet s'engager dans les veines, où il serait arrêté par le sang cheminant en sens inverse. Les lames élastiques des valvules auriculo-ventriculaires (fig. 92, 2) sont alors abaissées et écartées et le laissent librement passer dans les ventricules, alors en diastole.

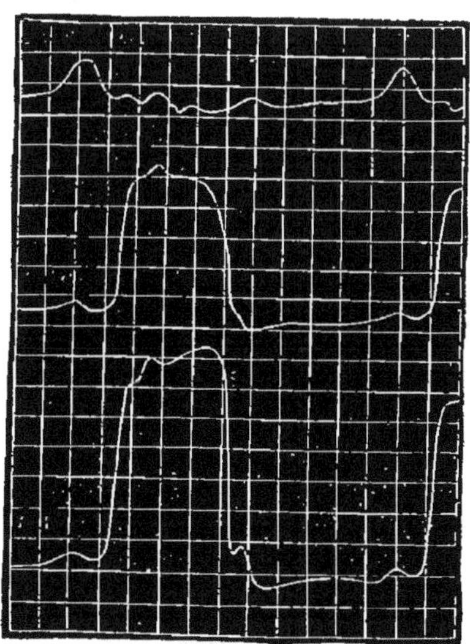

Fig. 109.

Fig. 109. — Tracés simultanés des mouvements de l'oreillette droite et des deux ventricules.

Survient la systole ventriculaire ; le sang comprimé tend à s'échapper par deux orifices : l'orifice auriculo-ventriculaire et l'orifice artériel (aorte pour le V. G. et artère pulmonaire pour le V. D.). Or, les lames des valvules tricuspide et mitrale, tendues par la contraction des muscles auxquels elles sont fixées, s'adossent exactement par leurs bords, ainsi que leurs filaments tendineux et rendent impossible le reflux du sang dans les oreillettes. Le sang se trouve alors compris dans l'espace limité par la paroi des ventricules et les lames valvulaires, ces dernières formant par leur ensemble une sorte d'entonnoir clos, plongeant dans les ventricules. Cet espace diminuant peu à peu au moment de la systole, le liquide nourricier ne peut trouver d'issue que par l'orifice artériel correspondant. En effet, les trois lames des valvules sygmoïdes (fig. 95, H) sont écartées par l'ondée sanguine, qui est dès lors lancée dans les artères (aorte et artère pulmonaire). Mais comme les parois de ces dernières reviennent rapidement sur elles-mêmes, grâce à leur élasticité, après avoir été distendues par la poussée du sang, les lames des valvules sygmoïdes sont gonflées par le liquide sanguin qui tend à refluer vers le cœur, s'adossent les unes contre les autres et interceptent ainsi la communication avec les ventricules.

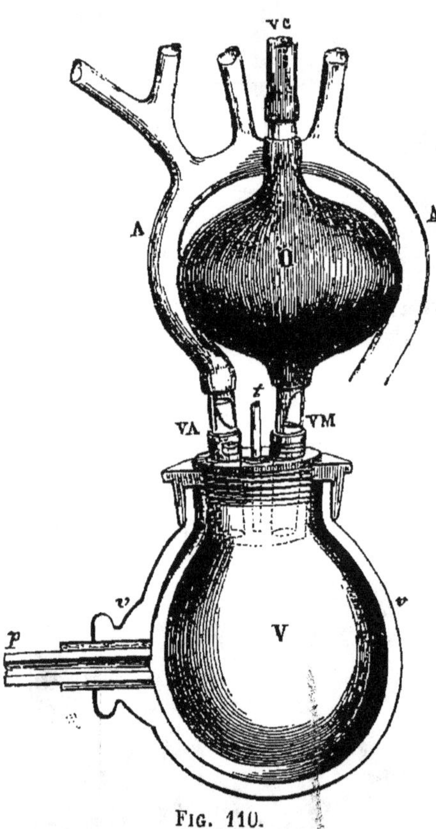

FIG. 110.

FIG. 110. — Schéma de la circulation cardiaque. — *vc*, veines pulmonaires ; O, oreillette gauche ; V, ventricule gauche ; A, aorte ; VA, VM, valvules ; *v*, récipient en verre ; *p*, tubulure par laquelle on refoule de l'air dans *v*.

Le sang passe donc normalement des oreillettes dans les ventricules et des ventricules dans les artères.

On peut reproduire expérimentalement la circulation du sang dans le cœur par un appareil schématique (fig. 110). La poche O en caoutchouc (oreillette) reçoit le sang par un tube V C représentant les veines pulmonaires ; le liquide se déverse dans une seconde poche (ventricule), séparée de la première par une soupape s'ouvrant de haut en bas et jouant le même rôle (mais ne fonctionnant pas de la même manière) que la valvule auriculo-ventriculaire. Du ventricule part un tube de caoutchouc ramifié AA (aorte), ayant à son origine une soupape VA s'ouvrant de bas en haut, comme la valvule sygmoïde. Enfin le ventricule est placé dans un ballon de verre dans lequel on peut refouler de l'air par une tubulure latérale (*p*).

Chaque fois qu'on comprime de l'air, la valvule VM se ferme ; le sang soulève la valvule sygmoïde VA et se répand dans l'aorte. Lorsque la pression cesse, la valvule sygmoïde s'abaisse, tandis que la valvule auriculo-ventriculaire s'ouvre pour laisser passer le sang de l'oreillette O. En approchant l'oreille, on perçoit deux bruits, semblables à ceux du cœur de l'Homme et dus à la fermeture des deux valvules.

Choc du cœur. — Le choc ou *battement du cœur* contre la poitrine se produit toujours au moment de la systole ventriculaire et dure autant qu'elle. On le perçoit en plaçant la main en dedans du mamelon gauche, dans l'espace intercostal compris entre la cinquième et la sixième côte. Plusieurs cas de blessures pénétrantes de la poitrine, suivies de cicatrisation incomplète, ont permis d'observer directement le cœur à travers un orifice de la paroi thoracique. Il a été reconnu ainsi que le cœur est insensible aux attouchements ; qu'au moment de la systole ventriculaire, il se porte en avant pour reprendre ensuite sa place au moment de la diastole et qu'enfin sa paroi, flasque pendant la diastole, prend une consistance très ferme pendant la systole, en raison de la grande pression exercée par elle sur le sang pour le lancer dans les artères. De plus, pendant la systole, tous les diamètres des ventricules diminuent.

Le déplacement de l'organe est dû à l'action de l'ondée sanguine sur les gros vaisseaux (aorte...), au voisinage immédiat du cœur ; ceux-ci, étant très élastiques, sont distendus et subissent ainsi un léger allongement qui a pour effet de déplacer le cœur vers le bas. Glissant alors sur le diaphragme, le cœur, qui est toujours par sa pointe au contact de la paroi thoracique, y adhère par une plus grande surface : de là une première cause du choc.

Mais il en est une autre plus importante. En effet, au moment de leur diastole, les ventricules sont mous et, bien qu'ils se remplissent alors du sang venant des oreillettes, peuvent être facilement déprimés par la pression du doigt. La paroi thoracique, avec laquelle le cœur est toujours en rapport, produit par pression un léger aplatissement de la surface de contact. Lorsque la systole ventriculaire survient, le cœur se durcit brusquement, la surface aplatie devient immédiatement convexe et repousse en dehors les muscles intercostaux. Cette dilatation de la paroi thoracique n'est pas autre chose que le choc que perçoit la main, lorsqu'elle est placée dans la région précordiale.

L'appareil de la figure 111 permet de reproduire expérimentalement le phénomène du battement. Le ventricule est entouré d'un filet qui communique avec un ressort R, fixé sur la planchette de l'appareil. Un pendule très lourd, également relié à ce dernier, est mis en mouvement : lorsqu'il oscille à droite, il tire sur le ressort et par suite sur le filet qui, dès lors, comprime le ventricule; le sang est alors lancé dans l'aorte et se déverse dans l'entonnoir; lorsqu'il oscille vers la gauche, le ventricule se relâche et se remplit de nouveau de sang venu de l'oreillette O. Or, en appliquant la main sur le ventricule, on perçoit, comme sur le cœur de l'Homme, un choc, un battement, au moment de la systole.

Nombre des battements. — Chez l'adulte, le nombre moyen des battements est de 72 par minute. Durant les deux premiers mois qui suivent la naissance, il s'élève à 140; au douzième mois, à 120. Chez les vieillards, il se produit environ 80 battements. Ces nombres sont les mêmes pour les pulsations artérielles, chaque battement de cœur correspondant à une ondée sanguine lancée dans l'aorte et, par suite, à une dilatation des parois artérielles; c'est même généralement le pouls que l'on consulte pour connaître le nombre des battements du cœur. Certaines substances retardent les battements; ainsi la digitaline peut les faire diminuer de moitié.

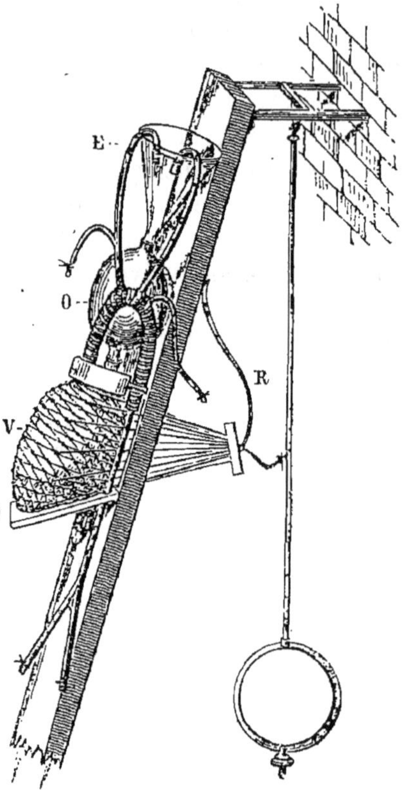

FIG. 111.

FIG. 111. — Schéma du choc du cœur. — E, branche de l'aorte; O, oreillette; V, ventricule entouré d'un filet; R, ressort; D, planchette. Les valvules comme dans la figure 110.

Bruits du cœur. — Lorsqu'on applique l'oreille sur la poitrine au niveau du cœur, on perçoit deux bruits rythmiques, presque sans intervalle. Le premier est sourd et correspond à la systole ventriculaire; il est dû à la pression du sang contre les voiles membraneuses des valvules auriculo-ventriculaires, fortement tendues à ce moment par la contraction des muscles sur lesquels s'insèrent leurs filaments tendineux. Le second bruit est plus clair, mais plus court que le premier; il se produit au moment de la diastole. Il est dû au brusque adossement des trois lames des valvules sygmoïdes de l'aorte et de l'artère pulmonaire, par l'effet de la pression du sang qui, de ces deux vaisseaux, tend à refluer vers le cœur. Le second bruit est séparé du premier par un intervalle de silence. On peut reproduire les bruits du cœur expérimentalement (p. 112).

Insuffisance valvulaire; souffle. — Lorsque les voiles des valvules auriculo-ventriculaires ne s'adossent pas exactement au moment de la systole ventriculaire, lorsque, en un mot, il y a *insuffisance valvulaire*, une partie du sang des ventricules peut refluer dans les oreillettes en passant dans les interstices des lames valvulaires ; ainsi prend naissance un bruit de frottement, appelé *souffle*. Il se produit presque en même temps que le premier bruit normal du cœur et dure un peu plus que lui.

Les valvules sygmoïdes peuvent présenter de semblables altérations pathologiques ; une partie du sang de l'aorte ou de l'artère pulmonaire reflue alors dans les ventricules.

II. **Fonction des artères.** — Lorsqu'une ondée sanguine est lancée du ventricule gauche dans l'aorte, les parois élastiques de cette dernière sont distendues, d'abord au voisinage du cœur, puis, de proche en proche, jusqu'aux plus fines ramifications artérielles et avec une intensité régulièrement décroissante. L'augmentation de diamètre des artères échappe à l'observation directe, même sur les gros vaisseaux ; elle a cependant encore une valeur notable dans les petites artères, à une grande distance du cœur, puisqu'elle se traduit par une pulsation, très sensible au toucher sur les artères superficielles (artère du poignet), etc. Dès que le sang cesse d'agir contre la paroi, celle-ci revient sur elle-même, et cela de proche en proche, à partir du cœur, comme pour la distension.

L'ondée sanguine détermine donc la mise en jeu d'un mouvement d'ondulation de la paroi des artères, de moins en moins sensible à mesure que l'on se rapproche des vaisseaux capillaires.

La quantité de sang que renferment les artères est telle qu'elles ne peuvent jamais, pendant la vie, réaliser complètement leur forme de repos ; elles sont constamment tendues, davantage au moment de l'arrivée d'une ondée sanguine qu'un peu avant ou après. Aussi les artères remplies de sang sont-elles cylindriques, tandis que leur véritable forme de repos est celle d'un ruban aplati, à cause de l'antagonisme entre les fibres musculaires (tunique moyenne) qui tendent à rétrécir leur calibre, et les fibres élastiques qui tendent à le dilater. Immédiatement après la mort, lorsque le sang artériel est logé dans le système veineux, les artères, encore vivantes, présentent effectivement cette forme rubanée.

L'ondée sanguine lancée par le ventricule gauche dans l'aorte à chaque systole est d'environ 180 grammes. La force qui anime le sang sert non seulement à assurer sa progression dans l'aorte, mais à distendre la paroi élastique de cette dernière. Grâce à cette dilatation, le sang passe plus facilement du ventricule dans l'aorte que si les parois artérielles étaient inextensibles, ce qui allège d'autant le travail de contraction du cœur.

La paroi artérielle distendue réagit, revient à sa première

position et transmet de nouveau au sang, pour assurer sa marche, la force que ce dernier lui avait pour un moment communiquée et qui émane en définitive de la contraction du ventricule gauche. Les mêmes phénomènes se reproduisant à chaque systole ventriculaire, il en résulte que le mouvement du sang est saccadé dans l'aorte et dans toutes les grosses artères qui en dérivent.

Les dilatations et retours successifs des parois artérielles se transmettent de proche en proche jusqu'aux vaisseaux capillaires ; mais ce mouvement d'ondulation a une amplitude de moins en moins grande à mesure qu'on s'éloigne du cœur, puisque l'impulsion totale qui animait le sang au sortir du ventricule diminue progressivement à cause des frottements du sang contre les parois artérielles et aussi à cause du déplacement même de l'ondée sanguine dans les vaisseaux. Il résulte de là que le mouvement du sang, saccadé dans l'aorte, tend à s'uniformiser à mesure qu'on se rapproche des vaisseaux capillaires, où le jet sanguin devient continu.

Les artères ont donc pour fonction de diminuer les résistances qu'éprouve le cœur lorsqu'il lance le sang dans les artères et de transformer insensiblement le mouvement saccadé de l'origine en un mouvement continu.

Expérience. — Cette double fonction est une conséquence de l'élasticité des parois artérielles, ainsi que le montre l'expérience suivante (fig. 112).

Un vase de Mariotte V est mis en rapport par un large conduit avec deux tubes de même diamètre, l'un *bb*, élastique, en caoutchouc mince, l'autre *aa*, inextensible, en verre. A l'origine du tube élastique, en S, se trouve une soupape qui permet au liquide du vase d'entrer dans son intérieur, mais qui s'oppose au reflux.

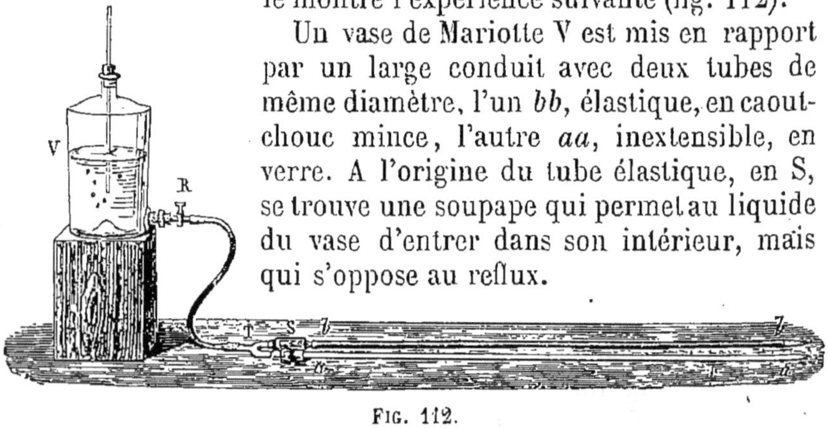

FIG. 112.

FIG. 112. — V, vase de Mariotte ; R, robinet ; T, bifurcation ; *bb*, tube de caoutchouc ; *aa*, tube de verre ; S, soupape qui laisse passer le liquide de T en *b*, mais non de *b* en T.

Si l'on ouvre le robinet R et qu'on laisse l'écoulement se produire pendant quelque temps, les deux tubes fournissent un jet continu et leur débit est le même. Si, au contraire, on ouvre et on ferme alternativement le robinet, condition qui rappellera le jeu de la valvule sygmoïde de l'aorte, on voit que l'écoulement reste continu dans le tube élastique, tandis qu'il est intermittent dans le tube de verre. Par conséquent, dans des conditions semblables d'écoulement de l'eau du vase de Mariotte, le tube élastique, qui se distend, reçoit une plus grande quantité de liquide que le tube de verre, qui est rigide, et c'est précisément cet excès qui fait que l'écoulement persiste dans le tube de caoutchouc chaque fois que le robinet R est fermé.

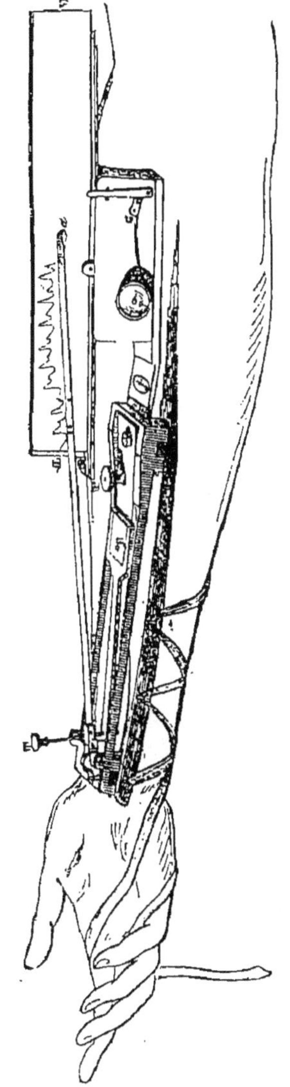

Fig. 113.

Fig. 113. — Sphygmographe.

Pouls. — Lorsqu'on applique le doigt au niveau d'une artère superficielle, en exerçant une légère pression, par exemple sur l'artère radiale au poignet, du côté du pouce, on perçoit un soulèvement périodique de la paroi artérielle, qui résulte de l'accroissement de pression produit chaque fois qu'une nouvelle ondée sanguine, venue du ventricule gauche, arrive dans l'aorte. Ce sont ces soulèvements que l'on désigne sous le nom de *pulsations artérielles* ou de *pouls*.

A chaque systole ventriculaire correspond une pulsation artérielle sur tous les points du parcours des artères; mais le pouls se produira forcément un peu après le battement du cœur et il sera d'autant plus en retard sur ce dernier que la région considérée est plus éloignée du cœur ; ainsi, le pouls de l'artère carotide avance un peu sur celui de l'artère radiale. Lorsqu'une pulsation artérielle se produit, cela ne veut nullement dire que l'ondée sanguine venue du ventricule passe juste dans l'artère au point considéré; elle a simplement transmis au sang qui remplissait déjà l'artère une impulsion qui s'est propagée à tous les points de cette dernière par un mouvement d'ondulation de la paroi.

Sphygmographe. — On peut étudier graphiquement le pouls au moyen d'un appareil enregistreur, appelé *sphygmographe* (fig. 113). Il se compose essentiellement d'un ressort d'acier très flexible (fig. 114, I) que l'on applique sur l'artère radiale par l'une de ses extrémités; à chaque pulsation il s'élève légèrement, puis s'abaisse. Ces mouvements sont amplifiés par le moyen d'un levier (A) qui les inscrit sur une plaque couverte de papier noirci, laquelle se meut d'un mouvement rectiligne uni-

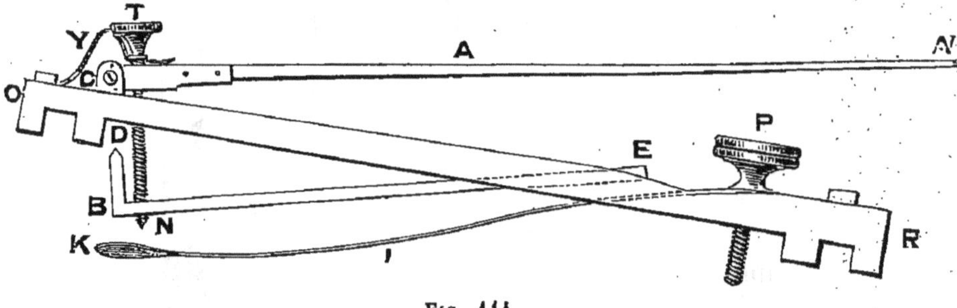

FIG. 114.

FIG. 114. — Schéma du sphygmographe. — I, ressort terminé par un bouton K; les mouvements sont transmis au levier enregistreur AA' par END; OR, cadre fixe de l'appareil.

forme, grâce à un système d'horlogerie. La figure 115 représente le pouls normal de l'Homme ; le nombre des pulsations,

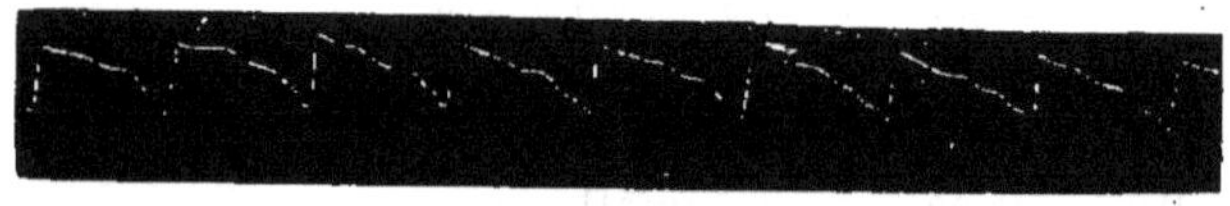

FIG. 115.

FIG. 115. — Tracé du pouls.

ou, ce qui revient au même, des battements du cœur, varie de 70 à 75 par minute chez l'adulte.

Pression et vitesse du sang dans les artères.—La *pression* du sang artériel diminue à mesure que l'on s'éloigne du cœur. A l'origine de l'aorte et dans le ventricule gauche, elle fait équilibre à une colonne de mercure de 18 centimètres, c'est-à-dire à $\frac{25}{100}$ environ de pression atmosphérique ; dans les capillaires elle est réduite à $\frac{12}{100}$ et dans l'oreillette droite elle est à peu près nulle ($\frac{1}{100}$). Entre le cœur et les capillaires artériels, la pression varie de $\frac{25}{100}$ à $\frac{12}{100}$ de pression atmosphérique et entre ces capillaires et l'oreillette droite de $\frac{12}{100}$ à $\frac{1}{100}$. Pour mesurer la tension du sang artériel, on se sert d'un manomètre à air libre (fig. 116) dont la petite branche, munie d'une canule à robinet, est introduite dans l'artère au point considéré. Sur le mercure de l'autre branche repose un flotteur surmonté d'une tige (*f*) qui, par un stylet perpendiculaire (*e*), inscrit les oscillations de la colonne mercurielle sur un cylindre enregistreur (A). La petite branche est remplie d'un liquide alcalin, au-dessus du mercure, pour empêcher la coagulation du sang. Dans l'artère carotide du Chien, la pression ainsi mesurée est d'environ 15 centimètres de mercure et elle augmente de 1 centimètre à chaque systole ventriculaire.

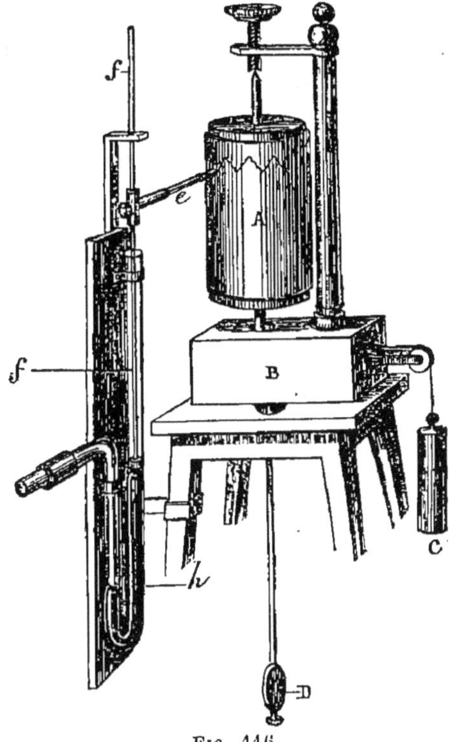

Fig. 116.

Fig. 116. — Kymographe enregistreur. — A, cylindre mobile; *ff*, tige reposant sur le mercure du manomètre; *e*, tige horizontale avec crayon.

La *vitesse* du sang s'affaiblit aussi peu à peu avec la distance, à cause du frottement contre les parois artérielles. A l'origine de l'aorte, elle atteint 44 centimètres; dans la carotide du Chien, 29 centimètres; dans celle du Cheval, 22 centimètres. Dans les vaisseaux capillaires, le sang chemine fort lentement : il n'y parcourt guère que 1 ou 1/2 millimètre par seconde.

III. **Fonction des capillaires.** — Les vaisseaux capillaires, dont la paroi ne consiste qu'en une simple assise de cellules aplaties, servent d'intermédiaires entre le sang et les éléments des organes. Leur diamètre varie de $0^{mm},006$ à $0^{mm},01$. C'est au niveau des capillaires, dans l'intimité des tissus, que se fait l'échange nutritif : les éléments absorbent l'aliment et l'oxygène contenus dans le sang artériel et lui donnent en échange les déchets organiques ou produits de désassimilation (acide carbonique, urée) qui caractérisent le sang devenu veineux. On peut examiner la *circulation capillaire* (fig. 117) en plaçant sous le microscope la langue, les poumons ou la membrane natatoire de la Grenouille; on voit les hématies, très gros comme l'on sait, se mouvoir lentement dans un liquide incolore (plasma); parfois les capillaires sont

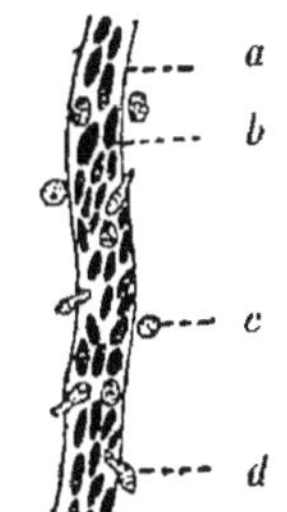

Fig. 117.

Fig. 117. — Vaisseau capillaire. — *a*, sa paroi (endothélium); *b*, hématies; *c*, leucocyte; *d*, leucocyte en train de traverser la paroi.

plus étroits que les globules; ceux-ci s'allongent alors, grâce à leur élasticité, et reprennent leur forme elliptique dans des capillaires un peu plus larges. La faible vitesse du sang dans les capillaires est une condition favorable au bon accomplissement de l'échange nutritif au sein des organes.

IV. **Fonction des veines.** — Les veines ramènent à l'oreillette droite le sang devenu veineux dans les capillaires des organes. Leur paroi, peu élastique, n'exerce qu'une faible action sur le cours du sang veineux. Le mouvement de ce dernier est déterminé essentiellement par le sang artériel qui, au fur et à mesure qu'il arrive dans les vaisseaux capillaires, déplace peu à peu le sang devenu veineux et l'oblige à cheminer vers le cœur. Une fois arrivé dans les veines, notamment dans celles qui sont dirigées de bas en haut, le sang veineux ne peut plus refluer vers les capillaires, à cause des nombreuses valvules qui garnissent la paroi des veines et qui oblitèrent leur cavité dès que le courant tend à se diriger vers les capillaires.

Les artères jouent de plus un rôle direct sur la circulation veineuse; elles transmettent en effet à leurs veines satellites, grâce à une gaine commune de tissu conjonctif, leurs mouvements d'ondulation; de même, les muscles, surtout ceux des membres, compriment les veines voisines au moment de leur contraction et obligent le sang à cheminer vers le cœur, le reflux vers les capillaires étant impossible; enfin, au moment de l'inspiration de l'air dans les poumons, la pression des gaz contenus dans la cavité thoracique diminue et facilite l'arrivée du sang de la veine cave inférieure dans l'oreillette. Ces diverses actions secondaires ont leur importance pour les veines qui cheminent de bas en haut; il n'en est plus de même pour le sang des veines de la tête et du cou, qui n'a pour ainsi dire qu'à s'écouler dans le cœur par l'effet de son propre poids.

Pouls veineux. — Les veines ne présentent pas comme les artères le phénomène du pouls, ce qui s'explique par ce fait que le cours du sang y a été rendu à peu près uniforme par les artères. Anormalement on peut l'observer, par exemple sur les veines jugulaires, dans le cas d'insuffisance de la valvule tricuspide : le sang veineux du ventricule droit peut alors refluer dans la veine cave supérieure, jusque dans la veine jugulaire.

Le pouls veineux se manifeste aussi à la suite d'une dilatation passagère des artérioles, qui rend plus active la circulation du sang.

Circulation du sang. — Maintenant que nous connaissons les fonctions des diverses parties de l'appareil circulatoire, voyons en quelques mots comment le sang circule dans son intérieur (fig. 118).

Prenons le sang dans le ventricule gauche (V*g*), à l'origine de la grande circulation, où il est artériel, c'est-à-dire chargé de l'aliment et de l'oxygène destinés aux organes.

Au moment de la systole ventriculaire, il est lancé dans l'aorte (*c*) et par suite dans toutes les artères; le cours du sang, saccadé dans les gros troncs artériels, est peu à peu uniformisé grâce à l'élasticité des parois, de sorte que dans les plus petites artères et dans les vaisseaux capillaires le jet sanguin est devenu continu.

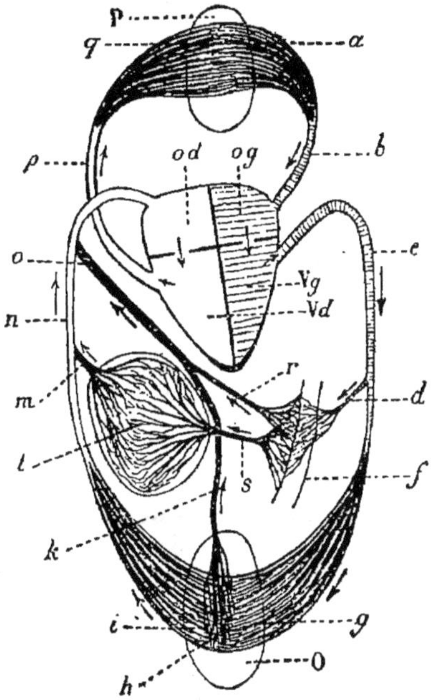

Dans le réseau capillaire (*g*), le sang se trouve en rapport intime avec les organes; l'échange nutritif s'y produit : l'aliment (peptones, glucose, etc.) et l'oxygène pénètrent par osmose dans les éléments anatomiques, qui l'assimilent, et les déchets organiques (acide carbonique, urée, etc.), dus aux oxydations intracellulaires, prennent le chemin inverse et se répandent dans le sang.

Le sang, devenu veineux, passe des capillaires veineux (*i*) dans les veines (*n*), et est finalement versé dans l'oreillette droite par les deux veines caves; mais auparavant il a reçu, par la voie de la veine sus-hépatique (*m*) et du canal thoracique (*ro*), les matières digérées, absorbées par la muqueuse intestinale. Le sang de l'oreillette droite n'est donc plus veineux au même titre que celui qui sort des organes (autres que l'intestin), car il renferme les produits de la digestion

FIG. 118.

FIG. 118. — Appareil circulatoire (fig. sch.). — P, poumons; *od*, oreillette droite; *og*, oreillette gauche; V*d* et V*g*, ventricules droit et gauche; O, un organe quelconque; *a*, capillaires des veines pulmonaires; *b*, veines pulmonaires; *c*, aorte; *d*, artère mésentérique; *f*, intestin grêle; *g*, capillaires artériels, nourriciers; *hk*, capillaires des vaisseaux lymphatiques; *r*, lymphatiques de l'intestin; *i*, capillaires veineux des organes, faisant suite à *g*; *n*, veines caves; *o*, confluent du système veineux et du système lymphatique; *p*, artères pulmonaires; *q*, leurs capillaires dans les poumons; *s*, veine porte; *l*, foie; *m*, veine sus-hépatique.

(peptones, glucose, graisses). On peut dire qu'il n'est plus veineux que par les gaz ; de là, la nécessité de le conduire aux poumons, par le système de la petite circulation, pour lui permettre d'opérer l'échange gazeux.

Et en effet, de l'oreillette droite, le sang passe dans le ventricule droit, puis, au moment de la systole ventriculaire, dans l'artère pulmonaire (*p*) ; il arrive ainsi dans les capillaires des poumons (*qa*) au contact de la muqueuse respiratoire. Là se produit l'absorption d'oxygène et le dégagement d'acide carbonique, et le sang, désormais complètement artérialisé, est apte à nourrir de nouveau les organes.

Des capillaires pulmonaires il passe dans les veines pulmonaires (*b*), puis dans l'oreillette et enfin dans le ventricule gauche qui nous a servi de point de départ.

La durée de la révolution du sang varie suivant la distance, par rapport au cœur, des organes que l'on considère ; elle est en moyenne de 25 à 30 secondes.

Action du système nerveux sur la circulation. — 1° Comme tous les muscles, le cœur est placé sous la dépendance directe du système nerveux ; mais il présente ce caractère particulier de renfermer deux sortes de filets nerveux dont l'effet est opposé.

Le cœur est en effet soumis à deux actions contraires : l'une *accélératrice*, venue de la moelle épinière et transmise à l'organe par les filets nerveux sympathiques (fig. 338, *f*) ; l'autre, *modératrice*, venue du bulbe rachidien et conduite par les nerfs pneumogastriques (fig. 119).

Lorsqu'on excite les nerfs pneumogastriques ou, ce qui revient au même, le bulbe, où ces nerfs prennent naissance, le cœur s'arrête momentanément en *diastole :* l'action modératrice de ces nerfs a été tellement accentuée par l'excitation électrique que les mouvements cessent complètement. Le même effet se produit par l'excitation du bout périphérique (c'est-à-dire du bout qui tient au cœur) d'un des pneumogastriques sectionnés.

Au contraire, lorsqu'on excite les filets cardiaques issus du système sympathique, on observe une augmentation du nombre des battements. Si l'excitation est très forte et porte, soit sur les nerfs cardiaques, soit sur le bout central des deux pneumogastriques sectionnés, le cœur se contracte violemment et se maintient à l'état de contracture. Ici l'arrêt du cœur en *systole* est dû à une exagération de la contraction par les filets cardiaques du sympathique. Dans le second cas de l'expérience précitée, l'excitation a été transmise au bulbe, puis à la moelle épinière et de là au cœur par l'intermédiaire de ces mêmes filets nerveux.

Lorsqu'on isole le cœur d'un animal, celui d'une Grenouille par exemple, il continue à battre pendant plusieurs heures avec son rythme normal ; lorsqu'il a cessé ses mouvements, on peut encore le faire entrer en jeu par des excitations électriques. Ce sont là de simples mouvements réflexes, placés sous la dépendance des ganglions intra-cardiaques (p. 90).

2° Les artères et les veines reçoivent dans leur tunique externe et moyenne des filets nerveux du système sympathique, appelés nerfs *vaso-moteurs*.

Les uns servent à dilater le calibre des vaisseaux, notamment des artérioles; ce sont les *vaso-dilatateurs;* les autres servent à le resserrer; ce sont les *vaso-constricteurs.* Dans le premier cas, la circulation est accélérée et par suite aussi la nutrition : aussi la température du corps s'élève-t-elle; c'est ce qui a lieu dans les fièvres; dans le second cas, la circulation du sang est au contraire ralentie.

Grâce au système sympathique, les artérioles règlent la rapidité de la circulation et par suite le nombre des battements du cœur; elles ont donc une action importante sur la nutrition des organes et par conséquent sur la production de la chaleur animale.

FIG. 119.

FIG. 119. — Rameaux cardiaques du nerf pneumogastrique. — C, cœur; *a*, carotide; *n*, pneumogastrique.

Historique de la circulation du sang. — Les naturalistes et les médecins de l'antiquité n'avaient aucune notion sur la circulation du sang. En examinant l'appareil circulatoire sur le cadavre, Hippocrate, Aristote, Erasistrate, en étaient arrivés à cette conclusion que les veines seules contiennent du sang, tandis que les artères logent simplement de l'air, destiné aux organes. On sait, en effet, qu'après la mort le sang quitte le système artériel pour se rendre dans le système veineux. A cette époque, aucune idée sur le mouvement circulaire du sang n'avait pu être émise.

Galien, au deuxième siècle de notre ère, découvrit par des vivisections que les artères renferment du sang comme les veines et que les deux sortes de vaisseaux communiquent entre elles. D'après lui, le sang se forme dans le foie et de là se jette dans le ventricule droit du cœur; puis une partie se rend aux poumons sans destination ultérieure; l'autre passe dans le ventricule gauche par des orifices creusés dans la cloison interventriculaire et là se combine avec l'air ou *esprit*, venu des poumons par les veines pulmonaires pour le vivifier. Galien n'avait donc pas la notion du retour au cœur du sang des poumons. Pendant près de quatorze siècles, ses opinions prévalurent dans la science. Vésale établit à ce moment que la cloison longitudinale du cœur ne présente aucune perforation, et que la ligature d'une veine détermine l'affaissement de la partie située du côté du cœur; il n'en continua pas moins à croire que les veines conduisent le sang aux organes, comme les artères. Vers la même époque (1553), Michel Servet découvrait la circulation pulmonaire. Selon lui, le sang se rend aux poumons, non pour les nourrir, mais pour y être purifié par l'esprit que lui cède l'air inspiré et se débarrasser de substances nuisibles à l'organisme; puis il revient au cœur par les veines pulmonaires. En 1559, Colombo met en lumière le rôle des valvules du cœur. Déjà en 1535 Charles Etienne, puis Fabricio d'Aquapendente avaient reconnu l'existence des valvules des veines, mais sans conclure de leur disposition à la direction centripète du cours du sang veineux.

A l'époque où nous sommes arrivés, tous les éléments du problème de la circulation du sang sont découverts : il ne reste plus qu'à les coordonner en un système définitif. Cette tâche n'a été accomplie qu'en 1628 par Harvey, médecin de Charles Ier, roi d'Angleterre. Harvey étudia les mouvements du cœur chez l'animal vivant et même chez l'Homme; il détermina leur effet sur la marche du sang et établit par diverses expériences la distinction entre la grande et la petite circulation. « Si, dit-il, on fait une ligature au bras, les veines se gonflent au-dessous de la ligature et s'affaissent entre la ligature et le cœur; si au contraire on pratique une ligature sur une artère, le sang s'accumule entre le cœur et la ligature, et de plus l'ouverture faite à l'artère détermine la sortie de tout le sang de l'animal : tous ces faits ne montrent-ils pas que le sang passe du cœur aux artères, des artères aux veines et des veines au cœur, qu'il y a, en un mot, une circulation du sang ? » La démonstration de la circulation du sang a donc bien été faite par *Harvey*.

Malpighi, pour la première fois, en donna une preuve directe par l'examen microscopique de vaisseaux capillaires intacts (Grenouille) : le sang passe visiblement des capillaires artériels dans les capillaires veineux.

CHAPITRE VII

SYSTÈME LYMPHATIQUE

Division. — Le *système lymphatique* est un ensemble très complexe de vaisseaux qui naissent au sein des organes par des capillaires, s'unissent les uns aux autres et se jettent finalement dans le système veineux pour y verser le liquide incolore qu'ils charrient, c'est-à-dire la *lymphe*. La disposition générale du système lymphatique peut être comparée à celle du système veineux; mais les capillaires lymphatiques n'ont aucun rapport avec les capillaires sanguins; comme le sang veineux, la lymphe chemine des organes vers le cœur, c'est-à-dire en direction centripète (fig. 118, *hk*, *r*, *o*).

Le système lymphatique comprend trois parties :

1° Les *vaisseaux lymphatiques proprement dits*, ne renfermant que de la lymphe : ce sont les plus nombreux;

2° Les *vaisseaux chylifères* ou lymphatiques de l'intestin, renfermant au moment de la digestion, outre la lymphe, une partie des produits absorbés par les villosités intestinales ; ce mélange s'appelle *chyle ;*

3° Des *ganglions lymphatiques*, renflements nombreux, placés sur le trajet de l'ensemble des vaisseaux lymphatiques.

Vaisseaux lymphatiques en général. — Ils naissent par des capillaires distincts de ceux du système sanguin, anastomosés en réseau ; il est très difficile de dire avec certitude si les capillaires lymphatiques (fig. 118, *h*) sont clos ou s'ils communiquent à leur origine avec les espaces laissés libres entre les cellules, par exemple avec les méats intercellulaires du tissu conjonctif. Toujours est-il que c'est le plasma sanguin qui constitue le plasma de la lymphe : il passe dans les lymphatiques essentiellement par osmose au travers des parois des capillaires.

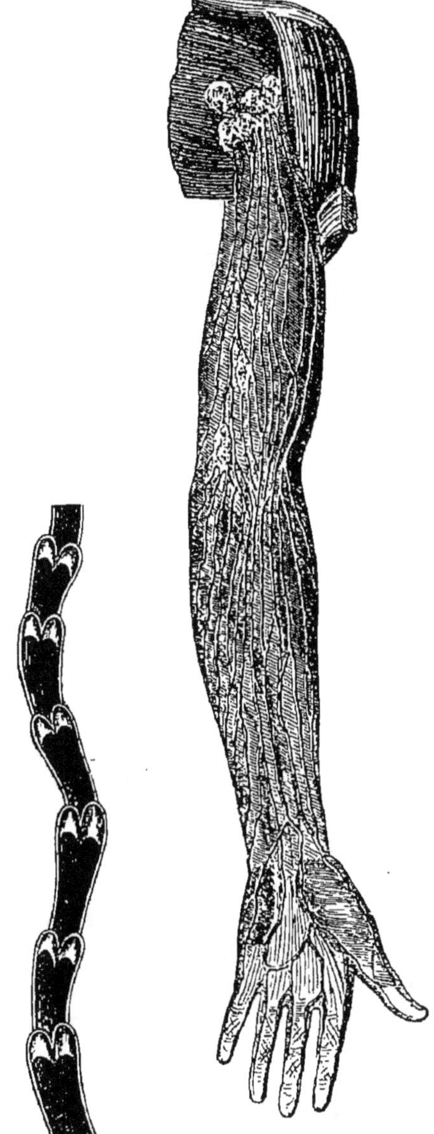

Fig. 120. Fig. 121.

Fig. 120. — Vaisseau lymphatique. — On y voit les valvules.

Fig. 121. — Ganglions axillaires et vaisseaux lymphatiques superficiels du membre supérieur.

Les vaisseaux lymphatiques (fig. 120) sont irréguliers, noueux ; au niveau de chaque étranglement, on trouve dans leur intérieur une *valvule* à deux lames, disposées comme dans les veines, de manière à permettre à la lymphe de cheminer de la périphérie vers le centre, mais non en sens inverse. Toutes les tuniques de la paroi concourent à la formation des lames valvulaires. Les lymphatiques sont très extensibles, très élastiques et en outre très résistants; jamais ils ne se jettent directement dans le système veineux; ils traversent toujours au moins un ganglion lymphatique.

On distingue deux groupes de vaisseaux lymphatiques : les lymphatiques superficiels (fig. 121), qui suivent les veines superficielles, et les lymphatiques profonds, qui suivent les artères et les veines correspondantes (fig. 122).

Les uns et les autres s'unissent de proche en proche et constituent finalement deux troncs (fig. 122), savoir : la *grande veine lymphatique* (3), qui se jette dans la veine sous-clavière droite, et le *canal thoracique* (1), qui se jette dans la veine sous-clavière gauche, à son confluent avec la veine jugulaire.

La *grande veine lymphatique* est un tronc très court, d'environ 1 centimètre, qui représente le confluent des lymphatiques de la moitié droite de la tête, du cou, du thorax et du bras droit, enfin d'une partie de ceux du foie, du diaphragme et du poumon droit. Elle charrie de la *lymphe pure.*

Le *canal thoracique* est le tronc commun des vaisseaux lymphatiques des membres inférieurs, du bassin, de l'intestin (vaisseaux chylifères), de la moitié gauche de la tête, du cou, du thorax et du bras gauche. Il est constitué à son origine par cinq ou six troncs importants qui partent des ganglions abdominaux et qui se jettent dans un réservoir irrégulier, appelé *citerne de Pecquet* (4); ces troncs représentent le confluent des lymphatiques de l'intestin, du bassin, des membres inférieurs et du diaphragme. Le canal thoracique, qui fait suite à la citerne de Pecquet, chemine de bas en haut, traverse le diaphragme par l'orifice aortique, longe la colonne vertébrale et se dirige à gauche pour se jeter dans la veine sous-clavière : ce n'est qu'à sa terminaison qu'il reçoit les lymphatiques de la moitié gauche sus-diaphragmatique du corps. Au moment de la digestion, le contenu des vaisseaux chylifères est désigné sous le nom de *chyle* (lymphe et produits absorbés); celui du canal thoracique est un mélange de chyle et de lymphe pure. Dans l'intervalle de deux absorptions, tous les lymphatiques indistinctement renferment de la lymphe pure.

Structure. — La structure des vaisseaux lymphatiques est semblable à celle des veines. On trouve dans la paroi une tunique externe, fibreuse, une tunique moyenne, musculaire, et une tunique interne, endothéliale. Les fibres musculaires sont disposées transversalement, sauf dans les renflements supravalvulaires, où elles sont entre-croisées en tous sens et très nombreuses.

Ganglions lymphatiques. — On appelle ainsi de

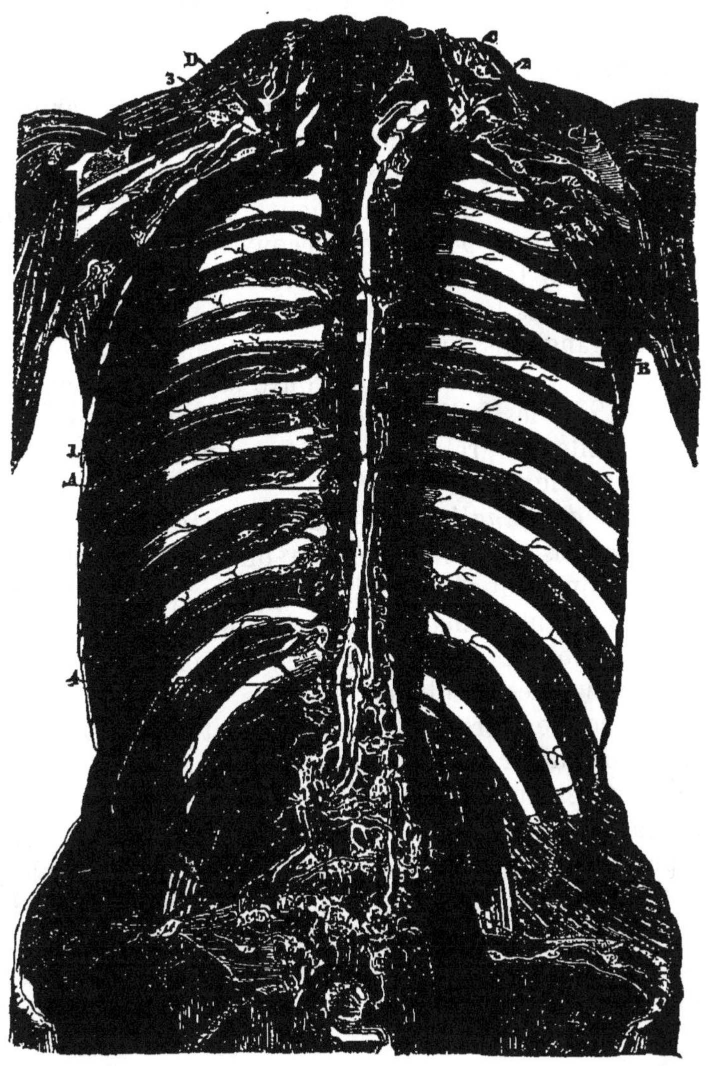

Fig. 122.

Fig. 122. — Vaisseaux lymphatiques, etc. — A, veine azygos ; B, veine demi-azygos supérieure ; C, veine sous-clavière gauche ; D, veine sous-clavière droite. — 1, canal thoracique ; 2, son embouchure dans la veine sous-clavière gauche ; 3, grande veine lymphatique ; 4, citerne de Pecquet, et, au-dessous, les ganglions abdominaux.

petits renflements, les uns très apparents, les autres visibles seulement à la loupe, situés sur le trajet des lymphatiques (fig. 123). Ils reçoivent d'un côté des *vaisseaux afférents* (*a*) qui y apportent la lymphe; en un point généralement opposé, appelé *hile*, il en sort des *vaisseaux efférents* (*b*) qui emportent la lymphe vers le cœur; on voit en outre au hile une *artère* (*c*), une *veine* (*d*) et des *filets nerveux*.

Les ganglions lymphatiques sont, de même que les veines, les uns superficiels, les autres profonds. Les premiers (fig. 121) se remarquent surtout sous le bras à l'aisselle (g. axillaires), où ils sont au nombre de cinq; dans le pli de l'aine (g. inguinaux), où ils sont au nombre de sept à douze; le long du cou et en dedans de la mâchoire inférieure. La simple pression du doigt en ces régions permet de découvrir tous ces ganglions. Ils s'enflamment facilement à la suite d'une blessure ou d'un abcès formé dans leur voisinage et font alors saillie sous la peau. Les ganglions profonds sont extrêmement nombreux; citons seulement ceux que l'on trouve sur le trajet des chylifères (fig. 122); les follicules clos et par suite les plaques de Peyer de l'intestin grêle ont la même structure que les ganglions lymphatiques.

Structure des ganglions. — Dans leur très jeune âge, les ganglions consistent simplement en une masse pelotonnée de vaisseaux lymphatiques capillaires; ceux-ci, par leur enchevêtrement, retardent la marche de la lymphe et favorisent ainsi la multiplication des globules blancs, qui précisément s'opère dans l'intérieur des ganglions.

Lorsque ces derniers sont complètement développés, ils présentent à considérer trois parties (fig. 123) :

1° Une enveloppe ou *capsule fibreuse* (*g*), épaisse et compacte; on y remarque les vaisseaux lymphatiques et nourriciers précédemment cités. A sa face interne, la capsule présente de nombreux prolongements ou travées (*k*) convergeant vers le hile; ces travées irrégulières limitent d'abord les follicules (*i*), puis s'anastomosent pour former la substance médullaire (*m*) du ganglion et enfin se terminent au hile de l'organe.

2° Les *follicules* (*i*), cavités en forme de bouteilles dont les orifices sont dirigés vers le hile; ils renferment un réseau lâche de trabécules conjonctifs (*h*) venus des travées qui circonscrivent les follicules. Les mailles de ce réseau sont tapissées par un épithélium et leur cavité est remplie d'une lymphe qui se distingue par sa richesse en globules blancs. Les artères et les veines du ganglion entrent par le hile et viennent former dans les mailles mêmes du réseau folliculaire un réseau très riche de capillaires sanguins; elles se comportent de même dans les mailles de la substance médullaire.

Autour des follicules sont disposées très régulièrement, dans le tissu conjonctif des travées, de petites cavités remplies de lymphe et appelées *sinus lymphatiques* (*f*); elles communiquent avec les vaisseaux lymphatiques afférents et efférents, et sans doute aussi avec le réseau folliculaire.

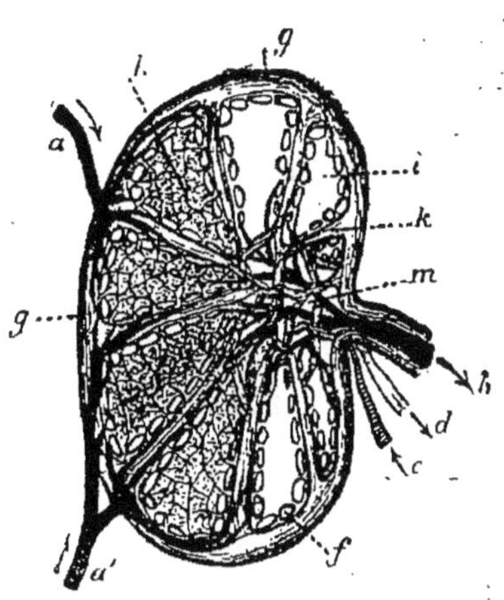

FIG. 123.

FIG. 123. — Structure des ganglions lymphatiques. — *a*, *a'*, vaisseaux lymphatiques afférents; *h*, vaisseau lymphatique efférent; *c*, artère; *d*, veine; *g*, paroi fibreuse; *f*, sinus lymphatiques; *k*, travées conjonctives; *i*, follicules; *h*; trabécules en réseau; *m*, mailles du réseau médullaire.

3° La *zone médullaire* (*m*) se compose des anastomoses des travées fibreuses, des vaisseaux lymphatiques efférents, des artères et des veines; ses mailles sont occupées par la lymphe.

Dans l'ensemble, un ganglion lymphatique n'est donc pas autre chose qu'un tissu lacuneux traversé lentement par la lymphe et où s'opère la multiplication des leucocytes. La lymphe arrive par les vaisseaux afférents, d'abord dans les sinus; puis elle parcourt les mailles du tissu réticulé des follicules; là se fait la *multiplication des globules blancs*, qui ultérieurement seront versés dans le sang. Puis la lymphe gagne de nouveau les sinus et se rend dans les vaisseaux efférents.

Lymphe. — La lymphe ne diffère du sang que par l'absence de globules rouges. Elle se compose de *globules blancs* et de *plasma*.

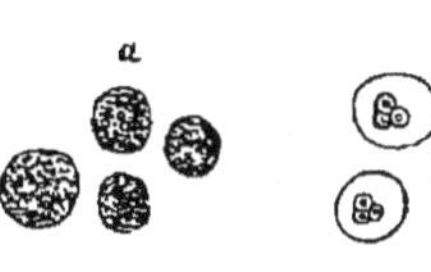

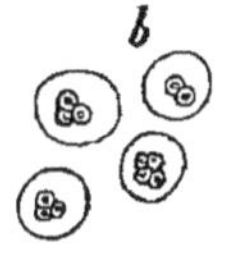

FIG. 124.

FIG. 124. — Globules du pus (leucocytes). — *a*, dans un liquide neutre; *b*, dans un liquide acide; *c*, globules vivants avec leurs mouvements amiboïdes.

Les globules blancs (fig. 124) sont nombreux et doués, comme ceux du sang, de mouvements amiboïdes; quelquefois on trouve dans la lymphe du canal thoracique des globules rouges, ce qui a fait penser que les leucocytes peuvent fixer de l'hémoglobine et devenir des hématies. Lorsqu'on abandonne de la lymphe à elle-même, il se forme un caillot blanchâtre, composé, comme celui du sang, de fibrine coagulée et de globules.

Chyle. — Dans l'intervalle de deux digestions et lorsque toute absorption est achevée, le contenu des vaisseaux chylifères est transparent et identique à la lymphe; il est alors fort difficile de distinguer ces vaisseaux. Au contraire, au moment de l'absorption, la lymphe se charge de divers produits digérés, notamment de graisses émulsionnées, et devient blanchâtre, lactescente; on donne alors le nom de *chyle* au mélange formé par la lymphe et les produits absorbés. Le trajet des chylifères devient dès lors très facile à suivre dans le mésentère; c'est même leur coloration blanchâtre qui les a fait découvrir et désigner sous le nom de *vaisseaux lactés*.

Le chyle diffère donc surtout de la lymphe par les gouttelettes grasses en plus; et en effet, un Chien nourri avec de la viande dégraissée possède un chyle transparent comme la lymphe.

Pour recueillir la lymphe, on établit à demeure une fistule sur le canal thoracique du Cheval ou de la Vache, à la base du cou. Le liquide qui s'en écoule est particulièrement abondant au moment de la digestion, ces animaux ingérant avec leur aliment une très grande quantité d'eau; il représente alors de la lymphe étendue. Un Cheval peut fournir jusqu'à un litre de lymphe par heure; une vache, de trois à six litres.

Le chyle pur doit être puisé directement dans les chylifères; on ne peut l'obtenir qu'en fort petite quantité.

CHAPITRE VIII

APPAREIL RESPIRATOIRE

Division. — L'*appareil respiratoire* est un ensemble d'organes destinés à assurer l'échange gazeux entre le milieu extérieur et le milieu intérieur, c'est-à-dire entre l'atmosphère et le sang. Cet échange consiste en une *absorption d'oxygène* et un *dégagement d'acide carbonique*.

L'appareil respiratoire de l'Homme comprend deux parties :

1° Les *voies respiratoires*, qui servent à conduire l'air et qui se divisent elles-mêmes en *voies d'emprunt*, savoir : la bouche et le pharynx, qui appartiennent en propre au tube digestif, et en *voies essentielles* (fig. 125), savoir : les *fosses nasales*, la *trachée-artère* et ses ramifications, qui appartiennent en propre à l'appareil respiratoire. Nous ne considérerons ici que la trachée ;

2° Les *organes essentiels*, appelés *poumons* (fig. 125), qui reçoivent, d'une part l'air atmosphérique, d'autre part le sang, et par la paroi desquels s'effectue l'échange gazeux.

1° **Trachée-artère.** — La trachée est un conduit vertical, situé en avant et contre l'œsophage, et allant du pharynx aux bronches. Il comprend deux parties : la partie supérieure, élargie, appelée *larynx* (fig. 211) ; c'est l'organe de la voix ; il sera étudié plus loin ; la partie inférieure est la *trachée proprement dite* (C). L'orifice, appelé *glotte*, par lequel le larynx s'ouvre dans le pharynx, est surmonté d'une languette cartilagineuse verticale, appelée *épiglotte* (fig. 83, *f*), qui s'abaisse au moment de la déglutition, devient horizontale (fig. 84, *f*) et empêche les matières alimentaires de tomber dans la trachée. Le larynx est relié supérieurement à l'*os hyoïde* (fig. 216), os en demi-anneau, à convexité antérieure, qui donne lui-même insertion à de nombreux muscles, notamment à ceux de la langue, et soutient ainsi toute la trachée-artère.

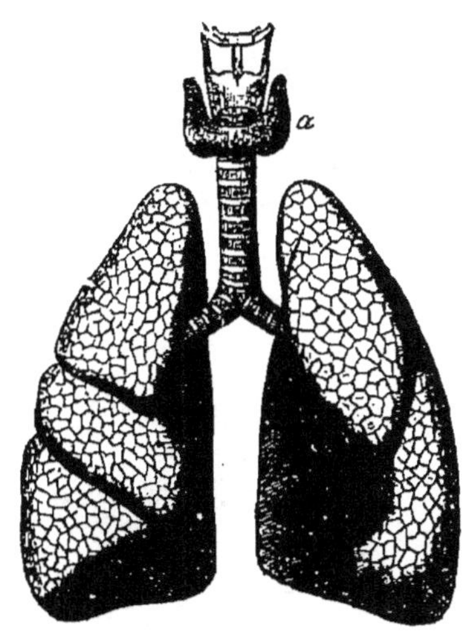

FIG. 125.

FIG. 125. — Appareil respiratoire de l'Homme. — *a*, corps thyroïde. — On voit, surtout sur le poumon gauche, la dépression appelée lit du cœur.

La trachée proprement dite s'étend du larynx aux bronches ; elle a la forme d'un canal demi-cylindrique, à face plane postérieure ; sa longueur varie de 11 à 13 centimètres ; son calibre de 18 à 20 millimètres. A son extrémité inférieure, au niveau de la quatrième vertèbre dorsale, elle se divise en deux branches, appelées *bronches* (fig. 125), qui pénètrent chacune dans un poumon par le hile. Les bronches sont cylindriques et mesurent, celle de droite 2 centimètres, celle de gauche 3 ou 4 centimètres.

La trachée reste constamment béante, grâce à des cartilages en demi-anneaux, placés parallèlement les uns au-dessous des autres dans la partie cylindrique de la paroi; les bronches sont pourvues d'anneaux presque complets, interrompus seulement en arrière et au nombre de 16 à 20. Les cartilages de la trachée sont visibles à la surface de l'organe, où ils se dessinent nettement en relief; quelques-uns sont bifurqués et anastomosés avec les voisins.

Structure. — Faisons une coupe verticale antéro-postérieure de la trachée; nous y distinguerons au microscope les parties suivantes (fig. 126):

1° Une *tunique externe*, *fibro-cartilagineuse*, composée de fibres élastiques et renfermant dans son épaisseur, en avant, les demi-cerceaux cartilagineux; en arrière, sur la face plane, les cartilages sont remplacés par des muscles à fibres lisses, situés en dedans de l'enveloppe fibreuse et insérés latéralement sur les extrémités des demi-cerceaux;

2° Une *tunique interne* ou *tunique muqueuse* (fig. 126),

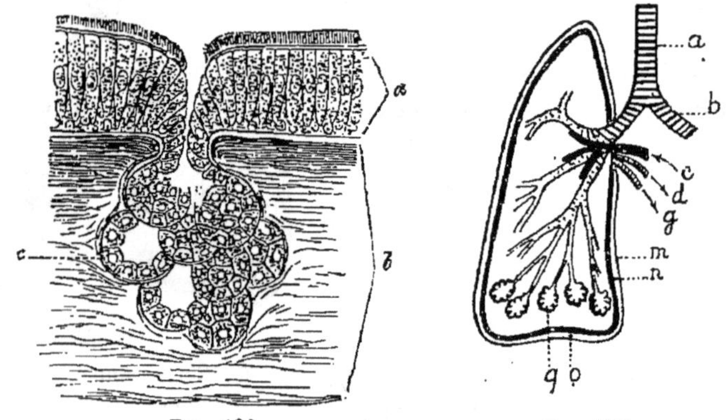

Fig. 126. Fig. 127.

Fig. 126. — Coupe de la muqueuse de la trachée. — *a*, épithélium vibratile; *b*, derme de la muqueuse; *c*, glande muqueuse en grappe.

Fig. 127. — Appareil respiratoire. — *a*, trachée; *b*, bronches; *c*, artères pulmonaires; *d*, *g*, veines pulmonaires; *m*, *n*, feuillets externe et interne de la plèvre; *o*, cavité pleurale; *q*, alvéoles.

moins épaisse, composée d'un derme et d'un épithélium. Le derme (*b*) comprend lui-même deux parties: l'une externe, conjonctive, confinant aux cartilages en avant, aux muscles lisses en arrière; l'autre interne, composée de fibres élastiques, en rapport direct avec l'épithélium. L'épithélium (*a*) est stratifié et terminé par une assise de cellules cylindriques dont la face libre est couverte de *cils vibratiles*. On trouve en outre dans la muqueuse des glandes en grappe, dites *glandes muqueuses* (*c*), dont le produit de sécrétion est versé dans la trachée par des orifices visibles à l'œil nu. Ce produit, appelé souvent mucosité, qui humecte la paroi du canal trachéen, sert à saturer d'humidité l'air plus ou moins sec qui entre dans les poumons; les cils vibratiles de l'épithélium (fig. 29) y sont complètement noyés, et par leurs mouvements incessants le font remonter peu à peu jusqu'à la glotte, d'où il s'écoule dans l'œsophage; de cette manière les ramifications des bronches ne sont jamais obstruées.

2° **Poumons.** — Les poumons, organes essentiels de la

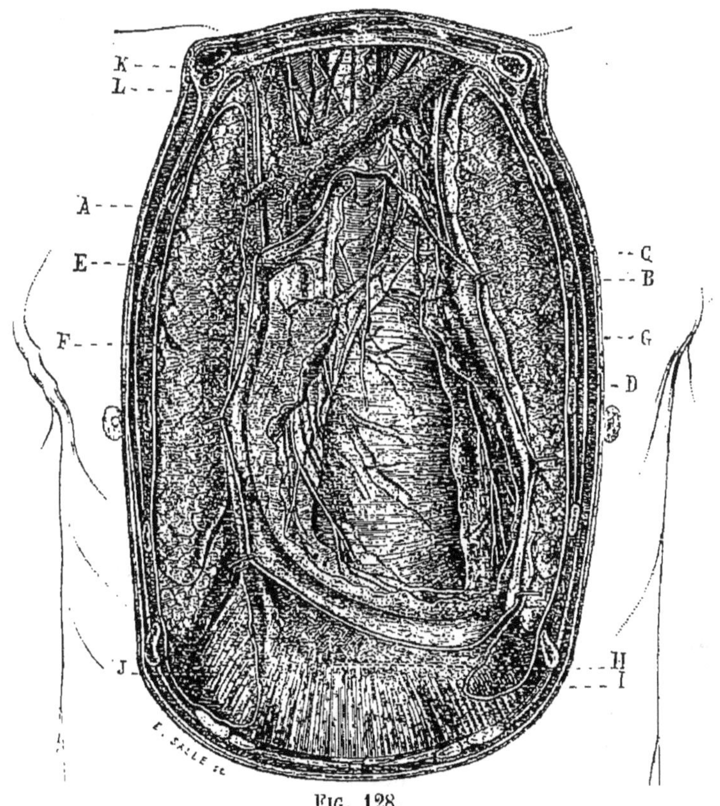

Fig. 128.

Fig. 128. — Péricarde et plèvre. — A, veine cave supérieure; B, artère pulmonaire; C, aorte; D, cœur; F, péricarde écarté; G, plèvre gauche; H, diaphragme; I, J, cavité des plèvres; K, trachée; L, tronc brachio-céphalique artériel.

respiration, sont au nombre de deux et situés dans le thorax, l'un à droite, l'autre à gauche du cœur (fig. 128). Élargis à leur base, ils se rétrécissent peu à peu jusqu'au sommet. Leur face externe est convexe et se moule sur la paroi thoracique; leur face inférieure est concave et se prête ainsi à la voussure du diaphragme; leur face interne, concave également, présente une région, appelée *hile*, où l'on voit les bronches, les vaisseaux et les nerfs des poumons. Chaque face intérieure présente en avant (fig. 125) une grande excavation (*lit du cœur*) destinée à loger le cœur et par suite le péricarde, qui se trouve ainsi embrassé par les poumons.

Au hile de chaque poumon, on remarque : 1° une bronche ; 2° les vaisseaux de la circulation pulmonaire, savoir : l'artère pulmonaire (fig. 128, B), tronc volumineux, qui apporte au poumon le sang veineux, et les deux veines pulmonaires, qui conduisent au cœur le sang devenu artériel ; 3° les vaisseaux nourriciers ou vaisseaux propres du poumon, savoir : l'artère bronchique (fig. 95, 14), issue de la crosse de l'aorte, et la veine bronchique, qui se jette dans la veine azygos ; 4° des nerfs, venant du pneumogastrique et du système sympathique (fig. 340) ; 5° enfin, des vaisseaux lymphatiques qui forment des gaines réticulées aux ramifications des bronches et des vaisseaux sanguins.

La face externe du poumon droit est creusée de deux sillons (fig. 125), partant du sommet et se dirigeant en bas et à gauche ; celle du poumon gauche ne présente qu'un seul sillon. Le poumon droit est par suite divisé en trois *lobes ;* celui de gauche, en deux. Les lobes sont divisés eux-mêmes en petits îlots losangiques, visibles à la surface externe de ces organes, et appelés *lobules pulmonaires ;* ces derniers représentent les éléments des poumons.

Structure. — Les poumons sont composés des ramifications des bronches, de celles des différents vaisseaux et enfin d'une substance propre, peu abondante, unissant toutes ces ramifications les unes aux autres.

1° *Ramifications des bronches.* — Dès qu'elles pénètrent dans les poumons (fig. 340), les bronches se divisent, celle de droite en trois branches, déjà visibles au dehors, celle de gauche en deux branches, destinées chacune à un des lobes des poumons. Ces divisions bronchiques se ramifient ensuite un grand nombre de fois dichotomiquement, une branche en donnant toujours deux autres un peu plus étroites. Les plus fines ramifications n'ont guère qu'un dixième de millimètre de diamètre ; elles se terminent chacune par une ampoule bosselée d'environ un quart de millimètre de largeur, appelée *alvéole pulmonaire* (fig. 129) ; les bosselures correspondent à autant d'alvéoles secondaires en lesquels des replis saillants incomplets divisent l'alvéole primaire : on les appelle *vésicules pulmonaires* (fig. 130). C'est au travers de la paroi des vésicules que se fait l'échange gazeux respiratoire. Ainsi, toutes les ramifications des bronches sont fermées à leur extrémité par un alvéole divisé en vésicules.

La structure des bronches intrapulmonaires se modifie peu à peu. La tunique fibreuse externe s'amincit insensiblement jusqu'aux alvéoles ; les anneaux cartilagineux se dissocient en petites plaques irrégulières, qui elles-mêmes se réduisent et disparaissent complètement dans le voisinage des alvéoles ; la tunique musculaire est continue, ainsi que la tunique fibreuse

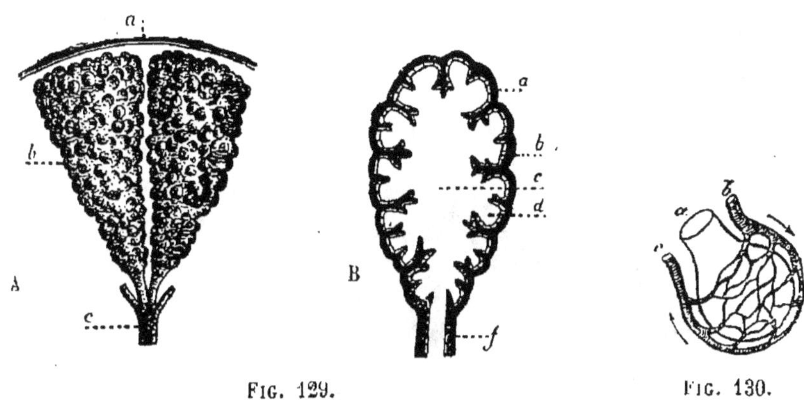

FIG. 129. FIG. 130.

FIG. 129. — A : *a*, enveloppe séreuse; *b*, deux alvéoles pulmonaires divisés en nombreuses vésicules; *c*, ramification bronchique. — B, un alvéole coupé longitudinalement : *a*, membrane propre; *b*, épithélium qui la tapisse; *c*, cavité de l'alvéole; *d*, cavité des vésicules; *f*, rameau bronchique (fig. schém.).

FIG. 130. — Une vésicule pulmonaire (*a*); *b*, artériole de l'artère pulmonaire; *c*, veinule de la veine pulmonaire. — On voit le réseau capillaire.

interne; enfin l'épithélium, cylindrique et vibratile sur les grosses bronches, perd ses cils, devient cubique et enfin tapisse les alvéoles sous la forme d'un épithélium pavimenteux simple (fig. 129, B, *b*).

Les *alvéoles* se composent donc : 1° d'une paroi propre de tissu élastique avec quelques rares fibres musculaires lisses et de nombreux vaisseaux capillaires ; 2° d'un épithélium pavimenteux, dont les cellules, vues de face, présentent un contour polyédrique (fig. 131). Plusieurs alvéoles forment un lobule.

2° *Ramifications des vaisseaux.* — Elles suivent les ramifications des bronches. L'artère pulmonaire (fig. 128, B), avant d'atteindre le hile, se divise déjà en trois branches à droite et deux à gauche; celles-ci se ramifient ensuite dans les poumons et se terminent par un réseau extrêmement serré de vaisseaux capillaires dans la paroi des alvéoles. A ces capillaires artériels font suite d'autres capillaires (fig. 130), qui, en s'unissant les uns aux autres, forment en définitive pour chaque poumon deux veines pulmonaires (veines artérielles) qui sortent par le hile et vont à l'oreillette gauche.

Le diamètre des capillaires pulmonaires varie entre 6 et 11 millièmes de millimètre, et celui des mailles qu'ils limitent, entre 4 et 18. Dans chaque alvéole, la surface recouverte par les capillaires (fig. 131) est d'environ les trois quarts de la surface totale. Or la surface de l'ensemble des alvéoles pulmonaires équivaut à peu près à 200 mètres carrés, de sorte que 150 mètres carrés sont occupés par le réseau sanguin et 50 seulement par les mailles de ce réseau.

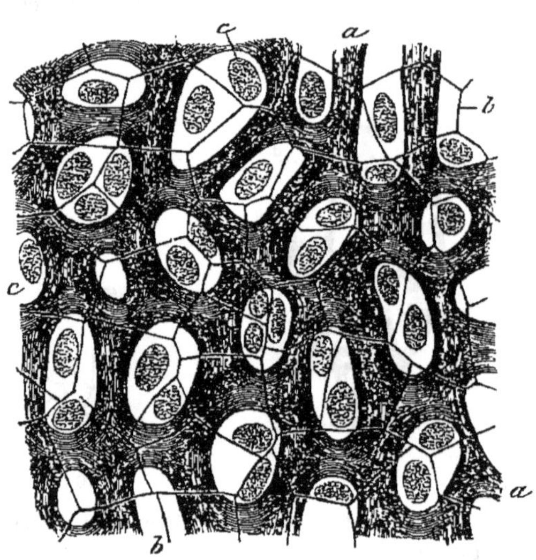

Fig. 131.

Fig 131. — *a*, capillaires pulmonaires vus de face; *b*, cellules épithéliales pavimenteuses; *c*, noyaux de ces cellules.

3° *Tissu propre des poumons.* — Le tissu propre des poumons unit entre eux les divers éléments dont nous venons de parler; il est de nature conjonctive. Il forme autour des lobules une couche mince qui limite les losanges visibles à la surface externe des poumons; les vaisseaux (veines pulmonaires, vaisseaux lymphatiques) y cheminent.

Plèvre. — La *plèvre* (fig. 128, G) est, comme le péricarde, une membrane séreuse, c'est-à-dire une sorte de sac fermé entourant exactement chaque poumon. Les deux plèvres laissent entre elles, en avant et en arrière, deux espaces triangulaires, appelés *médiastin antérieur* et *médiastin postérieur*.

Chaque plèvre comprend deux moitiés ou feuillets: le feuillet interne ou *viscéral*, adhérent à la surface de l'organe, et le feuillet externe ou *pariétal*, adhérent à la paroi thoracique; ce dernier recouvre inférieurement la surface convexe du diaphragme. Entre les deux feuillets se trouve comprise une cavité, très réduite dans la région supérieure des poumons et assez développée à la base (I, J); cette cavité, dite *cavité pleu-*

rale, est remplie d'un liquide séreux destiné à faciliter le mouvement d'extension et de retour sur lui-même de chaque poumon. Des *vaisseaux lymphatiques* débouchent à plein orifice dans le feuillet externe des plèvres et peuvent déterminer la résorption de l'excès de liquide séreux que renferme chaque cavité pleurale dans la *pleurésie* (inflammation des plèvres).

Les plèvres, étant soudées à la cage thoracique par leur feuillet pariétal, sont solidaires des mouvements de cette dernière; lorsque les côtes s'élèvent, les plèvres suivent le mouvement et par suite les poumons se dilatent; inversement, lorsqu'elles s'abaissent, les plèvres et les poumons reviennent à leur première position; de là l'entrée et la sortie de l'air dans l'appareil respiratoire. C'est le liquide pleural qui facilite le glissement des deux feuillets de chaque plèvre l'un contre l'autre pendant les mouvements des poumons et des côtes. Notons que le péricarde (F) est en rapport sur les côtés avec les plèvres.

MÉCANISME DE LA RESPIRATION

Avant d'étudier la fonction de respiration, nous devons indiquer brièvement quels sont les organes qui assurent l'entrée de l'air pur dans l'appareil respiratoire et la sortie de l'air chargé d'acide carbonique; quel est, en un mot, le *mécanisme* de l'inspiration et de l'expiration.

Ce mécanisme se compose : 1° du squelette de la cage thoracique; 2° des muscles intrinsèques et extrinsèques de cette dernière; 3° du diaphragme.

1° Le *squelette de la cage thoracique* (fig. 132) comprend, en arrière les douze *vertèbres* dorsales (*g*), latéralement les douze paires de *côtes* (*bf*), articulées par paires sur le corps des vertèbres, et en avant le *sternum*, os impair auquel les côtes sont reliées par des cartilages. Les articulations vertébro-costales sont essentiellement mobiles. A l'état de repos, les côtes sont abaissées; elles sont alors dirigées de haut en bas, mais à la fois d'arrière en avant et de dedans en dehors. C'est vers le tiers postérieur que leur convexité est le plus accentuée.

2° Les *muscles intrinsèques* de la cage thoracique sont : les *muscles intercostaux*, *surcostaux* et *sous-costaux*.

Les muscles *intercostaux* (fig. 95, 17) remplissent les intervalles laissés entre les côtes; ils forment deux couches : les *intercostaux externes*, dirigés obliquement de haut en bas et d'arrière en avant; ils commencent au niveau des vertèbres et finissent un peu avant le sternum (fig. 133, *b*); les *intercostaux internes* (*f*), placés en dedans des précédents; ils sont dirigés de haut en bas, mais d'avant en arrière et croisent par conséquent les intercostaux externes; ils commencent au sternum et s'arrêtent un peu avant la colonne vertébrale. On voit que par leur disposition les deux plans de muscles intercostaux doivent agir d'une manière opposée.

Les *muscles surcostaux* sont au nombre de douze paires et

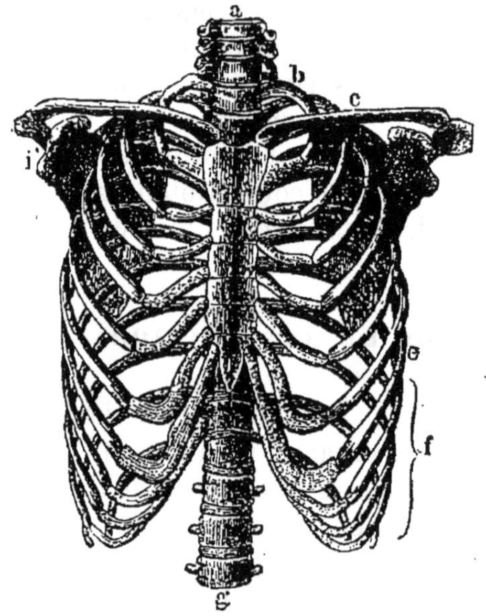

Fig. 132.

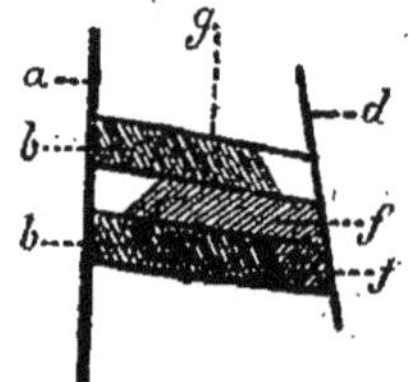

Fig. 133.

Fig. 132. — Cage thoracique. — *ag*, colonne vertébrale; *bde*, vraies côtes; *f*, fausses côtes et côtes flottantes; *c*, clavicule; *i*, omoplate.

Fig. 133. — Muscles intercostaux (fig. sch.). — *a*, colonne vertébrale; *g*, côtes; *d*, sternum; *b*, intercostaux externes seuls; *f*, intercostaux internes seuls; *bf*, les deux à la fois.

fixés, d'une part aux apophyses transverses des vertèbres dorsales, d'autre part à la partie postérieure et supérieure de la côte immédiatement inférieure; la première paire est reliée aux apophyses transverses de la septième vertèbre cervicale.

Les *muscles sous-costaux* sont situés à la partie postérieure des côtes, mais à leur face interne; ils vont d'une côte à la côte voisine; leur direction est la même que celle des intercostaux internes dont ils semblent être une dépendance.

3° Les *muscles extrinsèques* de la cage thoracique qui entrent en jeu dans les mouvements respiratoires normaux n'agissent que pendant l'inspiration. Ils sont insérés d'une part sur les côtes, d'autre part sur une partie plus élevée de la colonne vertébrale; leur direction est la même que celle des intercostaux externes, c'est-à-dire de haut en bas et d'arrière en avant. Ce sont (fig. 197) : le *muscle scalène antérieur*, fixé d'une part aux apophyses transverses des troisième, quatrième, cinquième et sixième vertèbres cervicales, d'autre part à la face supérieure de la première côte; le *scalène postérieur*, inséré supérieurement à toutes les vertèbres cervicales moins l'atlas, et inférieurement à la face supérieure des deux premières côtes; le *petit dentelé supérieur*, fixé supérieurement à la dernière vertèbre cervicale et aux trois premières dorsales, inférieurement aux deuxième, troisième, quatrième et cinquième côtes.

3° Le *diaphragme* (fig. 128, H) est un muscle en forme de voûte qui sépare le thorax de l'abdomen. Il s'insère par son bord sur tout le pourtour de la cage thoracique et présente en arrière deux gros cordons musculaires, appelés *piliers* du diaphragme, qui se rattachent par des tendons aux vertèbres lombaires. Les fibres des piliers, de même que celles qui partent du pourtour du muscle, viennent en rayonnant se terminer à une large aponévrose, appelée *centre phrénique*, qui occupe la région supérieure de la voûte et rappelle par sa forme une feuille de trèfle.

Le diaphragme est traversé par l'aorte, la veine cave inférieure et l'œsophage. Il se contracte et se relâche régulièrement, par voie nerveuse réflexe; lorsqu'il se contracte, sa voussure diminue et la cavité thoracique augmente de volume; lorsqu'il se relâche, il reprend exactement sa forme première. Les plèvres suivent les mouvements du diaphragme.

CHAPITRE IX

RESPIRATION

Définition. — Dans son sens le plus général, la respiration est l'*échange gazeux* qui s'opère d'une manière continue entre l'organisme et le milieu extérieur.

Elle comprend trois ordres de phénomènes : 1° l'action de l'oxygène atmosphérique sur le protoplasme de chaque élément anatomique, action fondamentale qui consiste en *oxydations* diverses. Ces oxydations sont la source de la chaleur dans l'organisme et aussi de produits variés, dits de désassimilation, notamment l'urée, composé azoté, et l'acide carbonique. Cela ne veut pas dire que l'oxygène qui vient d'entrer dans une cellule se combine directement au carbone des principes immédiats ternaires ou azotés pour produire par exemple de l'acide carbonique. Les choses sont beaucoup plus compliquées; ainsi, lorsque les matières azotées s'oxydent, il se forme d'autres produits azotés, comme l'urée, l'acide urique; des produits ternaires, comme la cholestérine, et enfin seulement, par une décomposition de plus en plus profonde, de l'acide carbonique. Ce dernier produit de déchet, qui se forme à chaque instant dans les éléments anatomiques, ne doit donc être considéré que comme l'un des produits de décomposition, le plus simple sans doute, des principes immédiats dont se compose le protoplasme, sous l'influence des oxydations dont il est le siège. Parmi tous les déchets organiques, l'acide carbonique présente ce caractère particulier qu'il est en rapport déterminé avec l'oxygène absorbé et se dégage par la même surface (muqueuse pulmonaire) que celle par laquelle ce dernier gaz est absorbé; c'est pour cette raison que l'on réunit ces deux phénomènes, absorption d'oxygène et dégagement corrélatif d'acide carbonique, sous le nom de *respiration*.

2° Outre ces phénomènes essentiels, la respiration comprend tous les phénomènes antérieurs destinés à assurer l'arrivée de l'oxygène jusqu'aux éléments anatomiques où il doit agir, savoir : l'*inspiration* de l'air dans les poumons, l'*absorption* de l'oxygène par la muqueuse pulmonaire et son *transport* par le sang jusqu'aux tissus.

3° La respiration comprend enfin tous les phénomènes postérieurs aux oxydations intracellulaires, qui ont pour but le rejet au dehors de l'acide carbonique, savoir : le *transport* de ce gaz jusqu'à la muqueuse pulmonaire par le sang veineux, son *dégagement* dans la cavité des lobules pulmonaires et enfin son *expiration* définitive.

Considérons successivement, dans cet ensemble, les phénomènes externes (inspiration et expiration), puis les phénomènes internes de la respiration.

I. — Phénomènes externes de la respiration.

1° **Inspiration.** — L'entrée de l'air dans les poumons a lieu toutes les fois que ces organes subissent une augmentation de volume; celle-ci est réalisée par la contraction des *muscles* dits *inspirateurs*.

Lorsque les *muscles scalènes* (fig. 197) se contractent, leur point fixe se trouvant sur les vertèbres cervicales, les deux premières côtes sont soulevées et, d'inclinées qu'elles étaient, deviennent horizontales. Ce mouvement détermine la contraction successive, mais très rapide, de tous les *muscles intercostaux externes* (fig. 133) dont la direction est la même que celle des scalènes; on peut remarquer, en effet, que ces muscles sont notablement plus courts lorsque la cage thoracique est soulevée que lorsqu'elle est au repos; ce qui indique qu'à ce moment ils sont à l'état de contraction. Les muscles intercostaux externes ne peuvent produire leur effet dans le soulèvement des côtes qu'autant que les muscles scalènes sont contractés et leur fournissent un point d'appui à leur insertion supérieure; alors la contraction des intercostaux externes ne peut se faire que de bas en haut et s'ajoute par conséquent à celle des muscles scalènes. Les muscles surcostaux, le petit dentelé supérieur agissent comme les muscles scalènes et les intercostaux externes.

Pendant que la cage thoracique s'élève (fig. 134) par ces différentes actions musculaires, le *diaphragme* se contracte et par suite s'aplatit; il est vrai qu'il est soulevé par les côtes, auxquelles il s'insère, mais d'une quantité notablement inférieure à celle dont sa voûte s'abaisse par sa contraction. Chaque fois que le diaphragme se contracte, il exerce une pression sur les viscères abdominaux qui, à leur tour, la transmettent à la paroi du corps; c'est pourquoi on observe à chaque inspiration un léger soulèvement du ventre.

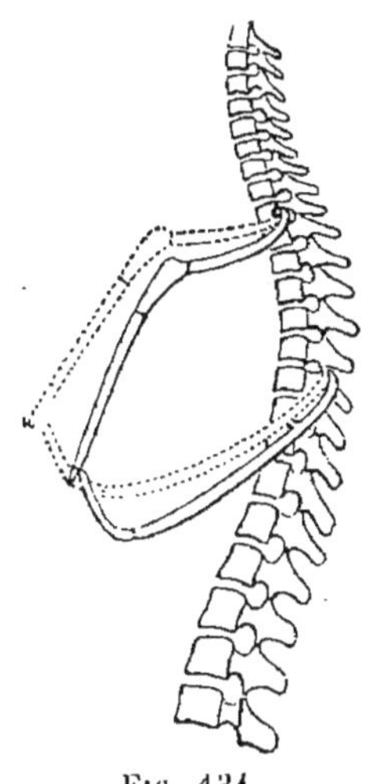

Fig. 134.

Fig. 134. — La ligne pointillée représente la cage thoracique pendant l'inspiration; la ligne pleine la représente au repos.

Toutes les contractions dont il vient d'être question, ont pour conséquence l'agrandissement de la cavité thoracique (fig. 134); le soulèvement des côtes (voy. leur position au repos, p. 137) détermine l'augmentation du diamètre antéro-postérieur et du diamètre transverse; l'abaissement du diaphragme produit l'allongement du diamètre vertical.

Si l'on se rappelle maintenant que le feuillet externe des plèvres tapisse latéralement la cage thoracique et recouvre inférieurement le diaphragme, on verra que ce feuillet suivra passivement le mouvement des côtes et du diaphragme et que par suite un espace vide tendra à se constituer entre les deux feuillets de chaque plèvre, celle-ci ne contenant qu'une quantité restreinte de liquide séreux. Mais cet espace ne saurait se constituer, à cause de la pression atmosphérique qui s'exerce librement contre la paroi des cavités pulmonaires et qui maintient toujours les feuillets pleuraux en contact l'un avec l'autre, abstraction faite de l'espace très réduit occupé par le liquide séreux interposé.

En définitive, les poumons suivent donc, passivement il est vrai, les mouvements d'agrandissement de la cage thoracique; à cet effet, le feuillet interne de la plèvre, soudé au poumon, glisse sur le feuillet externe, soudé à la cage thoracique, grâce au liquide séreux, et ainsi les poumons descendent le long des parois thoraciques en suivant le mouvement du diaphragme, tandis que les côtes s'élèvent. Il résulte de cette distension des poumons, durant laquelle ces organes sont passifs, une augmentation de volume des cavités pulmonaires et par suite une diminution de pression de l'air dans leur intérieur. Dès lors, l'air extérieur, dont la pression n'a pas changé, se précipite dans les poumons pour rétablir l'équilibre de pression. Cette entrée de l'air pur s'appelle *inspiration*. Les muscles scalènes, surcostaux, intercostaux externes, le petit dentelé supérieur et le diaphragme sont donc des *muscles inspirateurs*.

2° **Expiration.** — L'expiration ou sortie de l'air des poumons a lieu dès que les muscles inspirateurs cessent de se contracter et sans qu'aucune puissance musculaire intervienne. Dans leur position d'inspiration, les poumons, organes essentiellement élastiques, sont distendus; dès que les actions musculaires inspiratrices cessent, ces organes ne sont plus soumis à aucune traction et reviennent par conséquent sur eux-mêmes, à la manière d'une masse de caoutchouc que l'on étire et qu'on abandonne ensuite à elle-même. Pendant ce retour élastique des poumons, la cage thoracique est abaissée et le diaphragme élevé, passivement et pour la même raison qui, pendant l'inspiration, avait occasionné le mouvement d'extension des poumons. On voit que le rapetissement de ces organes diminue le volume des cavités pulmonaires et augmente par suite la pression de l'air dans leur intérieur. Cette pression devenant supérieure à celle de l'atmosphère, une partie de l'air des poumons est rejetée au dehors, et ainsi se produit une *expiration*. Ainsi donc, dans l'expiration la cage thoracique est passive, tandis que les poumons sont actifs, contrairement à ce qui se produit dans l'inspiration.

Expérience. — On peut se rendre compte, par un appareil très simple (fig. 135), de la solidarité qui existe entre les poumons et la cage thoracique pendant tous les mouvements respiratoires. Un flacon (*cage thoracique*) est fermé inférieurement par une lame de caoutchouc tendue (*diaphragme*); il renferme une vessie de caoutchouc (*poumon*) qui communique avec l'extérieur par un tube passant par le bouchon du flacon. On insuffle de l'air dans la vessie jusqu'à ce qu'elle remplisse le flacon; l'air extérieur à la vessie s'échappe par un orifice latéral de ce dernier, que l'on ferme ensuite avec le doigt. L'espace très faible compris entre la vessie distendue et le flacon représente la cavité pleurale, ici remplie d'air. Si maintenant l'on exerce une traction sur le diaphragme, on voit la vessie suivre tous ses mouvements et rester toujours en contact avec la paroi du vase : l'air pénètre dans son intérieur (*inspiration*). Si, au

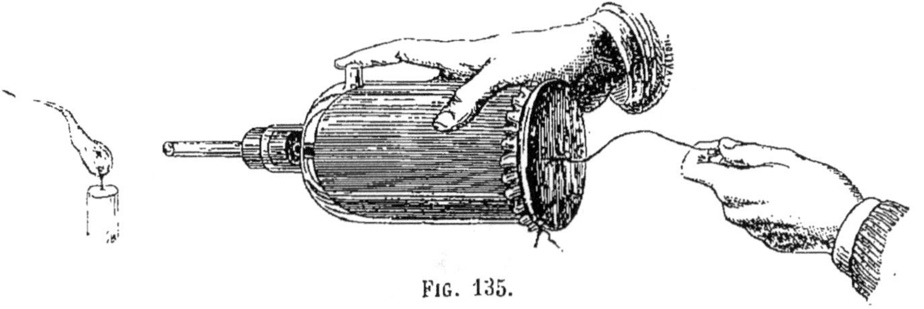

Fig. 135.

Fig. 135. — Appareil destiné à montrer les mouvements des poumons pendant l'inspiration et l'expiration.

contraire, on l'abandonne à lui-même, la vessie reprend sa première position et l'air est rejeté au dehors (*expiration*).

Inspiration et expiration forcées. — 1° Lorsque l'inspiration est aussi étendue que possible, de nombreux muscles, autres que les muscles inspirateurs normaux, interviennent avec ces derniers pour augmenter le plus possible le volume de la cage thoracique ; ils sont insérés, d'une part, sur la cage thoracique, d'autre part sur la tête ou les membres supérieurs. Considérons, par exemple, le *muscle pectoral* (fig. 136) qui forme de chaque côté la saillie de la poitrine; il est inséré d'un côté à l'os du bras ou humérus, de l'autre aux cartilages des six premières côtes et au bord inférieur de la clavicule. Ses fonctions normales consistent à rapprocher le bras du corps, c'est-à-dire qu'il se contracte de dehors en dedans sur son insertion thoracique qui est alors fixe. Au contraire, au moment d'une inspiration forcée, c'est l'extrémité humérale qui devient fixe et sa contraction (au moins celle de ses faisceaux inférieurs) a dès lors pour effet de soulever les côtes et s'ajoute, par conséquent, à celle des inspirateurs normaux. Il en est de même des autres muscles qui agissent dans l'inspiration forcée, tels que le *sterno-cléido-mastoïdien* qui s'étend de l'apophyse mastoïde du temporal à la clavicule et au sommet du sternum, et qui normalement fait tourner la tête (fig. 136, D).

2° L'expiration forcée, au lieu de se faire sans l'intervention d'aucune action musculaire comme l'expiration normale, nécessite la contraction de nombreux muscles, étendus des côtes inférieures au bassin ou aux régions inférieures de la colonne vertébrale, et dirigés de haut en bas et d'avant en arrière. Les *intercostaux internes*, les *sous-costaux*, etc., ajoutent alors leur effet à celui des muscles inférieurs pour donner au mouvement de descente de la cage thoracique le maximum d'amplitude et faire sortir le plus possible d'air des poumons. Parmi les

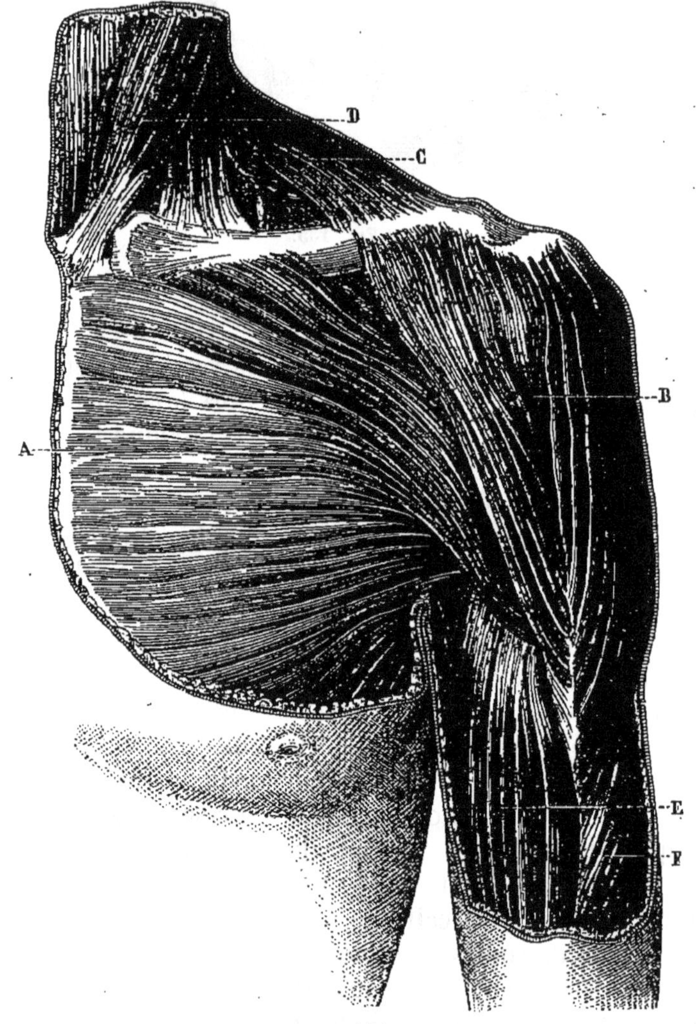

Fig. 136.

Fig. 136. — A, muscle grand pectoral; B, deltoïde; C, bord du trapèze; D, sterno-cléido-mastoïdien; E, biceps brachial; F, triceps.

muscles d'expiration forcée, citons, outre les précédents, le *grand droit*, le *grand* et le *petit oblique* (fig. 199), qui vont des côtes inférieures au bassin.

La *toux* et l'*éternûment* sont dus à des expirations brusques, précédées d'une profonde inspiration ; le *bâillement* consiste en une inspiration et une expiration prolongées ; le *hoquet*, en une suite d'inspirations très brusques dues à des contractions énergiques du diaphragme.

Quantités d'air inspirées et expirées. — A chaque inspiration ordinaire, il entre dans les poumons environ 1/2 litre d'air et il en sort un volume à peu près égal d'air chargé de vapeur d'eau et d'acide carbonique. Le volume maximum de l'ensemble des cavités respiratoires, correspondant à une inspiration forcée, varie de 4 à 5 litres suivant la stature ; leur volume minimum, réalisé par une expiration forcée, est d'environ 1 litre à 1 litre 1/2. Ce dernier volume représente une masse d'air chargé d'acide carbonique, que l'on ne peut chasser des poumons d'aucune manière. La différence entre les capacités extrêmes est de 3 à 4 litres ; elle représente la plus grande quantité d'air que l'on puisse inspirer, en partant de l'état d'expiration forcée pour arriver à celui d'inspiration forcée ; on l'appelle *capacité respiratoire*.

Différences entre l'air inspiré et expiré. — 1° La *température* de l'air inspiré étant généralement inférieure à celle du corps, ce mélange gazeux s'échauffe pendant son séjour dans l'appareil respiratoire ; il en sort, au moment de l'expiration, chargé d'acide carbonique et à une température voisine, mais un peu inférieure à celle du corps (38°). Ainsi, lorsque la température de l'air ambiant varie de 10 à 30 degrés, celle de l'air expiré varie de 33 à 35 degrés. Cette petite différence en moins tient à ce que dans l'air expiré ne se trouvent pas seulement des gaz qui ont séjourné dans les alvéoles, mais une partie de l'air pur et plus froid de l'inspiration précédente. Le sang doit donc se rafraîchir légèrement au contact de la muqueuse pulmonaire, en cédant une partie de sa chaleur à l'air qui arrive dans les alvéoles.

2° L'air inspiré et l'air expiré présentent une *différence de composition* très sensible qui sert précisément à mesurer l'intensité de la respiration. On sait que 100 litres d'air atmosphérique renferment 21 pour 100 (environ $\frac{1}{5}$) d'oxygène, 79 pour 100 (environ $\frac{4}{5}$) d'azote et des traces ($\frac{4}{10000}$) d'acide carbonique. A raison de quinze inspirations de 1/2 litre par minute, nous inspirons par jour 10 000 litres ou 10 mètres cubes d'air, dont 2000 litres d'oxygène, 4 litres d'acide carbonique et le reste en azote.

De ces 2000 litres d'oxygène, 540 sont absorbés et utilisés pour les oxydations internes ; ils sont remplacés dans l'air expiré par 400 litres d'acide carbonique, et de plus par environ 300 grammes de vapeur d'eau. La quantité d'azote ne change pas. Ainsi, chaque jour l'organisme consomme 540 litres ou 750 grammes d'oxygène et exhale 400 litres ou 800 grammes environ d'acide carbonique, plus 300 grammes de vapeur d'eau.

Ces résultats montrent que l'oxygène absorbé est loin de reparaître tout entier sous forme d'acide carbonique, car ce dernier gaz contient son propre volume d'oxygène et il devrait par suite y avoir égalité entre le volume d'oxygène absorbé et celui de l'acide carbonique dégagé. Or ce dernier est constamment inférieur au premier. Ce résultat ne doit pas nous surprendre ; car l'oxygène, en se fixant sur les principes immédiats du protoplasme, ne donne pas seulement naissance à l'acide carbonique, mais à d'autres substances (urée...) qui peuvent en entraîner une partie ; de plus, l'oxygène peut être emmagasiné pendant quelque temps dans les cellules et n'être utilisé que plus tard.

Pour se rendre compte de ce dernier fait, il suffit de comparer les quantités d'oxygène mises en jeu par l'échange respiratoire pendant les douze heures de jour et les douze heures de nuit.

	Pendant les douze heures de jour.	*Pendant les douze heures de nuit.*
Poids d'oxygène absorbé.....	234 grammes.	474 grammes.
Poids d'oxygène contenu dans l'acide carbonique dégagé..	387 —	275 —

On voit que, pendant la nuit, 474—275= 199 grammes d'oxygène sont, en partie au moins, emmagasinés, mis en quelque sorte en *réserve*, dans les éléments anatomiques pour être consommés pendant la période de jour suivante, où effectivement le corps donne, sous forme d'acide carbonique, 153 grammes d'oxygène de plus que ce qu'il reçoit.

II. — Phénomènes internes de la respiration.

Ces phénomènes sont de trois ordres.

1° **Absorption de l'oxygène et son transport jusqu'aux tissus.** — L'absorption de l'oxygène consiste dans le passage de ce gaz au travers de la muqueuse pulmonaire. L'oxygène osmose peu à peu au travers des cellules épithéliales (fig. 131), arrive aux vaisseaux capillaires et pénètre ainsi dans le sang. Là il se combine avec l'hémoglobine ou matière rouge des hématies, qui devient ainsi *oxyhémoglobine;* le plasma du sang n'en contient qu'une fort petite quantité en dissolution. Grâce à l'oxygène, le sang veineux reprend peu à peu sa teinte vermeille : il devient artériel. Par les veines pulmonaires, il se rend au cœur, puis dans l'aorte qui le conduit dans les vaisseaux capillaires des organes.

2° **Respiration proprement dite ou intracellulaire.** — L'oxyhémoglobine, combinaison instable, est dédoublée dans les capillaires en oxygène libre et en hémoglobine. L'oxygène, osmosant à travers la paroi épithéliale de ces derniers, se diffuse peu à peu dans le protoplasme des éléments anatomiques. Alors commencent les phénomènes d'*oxydation* qui se traduisent par l'apparition des déchets organiques ou *produits de désassimilation* et par le dégagement d'une certaine quantité de chaleur qui remplace celle que l'organisme transforme en travail (travail musculaire, etc.) et celle qu'il cède à l'atmosphère par conductibilité, et maintient par suite constante la température du corps. Ces oxydations intracellulaires s'exercent à la fois sur les composés azotés et sur les composés ternaires (glucose) du protoplasme, mais de préférence sur l'une ou l'autre de ces deux catégories de principes, selon les tissus. Ainsi les muscles consomment essentiellement du glucose pour leur respiration et forment, comme principal déchet, de l'acide carbonique, produit d'oxydation du glucose; au contraire, le tissu nerveux détruit surtout des albuminoïdes et produit en conséquence des déchets azotés (urée, etc.) ; mais il dégage aussi de l'acide carbonique, de même que les muscles forment aussi une petite proportion de déchets azotés.

Lorsque le régime devient exclusivement végétal, la quantité d'acide carbonique augmente; lorsqu'il devient exclusivement animal, c'est l'urée qui est excrétée en plus grande proportion.

3° **Transport de l'acide carbonique jusqu'aux poumons.** — Parmi les déchets organiques, un seul se dégage par la muqueuse pulmonaire : c'est l'*acide carbonique*. Au fur et à mesure qu'il est engendré dans les tissus, il passe dans le sang qui, de ce fait, devient veineux, et s'y unit, non plus à l'hémoglobine comme l'oxygène, mais aux sels du plasma, notamment au carbonate neutre de soude, qui devient ainsi bicarbonate de soude. Ces sels, sortes de véhicules de l'acide carbonique, sont transportés avec le sang veineux, d'abord au cœur, puis aux poumons. Le plasma du sang contient aussi, en simple dissolution, une petite quantité de ce gaz.

Au contact de la muqueuse pulmonaire, le bicarbonate de soude est dédoublé en carbonate neutre et en acide carbonique; cette dissociation paraît être réalisée par l'oxygène de l'air, absorbé au même moment : on sait, en effet, qu'un courant d'oxygène dirigé dans le sang veineux provoque le dégagement de l'acide carbonique qu'il contient. L'acide carbonique, mis en liberté, traverse la muqueuse pulmonaire avec celui du plasma, envahit les alvéoles et est en partie rejeté au dehors au moment de l'expiration, avec une portion de l'air toujours chargé d'acide carbonique (8 pour 100), qui remplit constamment ces derniers.

Respiration dans l'air comprimé ou raréfié. — Lorsqu'on soumet l'organisme à l'action de l'air comprimé, la quantité d'oxygène absorbée augmente avec la pression; les oxydations internes devenant de plus en plus actives, il arrive un moment où les propriétés spéciales du protoplasme disparaissent et occasionnent la mort de l'être considéré. On peut respirer impunément l'oxygène pur à la pression d'une atmosphère, ou, ce qui revient au même, l'air atmosphérique à la pression de 5 atmosphères : on éprouve même dans ces conditions un certain sentiment de bien-être. Lorsque la pression de l'oxygène pur atteint 3 $^{\text{atm}}\frac{1}{2}$ ou celle de l'air 3,5×5=17 $^{\text{atm}}\frac{1}{2}$ l'animal chancelle, sa température diminue et la mort ne tarde pas à survenir. Ainsi, à haute pression, l'oxygène agit comme un poison : il n'est le gaz vivifiant qu'à la pression où il se trouve dans l'air et aux pressions voisines.

Lorsqu'on s'élève dans l'atmosphère, la pression de l'oxygène diminue peu à peu : il arrive bientôt un moment où elle est insuffisante à faire pénétrer dans le corps tout l'oxygène dont il a besoin; il faut alors respirer de l'oxygène pur. Les aéronautes qui doivent s'élever à de grandes hauteurs ont toujours soin de se munir de sacs d'oxygène. Le malaise que l'on éprouve pendant l'ascension d'une haute montagne est dû uniquement à la diminution de pression de l'air, ou, pour mieux dire, de l'oxygène, car l'azote n'est pour rien dans le phénomène.

Lorsqu'on décomprime brusquement un organisme soumis à une forte pression, les gaz (oxygène et azote) absorbés en grande quantité se dégagent à la manière de l'acide carbonique dans l'eau de Seltz d'un siphon qu'on vient d'ouvrir et forment dans les capillaires des chapelets de bulles qui opposent une résistance considérable au passage du sang. Cet arrêt de la circulation produit une mort foudroyante. Aussi ne doit-on ramener que graduellement à la pression atmosphérique les ouvriers, tels que les plongeurs, qui supportent durant leur travail une pression considérable, afin de permettre à l'excès des gaz absorbés de se dégager aussi lentement que possible.

Asphyxie. — L'asphyxie peut se produire de diverses manières :

1° *Par défaut d'oxygène ;* elle se produit lorsqu'on place l'organisme dans une atmosphère limitée dont on enlève l'acide carbonique par une solution de potasse, au fur et à mesure qu'il se produit. Les animaux ne meurent que lorsqu'ils ont pour ainsi dire épuisé complètement l'oxygène dont ils disposent (Grenouille) ;

2° *Par excès d'acide carbonique ;* dans ce cas, on maintient constante la pression de l'oxygène dans l'espace clos et on laisse s'y accumuler l'acide carbonique; dans ces conditions un moineau meurt, lorsque la pression de l'acide carbonique, considéré seul, atteint 19 centimètres de mercure. Ici l'asphyxie vient de ce que l'acide carbonique de l'air confiné empêche, par sa pression croissante, celui du sang et par suite celui des éléments anatomiques de se dégager ;

3° A la fois *par défaut d'oxygène et par excès d'acide carbonique ;* ce cas se réalise lorsqu'on maintient l'animal dans une atmosphère limitée ; c'est de tous le plus fréquent.

L'acide carbonique commence à exercer son effet nocif sur l'organisme à la dose de 4 millièmes, c'est-à-dire de 4 litres par mètre cube d'air. Or l'Homme dégage par heure environ 16 litres d'acide carbonique, capables par conséquent de vicier 4 mètres cubes d'air, volume minimum qui doit être mis à sa disposition par heure. Comme d'autres causes contribuent à vicier l'air, les hygiénistes élèvent ce nombre à 10 mètres cubes;

4° *Par absorption de gaz divers*, tels que l'oxyde de carbone, qui s'unit à l'hémoglobine et forme avec elle une combinaison stable qui empêche toute absorption ultérieure d'oxygène ; l'hydrogène sulfuré ; l'acide sulfureux, etc. Ces derniers gaz, et d'une façon générale tous ceux qui ont mauvaise odeur, produisent la mort par les décompositions chimiques qu'ils exercent au sein des tissus et agissent par conséquent à la manière de l'oxygène à haute pression.

Historique de la respiration. — Jusqu'au dix-septième siècle, les naturalistes n'avaient sur la respiration d'autres notions que celles qui leur avaient été léguées par les savants de l'antiquité ; pour eux, l'air était simplement destiné à rafraîchir le sang ou à le brasser, grâce aux mouvements respiratoires. En 1674, Mayow distingue dans l'air un *principe igno-aérien*, apte à entretenir la vie et cause de la chaleur animale. Black, en 1757, reconnaît dans l'air expiré la présence de l'*air fixe* (acide carbonique), gaz irrespirable, obtenu pour la première fois par Van Helmont, en 1648, par l'action d'un acide sur le calcaire. En 1774, Priestley obtient par la calcination du bioxyde de mercure un gaz nouveau, qui plus tard fut appelé *oxygène ;* la même découverte est faite au même moment par Scheele en Suède. Priestley reconnaît que l'oxygène communique au sang veineux la teinte rutilante du sang artériel ; il établit la dépendance réciproque et nécessaire dans laquelle vivent, d'une part les végétaux pourvus de chlorophylle, d'autre part les végétaux sans chlorophylle (Champignons, etc.) et les animaux. Malgré ses belles découvertes, il ne put préciser, ni la composition, ni le rôle de l'air atmosphérique ; cet honneur était réservé à *Lavoisier*. Déjà, en 1772, Lavoisier avait montré que certains corps, en brûlant dans l'air, augmentent de poids en fixant un de ses éléments constitutifs ; ce n'est qu'en 1777 qu'il détermina la composition de l'air, puis celle de l'acide carbonique et, en possession d'une nouvelle méthode d'investigation, déduisit bientôt de ses découvertes la vraie théorie de la respiration. Il montra que l'air vicié par la respiration renferme constamment moins d'oxygène et au contraire plus d'acide carbonique que l'air pur, tandis que la proportion d'azote ne change pas.

Établissant ensuite que le charbon qui brûle se combine avec l'oxygène et se transforme ainsi en acide carbonique, il fut amené à considérer la respiration elle-même comme une *combustion*, c'est-à-dire comme une oxydation de carbone, donnant naissance à l'acide carbonique exhalé par les poumons, ainsi qu'à la chaleur de l'organisme. Mais comme la quantité d'oxygène contenue dans l'acide carbonique exhalé est inférieure à la quantité d'oxygène absorbée, il admit qu'une partie de ce dernier gaz s'unissait à l'hydrogène de certains composés organiques pour produire de l'eau, qui se dégage à l'état de vapeur, avec l'acide carbonique, par la muqueuse pulmonaire.

Restait à déterminer le *siège de la combustion respiratoire*. Lavoisier pensait que l'acide carbonique se formait dans les poumons. Les physiologistes objectèrent avec raison que la température du poumon n'était pas supérieure à celle des autres organes, ce qui ne devrait pas être si la combustion, source de la chaleur, s'effectuait dans les poumons mêmes. Lagrange émit alors l'idée que la combustion organique, loin d'être localisée dans les poumons, se produit dans tous les organes et que le sang ne passe dans les poumons que pour abandonner l'acide carbonique venu de ces derniers et pour absorber l'oxygène destiné à leur être transmis par son intermédiaire. Divers faits expérimentaux ont donné raison à cette manière de voir : Spallanzani, par exemple, place des Grenouilles, au préalable vidées d'air par une légère pression exercée sur le corps d'avant en arrière et rendue efficace par l'absence de côtes, dans une atmosphère inerte, d'hydrogène ou d'azote; pendant plusieurs heures ces animaux résistent à la privation d'air, mais n'en continuent pas moins à dégager de l'acide carbonique. Or ce fait n'aurait pas pu se produire si la combustion avait lieu dans les poumons, car ceux-ci étaient alors vides d'air. Plus tard, d'ailleurs, les analyses de sang ont montré que l'acide carbonique est plus abondant dans le sang veineux que dans le sang artériel.

Ces deux derniers faits nous enseignent que la respiration s'accomplit au sein même des tissus : c'est dans leurs éléments anatomiques qu'arrive l'oxygène absorbé et c'est en eux aussi que se forment l'acide carbonique et les autres déchets organiques. Dans l'état actuel de la science, il n'est pas possible d'indiquer d'une manière précise l'ensemble des composés, autres que l'acide carbonique, dans lesquels se retrouve la totalité de l'oxygène absorbé.

CHAPITRE X

APPAREIL SÉCRÉTEUR

L'*appareil sécréteur* de l'Homme se compose d'un grand nombre d'organes distincts, appelés *glandes*. Leur forme est variable, mais leur structure d'ensemble est la même.

Structure des glandes. — Une glande se compose de quatre parties (fig. 137) :

1° Un *épithélium simple* (*a*), partie essentielle, active dans la sécrétion; 2° une *membrane propre* (*b*), conjonctive, tapissée par l'épithélium; 3° des *vaisseaux afférents* (*c*) ou artériels et des *vaisseaux efférents* (*d*) ou veineux, se ramifiant en un réseau très riche de vaisseaux capillaires dans la membrane; 4° en outre des *filets nerveux* (*e*).

D'après la forme de la membrane limitante, on distingue trois sortes de glandes :

1° Les *glandes en tube* (fig. 138); la membrane est repliée en un doigt de gant, tapissé intérieurement par l'épithélium; telles sont les glandes de Lieberkühn de l'intestin. Parfois le fond du tube est renflé; on distingue alors dans la glande, l'*acinus* ou renflement terminal dont l'épithélium élabore le produit de sécrétion, et le *canal excréteur* qui sert à conduire

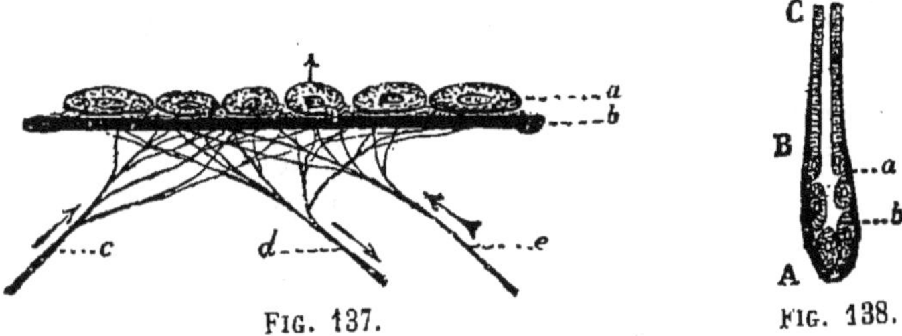

Fig. 137. Fig. 138.

Fig. 137. — Schéma d'une glande. — *a*, épithélium simple ; *b*, membrane propre de la glande ; *c*, artère ; *d*, veine ; *e*, rameau nerveux.

Fig. 138. — Glande en tube. — AB, partie sécrétante ; BC, canal excréteur ; *a*, membrane ; *b*, épithélium.

ce dernier au dehors. Les reins se composent de glandes en tubes ramifiées ;

2° Les *glandes en grappe* (fig. 139) ; ce sont les plus nombreuses ; la membrane se ramifie un grand nombre de fois et chacun de ses rameaux se termine, soit par une partie cylindrique, simple cul-de-sac sécréteur (glandes pepsinifères)

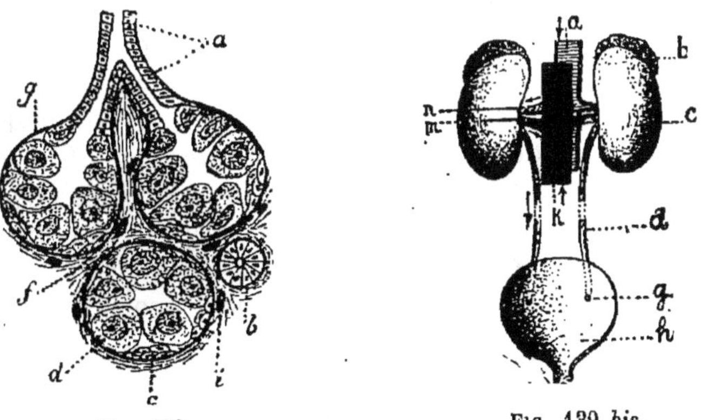

Fig. 139. Fig. 139 *bis*.

Fig. 139. — Structure des glandes salivaires. — *a*, canal excréteur avec épithélium cylindrique ; *b*, sa section ; *i*, vaisseaux sectionnés ; *c*, petites cellules ; *d*, épithélium sécrétoire ; *f*, tissu conjonctif ; *g*, membrane propre des acini.

Fig. 139 *bis*. — Appareil urinaire. — *a*, aorte ; *b*, capsule surrénale ; *c*, reins ; *d*, uretères ; *h*, vessie ; *n*, *m*, artère et veine rénales ; *k*, veine cave.

(fig. 64), soit par un acinus (glandes salivaires). Exemple : les glandes salivaires, le pancréas, les glandes gastriques ; ces dernières n'ont que six ou huit tubes sécréteurs ; les deux premières en possèdent au contraire un très grand nombre. Chaque acinus se continue par un petit canal excréteur (fig. 139) ;

tous ces canaux excréteurs se jettent les uns dans les autres et ne forment finalement qu'un canal unique, par exemple le canal de Sténon pour les glandes parotides, ou quelquefois plusieurs, comme les canaux de Rivinus des glandes sublinguales. Tous les éléments d'une glande en grappe sont unis entre eux par du tissu conjonctif (*f*) qui rend l'organe massif (pancréas). Le poumon peut être considéré comme une vaste glande en grappe, excrétant de l'acide carbonique.

L'épithélium peut être homogène dans toute l'étendue de la glande, qu'elle soit en tube (glandes de Lieberkühn) ou en grappe (glandes muqueuses de l'estomac) (fig. 65), ou bien il peut être cylindrique sur les canaux excréteurs et ovale sur les acini ou cul-de-sacs sécréteurs (glandes pepsinifères, glandes salivaires) (fig. 139);

3° Les *glandes closes* (fig. 140); dans ce cas la membrane se ferme complètement et limite une cavité close, tapissée intérieurement par l'épithélium et dans laquelle s'accumule le produit de sécrétion. Exemple : les membranes séreuses (plèvre, péricarde). Chaque cellule hépatique est une glande close unicellulaire.

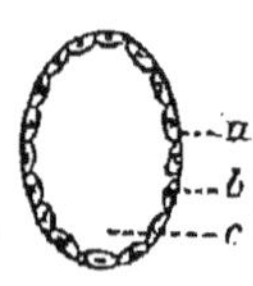

FIG. 140.

FIG. 140. — Glande close. — *a*, membrane; *b*, épithélium; *c*, cavité centrale.

On peut rattacher à ce groupe les organes dits *glandes vasculaires sanguines*, qui n'ont pas de canaux excréteurs; ce sont : la *rate;* les *capsules surrénales*, qui recouvrent la partie supérieure des reins; le *corps thyroïde* (fig. 125, *a*), situé à la base du cou, en avant et contre le larynx; en s'hypertrophiant, il forme le goitre; le *thymus*, organe très développé dans le jeune âge, et atrophié chez l'adulte; il est suspendu à la base du cou dans la cavité thoracique, et constitue le ris de veau.

Les principales glandes du corps sont : les glandes intrinsèques et extrinsèques du tube digestif; les mamelles; les glandes lacrymales; les reins et les glandes sudoripares.

De la sécrétion en général. — La sécrétion est effectuée par les cellules épithéliales des glandes. Cette fonction consiste, tantôt dans l'élaboration, aux dépens du plasma du sang dans lequel ils n'existaient pas, de divers produits destinés à jouer un rôle physiologique ultérieur (suc gastrique, etc.); tantôt dans l'élimination du sang, où ils se trouvaient tout formés, des produits de désassimilation (urée de l'urine, acide carbonique, etc.), destinés, comme l'on sait, à être définitivement rejetés hors de l'organisme.

D'après cela, on distingue deux sortes de sécrétions : 1° les *sécrétions proprement dites* ou productions de liquides utiles, tels que les sucs digestifs, susceptibles d'être, comme ces derniers, repris par l'organisme et dont les principes essentiels (pepsine, etc.) n'existent pas tout formés dans le sang; 2° les *sécrétions excrémentitielles* ou *excrétions*, productions de liquides renfermant des produits de désassimilation, c'est-à-dire des substances, non seulement inutiles, mais nuisibles à l'organisme et qui existent toutes formées dans le sang puisqu'elles proviennent des éléments anatomiques; ainsi les reins *excrètent* de l'urée, des sels, etc.; les poumons excrètent un gaz, l'acide carbonique. Urée, acide carbonique, etc., sont des produits d'excrétion ou de désassimilation.

Le *mécanisme* des sécrétions est le suivant. Le plasma du sang artériel qui chemine dans la glande exosmose au travers de la paroi des capillaires, traverse la membrane propre de la glande et arrive ainsi dans l'intérieur des cellules épithéliales. Là commence le travail de la sécrétion, particulier à ces cellules; s'agit-il, par exemple, des sucs digestifs : des matières albuminoïdes sont dédoublées en d'autres substances, parmi lesquelles se trouvent les diastases (pepsine, ptyaline, etc.); ces dédoublements se font à la faveur d'oxydations actives, ainsi qu'en témoigne l'augmentation de température que l'on remarque dans toutes les glandes lorsqu'elles entrent en activité.

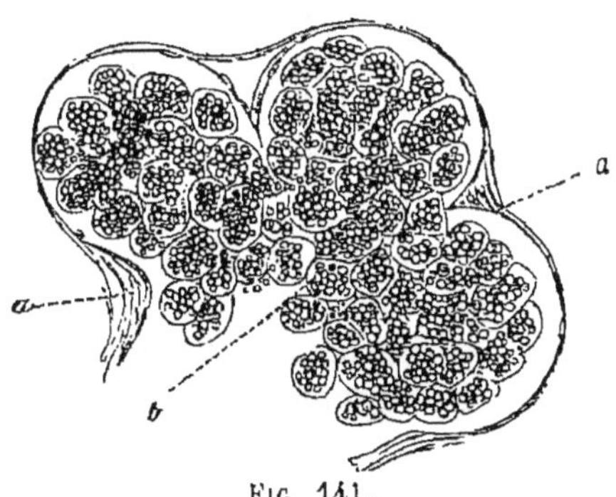

Fig. 141.

Fig. 141. — Fragment d'une glande sébacée (annexée aux poils). — *a*, membrane propre; *b*, cellules épithéliales, sécrétant le sébum et subissant la fonte.

Une fois le produit de sécrétion formé au sein des cellules glandulaires, il en sort par exosmose et se répand dans la cavité de la glande, puis chemine au dehors par le canal excréteur.

Dans certains cas, il demeure dans les cellules et celles-ci deviennent alors le siège de métamorphoses curieuses : leur protoplasme disparaît peu à peu et est remplacé par le produit sécrété; puis les cellules se détachent de la membrane (fig. 141) et se fusionnent dans la cavité de la glande pour constituer en définitive le produit de sécrétion; pendant que s'opère cette *fonte épithéliale*, de jeunes cellules, situées sur la membrane propre, se développent et prennent la place des précédentes. C'est par ce mécanisme que se constitue par exemple le cérumen, produit épais et gras des glandes cérumineuses du conduit auditif.

Les sécrétions sont sous la dépendance directe du *système nerveux*. Lorsque la glande doit entrer en activité, les nerfs qui s'y ramifient produisent une dilatation des artérioles qui a pour effet d'activer considérablement la circulation du sang. La glande est alors traversée par environ cinq fois plus de sang que dans la période de repos, ce qui explique pourquoi le sang efférent des glandes en activité possède à peu près la même couleur que le sang artériel, tandis qu'il est foncé au sortir des glandes au repos; cela n'implique nullement, comme on pourrait le croire au premier abord, que les oxydations sont moins actives dans la glande pendant la sécrétion que pendant la période de repos; c'est au contraire l'inverse qui a lieu.

APPAREIL URINAIRE

L'appareil urinaire se compose de deux parties (fig. 95) : 1° les *reins* (F), organes sécréteurs de l'urine; 2° d'un *système excréteur*, destiné à rejeter ce liquide dans le milieu extérieur et qui comprend lui-même la *vessie* (V), deux canaux, appelés *uretères* (G), qui la mettent en communication avec les reins, et d'un canal, appelé *urèthre* (fig. 146, *g*), commun avec les canaux déférents des glandes génitales et qui communique avec l'extérieur.

1° **Reins.** — Les reins sont deux glandes en forme de haricot (fig. 95, F), situées de chaque côté de la colonne vertébrale au niveau de la région lombaire, en dehors du péritoine. Leur bord externe est convexe; leur bord interne présente une concavité, appelée *hile*, où l'on voit l'artère et la veine rénale, les nerfs, les lymphatiques et l'uretère; leur bord supérieur est recouvert par la *capsule surrénale*. Les dimensions des reins sont : de 9 à 11 centimètres en longueur, 5 à 6 en largeur et 3 en épaisseur; leur poids varie de 130 à 190 grammes. Leur surface est lisse et leur teinte, rouge lie de vin.

Structure. — Sur une coupe verticale du rein (fig. 142), on distingue trois parties : 1° une *membrane fibreuse* externe, entourée elle-même d'une couche de tissu graisseux; 2° le *tissu propre* du rein, qui comprend la *substance corticale* (6), externe et la *substance médullaire* (5) ou tubuleuse, interne; cette dernière est plus rouge et plus dure que la substance corticale; de plus, elle est divisée en un certain nombre de *pyramides* (de 8 à 15), dont les sommets (4) sont libres et tournés vers le centre de l'organe, tandis que leurs bases s'appuient sur la substance corticale; le sommet de chaque pyramide, appelé *papille*, présente de douze à trente orifices par lesquels l'urine s'écoule goutte à goutte; 3° une sorte de poche membraneuse, appelée *bassinet* (2), qui occupe la cavité du rein et se continue avec l'uretère (1) dont elle n'est pour ainsi dire qu'une dilatation; au niveau de chaque sommet de pyramide, elle présente une dépression d'environ 1 centimètre de diamètre, percée de plusieurs orifices; chacune de ces dépressions, appelées *calices* (3), embrasse la pyramide correspondante et recueille l'urine, au fur et à mesure qu'elle s'en écoule, pour la transmettre au bassinet.

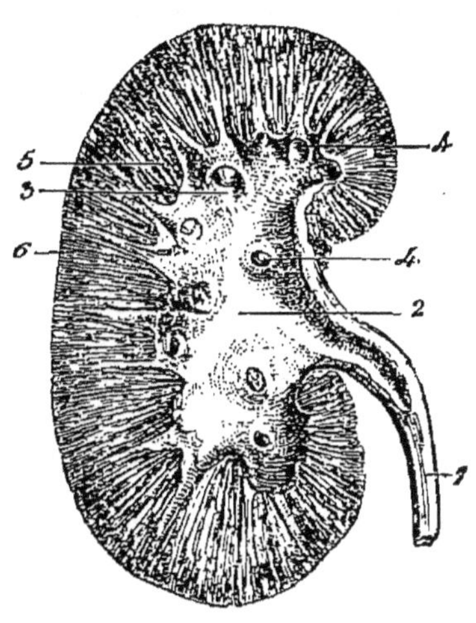

FIG. 142.

FIG. 142. — Rein; section verticale. — 1, uretère; 2, bassinet; 3, calices; 4, sommet des pyramides; 5, substance tubuleuse; 6, substance corticale.

L'artère rénale, très volumineuse, pénètre dans le rein par le hile (fig. 95, 21), puis se ramifie en plusieurs branches qui passent entre les pyramides et arrivent à la surface d'union de la substance corticale et de la substance médullaire (fig. 143). Là ces branches (*g*) donnent de nombreuses ramifications se dirigeant les unes vers l'extérieur, dans l'écorce du rein, les autres vers l'intérieur, dans les pyramides. La veine rénale suit un trajet analogue (*k*).

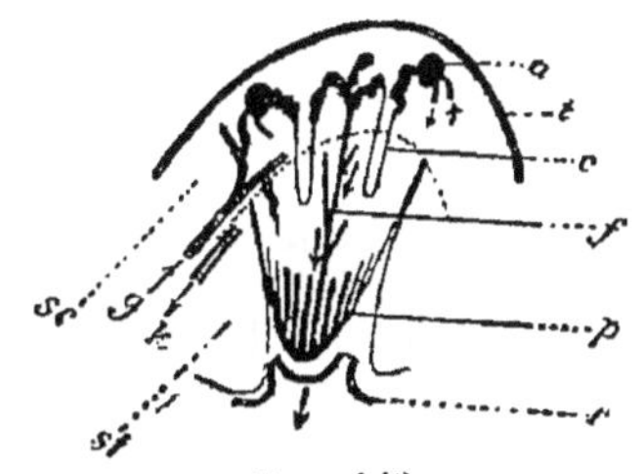

FIG. 143.

FIG. 143. — Section d'un fragment de rein. — *a*, glomérule de Malpighi; *t*, membrane fibreuse; *c*, anse de Henlé; *f*, tube de Bellini; *p*, pyramide; *r*, bassinet; *sc*, substance corticale; *st*, substance médullaire ou tubuleuse; *g*, *k*, branches de l'artère et de la veine rénales.

TUBES URINIFÈRES. — La substance propre des reins se compose essentiellement d'une association de glandes en tube ramifiées, appelées *tubes urinifères* (fig. 143, *af*). Chacun de ces tubes commence dans la substance corticale par une ampoule, appelée *corpuscule de Malpighi* (fig. 144, *a*); ce corpuscule reçoit une petite artère (*h*); il en sort une veinule (*i*);

sa cavité centrale est occupée par un peloton vasculaire provenant de la division du vaisseau afférent en fines artérioles, disposées en anse; de là la coloration rouge des glomérules de Malpighi. A la suite du glomérule se trouve un *tube sinueux* (*b*) (tube de Ferrein), qui bientôt se rétrécit, devient *rectiligne*, descend dans la substance médullaire, puis remonte dans la substance corticale, formant ainsi une *anse* (*cd*) (anse de Henlé); après quoi il redevient sinueux (*e*). Plusieurs de ces tubes viennent se terminer dans un *canal rectiligne* (*f*) (canal de Bellini) qui chemine dans les pyramides jusqu'à la papille terminale, à la surface de laquelle il s'ouvre librement.

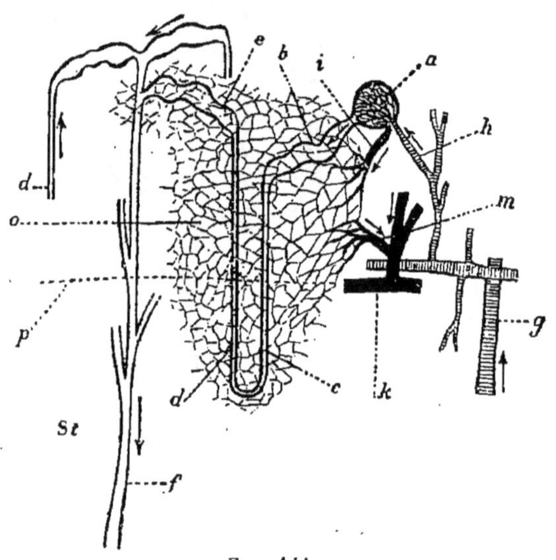

Fig. 144.

Fig. 144. — Canalicule urinifère. — *p*, limite entre la substance médullaire *St* et la substance corticale; *a*, glomérule de Malpighi; *bcde*, anse de Henlé; *f*, tube de Bellini; *g*, branche de l'artère rénale; *h*, rameau afférent du glomérule; *i*, rameau efférent veineux; *o*, réseau capillaire interstitiel; *m*, veinule efférente proprement dite; *k*, branche de la veine rénale.

La paroi des canalicules urinifères ainsi constitués se compose d'une membrane conjonctive, tapissée intérieurement d'un épithélium; les cellules de ce dernier ont un contenu *granuleux* dans les parties larges des canalicules, un contenu *transparent* dans la branche descendante de l'anse de Henlé : les premières sont actives dans la sécrétion.

Remarquons que les veinules efférentes des glomérules ne se jettent pas directement les unes dans les autres pour constituer la veine rénale ; après un court trajet, elles se ramifient abondamment et forment un réseau capillaire interstitiel (*o*), qui embrasse les canalicules urinifères; puis seulement les capillaires s'unissent pour former les véritables veinules efférentes (*m*) qui, par leur fusion, constituent la veine rénale.

2° **Uretères.** — Les uretères (fig. 142, 1) sont des canaux, longs de 25 à 30 centimètres, qui font suite au bassinet et se terminent dans la vessie; ils ne s'y jettent pas perpendiculairement à la paroi de cette dernière, mais très obliquement, de manière à cheminer dans son épaisseur sur une longueur de 1 à 2 centimètres (fig. 145, *bc*), avant de s'ouvrir à la face interne de la vessie. Cette disposition a pour but d'empêcher le reflux de l'urine de la vessie vers les reins; lorsque en effet la vessie se contracte pour expulser son contenu, la réaction de ce dernier détermine la fermeture des uretères par rapprochement de leurs deux faces opposées, et l'orifice de l'urèthre reste seul libre. Les uretères ont une tunique moyenne musculaire.

3° **Vessie.** — La vessie est le réservoir de l'urine ; sur les côtés et en arrière, elle est recouverte par le péritoine (fig. 71, *m*); en avant elle est unie à la symphyse pubienne par deux bandelettes fibreuses. On y remarque trois orifices (fig. 146), deux latéraux, où débouchent les uretères, et un inférieur, situé au *col* de la vessie (*i*), c'est-à-dire à l'origine de l'urèthre. Le canal de l'urèthre, d'abord vertical, puis horizontal, est entouré à son origine par un organe musculo-glandulaire, de consistance ferme, appelé *prostate* (*f*), et, un peu plus loin, par le *sphincter uréthral* (*h*). La paroi de la vessie est très extensible ; elle se compose d'une tunique musculaire, à fibres lisses longitudinales et circulaires, et d'un épithélium stratifié interne à cellules fort irrégulières.

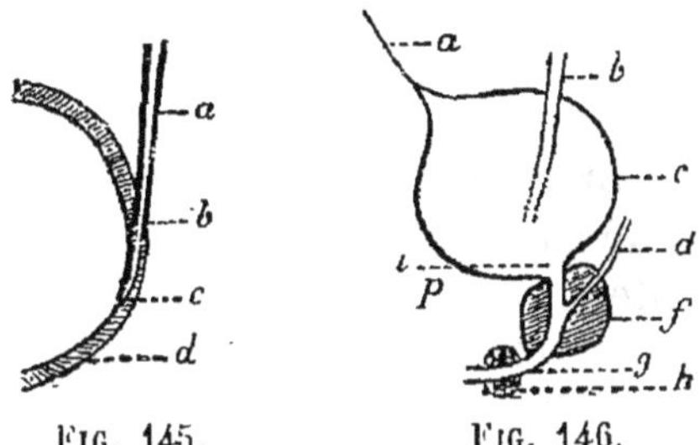

FIG. 145. FIG. 146.

FIG. 145. — *a*, uretère ; *bc*, trajet de l'uretère dans la paroi de la vessie ; *d*, vessie.

FIG. 146. — Voies évacuatrices de l'urine. — *a*, ouraque, pédoncule allant jusqu'à l'ombilic; *b*, uretère; *c*, vessie vue par le côté ; *i*, origine de l'urèthre ; *p*, niveau de la symphyse pubienne ; *d*, canaux déférents ; *f*, prostate ; *g*, urèthre ; *h*, sphincter uréthral.

SÉCRÉTION URINAIRE

Mécanisme de la sécrétion. — Il y a deux phases à considérer : 1° la première s'accomplit dans les corpuscules de Malpighi ; elle paraît consister en l'*exosmose* d'un liquide, composé essentiellement d'*eau*, peut-être de sels minéraux, et qui envahit peu à peu les tubes urinifères ; cette première phase s'accomplit d'autant mieux que la pression du sang artériel est plus grande ; 2° la seconde phase se passe dans les parties larges des canalicules, où les cellules épithéliales affectent les caractères de cellules sécrétrices ; et en effet, l'*épithélium sécrète*, en les empruntant au sang veineux du réseau capillaire interstitiel, les éléments caractéristiques de l'urine, notamment l'urée et l'acide urique.

L'urine résulte donc du mélange de l'eau, exosmosée au travers des artérioles des glomérules, aux produits éliminés par les parties larges des canalicules ; ces produits existent tous dans le sang ; la glande ne fait que les extraire. Pour se rendre compte de ce dernier fait, il suffit de faire une ligature à l'uretère et d'arrêter ainsi la formation de l'urine : la quantité d'urée augmente alors rapidement dans le sang. D'ailleurs, à l'état normal, le sang de la veine rénale renferme toujours moins d'urée que le sang de l'artère ; au contraire, après la ligature de l'uretère, la proportion est la même dans les deux cas.

Composition de l'urine. — L'urine se compose d'eau et de substances dissoutes, parfois en suspension, qui représentent essentiellement les *déchets organiques azotés*, c'est-à-dire les produits de désassimilation des matières albuminoïdes de nos tissus.

Chez l'Homme et les Carnassiers, elle a une réaction acide ; chez les Herbivores, une réaction alcaline ; lorsque ces derniers sont soumis à la diète, leur urine devient acide, car ils consomment alors leur propre substance.

La quantité d'urine sécrétée par jour varie entre 1200 et 1500 grammes.

L'eau y entre en moyenne pour les 9/10 ; sa proportion est plus faible en été, la transpiration et la sudation provoquant le départ d'une notable quantité d'eau par la peau ; mais, tandis que les urines peuvent être plus ou moins abondantes, la quantité de matières dissoutes ne change pas sensiblement. Chez les Vertébrés ovipares, la quantité d'eau est si faible que l'urine est presque solide ; chez les Oiseaux, l'urine est mêlée aux excréments et constitue le guano ; chez les Reptiles, elle est solide et composée d'acide urique à peu près pur.

Les principales substances contenues en dissolution dans l'urine sont : l'*urée*, l'*acide urique* et les *sels minéraux ;* leur poids total est d'environ 60 grammes par vingt-quatre heures.

L'*urée* est à elle seule excrétée à la dose de 30 grammes par jour, soit environ 20 grammes par litre d'urine ; c'est une substance cristallisable (fig. 147), très riche en azote, qui a pour formule CH^4Az^2O. Sous l'influence d'une bactérie qui se développe très rapidement dans l'urine abandonnée à elle-même, l'urée est hydratée et se transforme en carbonate d'ammoniaque : l'urine subit ainsi la *fermentation ammoniacale*. L'urée provient de la décomposition des matières albuminoïdes du protoplasme ; le tissu nerveux, qui consomme beaucoup d'albuminoïdes, surtout pendant son fonctionnement, en produit une notable quantité. On a remarqué en effet que lorsque l'Homme se livre à un travail cérébral très assidu, il excrète une plus grande quantité d'urée que lorsque son cerveau est au repos. La proportion de cette substance augmente aussi chez les animaux soumis au régime exclusif de la viande (50 grammes d'urée par jour), tandis qu'elle diminue avec le régime végétal (15 grammes).

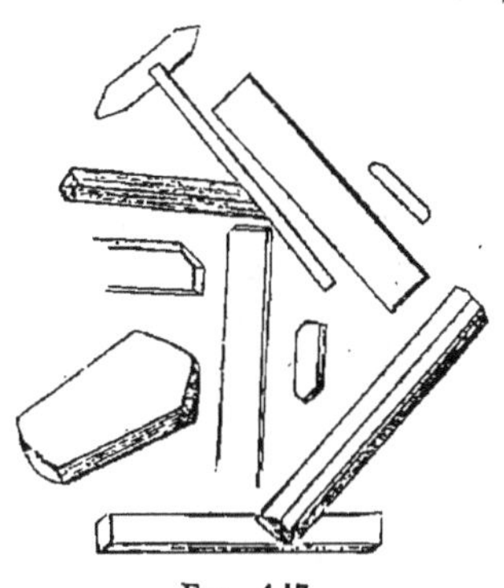

FIG 147.

FIG. 147. — Urée.

L'*acide urique* est aussi un déchet azoté (fig. 148) ; il n'existe dans les urines qu'à la dose de 1 gramme par jour. Sa formule est $C^5 H^4 Az^4 O^3$. — Il est fort peu soluble dans l'eau et n'est maintenu en dissolution dans l'urine qu'à la faveur du phosphate acide de sodium. Une partie de l'acide urique est libre, l'autre est combinée à des bases et forme ainsi des urates (urate de soude), aussi très peu solubles. Chez les Herbivores, l'acide urique est remplacé par l'acide hippurique. Lorsque l'alimentation contient une trop forte proportion d'albuminoïdes, la quantité d'acide urique augmente et une partie se dépose dans les tissus, en particulier dans les cartilages articulaires, sous forme d'aiguilles groupées en sphérocristaux, caractéristiques de la maladie de la *goutte* (fig. 149).

FIG. 148.

FIG. 148. — Acide urique.

Les *sels minéraux* sont le chlorure de sodium, le sulfate et le phosphate de sodium ; le soufre et le phosphore entrent, comme l'on sait, dans la composition de certaines matières albuminoïdes (lécithine, etc.) et proviennent, dans les deux sels précités, de leur désassimilation.

L'urine refroidie présente souvent un léger dépôt orangé, composé d'acide urique et d'urate de soude, ainsi que de cellules épithéliales venues de divers points des voies urinaires. Ce dépôt se produit fréquemment dans la vessie même et donne lieu à la longue à la formation d'une concrétion dure, appelée *calcul urinaire*, qui s'agrandit par le dépôt de couches concentriques autour du noyau primitif.

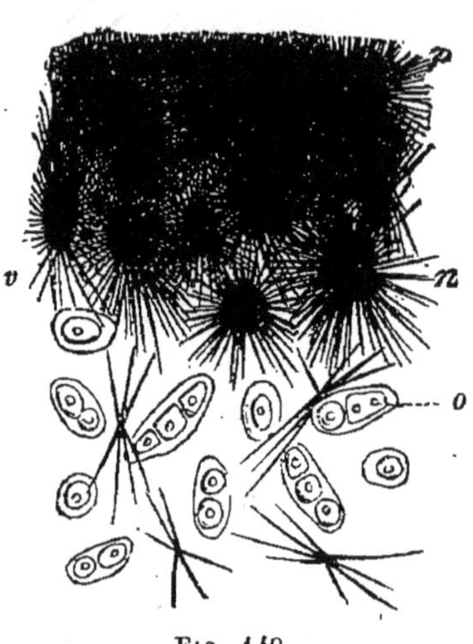

FIG. 149.

FIG. 149. — Cartilage articulaire chez un goutteux. — *p*, surface articulaire du cartilage; *v*, *n*, urate de soude cristallisé; *o*, cellules du cartilage.

Produits anormaux. — Dans certains cas pathologiques, le *glucose* du sang n'est plus consommé par les organes dans les proportions normales et s'accumule lentement dans ce liquide. Lorsque le sang en renferme une certaine quantité, trois pour mille environ, celui qu'il reçoit ultérieurement est rejeté directement au dehors par les urines; il y a alors *glycosurie* ou *diabète sucré*. L'urine des diabétiques peut renfermer jusqu'à 150 grammes de sucre par jour. Le traitement de cette maladie consiste à supprimer les féculents et les sucres de l'alimentation, car ils sont tous absorbés à l'état de glucose. Les diabétiques prennent par conséquent, au lieu de pain ordinaire, du pain de gluten.

L'*albumine* peut aussi apparaître anormalement dans l'urine; il y a alors *albuminurie*. Cette affection, le plus souvent fatale, résulte d'une altération profonde de la substance même des reins.

On sait enfin que les reins excrètent le *saccharose* qu'on injecte directement dans le sang, ce principe immédiat n'étant pas assimilable.

Excrétion de l'urine. — Une fois formée dans les tubes urinifères, l'urine s'écoule dans le bassinet et de là dans la vessie par les uretères. A mesure qu'elle se remplit, la vessie se trouve progressivement distendue et exerce par suite une pression sur l'urine qu'elle renferme; celle-ci ne saurait refluer vers les reins, à cause de l'oblitération des uretères dans l'épaisseur de la vessie; elle ne peut non plus s'écouler par le canal de l'urèthre, qui est fermé à ce moment par la prostate (fig. 146) et par le sphincter uréthral. Ce n'est que lorsque la vessie, aidée des muscles de la paroi abdominale, se contracte, que l'urine, écartant la prostate et le sphincter, s'engage dans l'urèthre et s'écoule au dehors.

RATE

La rate (fig. 96, R) est un organe ovale, asymétrique, rouge brun, situé dans l'abdomen, à gauche de l'estomac. Sa longueur est d'environ 12 centimètres. Elle reçoit l'*artère splénique* (9), branche du tronc cœliaque, à laquelle fait suite la *veine*

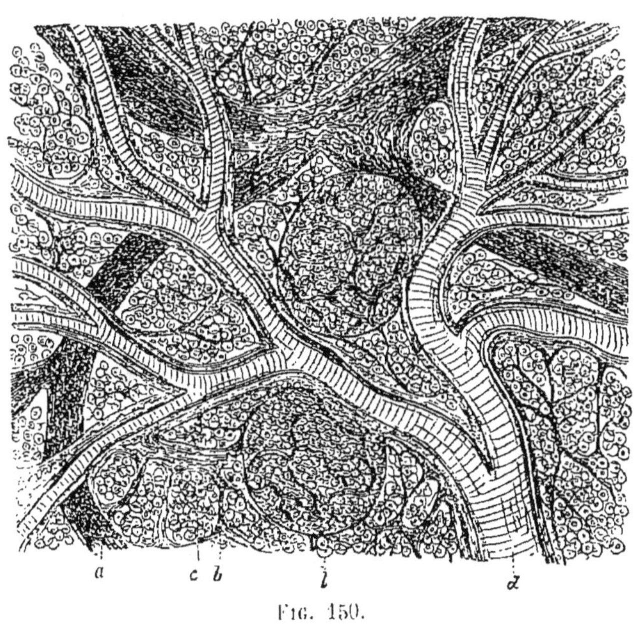

FIG. 150.

FIG. 150. — Fragment d'une section de rate. — *a*, travées conjonctives ; *b*, trabécules qui en partent; *c*, pulpe splénique; *d*, artériole; *e*, corpuscule de Malpighi.

splénique; en outre, des vaisseaux lymphatiques et des filets nerveux.

La rate se compose d'une enveloppe fibreuse propre, d'où partent de nombreuses cloisons qui divisent sa cavité en autant de loges, communiquant toutes entre elles (fig. 150). Ces cloisons irrégulières, *travées* et *trabécules* (*a*, *b*), forment une masse spongieuse et les mailles ou *loges* qu'elles limitent sont occupées par une matière pulpeuse (*c*), de couleur rouge lie de vin, appelée *pulpe splénique*, composée surtout de leucocytes et de globules rouges en voie de destruction.

L'artère splénique, après avoir pénétré dans la rate, se divise en plusieurs branches (*d*) destinées aux divers compartiments de l'organe; chacune de ces branches se ramifie ensuite en une touffe de rameaux en forme de pinceau et enfin en nombreux vaisseaux capillaires.

Sur le trajet des capillaires artériels de la rate se trouvent de petits corps blanchâtres, appelés *corpuscules de Malpighi* (*e*), d'environ 1/2 millimètre, ayant la même structure que les follicules lymphatiques de l'intestin; ils renferment de nombreux leucocytes. La rate possède d'ailleurs beaucoup de vaisseaux lymphatiques.

La rate est un *foyer de multiplication des globules blancs*; il y a aussi des raisons de croire que les anciens globules rouges s'y détruisent.

Le sang sort de la rate par la veine splénique, une des branches d'origine de la veine porte; les produits de décomposition de l'hémoglobine qu'il contient sont conduits dans le foie, où ils contribuent à former la matière colorante de la bile.

— A la rate se rattachent trois autres organes d'apparence glandulaire, sans canaux excréteurs et pourvus seulement d'une artère et d'une veine; ce sont : les *capsules surrénales* (fig. 139 *bis*), qui coiffent les reins; le *corps thyroïde* et le *thymus* (p. 152).

CHAPITRE XI

NUTRITION PROPREMENT DITE

Les fonctions que nous avons étudiées jusqu'ici ont pour but, les unes (digestion, respiration, circulation) d'apporter aux éléments anatomiques l'aliment et l'oxygène dont ils ont besoin, les autres (excrétion) de conduire au dehors les déchets organiques que ces mêmes éléments rejettent à chaque instant de leur protoplasme : les premières sont dites *fonctions d'entrée;* les secondes *fonctions de sortie.* Mais ces fonctions ne sont à tout prendre que secondaires par rapport à celles qui s'accomplissent d'une manière continue au sein des éléments anatomiques et sans lesquelles elles n'auraient aucune raison d'être, savoir : l'*assimilation* et la *désassimilation*, auxquelles nous joindrons la production des *réserves nutritives.*

1° **Assimilation.** — L'assimilation est cette fonction des éléments vivants grâce à laquelle les matériaux de l'aliment deviennent partie intégrante de leur substance et participent, comme elle, des propriétés de la vie. Les principales substances assimilables que le sang fournit aux éléments anatomiques sont les peptones, le glucose, les émulsions, les sels, l'eau et l'oxygène.

Le phénomène de l'assimilation présente des degrés divers de complexité, suivant les substances sur lesquelles il s'exerce. Considérons, par exemple, les peptones, matières azotées, et le glucose, substance ternaire. Le glucose peut être incorporé tel quel au protoplasme de la cellule considérée : son assimilation est alors *directe ;* elle peut aussi, comme on va le voir, être *indirecte*. Les peptones, au contraire, ne seront assimilées que lorsqu'elles auront acquis la complexité des matières albuminoïdes de la substance vivante. A cet effet, elles subissent un travail chimique de synthèse peu connu, mais en tous cas fort complexe : les peptones pourront, par exemple, se combiner à d'autres principes immédiats, tels que le glucose; le produit de la combinaison s'unira de même à d'autres matières azotées, et ainsi, progressivement, se constitueront des matières albuminoïdes semblables à celles du protoplasme, c'est-à-dire vivantes. Nous dirons donc qu'une matière azotée est complètement assimilée, lorsque, à la suite des diverses actions synthétiques qui s'exercent sur elle, elle est devenue matière albuminoïde protoplasmique.

Le résultat immédiat de l'assimilation de l'aliment est d'accroître la masse de l'élément anatomique, en un mot d'*alimenter sa croissance*.

2° **Désassimilation.** — En même temps que s'exercent ces phénomènes de synthèse, de création organique, qui caractérisent l'assimilation, s'accomplissent des phénomènes inverses d'analyse, de destruction organique, qui constituent la désassimilation. Assimilation et désassimilation se produisent simultanément et à chaque instant au sein des éléments vivants (p. 8).

La désassimilation s'exerce sur les substances les plus diverses; elle a pour agent l'oxygène absorbé : elle consiste donc essentiellement en un ensemble d'*oxydations*. Les matières albuminoïdes du protoplasme, par exemple, se dédoublent par oxydation et donnent naissance à deux ou plusieurs substances azotées de complexité moindre, telles que l'urée, l'acide urique, l'acide glycocholique, et à des principes ternaires, tels que la cholestérine, le glucose, etc. ; or la plupart de ces produits de désassimilation sont nuisibles au protoplasme et incapables d'être de nouveau assimilés par lui : aussi sont-ils rejetés au dehors au fur et à mesure qu'ils apparaissent, soit par le foie (cholestérine, etc.), soit par les reins (urée, etc.), etc...

Les principes ternaires du protoplasme (glucose, graisses) paraissent se dédoubler, par oxydation, en acide carbonique et en vapeur d'eau; l'acide carbonique, seul déchet binaire, est excrété par les poumons.

Les principaux produits de désassimilation sont, dans leur ordre décroissant de complexité, l'acide glycocholique, l'acide taurocholique, excrétés par le foie; l'acide urique, l'urée, excrétés par les reins. Ces quatre déchets sont quaternaires, c'est-à-dire azotés; ils proviennent de l'oxydation plus ou moins prolongée des albuminoïdes. Viennent ensuite la cholestérine (fig. 151), produit ternaire, excrété par le foie, et l'acide carbonique, produit binaire, exhalé par les poumons. L'acide carbonique provient à la fois de l'oxydation des matières albuminoïdes et des matières ternaires et représente le produit de décomposition le plus simple de ces principes immédiats; on peut cependant dire qu'il provient essentiellement de la désassimilation des principes ternaires (glucose, graisses).

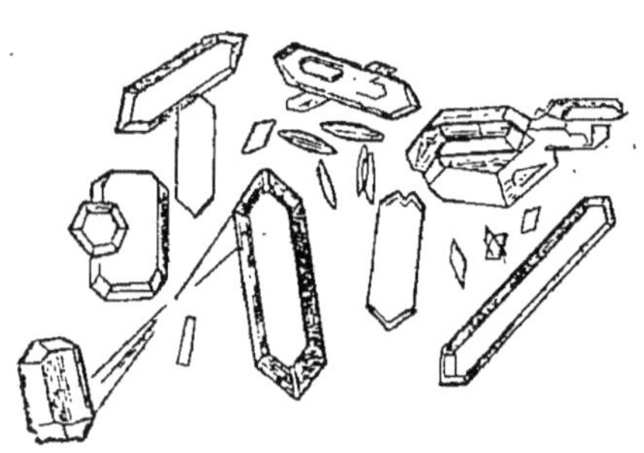

FIG. 151.

FIG. 151. — Cholestérine cristallisée.

La conséquence principale de la désassimilation est le *dégagement de chaleur*, c'est-à-dire de l'énergie nécessaire à l'accomplissement des divers travaux dont l'organisme est le siège (travail musculaire, etc.) et au maintien du degré de température compatible avec l'exercice de la vie.

3° **Mise en réserve.** — Les substances assimilées n'ont qu'une existence transitoire; dès qu'elles sont formées, elles sont décomposées et remplacées au fur et à mesure par de nouveaux produits d'assimilation. Lorsque l'assimilation a une valeur supérieure à la désassimilation, une certaine proportion des substances assimilées se dépose au sein des éléments anatomiques et n'est utilisée que plus tard par l'organisme, lorsque les besoins nutritifs l'exigent. On donne à ces substances le nom de *substances de réserve*. Les principales sont le *glycogène* et la *graisse*. Étudions-les successivement.

GLYCOGÈNE : FONCTION GLYCOGÉNIQUE DU FOIE

Les cellules hépatiques ne sont pas seulement le siège de la sécrétion biliaire; elles élaborent en outre un hydrate de carbone, le *glycogène*, aux dépens des principes ternaires ou albuminoïdes qui leur arrivent par la voie de la veine porte ou qu'elles contenaient déjà dans leur protoplasme. Le glycogène se présente dans ce dernier sous forme de fines granulations, qui prennent une teinte rougeâtre par l'eau iodée, et non bleue comme les grains d'amidon, dont elles possèdent cependant les propriétés générales. Ce principe ternaire existe non seulement dans le foie, mais dans les muscles, dans le cœur, dans les divers organes de l'embryon; certains Mollusques, comme l'Huître et la Moule, en sont abondamment pourvus.

Pour *préparer le glycogène*, on découpe un foie frais en fragments que l'on traite par de l'eau bouillante, acidulée par l'acide acétique; le glycogène se dissout, avec d'autres substances il est vrai. On filtre et on traite le liquide opalescent ainsi obtenu par cinq ou six fois son volume d'alcool : il se produit un précipité que l'on sépare par filtration et que l'on sèche à une douce température. Il renferme le glycogène.

Le glycogène est une poudre blanchâtre dont la composition chimique rappelle celle de l'amidon; elle est représentée par la formule $C^6H^{10}O^5 + nH^2O$. Traité par les acides étendus, il se transforme d'abord en dextrine, puis, par hydratation, en glucose; la salive et le suc pancréatique produisent le même effet.

Du sucre contenu dans le foie. — Lorsque l'aliment contient des féculents, ce qui est le cas ordinaire, le foie reçoit par la voie de la veine porte la majeure partie du glucose dû à leur digestion; lorsqu'au contraire l'aliment est exclusivement albuminoïde, des peptones seules se répandent dans cet organe. Or, dans l'un et l'autre cas, le foie renferme du glucose, en plus forte proportion il est vrai dans le premier que dans le second cas; la formation de cet hydrate de carbone est donc *indépendante de la nature de l'aliment*. De plus, si on fait jeûner l'animal, le foie continue à produire du sucre jusqu'au moment où l'animal est près de mourir par inanition; l'élaboration de cette substance est donc *indépendante de l'aliment*.

Une expérience très simple montre que le foie est capable de fabriquer du glucose par lui-même. On isole le foie d'un animal que l'on vient de sacrifier et on détermine sa teneur en sucre en opérant sur un petit fragment. On abandonne le viscère à lui-même, et toutes les deux heures on procède à une nouvelle analyse. On trouve ainsi que la quantité totale de glucose augmente progressivement jusqu'au moment où le foie entre en décomposition. La substance qui donne naissance au glucose n'est autre que le glycogène, qui disparaît, en effet, dans la mesure même de la formation du glucose.

Origine du glycogène. — Les cellules hépatiques élaborent le glycogène aux dépens du glucose et des peptones que leur apporte la veine porte ; les graisses, au contraire, paraissent impropres à la formation de cette réserve nutritive.

Pour juger de la valeur relative du glucose et des peptones comme substances glycogéniques, on commence par faire jeûner l'animal, de manière à l'obliger à consommer toute la réserve de glycogène qu'il tenait emmagasinée dans son foie ; ce résultat est obtenu au bout de cinq à six jours pour le Lapin, de cinq semaines pour la Grenouille. On administre ensuite à l'animal un aliment exclusivement ternaire (fécule, sucre), ou exclusivement albuminoïde (viande, blanc d'œuf, caséine). L'absorption des produits de la digestion est suivie rapidement, dans les deux cas, de la formation de glycogène par les cellules hépatiques ; toutefois il s'en produit une quantité notablement plus grande dans le premier que dans le second. Par conséquent, dans le cas d'une alimentation normale mixte, ce sont essentiellement les féculents et accessoirement les albuminoïdes, qui servent à l'élaboration du glycogène.

Comment maintenant ce principe prend-il naissance : le glucose subit, par l'action du protoplasme, une déshydratation ($C^6H^{12}O^6 - H^2O = C^6H^{10}O^5$) ; quant aux peptones, elles sont dédoublées par oxydation et donnent ainsi naissance, non seulement au glycogène, mais à des corps azotés solubles, tels que la sarcine, la xanthine, etc.

Destinée du glycogène. — Au fur et à mesure que les besoins de l'organisme l'exigent, le glycogène est transformé en glucose par une diastase et distribué sous cette forme à toutes les parties du corps, par la voie de la veine sus-hépatique ; tandis qu'inversement le glucose et les peptones venus de l'intestin donnent ultérieurement lieu à une nouvelle formation de glycogène. La quantité de glucose que charrie la veine sus-hépatique est constante, tandis que celle du sang de la veine porte dépend de l'alimentation : elle est très grande si l'aliment contient des féculents, et au contraire réduite à la proportion de sucre que renferme normalement le sang (un millième) lorsqu'il ne contient que des albuminoïdes.

Lorsque la quantité de sucre du sang dépasse 3 pour 1000, l'excès est rejeté au dehors, en nature, par les reins ; il y a alors *glycosurie* ou *diabète sucré*. Cette affection tient probablement à une lésion d'un centre nerveux situé dans le bulbe rachidien (p. 342). Les diabétiques ne doivent manger ni féculents, ni sucres ; le régime albuminoïde seul (viande, pain de gluten) peut leur convenir : il provoque rapidement la diminution de la proportion de glucose.

GRAISSE

La graisse est un mélange variable de corps gras simples, tels que la stéarine, la margarine, l'oléine. Elle se dépose dans les cellules du tissu conjonctif (fig. 33), sous forme de gouttelettes très fines qui, peu à peu, envahissent le protoplasme, se fusionnent et finissent par remplir plus ou moins complètement les cellules. Les globules gras ont une enveloppe albuminoïde, reste du protoplasme des cellules, et sont séparés les uns des autres par les faisceaux conjonctifs interstitiels, de nature albuminoïde. Le tissu adipeux ainsi constitué forme une couche épaisse, surtout chez les personnes obèses, sous la peau ; dans les replis du péritoine, notamment dans le grand épiploon ; enfin autour des viscères, comme le cœur et les reins. La graisse envahit parfois les organes eux-mêmes et altère ou anéantit leurs fonctions : il y a alors *dégénérescence adipeuse* (cœur).

Origine de la graisse. — La production de graisse par les éléments anatomiques et sa mise en réserve dans leur protoplasme sont deux phénomènes du même ordre que ceux que vient de nous présenter le glycogène. La graisse provient essentiellement de la métamorphose chimique des principes alimentaires ternaires (fécule, graisse) et accessoirement de celle des matières albuminoïdes.

Ainsi, les Herbivores se nourrissent surtout de principes ternaires, sous forme de fourrage (cellulose), de pommes de terre et de pain (amidon). Or ils engraissent très rapidement lorsque la nourriture est copieuse et qu'on a soin de les maintenir au repos pour diminuer autant que possible l'activité musculaire et par suite les pertes organiques dues à la désassimilation.

La graisse se forme d'ailleurs très abondamment, même

lorsque l'aliment n'en renferme pas ou seulement des traces; ainsi, une Oie maigre, mise au régime exclusif de la farine de maïs (amidon et aleurone), augmente de cinq livres au bout de cinq semaines et ne renferme pas moins de trois livres et demie de graisse.

Les Carnassiers qui se nourrissent exclusivement de chair, comme le Lion, le Tigre, n'élaborent qu'une très faible quantité de graisse ; au contraire, ceux dont le régime est mixte, comme le Chien, l'Ours, en renferment parfois abondamment. On a cependant pu engraisser des animaux en les nourrissant avec de la viande dégraissée et en les condamnant au repos : les peptones donnent alors lieu, dans le foie, à une assez abondante formation de glycogène, et par suite de glucose, qui est transformé en matières grasses dans le tissu conjonctif.

On ne connaît pas les transformations chimiques que subissent les principes féculents et albuminoïdes de l'aliment pour passer à l'état de principes gras.

Rôle de la graisse. — La graisse joue un double rôle. 1° Elle est avant tout une *réserve alimentaire* que l'organisme consomme, comme le glycogène, lorsque l'aliment venu du dehors n'en renferme qu'une quantité insuffisante pour entretenir la vie des éléments. La graisse disparaît alors lentement des cellules où elle s'était accumulée, passe dans le sang et est distribuée par lui aux organes; c'est ainsi que se produit l'amaigrissement de tous les malades qui ne prennent qu'un aliment léger, peu substantiel. Dans les éléments anatomiques où elle est utilisée, la graisse peut être assimilée en se combinant à des principes azotés, de manière à former avec eux des albuminoïdes protoplasmiques ; mais, le plus souvent, elle paraît donner directement, par oxydation, de l'acide carbonique et de la vapeur d'eau, en dégageant de la chaleur. Comme les féculents, les graisses sont donc des substances essentiellement *thermogènes*.

Le rôle des matières grasses comme matières de réserve est particulièrement frappant chez les animaux hibernants, comme la Marmotte, le Hérisson, la Chauve-souris, l'Ours et le Blaireau. Pendant toute la belle saison, ils accumulent une grande quantité de graisse dans leurs tissus. A l'entrée de l'hiver, ils tombent dans un sommeil léthargique, caractérisé par un ralentissement considérable de la nutrition : la respiration notamment est beaucoup moindre qu'à l'état normal. Désormais ces animaux ne prennent plus aucun aliment du dehors : les matières grasses de réserve sont alors lentement consommées et donnent lieu à un dégagement de chaleur suffisant pour assurer l'exercice de la vie. Au printemps suivant, ils sont considérablement amaigris; reprenant alors la vie active, ils mettent de nouveau en réserve la graisse qui assurera leur existence pour la saison froide suivante. 2° La graisse sert encore à empêcher dans une certaine mesure la perte de chaleur par conductibilité; à cet égard la couche graisseuse sous-cutanée constitue un véritable manchon isolant. C'est en effet surtout chez les animaux des pays froids, particulièrement chez les animaux aquatiques, que les matières grasses sont abondantes (Cétacés).

CHAPITRE XII

CHALEUR ANIMALE

L'Homme et les animaux présentent ce caractère distinctif que, pendant la vie, la température de leur corps est constamment supérieure à celle du milieu ambiant, tandis que les corps inertes sont toujours en équilibre de température avec ce dernier. Comme l'Homme et les animaux perdent à chaque instant de la chaleur par conductibilité, il faut admettre qu'il s'en produit une égale quantité à l'intérieur de leur corps, sans quoi leur température ne tarderait pas à devenir la même que celle de l'air ou de l'eau qui les entoure. La chaleur animale est la conséquence des oxydations (respiration) qui s'accomplissent à chaque instant au sein des éléments anatomiques.

Température moyenne du corps. — La quantité de chaleur produite et par suite le degré de température du corps sont en raison directe de l'activité de la vie chez les divers organismes. Les *Oiseaux* sont de tous les animaux ceux dont la température est la plus élevée : elle varie entre 40 et 44 degrés; leur revêtement tégumentaire les préserve d'un refroidissement trop rapide. Après eux viennent les *Mammifères*, dont la température moyenne oscille entre 36 et 40 degrés; celle de l'Homme varie de 37 à 38 degrés. Elle augmente avec le développement des poils (Mouton 39 degrés; Cheval, 37°,7). Comme la température du corps des Mammifères et des Oiseaux est, dans une certaine mesure, indépendante des oscillations de la température ambiante, on désigne ces deux classes de Vertébrés sous le nom d'*animaux à température constante;* on les appelle aussi *animaux à sang chaud.*

Les autres animaux, c'est-à-dire les Reptiles, les Amphibiens, les Poissons et tous les Invertébrés, ont au contraire une température propre peu supérieure à celle du milieu extérieur et sont de plus sensibles aux variations de température de ce dernier ; de là leurs noms d'*animaux à sang froid* ou *à température variable.*

Les Reptiles n'ont guère qu'un degré de plus que le milieu extérieur ; les Amphibiens, les Poissons et les Invertébrés, une fraction de degré seulement. Chez les Mollusques, par exemple, l'excès de température est d'environ 1/2 degré.

Il grandit, d'une manière générale, avec le degré de *développement du système nerveux et du système musculaire.*

Influence de la température du milieu extérieur. — L'Homme et les animaux vivent le plus souvent dans des milieux dont la température est inférieure à celle de leur propre corps. Lorsque la température externe s'abaisse notablement, la quantité de chaleur dégagée augmente, par le fait d'un accroissement d'intensité de la respiration : ainsi se trouvent compensées les pertes plus fortes que subit l'organisme par suite du refroidissement du milieu ambiant. Ce fait résulte d'expériences directes : avant le bain, un Homme dégage 13^{gr},2 d'acide carbonique en un quart d'heure ; dans un bain à 32 degrés, 15 grammes ; dans un bain à 19 degrés, 38 grammes, et dans un bain à 18 degrés, 39 grammes.

Lorsque la température ambiante est supérieure à celle du corps, comme cela arrive dans certaines régions équatoriales, il semblerait que cette dernière dût s'élever rapidement, puisque non seulement le corps produit de la chaleur, mais en reçoit du dehors. Il n'en est rien. En effet, outre que la transpiration par la peau et la muqueuse pulmonaire est fort active, la sudation entre elle-même en jeu et recouvre le tégument d'une sueur liquide dont l'évaporation provoque un refroidissement très sensible. La *peau* joue donc le rôle de *régulateur de la chaleur animale.*

Si l'on envisage l'action des *températures extrêmes* sur le corps, on voit que la résistance est plus longue pour les chaleurs sèches que pour les chaleurs humides. Ainsi, des Lapins peuvent survivre à un séjour de dix-huit minutes dans une étuve sèche à 80 degrés, de dix minutes à 100 degrés, de sept minutes à 120 degrés, tandis qu'ils meurent déjà au bout de deux minutes dans une étuve à 80 degrés, lorsqu'elle est saturée de vapeur. La *température rectale* des animaux qui meurent ainsi par l'effet de températures élevées est toujours de 4 à 7 degrés supérieure à la température normale; c'est aussi le cas chez l'Homme qui succombe à la fièvre. Lorsque l'Homme doit résister à des températures très basses, il faut que l'aliment renferme une grande proportion de *substances thermogènes* (huile, graisse, amidon). L'Escargot peut supporter pendant plusieurs heures sans périr un froid de 110 degrés.

Sondes thermo-électriques. — La température moyenne de notre corps est de 37 degrés. Au moyen de *sondes thermo-électriques*, on peut voir comment elle varie dans les différentes régions. Une pareille sonde (fig. 152) se compose de deux fils métalliques de nature différente, l'un de maillechort (*b*), l'autre de fer (*a*), soudés l'un à l'autre sur une certaine longueur : l'extrémité est entourée d'un revêtement de gomme laque (*c*) qui isole la sonde du tissu ambiant.

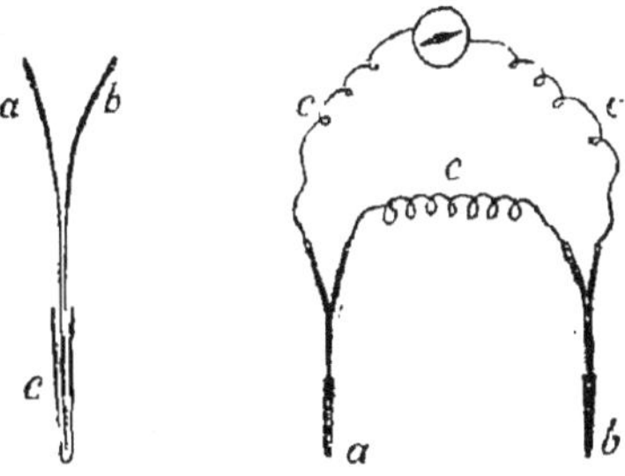

Fig. 152. Fig. 153.

Fig. 152. — Sonde thermo-électrique. — *a*, fil de fer; *b*, fil de maillechort; *c*, gaine de gomme laque.

Fig. 153. — *a*, *b*, sondes thermo-électriques; *c*, *c*, *c*, circuit avec le galvanomètre.

Pour déterminer la différence de température entre deux points *a*, *b* (fig. 153), pris par exemple sur des vaisseaux, on enfonce une sonde thermo-électrique dans chacun de ces derniers et on réunit leurs branches par un circuit (*c*) dans lequel on intercale un galvanomètre à fil gros et court. On sait que dans un pareil système un courant prend naissance, qui chemine de la soudure la plus chaude à l'autre, en passant par le maillechort. Le sens de la déviation de l'aiguille du galvanomètre indique par conséquent si le courant vient de A ou de B et nous montre quel est le vaisseau dont le sang est le plus chaud ; d'autre part la différence de température est mesurée par l'amplitude des déviations de l'aiguille.

On a trouvé avec cet appareil que le sang du ventricule droit est presque toujours plus chaud que celui du ventricule gauche, ce qui s'explique par la perte de chaleur que subit ce dernier liquide pendant son passage dans la muqueuse pulmonaire. Dans les artères, la température diminue légèrement à mesure qu'on s'éloigne du cœur, c'est-à-dire à mesure qu'on se rapproche du tégument, où le refroidissement devient plus sensible. De même le sang des veines superficielles est toujours un peu moins chaud que celui des veines profondes.

Origine de la chaleur animale. — La chaleur organique est une conséquence des actions chimiques qui s'accomplissent au sein du protoplasme des éléments vivants et qui consistent essentiellement en *oxydations*, ayant pour agent l'oxygène libre absorbé. Ces oxydations ne représentent pas autre chose que le phénomène proprement dit de la respiration (p. 146), cause des destructions organiques, cause de la désassimilation; et comme la respiration est une fonction biologique générale, la calorification est elle-même un phénomène commun à tous les êtres vivants et à chacun de leurs éléments; elle ne présente que des différences d'intensité, dépendant de l'activité plus ou moins grande avec laquelle s'exercent les oxydations dans les êtres considérés.

Ces oxydations s'exercent à la fois sur les principes ternaires et sur les principes quaternaires, mais avec une beaucoup plus grande intensité sur les premiers (graisse, glucose). On sait, en effet, que les albuminoïdes dégagent peu de chaleur par l'oxydation, comparativement aux principes ternaires, lesquels se transforment ainsi en acide carbonique et en vapeur d'eau.

Quantité de chaleur produite par jour. — On peut l'évaluer d'après les quantités de carbone et d'hydrogène contenues dans l'acide carbonique et la vapeur d'eau exhalés dans les vingt-quatre heures, ces deux produits renfermant la presque totalité de l'oxygène précédemment absorbé. Cette évaluation ne peut être que très approximative, puisqu'on ne tient pas compte des déchets azotés, qui renferment eux aussi une certaine proportion de ce gaz. Supposons donc, dans notre calcul, que l'oxygène absorbé pendant un temps donné soit rendu intégralement au milieu extérieur sous forme d'acide carbonique et de vapeur d'eau, dégagés ultérieurement dans le même temps.

Par heure, nous absorbons environ 33 grammes d'oxygène, et nous dégageons 38 grammes d'acide carbonique, c'est-à-dire à peu près 10 grammes de carbone et 28 grammes d'oxygène. Les 5 autres grammes d'oxygène servent à former de l'eau par leur combinaison avec $0^{gr},6$ d'hydrogène pris aux principes immédiats (glucose, etc.). Cela fait donc 240 grammes de carbone et 15 grammes d'hydrogène soumis par jour à l'oxydation.

Or on sait par expérience que 1 gramme de charbon dégage 8,08 calories en se combinant avec O (p. donner CO^2), et 1 gramme d'hydrogène 35,5 calories. Par conséquent, la quantité de chaleur formée pendant vingt-quatre heures dans le corps est au minimum :

$$Q = 8{,}08 \times 240 + 35{,}5 \times 15 = 2500 \text{ calories environ.}$$

Puisque la température du corps reste stationnaire, c'est que ces 2500 calories disparaissent au fur et à mesure qu'elles se produisent. Elles servent principalement à alimenter le phénomène de la transpiration cutanée et pulmonaire; un certain nombre sont perdues par rayonnement et conductibilité; un petit nombre enfin sont employées à échauffer les matières alimentaires et l'air inspiré, etc.

Sources de chaleur. — Les principales sources de chaleur sont au nombre de trois, savoir : les *muscles*, les *glandes*, le *système nerveux*. Ce sont les muscles qui en produisent le plus. Grâce à la circulation, la chaleur, formée inégalement dans les divers départements organiques, est répartie à tout le corps de telle façon qu'on n'observe que des différences de température très faibles dans ses diverses régions.

1. Chaleur musculaire. — Le tissu musculaire étant celui dont la respiration est la plus active, la production de chaleur doit y être plus considérable que partout ailleurs. Comme les muscles forment au moins la moitié du poids du corps, ils deviennent par là même la source calorifique la plus importante.

Lorsque les *muscles* passent de l'état de repos à *l'état d'activité*, la production de chaleur est notablement augmentée, car alors l'absorption d'oxygène et par suite le dégagement d'acide carbonique deviennent beaucoup plus intenses. Pour se rendre compte de cet accroissement de la respiration, il suffit de mettre à nu l'artère d'un muscle et la veine correspondante (cuisse) et de recueillir dans l'un et l'autre vaisseau un peu de sang, d'abord lorsque le muscle est au repos, puis lorsqu'il est mis en activité par des excitations électriques répétées. Or dans le second cas, la quantité d'oxygène contenue dans le sang veineux est trois fois moindre que dans le premier. Cette active consommation d'oxygène par le muscle en contraction se traduit par la formation d'une quantité correspondante de déchets divers (acide carbonique, acide lactique, sarcine), par l'élévation de température et par la coloration foncée du sang veineux.

Mais il faut bien remarquer que *la chaleur produite par le muscle en activité ne se dégage pas intégralement* : une partie a été utilisée pour réaliser la contraction, ainsi que les mouvements des organes auxquels le muscle adhère, en un mot pour produire un *travail*. Or on sait que lorsque la chaleur se transforme en travail, c'est toujours dans la proportion de 1 *calorie* disparue pour 425 *kilogrammètres* de travail produit, 425 représentant l'*équivalent mécanique* de la calorie; (on appelle *kilogrammètre* le travail qui consiste à soulever verticalement 1 kilogramme à 1 mètre de hauteur). La chaleur produite pendant la période d'activité ne se dégage donc entièrement que lorsque le muscle contracté reste immobile, c'est-à-dire n'effectue plus aucun travail.

On peut se rendre compte approximativement de la différence de température qui existe entre un muscle qui se contracte pendant un certain temps en effectuant un travail (*contraction dynamique*) et le même muscle qui reste immobile, à l'état de contraction permanente (*contraction statique*), pendant le même temps. On tient à la main pendant cinq minutes (fig. 154), à la hauteur du point A, le poids P, l'avant-bras horizontal, et on note la température au moyen d'un thermomètre sensible placé directement sur le bras, le tout étant entouré d'une bande de laine pour éviter la déperdition de chaleur. Plus tard, pendant cinq autres minutes, le même bras élève le poids P de B en C, puis l'abandonne et revient à vide en B, où un aide a placé un poids semblable, et ainsi de suite. On note également la température au bout des cinq minutes. Or elle est plus faible dans le second cas que dans le premier; ce qui montre que le travail consomme de la chaleur.

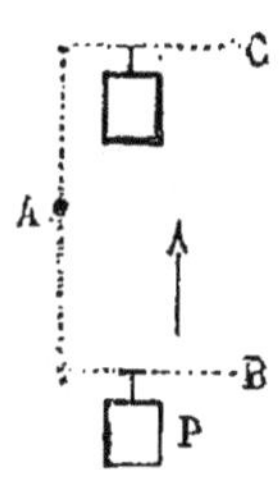

Fig. 154.

Fig. 154. — Le poids P passe de B en C.

Si, dans la double expérience précédente, on pouvait mesurer exactement le travail effectué et les températures, on en déduirait facilement la valeur de l'*équivalent mécanique de la calorie*. Soit, en effet, T le travail effectué dans le second cas, t et t' les températures du bras après chaque expérience. A la différence de température t-t' correspond un nombre de calories c qui a précisément été transformé en T kilogrammètres de travail mécanique dans le second cas. Le rapport $\frac{T}{c}$ représentera donc l'équivalent cherché, c'est-à-dire 425.

II. Chaleur glandulaire. — Lorsque les glandes entrent en activité, leur température augmente et témoigne de l'activité des oxydations dont elles sont le siège. Chose curieuse au premier abord, le sang veineux de la glande renferme plus d'oxygène pendant la période d'activité que pendant le repos ; mais il ne faut pas oublier que, dans le premier cas, la glande est traversée par environ cinq fois plus de sang que dans le second, à cause de la dilatation des artérioles, de sorte que réellement elle consomme beaucoup plus d'oxygène lorsqu'elle sécrète que lorsqu'elle est au repos. L'oxygène ne sert pas seulement ici à produire les déchets organiques inhérents à la vie de toute cellule, tels que l'acide carbonique ; il est encore utilisé pour l'élaboration de principes que le sang afférent des glandes ne contient pas, notamment des diastases des sucs digestifs.

III. Chaleur nerveuse. — Le système nerveux est aussi, pendant son fonctionnement, le siège d'une élévation de température, très faible il est vrai, parce que les oxydations s'effectuent principalement sur des matières albuminoïdes, qui sont, comme l'on sait, faiblement thermogènes. Ainsi, une perception intense, lumineuse par exemple, est accompagnée d'un échauffement cérébral local d'environ $\frac{1}{20}$ de degré (p. 345). Mais le système nerveux exerce surtout une action importante sur la calorification dans les autres organes ; n'est-ce pas, en effet, par son intermédiaire que les muscles et les glandes entrent en activité, que les artérioles se dilatent ou se contractent pour activer ou modérer la circulation du sang et, par suite, la nutrition ?

LIVRE II

APPAREILS ET FONCTIONS DE RELATION

Définition. — Les appareils de relation sont destinés à mettre l'organisme en rapport avec le monde extérieur. Ils sont au nombre de trois, savoir :

1° L'*appareil locomoteur*, qui se compose lui-même du système squelettique (os, cartilages,...) et du système musculaire;

2° Le *système des organes des sens ;*

3° Le *système nerveux.*

Les fonctions de relation sont : 1° le *mouvement*, accompli par l'appareil locomoteur, mais avec l'intervention du système nerveux ; 2° la *sensibilité*, due à l'action combinée des organes des sens et du système nerveux.

Fonction de mouvement ou de contraction et fonction de sensibilité sont sous la dépendance directe du système nerveux.

CHAPITRE PREMIER

SQUELETTE

Conformation générale des os ; leurs parties. — Le *squelette* comprend l'ensemble des os du corps. Leur nombre s'élève à deux cent huit. Leur surface n'est pas régulière ; elle est munie en certains points de prolongements de forme variable, appelés *apophyses*, donnant insertion aux muscles; telles sont les apophyses transverses des vertèbres (fig. 155).

Quant aux rapports de dimensions des os, on en distingue de trois sortes : 1° les *os longs*, où la longueur l'emporte sur les deux autres dimensions; exemple : le fémur, l'humérus, os de la cuisse et du bras (fig. 156); 2° les *os plats*, où la longueur et la largeur prédominent; exemple : l'omoplate (fig. 172), les os du crâne; les *os courts*, où les trois dimensions sont à peu près égales; exemple : les os du carpe, du tarse (fig. 175).

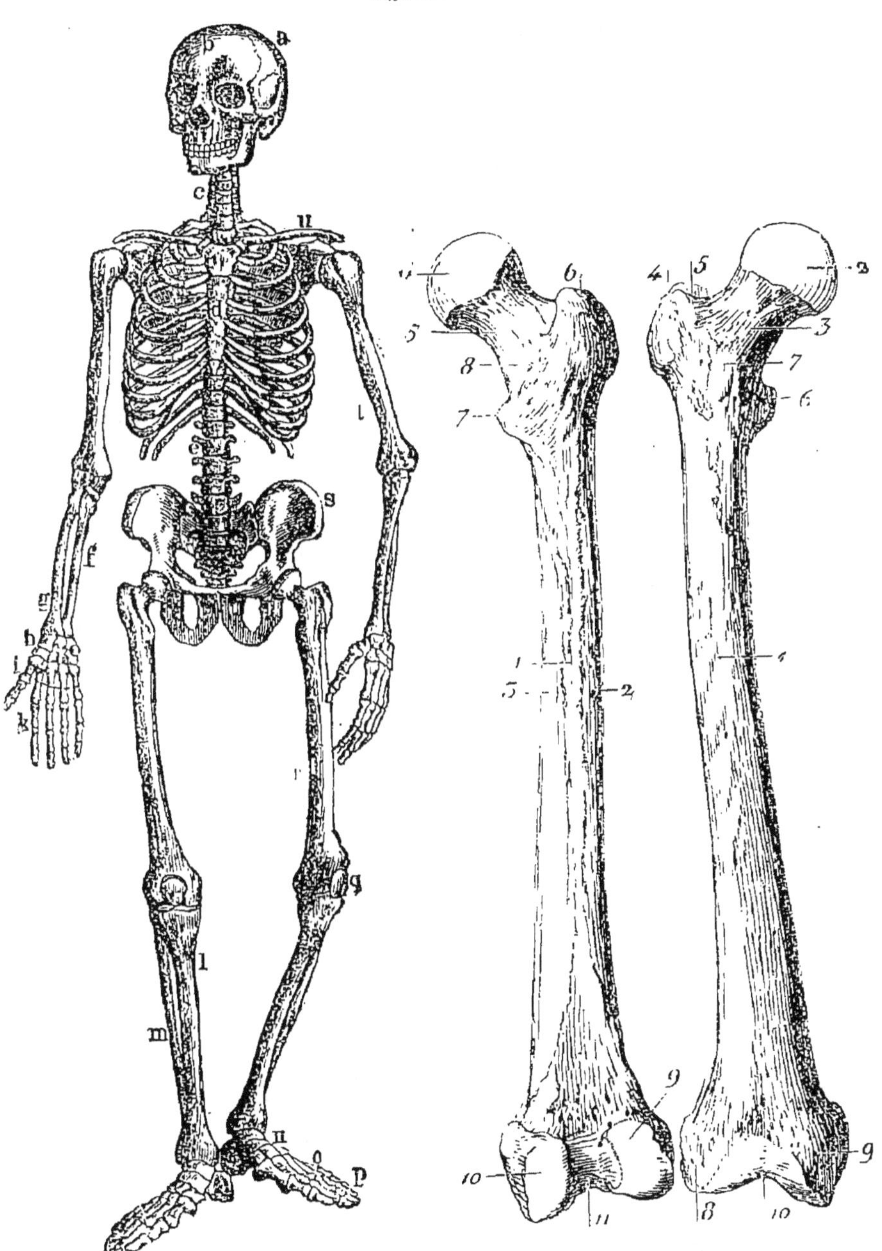

FIG. 155. FIG. 156. FIG. 157.

FIG. 155. — Squelette de l'Homme. — *a*, os pariétal; *b*, os frontal; *c*, vertèbres cervicales; *d*, sternum; *e*, vertèbres lombaires; *f*, cubitus; *g*, radius; *h*, carpe; *i*, métacarpe; *k*, phalanges; *l*, tibia; *m*, péroné; *n*, tarse; *o*, métatarse; *p*, phalanges; *q*, rotule; *r*, fémur; *s*, os iliaque; *t*, humérus; *u*, clavicule.

FIG. 156 et 157. — Fémur (face postérieure et antérieure) : os long.

FIG. 156. — 1, ligne âpre; 2, face externe; 3, face interne; 4, tête du fémur, 5, col; 6, 7, grand et petit trochanter; 9, 10, condyles; 11, fossette intercondylienne postérieure

Si nous examinons, à l'œil nu, des sections de ces os, nous distinguerons dans les *os longs*, abstraction faite du périoste, une *couche compacte*, superficielle, d'un blanc mat, formant le *corps* de l'os ; aux extrémités le *tissu spongieux*, composé de lamelles osseuses disposées en réseau ; enfin, au centre du corps de l'os, la *moelle*, de couleur jaune.

Les *os plats* se composent de deux lames de tissu compact entre lesquelles s'interpose un peu de tissu spongieux dont les mailles sont remplies de moelle rougeâtre.

Enfin, les *os courts* ont une enveloppe compacte recouvrant une masse de tissu spongieux.

Les os reçoivent de nombreuses *artères*. Le fémur, par exemple, reçoit un premier rameau artériel qui y pénètre par un trou spécial, le *trou nourricier*, situé à la partie inférieure et postérieure de l'os (fig. 156) ; d'autres rameaux y entrent par les deux extrémités : ces différents vaisseaux se distribuent à la moelle et au tissu spongieux ; enfin de nombreuses branches artérielles très fines partent du périoste et desservent le corps de l'os. Les *veines* suivent généralement les artères.

Les os sont enfin pourvus de filets nerveux (*V.* page 22)

Développement et croissance des os. — Durant leur *développement*, les os passent par trois états : 1° l'*état muqueux*, dans lequel les futurs os ne sont constitués que par du tissu cellulaire, comme les autres parties du corps ; 2° l'*état cartilagineux*, dans lequel le tissu précédent s'est transformé en cartilage et a acquis la forme des futurs os ; 3° enfin l'*état osseux :* des centres d'ossification apparaissent en un nombre variable de points et s'étendent peu à peu au cartilage tout entier pour le transformer en os proprement dit.

Une fois constitués aux dépens des cartilages, les os *s'accroissent* par la formation de nouvelles couches osseuses au-dessous du périoste, c'est-à-dire à la périphérie même des os. On se rend compte de la croissance en épaisseur par la surface externe, en nourrissant des animaux, des Lapins, par exemple, avec des aliments mélangés de garance : il se forme peu à peu, sous le périoste, une couche osseuse rougeâtre très distincte. En même temps que s'effectue le dépôt périphérique de nouvelle substance osseuse, les parties les plus internes se résorbent et augmentent la cavité occupée par la moelle.

L'*accroissement des os* se fait de la manière suivante (fig. 158). Au-dessous du périoste (A), membrane fibreuse, se trouvent plusieurs rangées de petites cellules polyédriques formant la zone périphérique de l'os proprement dit. Sur les sections transversales, on voit des saillies osseuses irrégulières (C), faisant corps avec l'os ancien, s'avancer jusque dans cette couche cellulaire. Les cellules, qui d'abord sont en contact avec ces saillies, se séparent, deviennent étoilées et s'entourent d'une matière interstitielle, excrétée par elles, et composée, comme l'on sait, d'osséine et de sels calcaires (p. 24). A la périphérie de l'os, il reste toujours une ou plusieurs rangées de ces cellules qui se multiplient activement et se transforment plus tard en tissu osseux, comme les précédentes, par l'interposition de la matière interstitielle qui donne aux os leur dureté et leur solidité.

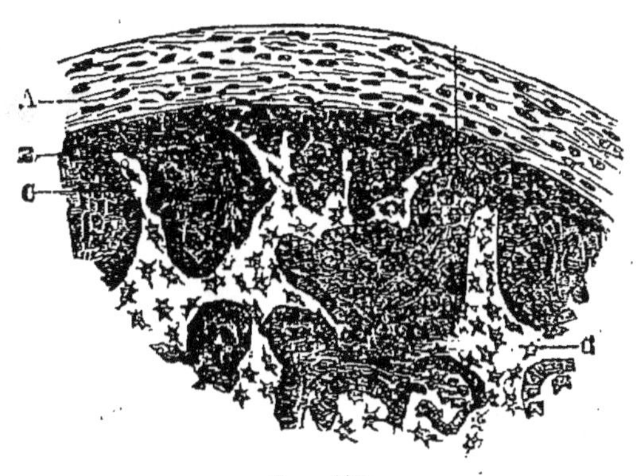

FIG. 158.

FIG. 158. — Accroissement des os (sect. transv.). — A, périoste ; B, cellules osseuses encore juxtaposées ; C, travées osseuses montrant leurs corpuscules osseux étoilés.

On conçoit, d'après cela, que des fragments d'os, placés dans des fractures d'autres os, puissent, par leur croissance, cicatriser peu à peu la plaie et régénérer ainsi ces derniers. Ces fragments, placés dans des conditions semblables à celles où ils se trouvaient précédemment, continuent à vivre aux dépens du sang qui leur arrive et à former de nouvelle matière osseuse : ils grandissent, se soudent à l'os et cicatrisent ainsi la plaie. La *greffe osseuse* est une preuve de l'indépendance réciproque des éléments anatomiques d'un même tissu.

DESCRIPTION DU SQUELETTE. — On divise le squelette en trois parties : le squelette de la *tête*, celui du *tronc* et celui des *membres*.

I. **Squelette du tronc.** — Il se compose de la *colonne vertébrale*, des *côtes* et du *sternum*.

1° La *colonne vertébrale* ou rachis (fig. 159-161) s'étend de la tête, qu'elle supporte, jusqu'à la partie inférieure de l'abdomen ; elle se compose de 33 *vertèbres*. On la divise en 4 régions : la région *cervicale* (7 vertèbres), la région *dorsale* (12), la région *lombaire* (5), la région *pelvienne* (9).

Une *vertèbre* (fig. 162) prise, par exemple, dans la région dorsale où la structure est complète, comprend trois parties :

1° une partie antérieure, pleine, en forme de disque cylindrique : c'est le *corps* de la vertèbre (5) ; 2° en arrière, un arc osseux, horizontal, appelé *arc neural* (6), qui forme avec ses analogues un canal dans lequel se trouve la moelle épinière et que l'on désigne pour cette raison sous le nom de

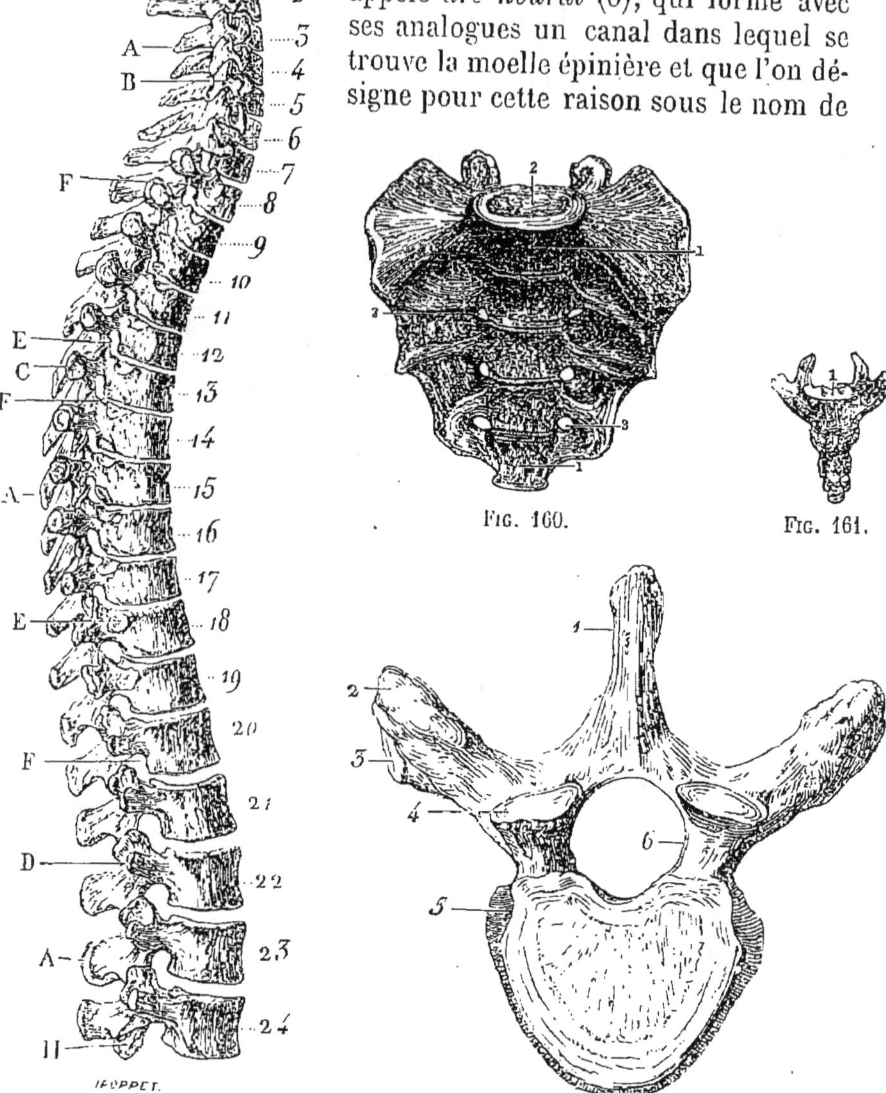

FIG. 159. — Colonne vertébrale. — 1 à 7, vertèbres cervicales ; 8 à 19, v. dorsales ; 20 à 24, v. lombaires ; A, apophyses épineuses ; B, apophyses transverses cervicales ; C, apophyses transverses dorsales ; D, apophyses transverses lombaires ; E, trous de conjugaison ; F, facettes et demi-facettes articulaires pour les côtes.

FIG. 160. — Sacrum (face antérieure). — 1, 1, vertèbres sacrées soudées ; 2, surface d'articulation avec la dernière vertèbre lombaire ; 3, 3, trous sacrés antérieurs.

FIG. 161. — Coccyx. — 1, surface d'articulation avec le sacrum.

FIG. 162. — Vertèbre dorsale. — 1, épine dorsale ; 2, apophyse transverse ; 3, sa facette d'articulation avec la côte ; 4, apophyse articulaire ; 5, corps de la vertèbre et demi-facette d'articulation avec la côte ; 6, arc neural.

canal neural; 3° des *apophyses*, savoir : l'*apophyse épineuse* (1) ou épine dorsale, prolongement postérieur de l'arc neural; les *apophyses transverses* (2), placées horizontalement sur les côtés de l'arc, l'une à droite, l'autre à gauche; enfin les *facettes articulaires* (4), au nombre de quatre, situées verticalement deux en haut et deux en bas sur l'arc neural, tout près du corps vertébral : elles s'articulent avec les facettes des vertèbres voisines.

La forme des vertèbres change suivant la région où on les considère. La première vertèbre cervicale, appelée *atlas* (fig. 163), a un corps mince qui forme avec l'arc neural un anneau complet, sans apophyse épineuse; ses facettes articulaires

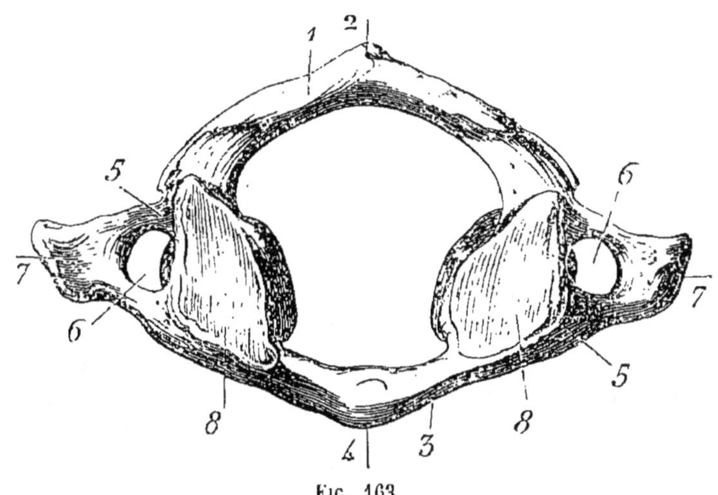

Fig. 163.

Fig. 163. — Première vertèbre cervicale (atlas). — 1, 2, arc postérieur; 3, 4, arc antérieur (corps); 6, 6, trous des apophyses transverses, où passe l'artère vertébrale; 7, 7, apophyses transverses; 8, 8, facettes articulaires supérieures.

supérieures sont ovales et concaves et articulées avec les condyles de l'os occipital. La deuxième cervicale ou *axis* (fig. 164) est munie sur son corps d'un prolongement vertical, appelé *apophyse odontoïde* (1), qui passe dans le trou circulaire de l'atlas. Dans la région dorsale, les apophyses épineuses (fig. 159) sont longues et dirigées de haut en bas, ce qui limite la flexion du corps en arrière; celles des vertèbres lombaires sont horizontales. La région pelvienne comprend deux os, le *sacrum* (fig. 160), qui résulte de la soudure de cinq vertèbres élargies, et le *coccyx* (fig. 161), os triangulaire, composé de quatre vertèbres rudimentaires qui terminent le rachis. Le sacrum soutient le squelette du tronc et de la tête ; il s'articule latéralement avec les os du bassin. Sur les côtés de la colonne vertébrale, on voit, entre les vertèbres, les *trous de conjugaison* (fig. 159, E), qui donnent passage aux nerfs de la moelle épinière.

2° Les *côtes* (fig. 132) sont au nombre de douze paires; les plus grandes sont celles du milieu. Par leur *tête*, elles s'articulent avec le corps des vertèbres; par leur *tubérosité*, saillie située sur la face externe, elles butent contre les apophyses transverses des vertèbres, lorsque les mouvements de la cage thoracique ont une trop grande amplitude.

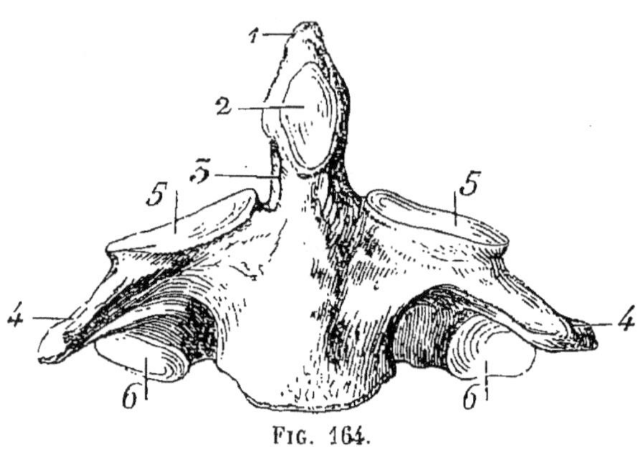

FIG. 164.

FIG. 164. — Deuxième vertèbre cervicale (axis). — 1, apophyse odontoïde; 2, facette articulaire avec l'arc antérieur de l'atlas; 3, col; 4, apophyses transverses; 5, facettes articulaires supérieures; 6, facettes art. inférieures.

Les côtes se divisent en *vraies côtes*, au nombre de sept paires, unies au sternum par l'intermédiaire des cartilages (fig. 132); *fausses côtes*, au nombre de trois paires: leurs cartilages s'unissent entre eux, puis à celui de la septième vraie côte; *côtes flottantes*, au nombre de deux paires: elles sont courtes et indépendantes des précédentes.

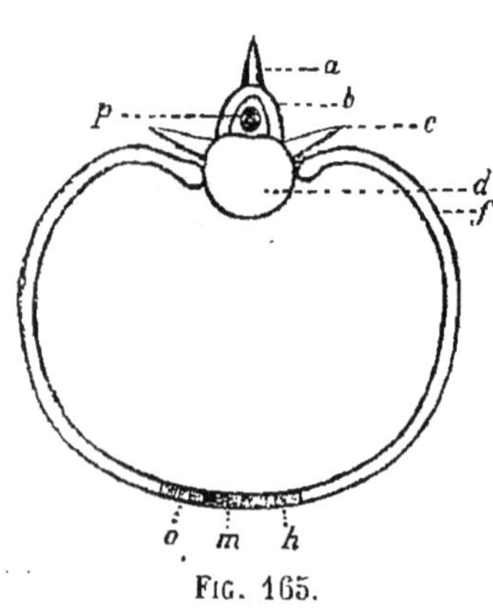

FIG. 165.

FIG. 165. — Segment vertébral (fig. sch.). — *a*, épine dorsale; *b*, arc neural; *c*, apophyses transverses; *d*, corps de la vertèbre; *f*, côtes; *m*, sternum; *h*, *o*, cartilages costaux; *p*, moelle épinière.

3° Le *sternum* (fig. 132) est un os impair, situé sur la partie médiane et antérieure de la poitrine. Sa face antérieure présente quatre lignes transversales, qui délimitent ses pièces constitutives; son extrémité supérieure est large, épaisse et munie en son centre d'une échancrure, appelée *fourchette*, de chaque côté de laquelle s'articulent les clavicules; son extrémité inférieure est terminée par une pointe, l'*appendice xyphoïde*, qui reste pendant longtemps cartilagineux.

On donne le nom de *segment vertébral* (fig. 165) à l'ensemble constitué par une vertèbre, la paire de côtes qui s'y articule, les cartilages costaux et la pièce sternale correspondante ; il représente l'*élément fondamental du squelette*. On peut dire en effet que, abstraction faite des membres, le squelette consiste en une suite de segments vertébraux, placés les uns sur les autres parallèlement et en nombre égal à celui des vertèbres. Seulement ces segments ne sont complets que dans la région

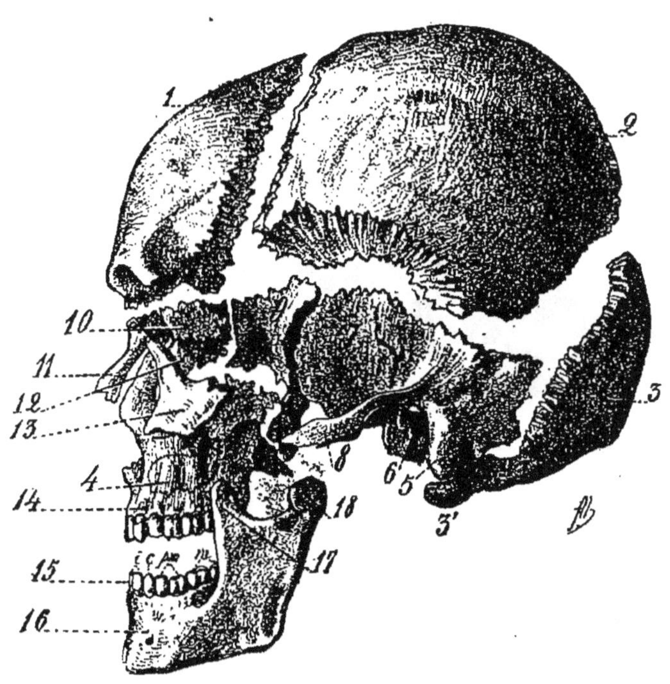

FIG. 166.

FIG. 166. — Squelette de la tête. — 1, os frontal ; 2, pariétal ; 3, occipital ; 3', condyle occipital gauche ; 5, apophyse mastoïde du temporal ; 6, trou auditif ; 7, temporal ; 8, apophyse zygomatique ; 9, sphénoïde ; 10, ethmoïde ; 11, os nasal ; 12, os unguis ; 13, os malaire ; 14, maxillaire supérieur ; 4, sinus maxillaire, 15, dents incisives (*i*), canine (*c*), prémolaires (*pm*), mâchelières (*m*) ; 16, mâchoire inférieure ; 17, apophyse coronoïde ; 18, condyle maxillaire, s'articulant entre 6 et 8.

moyenne du thorax ; inférieurement, ils se réduisent peu à peu, au point de ne plus comprendre que les vertèbres (vertèbres lombaires, sacrées) ; il en est de même supérieurement (vertèbres cervicales). Enfin dans la tête, les segments vertébraux se sont profondément différenciés et ont donné naissance aux os du crâne et de la face.

La division du squelette des Vertébrés en segments vertébraux est une disposition organique du même ordre que la division du corps en anneaux chez les Vers; seulement, chez ces derniers, la segmentation du corps, au lieu de ne porter que sur un appareil, comme chez les Vertébrés, s'étend à la plupart des appareils internes.

II. **Squelette de la tête.** — Considérons successivement le *crâne* et la *face*.

1° Les *os du crâne* (fig. 166) forment une boîte destinée à loger l'encéphale; ils sont dentelés sur les bords et solidement articulés entre eux par *engrènement*. Leur nombre est de huit, dont quatre pairs et quatre impairs. Il faut y ajouter les os *wormiens*, petits os surnuméraires qui manquent fréquemment et dont le plus important est situé vers l'angle supérieur de l'occipital.

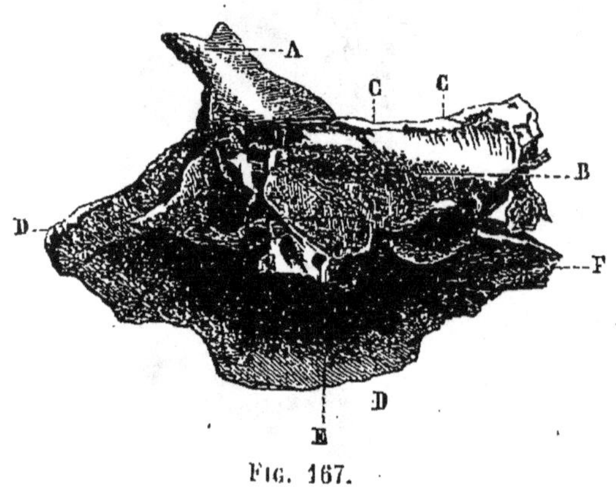

Fig. 167.

Fig. 167. — Ethmoïde (face latérale). — A, apophyse crista-galli; B, masse latérale; c, c, échancrures formant les trous orbitaires internes; DD, lame perpendiculaire; E, apophyse unciforme; F, cornet moyen (entre B et D).

Les quatre os crâniens *impairs* sont: 1° le *frontal* (fig. 166, 1), en avant, présentant inférieurement les deux voûtes orbitaires; il est creusé de deux cavités, appelées *sinus frontaux*, situées de chaque côté de la ligne médiane; 2° l'*ethmoïde*, premier os du plancher du crâne (fig. 166, 10), placé en arrière et à la suite du frontal; il présente supérieurement une lame saillante médiane antéro-postérieure, l'*apophyse crista-galli* (fig. 167, A, et 248, *c*), de chaque côté de laquelle se trouve une lame percée de petits orifices pour le passage des nerfs olfactifs et appelée *lame criblée;* inférieurement, la *lame perpendiculaire* (D) qui fait partie de la cloison nasale; de chaque côté de la lame perpendiculaire sont placées les deux *masses latérales* de l'ethmoïde (B), creusées de cavités irrégulières, appelées *cellules ethmoïdales* et présentant chacune du côté de la lame perpendiculaire deux saillies antéro-postérieures, appelées *cornet supérieur* et *cornet moyen* (fig. 83, *s*, *m*), ces cornets forment la paroi latérale des fosses nasales; 3° le *sphénoïde* (fig. 166, 9) fait suite à l'ethmoïde; il s'articule avec tous les autres os du crâne et quelques os de la face ; on y distingue : la partie centrale ou *corps*, creusée supérieurement d'une fossette, appelée *selle tur-*

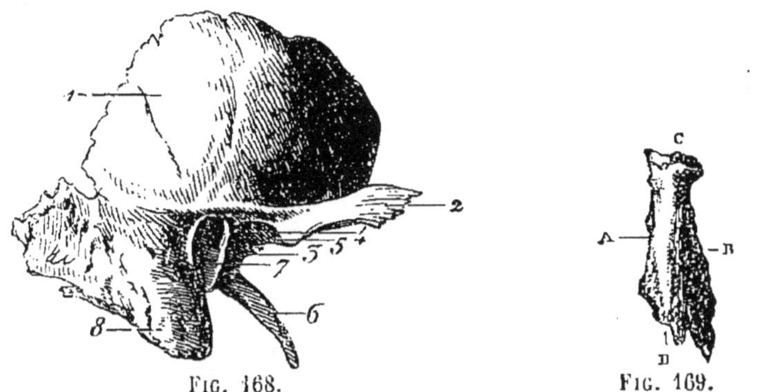

FIG. 168. FIG. 169.

FIG. 168. — Os temporal (voy. aussi fig. 166). — 1, portion écailleuse du temporal ; 2, apophyse zygomatique ; 3-5, cavité glénoïde (pour l'articulation de la mâchoire inférieure) ; 6, apophyse styloïde ; 7, conduit auditif externe ; 8, apophyse mastoïde.

FIG. 169. — Os propre du nez.

cique, dans laquelle est logé le corps pituitaire (p. 307) ; les *ailes*, prolongements latéraux très développés ; les *apophyses ptérygoïdes*, prolongements inférieurs où s'attachent divers muscles ; le sphénoïde est creusé de deux grands sinus ; 4° l'*occipital* (fig. 166) forme la partie postérieure et inférieure de la boîte crânienne ; il est percé d'un orifice circulaire, le *trou occipital*, qui donne passage à la moelle épinière ; de chaque côté se trouve une saillie osseuse arrondie, le *condyle occipital*, qui s'articule avec l'atlas.

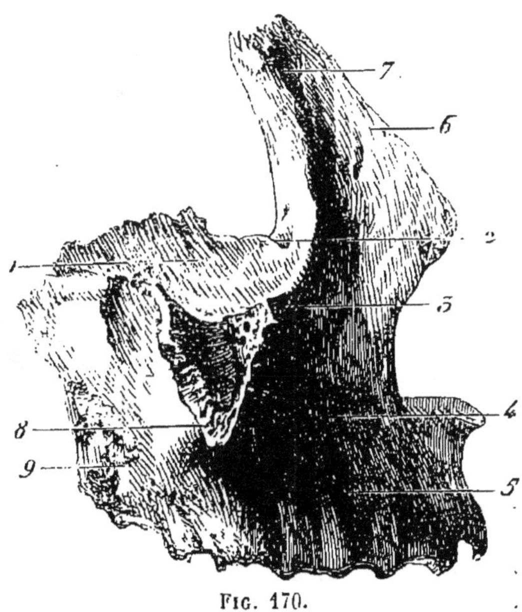

FIG. 170.

FIG. 170. — Os maxillaire supérieur gauche. — 1, face orbitaire ; 2, 3, orifices du trou sous-orbitaire ; 6, apophyse montante ; 7, gouttière lacrymale ; 9, surface rugueuse articulée avec l'os palatin (voy. fig. 166, 10).

Les quatre os crâniens *pairs* sont : 1° les deux *pariė-*

taux, grands os quadrilatères formant les parties latérales et supérieures de la boîte crânienne; 2° les deux *temporaux* (fig. 168), formant les parties latérales inférieures du crâne; ils présentent extérieurement le *trou auditif*, intérieurement une partie renflée très dure, appelée *rocher*, antérieurement l'*apophyse zygomatique*, inférieurement l'*apophyse mastoïde* et, un peu en avant du trou auditif, l'*apophyse styloïde*, ainsi que la *cavité glénoïde* pour l'articulation de la mâchoire inférieure.

2° Les *os de la face* sont au nombre de quatorze; treize sont

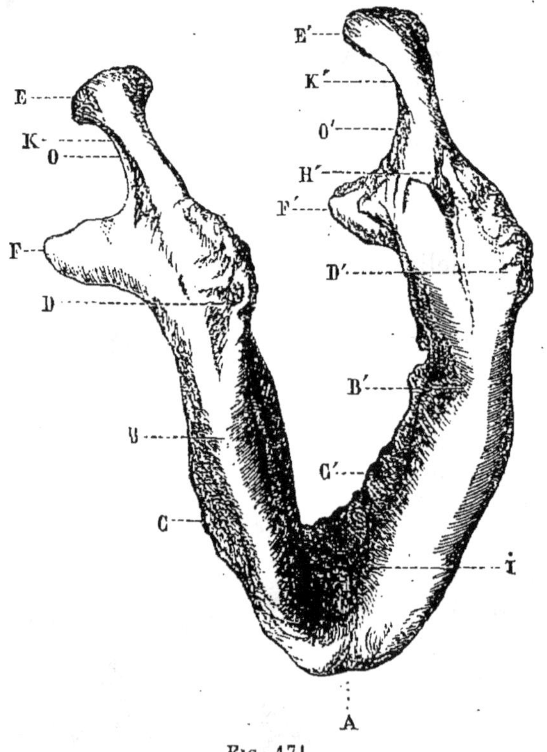

Fig. 171.

Fig. 171. — Maxillaire inférieur. — ACB, corps du maxillaire; D, angle; F, apophyse coronoïde; O, branche montante; E, condyle; I, apophyses.

soudés et constituent la *mâchoire supérieure;* le quatorzième à lui seul forme la *mâchoire inférieure.*

Les os de la *mâchoire supérieure* sont : les *os propres du nez* (fig. 169), soudés sur la ligne médiane; ils forment en haut la *racine* du nez; les *maxillaires supérieurs* (fig. 170) soudés en avant sur la ligne médiane et creusés de deux larges sinus; les *os unguis*, petits os situés à la face interne et antérieure de l'orbite; les *os malaires* ou os de la pommette, articulés avec l'apophyse zygomatique du temporal ; les *os palatins*; les *os du cornet inférieur* (fig. 83, *i*), situés au-dessous des masses latérales de l'ethmoïde; enfin le *vomer* (fig. 248), os impair, qui forme la partie postéro-inférieure de la cloison nasale.

La *mâchoire inférieure* (fig. 171) présente à considérer le corps (A), en fer à cheval, les deux branches montantes, les apophyses coronoïdes (F) et les condyles (E).

III. **Squelette des membres.** — La structure fonda-

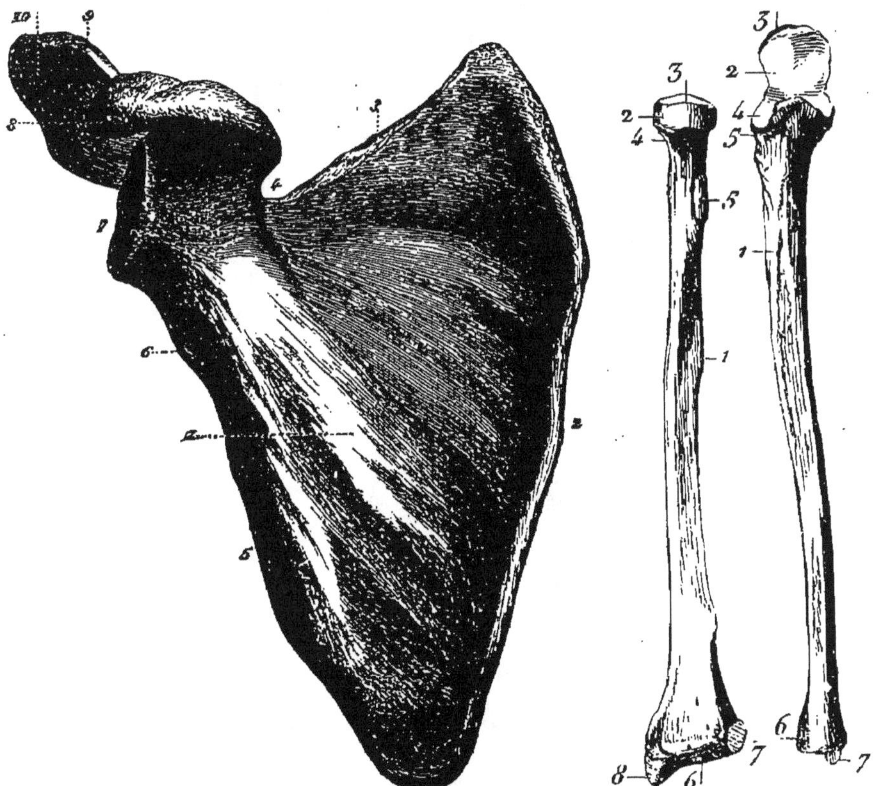

Fig. 172. Fig. 173. Fig. 174.

Fig. 172. — Omoplate droite (face antérieure). — 1, fosse sous-scapulaire ; 7, cavité glénoïde ; 8, apophyse coracoïde ; 10, acromion.

Fig. 173 et 174. — Radius et cubitus.

Fig. 173. — Radius. — 2, tête du radius ; 3, sa cupule articulaire ; 4, col ; 6, surface articulaire inférieure.

Fig. 174. — Cubitus. — 2, 4, cavité sygmoïde ; 3, olécrâne.

mentale est la même pour les membres supérieurs et inférieurs.

1° Le *membre supérieur* comprend une base ou *épaule* et le *membre proprement dit.*

L'*épaule* (fig. 155) est formée de deux os : l'*omoplate*, en arrière, qui présente la *cavité glénoïde* (fig. 172, 7) pour l'articulation de l'humérus, une crête saillante externe, appelée *acromion* (10), et l'*apophyse coracoïde* (8); la *clavicule*, en avant, articulée au sternum et à l'acromion.

Le *membre proprement dit* se compose : 1° de l'*humérus*

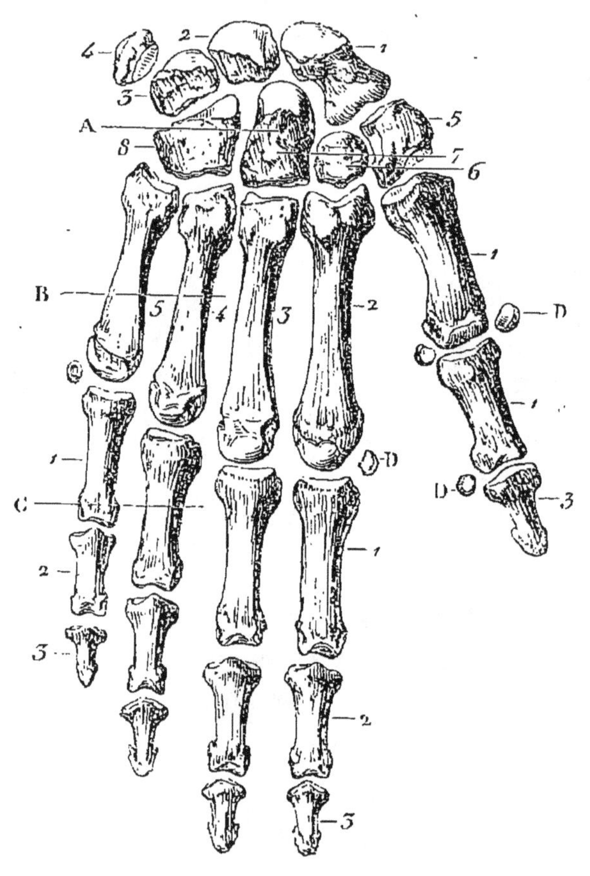

Fig. 175.

Fig. 175. — Squelette de la main. — A, *carpe :* 1, scaphoïde; 2, semi-lunaire; 3, pyramidal; 4, pisiforme; 5, trapèze; 6, trapézoïde : 7, grand os; 8, os crochu. — B, *métacarpe :* 1, 2, 3, 4, 5, les cinq os métacarpiens. — C, *doigts :* 1, phalange; 2, phalangine; 3, phalangette. — D, *os sésamoïdes*.

(fig. 155) ou os du bras, qui présente supérieurement une tête d'articulation et inférieurement une sorte de poulie, la *trochlée*, qui s'articule avec le cubitus; en arrière de cette dernière est située la *cavité olécrânienne;* 2° du *radius* et du *cubitus* ou os de l'avant-bras (fig. 173 et 174); le radius, situé en dehors, du côté du pouce, est articulé inférieurement avec le carpe et supérieurement, par un renflement cylindrique, avec l'humérus sur lequel il peut tourner en entraînant avec lui la main; le cubitus est terminé en haut et en arrière par une apophyse, l'*olécrâne* (fig. 174, 3), qui se loge dans la cavité olécrânienne lorsque l'avant-bras s'étend sur le bras, et limite ainsi ce mouvement; en bas, le cubitus s'articule avec le radius et le carpe; 3° du *carpe*, du *métacarpe* et des *phalanges*, ou squelette de la main; le carpe (fig. 175, A) comprend huit os, disposés en deux rangées; le métacarpe (fig. 175, B), cinq os

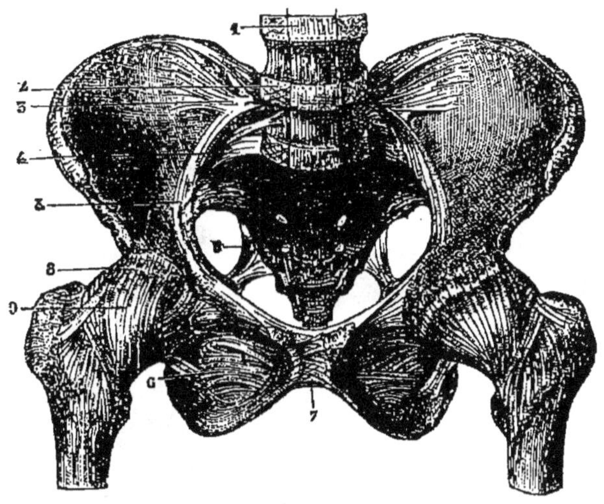

FIG. 176.

FIG. 176. — Ligaments du bassin. — 1, grand ligament antérieur de la colonne vertébrale; 2, ligament intervertébral; 4, 4, ligaments sacro-iliaques; 6, membrane sous-pubienne; 7, ligament du pubis; 8, capsule articulaire de l'articulation coxo-fémorale; 9, faisceaux fibreux de renforcement de la capsule.

allongés, placés dans la paume de la main; enfin, les phalanges (fig. 175, C) sont au nombre de trois par doigt (phalange, phalangine, phalangette), sauf le pouce qui n'en a que deux.

2° Le *membre inférieur* se compose du *bassin* et du *membre inférieur proprement dit* (fig. 155).

Le *bassin* (fig. 176) est formé de deux larges os, les *os iliaques* ou *os des iles*, soudés en arrière au sacrum et en avant entre eux sur la ligne médiane où ils forment la *symphyse pubienne* (7). Chacun d'eux est formé de trois os soudés : l'*ilium*, partie supérieure élargie, concave intérieurement (fosse iliaque); l'*ischion*, branche descendante; le *pubis*, branche horizontale antérieure, unie à l'ischion par une branche verticale. Chaque os iliaque présente sur sa face externe une dépression hémisphérique, la *cavité cotyloïde* (fig. 177, H), destinée à recevoir la tête du fémur. Trente-quatre muscles s'insèrent sur l'os iliaque.

Le *membre proprement dit* comprend : 1° le *fémur* (fig. 156), os de la cuisse, homologue de l'humérus; on y distingue : en

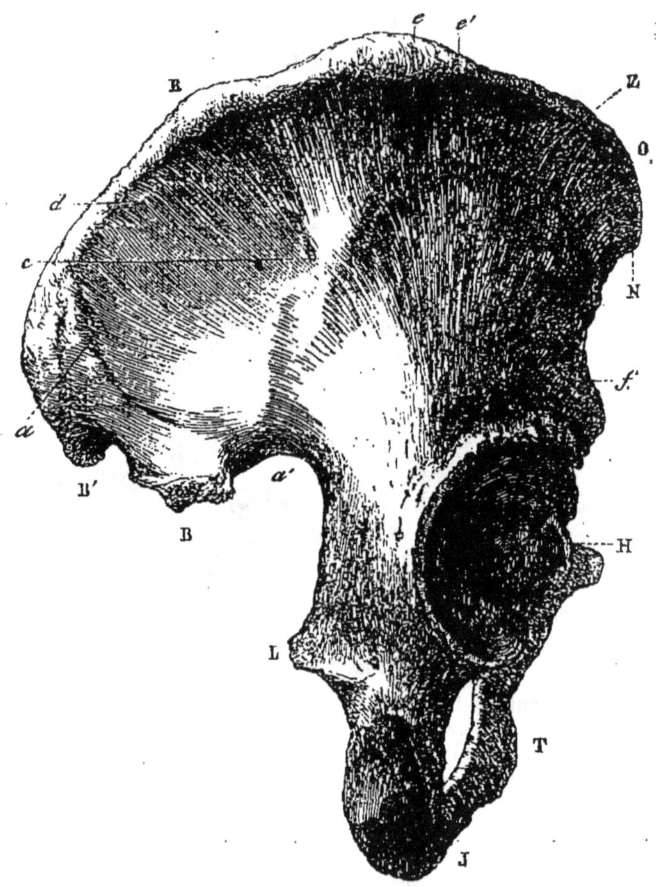

Fig. 177.

Fig. 177. — Os iliaque droit (face externe). — H, cavité cotyloïde; le pubis est caché par H; T, branche descendante du pubis; JL, ischion; BRZN, ilium; *c*, trou nourricier.

haut, la *tête;* deux apophyses, le grand et le petit *trochanter;* le *col*, partie rétrécie; en bas, deux larges *condyles;* 2° le *tibia* et le *péroné* ou os de la jambe; le tibia (fig. 179) a la forme d'un prisme triangulaire à arête saillante antérieure; le péroné (fig. 178) est plus grêle et situé en dehors du tibia; 3° le *tarse*, le *métatarse* et les *phalanges* ou os du pied; le tarse (fig. 180, A) comprend sept os disposés en trois rangées : la première est formée du *calcanéum* en arrière (saillie du talon) et de l'*astra-*

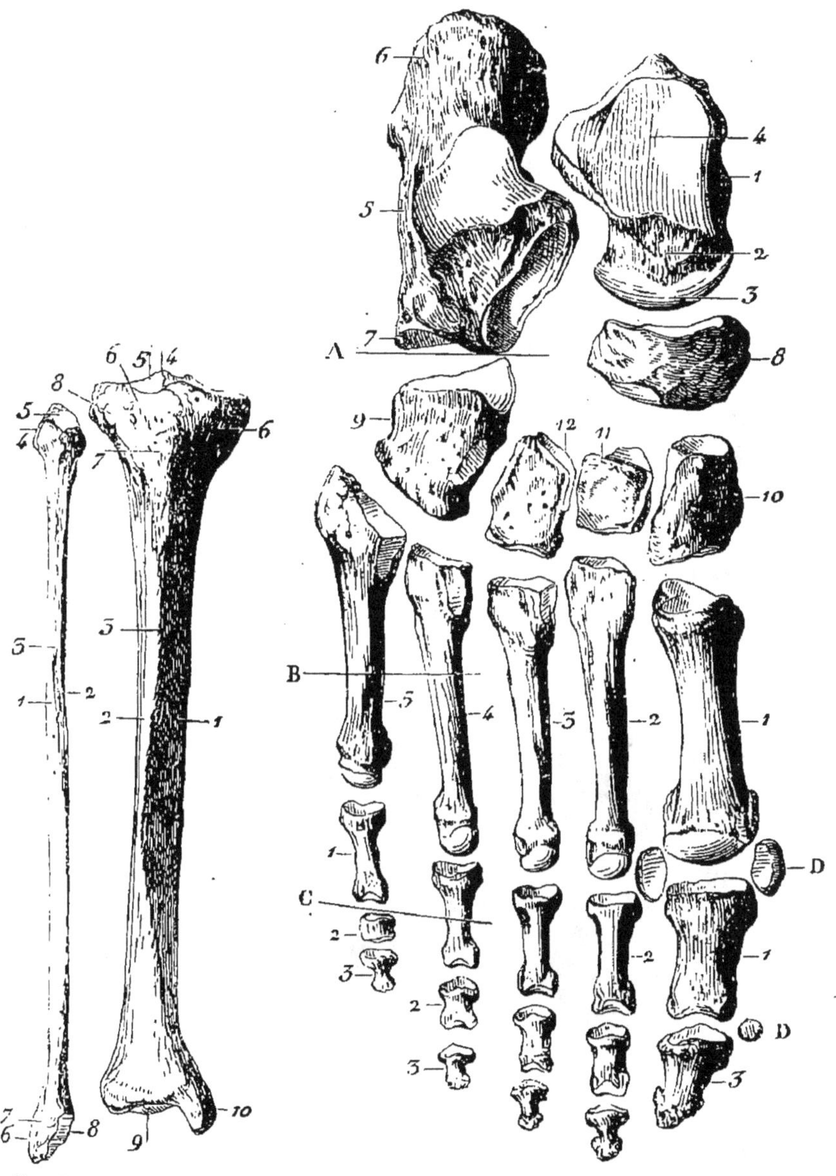

FIG. 178 et 179. — Péroné et tibia.

FIG. 179. — Tibia. — 3, bord antérieur ou crête du tibia; 7, tubérosité antérieure sur laquelle s'attache le ligament rotulien.

FIG. 180. — Squelette du pied. — A, *tarse :* 3-4, astragale; 5-7, calcanéum; 8, scaphoïde; 9, cuboïde; 10, 11, 12, les trois cunéiformes. — B, *métatarse :* 1, 2,3, 4, 5, les cinq métatarsiens. — C, *orteils :* 1, phalange; 2, phalangine; 3, phalangette. — D, *os sésamoïdes.*

gale, placé au-dessus et en avant du précédent ; le tibia s'articule sur ce dernier ; le métatarse se compose de cinq os longs (fig. 180, B) (plante des pieds) ; enfin, les phalanges (C) sont au nombre de trois, sauf pour le gros orteil qui n'en a que deux.

Dans la main et le pied, on trouve, outre les os normaux que nous venons d'énumérer, des osselets supplémentaires, développés dans l'épaisseur des tissus d'articulation et appelés *os sésamoïdes ;* les plus constants sont situés de chaque côté de l'articulation de la première phalange du pouce ou du gros orteil avec l'os métacarpien ou métatarsien (fig. 175 et 180, D). La *rotule* (fig. 181), os arrondi, qui apparaît vers trois ans dans le ligament du muscle droit antérieur de la cuisse, est aussi un os sésamoïde.

FIG. 181.

FIG. 181. — Rotule.

ARTICULATIONS

Formes. — On appelle *articulation* le mode d'union des os. Tantôt les articulations sont *immobiles ;* on les appelle alors

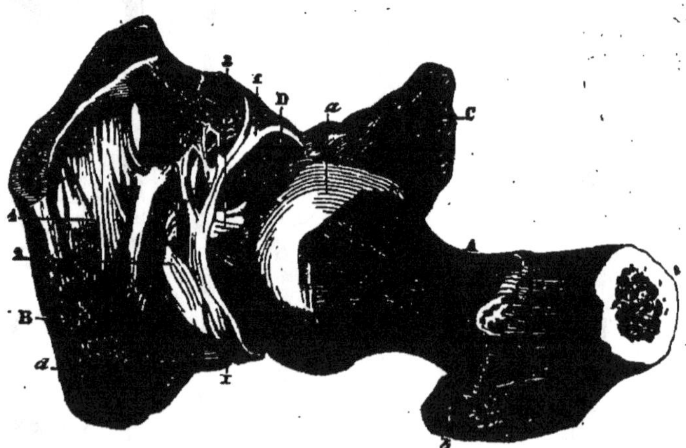

FIG. 182.

FIG. 182. — Articulation coxo-fémorale. — *a*, tête du fémur recouverte de cartilage ; *b*, grand trochanter ; B, C, os iliaque ; D, cavité d'articulation ; A, col du fémur ; 1, bourrelet cotyloïdien ; 2, 3, ligament interarticulaire ; 4, membrane sous-pubienne.

sutures. Dans ce cas, les os peuvent être *directement juxtaposés* par leurs bords ou *engrenés* les uns avec les autres ; ces deux modes se rencontrent dans le crâne. D'autres fois l'articulation n'est pas tout à fait immobile ; c'est alors une *symphyse ;* exemple, la symphyse pubienne (fig. 176, 7). Les os sont unis dans ce cas, d'ailleurs rare, par un tissu fibreux très résistant. Le plus souvent les articulations sont *mobiles* et constituent par suite des centres de mouvement; les surfaces osseuses qui se mettent en contact ont une forme généralement inverse l'une de l'autre; ainsi la tête du fémur s'applique dans une cavité hémisphérique de l'os iliaque où elle se meut librement. Mais ces surfaces ne sont pas directement en contact; il y a entre elles, et tout autour des parties voisines des os, divers tissus constituant avec elles l'articulation proprement dite.

Tissus d'articulation. — Ils servent à donner à cette dernière plus de solidité et à faciliter les mouvements; ce sont : des cartilages, des fibro-cartilages, des ligaments et des synoviales.

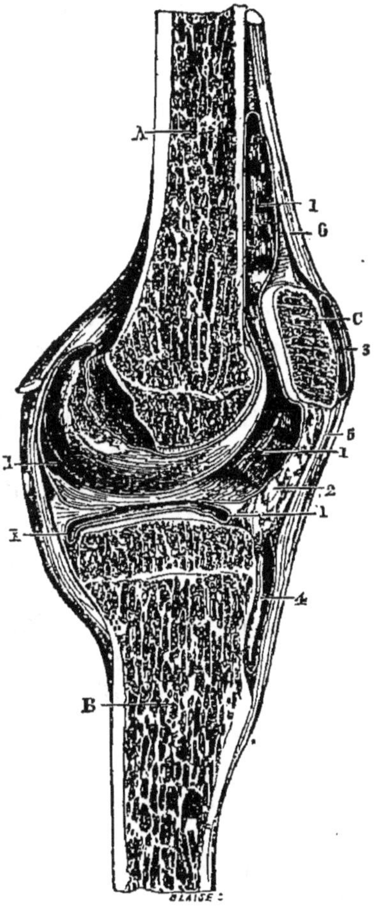

Fig. 183.

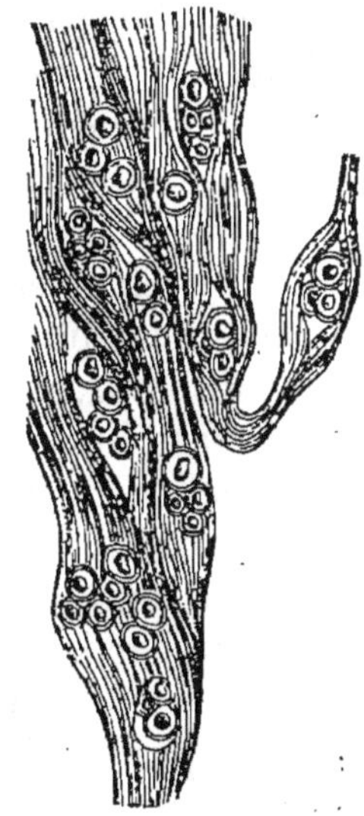

Fig. 184.

Fig. 183. — Articulation du genou. — B, tibia; A, fémur; C, rotule; 1, 1, synoviale fémoro-tibiale; 3, synoviale prérotulienne; 4, synoviale prétibiale.

Fig. 184. — Cartilage du fémur dans le rhumatisme articulaire aigu : les cellules se multiplient et la substance interstitielle devient fibrillaire.

Les *cartilages* forment sur les surfaces articulaires une couche continue, très adhérente, d'un blanc nacré; ils amortissent les chocs (fig. 184). Les *fibro-cartilages* sont des cartilages mêlés de tissu fibreux ; on les trouve entre les vertèbres où ils forment les disques intervertébraux (fig. 176, 2) et autour de certaines articulations, telles que l'articulation coxo-fémorale (fig. 176, 9). Les *ligaments* sont destinés à maintenir les surfaces osseuses dans leurs rapports normaux ; ce sont tantôt des cordons blanchâtres allant d'une surface articulaire à l'autre, tantôt des lames ou *capsules* enveloppant l'articulation tout entière; les deux formes se trouvent dans l'articulation coxo-fémorale. Les ligaments sont essentiellement élastiques. Enfin, les *synoviales* sont des membranes séreuses, sortes de sacs clos, remplis d'une sérosité onctueuse, appelée *synovie*, et interposés entre les surfaces d'articulation; la synovie empêche le frottement des os l'un contre l'autre.

Les différents tissus d'articulation que nous venons d'énumérer se rencontrent tous dans l'articulation du fémur avec le bassin, en un mot, dans l'*articulation coxo-fémorale* (fig. 182). Le *cartilage* (*a*) recouvre la tête du fémur et la cavité cotyloïde (D) ; le *ligament interarticulaire* (2, 3) part de la tête du fémur et se divise en trois branches, dont l'une s'insère au fond de la cavité d'articulation et les deux autres sur son bord ; ce dernier est entouré d'un *bourrelet fibreux* (1) qui maintient la tête du fémur en place ; la *capsule articulaire* est insérée, d'une part, sur le pourtour de la cavité cotyloïde, en dehors du bourrelet fibreux, et d'autre part, sur le col du fémur (fig. 176, 8) ; à la face interne du col, elle est renforcée par une expansion du tendon du muscle droit antérieur de la cuisse (fig. 176, 9); enfin, comme moyen de glissement, la *membrane synoviale*, qui tapisse toute l'articulation.

Dans l'articulation du *genou* (fig. 183), on voit, outre la *synoviale interarticulaire* (1), une *synoviale prétibiale* (4) et une autre *prérotulienne* (3) ; il n'y a pas de capsule articulaire, mais par contre de nombreux ligaments superficiels ou interarticulaires (ligaments croisés...).

CHAPITRE II

MUSCLES

Les *muscles* sont les organes actifs du mouvement; ils se composent de cellules allongées, profondément différenciées dans leur structure et appelées *fibres musculaires* (p. 25).

Conformation. — Ces organes sont rouges, généralement fusiformes, quelquefois aplatis, séparés les uns des autres par des gaines irrégulières de tissu conjonctif, appelées *aponévroses*. A leur surface on distingue une striation qui indique la direction de leurs fibres constitutives. Les fibres sont le plus souvent *parallèles* (muscles des membres); quelquefois elles ont une disposition *en éventail* (muscle temporal) ou *pennée;* rarement enfin, elles sont *circulaires* (orbiculaire des paupières).

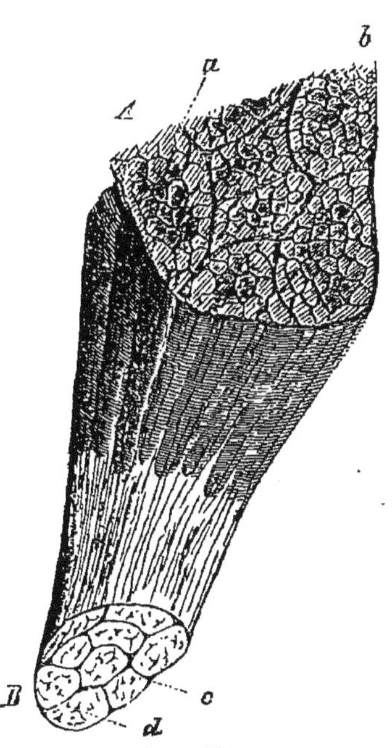

FIG. 185.

FIG. 185. — A, muscle; B, tendon. — *a*, cloisons conjonctives; *b*, groupes de fibres musculaires; *c*, cloisons conjonctives; *d*, tissu élastique montrant ses cellules étoilées.

Aux extrémités des muscles s'insèrent des organes fibreux par l'intermédiaire desquels ils sont rattachés aux os : on les appelle *tendons* (fig. 185, B) lorsqu'ils sont cylindriques (biceps), *aponévroses d'insertion* lorsqu'ils sont larges et minces (temporal). Les fibres musculaires du muscle proprement dit s'insèrent sur les fibres élastiques des tendons et aponévroses d'insertion.

Les muscles reçoivent de nombreuses *artères* qui forment entre les diverses fibres musculaires un riche réseau capillaire; à chaque artère correspondent deux *veines*. Ils reçoivent en outre des *nerfs*, qui leur transmettent l'excitation destinée à provoquer leur contraction.

Terminaison des nerfs dans les muscles. — Une fois arrivés dans les muscles, les *nerfs* se divisent en de nombreuses branches, constituées chacune par une fibre nerveuse et une enveloppe, la gaine de Henlé. Au contact de la fibre musculaire (fig. 186), cette gaine se confond avec le sarcolemme; la myéline disparaît et le cylindre-axe seul pénètre dans son intérieur; il se perd bientôt dans une masse granuleuse, sombre, pourvue de noyaux et appelée *plaque motrice;* il semble ensuite développer ses fibrilles élémentaires en une arborisation et les

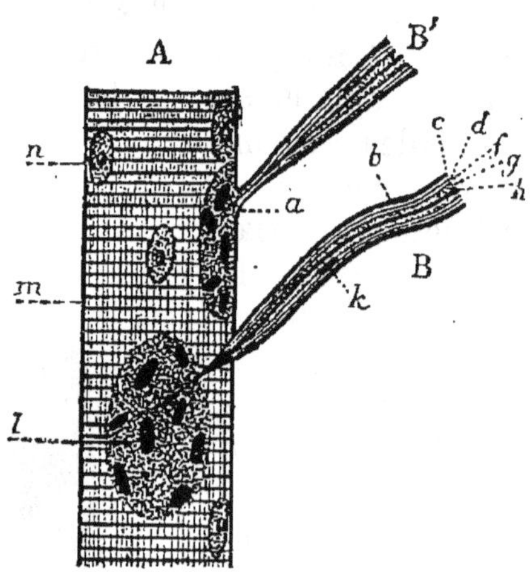

Fig. 186.

Fig. 186. — Terminaison des nerfs dans les muscles. — A, fibre musculaire striée; B, fibre nerveuse à myéline; B', la même fibre, supposée entrant dans la fibre musculaire par le côté; *a*, continuation de la gaine de Henlé avec le sarcolemme; *b*, *c*, gaine de Henlé; *d*, gaine de Schwann; *f*, lame protoplasmique; *g*, myéline; *h*, cylindre-axe; *k*, noyau; *l*, tache motrice avec noyaux; *m*, sarcolemme; *n*, noyau.

mettre en rapport avec les fibrilles musculaires. On voit combien sont intimes les rapports des muscles et des nerfs.

Propriétés des muscles. — Les principales propriétés des muscles sont : l'*élasticité*, la *contractilité* et le *pouvoir électromoteur;* les deux premières sont fondamentales.

I. Élasticité. — On appelle *élasticité* la propriété que possèdent certains corps de se déformer sous l'influence d'une force extérieure et de revenir à leur forme première lorsque la force cesse d'agir. Pour la mesurer, on isole un muscle et on le fixe entre les mors d'une pince (fig. 187) ; à son extrémité inférieure est attachée une tige métallique, munie d'une règle graduée et d'un plateau; les deux lames de mica qui terminent l'appareil plongent dans un vase plein d'huile pour empêcher les oscillations latérales. On met un poids dans le plateau et on mesure l'allongement élastique du muscle en notant, avec une lunette, le déplacement des divisions de l'échelle graduée.

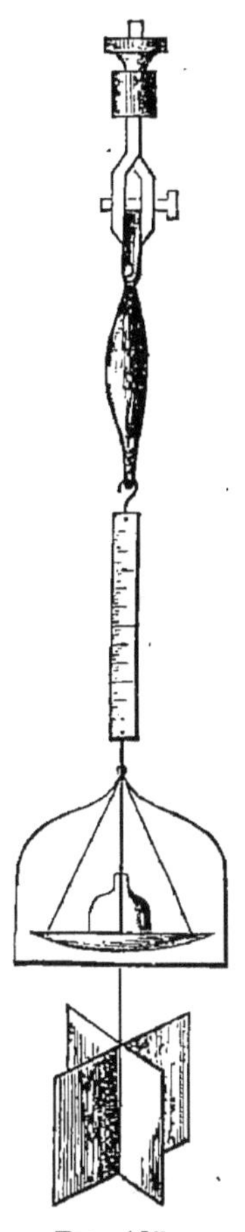

Fig. 187.

Fig. 187. — Appareil servant à mesurer l'élasticité musculaire.

L'élasticité musculaire n'est pas proportionnelle au poids, comme pour les corps rigides ; ainsi un poids de 10 grammes peut déterminer un allongement de 5 millimètres, tandis qu'un poids de 20 grammes produira un allongement inférieur à 10 millimètres, 8 par exemple. En un mot, pour un même poids additionnel, l'allongement élastique diminue au fur et à mesure que la charge totale augmente.

L'élasticité musculaire disparaît après la mort.

II. Contractilité. — On appelle *contractilité* la propriété que possèdent les muscles de se raccourcir, de se contracter, sous l'influence d'un excitant que les centres nerveux leur transmettent par l'intermédiaire des nerfs moteurs. Pour les contractions volontaires, cet excitant vient du cerveau ; on l'appelle *volonté*.

La contraction musculaire peut être produite aussi par des *excitants artificiels* que l'on fait agir, soit sur les nerfs, soit sur les muscles eux-mêmes. Le plus important est l'électricité dynamique. Mais l'électricité n'agit que lorsque le courant commence ou finit, ou, d'une manière plus générale, toutes les fois qu'il se produit une variation dans l'état électrique.

Par conséquent, pour faire contracter un muscle, il suffira de mettre en rapport avec sa surface, ou avec son nerf, les deux rhéophores d'une pile et de faire passer dans le circuit ainsi fermé un courant instantané, au moyen d'un commutateur placé sur le trajet de ce dernier.

Changement de forme pendant la contraction. — Lorsqu'un muscle se contracte, il diminue de longueur et s'épaissit. La contraction n'est complète que lorsque le muscle est libre à l'une de ses extrémités, lorsque, par exemple, on sectionne l'un de ses tendons : le raccourcissement, sous l'influence d'une forte excitation, est alors d'environ les $\frac{5}{6}$ de la longueur première du muscle. Dans l'organisme, les muscles ne réalisent jamais complètement leur contraction, à cause des obstacles (os) qui s'op-

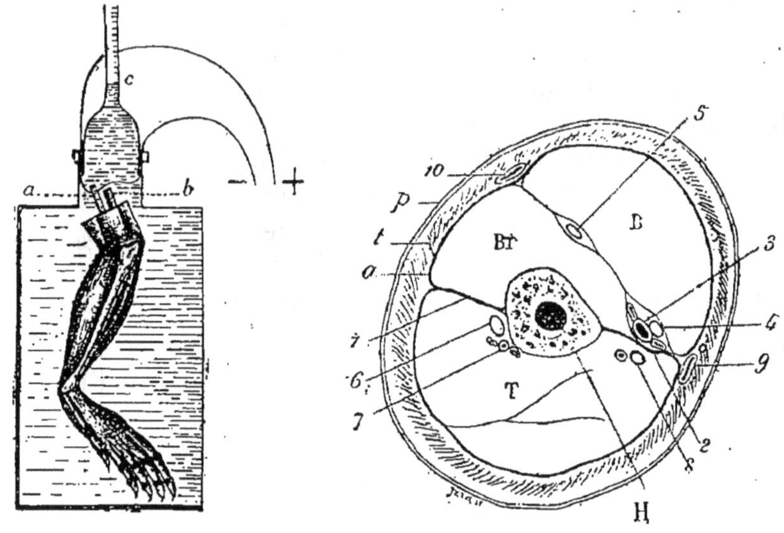

Fig. 188. Fig. 188 *bis*.

Fig. 188. — Changement de volume des muscles pendant la contraction. — *a*, nerf de la patte; *b*, fémur; *c*, niveau de l'eau dans la tubulure graduée.

Fig. 188 *bis*. — Coupe transversale du bras. — H, humérus; B, biceps; *Br*, muscle brachial antérieur; T, triceps; *t*, tissu cellulaire sous-cutané; *p*, peau; *a*, 1, 2, aponévroses (ou *périmysium*); 4, 5, 6, 8, nerfs; 3, 7, artères; 9, 10, veines.

posent au rapprochement complet de leurs extrémités; tout au plus se raccourcissent-ils du tiers de leur longueur.

Lorsqu'un muscle se contracte, son volume ne subit pas de changement sensible. Ainsi, lorsqu'on excite galvaniquement une patte vivante de Grenouille placée dans un vase rempli d'eau (fig. 188), on n'observe qu'un très léger abaissement de niveau dans la tubulure graduée qui repose supérieurement dans le goulot du flacon.

III. Pouvoir électromoteur. — Les muscles vivants, au moins lorsqu'ils sont séparés du corps, sont le siège de courants électriques. Pour les mettre en évidence, on isole un muscle long d'une patte de Grenouille; on le sectionne transversalement en son milieu et l'on met en communication (fig. 189) un point de la surface extérieure avec un point de la surface de section par un circuit sur le trajet duquel on dispose un galvanomètre. Dans ces conditions, l'aiguille est déviée et indique, par le sens de sa déviation, un courant qui chemine dans le muscle de la surface de section à la surface extérieure. Lorsqu'on provoque ensuite la contraction du muscle, par le moyen

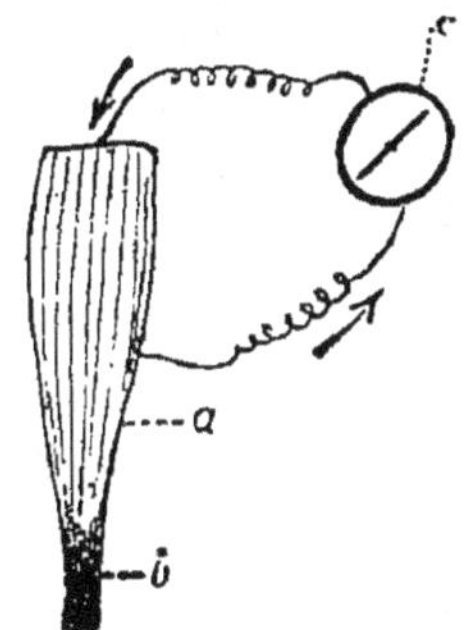

Fig. 189.

Fig. 189. — Courant musculaire (fig. sch.). — *a*, muscle; *b*, tendon; *c*, galvanomètre. Les flèches indiquent le sens du courant électrique musculaire.

d'une excitation électrique, le courant diminue et peut même cesser complètement.

Myographe. — Le *myographe* (fig. 190) est un appareil au moyen duquel on enregistre les contractions musculaires.

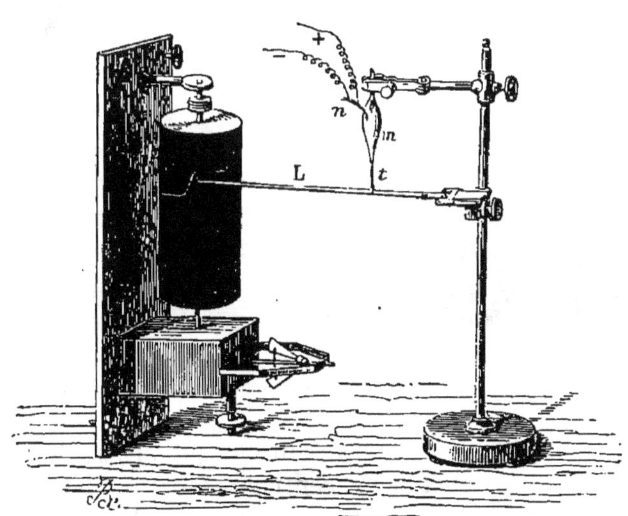

Fig. 190.

Fig. 190. — Myographe (fig. schém.). — *n*, nerf, dans lequel on fait passer le courant; *m*, muscle; *t*, tendon; L, levier. A gauche, le cylindre tournant.

Il se compose essentiellement d'un levier mobile autour d'un axe vertical. Sur une planchette voisine (fig. 191), on fixe une Grenouille, et, par un fil de fer très fin, on relie au levier le tendon inférieur sectionné du muscle gastrocnémien. En arrière du levier se trouve un excentrique auquel est fixée une lame de caoutchouc qui oppose une résistance déterminée à l'effort musculaire et ramène le levier à sa position première lorsque la contraction a cessé. La pointe du levier se trouve en contact avec un cylindre enfumé qui tourne autour d'un axe horizontal, tandis que le chariot qui supporte le myographe se meut d'un mouvement rectiligne très lent, parallèlement à l'axe du cylindre. Lorsqu'aucune contraction ne se produit, le levier trace sur le cylindre une hélice. Lorsqu'au contraire on provoque une contraction par l'excitation électrique du nerf scia-

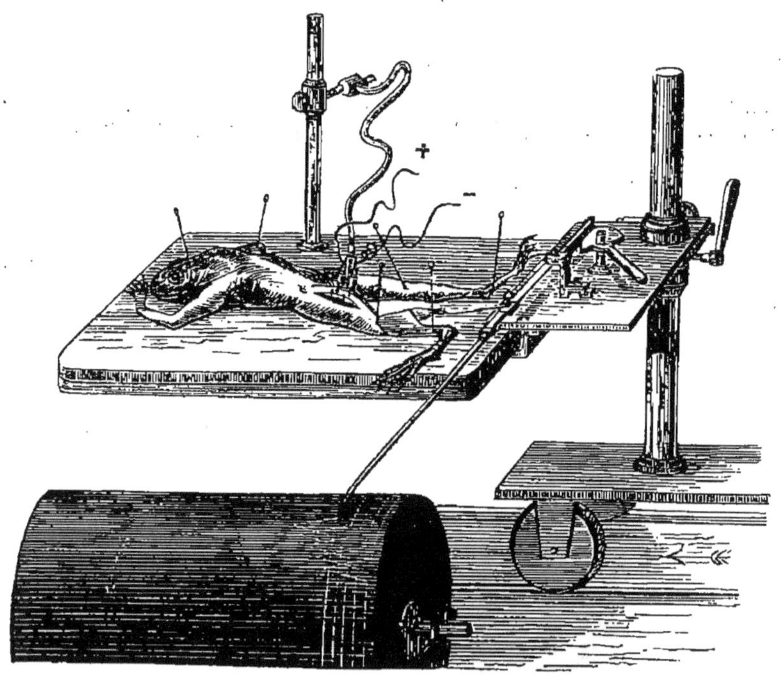

FIG. 191.

FIG. 191. — Myographe.

tique, le levier est attiré vers le muscle, puis revient à sa première position, par l'effet de l'excentrique, lorsque le muscle est de nouveau au repos ; sa pointe trace sur le cylindre la courbe représentative de la contraction. Pour chaque excitation, on obtient une courbe de même forme générale que la précédente.

On peut enregistrer directement les mouvements de *gonflement* et de *dégonflement* (mais non de raccourcissement) des muscles en contraction, au moyen de la *pince myographique* (fig. 192), qui est basée sur le même principe que le cardiographe.

Secousse musculaire. — Étudions le graphique de la contraction brusque ou *secousse musculaire*, que nous venons

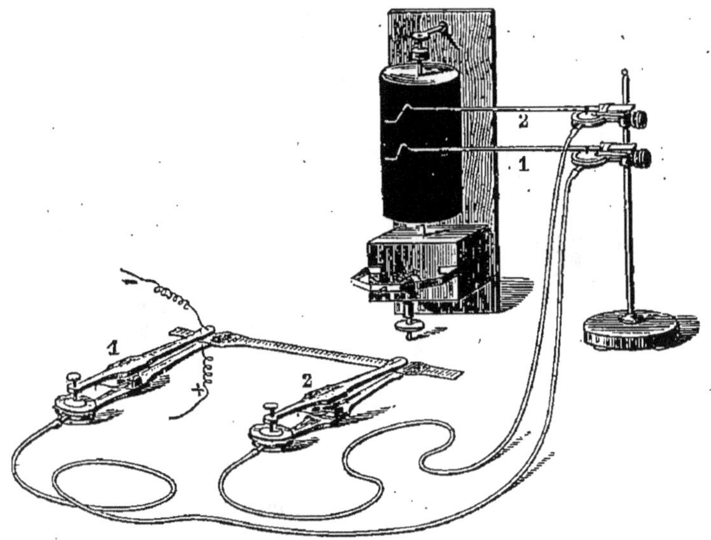

Fig. 192.

Fig. 192. — 1, 2, pinces myographiques entre les lames desquelles on a disposé une bande musculaire. Une onde, mise en jeu par l'excitation électrique, est représentée au moment où elle sort de chacune des pinces; elle a été inscrite par les leviers correspondants. L'intervalle horizontal entre le commencement des deux courbes permet de mesurer la vitesse de l'onde musculaire, c'est-à-dire du mouvement ondulatoire de contraction.

d'obtenir (fig. 193). Entre le moment de l'excitation et le commencement de la contraction s'écoule un temps très court, d'environ un centième de seconde, pendant lequel le levier trace la ligne *ab* ; puis le levier est déplacé ; il arrive rapidement au point culminant *c*, correspondant à la contraction maxima du muscle ; ensuite le muscle se décontracte lentement et le levier passe de *c* à *d*, point qui correspond à l'extension complète du muscle. La durée de la contraction totale (de *b* à *d*) varie de $\frac{1}{10}$ à $\frac{1}{6}$ de seconde.

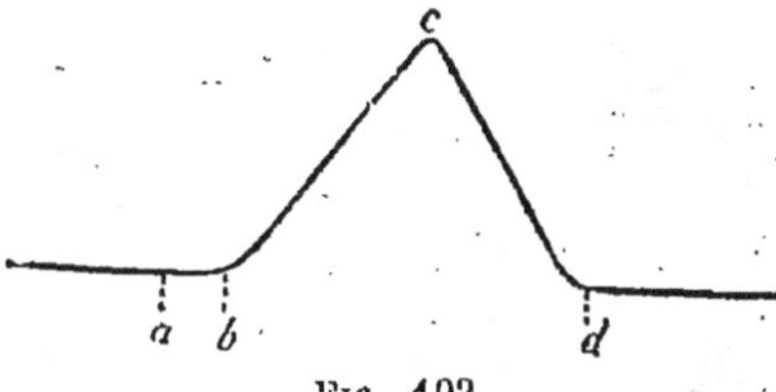

Fig. 193.

Fig. 193. — Tracé de la secousse musculaire. — *a*, moment de l'excitation; *b*, commencement de la contraction; *c*, contraction complète; *d*, repos.

Tétanos. — Lorsque les excitations électriques sont répétées et de plus en plus rapprochées, il arrive un moment où la contraction musculaire due à la première n'est pas terminée lorsque la seconde excitation commence à agir; cette dernière produit un relèvement du levier, dû à une deuxième secousse, qui sera arrêtée à son tour, dans sa phase de retour, mais un peu plus tôt que la première à cause de la fatigue musculaire, et ainsi de suite. Si bien que le muscle se rapproche de plus

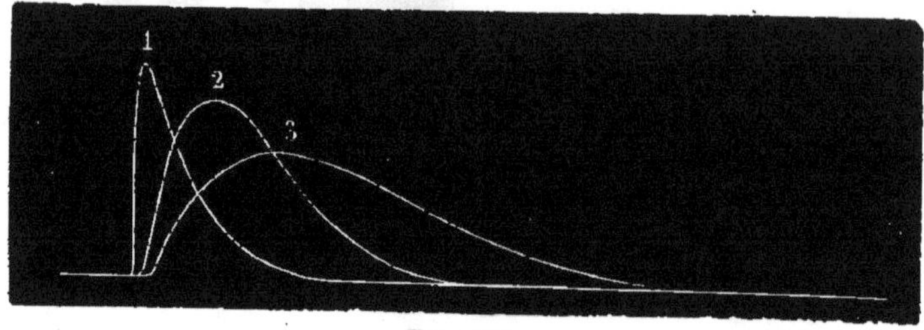

Fig. 194.

Fig. 194. — 1, contraction d'un muscle frais; 2, d'un muscle un peu fatigué; 3, d'un muscle plus fatigué encore.

en plus de l'état de contraction permanente ou *contracture*, ainsi que l'indiquent les ondulations régulièrement décroissantes du graphique (fig. 195). Lorsque le nombre des excitations atteint environ trente par seconde, la contracture est éta-

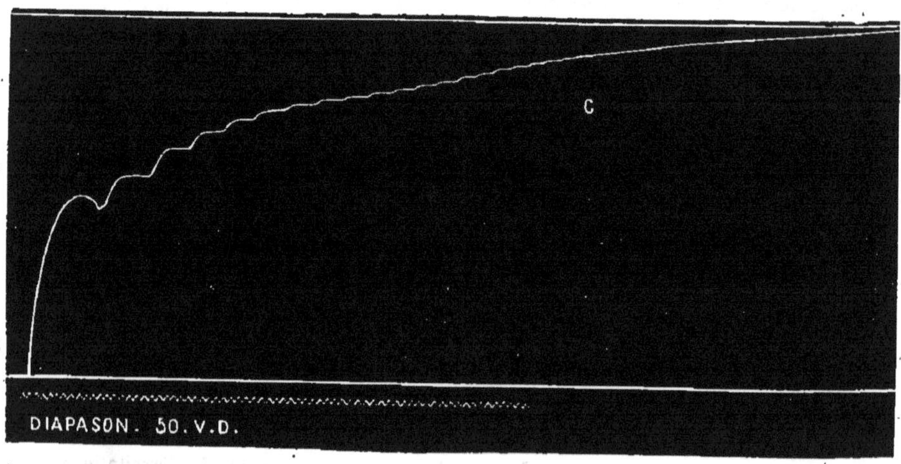

Fig. 195.

Fig. 195. — Secousses musculaires de fréquence croissante; à partir de C, tétanos.

blie et dure tant que les excitations se répètent avec la même vitesse; on dit alors que le muscle est à l'état de *tétanos*. L'état de contracture est la conséquence de la fusion des diverses secousses dues aux excitations électriques successives. Il existe aussi, dans certains cas pathologiques, un tétanos naturel, persistant; les douleurs passagères, appelées *crampes*, sont également dues à des muscles tétanisés.

Nutrition des muscles. — Les muscles à l'état d'activité se distinguent des autres organes par la grande quantité de *principes immédiats ternaires*, notamment de glucose, qu'ils consomment, par le fait des oxydations dont ils sont le siège.

FIG. 196.

FIG. 196. — Fibre musculaire dans laquelle se propagent plusieurs ondes (mouvement de contraction) vue au microscope.

Le glucose se transforme ainsi en acide carbonique, en acide lactique, en vapeur d'eau et peut-être encore en d'autres produits; aussi le sang veineux, qui entraîne l'acide carbonique, est-il beaucoup plus foncé dans les muscles en contraction que dans les muscles au repos. C'est dire que la respiration de ces organes est activée pendant leur période de contraction. Il ne semble pas que les actions chimiques qu'elle détermine soient accompagnées d'une destruction notable de matières albuminoïdes, si l'on en juge par l'urée, produit de désassimilation caractéristique de ces dernières, dont la proportion n'augmente presque pas pendant un travail musculaire très actif; il est vrai de dire qu'il peut se former d'autres déchets azotés, éliminés, par exemple, par le foie.

Toujours est-il que ce sont les matières ternaires (glucose, graisse...) qui sont de préférence soumises à la combustion respiratoire. C'est ce que nous montrent d'ailleurs les Herbivores, dont l'aliment est essentiellement ternaire, et qui produisent un travail considérable et longtemps soutenu.

Chaleur musculaire. — Les phénomènes chimiques (oxydations et autres) dont les muscles sont le siège, comme d'ailleurs tous les organes, ont pour conséquence le dégagement d'une certaine quantité de chaleur, naturellement plus grande pendant la contraction que pendant le repos. Comme les muscles forment une partie importante de la masse du corps, on peut considérer le système musculaire comme la principale source de chaleur dans l'organisme (p. 171).

Lorsqu'un muscle se contracte, sa température s'élève légèrement. Mais la chaleur qui y prend naissance par le fait de l'accroissement de la respiration ne se dégage pas intégralement. En effet, la contraction musculaire représente un *travail* et ce dernier provient de la transformation d'une certaine quantité de chaleur. Le travail de contraction est minimum, lorsque le muscle se raccourcit isolément; dans l'organisme, il s'augmente de celui qui correspond au déplacement des organes auxquels il est inséré (os...) et souvent encore d'un poids extérieur, tenu par exemple à la main.

On peut dire d'une manière générale que la *quantité de chaleur dégagée par un muscle qui travaille pendant un temps donné est toujours égale à la différence entre la quantité intégrale qui y a pris naissance par le fait des oxydations internes et celle qui correspond au travail effectué (travail de contraction du muscle, déplacement des organes auxquels il est fixé, et souvent travail extérieur)*. On sait que la chaleur se transforme en travail dans la proportion de 1 calorie disparue pour 425 kilogrammètres de travail produit.

Lorsqu'un muscle se maintient pendant un certain temps à l'état de contraction, lorsque en un mot il est à l'état de *contraction statique*, il n'effectue plus aucun travail, car la notion de travail est intimement liée à la fois à l'idée d'effort développé et à celle de mouvement accompli; c'est ce qui arrive par exemple lorsqu'on tient à la main un poids, le bras tendu horizontalement en avant et immobile. Comme les actions chimiques internes gardent la même intensité que pendant la période de travail qui, dans l'exemple précédent, consisterait, je suppose, à ramener le poids contre le corps par une flexion du membre, la chaleur qu'elles produisent devient libre tout entière et détermine un échauffement plus considérable que dans le cas du travail ou *contraction dynamique*. Aussi, dans le tétanos naturel, la température du corps s'élève-t-elle parfois de plusieurs degrés.

Rigidité cadavérique. — Après la mort, les muscles perdent rapidement leur élasticité et leur contractilité et, au bout de cinq à six heures, la rigidité commence à s'en emparer; elle apparaît d'abord à la mâchoire inférieure, puis aux membres et s'étend peu à peu au tronc. Elle n'est complète qu'au bout de dix à douze heures. La rigidité dure jusqu'au moment où le corps entre en putréfaction. Lorsque la mort a été précédée d'une fatigue intense, comme c'est le cas pour le soldat qui tombe sur le champ de bataille après une marche pénible, la rigidité apparaît très vite, parfois dix ou quinze minutes après la mort; au contraire, dans les conditions ordinaires de mort violente (suicide), la rigidité ne commence à se produire qu'au bout de douze heures environ.

Les muscles rigides ont toujours une réaction acide, due à l'acide lactique; ce dernier provoque la coagulation de la myosine ou matière albuminoïde du muscle et détermine ainsi le hangement de consistance qui n'est autre que la rigidité. Pendant la vie, il se forme aussi de l'acide lactique dans les muscles, à la suite d'un travail longtemps soutenu; mais il est

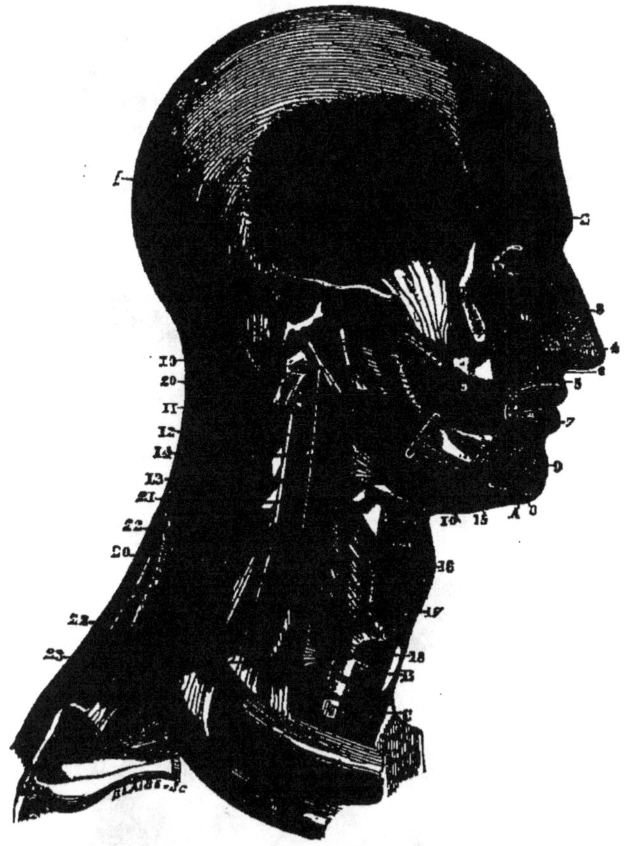

Fig. 197.

Fig. 197. — Muscles de la tête et du cou. — 1, muscle temporal; 2, muscle sourcilier; 3, muscle triangulaire du nez; 4, élévateur propre de la lèvre supérieure; 5, muscle canin; 7, muscle orbiculaire des lèvres; 8, muscle buccinateur; 10, muscle constricteur du pharynx; 15, muscle mylo-hyoïdien; 16, muscle thyro-hyoïdien; 17, muscle constricteur inférieur du pharynx; 18, muscle crico-thyroïdien; 19, muscle splénius; 11, muscle stylo-glosse; 20, muscle angulaire de l'omoplate; 22, 22, muscle scalène postérieur; 23, muscle scalène antérieur; A, orifice du canal de Sténon; B, corps thyroïde (goitre); C, trachée.

entraîné au fur et à mesure par le sang veineux avec les autres produits de désassimilation. La sensation de fatigue qui résulte d'un travail musculaire excessif est due à un commencement de rigidité, occasionné par l'acide lactique formé.

Principaux muscles. — Les muscles de l'Homme sont extrêmement nombreux ; on donne à leur étude spéciale le nom de *Myologie*. Nous citerons seulement les plus importants :

1° Dans la **tête** (fig. 197) : le *frontal* qui recouvre l'os de ce nom et qui

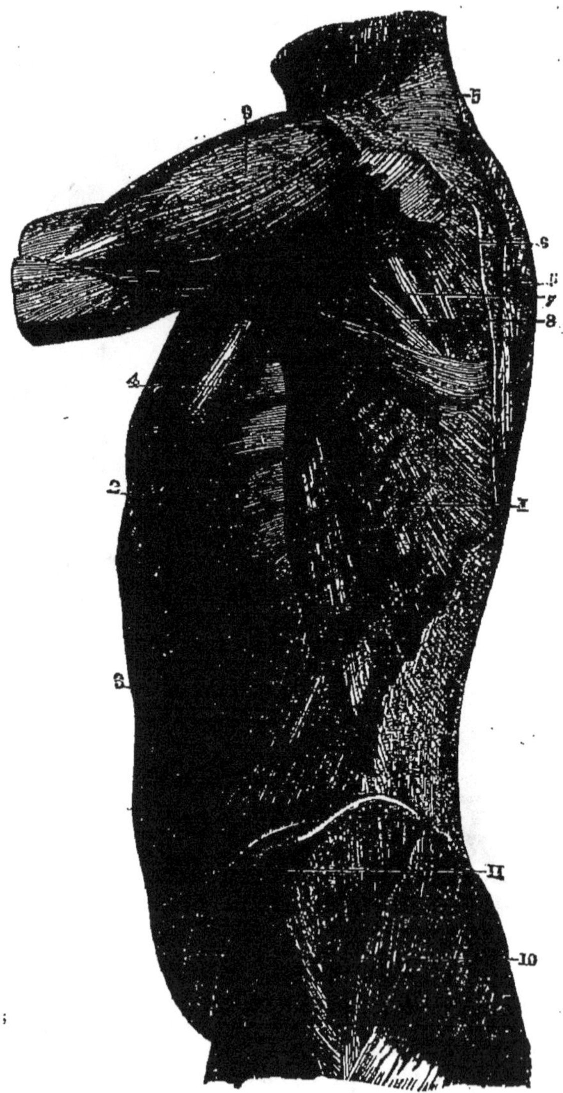

Fig. 198.

Fig. 198. — Muscles du tronc. — 1, muscle grand dorsal ; 2, muscle grand dentelé ; 3, muscle grand oblique ; 4, muscle grand pectoral ; 5, 5, trapèze (vu de profil) ; 6, muscle sous-épineux ; 7, muscle petit rond ; 8, muscle grand rond ; 9, deltoïde ; 10, muscle grand fessier ; 11, muscle moyen fessier.

fronce les sourcils et la peau du front en se contractant ; le muscle sourcilier (2) ; l'*orbiculaire des paupières* ferme le globe de l'œil ; l'*orbicu-*

laire des lèvres (7) entre en jeu dans le sifflement; l'*élévateur de l'aile du nez et de la lèvre supérieure;* le muscle *buccinateur* (8), inséré en avant sur le bord des lèvres, en arrière aux deux mâchoires et à l'apophyse ptérygoïde : il élargit la fente buccale, contrairement à l'orbiculaire des lèvres qui l'arrondit. Le *temporal* (1), le *masséter*, les *ptérygoïdiens*, le *digastrique*, le *sterno-cléido-mastoïdien* (fig. 136), les *scalènes* (22, 23) ont ont déjà été cités, les quatre premiers comme muscles masticateurs, les

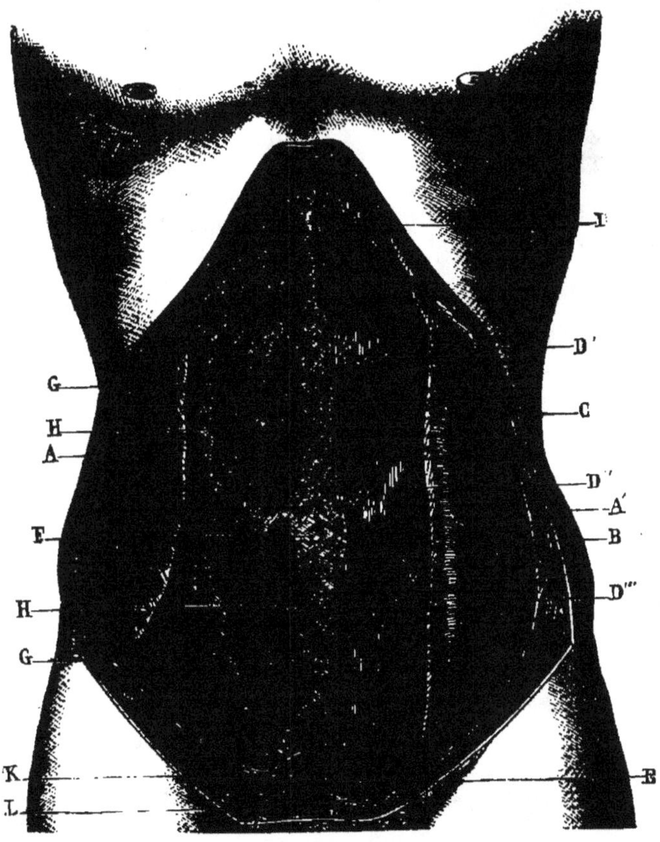

Fig. 199.

Fig. 199. — Région antérieure de l'abdomen. — A, A', muscle grand oblique; B, muscle petit oblique; C, muscle grand droit; F, anneau ombilical; GG, ligne blanche; H, aponévrose antérieure du muscle grand droit C.

deux autres comme muscles respirateurs. A l'os hyoïde se fixent de nombreux muscles (fig. 197, 13, 15, 16).

2° Dans le **tronc :** le *grand pectoral* (fig. 136, A), muscle large et épais, formant de chaque côté la saillie de la poitrine et inséré, d'une part, à la clavicule et au sternum, d'autre part, à la partie supérieure de l'humérus par un fort tendon; il porte le bras en dedans, à la face antérieure du corps. Les *intercostaux*, les *surcostaux*, les *sous-costaux* ont été cités comme muscles respirateurs. Le *trapèze* (fig. 198, 5), large muscle dorsal, inséré supérieurement à l'occipital, inférieurement aux deux dernières vertèbres cervicales et aux douze dorsales par une ligne tendineuse; sur les côtés, ses fibres convergent et vont se fixer aux épaules. Par sa contraction, il rapproche l'omoplate de la colonne vertébrale et efface par conséquent l'épaule : il est l'antagoniste du pectoral; quand l'épaule est maintenue fixe, il renverse la tête en arrière. Le *grand dorsal* (fig. 198, 1) occupe toute la partie latérale du tronc, audessous du creux de l'épaule; il s'insère, en bas aux dernières vertèbres et à la crête de l'os iliaque, en haut à l'humérus par un fort tendon; ce muscle amène le bras derrière le dos. Le muscle *long dorsal* et le *sacro-lombaire* partent du bassin et se terminent aux vertèbres supérieures et à la partie voisine des côtes; ces muscles très développés concourent à maintenir le corps dans la station verticale. Dans la paroi antérieure de l'abdomen, citons le muscle *grand droit* (fig. 199, C), séparé de son analogue par la *ligne blanche*, cordon fibreux dans lequel est creusé l'*ombilic;* le muscle *grand oblique* (A), situé sur le côté et en dedans du précédent. Ces deux muscles vont du bassin aux côtes; ils agissent dans l'expiration forcée.

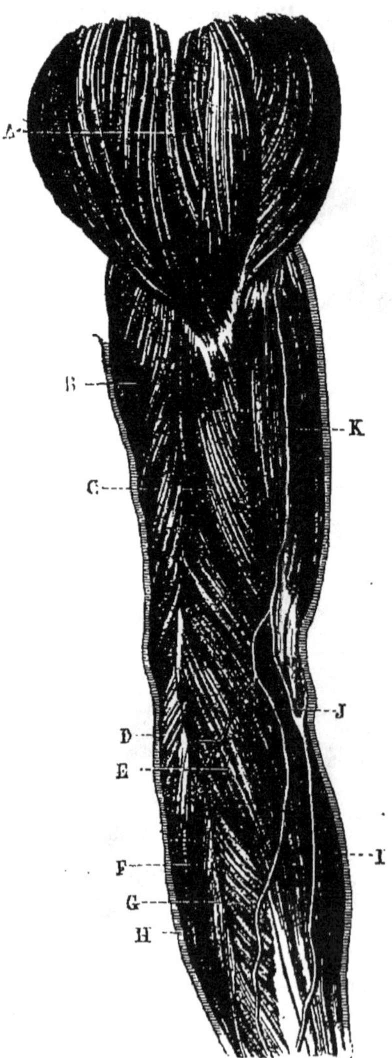

FIG. 200.

FIG. 200. — Muscles du bras (face externe). — A, deltoïde; B, triceps; C, brachial antérieur; K, biceps; J, long supinateur.

3° Dans les **membres supérieurs:** le *deltoïde* (fig. 200, A), inséré à l'humérus et à l'épaule, forme la saillie arrondie de l'épaule; par sa contraction, il élève le bras; le *biceps* (fig. 200, K), situé à la face interne, axillaire, du bras; supérieurement, il se termine par deux tendons, fixés, l'un sur l'apophyse coracoïde de l'omoplate, l'autre sur la cavité glénoïde; inférieurement, il s'insère par un tendon unique sur le radius; ce muscle fléchit l'avant-bras sur le bras; il est secondé par le muscle *brachial antérieur* (C), situé au-dessous de lui; le *triceps* (B), antagoniste du biceps, est situé sur la face externe du bras; supérieurement il s'attache à l'omoplate et à l'humérus, inférieurement à l'olécrâne du cubitus; ce muscle détermine l'extension de l'avant-bras sur le bras. Dans l'avant-bras, citons le *rond pronateur*, fixé supérieurement au cubitus et à l'humérus, inférieurement au radius; il fait tourner ce dernier os en dedans, de façon que, lorsque l'avant-bras est horizontal, la paume de la main soit en bas ; il détermine en un mot le mouvement de *pronation* de la main. D'autres muscles, dits *supinateurs* (J), produisent le mouvement inverse de *supination*. Dans la main se trouvent de nombreux muscles (fléchisseurs, extenseurs...); leur disposition est fort compliquée.

4° Dans les **membres inférieurs :** le muscle *fessier* (fig. 198, 10), très volumineux, fixé aux os iliaques et au fémur; il maintient le corps dans la station verticale; le *biceps fémoral*, situé à la partie postérieure de la cuisse, fléchit la jambe sur la cuisse ; le *triceps fémoral*, antagoniste du précédent, s'étend du fémur et du bassin jusqu'à la rotule ; il étend la jambe sur la cuisse ; le *droit antérieur de la cuisse* (fig. 201, *a*) agit comme le triceps; le *cou-*

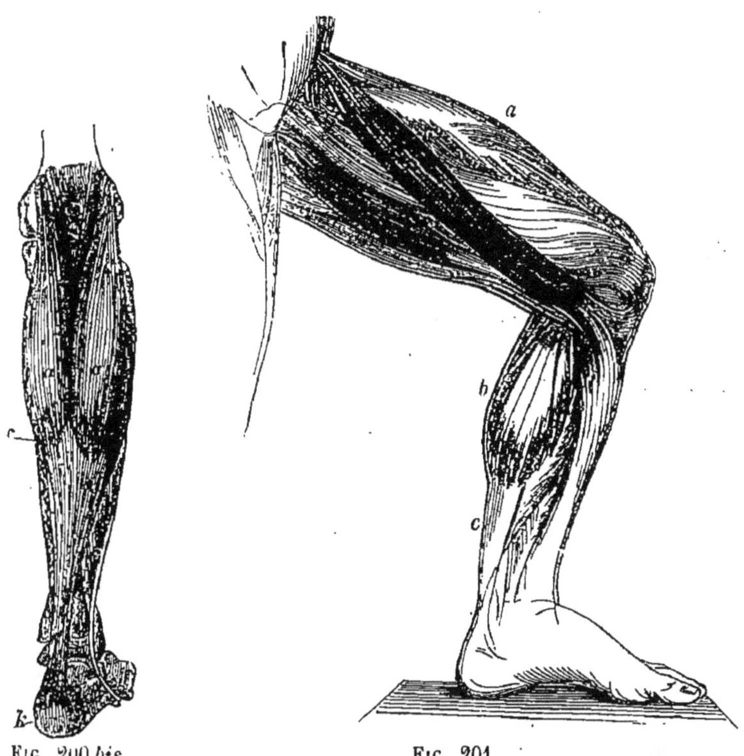

FIG. 200 *bis*. FIG. 201.

FIG. 200 *bis*. — *aa*, muscles jumeaux; *ck*, tendon d'Achille; *k*, calcanéum.

FIG. 201. — Muscles du membre inférieur. — Dans la cuisse (en foncé) : en haut le muscle couturier, en bas le droit interne ; *a*, muscle droit antérieur de la cuisse. Dans la jambe : en arrière, les muscles du mollet (*b*) avec le tendon d'Achille (*c*).

turier (fig. 201) se dirige obliquement, de haut en bas et de dehors en dedans, depuis l'épine iliaque jusqu'à la crête du tibia; il fléchit la jambe sur la cuisse, mais en la portant en dedans; lorsque les deux couturiers se contractent simultanément, les deux jambes sont croisées. Sur la jambe, on remarque, en arrière, les deux *jumeaux* (fig. 201, *b*), fixés au calcanéum par un tendon unique très puissant, le *tendon d'Achille* (*c*), et en haut au fémur; avec les *muscles soléaires*, situés à côté et en dedans d'eux, les jumeaux forment la saillie du mollet (*muscles gastrocnémiens*), qui agissent dans la marche.

CHAPITRE III

LOCOMOTION

La *locomotion* consiste dans les déplacements variés que peut subir le corps, grâce à la mise en jeu des os, organes *passifs*, par les contractions des muscles, organes *actifs* du mouvement.

Leviers du squelette. — Les os étant la plupart des barres rigides mobiles autour d'un point fixe sont assimilables à des *leviers*. Or on sait qu'il existe en mécanique trois sortes de leviers :

1° Les leviers du *premier genre* (fig. 202), dans lesquels le point

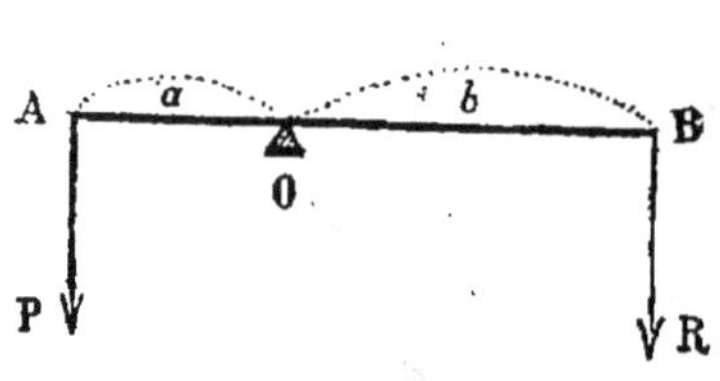

Fig. 202.

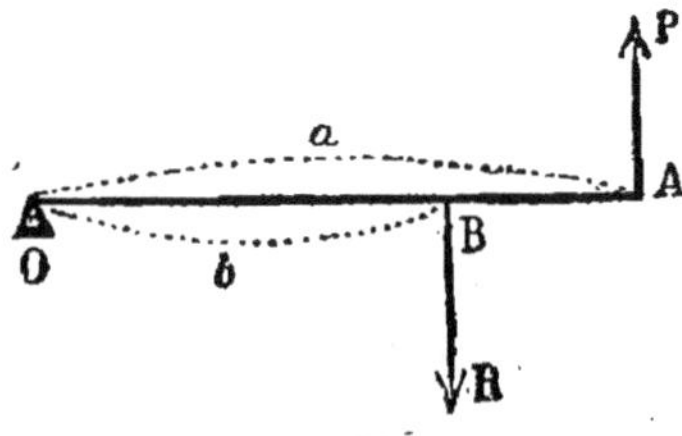

Fig. 203.

Fig. 202. — Levier du premier genre. — O, point d'appui; P, puissance; R, résistance; a, b, bras de levier.

Fig. 203. — Levier du deuxième genre.

d'appui O est situé entre la résistance R et la puissance P; la balance en est un exemple;

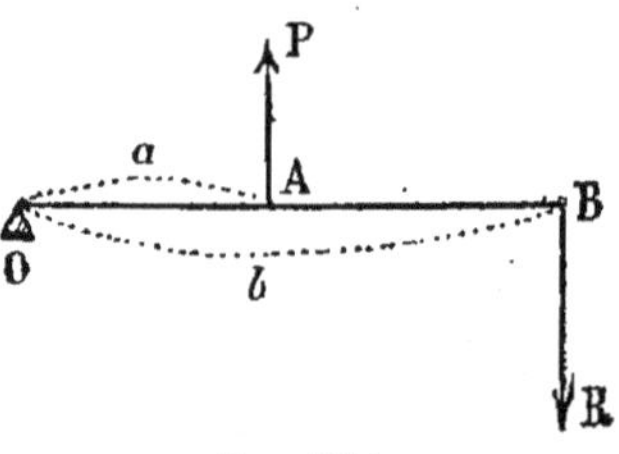

Fig. 204.

Fig. 204. — Levier du troisième genre.

2° Les leviers du *second genre* (fig. 203), dans lesquels la résistance est appliquée entre le point d'appui et la puissance. Exemple : la brouette; la résistance est le poids de la brouette, force appliquée en son centre de gravité, et la puissance l'effort musculaire déployé par l'Homme qui la soulève;

3° Les leviers du *troisième genre* (fig. 204), où la puissance est située entre le point d'appui et la résistance.

Dans les trois cas, l'appareil sera en équilibre lorsque le produit de la puissance par son bras de levier sera égal à celui de la résistance par son bras de levier, c'est-à-dire lorsqu'on aura :

$$P \times OA = R \times OB \quad \text{d'où} \quad P = R \times \frac{OB}{OA}.$$

On voit, en évaluant P pour les trois cas, que la puissance nécessaire pour faire équilibre à une résistance quelconque est plus faible que cette résistance avec un levier du second genre, plus grande avec un levier du troisième; par contre, le déplacement de la résistance est plus étendu dans ce dernier cas que dans le premier, pour un même déplacement de la puissance. En d'autres termes, ce qu'on gagne en force on le perd en vitesse (levier du deuxième genre) et réciproquement (levier du troisième genre).

Tous ces leviers sont réalisés dans le squelette. Ainsi la *tête*, en équilibre sur la colonne vertébrale, est un *levier du premier genre*, dont le point d'appui est l'articulation occipito-atloïdienne, la puissance étant représentée par les muscles postérieurs du cou, insérés sur l'occipital, et la résistance, par le poids de la tête, force verticale passant par le centre de gravité, situé lui-même en avant et au-dessus de l'articulation.

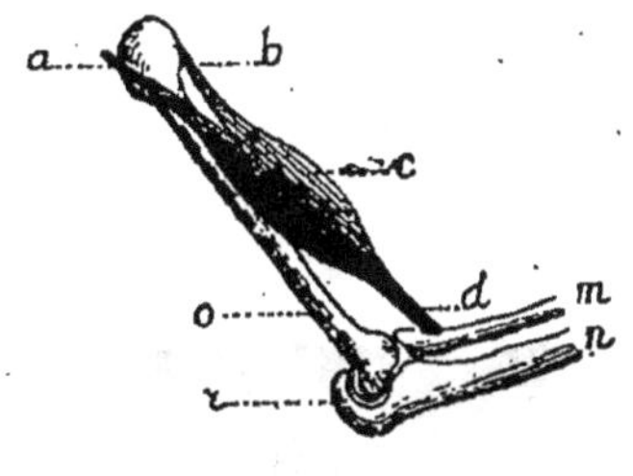

FIG. 205.

FIG. 205. — *c*, biceps; *a*, *b*, *d*, ses tendons; *o*, humérus; *m*, radius; *n*, cubitus; *r*, olécrane.

Les *leviers du troisième genre* sont de beaucoup les plus nombreux dans l'appareil locomoteur, en particulier dans les membres, où ils entrent en jeu pendant les mouvements de flexion. Ainsi, dans la flexion de l'avant-bras sur le bras (fig. 205), le levier est constitué par le radius et le cubitus; le point d'appui est à l'articulation du coude; la puissance comprend le biceps et le brachial antérieur, insérés tout près de l'articulation, le premier sur le radius, le second sur le cubitus; enfin la résistance est représentée par le poids de l'avant-bras tout entier, force verticale appliquée au centre de gravité de l'organe. Pendant la flexion, la direction de la puissance change à chaque instant; elle fait d'abord un angle très aigu avec son bras de levier; puis un angle droit, lorsque l'avant-bras est soulevé à une certaine hauteur, et enfin un angle obtus, de plus en plus grand, jusqu'au moment où l'avant-bras s'applique sur le bras. Cette variation fait qu'il est difficile d'évaluer avec précision l'effort musculaire utile. — De même dans les mouvements de flexion de la jambe sur la cuisse, les os de la jambe (fig. 201) constituent un levier du troisième genre dont la puissance se compose du biceps fémoral, du couturier, etc.; dans le mouvement d'extension, la puissance est représentée par le droit antérieur de la cuisse, uni, inférieurement au tibia. Dans les deux cas, la résistance est la même et comprend le poids de la jambe, force verticale constante passant par son centre de gravité.

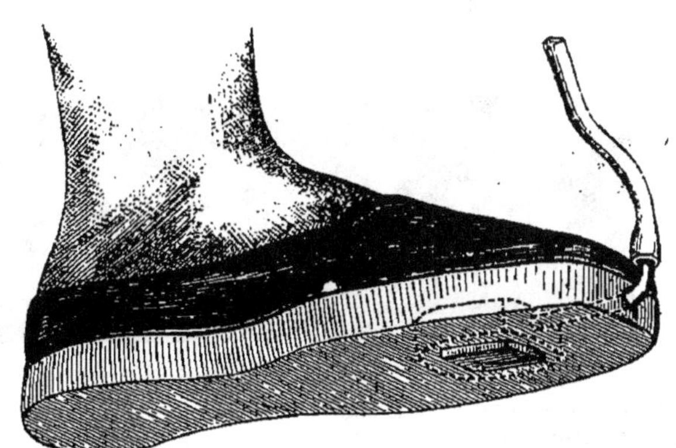

FIG. 206.

FIG. 206. — Chaussure exploratrice des pressions du pied sur le sol.

Marche. — La marche est le mode de locomotion dans lequel le corps ne quitte jamais complètement le sol. Le poids du corps passe toujours par le membre qui pose à terre; lorsque cette phase se trouve réalisée, le membre opposé, qui est alors en arrière, oscille et se porte en avant, tandis que le corps se penche du même côté, de façon que son poids passe par le pied qui est maintenant en avant et ainsi de suite. Pendant la marche, les bras sont soumis à une sorte de balancement; ils se portent chacun en arrière lorsque la jambe du même côté passe en avant et réciproquement; ces mouvements servent à atténuer les influences qui à chaque instant tendent à faire dévier le corps de la ligne droite suivant laquelle il veut se diriger. Lorsqu'on croise les bras pendant la marche et qu'on supprime ainsi leur action régulatrice, on remarque que le tronc éprouve un léger mouvement de rotation autour du fémur du membre qui appuie sur le sol au moment considéré.

La pression ou *foulée* du pied sur le sol et les variations qu'elle présente

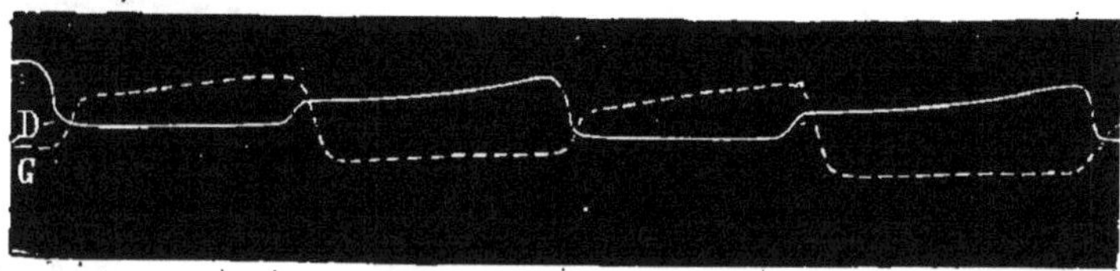

Fig. 207.

Fig. 207. — Tracé de la marche ordinaire. — D, levés et foulées du pied droit; G, foulées et levés du pied gauche.

lors du soulèvement progressif de cet organe peuvent être étudiées par un *appareil explorateur*, placé sous la plante des pieds et mis en rapport

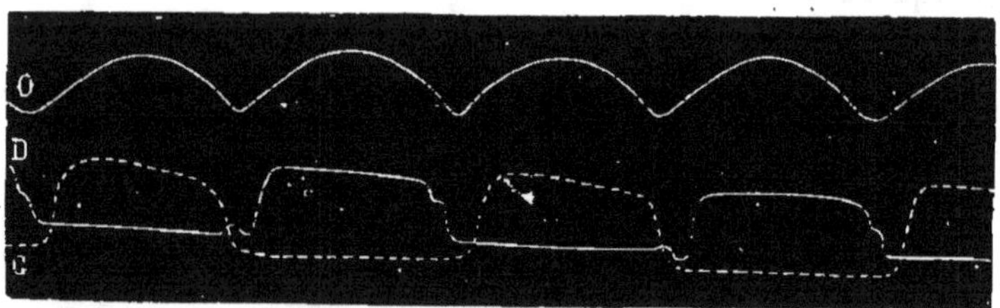

Fig. 208.

Fig. 208. — Tracé de la course de l'Homme. — D (trait plein), levés et appuis du pied droit; G (ligne ponctuée), appuis et levés du pied gauche; O, oscillations ou réactions verticales du corps.

avec un *appareil enregistreur*. L'appareil explorateur (fig. 206) se compose d'une semelle de caoutchouc d'environ 1 centimètre 1/2 d'épaisseur, creusée vers le tiers antérieur d'une chambre à air. La paroi amincie de cette dernière est préservée par une petite plaque de bois saillante. L'expérimentateur, muni de *chaussures exploratrices*, tourne autour d'une table sur laquelle sont placés les appareils enregistreurs; ceux-ci se composent d'un tambour récepteur, d'un levier et d'un cylindre mobile. Lorsque le pied exerce sa pression sur le sol, l'air intérieur est comprimé; la pression est transmise par le tube de caoutchouc au tambour, et de là au levier qui l'inscrit (fig. 207) sur le cylindre.

Pour apprécier, d'après la courbe, la valeur de l'effort exercé par le pied à un moment donné, il suffit de placer sur la chaussure un poids tel que le levier s'élève au même niveau que la courbe au point correspondant;

FIG. 209.

FIG. 209. — Coureur tenant à la main un appareil enregistreur des foulées du pied sur le sol et portant sur la tête l'appareil enregistreur des oscillations verticales (voy. fig. 210).

on trouve ainsi que, dans la dernière phase de la foulée, la pression du pied sur le sol est supérieure d'environ 20 kilogrammes au poids du corps.

Course. — La course diffère de la marche en ce que le corps quitte le sol à chaque pas, pendant un court instant, appelé *temps de suspension*.

Les foulées successives des pieds sont ici bien distinctes (fig. 208) et l'intervalle qui les sépare est représenté sur le tracé par l'espace compris entre les parties descendantes des courbes du pied droit et les parties montantes des courbes du pied gauche. Dans la marche, au contraire, les foulées des deux pieds empiètent les unes sur les autres (fig. 207).

Dans la figure 209, on a représenté un coureur tenant en main un appareil enregistreur, pour les foulées successives des pieds et pour les oscillations verticales du corps. A cet effet, il porte aux pieds des chaussures exploratrices et sur la tête un petit appareil explorateur spécial (fig. 210).

Saut. — Supposons l'Homme debout, les talons rapprochés sur la même ligne et la pointe des pieds rentrée. Au moment de sauter, il fléchit la cuisse

Fig. 210.

Fig. 210. — Appareil explorateur des réactions verticales pendant les différentes allures (voy. fig. 209).

sur la jambe, penche le corps en avant et ne touche plus le sol que par la pointe des pieds. Il redresse alors brusquement la cuisse sur la jambe, par une contraction énergique des muscles extenseurs de cette dernière, le droit antérieur de la cuisse par exemple : les membres exercent alors une foulée sur le sol et la réaction de ce dernier détermine le lancement du corps en avant, tandis que les bras, précédemment dirigés en arrière, sont maintenant tendus horizontalement en avant.

CHAPITRE IV

LARYNX

Le *larynx* ou organe de la voix représente la partie supérieure de la trachée-artère, différenciée dans sa forme et dans sa structure de manière à utiliser le courant d'air d'expiration pour la production des sons.

Le larynx (fig. 211) est plus large que la trachée proprement dite ; il a la forme d'un prisme triangulaire à face postérieure plane et à arête vive antérieure.

Son orifice supérieur ou *glotte* établit la communication

avec le pharynx; il est muni, en avant, d'un prolongement ovale, fibro-cartilagineux, appelé *épiglotte*, vertical au moment du repos (fig. 83, *f*), abaissé horizontalement au moment de la déglutition (fig. 84, *f*), par suite du mouvement d'arrière en avant de la trachée; grâce à ce mécanisme, les aliments ne peuvent passer que dans l'œsophage. Le larynx est relié supérieurement à l'os hyoïde (fig. 212) par une membrane fibreuse, épaissie

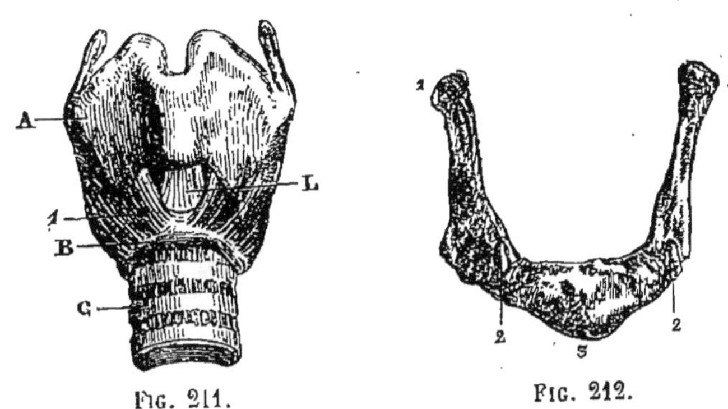

FIG. 211. FIG. 212.

FIG. 211. — Larynx (face antérieure). — A, cartilage thyroïde; B, cartilage cricoïde; C, trachée-artère; L, ligament crico-thyroïdien antérieur; 1, muscles crico-thyroïdiens.

FIG. 212. — Os hyoïde (vu de face). — 1, grandes cornes; 2, petites cornes; 3, corps de l'os hyoïde.

latéralement en ligaments (fig. 216), et par les deux muscles thyro-hyoïdiens (fig. 197, 16).

La cavité laryngienne présente d'abord à considérer (fig. 213), à partir de la glotte, une dilatation, suivie d'un rétrécissement limité par deux saillies antéro-postérieures de la paroi, appelées cordes vocales supérieures; ces saillies en manière de rubans (fig. 49 *bis*) interceptent un angle aigu dont le sommet est situé sur la paroi antérieure du larynx; elles s'étendent horizontalement sur toute la largeur des faces latérales. Elles n'ont aucune action dans la phonation. Au-dessous des cordes vocales supérieures et parallèlement à elles se trouvent deux autres saillies, appelées *cordes vocales inférieures* ou *lèvres vocales* (*c*). Elles sont un peu plus saillantes que les précédentes, de sorte que l'orifice triangulaire qu'elles limitent (fig. 214, *ac*) est un peu plus étroit que le leur. Si donc l'on examine la cavité du larynx par le haut, on voit d'abord les cordes vocales supérieures, et un peu au-dessous d'elles, les dépassant, le bord des cordes vocales inférieures.

On donne le nom de *glotte proprement dite* à l'espace triangulaire compris entre les cordes vocales inférieures ; pendant l'inspiration, elle s'élargit et facilite ainsi l'entrée de l'air ; pendant l'expiration, elle revient à sa première position.

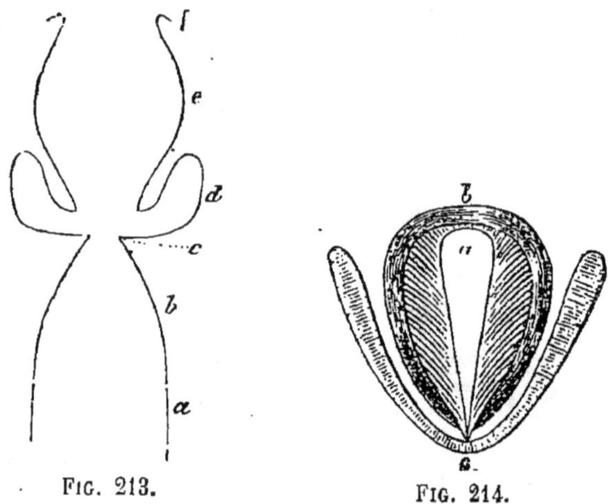

Fig. 213. Fig. 214.

Fig. 213. — Cavité du larynx : section longitudinale. — *f*, repli établissant la continuité du larynx et du pharynx ; *e*, cavité supérieure élargie du larynx ; *d*, ventricules de Morgagni ; *c*, cordes vocales, interceptant la glotte ; *ba*, trachée.

Fig. 214. — La glotte *a* est largement ouverte (position de repos) ; *b*, cartilage cricoïde ; *c*, coupe horizontale du cartilage thyroïde. Les hachures représentent les cordes vocales (coupe horizontale).

Structure du larynx. — On retrouve dans l'organe de la voix les divers tissus de la trachée-artère, mais différenciés pour de nouvelles fonctions, savoir : les *cartilages*, les *muscles*, le *tissu élastique* et l'*épithélium*.

1° Les *cartilages* du larynx sont au nombre de quatre : deux impairs, le cartilage *thyroïde* et le cartilage *cricoïde*, et deux pairs, les cartilages *aryténoïdes*. Ils sont mis en mouvement par les muscles.

Le cartilage *cricoïde* (fig. 215, *a*) est en forme d'anneau plus haut en arrière qu'en avant ; il repose sur le premier anneau de la trachée. Au-dessus de sa région antérieure et latérale se trouve le cartilage *thyroïde*, articulé avec lui seulement sur les côtés (x) ; le *ligament crico-thyroïdien* (fig. 211, L) les unit l'un à l'autre en avant.

Le cartilage *thyroïde* (fig. 216, *h*), le plus développé de tous, a la forme d'un angle dièdre ; son arête est antérieure et présente une saillie, visible extérieurement sur le cou, et appelée *pomme d'Adam ;* en arrière, il présente des prolongements verticaux supérieurs et inférieurs, appelés *grandes et petites cornes* (fig. 216, *s*, *i*) : les grandes cornes sont unies à l'os hyoïde par un ligament ; les petites cornes s'articulent directement avec le cartilage cricoïde.

Enfin les cartilages *aryténoïdes* (fig. 217, *cd* ; fig. 215, *dg*)

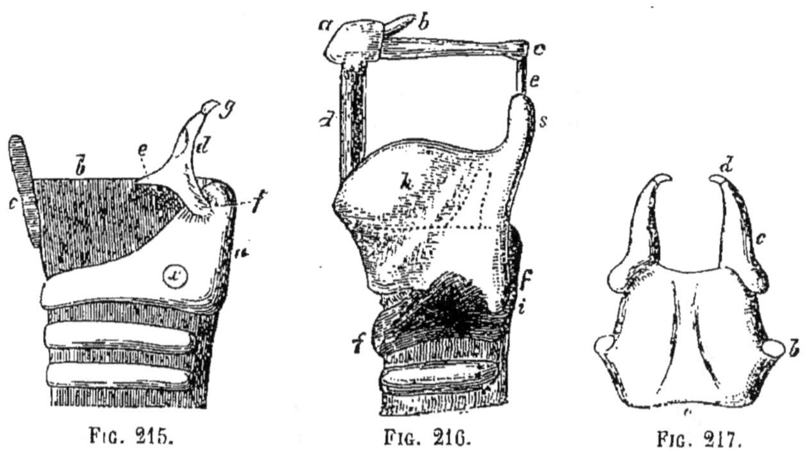

Fig. 215. Fig. 216. Fig. 217.

Fig. 215. — *a*, cartilage cricoïde ; *b*, cordes vocales ; *c*, coupe verticale du cartilage thyroïde ; *d*, cartilage aryténoïde ; *g*, cartilage de Santorini, qui le termine ; *e*, apophyse donnant insertion aux lames vocales ; *f*, articulation du cartilage aryténoïde et point d'attache des muscles crico-aryténoïdiens ; *x*, articulation du thyroïde.

Fig. 216. — Vue latérale du larynx et de l'os hyoïde. — *a*, corps de l'os hyoïde ; *b*, petite corne de cet os ; *c*, grande corne ; *d*, *e*, ligaments moyen et latéraux hyo-thyroïdiens ; *h*, cartilage thyroïde ; *s*, sa corne supérieure ; *i*, sa corne inférieure ; *ff*, cartilage cricoïde ; *g*, muscle crico-thyroïdien ; le pointillé horizontal indique le niveau des cordes vocales ; l'autre pointillé, le cartilage aryténoïde.

Fig. 217. — Cartilages aryténoïdes (*cd*) sur le cartilage cricoïde, vus par leur face postérieure ; *b*, surface d'articulation du cartilage thyroïde.

reposent verticalement sur la partie postérieure du cricoïde et ferment le larynx de ce côté ; ils sont triangulaires.

2° Les *muscles* du larynx sont au nombre de neuf, dont quatre sont pairs et un impair ; par leurs contractions variées, ils mettent en mouvement les cartilages et déterminent une tension et un rapprochement plus ou moins grands des cordes vocales, et par suite, la production d'un son plus ou moins aigu sous l'influence du courant d'air d'expiration.

Ce sont : les muscles *crico-thyroïdiens* (fig. 211, 1), insérés de chaque côté, d'une part sur le cricoïde, d'autre part à la base du thyroïde ; par leur contraction, ils tirent légèrement le thyroïde en avant et le font basculer autour de son articulation pour le rapprocher du cricoïde ; de là résulte une faible tension des cordes vocales, lesquelles sont situées en dedans du cartilage thyroïde (fig. 215, *b*).

Les muscles *thyro-arytenoïdiens* s'insèrent en avant à la face interne de la pomme d'Adam, et en arrière, au bord externe des cartilages aryténoïdes (fig. 218, *b*); le faisceau le plus interne (*b*) de ces muscles (*muscle thyro-aryténoïdien interne*) contribue à former l'épaisseur des cordes vocales. Par leur contraction, ils tendent les cordes vocales, en se gonflant et en changeant de consistance. Ce mode de *tension par contraction*, c'est-à-dire par gonflement, est caractéristique de l'organe de la voix; car, ordinairement, la tension d'un corps élastique (caoutchouc) s'obtient par l'amincissement dû à une traction.

Les muscles *crico-aryténoïdiens postérieurs* (fig. 218, *d;*

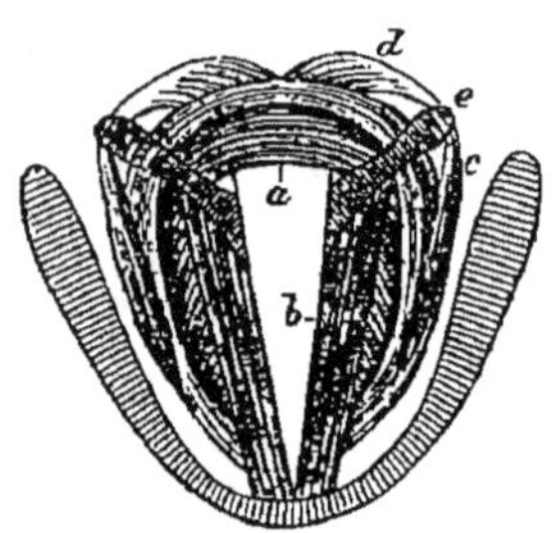

FIG. 218.

FIG. 219.

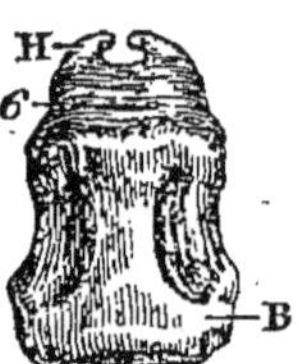

FIG. 220.

FIG. 218. — Coupe horizontale schématique du larynx. — *a*, muscle aryténoïdien; *b*, muscles thyro-aryténoïdiens; *c*, muscles crico-aryténoïdiens latéraux; *d*, muscles crico-aryténoïdiens postérieurs; *e*, cartilages aryténoïdes.

FIG. 219. — *b*, muscle aryténoïdien transverse; *a*, muscles crico-aryténoïdiens postérieurs (face postérieure du larynx).

FIG. 220. — B, cartilage cricoïde (face postérieure); H, cartilages aryténoïdes; G, muscle aryténoïdien (ses fibres transverses seulement).

fig. 219, *a*) vont de la partie postérieure du cartilage cricoïde à la partie externe et inférieure des aryténoïdes; lorsqu'ils se contractent, ils font tourner ces derniers autour de leur articulation, écartent les lèvres vocales et par suite élargissent la glotte proprement dite.

Les muscles *crico-aryténoïdiens latéraux* (fig. 218, *c*), situés en dedans du cartilage thyroïde, vont des parties latérales du cartilage cricoïde à l'apophyse externe des aryténoïdes; par leur contraction, ils font tourner ces derniers en sens inverse que les muscles précédents et rapprochent par conséquent les cordes vocales; la glotte peut être ainsi réduite à une simple fente.

Enfin, le *muscle aryténoïdien* (fig. 219, 220), situé sur la face postérieure des cartilages aryténoïdes, unit ces derniers entre eux; il présente des fibres transverses et deux systèmes de fibres obliques croisées; par sa contraction, il rapproche les cartilages aryténoïdes et rétrécit par suite la fente glottique.

En résumé, les deux premières paires représentent des *muscles tenseurs* des cordes vocales; ceux de la troisième sont des *muscles dilatateurs* de la glotte; tous les autres, des *muscles constricteurs*.

3° Le *tissu élastique* forme une couche continue au-dessous de l'épithélium ; au niveau des cordes vocales, il présente un épaississement, appelé *ligament élastique*.

4° Enfin l'*épithélium* est stratifié comme dans la trachée, mais l'assise superficielle est dépourvue de cils vibratiles et par conséquent unie.

Les *nerfs* du larynx sont : le *nerf laryngé supérieur* et le *nerf laryngé inférieur ;* ils se détachent en apparence du pneumogastrique, mais appartiennent en réalité au spinal, onzième paire crânienne, qui s'anastomose avec le précédent. La section du nerf spinal annihile la phonation.

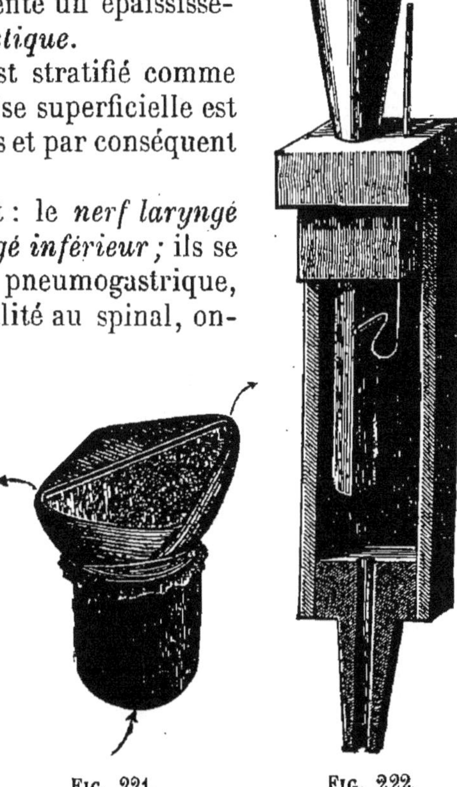

Fig. 221. Fig. 222.

Fig. 221. — Larynx artificiel : tuyau fermé en haut par deux lames de caoutchouc interceptant une fente (glotte). En soufflant dans le tuyau, on obtient un son qui se rapproche de la voix humaine.

Fig. 222. — Tuyau à anche. — Au centre, on voit la lame vibrante (corde vocale) ou *languette*, sur laquelle s'applique une tige recourbée ou *rasette*. En haut, le tuyau de renforcement (tuyau vocal). L'appareil se place sur le porte-vent (trachée) d'une soufflerie.

D'après ce qui précède, on voit que les *cordes vocales* (fig. 215, *b*) se composent de trois parties, qui sont, de dedans en dehors : l'*épithélium*, le *ligament élastique* et le *muscle thyro-aryténoïdien interne*.

Fonction des cordes vocales. — On s'est rendu compte expérimentalement, en faisant passer dans un larynx humain isolé le courant d'air d'une soufflerie, que le son laryngien se produit au niveau des cordes vocales inférieures et qu'il résulte, non d'un mouvement vibratoire de l'air expiré, mais des vibrations dés cordes vocales elles-mêmes. Celles-ci peuvent donc être comparées aux lames élastiques des instruments à anche (clarinette, hautbois) (fig. 222); mais il ne faut pas oublier que les cordes vocales se tendent elles-mêmes par la contraction des muscles thyro-aryténoïdiens qu'elles renferment, tandis que les anches ou lames vibrantes sont tendues par une pression étrangère, par exemple par une rasette.

Le ligament élastique est d'une grande utilité dans la phonation; en effet, grâce à la propriété qu'il possède de se raccourcir sans former de plis, la muqueuse, qui y adhère, reste toujours unie, quel que soit le degré de contraction des muscles thyro-aryténoïdiens; le plissement de la muqueuse des lèvres vocales aurait pour effet d'altérer la voix, comme il arrive d'ailleurs chaque fois qu'une parcelle solide venue du dehors tombe accidentellement à sa surface et la rend irrégulière.

Qualités du son glottique. — Comme tous les sons, le son glottique a trois qualités, qui sont : l'intensité, la hauteur et le timbre.

L'*intensité* ou force des sons est mesurée par l'amplitude de leurs vibrations; ses variations sont exprimées par les mots *forte*, *piano*, *pianissimo*. Elle dépend de l'impulsion plus ou moins grande avec laquelle le courant d'air d'expiration frappe contre les lèvres vocales, et, par suite, du volume des poumons et de la cage thoracique, ainsi que du développement des muscles respirateurs.

La *hauteur* ou acuité des sons est représentée par le nombre de vibrations. Si l'on rapporte au *do*, pris comme unité, les nombres relatifs de vibrations des diverses notes de la gamme, on aura la série suivante :

do	*ré*	*mi*	*fa*	*sol*	*la*	*si*	*do*
1	$\frac{9}{8}$	$\frac{5}{4}$	$\frac{4}{3}$	$\frac{3}{2}$	$\frac{5}{3}$	$\frac{15}{8}$	2

Lorsque *do* fait une vibration, *ré* en fait $\frac{9}{8}$, *fa* $\frac{4}{3}$, etc., et *do* de l'octave suivante 2.

La hauteur du son glottique augmente avec le degré de tension des cordes vocales et avec le degré de rétrécissement de la fente glottique; cette dernière est fort réduite pour les sons très aigus. Elle diminue avec la longueur et l'épaisseur des cordes vocales; c'est pourquoi la voix de l'homme est plus grave que celle de la femme.

Le *timbre* ou coloris du son résulte de la superposition au son fondamental, d'un certain nombre d'autres sons simples, d'intensité variable, et appelés *harmoniques*. Un son quelconque paraît simple à une oreille non exercée, et celle-ci ne perçoit que le son fondamental, qui est plus intense que les autres tons simples superposés à lui; avec l'habitude, ces derniers peuvent être perçus, en partie au moins. C'est le timbre qui fait que l'on distingue des sons de même hauteur émis par des personnes ou des instruments différents. On peut analyser les sons, c'est-à-dire les décomposer en leurs harmoniques, au moyen de *résonnateurs* (fig. 223), sortes de sphères creuses qui ne résonnent que pour un ton simple bien défini, de hauteur variable suivant leur diamètre, en un mot pour un harmonique, et qui sont indifférentes à tous les autres tons.

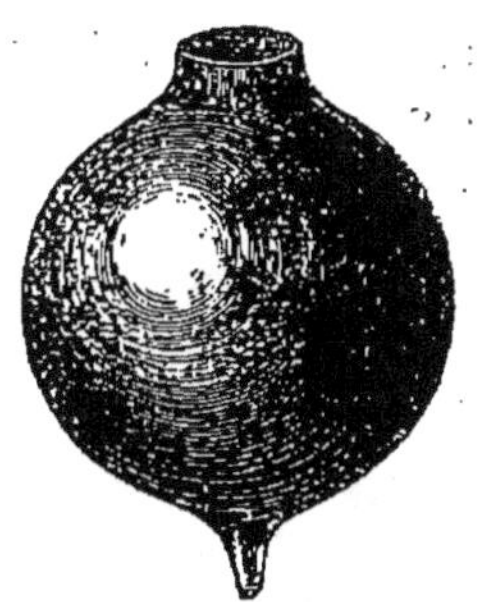

Fig. 223.

Fig. 223. — Résonnateur.

Le timbre de la voix humaine dépend de la nature des cordes vocales et de celle du larynx tout entier; ainsi, chez les vieillards, il se modifie profondément par suite d'une ossification partielle des cartilages. Il dépend, en outre, de la forme du *tuyau vocal*, c'est-à-dire de l'ensemble des cavités traversées par le son avant d'arriver au dehors. Le tuyau vocal (pharynx, bouche, fosses nasales) agit en effet comme un résonnateur pour renforcer certains harmoniques du son glottique et, par suite, pour modifier la forme générale de ce dernier; la résonnance est variable, suivant que le son traverse seulement la bouche ou les fosses nasales ou les deux cavités à la fois; elle s'étend d'ailleurs à la trachée et même à la cage thoracique entière.

Étendue de la voix. — La série des sons que peut émettre l'Homme comprend en moyenne deux octaves à deux octaves et demie, rarement trois octaves. Le son le plus grave que l'on sache avoir été émis est le *fa* (87 vibrations), et le plus élevé le fa_5 (2784 vibrations) : un intervalle de cinq octaves les sépare. Le mode d'émission diffère suivant qu'il s'agit des tons graves ou élevés de la série; les notes les plus basses (*registre inférieur*) correspondent à la *voix de poitrine*, laquelle est accompagnée de la vibration de toute la cage thoracique; les notes les plus élevées (*registre supérieur*) correspondent à la *voix de tête*, dans laquelle la vibration n'a lieu que le long du bord libre des cordes vocales et où l'orifice glottique reste plus large que dans le cas précédent, ce qui permet à l'air expiré de s'échapper avec plus de facilité. Ce dernier fait explique pourquoi les sons de tête ne peuvent pas être soutenus aussi longtemps que les sons de poitrine. Les sons moyens de la série peuvent être émis à volonté, soit comme sons de poitrine, soit comme sons de tête.

Laryngoscope. — On appelle ainsi un petit miroir placé au bout d'une longue tige coudée, mobile dans son manche; il est destiné à l'observation directe du larynx (fig. 224). Avant d'introduire le miroir dans le pharynx, on l'échauffe pour éviter le dépôt de buée qui le ternirait. Entre le sujet et l'observateur est placée une lampe qui envoie de la lumière sur un petit miroir plan fixé au front de l'observateur; ce miroir est dirigé de telle façon que la lumière réfléchie tombe sur le miroir laryngien et de ce dernier sur le larynx. L'observateur peut alors examiner facilement l'image du larynx dans le miroir laryngien.

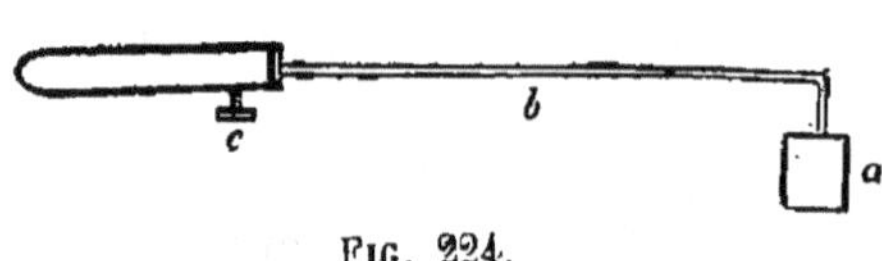

Fig. 224.

Fig. 224. — Laryngoscope. — *a*, miroir; *b*, tige mobile.

On a observé ainsi qu'au moment où le sujet se dispose à parler, les lèvres vocales se rapprochent l'une de l'autre, de façon à oblitérer complètement la fente glottique (fig. 225); elles sont ensuite écartées et mises en vibration par le courant d'air d'expiration. On se rend compte également que plus le son est aigu, plus la fente glottique est rétrécie.

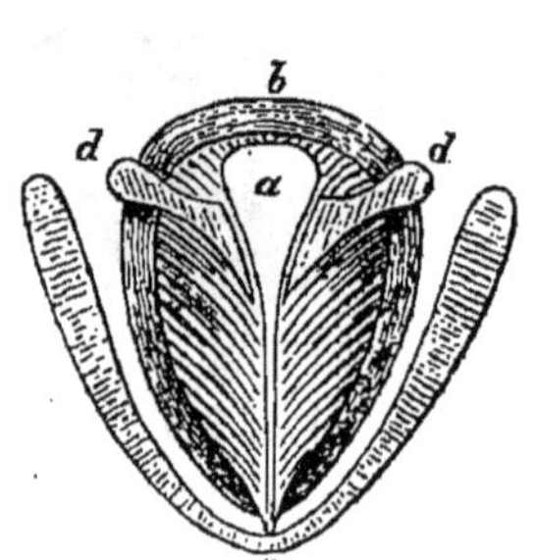

Fig. 225.

Fig. 225. — La glotte préparée pour émettre le son. — *a*, sa partie respiratoire; *b*, cartilage cricoïde; *c*, point d'attache des cordes vocales sur le cartilage thyroïde; *d*, coupe horizontale des cartilages aryténoïdes à leur base.

Parole. — Jusqu'ici nous avons simplement envisagé le son glottique. Il faut étudier maintenant comment les sons, émis par le larynx et modifiés par le tuyau vocal, se combinent en vue de la *parole*, qui permet à l'Homme de communiquer sa pensée à ses semblables.

Dans la parole n'interviennent que les tons dont l'émission est sans difficulté et qui peuvent être facilement associés, *articulés*, pour former des combinaisons, appelées *mots*, ceux-ci n'étant eux-mêmes que les éléments des *phrases* qui expriment nos *idées*.

Les sons qui forment les mots sont de deux sortes : les *voyelles* et les *consonnes* ; ils représentent les éléments du langage.

I. Voyelles. — Le timbre particulier à chaque voyelle résulte de la superposition au *son glottique* de tous les *sons de résonance* provenant de la mise en vibration du tuyau vocal, qui prend une forme spéciale pour chacune d'elles. Il résulte de là que les voyelles peuvent être engendrées indépendamment de toute vibration laryngienne; c'est précisément ce qui arrive dans le chuchotement. Le son émané du larynx leur donne simplement la sonorité. On sait d'ailleurs qu'en plaçant devant la bouche ouverte un diapason en vibration et en disposant convenablement la cavité buccale, on peut arriver à émettre toutes les voyelles, grâce à la combinaison du son du diapason et de ceux de ses harmoniques qui sont renforcés par la cavité buccale.

Les voyelles sont *a*, *é*, *i*, *o*, *u* ; de plus *ou* pour les langues étrangères. Le diamètre longitudinal de la bouche diminue progressivement et son diamètre transversal augmente, lorsqu'on les prononce dans l'ordre suivant : *ou*, *u*, *o*, *a*, *é*, *i*.

Pendant l'émission de la voyelle *a*, la cavité buccale (fig. 226) constitue un résonnateur dont l'orifice d'entrée ou pharyngien est moyennement large et l'orifice de sortie (bouche) très grand. Pendant l'émission de l'*i*, la région post-buccale (fig. 227) forme un résonnateur dont l'orifice d'entrée est l'orifice du larynx et l'orifice de sortie une fente comprise entre le palais et la langue. Si la langue s'abaisse davantage en avant, l'*i* devient successivement *é*, puis *è*. Pour l'*o*, la langue est relevée en arrière. Enfin pour l'*ou*, la langue est plus relevée encore en arrière et le résonnateur est situé en avant entre la voûte du palais et la langue (fig. 228).

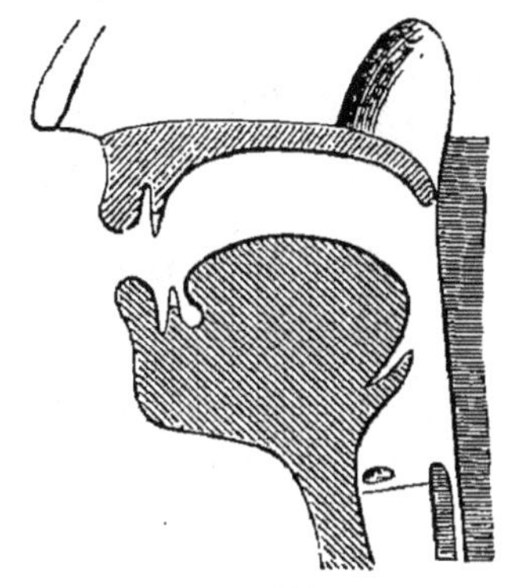

Fig. 226.

Fig. 226. — Forme de la cavité buccale pendant l'émission de l'*a*.

II. Consonnes. — Les consonnes consistent en bruits que le courant d'air expiré produit dans le tuyau vocal, principalement dans la bouche, par suite de la présence d'obstacles de forme variable qui brisent la colonne d'air. Comme le plus souvent elles n'ont par elles-mêmes aucune sonorité, elles ne prennent d'importance, dans le langage, que par leur liaison avec les voyelles qui les précèdent ou les suivent; de là leur nom de consonnes. On peut donc dire que les consonnes sont des bruits succédant ou précédant immédiatement une voyelle.

Les consonnes peuvent être renforcées par un son glottique ou être réduites à des bruits; de là leur distinction en consonnes *muettes* ou molles et en consonnes *sonores* ou dures. Ainsi l'*r* est muet, lorsque les vibrations de la langue contre le palais sont seules à se produire; il acquiert au contraire une grande sonorité, s'il se produit simultanément une vibration laryngienne.

Au point de vue de leur durée, les consonnes sont, les unes *continues* (*r*, *s*...), les autres instantanées ou *explosives* (*b*, *p*...).

Suivant la partie du tuyau vocal qui entre en jeu, on distingue :

1° Les *consonnes labiales*, dans l'émission desquelles les lèvres interviennent; les labiales *p* et *b* sont dites *explosives* : les lèvres, d'abord au contact, sont écartées par un mouvement volontaire et l'air intérieur comprimé se précipite au dehors en produisant une petite explosion; *b* diffère de *p* par la production préalable d'un son glottique et par la faible intensité du courant d'air expiré. Les labiales *f* et *v* sont dites *de frottement;* elles sont dues en effet au frottement de l'air expiré contre les bords de la fente buccale élargie; *v* est la forme adoucie et sonore de *f*.

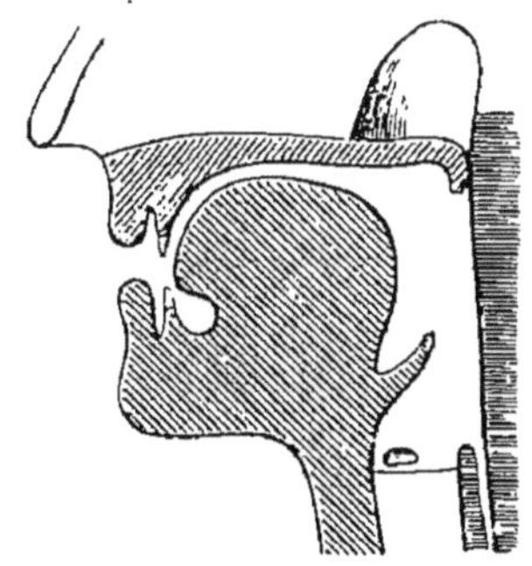

Fig. 227.

Fig. 227. — Forme de la cavité buccale et post-buccale dans l'émission de l'*i*.

2° Les *consonnes linguales* sont *r*; *s* et *z*; *t* et *d*; *r* (linguale *vibrante*) est due à la vibration rapide de la pointe de la langue contre le palais. Dans l'*s* (linguale *de frottement*), l'air frotte entre la langue et la voûte du palais; *z* en est la forme adoucie et sonore. Enfin *t* et *d* sont des linguales *explosives;* pour l'articulation du *t*, la pointe de la langue, appuyée contre le palais en avant, est brusquement abaissée, ce qui détermine une petite explosion; *d* est la forme adoucie et sonore de *t*.

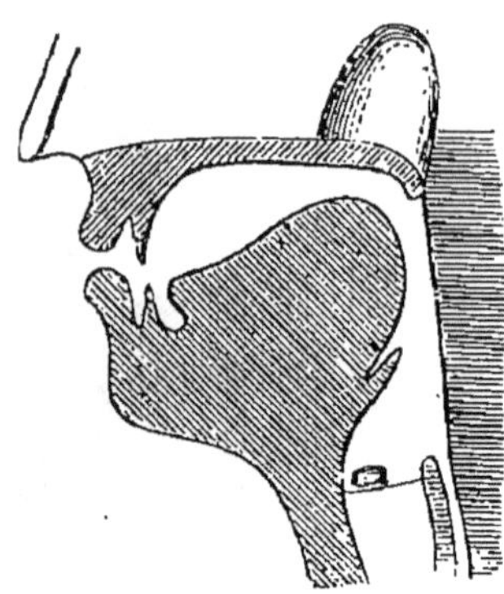

Fig. 228.

Fig. 228. — Forme de la cavité buccale pendant l'émission de l'*ou*.

3° Les *consonnes gutturales* comprennent *k*, *g*, et l'*r* grasseyé; de plus, le *ch* dur et le *ch* doux allemands; *k* se produit lorsque la partie postérieure de la langue relevée contre le voile du palais est brusquement écartée par l'air expiré. L'*r* guttural français est dû à la vibration de la luette et de la base de la langue, creusée en gouttière.

Toutes les difficultés de prononciation viennent d'un manque de souplesse de certaines parties du tuyau vocal (langue, lèvres,...) qui les empêche de prendre assez rapidement la position voulue pour l'émission des voyelles et des consonnes; elles correspondent le plus souvent à une paralysie plus ou moins complète des muscles (langue,...) qui servent à l'articulation de la voix.

LIVRE III

ORGANES DES SENS

Les *organes des sens* sont des organes périphériques, communiquant, d'une part, directement avec le milieu extérieur, d'autre part, avec les centres nerveux (cerveau...) par l'intermédiaire des nerfs de sensibilité. Ils ont pour fonction de recueillir les *impressions* des excitants externes.

Une fois *recueillies*, les impressions ou *irritations* sont *transmises* au cerveau par les nerfs sensitifs; là elles sont *perçues*, c'est-à-dire transformées en *sensations*. L'œil, par exemple, organe du sens de la vue, recueille les impressions de la lumière; le nerf optique les transmet au cerveau où elles deviennent de véritables sensations visuelles.

Trois sortes d'organes sont donc nécessaires pour la perception sensorielle, savoir : les organes des sens, les nerfs de sensibilité et le cerveau; lorsque, par exemple, on pratique la section du nerf optique, la vision est abolie, malgré l'intégrité de l'œil et du cerveau. En un mot, le phénomène initial de la sensation est l'irritation sensorielle périphérique, et le phénomène ultime, la perception cérébrale : le phénomène intermédiaire consiste simplement dans le transport de l'irritation au cerveau.

Les cinq sens. — On distingue cinq sens, savoir : la *vue*, l'*ouïe*, l'*odorat*, le *goût* et le *toucher*. Les organes périphériques des quatre premiers (œil, oreille, muqueuse pituitaire, langue) sont localisés en des points bien définis de la surface du corps, tandis que ceux du toucher (organites tactiles) sont répandus dans tout le tégument et même dans les organes internes. Les premiers sont *spécialisés;* les organites tactiles sont *généralisés*.

Les organes de la vue, de l'ouïe, de l'odorat et du goût ne sont impressionnables que par un excitant externe spécial à chacun d'eux : la *lumière*, mouvement vibratoire de l'éther, pour l'œil; le *son*, mouvement vibratoire de la matière, pour l'oreille; les *odeurs*, pour l'organe olfactif; les *saveurs*, pour la langue. Les organites tactiles ont au contraire plusieurs irritants: la *pression*, le *choc*, la *variation de température*, l'*électricité*...; ces irritants présentent ce caractère important que lorsqu'ils agissent sur les organes des sens spéciaux, ils font apparaître les sensations propres à chacun de ces derniers; de là leur nom d'*excitants généraux*, par opposition aux *excitants spéciaux* qui n'agissent que sur un organe déterminé. Ainsi il se produit aussi bien une sensation visuelle quand l'œil est irrité par une pression ou par un courant électrique, deux excitants généraux, que par la lumière, son excitant normal et spécial.

Si l'on admet que les saveurs et les odeurs sont caractérisées par une forme particulière des mouvements vibratoires moléculaires de la matière, on voit que *tous les excitants externes* qui agissent sur notre corps *sont des mouvements*.

CHAPITRE PREMIER

ORGANES TACTILES

Les organes du toucher sont localisés pour la plupart dans le tégument du corps dont il devient, par suite, nécessaire d'étudier au préalable la structure.

Nous considérerons successivement la *peau*, les *ongles* et les *poils*, les *glandes sudoripares* et enfin les *organes tactiles*.

1° **Peau.** — La peau comprend deux parties : le *derme* ou partie profonde, plus épaisse, et l'*épiderme* ou partie superficielle.

L'*épiderme* (fig. 1) se compose d'un assez grand nombre de rangées de cellules, formant deux zones : la zone inférieure ou *corps muqueux* (A) ou couche malpighienne et la zone supérieure ou *couche cornée* (B). Le corps muqueux commence par une assise de cellules cylindriques (*b*), étroitement unies, et suivant exactement toutes les sinuosités du derme; les autres assises se composent de cellules arrondies ou ovales, séparées par une sorte de plasma gélatineux nutritif. Chaque cellule se compose d'un protoplasme finement granuleux et d'un noyau;

dans les cellules cylindriques on trouve en outre des granulations de pigment. La couche cornée est formée de cellules de plus en plus plates à mesure qu'on se rapproche de la surface; les cellules superficielles sont réduites à une sorte d'enveloppe plus ou moins consistante, aplatie, sans protoplasme. Ce sont ces couches de cellules mortes de la périphérie qui tombent sous forme de petites lamelles desséchées, tandis que les cellules cylindriques profondes se multiplient constamment par division transversale.

On voit que les cellules épidermiques n'ont qu'une existence éphémère : elles naissent par division des cellules cylindriques, évoluent, puis meurent au bout d'un temps relativement court; en même temps elles sont progressivement déplacées de dedans en dehors par les cellules plus jeunes nées en dedans d'elles.

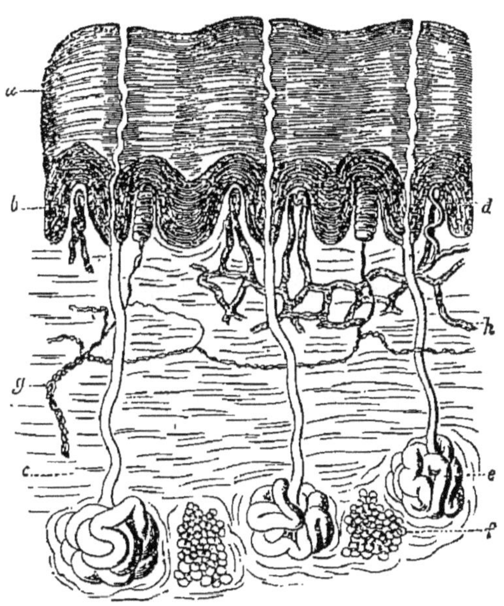

FIG. 229.

FIG. 229. — Coupe de la peau d'un doigt. — *a*, couche cornée de l'épiderme; *b*, couche muqueuse; *c*, derme; *d*, papilles; *e*, glandes sudoripares; *f*, amas de graisse; *g*, nerfs, terminés dans certaines papilles par des corpuscules tactiles; *h*, vaisseaux sanguins.

L'épiderme est dépourvu de vaisseaux; ses matériaux nutritifs lui viennent des vaisseaux dermiques par imbibition. On y trouve des filets nerveux sensitifs.

Le *derme* (fig. 229, *c*) est composé de tissu conjonctif; sa couche profonde ou *couche réticulaire* est en réseau lâche; sa couche périphérique présente des saillies, appelées *papilles* (*d*), recevant les unes des vaisseaux sanguins (papilles *vasculaires*), les autres à la fois des vaisseaux et des nerfs (papilles *nerveuses*). Au-dessous du derme se trouve une couche souvent fort épaisse de tissu adipeux (*f*) ou *panicule graisseux* (lard).

Le tissu conjonctif dermique se compose de cellules aplaties, séparées par des faisceaux conjonctifs volumineux, très serrés dans la région papillaire; de plus, de fines fibres élastiques, ondulées, et quelques fibres musculaires lisses reconnaissables à leur noyau.

Propriétés de la peau. — La peau n'absorbe qu'en fort petite quantité l'eau, à cause des matières grasses qui imprègnent ses cellules; au contraire les graisses, les pommades sont notablement absorbées. Elle est perméable aux gaz; ainsi, dans les parties molles, elle est le siège d'une faible absorption d'oxygène et d'un dégagement corrélatif d'acide carbonique.

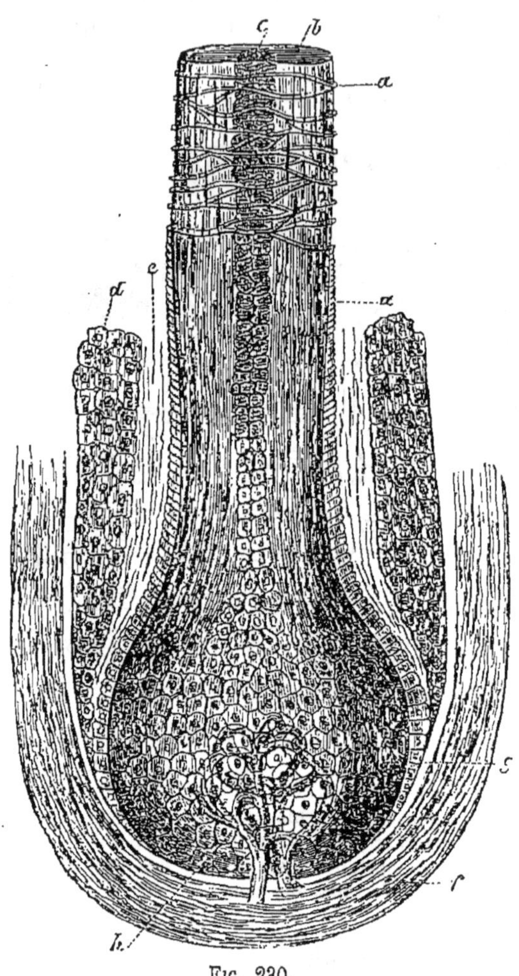

Fig. 230.

Fig. 230. — Coupe longitudinale de la racine du poil. — *a*, épiderme du poil; *b*, écorce; *c*, moelle; *d*, gaine épithéliale externe; *e*, gaine épithéliale interne; *g*, zone vitrée; *f*, paroi dermique du follicule; *h*, papille dermique avec les vaisseaux.

2° **Poils.** — Les poils sont des productions épidermiques; ils sont susceptibles de s'allonger en absorbant de la vapeur d'eau : cette propriété permet de les utiliser comme hygromètres.

A l'endroit où doit se former un poil, les cellules épidermiques les plus internes se multiplient activement et donnent lieu à la formation d'un massif ou *bourgeon épidermique* (fig. 58), qui plonge dans le derme. Autour du bourgeon, le derme se différencie bientôt en une enveloppe, la *gaine folliculaire*, qui limite le follicule dans lequel sera implanté le futur poil. Le derme s'enfonce ensuite, de bas en haut, dans le bourgeon épidermique et constitue une petite saillie munie de vaisseaux et appelée *papille du poil* (fig. 230, *h*). Les choses étant en cet état, deux *glandes sébacées* s'ébauchent sur les côtés du bourgeon épidermique, tandis que les cellules de ce dernier commencent à se différencier pour former le poil. Celui-ci se présente d'abord sous la forme d'un cône inclus dans l'épiderme ; puis, grâce aux vaisseaux de la papille, il grandit et arrive rapidement au dehors.

Le poil définitivement constitué (fig. 230) présente à considérer deux parties : la *tige* ou partie externe, conique, et la *racine* ou partie interne. Le renflement basilaire de cette dernière s'appelle *bulbe pileux ;* il recouvre la papille (*h*). Une coupe longitudinale de la racine du poil montre de dehors en dedans : 1° la *gaine folliculaire* (*f*), d'origine dermique ; 2° les *gaines épithéliales* (*d*, *e*) *externe* et *interne* qui se continuent supérieurement avec le corps muqueux ; 3° le *poil proprement dit*, prove-

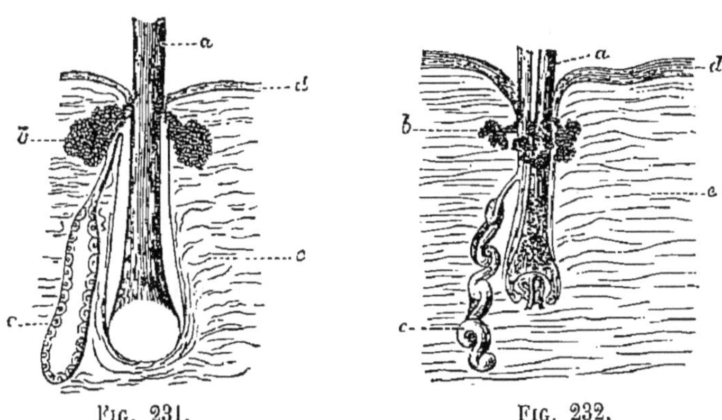

FIG. 231. FIG. 232.

FIG. 231. — Coupe de la peau du Veau. — *a*, poil ; *b*, glandes sébacées ; *c*, glande sudoripare ; *d*, épiderme ; *e*, derme.

FIG. 232. — Coupe de la peau du Chien. — *a*, poil : *b*, glandes sébacées ; *c*, glande sudoripare ; *d*, épiderme ; *e*, derme.

nant de la différenciation de la partie centrale du bourgeon épidermique primitif, et qui comprend lui-même : l'*épidermicule* (*a*), assise de cellules de plus en plus fines jusqu'au sommet du poil ; l'*écorce* (*b*), striée longitudinalement, composée de cellules allongées, serrées, de consistance cornée et munies de pigment donnant au poil sa couleur ; enfin la *moelle* (*c*), cellules polyédriques remplies d'air, formant l'axe du poil : elle manque fréquemment ; 4° les *glandes sébacées* (fig. 231, 232), petites glandes en grappe, situées sur les côtés du follicule ; elles sécrètent une matière grasse (*sebum*) lubrifiant la base du poil et l'épiderme tout entier ; 5° les *muscles horripilateurs*, qui vont de la gaine folliculaire à la base de l'épiderme ; en se contractant, ils soulèvent légèrement la peau et produisent ce que l'on appelle la chair de poule.

3° **Ongles.** — Les ongles (fig. 233) sont des lames cornées provenant du durcissement de la couche superficielle de l'épiderme; les cellules, très serrées, sont réduites à leur membrane et incrustées de *kératine*, produit d'oxydation des matières albuminoïdes du protoplasme. Leur croissance se fait d'arrière en avant, et non de bas en haut; les cellules les plus jeunes se trouvent au niveau de la *lunule*.

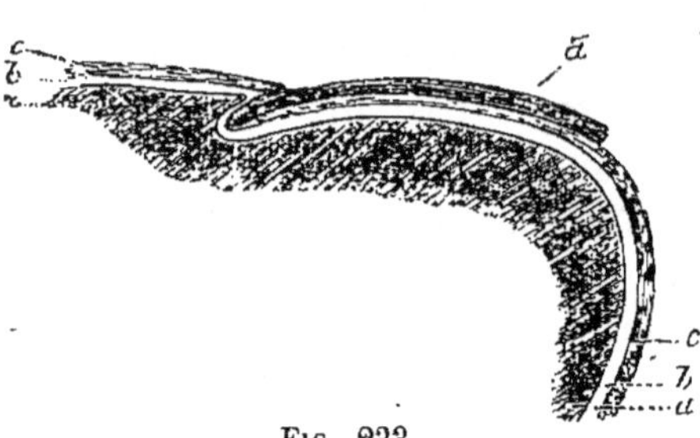

Fig. 233.

Fig. 233. — Coupe antéro-postérieure d'un ongle. — *a*, derme de la peau; *b*, couche muqueuse de l'épiderme; *c*, couche cornée; *d*, ongle.

4° **Glandes sudoripares.** — Ce sont des glandes en tube (fig. 229, 231). Leur canal excréteur, long d'environ 2 millimètres, traverse l'épiderme et le derme, puis se pelotonne et forme un glomérule situé, soit à la base du derme, soit dans le tissu adipeux sous-jacent. On en compte de cent vingt (paume) à trois cents (plante) par centimètre carré; leur nombre total varie de deux à trois millions.

La sueur, produite par l'acinus de chaque glande, se mélange à la surface de la peau au produit des glandes sébacées. Elle se compose d'eau, de sels minéraux, notamment de chlorure de sodium, de divers acides (formique, butyrique...) et enfin de produits azotés, en particulier l'*urée*. Les glandes sudoripares peuvent être assimilées en quelque sorte à des canalicules urinifères; pendant l'été, l'urine renferme environ les deux tiers de la masse totale des déchets azotés, l'autre tiers étant excrété par les glandes sudoripares et le foie.

Certaines substances ont la propriété d'exciter les *nerfs sudoraux* et d'activer par suite la sécrétion de la sueur. Ainsi, une injection sous-cutanée de pilocarpine, principe actif des feuilles du Jaborandi, provoque une abondante sudation en quelques minutes.

5° **Organes tactiles.** — Ces organes, le plus souvent microscopiques, sont tantôt situés dans la peau et alors ils servent au toucher direct, tantôt dans l'épaisseur des organes internes (muscles...) et alors ils nous procurent des sensations vagues, telles que la faim, la soif. Les premiers sont les organes de la *sensibilité tactile proprement dite;* les seconds, ceux de la *sensibilité générale.*

Tantôt les organes tactiles ne consistent qu'en une *simple terminaison* de nerfs sensitifs *entre les cellules* du corps muqueux de l'épiderme ou des autres tissus (fig. 234); c'est même cette forme qui paraît dominer dans l'organisme. Les filets nerveux du derme, après avoir isolé leurs fibres constitutives, pénètrent dans l'épiderme : là, chaque fibre nerveuse, réduite progressivement à son cylindre-axe, se ramifie en un grand nombre de fibrilles fort ténues qui se terminent dans les espaces intercellulaires. Ce sont ces terminaisons qui sont excitables par la pression, l'électricité, etc. : elles constituent l'organe tactile au point considéré.

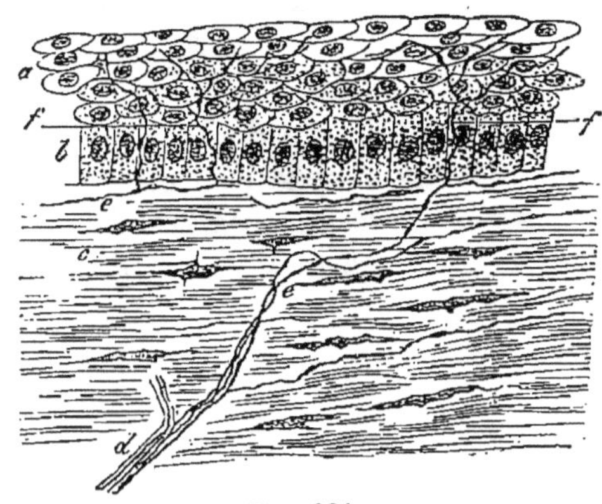

FIG. 234.

FIG. 234. — Cornée du Lapin. — *a*, épithélium de la face antérieure ; *b*, son assise profonde de cellules cylindriques ; *c*, tissu conjonctif cornéen ; *d*, nerf; *f*, sa terminaison interépidermique.

D'autres fois, les fibres nerveuses se mettent en rapport avec de petits appareils arrondis ou ovales, appelés *corpuscules tactiles*, sur lesquels l'irritant exerce son action. On les trouve dans le derme de la peau, dans les muscles, dans le mésentère, etc.

Ceux du bec du Canard ont une structure particulièrement nette (fig. 235); ils se composent d'une capsule épaisse qui est comme le prolongement de la gaine de Henlé de la fibre nerveuse qui vient s'y terminer; dans leur intérieur se trouvent ordinairement quatre cellules. Le cylindre-axe de la fibre pénètre seul dans le corpuscule et développe ses fibrilles ultimes entre les cellules, dont le rôle paraît être uniquement de les protéger; ces fibrilles sont généralement terminées par un léger renfle-

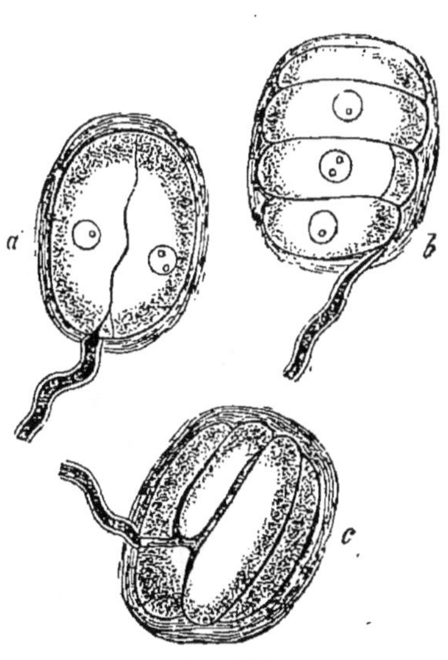

FIG. 235.

FIG. 235. — Corpuscules tactiles. — *a*, du bec du Canard ; *b*, *c*, de ses papilles linguales.

ment. *Capsule, cellules de soutien* et *disques tactiles* ou groupes de fibrilles nerveuses, telles sont les trois parties d'un corpuscule tactile.

Chez l'Homme, on distingue trois sortes de corpuscules du toucher :

1° Les *corpuscules de Meissner* (fig. 236), logés dans les papilles nerveuses du derme de la peau (fig. 229); deux ou plusieurs filets nerveux y pénètrent après s'être enroulés plusieurs fois à la surface de la capsule, rendue ainsi indistincte. On y voit simplement une masse de cellules, fusionnées par leur proto-

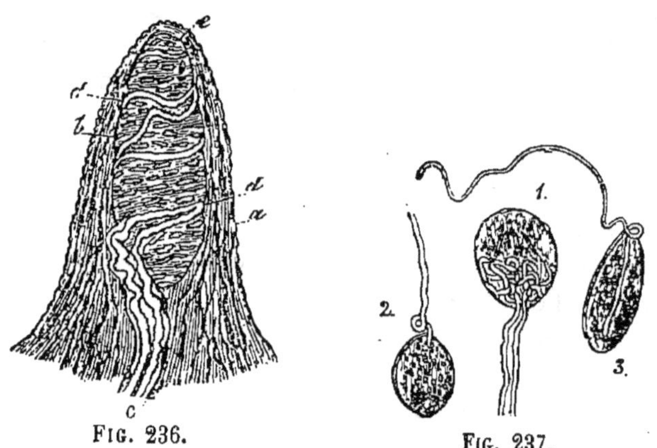

Fig. 236. Fig. 237.

Fig. 236. — Corpuscule tactile de Meissner. — *a*, papille dermique ; *b*, corpuscule tactile ; on y voit les noyaux des cellules de soutien fusionnées ; *c* (en bas), rameaux nerveux ; *d*, leur trajet à la périphérie du corpuscule ; *e*, leur extrémité apparente.

Fig. 237. — Corpuscules tactiles de Krause.

plasme, mais distinctes par leurs noyaux; il est fort difficile d'y suivre les filets nerveux. Les corpuscules de Meissner sont abondants dans la paume de la main; ils servent au toucher actif; leur taille est d'environ $\frac{1}{10}$ de millimètre ;

2° Les *corpuscules de Krause* (fig. 237), moins fréquents, longs de $\frac{1}{10}$ à $\frac{3}{100}$ de millimètre; on les trouve dans la conjonctive de l'œil, dans la muqueuse linguale. Au-dessous de leur capsule, on n'observe qu'une gelée transparente dans laquelle le cylindre-axe vient se terminer, tantôt en pointe, tantôt en massue ;

3° Les *corpuscules de Pacini* ou de *Vater* (fig. 238), les plus gros de tous, mesurent de 1 à 4 millimètres; on les trouve dans le derme de la peau (main, pied...), dans les muscles, etc. Leur capsule est fort épaisse et différenciée en couches concentriques; la cavité centrale, très réduite et remplie de matière gélatineuse, reçoit le cylindre-axe qui bientôt se ramifie en fibrilles, renflées à leur terminaison.

Comme organes tactiles, il y a lieu de citer encore les *poils tactiles*, qui présentent autour de leur bulbe un filet nerveux, parfois enroulé en spirale ; tels sont ceux qui donnent à l'aile des Chauves-souris l'exquise sensibilité qui permet à ces animaux de se diriger dans la plus profonde obscurité.

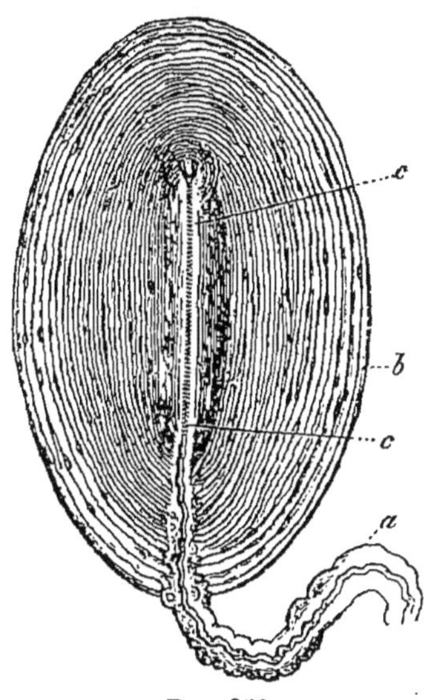

FIG. 238.

FIG. 238. — Corpuscule de Vater. — *a*, nerf avec sa gaine de Henlé ; *b*, capsule stratifiée du corpuscule ; *cc*, terminaison du cylindre-axe.

Sensations tactiles. — Les sensations tactiles ne sont réellement perçues qu'à la suite de phénomènes cérébraux, éveillés par les excitations sensorielles ; il peut se faire en effet qu'un contact ne soit pas perçu, lorsque le cerveau est absorbé par un travail quelconque ; c'est le cas pour un attouchement sur l'épaule d'une personne engagée dans une vive discussion : les corpuscules tactiles sont alors seuls excités ; les cellules cérébrales n'ont subi aucun ébranlement.

Les *sensations tactiles proprement dites* sont de deux sortes : les sensations de *pression* et de *température*. Elles ne se produisent qu'à la suite d'une *variation* assez intense des excitants (pression, chaleur) ; c'est pourquoi nous ne percevons pas la pression atmosphérique. Les parties les plus sensibles à la pression sont la main et le bout de la langue ; elles permettent, par exemple, de distinguer des couleurs en relief, comme celles des cartes à jouer, par le simple frottement, d'après la forme de la surface. Les sensations de température accompagnent et se combinent le plus souvent avec les sensations de pression ; il en résulte une modification dans les jugements que nous portons sur le poids des corps ; ainsi des corps froids nous paraissent plus lourds que des corps chauds d'un poids égal. Le dos de la main est la partie la plus sensible aux variations de température.

Les *sensations générales* se produisent non seulement à la suite d'une excitation périphérique, mais par l'excitation de tous les organes internes pourvus de nerfs de sensibilité ; elles sont le plus souvent vagues, difficiles à définir et ne nous donnent aucune notion sur les propriétés des excitants qui leur ont donné naissance. Telles sont : les *sensations musculaires*, qui nous permettent de sentir le degré d'activité des muscles ; elles se combinent généralement aux sensations de pression et de température pour former nos notions sur le poids des corps ; les sensations vagues de la muqueuse digestive et respiratoire ; les *sensations de douleur*, qui se produisent chaque fois que les sensations tactiles ou spéciales atteignent une certaine énergie ; la sensation de *faim*, qui résulte de l'action du sang appauvri sur les nerfs sensitifs, ce qui explique pourquoi le malaise s'étend parfois à tout le corps; la sensation de *soif*, etc.

En résumé, le sens tactile, dans son acception la plus large, peut être divisé en sens de la *pression*, sens de la *température*, sens *musculaire* et enfin en sens de la *sensibilité générale*. On ne saurait attribuer spécialement les diverses terminaisons nerveuses connues jusqu'ici à l'un ou à l'autre de ces différents sens, qui sont plutôt des formes d'un même sens général que des sens bien distincts.

CHAPITRE II

ORGANES DU GOÛT

Les organites excitables du sens du goût sont situés dans la muqueuse linguale, aux extrémités des fibres des nerfs gustatifs. Leur fonction consiste à recueillir les impressions des substances sapides; ces impressions, transmises au cerveau par les nerfs gustatifs, y sont transformées en sensations gustatives. Le sens du goût nous donne la notion de cette qualité particulière des molécules, appelée *saveur*, que possèdent les substances dites sapides, comme le sucre, les sels, etc.

Langue. — La langue (fig. 242) est un organe charnu, formé d'une partie antérieure horizontale et d'une partie postérieure verticale; la première est libre à son extrémité; la seconde est insérée sur l'os hyoïde. La partie libre de la langue est creusée à sa face inférieure d'un sillon antéro-postérieur, occupé en arrière par un repli vertical de la muqueuse, appelé *frein* de la langue ou *filet*. La face supérieure de la langue, seule importante pour le goût, est raboteuse; les inégalités qu'on y observe sont des *plis*, sur les côtés de la langue, un *sillon* longitudinal médian et des *papilles* (fig. 51), organes renfermant les éléments sensoriels du goût.

Papilles. — Les papilles sont fort nombreuses. Il y en a de trois sortes principales :

1° Les papilles *caliciformes* (fig. 239), les plus développées de toutes; elles sont au nombre d'une douzaine environ et forment, au fond de la partie supérieure de la langue, une sorte de V, le V *lingual*, à concavité antérieure. Ces papilles, très apparentes, se composent d'une saillie en forme de tronc de cône, logée dans une dépression ou calice de la muqueuse linguale.

Entre la papille et le calice est ménagé un étroit sillon circulaire (*b*). La papille qui occupe le sommet du V est située dans un calice plus profond; de sorte qu'elle est séparée de la surface générale de la langue par un petit pertuis, appelé *foramen cæcum ;*

2° Les papilles *fongiformes* (fig. 240), plus petites, sont répandues sur le dos de la langue, sur ses bords et à sa pointe; elles se composent d'un léger renflement pédicellé, rappelant un champignon (de là leur nom); elles sont tout entières en saillie ;

3° Les papilles *filiformes* (fig. 241), disséminées sur toute la surface supérieure; elles se composent d'une saillie munie de prolongements filamenteux simples ou frangés.

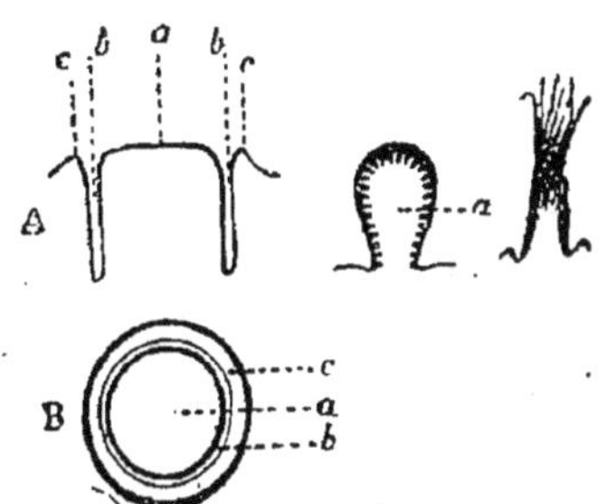

FIG. 239. FIG. 240. FIG. 241.

FIG. 239-241. — Papilles de la langue.

FIG. 239. — A, B, papille caliciforme ; A, coupe verticale ; B, la papille vue d'en haut ; *a*, papille proprement dite; *bb*, sillon circulaire ; *cc*, rebord circulaire.

FIG. 240. — Une papille fongiforme. — *a*, son derme.

Fig. 241. — Une papille filiforme.

Les papilles caliciformes et fongiformes sont seules gustatives; les papilles filiformes sont tactiles.

Structure de la langue. — La langue comprend quatre parties, savoir : des *muscles*, une *muqueuse* dont les papilles ne sont que des portions différenciées, des *nerfs* et enfin des *vaisseaux* sanguins et lymphatiques.

1° Les principaux *muscles* de la langue sont (fig. 242) : 1° le muscle *lingual supérieur*, situé immédiatement sous la muqueuse, à laquelle il adhère fortement; il s'étend sur toute la longueur de la langue. Ses fibres sont dirigées d'avant en arrière. Par sa contraction, il soulève toute la partie libre de la langue; 2° le muscle *lingual transverse*, dont les fibres vont d'un bord de l'organe à l'autre; il est situé sous le précédent; il plie la langue longitudinalement en deux parties; 3° le *lingual inférieur*, dirigé comme le lingual supérieur; il occupe la partie la

FIG. 242.

FIG. 242. — Muscles de la langue et de l'os hyoïde. — En haut, l'os temporal; A, muscle stylo-hyoïdien; B, muscle génio-hyoïdien; C, muscle sterno-hyoïdien; D, muscle omo-hyoïdien; *a*, muscle hyo-glosse; *b*, muscle génio-glosse; *c*, muscle stylo-glosse; *, élévateur du pharynx.

plus profonde de la langue; par sa contraction, il tire la pointe de cette dernière en bas et en arrière. Ces trois muscles sont situés tout entiers dans l'épaisseur de la langue; 4° le *muscle génio-glosse* (*b*), très volumineux, part de la mâchoire inférieure et irradie ses fibres dans la langue; il abaisse la langue le plus possible; 5° le *stylo-glosse* (*c*); 6° l'*hyo-glosse* (*a*).

2° La *muqueuse* linguale (fig. 243), comme le reste de la muqueuse buccale, se compose d'un derme conjonctif, très épais (*d*), et d'un épithélium pavimenteux et stratifié (*a*). Les cellules superficielles sont généralement envahies par les fila-

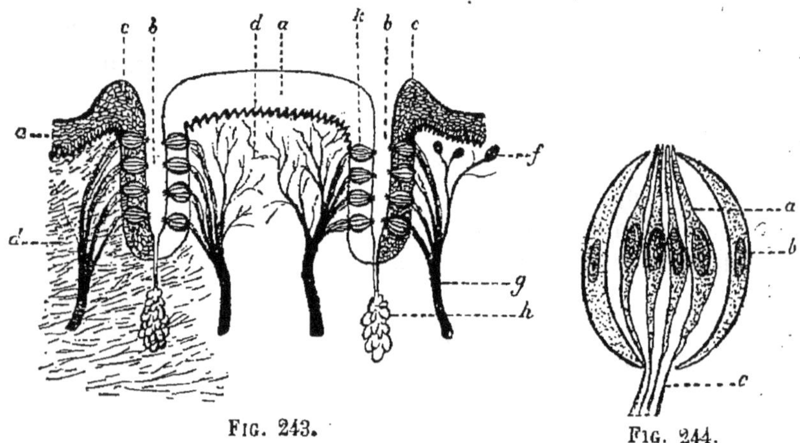

FIG. 243. FIG. 244.

FIG. 243. — Coupe verticale d'une papille caliciforme. — *a*, épithélium de la papille; *d*, derme; *bb*, sillon circulaire; *cc*, rebord circulaire; *f*, corpuscules tactiles; *g*, nerf glosso-pharyngien; *h*, glandes muqueuses; *k*, corpuscules gustatifs.

FIG. 244. — Coupe d'un corpuscule gustatif. — *a*, cellules gustatives; *b*, cellules de soutien; *c*, fibres nerveuses.

ments d'un champignon, le *Leptothrix buccal*, qui colore parfois la muqueuse en blanc. Dans le derme cheminent des vaisseaux sanguins et des nerfs (*g*); on y voit de plus des glandes muqueuses (*h*).

Structure des papilles : corpuscules gustatifs. — Examinons une coupe verticale d'une papille caliciforme (fig. 243); l'épithélium présente les caractères ordinaires sur la face supérieure libre de la papille; au contraire, sur la face circulaire, comprise dans le calice, ainsi que sur la paroi de ce dernier, certains groupes de cellules sont différenciés en organes sensoriels, appelés *corpuscules gustatifs* (*k*), mesurant chez les Mammifères de $0^{mm},2$ à $0^{mm},8$. Les corpuscules gustatifs (fig. 244), très régulièrement disposés dans les papilles caliciformes, se composent de longues cellules, dites *cellules de soutien* (*b*), formant l'enveloppe de chaque corpuscule, et de cellules centrales (*a*), renflées en leur milieu, terminées extérieurement par une sorte de bâtonnet qui dépasse légèrement le sommet du corpuscule, et en rapport intérieurement avec une fibrille nerveuse (*c*).

Ces cellules centrales sont les éléments excitables du goût : on les appelle *cellules gustatives*. C'est en elles que les substances sapides produisent l'irritation sensorielle qui, au cerveau, deviendra une sensation gustative.

Nerfs de la langue. — Leurs fonctions sont variées. On distingue (fig. 245 et 340) :

1° Le nerf *grand hypoglosse* (fig. 245, *nh*), douzième paire nerveuse crânienne ; il distribue ses filets aux muscles de la langue, jamais à la muqueuse. C'est le nerf *moteur* de l'organe : sa section détermine la paralysie de la langue ;

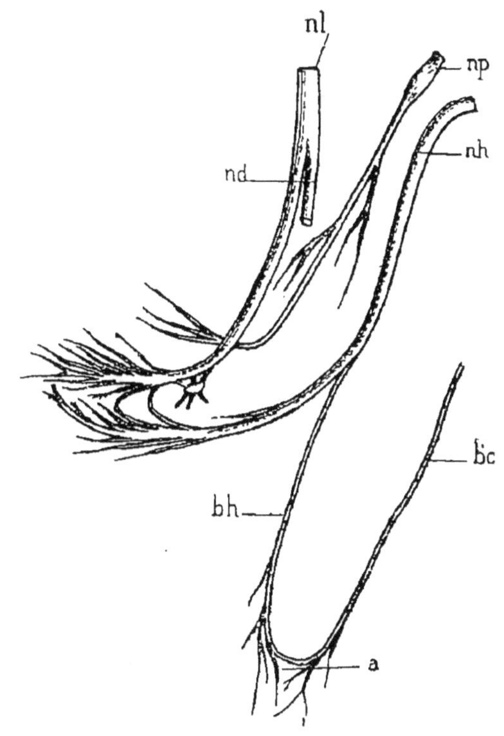

Fig. 245.

Fig. 245. — Nerfs de la langue. — *nl*, nerf lingual ; *nd*, nerf dentaire ; *np*, nerf glosso-pharyngien ; *nh*, nerf grand hypoglosse ; *bh*, sa branche descendante ; *bc*, branche descendante du plexus cervical ; *a*, anse de l'hypoglosse.

2° Le nerf *lingual* (*nl*), filet de la branche *maxillaire inférieure* (fig. 332) du trijumeau, cinquième paire crânienne ; il se ramifie dans la région antérieure de la langue ; ses fibres communiquent avec les cellules gustatives des papilles de cette région. Le lingual est un nerf *gustatif* ; mais il transmet aussi des impressions tactiles ;

3° Le nerf *glosso-pharyngien* (*np*), neuvième paire crânienne, se ramifie dans toute la partie postérieure de la muqueuse linguale, notamment dans les papilles du V lingual. C'est le nerf *gustatif* par excellence ; mais lui aussi contient, outre ses fibres gustatives, des fibres tactiles. Lorsqu'on le sectionne, les animaux avalent, sans répugnance, les substances les plus amères, auxquelles d'ordinaire ils ne touchent pas;

4° La *corde du tympan*, rameau du nerf facial (fig. 332), septième paire crânienne; il s'accole au lingual et le suit dans toutes ses ramifications. La corde du tympan est un nerf *vaso-moteur*, qui, par son action sur les parois contractiles des artérioles, active la circulation et détermine un état de turgescence de la langue favorable à la réception de l'excitant sapide. On comprend ainsi pourquoi la section de ce nerf supprime la sensibilité gustative dans la partie antérieure de la langue.

FIG. 246.

FIG. 246. — Un corpuscule gustatif supposé isolé. On ne voit que les cellules enveloppantes.

Ainsi, les *nerfs du goût* sont le lingual et le glosso-pharyngien; mais ils ne sont pas exclusivement gustatifs. Ils renferment toujours des fibres tactiles.

Sensations gustatives. — On ne sait que fort peu de chose sur les saveurs, car nous ne percevons jamais que la résultante d'une impression gustative et d'une impression tactile, et, par suite, il est difficile de distinguer ce qui, dans nos sensations, est qualité gustative de ce qui est qualité tactile. Quelquefois même la sensation tactile domine ou même existe seule dans ce que nous appelons *saveur;* c'est le cas pour les saveurs acides, qui résultent simplement de l'irritation des corpuscules tactiles de la muqueuse linguale.

Il est encore plus difficile de définir une substance sapide; la composition chimique ne donne aucun renseignement sur ce point : quoi de plus différent, en effet, que les sucres, la glycérine et les sels de plomb, et cependant tous ces corps ont une saveur sucrée.

Toujours est-il que les substances sapides agissent chimiquement sur les cellules gustatives pour les impressionner; il est donc nécessaire qu'elles soient au préalable dissoutes, soit dans l'eau, soit dans la salive, etc. Lorsqu'on pose un grain de sel sur le bout de la langue, l'afflux considérable de salive qui se produit a pour effet de le dissoudre et de lui permettre d'arriver facilement aux corpuscules gustatifs.

Lorsqu'on fixe le pôle positif d'une pile à la pointe de la langue et le pôle négatif à la nuque, ou inversement, on perçoit, dans le premier cas une sensation acide à la pointe, dans le second une sensation alcaline. Cela tient à la décomposition des sels alcalins de la salive par le courant et au dépôt de leurs acides au pôle positif, et de leurs bases au pôle négatif.

Les principales sensations gustatives sont : le *doux*, l'*amer*, l'*acide*, l'*alcalin*, le *salin* et le *métallique*.

CHAPITRE III

ORGANES DE L'ODORAT

Les éléments excitables de l'odorat sont situés dans la muqueuse des fosses nasales; ils n'entrent en jeu que sous l'influence de substances gazéiformes, les *odeurs*, tandis que les cellules gustatives exigent un excitant liquide, et les organes tactiles, un excitant solide, liquide ou gazeux.

Appareil olfactif. — L'appareil olfactif se compose de deux parties bien distinctes : 1° le *nez*, partie extérieure, accessoire; 2° les *fosses nasales*, partie profonde qui comprend les cellules olfactives.

I. Nez. — Le nez (fig. 247) est une sorte de pyramide triangulaire munie de deux orifices, appelés *narines*. Les faces latérales présentent inférieurement un petit renflement, l'*aile* du nez, limité en haut par un sillon curviligne; la ligne d'union des faces latérales est le *dos* du nez; son renflement terminal, le *lobule*. Une *cloison cartilagineuse* (fig. 248, *i*) divise le nez en deux cavités, les *vestibules des fosses nasales;* elle s'unit en arrière à la cloison osseuse de ces dernières. Les vestibules sont hérissés de poils forts, appelés *vibrisses*, surtout près des narines.

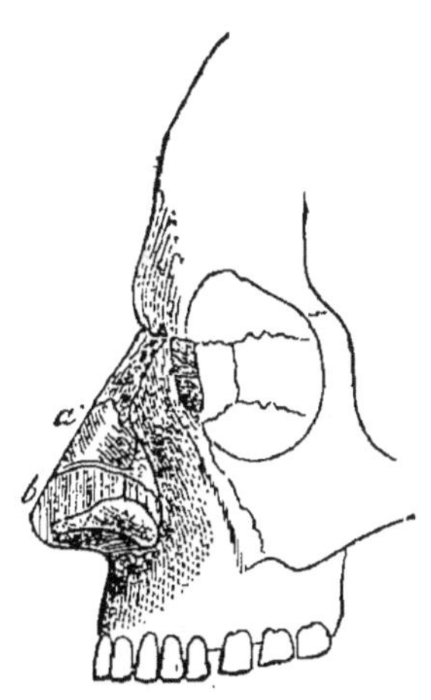

Fig. 247.

Fig. 247. — Cartilages du nez extérieur. — *a*, cartilages latéraux; *b*, cartilages des ailes du nez.

Le nez se compose : extérieurement de la peau; intérieurement de la muqueuse pituitaire qui se continue dans les fosses nasales; entre les deux, on trouve : les *os propres du nez* en haut; cinq cartilages, savoir (fig. 247) : deux pour les ailes (*b*), deux pour le reste des faces latérales (*a*) et un pour la cloison; enfin des muscles, notamment l'élévateur commun de l'aile du nez et de la lèvre supérieure; l'abaisseur de l'aile; le pyramidal ou élévateur de la pointe du nez et l'abaisseur de cette même partie. Ces muscles accélèrent ou modèrent l'entrée de l'air.

II. Fosses nasales. — Les fosses nasales font suite au nez extérieur. Elles se composent de deux parties : 1° une *charpente osseuse*, formée essentiellement aux dépens de l'ethmoïde et du vomer ; 2° la *muqueuse pituitaire*, qui tapisse intérieurement la cavité des fosses nasales et adhère directement aux surfaces osseuses de la charpente; en arrière, elle se continue avec la muqueuse du pharynx par les arrière-narines.

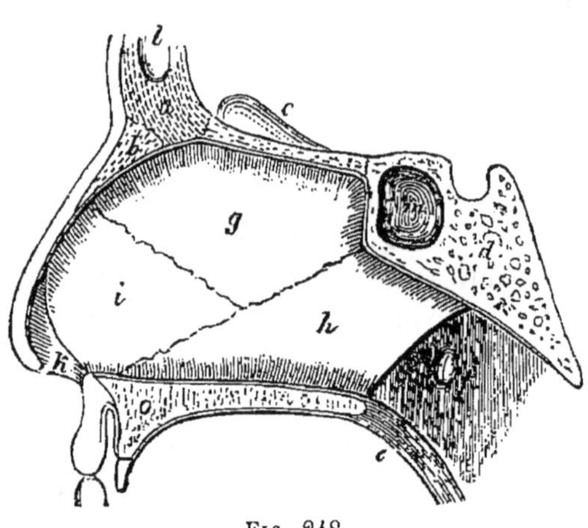

Fig. 248.

Fig. 248. — Cloison nasale. — *a*, os frontal avec *l*, sinus frontal ; *b*, os propres du nez; *c*, apophyse crista-galli de l'ethmoïde ; *d*, sphénoïde ; *m*, sinus sphénoïdal ; *g*, lame perpendiculaire de l'ethmoïde; *h*, vomer ; *f*, embouchure de la trompe d'Eustache; *i*, cloison cartilagineuse du nez ; *k*, cloison mobile ; *o*, voûte palatine ; *e*, voile du palais.

1° *Squelette.* — Nous y distinguerons la *cloison* nasale et les *parois* latérales, supérieures et inférieures. La *cloison* fait suite à celle du nez extérieur (fig. 248); elle est formée en avant par la lame perpendiculaire de l'ethmoïde (*g*), et en arrière par le vomer (*h*) ; la figure 248 montre les rapports de ces parties avec les voisines.

Les *parois latérales* sont constituées par les deux masses latérales ou *labyrinthe* de l'ethmoïde ; elles présentent à leur face interne des saillies antéro-postérieures ou *cornets* et des dépressions ou *méats*. Les cornets sont au nombre de trois (fig. 249) : le cornet *supérieur*, le cornet *moyen* et le cornet *inférieur ;* il en est de même des méats. Cornets et méats sont de grandeur croissante de haut en bas. Les cornets supérieur et moyen dépendent de l'ethmoïde ; le cornet inférieur est un os spécial de la face.

Les *parois supérieures* sont constituées par les os propres du nez, la lame criblée de l'ethmoïde et le sphénoïde; les *parois inférieures*, par les os maxillaires supérieurs et palatins.

Chaque fosse nasale est donc limitée en dedans par la cloison osseuse et en dehors par les cornets et méats ; toutes ces parties sont tapissées par la muqueuse pituitaire.

Les fosses nasales communiquent avec les cavités irrégulières ou *sinus* que présentent les os voisins. Les *sinus sphénoïdaux* (fig. 248, *m*) débouchent chacun par un orifice à la partie antérieure du sphénoïde, c'est-à-dire à la partie postéro-supérieure des fosses nasales. Les deux *sinus ethmoïdaux*, larges cavités divisées en nombreuses *cellules ethmoïdales*, communiquent avec le méat moyen et le méat supérieur. Les *sinus frontaux* (fig. 248, *l*) s'ouvrent dans les cellules antérieures de l'ethmoïde et, par leur intermédiaire, communiquent avec le méat moyen. Enfin les *sinus maxillaires* (fig. 166, 4), les plus grands de tous, appelés encore *antres d'Highmore*, s'ouvrent au milieu du méat moyen.

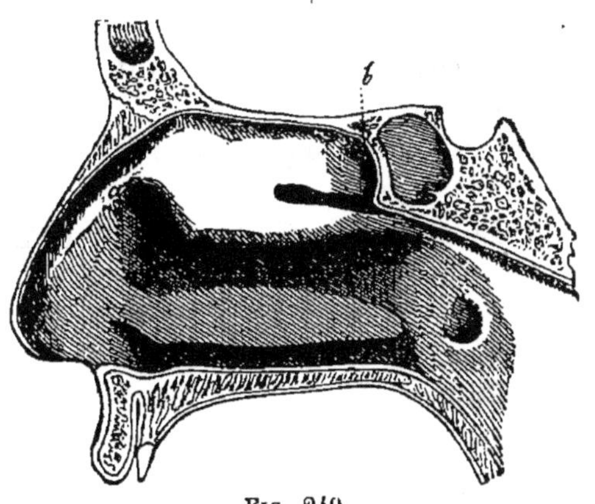

FIG. 249.

FIG. 249. — Paroi latérale des fosses nasales. — *b*, cornet supérieur; plus bas (en foncé), le méat supérieur, le méat moyen et le méat inférieur; en arrière de *b*, sinus sphénoïdal; en avant de *a*, os propres du nez; entre les méats, les cornets (voy. aussi fig. 83).

Les sinus servent à échauffer l'air inspiré et à augmenter la résonance dans les fosses nasales.

2° *Muqueuse pituitaire.* — Elle tapisse complètement les vestibules et les fosses nasales.

On y distingue deux régions bien différentes : 1° la *région olfactive*, seule sensible aux odeurs, qui recouvre le cornet et le méat supérieurs et la partie supérieure du cornet moyen. Elle seule reçoit les ramifications des nerfs olfactifs. Sa couleur jaunâtre, due à du pigment, lui a fait donner le nom de *locus luteus;* son épaisseur est d'environ 1 millimètre; 2° la *région inférieure* ne possède que des nerfs tactiles; elle est colorée en rouge, à cause des nombreux vaisseaux qu'elle contient.

La muqueuse pituitaire se compose (fig. 250) d'un derme conjonctif (*bd*) et d'un épithélium cylindrique (*a*). Dans la région olfactive, les cellules superficielles sont nettement cylindriques et interrompues fréquemment par des cellules fusiformes (*f*), terminées extérieurement par une sorte de bâtonnet qui dépasse légèrement l'épithélium, et intérieurement en communication avec le cylindre-axe d'une fibre olfactive. Ces cellules fusiformes ou *cellules olfactives* sont les seuls éléments sensibles aux odeurs. Dans la région inférieure, l'épithélium est vibratile (fig. 29), comme dans les autres parties des voies respiratoires (trachée...).

La muqueuse pituitaire contient de nombreuses glandes en grappe (fig. 250, *h*), sécrétant une mucosité qui tend à saturer d'humidité l'air inspiré.

Nerfs de l'appareil olfactif. — Ils sont au nombre de trois paires :

1° Le *nerf olfactif* (fig. 251), 1re paire crânienne ; il naît à la partie antérieure et inférieure du cerveau et se termine par un

Fig. 250. Fig. 251.

Fig. 250. — Coupe de la muqueuse pituitaire. — *ab*, épithélium ; *a*, cellules cylindriques ; *b*, cellules ovales petites ; *f*, cellules olfactives ; *bc*, derme ; *cd*, tissu fibreux confinant aux os ; *g*, nerf olfactif ; *h*, glande muqueuse en grappe.

Fig. 251. — n^1, nerf olfactif ; *bi*, ses nombreux filets internes ; n^2, nerf olfactif ; *be*, ses nombreux filets externes. On voit le bulbe olfactif.

renflement, le bulbe olfactif, qui repose sur la lame criblée de l'ethmoïde (fig. 252, 1) ; du bulbe partent de nombreux filets qui passent au travers des orifices de cette dernière et vont se ramifier dans la région olfactive de la muqueuse pituitaire ; leurs fibres se mettent en rapport avec les cellules olfactives. Le nerf olfactif est un *nerf de sensibilité spéciale :* lui seul recueille, pour les transporter au cerveau, les impressions olfactives produites sur ses seules cellules terminales ;

2° Le *rameau nasal* (fig. 252, 12) de l'*ophthalmique* de Willis, c'est-à-dire de la première branche du nerf trijumeau ; il pénètre d'abord dans l'orbite de l'œil, y laisse un filet et passe ensuite dans les fosses nasales ; ses ramifications sont destinées à la partie antérieure du cornet et du méat inférieur, à la peau du nez, à la muqueuse de la cloison, etc ; elles sont affectées à la sensibilité générale ;

3° Le *rameau nasal* (fig. 252, 9, 8) du *nerf palatin* et du *nerf spléno-palatin ;* ces deux derniers partent du ganglion sphéno-palatin (fig. 339), lequel est uni par une courte branche au rameau *maxillaire supérieur* du trijumeau. Le rameau nasal du palatin est destiné à la partie postérieure du méat moyen, du cornet et du méat inférieurs; celui du sphéno-palatin se ramifie dans la même région du cornet moyen, du

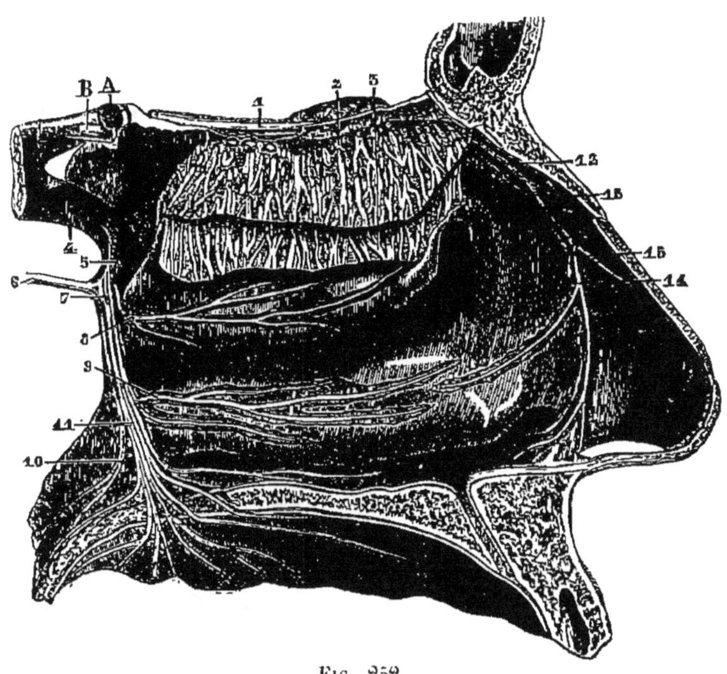

Fig. 252.

Fig. 252. — Paroi latérale des fosses nasales : nerfs. — A, nerf optique ; B, nerf moteur oculaire commun ; 1, nerf olfactif ; 2, ses ramifications dans la muqueuse olfactive, après leur passage par la lame criblée de l'ethmoïde ; 3, muqueuse rabattue avec les filets nerveux externes ; 5, nerf ptérygo-palatin ; 6, nerf vidien ; 7, tronc du nerf naso-palatin ; 8, rameau nasal du nerf sphéno-palatin ; 9, rameau nasal du nerf palatin ; 10, 11, nerfs palatins ; 12, rameau nasal de l'ophthalmique de Willis.

méat et du cornet supérieurs. L'un et l'autre sont de sensibilité générale.

Sensations olfactives. — L'organe de l'odorat nous donne la notion des odeurs. Les odeurs sont composées de particules matérielles gazéiformes émanées des substances dites odorantes ; lorsque l'odeur disparaît d'une substance solide, celle-ci perd légèrement de son poids : l'odeur est donc matérielle. La science connaît si peu les odeurs qu'il n'est pas possible de les classer autrement qu'en odeurs *agréables* et *désagréables*. Les odeurs désagréables (hydrogène sulfuré...) exercent généralement une action destructive sur les tissus : à cet égard le sens de l'odorat nous préserve contre l'introduction de substances nuisibles dans les voies respiratoires. Toutefois, certains gaz, comme l'oxyde de carbone, sont délétères quoique inodores; mais on sait que l'oxyde de carbone ne détruit rien dans le sang et qu'il prend seulement la place de l'oxygène dans l'hémoglobine.

Pour que l'impression olfactive se produise, il faut que les particules odorantes soient amenées au contact des cellules sensibles avec une certaine vitesse. Tout le monde sait qu'on ne perçoit pas l'odeur d'un fragment de camphre, lorsque la respiration est suspendue : c'est précisément le courant d'air d'inspiration qui entraîne les odeurs sur la muqueuse olfactive. On comprend dès lors pourquoi les cellules olfactives sont placées dans les voies respiratoires. Les particules odorantes exercent sur ces cellules une action chimique, en laquelle consiste l'impression olfactive ; cela explique pourquoi l'odorat s'émousse rapidement par les actions répétées d'une même odeur : en effet, les substances des cellules olfactives qui sont modifiées chimiquement par cette dernière n'ont pas le temps de se régénérer par assimilation, de sorte que les principes impressionnables manquent.

Le sens de l'odorat est le plus subtil de tous les sens; il est capable de déceler des quantités infinitésimales de substances odorantes, comme par exemple deux millionièmes de milligramme de musc; cette sensibilité dépasse de beaucoup celle dont nous rend témoins l'analyse spectrale.

CHAPITRE IV

ORGANES DE L'OUÏE

Les éléments excitables de l'ouïe, c'est-à-dire les *cellules acoustiques*, sont situés dans la partie profonde de l'oreille; ils ont pour caractère spécial de n'être impressionnés que par les *ondes sonores*. Les cellules acoustiques constituent la terminaison des fibres du nerf auditif, qui transmet les impressions sonores au cerveau. La notion du son, bien différente du mouvement vibratoire des corps qui lui donne naissance, exige l'intervention successive des cellules acoustiques, du nerf auditif et enfin du cerveau : ce dernier perçoit les impressions recueillies par les cellules et transmises à lui par le nerf.

Appareil auditif. — 1° Chez de nombreux Invertébrés aquatiques, notamment chez les Mollusques, où il présente la conformation la plus simple, l'appareil auditif ne consiste qu'en une petite vésicule, appelée *otocyste* (fig. 253), remplie d'un liquide incolore dans lequel flottent des concrétions calcaires ou *otolithes*, susceptibles d'entrer facilement en vibration. Le nerf auditif vient étaler ses fibres constitutives dans la membrane limitante de l'otocyste et les met en rapport avec certaines des cellules qui la tapissent intérieurement. Les ondes sonores sont transmises facilement du milieu aquatique extérieur au liquide interne et par suite aux terminaisons nerveuses qu'elles doivent impressionner; car il n'y a entre ces deux liquides qu'une très faible différence de densité.

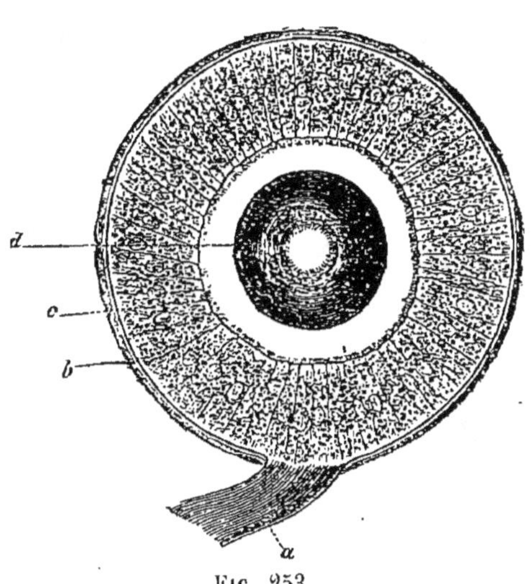

Fig. 253.

Fig. 253. — Otocyste de l'Unio, Mollusque acéphale (très grossi). — *a*, nerf acoustique; *b*, membrane conjonctive dans laquelle il se ramifie; *c*, épithélium vibratile; *d*, otolithe.

2° Chez les animaux terrestres et chez l'Homme, l'otocyste, profondément différencié, constitue l'oreille interne, logée dans le rocher, partie très dure de l'os temporal. Mais ici d'autres organes deviennent nécessaires : d'une part pour assurer le passage des ondes sonores de l'air extérieur dans le liquide de l'oreille interne, passage qui ne saurait s'effectuer directement à cause de la grande différence de densité des deux milieux; d'autre part pour recueillir les ondes sonores et compenser ainsi les effets de la déperdition du son avec la distance. Et en effet, en avant de l'oreille interne se trouvent deux autres parties, l'oreille moyenne et l'oreille externe.

L'appareil auditif de l'Homme comprend donc trois parties :

1° L'*oreille externe*, organe de collection du mouvement vibratoire;

2° L'*oreille moyenne*, organe de transmission du mouvement vibratoire;

3° L'*oreille interne*, organe excitable, renfermant seul les terminaisons du nerf auditif; chez l'embryon, elle se présente d'abord sous la forme d'un otocyste qui plus tard seulement se différencie.

On voit que l'oreille externe et l'oreille moyenne sont deux organes de perfectionnement qui assurent le fonctionnement de l'oreille interne dans le milieu atmosphérique.

1° **Oreille externe.** — L'oreille externe est le seul organe qui soit directement exposé au regard. Elle comprend deux parties, savoir : le *pavillon*, partie saillante, et le *conduit auditif externe*, logé en grande partie dans l'os temporal.

Le *pavillon* ou *conque* (fig. 254) présente sur sa face externe des saillies et des dépressions. Les saillies sont : l'*hélix* (*a*), repli curviligne qui longe le bord du pavillon; l'*anthélix* (*c*), repli concentrique au précédent, situé en dedans de lui et divisé supérieurement en deux branches qui limitent la fossette de l'anthélix (*h*); le *tragus* (*g*), saillie triangulaire située en avant du trou auditif; l'*antitragus* (*d*), saillie moins accentuée située en arrière de ce dernier et un peu plus bas; enfin le *lobule* (*f*), partie inférieure charnue du pavillon. Les dépressions sont : la *gouttière de l'hélix* (*b*), comprise entre l'hélix et l'anthélix; la *fossette de l'anthélix* (*h*) et la *conque proprement dite* (*k*), cavité centrale du pavillon qui se continue avec le canal auditif.

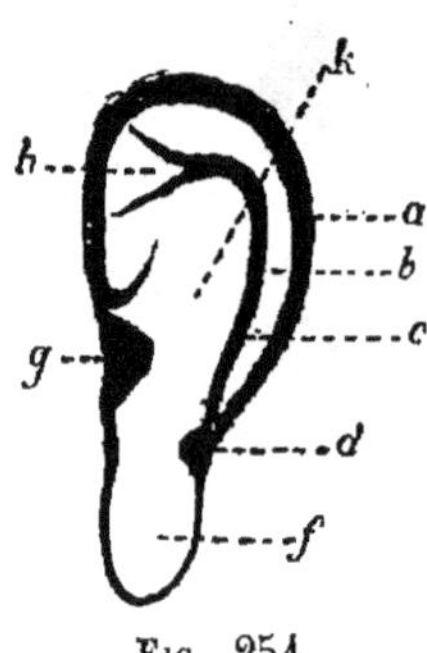

Fig. 254.

Fig. 254. — Pavillon de l'oreille (fig. sch.). — *a*, hélix; *b*, gouttière de l'hélix; *c*, anthélix; *d*, antitragus; *f*, lobule; *g*, tragus; *h*, fossette de l'anthélix; *k*, conque proprement dite.

Intérieurement, le pavillon présente à considérer un fibro-cartilage, qui en forme le squelette, des ligaments qui maintiennent les replis de ce dernier et l'attachent aux parties voisines de la tête, des muscles, et enfin la peau, doublée d'une couche adipeuse très épaisse dans le lobule.

Le *conduit auditif externe* (fig. 255, D) est limité en dedans par la membrane du tympan (*cc*). Il est long de 2 à 3 centimètres. Sa moitié externe, en rapport avec le pavillon, est cartilagineuse; sa moitié interne est osseuse et creusée dans l'os temporal. La peau très fine qui le tapisse renferme de nombreuses glandes sécrétant une matière onctueuse, jaune, appelée *cérumen*. A l'entrée du conduit auditif se trouvent des poils raides d'une grande sensibilité.

Fonctions de l'oreille externe. — Le pavillon est un *organe de collection* des sons; il joue le rôle d'un cornet acoustique. On sait quelle intensité communique au son l'usage d'un de ces appareils : il suffit de placer dans le conduit auditif un cornet de papier pour percevoir le bruissement continu et sourd qui existe partout dans l'air, ou pour entendre le tic tac d'une montre, trop éloignée pour agir directement sur l'oreille. C'est chez les animaux, comme le Cheval, que le pavillon agit effectivement comme un puissant cornet acoustique : les ondes sonores recueillies par sa large ouverture sont réfléchies vers le conduit auditif, et ainsi se trouve accrue l'intensité du mouvement vibratoire; chez eux, le pavillon est de plus doué d'une grande mobilité.

Chez l'Homme, les saillies et les dépressions de la conque servent aussi à réfléchir les ondes sonores vers l'oreille moyenne, et leur direction variée fait que la réflexion a lieu pour toutes les positions que peut prendre l'oreille devant le corps en vibration; on s'explique par là pourquoi les muscles du pavillon n'obéissent plus, comme ceux des animaux, à l'action de la volonté. Lorsqu'on remplit les deux pavillons d'un mélange mou de cire et d'huile, de façon à les aplanir tout en ménageant l'orifice central, l'audition est très confuse et il devient impossible de dire d'où vient le son. Dans les conditions normales, la direction du centre d'ébranlement nous est indiquée par la différence d'action des ondes sonores sur les deux oreilles.

Les vibrations sont *transmises* à l'oreille moyenne par l'air du conduit auditif et accessoirement par ses parois. Les glandes cérumineuses arrêtent les poussières qui pourraient s'accumuler sur la membrane du tympan et nuire à son bon fonctionnement. Enfin les poils qui tapissent le conduit auditif nous préviennent, grâce à leur grande irritabilité, de la présence de corps étrangers, dont l'introduction pourrait avoir de fâcheux effets.

2° **Oreille moyenne.** — L'oreille moyenne (fig. 255) comprend deux parties : 1° la *caisse du tympan*, cavité interposée entre l'oreille externe et l'oreille interne; 2° la *trompe d'Eustache*, sorte de tube qui établit la communication de la caisse du tympan avec le pharynx.

Caisse du tympan. — Elle présente à considérer la paroi antérieure ou membrane du tympan, la paroi interne, la circonférence et la chaîne des osselets.

a. La *membrane tympanique* (fig. 255, *cc*) est dirigée de haut en bas et de dehors en dedans; elle fait un angle de 45 degrés avec la paroi inférieure du canal auditif externe. Sa face externe est concave, sa face interne convexe, plus ou moins, suivant les tractions qu'elle subit de la part du muscle du marteau. La membrane du tympan est tendue dans un cadre osseux circulaire, appartenant à l'os temporal; en dedans de l'extrémité postérieure du diamètre horizontal de ce cadre se trouve l'orifice qui donne passage à la *corde du tympan*, rameau nerveux qui chemine de haut en bas dans la caisse du tympan, puis en sort pour s'unir au nerf lingual.

La membrane du tympan se compose d'un épithélium stratifié externe et interne et d'un feuillet moyen formé de fibres conjonctives, les unes rayonnantes, les autres concentriques.

b. La *paroi interne* de la caisse du tympan présente en haut la *fenêtre ovale* (fig. 255, *o*), fermée par une fine membrane à laquelle adhère l'*étrier*, un des osselets de l'ouïe; le grand axe de cette fenêtre est horizontal. Au-dessous se trouve la *fenêtre ronde* (*r*), fermée aussi par une membrane, appelée quelquefois

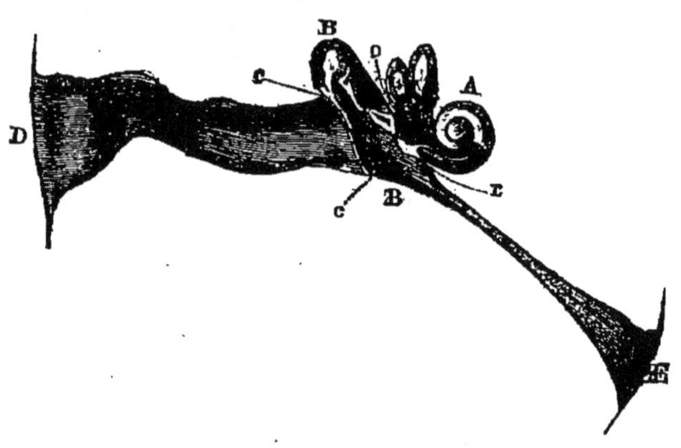

FIG. 255.

FIG. 255. — Oreille. — D, conduit auditif; *cc*, membrane du tympan; BB, caisse du tympan, montrant les osselets; *o*, fenêtre ovale; *r*, fenêtre ronde; A, labyrinthe; BE, trompe d'Eustache.

tympan secondaire. Entre les deux, et un peu en avant de la fenêtre ronde, la paroi tympanique forme une saillie osseuse, appelée *promontoire*.

c. La *circonférence* ou pourtour de la caisse tympanique est irrégulière; en haut et en arrière, elle se continue dans l'apophyse mastoïde du temporal par des cavités irrégulières, appelées *cellules mastoïdiennes;* en avant et en haut, elle se continue avec la trompe (fig. 258).

La caisse du tympan est tapissée exactement par une muqueuse, qui n'est pas autre chose que le prolongement de celle du pharynx.

d. Les *osselets de l'ouïe* sont au nombre de trois (fig. 256) : le marteau, l'enclume et l'étrier. Ils forment une chaîne brisée qui part de la membrane du tympan et se termine à la fenêtre ovale; des muscles les mettent en mouvement.

Le *marteau* (fig. 257), le plus long des osselets, mesure 6 à 7 millimètres; on lui distingue une tête, un col, deux apophyses et un manche fixé tout entier dans l'épaisseur de la membrane tympanique. L'*enclume* (fig. 257) a la forme d'une molaire à deux racines; son corps est articulé avec la tête du marteau; la branche supérieure est attachée à la paroi par un petit ligament; la branche inférieure, plus longue, descend verticalement, se recourbe un peu en dedans vers son extrémité

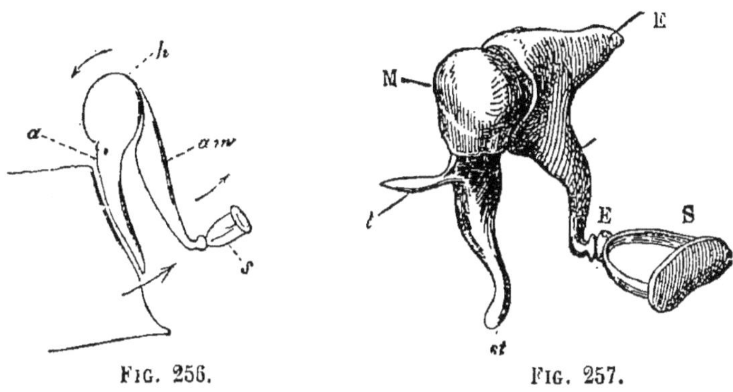

FIG. 256. FIG. 257.

FIG. 256. — Osselets de l'ouïe. — *a*, marteau (manche); *h*, sa tête; *am*, enclume (branche descendante seule); *s*, étrier. A gauche, le conduit auditif.

FIG. 257. — Osselets de l'ouïe. — M, marteau; *l*, longue apophyse; *st*, manche; EE, les deux branches de l'enclume; S, étrier.

et se termine par un petit tubercule arrondi, que l'on décrit quelquefois comme un osselet spécial, l'*os lenticulaire*. L'*étrier*, articulé à l'os lenticulaire (fig. 257), se compose d'un arc osseux et d'une base ou platine insérée exactement et solidement sur la membrane de la fenêtre ovale.

c. Les *muscles des osselets* sont: le *muscle interne du marteau* (fig. 258, *x*), fixé d'une part au haut du col de ce dernier et logé d'autre part dans un petit canal situé au-dessus de l'origine de la trompe; c'est le *muscle tenseur* de la membrane du tympan. A la petite apophyse du marteau s'insère un ligament élastique (fig. 258) qui la relie à la paroi de la caisse du tympan. Le *muscle de l'étrier* est fixé, d'une part à la tête de l'étrier, de l'autre à la partie voisine de la

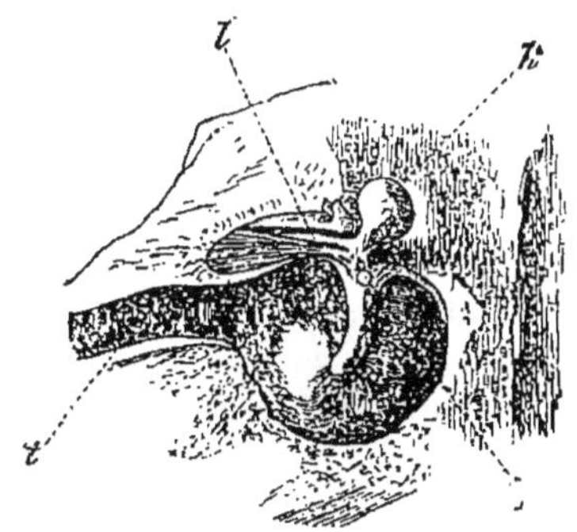

FIG. 258.

FIG. 258. — Oreille moyenne (vue de dedans). — *t*, trompe d'Eustache; *l*, longue apophyse du marteau, avec le ligament qui fixe ce dernier; *k*, tête du marteau; *x*, point où s'attache le muscle tenseur de la membrane tympanique (celle-ci est vue de face).

paroi tympanique; il se contracte de dedans en dehors et tend à relâcher la membrane du tympan.

Trompe d'Eustache. — La trompe (fig. 255, BE) est un canal angulaire qui part de la caisse du tympan et va s'ouvrir dans le pharynx, à côté de l'arrière-narine correspondante (fig. 83, *c*); sa longueur est de 3 à 4 centimètres. Elle est aplatie latéralement et rétrécie dans sa région moyenne : son orifice pharyngien, qui est ovale, mesure 6 à 8 millimètres dans le sens vertical, tandis que l'orifice tympanique n'en a que 4. La partie initiale de la trompe est osseuse et creusée dans le rocher; la partie pharyngienne est fibreuse et mobile dans sa moitié externe, cartilagineuse et fixe dans sa moitié interne. L'une et l'autre sont tapissées d'un épithélium vibratile.

FONCTIONS DE L'OREILLE MOYENNE. — L'oreille moyenne représente essentiellement un *appareil de transmission* et *d'accommodation aux sons.*

1° La *membrane du tympan* (fig. 255) reçoit les ondes sonores par l'air du conduit auditif; elle a la propriété d'entrer en vibration pour tous les tons dont la hauteur est intermédiaire entre *trente* et *quatre mille* vibrations par seconde : cela tient à sa forme en entonnoir.

Une membrane élastique tendue uniformément à l'extrémité d'un tuyau ne rend jamais qu'un ton, dont la hauteur augmente avec la tension de la membrane, mais reste constante pour une tension donnée. Que des sons variés viennent à se produire dans son voisinage, elle n'entrera en vibration que sous l'influence de celui qu'elle est capable d'émettre elle-même. En un mot, une membrane uniformément tendue possède un ton propre, correspondant à sa tension.

Il n'en est plus de même pour la membrane du tympan. En effet, à cause de sa forme en entonnoir, due à l'action du muscle du marteau, elle présente des tensions variées, régulièrement croissantes depuis le pourtour jusqu'au centre, ainsi que l'indique la minceur de plus en plus grande de cette membrane. Si l'on déprime en son centre une membrane quelconque tendue, c'est ce point qui cède le premier si la pression continue à augmenter : c'est donc bien lui qui est le plus mince et par suite le plus tendu. Il résulte de là que la membrane du tympan, loin d'avoir un ton propre, est capable de vibrer simultanément sous l'influence de tous les tons qui correspondent à la différence de tension entre le pourtour de la membrane et son point central.

2° Les vibrations de la membrane du tympan sont transmises

à la *chaîne des osselets* (fig. 255, *co*) : ceux-ci entrent en mouvement avec la plus grande facilité, étant donnée leur délicatesse. La chaîne des osselets est, comme l'on sait, reliée à la paroi de la caisse tympanique par des ligaments insérés sur les apophyses du marteau ; elle joue le rôle d'un *levier coudé*, analogue à celui des sonnettes d'appartements, et dont l'une des branches est constituée par le manche du marteau, l'autre par sa tête, par l'enclume et l'étrier. C'est par un mouvement de va-et-vient autour de l'axe des ligaments (fig. 256) que les vibrations sont transmises à la fenêtre ovale et de là à l'oreille interne.

Chaque fois que la membrane du tympan vibre en dedans, le manche du marteau et par suite la branche verticale de l'enclume sont déplacés dans la même direction, de sorte que l'étrier déprime vers le dedans la membrane de la fenêtre ovale ; inversement lorsque la membrane tympanique vibre en dehors. Ainsi tout le mouvement vibratoire de cette dernière se trouve concentré sur la membrane de la fenêtre ovale, qui est vingt fois plus petite et dont les oscillations ne peuvent avoir qu'une faible amplitude. On peut donc dire que des vibrations de grande amplitude et de petite force de la membrane tympanique sont transformées en vibrations de faible amplitude et de grande force sur la fenêtre ovale.

La perte du marteau et de l'enclume réduit seulement l'audition et rend confuse la perception du ton ; au contraire, la disparition de l'étrier et, par suite, de la membrane de la fenêtre ovale, occasionne l'écoulement du liquide de l'oreille interne et entraîne la surdité.

3° Le *muscle interne du marteau* tend plus ou moins la membrane tympanique et augmente ou diminue le ton propre de ses différents points. Or on sait qu'une membrane fortement tendue n'entre pas en vibration pour les tons inférieurs à son ton propre : la contraction du muscle du marteau a donc pour effet d'amortir l'effet des détonations intenses et graves, comme une décharge d'artillerie, qui pourraient briser la membrane du tympan. A cet égard, ce muscle joue un *rôle protecteur*. Mais il peut servir aussi d'*organe d'accommodation*. Lorsque, par exemple, nous écoutons avec attention une mélodie lente dont le rythme et la composition nous sont familiers, le muscle du marteau se contracte d'autant plus que la mélodie s'élève davantage et accorde ainsi la membrane du tympan pour les différents tons ; la perception atteint alors son maximum de netteté. De même, dans une symphonie, on peut accommoder la membrane au chant élevé des violons, mais au détriment de la perception des tons plus graves de l'accompagnement (cor, violoncelle, etc...). Il va sans dire que pour les sons qui se succèdent rapidement (trilles), l'accommodation ne saurait avoir lieu : les contractions du muscle seraient en retard sur les sons.

Le *muscle de l'étrier* agit aussi pour amortir les sons intenses; il est disposé perpendiculairement à l'étrier, de sorte que, par sa contraction, il tend à diminuer l'étendue des mouvements vibratoires de l'étrier dans la fenêtre ovale, en exerçant une traction sur la chaîne des osselets.

4° La *trompe d'Eustache* (fig. 255) établit la communication entre la caisse du tympan et l'extérieur. Elle sert à maintenir l'uniformité de pression entre l'air intérieur et l'air atmosphérique; de cette façon, la pression que supporte la membrane du tympan est la même sur ses deux faces, condition nécessaire au bon fonctionnement de cette dernière. Si la caisse du tympan était toujours fermée, l'air qu'elle contient serait lentement absorbé par la paroi, d'où résulterait un vide partiel nuisible.

La trompe assure, en outre, l'écoulement des mucosités de la caisse tympanique dans le pharynx.

Normalement, ce conduit est fermé par accolement de sa paroi fibreuse externe contre sa paroi cartilagineuse interne. Il s'ouvre, au moment de la déglutition, grâce à la contraction d'un des muscles du voile du palais, le *péristaphylin externe*, inséré sur sa moitié fibreuse; on s'explique par là les mouvements périodiques de déglutition qui se produisent entre les repas, même pendant la nuit; chaque fois, la trompe, momentanément ouverte, permet le rétablissement de l'équilibre de pression.

En résumé, les fonctions de l'oreille moyenne sont : 1° de *recueillir* les ondes sonores (membrane du tympan); 2° de *transmettre* ces ondes à l'oreille interne (chaîne des osselets et fenêtre ovale); 3° de *préserver* l'oreille en général contre des vibrations trop intenses (muscles du marteau et de l'étrier); 4° de l'*accommoder* dans une certaine mesure aux sons (muscle du marteau).

3° **Oreille interne.** — L'oreille interne (fig. 255, A), partie essentielle de l'appareil auditif, est logée dans le rocher; en dehors elle communique avec l'oreille moyenne par les deux fenêtres, en dedans avec le cerveau par le *conduit auditif interne* dans lequel passe le nerf acoustique. Elle seule renferme les ramifications de ce dernier, et par suite leurs terminaisons, c'est-à-dire les *cellules acoustiques*, éléments excitables par les ondes sonores. Sa structure compliquée lui a fait donner le nom de *labyrinthe*.

Le labyrinthe comprend trois parties distinctes :

1° Le *vestibule* (fig. 259, U,N), sorte de sac, communiquant avec l'oreille moyenne par la fenêtre ovale; il se divise lui-

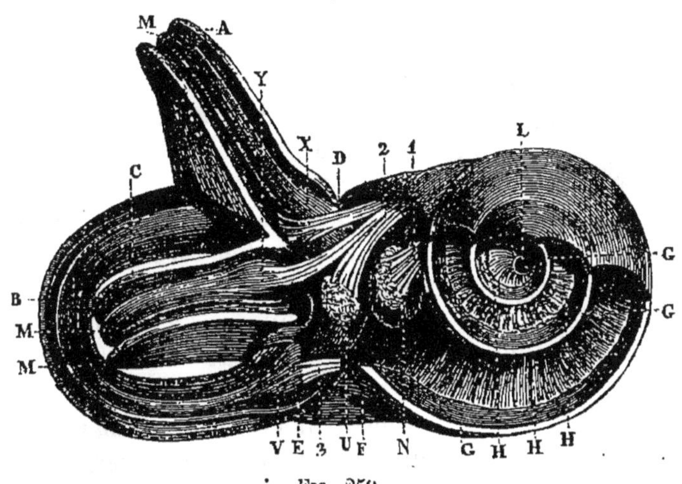

Fig. 259.

Fig. 259. — Oreille interne. — A, C, les deux canaux semi-circulaires verticaux; B, canal horizontal; MMM, labyrinthe membraneux; X, Y, V, les trois ampoules; DE, utricule; N, saccule; L, limaçon; GG, lame des contours; HHH, lame spirale; 1, rameau nerveux sacculaire; N, tache acoustique; 2, rameau utriculaire avec la tache acoustique sensible U; ce rameau donne deux filets aux ampoules X et Y; 3, rameau de la troisième ampoule.

même en *utricule, saccule,* séparés par un rétrécissement, et *aqueduc de Fallope*, prolongement inférieur très réduit; 2° les *canaux semi-circulaires* (A, B, C), au nombre de trois, placés au-dessus et en arrière de l'utricule; ils s'ouvrent dans ce dernier par cinq orifices dont trois sont surmontés d'une *ampoule;* 3° le *limaçon* (L), organe fondamental de l'oreille interne, situé en avant et au-dessous du vestibule; il communique, d'une part, avec le saccule; de l'autre, avec l'oreille moyenne par la fenêtre ronde (fig. 260).

Ces diverses parties, sauf toutefois le limaçon, ont une double paroi (fig. 259) : la paroi externe est osseuse et engagée dans les cavités du rocher; on l'appelle *labyrinthe osseux* (A); la paroi interne est molle; on l'appelle *labyrinthe membraneux* (M). L'espace compris entre les deux labyrinthes est occupé par un liquide, la *périlymphe* ou humeur de Valsalva;

les cavités du labyrinthe membraneux sont remplies par l'*endolymphe* ou humeur de Scarpa. Cette dernière renferme des concrétions calcaires, appelées *otolithes*.

Le *nerf auditif*, après avoir traversé le rocher, se divise en deux branches (fig. 259) : la *branche cochléaire*, destinée au limaçon, et la *branche vestibulaire*. Celle-ci donne elle-même trois rameaux, savoir : le *rameau utriculaire* (2), destiné à l'utricule et à deux ampoules des canaux semi-circulaires, le *rameau sacculaire* (1) destiné au saccule et la *branche ampullaire* (3) qui se rend à la troisième ampoule. Tous ces filets nerveux se ramifient dans le labyrinthe membraneux.

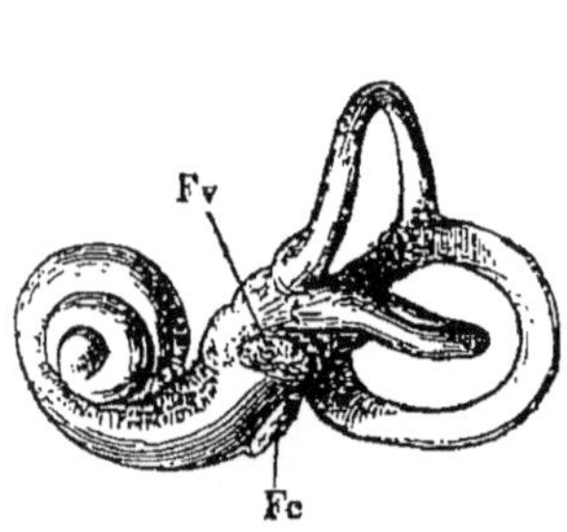

FIG. 260.

FIG. 260. — Labyrinthe. — *Fv*, fenêtre ovale, communiquant avec le vestibule ; *Fc*, fenêtre ronde, communiquant avec la rampe tympanique du limaçon.

STRUCTURE. — La paroi membraneuse du *vestibule* se compose d'une membrane épaisse, renfermant les rameaux nerveux, et d'un épithélium simple qui la tapisse intérieurement. En deux régions, appelées *taches acoustiques* (fig. 259, N, U), situées l'une (2 millimètres) dans l'utricule, l'autre (1 millimètre) dans le saccule, l'épithélium a une teinte blanchâtre : les cellules épithéliales cylindriques y sont interrompues fréquemment par des cellules munies à leur extrémité libre d'un long cil vibratile, baignant dans l'endolymphe ; intérieurement elles se continuent avec le cylindre-axe d'une fibre nerveuse. Ces *cellules acoustiques* sont les éléments excitables du vestibule. Au voisinage des taches acoustiques, les otolithes sont particulièrement nombreux.

Les *canaux demi-circulaires* sont dirigés suivant les trois dimensions de l'espace : deux sont situés dans deux plans verticaux perpendiculaires entre eux ; le troisième est horizontal. Les deux premiers se dirigent l'un vers l'autre et se fusionnent en une branche unique ; le canal horizontal a ses deux extrémités libres. Il y a donc en tout cinq orifices dans l'utricule, dont trois sont munis d'ampoules (fig. 260).

La paroi membraneuse des ampoules présente une légère saillie en forme de pli, appelée *crête acoustique* (fig. 261), au niveau de laquelle la membrane conjonctive est très épaisse ; l'épithélium de la crête comprend, outre des cellules ordinaires, de nombreuses cellules ciliées, excitables par les ondes sonores semblables à celles du vestibule, et en rapport avec les fibres des rameaux nerveux ampullaires.

LIMAÇON. — Le limaçon (fig. 262) est un tube spiral osseux décrivant deux tours et demi, rarement trois tours entiers, autour d'un axe de même nature. Son sommet est dirigé vers

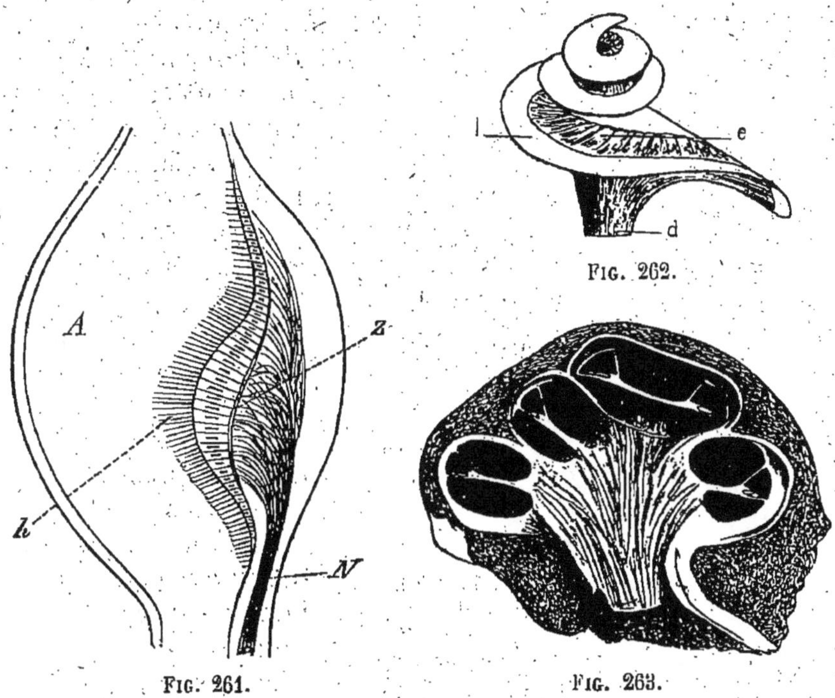

FIG. 262.

FIG. 261.

FIG. 263.

FIG. 261. — Ampoule d'un canal semi-circulaire. — A, cavité remplie d'endolymphe; z, crête acoustique; h, cellules ciliées; N, rameau nerveux.

FIG. 262. — Limaçon. — d, rameau nerveux cochléaire; e, ses terminaisons dans la lame spirale l.

FIG. 263. — Coupe longitudinale du limaçon. il est encastré dans le rocher. On voit la lame spirale et la membrane de Reissner.

le bas. Il communique en dehors avec la caisse du tympan (fig. 255, r) par la fenêtre ronde, et en haut avec le vestibule. Sa cavité est divisée en deux moitiés, appelées *rampes*, par une cloison longitudinale, appelée *lame spirale* (fig. 263). Les deux rampes communiquent, l'externe avec le vestibule par un orifice libre, l'interne avec l'oreille moyenne par la fenêtre ronde : de là leurs noms de *rampes vestibulaire* et *tympanique*; elles sont de plus en rapport l'une avec l'autre par un orifice que présente la lame spirale au sommet du limaçon.

La *lame spirale* (fig. 264, *rk*), partie importante, commence au niveau de la fenêtre ronde; son bord longitudinal interne confine à l'axe du limaçon, son bord externe à la partie du tube spiral soudée au rocher. Dans le premier tour de spire, elle est osseuse dans toute sa largeur ; puis elle présente à considérer deux parties : la partie interne osseuse, qui contourne l'axe du limaçon, et la partie externe, membraneuse; on les distingue sous les noms de *lame spirale osseuse* (*r*) et de *lame spirale membraneuse* ou *membrane spirale* (*k*). La première diminue de largeur de la base au sommet du limaçon, tandis que la seconde s'élargit dans la même mesure.

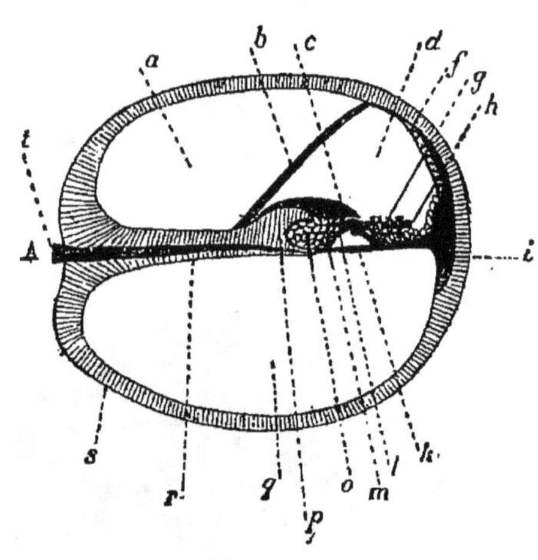

Fig. 264.

Fig. 264. — Coupe du limaçon (fig. sch.). — *a*, rampe vestibulaire; *b*, membrane de Reissner; *c*, membrane de revêtement; *d*, rampe collatérale; *f*, zone conjonctive très vasculaire; *g*, cellules acoustiques externes, ciliées; *h*, membrane réticulaire; *i*, éminence de tissu conjonctif; *k*, membrane basilaire; *l*, arcade de Corti; *m*, région des cellules ciliées internes; *o*, cellules remplissant le sillon spiral interne; *p*, crête spirale (osseuse); *q*, rampe tympanique; *r*, lame spirale osseuse; *s*, paroi osseuse ou lame des contours; *t*, rameau cochléaire; A, place de l'axe du limaçon.

Les parties membraneuses sont en noir; les parties osseuses sont hachées.

La rampe vestibulaire est elle-même divisée en trois autres par deux cloisons membraneuses, très rapprochées de la membrane spirale, savoir : la *rampe vestibulaire proprement dite* (*a*), la plus développée, en dehors, puis la *rampe collatérale* ou rampe de Lœwenberg (*d*), et enfin, la *rampe de Corti* ou *rampe auditive* (*o*). Cette dernière est limitée par la membrane spirale (*k*) et par la membrane recouvrante (*c*). Toutes ces cavités sont remplies d'endolymphe, sauf la rampe de Corti qui est occupée par des cellules.

L'*axe* du limaçon (en A) est une petite colonnette creuse, large d'environ 3 millimètres à sa base. Elle se rétrécit peu à peu jusqu'au milieu du limaçon, puis se continue par une légère dilatation en entonnoir dont la partie élargie occupe le sommet du limaçon. La base de l'axe correspond au conduit auditif interne; les filets nerveux du rameau cochléen s'y engagent par plusieurs orifices, suivent sa cavité centrale et émettent durant ce trajet un grand nombre de filets plus déliés qui s'échappent de l'axe par autant d'orifices de sa paroi. De là ils pénètrent dans la lame spirale osseuse (r) du tube spiral, puis dans la membrane spirale où ils se terminent par des fibrilles d'une extrême ténuité.

Membrane spirale.—La membrane spirale ou membrane ba-

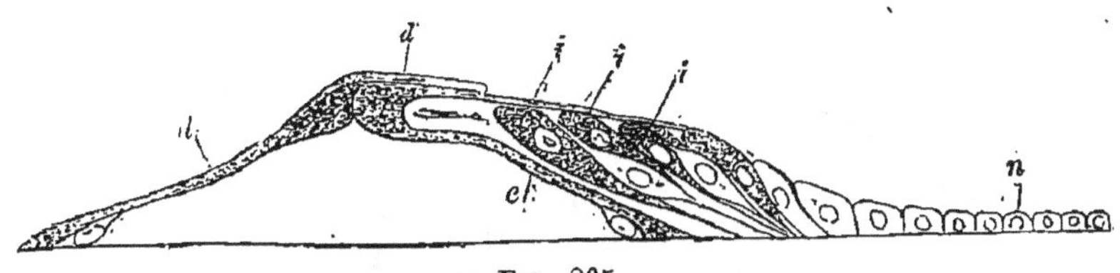

FIG. 265.

FIG. 265. — *d*, *e*, arcades de Corti; *i*, *i*, *i*, cellules acoustiques (ciliées); les autres cellules sont dites cellules de soutien; *n*, assise épithéliale; au-dessus de *i*, la membrane réticulaire.

silaire forme, nous l'avons dit, la moitié longitudinale externe de la cloison du limaçon. Celle de ces deux faces qui est tournée du côté de la rampe collatérale est nettement *striée* transversalement; les stries sont dues à des fibres conjonctives très

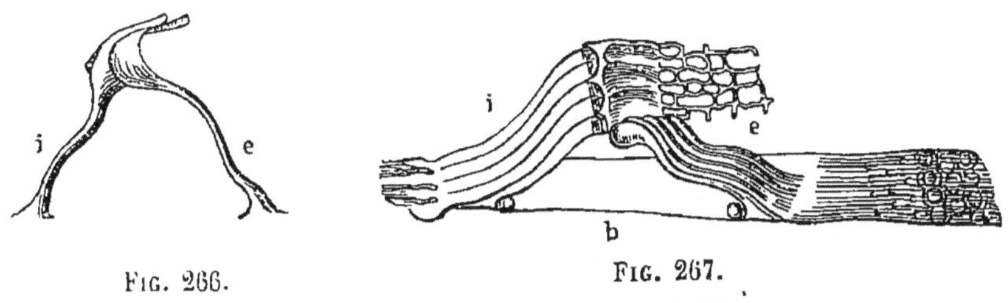

FIG. 266.

FIG. 267.

FIG. 266. — Les deux piliers *i* et *e* d'une arcade de Corti.

FIG. 267. — *b*, membrane basilaire; *i*, arcades de Corti; *e*, membrane réticulaire.

nombreuses qui forment autant de cordelettes d'une extrême finesse, susceptibles de vibrer à l'unisson d'un ton donné. La largeur de la membrane spirale à la base est environ de $\frac{1}{20}$ de millimètre et au sommet de 1/2 millimètre : le nombre des fibres transversales qu'elle contient n'est pas inférieur à six mille.

Sur la face vestibulaire de la membrane spirale se trouvent étagés un grand nombre de petits organes saillants, les *organes de Corti* (fig. 264, *hgm*), dont l'ensemble forme une crête longitudinale médiane : ce sont eux qui contiennent les terminaisons nerveuses, sensibles aux vibrations sonores; ils sont au nombre d'environ trois mille et correspondent par suite chacun à deux fibres transversales conjonctives de la membrane basilaire.

Chaque organe de Corti (fig. 265) se compose : 1° d'une *arcade*

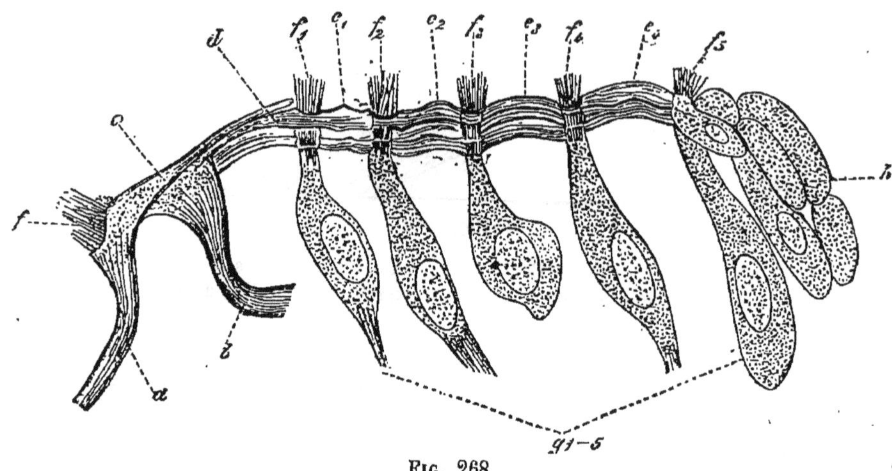

FIG. 268.

FIG. 268. — *g* 1-5, cellules acoustiques ciliées; f_1-f_5, leurs cils; *a*, *b*, les deux piliers d'une arcade de Corti; *c*, *d*, leurs prolongements; e_1-e_4, membrane réticulaire; *h*, épithélium externe de la membrane basilaire.

formée elle-même de deux *piliers* (*d*, *e*) renflés au sommet; la tête du pilier interne recouvre celle du pilier externe et toutes deux se terminent par un petit bâtonnet court et horizontal; 2° sur les piliers s'appuie une fine membrane, parallèle à la membrane basilaire et dirigée vers l'extérieur : elle présente de nombreuses perforations, de forme variable, qui lui ont fait donner le nom de *membrane réticulaire* (fig. 267, *e*); 3° de chaque côté des arcades de Corti se trouve un revêtement épithélial (fig. 265, *in*); parmi les cellules qui le composent, les unes sont de simples cellules de revêtement; les autres plus nombreuses présentent une extrémité supérieure munie de cils vibratiles, qui s'engage dans les mailles de la membrane réticulaire (fig. 268, 269) et les dépasse légèrement; les cellules épithéliales ordinaires se continuent de chaque côté et remplissent toute la cavité de la rampe auditive, qui est d'ailleurs fort étroite.

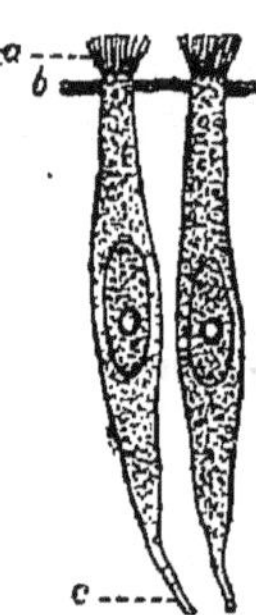

FIG. 269.

FIG. 269. — Deux cellules acoustiques. — *a*, cils vibratiles; *b*, membrane réticulaire; *c*, fibres nerveuses acoustiques.

Les fibres nerveuses du rameau cochléaire, après avoir cheminé dans la lame spirale osseuse, puis dans la membrane basilaire, viennent se mettre en rapport avec les *cellules ciliées*, disposées obliquement sur les flancs des piliers et représentant par suite des cellules acoustiques tout à fait comparables à celles des autres parties du labyrinthe, ainsi qu'aux cellules olfactives et gustatives.

Fonctions de l'oreille interne. — 1° Les *taches acoustiques* du vestibule sont couvertes de cellules ciliées; le cil de chacune de ces dernières est très allongé et en même temps très élastique. Or, dans leur voisinage immédiat flottent de nombreux otolithes, très petits, qui entrent facilement en vibration sous l'influence de trépidations brusques et irrégulières (bruits) et communiquent directement le mouvement aux cils des cellules. L'*impression* ou irritation qui en résulte est transmise au cerveau par le nerf acoutisque et là transformée en sensation. On pense que les taches acoustiques du vestibule sont incapables de nous faire percevoir les sons musicaux, c'est-à-dire les mouvements vibratoires régulièrement périodiques, et ne sont sensibles qu'aux bruits, dont elles nous indiqueraient seulement l'*intensité*. D'ailleurs le vestibule est la seule partie qui existe chez les animaux inférieurs auxquels la notion de bruit suffit sans doute dans leurs relations avec le milieu extérieur.

2° Les *crêtes acoustiques* des ampoules des canaux semi-circulaires servent probablement aussi à nous faire percevoir l'intensité des sons, à l'exclusion de la hauteur et du timbre.

Mais elles paraissent jouer encore un autre rôle. On sait, en effet, que les lésions artificielles des canaux semi-circulaires provoquent divers mouvements anormaux (rotation, culbute...), et ces mouvements sont différents suivant le canal sur lequel on agit ; de même les personnes atteintes de vertiges, c'est-à-dire qui éprouvent la sensation subjective de déplacement, généralement accompagnée de bourdonnements d'oreille, sont atteintes de lésions à ces mêmes canaux. D'après cela, et en se fondant aussi sur la disposition des canaux semi-circulaires suivant les trois directions de l'espace, on admet que les impressions sensorielles recueillies par les crêtes acoustique et perçues ensuite par le cerveau nous donnent la notion des trois directions de l'espace, chaque direction correspondant à un des canaux semi-circulaires. Les sensations correspondantes, en se combinant dans notre sensorium, constituent la *représentation d'un espace idéal*, auquel nous rapportons nos sensations visuelles, c'est-à-dire l'*espace réellement vu*. On comprend, dès lors, pourquoi des troubles apparaissent à la suite de lésions des canaux semi-circulaires : la représentation d'espace idéal, modifiée par ces lésions, se trouve forcément en désaccord avec l'espace vu.

3° Le *limaçon* nous permet de percevoir, non seulement l'*intensité* des sons, mais leur *hauteur* et leur *timbre*. On se rappelle que les fibres conjonctives transversales de la membrane spirale ont une longueur croissante, depuis la base jusqu'au sommet du limaçon, et que leur nombre minimum est d'environ six mille. Or chacune de ces fibres joue le rôle d'une cordelette vibrante, capable d'émettre un son déterminé, d'autant plus aigu que sa longueur est moindre; de sorte que le limaçon est admirablement disposé pour entrer en vibration sous l'action de tons de plus en plus élevés, précisément de la série de tons comprise entre trente-deux et quatre mille vibrations par seconde.

Lorsqu'un ton se produit, les fibres élastiques transversales correspondantes à ce ton entrent en mouvement et exercent une irritation sur les terminaisons nerveuses voisines, en les comprimant et en les tiraillant alternativement. Ainsi se produit une *impression acoustique;* mais il est probable que les ondes sonores qui se propagent dans l'endolymphe du limaçon agissent aussi bien directement sur les cellules ciliées que par l'intermédiaire des fibres élastiques. Les impressions, une fois recueillies, sont transportées au cerveau pour y être perçues, c'est-à-dire transformées en sensations sonores.

La série des tons musicaux usités comprend environ sept octaves, c'est-à-dire quatre-vingt-quatre demi-tons. A chacun de ces derniers correspondent environ $\frac{6000}{84} = 72$ fibres élastiques transversales de la membrane basilaire; chaque fibre possède un ton propre, très voisin il est vrai de celui des fibres contiguës. Toujours est-il qu'une oreille très exercée peut distinguer un intervalle de $\frac{1}{64}$ de demi-ton. On voit que le nombre minimum de fibres correspondant à un demi-ton (72) est plus que suffisant pour permettre la perception de différences de hauteur aussi minimes, et l'oreille la plus sensible serait celle qui percevrait l'intervalle entre les tons de résonance de deux fibres voisines, c'est-à-dire $\frac{1}{72}$ de demi-ton, si nous admettons comme exact le chiffre de six mille fibres élastiques transversales, que certains auteurs élèvent jusqu'à treize mille.

Sensations sonores. — La notion du son résulte d'actes cérébraux particuliers qui se produisent chaque fois qu'une impression acoustique est amenée au cerveau par le nerf auditif. On distingue la *sensation sonore* proprement dite, due à des mouvements vibratoires extérieurs régulièrement périodiques, et la *sensation de bruit*, due à des mouvements vibratoires irrégulièrement périodiques.

La sensation sonore ou son se distingue par trois qualités : l'intensité, la hauteur et le timbre.

La notion d'*intensité* ou force du son résulte de l'excitation plus ou moins intense des cellules ciliées, que nous avons rencontrées dans toutes les parties sensibles de l'oreille interne.

La *hauteur* ou acuité du son est mesurée par le nombre de vibrations effectuées par seconde. L'oreille humaine ne perçoit pas de sons correspondant à moins de trente-deux vibrations par seconde ; elle est sensible à tous les sons de hauteur croissante compris entre trente-deux vibrations, ton le plus grave, et quatre mille, ton le plus élevé. Au delà de quatre mille vibrations, la notion de hauteur devient de plus en plus incertaine et est accompagnée d'une sensation douloureuse.

La sensation de hauteur est la conséquence de l'excitation locale des cellules acoustiques des organes de Corti : ceux de ces organes qui occupent le sommet du limaçon sont sensibles aux tons les plus graves; les autres à des tons de plus en plus élevés à mesure qu'on se rapproche de la base de l'organe. Les impressions acoustiques de deux mouvements vibratoires de vitesse différente se produisent donc en deux régions distinctes de la membrane basilaire et ce sont des fibres nerveuses différentes qui les conduisent au cerveau.

Le *timbre* ou coloris du son est en quelque sorte le caractère spécifique de la sensation sonore ; c'est lui qui permet de distinguer des sons de même hauteur, émis par des instruments de nature différente. Un ton quelconque, un *do* par exemple, est un complexe composé d'un ton simple, appelé *ton fondamental*, très intense, qui définit la hauteur du ton considéré, et d'un nombre variable d'autres tons simples, d'intensité variable, mais tous plus élevés que le ton fondamental et que l'on nomme *harmoniques* ou tons supérieurs. Or le timbre de deux tons de même hauteur, émis par des instruments différents, ne diffère que par le nombre et l'intensité des harmoniques qui accompagnent le son fondamental.

Physiologiquement, la notion du timbre est due à l'excitation simultanée des organes de Corti qui correspondent, d'une part au son fondamental, d'autre part à ses harmoniques, et à la combinaison de ces impressions dans le cerveau.

Lorsque les harmoniques de deux ou plusieurs tons coïncident exactement, leur ensemble forme un *accord consonant;* exemple, *do* et do_1 ; *do* et sol_2 ; les accords *do*, *mi* et *do*, *sol* sont moins parfaits sans cependant cesser d'être harmonieux. Plus les harmoniques diffèrent, plus l'*accord* devient *dissonant*.

Indépendamment des sensations objectives dont il vient d'être question, il faut distinguer les *sensations subjectives*, qui ont pour cause, non pas l'impression d'un mouvement vibratoire, mais l'irritation tactile des fibres acoustiques à la suite d'une inflammation dont le siège se trouve dans l'oreille interne ; c'est le cas pour les bourdonnements d'oreille.

CHAPITRE V

ORGANES DE LA VUE

Les éléments excitables des organes de la vue sont représentés par les terminaisons toutes spéciales du nerf optique; ils n'entrent en jeu que sous l'influence de la *lumière*, c'est-à-dire d'un mouvement vibratoire extraordinairement rapide des molécules de l'*éther*.

L'éther est ce fluide invisible et impondérable, répandu dans tout l'univers, pénétrant tous les corps, existant dans le vide et transmettant en tous sens les vibrations de ses molécules parties d'un point quelconque de l'espace. On peut donc concevoir une propagation indéfinie de la lumière, cette forme particulière de l'énergie, car l'espace est sans limites.

Les impressions visuelles sont transportées par le nerf optique jusqu'au cerveau, où elles sont perçues, c'est-à-dire transformées en sensations lumineuses. La notion de lumière est donc subordonnée, comme celle de son, à un ensemble de phénomènes internes, notamment de phénomènes cérébraux; en d'autres termes, il n'existe pas de lumière dans le milieu extérieur, pas plus qu'il n'existe des sons, des odeurs, des saveurs; mais seulement des mouvements.

Appareil visuel. — L'appareil visuel comprend deux sortes d'organes : 1° les *parties essentielles*, qui constituent le globe de l'œil; 2° les *parties accessoires* ou annexes du globe de l'œil.

1° Parties accessoires

Elles sont, les unes *protectrices* (paupières et orbite), les autres *sécrétrices* (glandes lacrymales), d'autres enfin *motrices* (muscles de l'orbite).

a. Les *paupières* (fig. 270) sont deux voiles membraneux et mobiles, placés sur le devant du globe de l'œil; leur bord libre est garni de poils, appelés *cils*, qui arrêtent les poussières de l'air; les paupières supérieures, plus développées, sont de plus limitées en haut par les *sourcils*, qui empêchent la sueur de s'écouler sur le globe de l'œil.

Les paupières se composent, de dehors en dedans : 1° de la peau; 2° de l'orbiculaire des paupières, qui détermine l'occlusion de l'orbite; 3° d'un cartilage, appelé *cartilage tarse* (*k*), inséré tout le long du bord libre des paupières et donnant attache du côté opposé au *ligament large* qui va s'unir au pourtour de l'orbite; le cartilage tarse de la paupière supérieure est semi-lunaire et haut d'environ 1 centimètre; celui de la paupière inférieure est plus petit ; le premier donne insertion à l'élévateur des paupières supérieures ; 4° d'une muqueuse, qui tapisse la face interne des paupières ; au niveau des bords orbitaires (*g*), elle se réfléchit sur la face antérieure du globe de l'œil, où elle devient transparente et s'appelle *conjonctive* (fig. 270, *c*) ; on trouve dans la muqueuse de nombreuses glandes en grappe, dites *glandes de Meibomius* (*h*), disposées verticalement contre la face interne des cartilages tarses et débouchant au bord libre des paupières ; leur produit de sécrétion, de consistance épaisse et pourvu de matières grasses, lubrifie continuellement le bord des paupières et empêche les larmes, dont la sécrétion est continue, de s'écouler sur les joues.

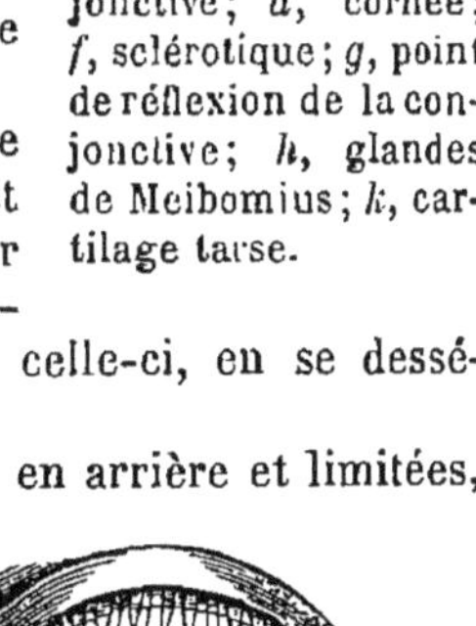

Fig. 270.

Fig. 270. — Coupe verticale de la paupière supérieure. — *a*, paupière supérieure ; *b*, cils ; *c*, conjonctive ; *d*, cornée ; *f*, sclérotique ; *g*, point de réflexion de la conjonctive ; *h*, glandes de Meibomius ; *k*, cartilage tarse.

A l'angle interne des paupières se trouve une petite éminence glandulaire rouge, la *caroncule lacrymale* (fig. 271, *h*), dont le produit de sécrétion se coagule à ce niveau pendant le sommeil ; un peu en dehors de la caroncule, on aperçoit le *repli semi-lunaire* (*a*), vestige d'une troisième paupière, plus développée chez le Cheval (membrane *clignotante*), chez le Chien (*onglet*) et complète chez les Oiseaux (membrane *nictitante*). La membrane nictitante est blanche et se déplace verticalement, à la manière d'un rideau, de dedans en dehors.

Les paupières préservent l'œil contre l'action d'une lumière trop vive ; leur clignement périodique et involontaire a pour effet d'étendre les larmes sur le globe de l'œil, afin d'y maintenir l'humidité nécessaire au bon fonctionnement de la conjonctive : celle-ci, en se desséchant, perdrait sa transparence.

b. Les *orbites* sont des cavités allongées d'avant en arrière et limitées,

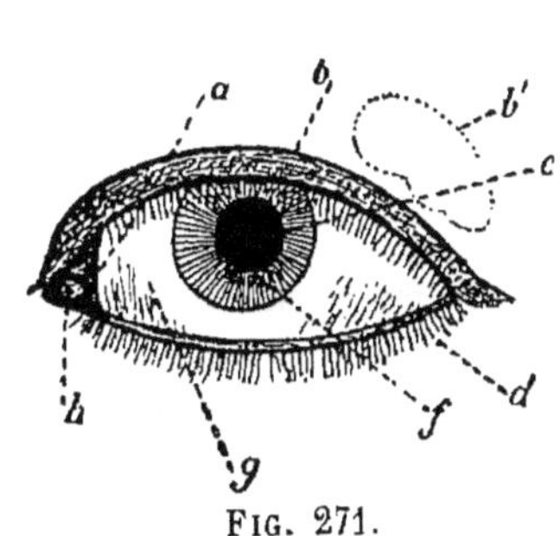

Fig. 271.

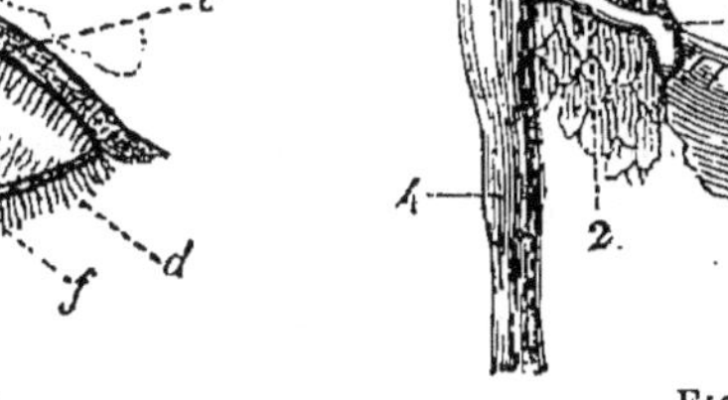

Fig. 272.

Fig. 271. — Œil vu de face. — *a*, repli semi-lunaire ; *b*, paupière supérieure ; *b'*, glande lacrymale ; *c*, pupille ; *f*, iris ; *d*, cils ; *g*, sclérotique ; *h*, caroncule.

Fig. 272. — Appareil lacrymal. — 1, points lacrymaux ; 2, conduits lacrymaux ; 3, sac lacrymal ; 4, canal nasal.

en haut par l'os frontal et le sphénoïde, en bas par l'os malaire, le maxillaire supérieur et le palatin, en dehors par la grande aile du sphénoïde et de l'os malaire, en dedans par l'os unguis, l'ethmoïde et le sphénoïde. En arrière (fig. 273, *o*) on remarque le trou qui donne passage au nerf optique. La partie antérieure seule de l'orbite est occupée par le globe de l'œil ;

tout le fond est rempli d'un tissu graisseux dans lequel passent le nerf optique, les autres filets nerveux et les vaisseaux.

c. L'appareil lacrymal (fig. 272) comprend quatre parties : 1° la *glande lacrymale;* 2° les *conduits lacrymaux;* 3° le *sac lacrymal;* 4° le *canal nasal.*

La *glande lacrymale* (fig. 271, *b'*) est logée dans une fossette de la partie supéro-externe de l'orbite et comprise, par conséquent, entre le globe de l'œil et la paroi orbitaire; elle est ovale, convexe supérieurement, concave inférieurement, et munie en avant de huit à dix canaux excréteurs très courts qui vont s'ouvrir à la face interne de la paupière supérieure, à l'endroit où la muqueuse de cette dernière se réfléchit pour former la conjonctive. Sa structure est celle des glandes en grappe. Les larmes, une fois étalées sur la conjonctive par la paupière supérieure, se dirigent vers l'angle interne du globe de l'œil.

Là, on remarque deux orifices, les *points lacrymaux* (fig. 272, 1), situés sur le bord libre des paupières, au-dessus et au-dessous de la caroncule. Ils se continuent par les deux *conduits lacrymaux* (2), qui s'ouvrent au même point dans le *sac lacrymal* (3). Celui-ci est situé dans une gouttière osseuse, la gouttière lacrymale (fig. 170, 7), limitée par l'os unguis et la branche montante du maxillaire supérieur. Le *canal nasal* (fig. 272, 4) qui lui fait suite s'ouvre dans le méat inférieur des fosses nasales ; on y remarque plusieurs valvules, simples replis de la muqueuse qui le tapisse. Les larmes s'écoulent ainsi dans le pharynx.

La *sécrétion lacrymale* est continue. Elle peut être activée sous l'influence de causes morales : les larmes ne peuvent plus alors s'écouler en totalité par les conduits lacrymaux, comme à l'état normal ; une partie s'échappe le long des joues. Il en est de même lorsqu'un corps étranger vient à se loger entre le globe de l'œil et les paupières : le phénomène nerveux réflexe qui se produit a pour effet d'accélérer la production des larmes, à un point tel que le corps irritant est entraîné ou dissous.

d. Six *muscles* (fig. 273) insérés d'une part sur le globe de l'œil, d'autre part sur l'orbite, assurent les mouvements variés du globe de l'œil. Ces mouvements sont très importants, car les objets ne sont vus distinctement que lorsque leur image se forme sur le fond de la rétine ; il est donc nécessaire que l'œil puisse se placer rapidement dans la direction des objets qu'il veut voir.

Les muscles du globe de l'œil donnent encore de l'expression et de la vie à notre physionomie : les mouvements de nos yeux reflètent exactement l'état de nos pensées et de nos sentiments.

Ces muscles sont : 1° le muscle *droit supérieur* (*s*), qui s'attache à la partie supérieure de la sclérotique, première enveloppe du globe de l'œil, et au fond de l'orbite ; par sa contraction, il dirige l'axe antéro-postérieur de l'œil vers le haut ; 2° le *droit inférieur*, situé sous le nerf optique, dirige ce même axe vers le bas ; 3° le *droit interne* (*i*), situé du côté interne de l'orbite, fait tourner le globe de l'œil en dedans ; lorsque les deux muscles droits internes se contractent simultanément, comme cela a lieu lorsqu'on fixe un objet très petit et très rapproché de l'œil, les axes antéro-postérieurs des yeux convergent en avant ; 4° le *droit externe* (*a*), situé du côté externe de l'orbite ; il est impossible de contracter les deux droits externes à la fois, pour faire diverger en avant les axes antéro-postérieurs. Ordinairement la contraction d'un muscle droit interne est accompagnée de celle du muscle droit externe de l'œil opposé ; c'est ce qui a lieu lorsqu'on tourne les yeux à droite ou à gauche; 5° le muscle *grand oblique* (*t*) est situé à l'angle supéro-interne de l'orbite; il longe l'orbite d'arrière en avant, passe dans une petite bague et se termine à la partie supéro-externe du globe de l'œil; ce muscle fait tourner l'œil droit dans le

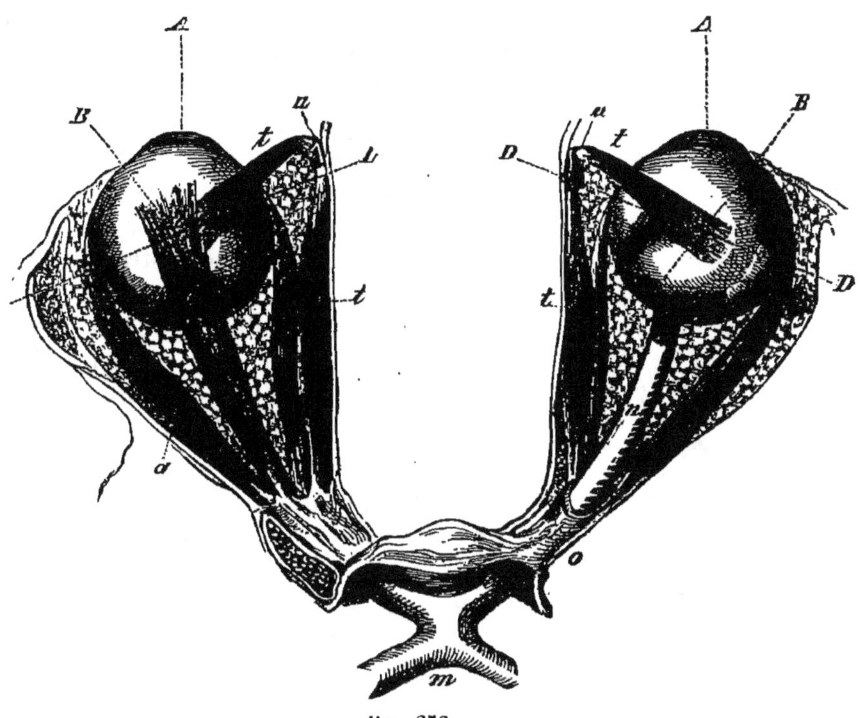

Fig. 273.

Fig. 273. — Muscles de l'orbite. — *m*, chiasma; *o*, trou orbitaire; *n*, nerf optique; *a*, muscle droit externe; *i*, muscle droit interne; *s*, muscle droit supérieur; *tt*, muscle grand oblique; *u*, anneau par lequel il passe; A, cornée; DD, B, axes de rotation du globe de l'œil.

sens des aiguilles d'une montre et l'œil gauche en sens opposé; 6° le *petit oblique*, inséré sur la face interne de l'orbite, passe de là sous le globe de l'œil et s'y fixe à la partie externe, au-dessous du tendon du muscle grand oblique; il fait tourner le globe de l'œil en sens inverse du grand oblique.

Les *nerfs* qui animent ces six muscles sont (fig. 274) : le nerf *pathétique* (4e paire crânienne), destiné au grand oblique; le nerf *moteur oculaire externe* (6e paire), au droit externe, et le nerf *moteur oculaire commun* (3e paire), à tous les autres.

2° Globe de l'œil

Le globe de l'œil occupe la partie antérieure de l'orbite; on y distingue deux parties : 1° les *membranes*; 2° les *milieux*.

1° **Membranes.** — Elles sont au nombre de trois : la *sclérotique*, la *choroïde* et la *rétine*.

A. Sclérotique. — C'est l'enveloppe externe du globe de l'œil (fig. 275, *a*); elle comprend deux parties : la partie postérieure et latérale ou *sclérotique proprement dite* (*a*), et la partie antérieure, plus bombée, appelée *cornée transparente* (*r*). Cette dernière est tapissée par la conjonctive. La sclérotique est blanche; en arrière elle a 1 millimètre d'épaisseur; c'est vers le tiers antérieur qu'elle est le plus mince. En arrière, on aperçoit le trou pour le passage du nerf optique et de nombreux orifices plus petits pour les artères et les veines.

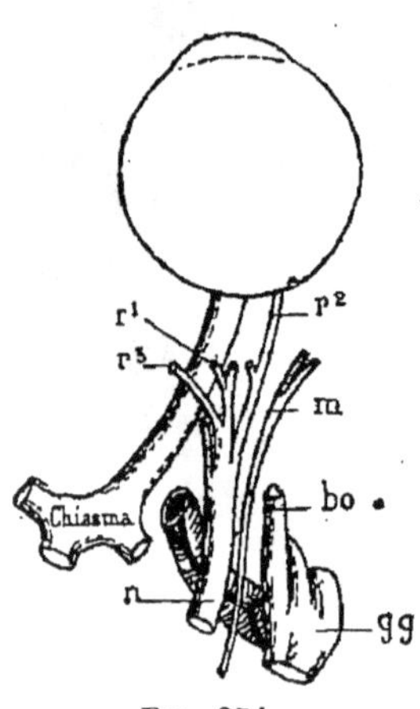

Fig. 274.

Fig. 274. — *gg*, ganglion de Gasser du nerf trijumeau; *bo*, branche ophthalmique de ce nerf; *m*, nerf moteur oculaire externe; *n*, nerf moteur oculaire commun; r^1, rameau du droit inférieur; r^2, du petit oblique; r^3, du droit interne.

La sclérotique est composée de fibres conjonctives et élastiques entre-croisées en tous sens : elle représente l'enveloppe protectrice du globe de l'œil. Chez les Mammifères, elle est cartilagineuse; chez les Ovipares, elle s'ossifie en partie; ainsi, chez les Oiseaux, elle présente en avant une bague osseuse.

La cornée transparente est enchâssée dans la sclérotique et seule traversée par la lumière. Elle se compose (fig. 234) d'une couche épithéliale, multiple sur sa face externe, simple sur sa face interne, et d'une couche épaisse de tissu conjonctif interposé, dont les cellules sont aplaties et irrégulièrement étoilées. On n'y remarque pas de vaisseaux sanguins, mais de nombreux filets nerveux qui se terminent librement entre les cellules de l'épithélium antérieur.

A. Choroïde. — La choroïde est une membrane noire qui tapisse intérieurement la sclérotique; elle est traversée, comme cette dernière, par le nerf optique. Elle comprend trois parties : en arrière, la *choroïde proprement dite* (fig. 275, *b*), de beaucoup la plus étendue; en avant, l'*iris* (*n*), diaphragme vertical percé d'un orifice central, la *pupille*, qui laisse passer la lumière; entre les deux, une zone annulaire, le *corps ciliaire* (*x*).

La *choroïde proprement dite* se compose : extérieurement, de plusieurs assises de cellules irrégulières, riches en pigment noir (fig. 276) et appliquées contre la sclérotique; vient ensuite une couche moyenne, vasculaire, formée d'un enchevêtrement d'artères et de veines; intérieurement, une assise de cellules prismatiques, hexagonales, pourvues de nombreuses granulations pigmentaires.

La teinte noire de la pupille appartient à cette partie de la choroïde; chez les albinos, le pigment manque et la pupille est colorée en rouge clair; chez certains Mammifères (Chien, Bœuf...), la choroïde a une couleur différente du noir, parfois très brillante; elle forme alors le *tapis;* ainsi chez le Bœuf, le tapis a des reflets métalliques très nets.

Le *corps ciliaire* ou zone choroïdienne (fig. 275) est une sorte

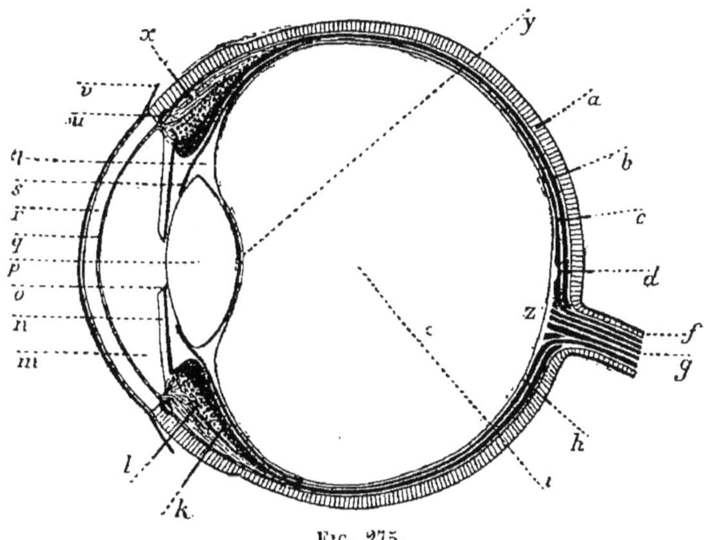

Fig. 275.

Fig. 275. — Coupe horizontale de l'œil droit. — *a*, sclérotique ; *b*, choroïde ; *c*, rétine ; *d*, tache jaune ; *f*, gaine du nerf optique ; *g*, nerf optique ; *z*, tache aveugle ; *h*, membrane hyaloïde ; *i*, humeur vitrée ; *k*, procès ciliaires ; *l*, muscle ciliaire (ses fibres circulaires) ; *m*, humeur aqueuse ; *n*, iris ; *o*, bord de la pupille ; *p*, cristallin ; *q*, épithélium interne de la cornée ; *r*, cornée transparente ; *s*, ligament suspenseur du cristallin ; *t*, canal de Petit ; *u*, canal de Fontana ; *v*, conjonctive ; *x*, muscle ciliaire (ses fibres longitudinales) ; *y*, membrane hyaloïde.

d'anneau qui borde la choroïde en arrière et qui s'attache à la circonférence de l'iris en avant. Au-dessous de lui se trouve le cristallin.

La couche externe (*x*, *l*) du corps ciliaire est constituée par le *muscle ciliaire* dont les fibres sont, les unes antéro-postérieures, les autres circulaires et situées sous les précédentes; les premières (*x*), prenant un point d'appui sur le bord de la sclérotique, tirent par leur contraction le sac choroïdien en avant; les secondes (*l*) rétrécissent le diamètre du corps ciliaire : dans l'un et l'autre cas, des pressions sont exercées sur le cristallin pour l'accommoder aux distances des objets extérieurs. La couche interne est formée par les *procès ciliaires* (*k*), sortes de pyramides blanchâtres, visibles à la face interne du corps ciliaire, et dont les bases sont contiguës et soudées au bord de l'iris, tandis que leurs sommets, libres et amincis, vont se perdre dans la choroïde. Les procès ciliaires représentent des prolongements de la couche vasculaire de la choroïde, susceptibles de se gonfler de sang et de transmettre au cristallin les pressions dues à la contraction du muscle ciliaire circulaire.

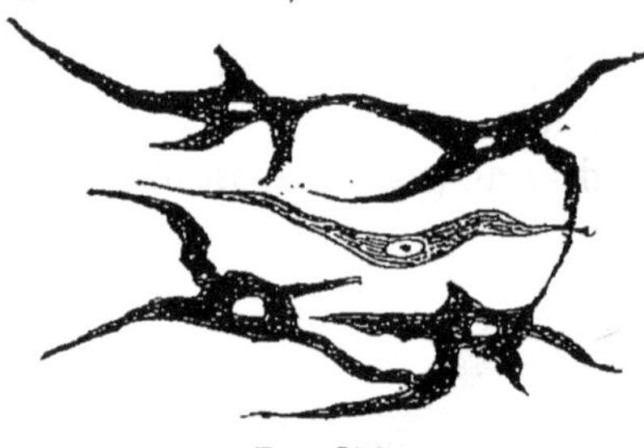

Fig. 276.

Fig. 276. — Cellules pigmentaires de la choroïde.

L'*iris* est un diaphragme vertical, inséré sur le bord circulaire du corps ciliaire, et percé au centre d'un orifice, appelé *pupille* (fig. 271, *f*, *c*). En arrière, elle est en rapport immédiat avec le cristallin; en avant, elle est séparée de la cornée par la chambre antérieure de l'œil, remplie d'un liquide, l'*humeur aqueuse*. Sur sa face antérieure, on distingue de nombreuses stries rayonnantes. Les nuances de l'iris sont très variables, depuis le brun noir jusqu'au bleu et au gris clair, suivant l'abondance du pigment; ainsi, dans les yeux bleus, la couche pigmentaire interne est fort réduite et l'iris paraît bleu par transparence; c'est le contraire pour les yeux noirs.

L'iris se compose d'une couche épithéliale externe; d'une couche moyenne, musculaire, dans laquelle on distingue des fibres rayonnantes ou muscle dilatateur de la pupille et des fibres circulaires ou muscle constricteur de la pupille; enfin d'une couche de cellules épithéliales, plus ou moins riches en pigment noir analogues à celles de la choroïde.

C. Rétine. — La rétine (fig. 275, *c*) est la membrane sensible de l'œil; elle tapisse intérieurement la choroïde. Elle résulte de l'épanouissement des fibres du nerf optique. Ce nerf, après avoir traversé la sclérotique et la choroïde, étale ses fibres en tous sens : elles se dirigent d'abord d'arrière en avant, obliquement, puis se recourbent d'avant en arrière pour constituer l'épaisseur de la rétine et se terminent enfin au contact des cellules pigmentaires internes de la choroïde par les cellules sensorielles.

Le point d'arrivée du nerf optique ne renferme aucune terminaison nerveuse et est par suite insensible à la lumière : on l'appelle *papille* ou *punctum cæcum* (fig. 275, *z*); il est situé un peu en dedans de l'axe antéro-postérieur de l'œil. L'extrémité même de cet axe est occupée par la *tache jaune* ou *macula lutea* (fig. 275, *d*), déprimée en son centre : elle représente la partie la plus sensible de la rétine; sa surface est d'environ 1 millimètre carré.

Structure. — Si l'on examine, au microscope, une coupe de la rétine, on y distingue dix zones qui sont, de dedans en dehors (fig. 276 *bis*) :

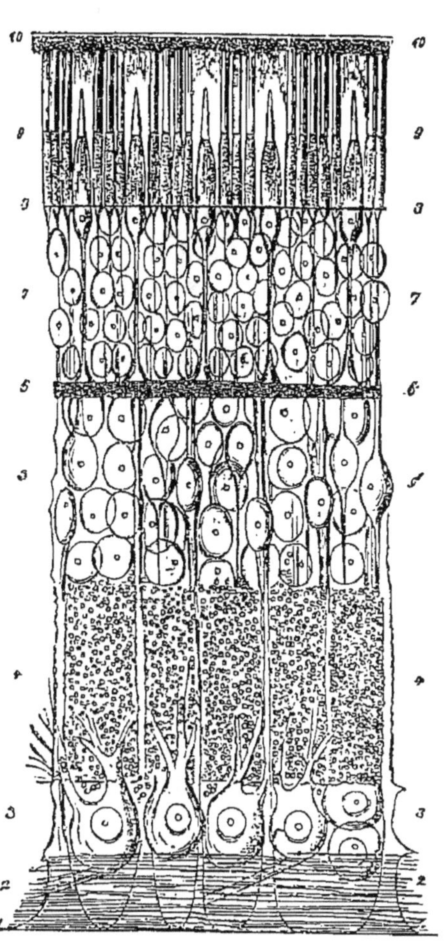

FIG. 276 *bis*.

FIG. 276 *bis*. — Coupe de la rétine. — 1, membrane limitante interne; 2, fibres nerveuses transversales; 3, cellules nerveuses; 4, couche granuleuse interne; 5, couche granulée interne; 6, couche granuleuse intermédiaire; 7, couche granulée externe; 8, membrane limitante externe; 9, couche des cônes et des bâtonnets; 10, pigment choroïdien.

1° La *membrane limitante interne* (1), membrane conjonctive, à la surface de laquelle s'insèrent, perpendiculairement, de nombreuses fibres de même nature, à base élargie, appelées *fibres radiées*, qui traversent toute l'épaisseur de la rétine dont elles forment en quelque sorte le soutien ; 2° la couche de *fibres nerveuses transversales* (2), fibres du nerf optique, venues directement du *punctum cæcum;* ce sont elles qui se dirigent de l'intérieur vers l'extérieur pour se terminer par les éléments sensibles; de plus, sur leur trajet, on trouve divers renflements de signification encore inconnue; 3° la couche de *cellules nerveuses* (3), cellules très développées, multipolaires, en rapport par leur prolongement simple avec les fibres nerveuses;

4° la couche *granuleuse interne* (4), composée de fines granulations de substance nerveuse; on y voit les fibres nerveuses et les fibres conjonctives radiées; 5° la couche *granulée interne* (5), formée de cellules arrondies, bipolaires, à gros noyau; 6° la couche *granuleuse intermédiaire* (6), formée d'une substance finement granuleuse, mélangée de fibrilles; 7° la couche *granulée externe* (7), formée, comme la cinquième, de cellules bipolaires; 8° la membrane *limitante externe* (8), très délicate; 9° la *membrane de Jacob* (9) renferme les éléments excitables : ils sont de deux sortes, les *bâtonnets* optiques et les *cônes;* 10° enfin une *couche pigmentaire* (10) forme une sorte de gaine aux cônes et bâtonnets; on la rapporte quelquefois à la choroïde.

La surface de la rétine est d'environ 15 centimètres carrés; son épaisseur, en arrière, est de 1/2 millimètre, et en avant de $\frac{1}{20}$ de millimètre, au niveau du corps ciliaire.

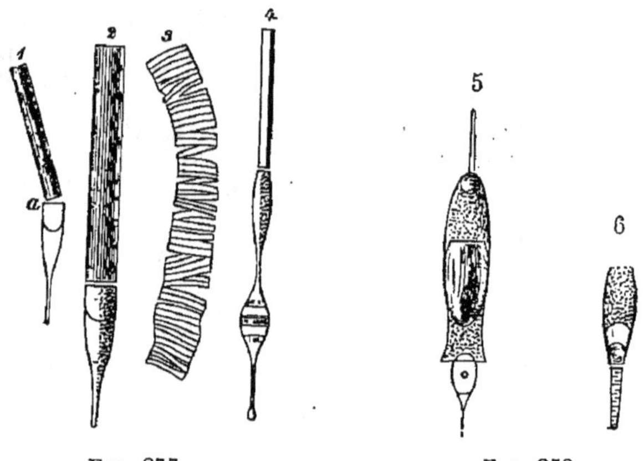

Fig. 277. Fig. 278.

Fig. 277 et 278. — Bâtonnets et cônes.

Fig. 277. — Bâtonnets. — 1, de Poulet; 2, de Grenouille; 3, leur article externe dissocié en disques transversaux; 4, bâtonnets de Cabiai.

Fig. 278. — Cônes. — 5, de Grenouille avec sphère colorée et ellipsoïde; 6, de Lézard.

Bâtonnets et cônes. — Les *bâtonnets* (fig. 277) sont cylindriques et composés de deux segments : l'un interne, limité par une membrane et renfermant un contenu granuleux; l'autre externe, strié transversalement (3) et enchâssé dans la gaine pigmentaire. Les segments externes sont colorés en rose par le *pourpre rétinien* ou *érythropsine :* c'est en eux que se fait l'impression visuelle.

Les *cônes* (fig. 278) ont aussi deux segments : l'un interne, renflé en poire et en rapport avec la membrane limitante externe; l'autre externe, aminci, moins haut que les bâtonnets. Les cônes sont incolores; parfois cependant ils sont jaunâtres.

2° **Milieux de l'œil.** — On appelle ainsi les parties transparentes que doit traverser la lumière avant d'arriver à la rétine. Elles sont au nombre de quatre : la *cornée* transparente, l'*humeur aqueuse*, le *cristallin* et le *corps vitré*.

La *cornée* a déjà été étudiée. L'*humeur aqueuse* est un liquide transparent qui occupe la chambre antérieure de l'œil (fig. 275, *m*), c'est-à-dire l'espace compris entre la cornée et l'iris; elle se compose d'eau et de substances minérales et organiques dissoutes. Son épaisseur est de 2 millimètres 1/2.

Le *cristallin* (fig. 275, *p*) est une lentille biconvexe, logée en arrière dans une dépression du corps vitré et en rapport en avant avec l'iris. Son plus grand diamètre est de 9 millimètres; son épaisseur de 4 à 6. Le rayon de courbure est plus grand pour la face antérieure que pour la face postérieure; en d'autres termes, la convexité est moindre en avant qu'en arrière. Le cristallin est maintenu en place par une membrane fibreuse spéciale, le *ligament suspenseur* ou *zone de Zinn* (fig. 275, *s*), insérée en avant sur tout le pourtour de la face antérieure du cristallin, près de la circonférence de cet organe, et se continuant en arrière avec le bord mince de la rétine; sa face externe confine aux procès ciliaires; sa face interne à la membrane hyaloïde.

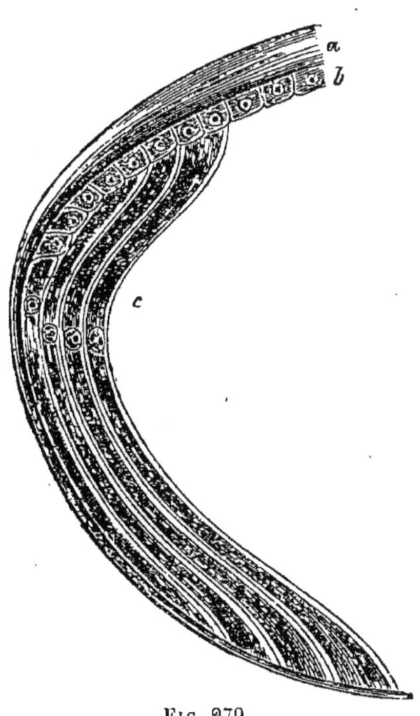

FIG. 279.

FIG. 279. — Cristallin. — *a*, cristalloïde antérieure; *b*, épithélium qui la tapisse; *c*, fibres lenticulaires.

Le cristallin comprend deux parties (fig. 279) : 1° la *capsule* (*a*) ou membrane d'enveloppe, anhyste, très élastique, divisée elle-même en *cristalloïde antérieure* et *cristalloïde postérieure*, recouvrant chaque face de l'organe; la cristalloïde antérieure est tapissée intérieurement d'une assise de cellules épithéliales polyédriques (*b*); 2° le tissu propre ou *corps* du cristallin présente une partie centrale plus ferme, formée de couches concentriques, et une partie périphérique demi-fluide ou *humeur de Morgagni*. La première se compose de *fibres* (fig. 279, *c*), les unes à noyaux et lisses, les autres sans noyau et dentelées; sur chaque face du cristallin et dans chaque couche, ces fibres ont trois directions (fig. 280). La seconde se compose de *cellules* polyédriques, analogues à celles qui tapissent la cristalloïde antérieure.

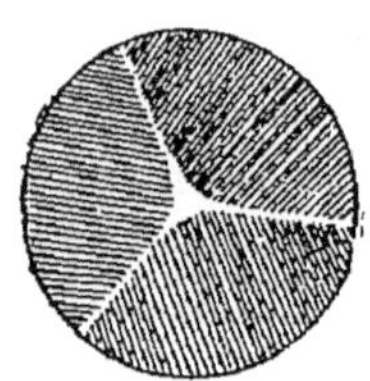

Fig. 280.

Fig. 280. — Cristallin vu de face, montrant les trois directions de ses fibres.

A la suite de l'opération de la cataracte, qui consiste à extirper le cristallin devenu opaque, en laissant intacte la cristalloïde antérieure, l'épithélium de cette dernière ne tarde pas à multiplier activement ses cellules; bientôt se constitue un petit massif cellulaire qui peu à peu se différencie en un nouveau corps de cristallin transparent.

Enfin le *corps vitré* se compose d'une masse gélatineuse transparente, de nature albuminoïde, appelée *humeur vitrée* (fig. 275, *i*), contenue dans un sac mince et anhyste, appelé *membrane hyaloïde* (*y*). Par sa face externe, cette membrane est en rapport avec la rétine et avec la cristalloïde postérieure; sa face interne présente de nombreux prolongements irréguliers qui divisent la cavité en autant de loges incomplètement fermées. La membrane hyaloïde limite de plus avec le ligament suspenseur du cristallin un espace circulaire (fig. 275, *t*) qui entoure le cristallin et que l'on appelle *canal de Petit*. Le corps vitré occupe environ les quatre cinquièmes du volume total des cavités oculaires.

CHAPITRE VI

FONCTIONS DE L'ŒIL

1° **Fonction des milieux.** — Les milieux de l'œil ont pour effet de réfracter les rayons lumineux partis des objets extérieurs, de façon que l'image de ces derniers vienne se peindre sur la rétine. On peut les réduire, pour la commodité de l'étude optique, à une seule lentille qui serait le cristallin de l'œil, modifié de telle manière que son action sur la lumière produise le même effet que celle de tous les milieux réfringents de l'œil à la fois. Le centre optique de ce cristallin unique serait non en *b* (fig. 281), mais un peu plus loin en *a*.

IMAGES DANS UNE LENTILLE DE VERRE. — Considérons (fig. 282) une lentille biconvexe dont le centre optique est en O; soient F et F′ ses foyers; FF′ est l'axe principal de la lentille. Lorsque les rayons lumineux arrivent parallèlement à l'axe, en un mot, lorsque la source lumineuse est à l'infini, comme c'est le cas pour le soleil, ils vont tous, après avoir été réfractés par la lentille, se rencontrer en un point unique qui est précisément le foyer. Inversement, si la source lumineuse est au foyer, son image se forme

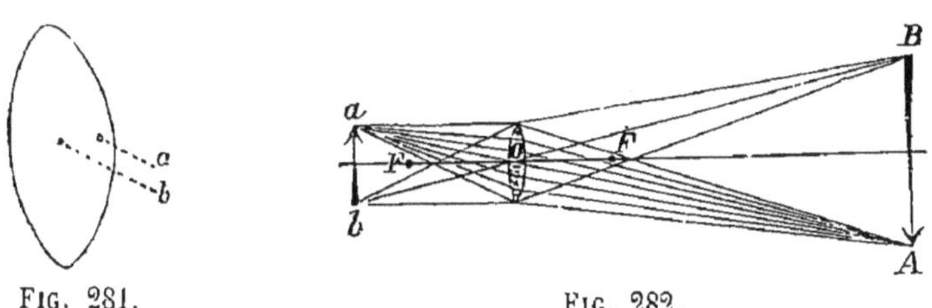

FIG. 281. FIG. 282.

FIG. 281. — Cristallin (coupe antéro-postérieure). — *b*, centre optique du cristallin; *a*, centre optique de la lentille qui produirait le même effet que l'ensemble des milieux oculaires.

FIG. 282. — *ab*, objet; F, F, foyers de la lentille; O, centre optique; BA, image renversée de *ab*.

de l'autre côté de la lentille à l'infini. Les rayons issus d'un point lumineux A vont se réunir en un point *a* qui est l'image de A; de même, le point B forme son image en *b*. L'objet AB aura son image en *ab*; on voit que cette dernière est renversée. L'image des objets s'éloigne et grandit à mesure que ceux-ci se rapprochent du foyer; lorsque les objets sont au foyer, leur image se forme de l'autre côté à l'infini; s'ils se trouvent entre le foyer et la lentille, leur image se fait du même côté de la lentille et de plus elle est droite par rapport aux objets; elle est en un mot virtuelle.

IMAGES DANS L'ŒIL. — Ce qui se passe dans les lentilles de verre a lieu aussi pour les milieux de l'œil (fig. 283). Les rayons lumineux sont successivement réfractés par la cornée, l'humeur aqueuse, le cristallin, le corps vitré et viennent finalement se rassembler sur la rétine. Pour obtenir l'image de l'objet AB, il suffit de déterminer celle des points A et B, comme précédemment, ou

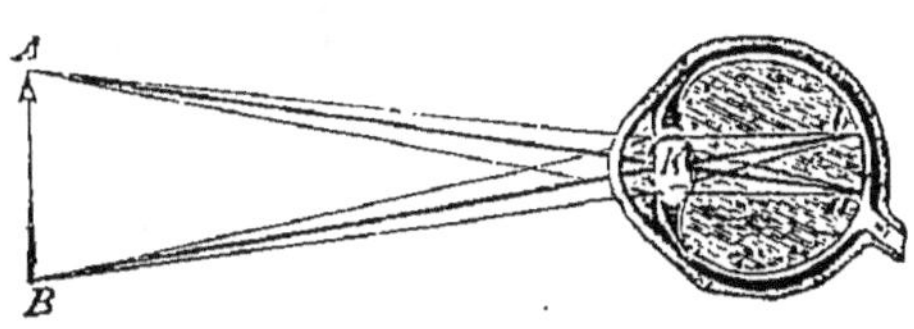

FIG. 283.

FIG. 283. — *ba*, image réelle et renversée de AB; K, centre optique de l'ensemble des milieux.

tout simplement de mener, par le centre optique K de la lentille unique à laquelle nous assimilons l'ensemble des milieux, les rayons AK et BK qui arrivent, comme l'on sait, à la rétine sans se réfracter. Les points *a* et *b* sont les images de A et de B, et par suite *ab* est l'image renversée de AB. L'image est plus petite que l'objet, et d'autant plus que celui-ci est plus éloigné.

On peut se rendre compte de l'existence réelle de cette image rétinienne en examinant les yeux transparents des Lapins albinos : on aperçoit nettement une image renversée des objets extérieurs sur le fond de l'œil, ce que l'on ne saurait vérifier sur des yeux normaux, à cause de l'abondance du pigment choroïdien.

2° **Fonction de l'iris.** — L'iris joue un double rôle très important. En premier lieu, il supprime l'*aberration de sphéricité* (voy. *Physique*); sans lui, les images manqueraient de netteté, car le cristallin tout entier recevrait des rayons lumineux. Or l'on sait que ceux de ces rayons (fig. 284), issus d'un point lumineux, qui sont réfractés par le bord d'une lentille, ne se rencontrent pas au même point que ceux qui traversent la

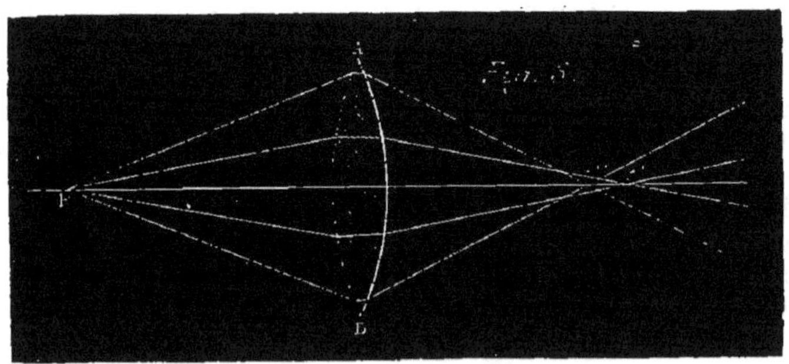

FIG. 284.

FIG. 284. — Aberration de sphéricité. — Les rayons PA et PB forment l'image de P en *f'*; les deux autres, en *f*: l'image de P est donc indistincte

région centrale de cette même lentille : la vision ne saurait donc être distincte. La figure 285 indique l'effet produit par l'iris.

L'iris règle en second lieu la quantité de lumière qui pénètre dans l'œil par la pupille; à cet effet, il agrandit ou rétrécit cet orifice par le jeu de ses fibres rayonnantes ou circulaires, suivant que la lumière n'est pas assez intense ou au contraire l'est trop. C'est ainsi que le soir la pupille est plus dilatée qu'en plein jour ; elle s'élargit de même progressivement lorsqu'on fixe pendant quelques instants l'infini. Le principe actif de la belladone dilate presque instantanément la pupille lorsqu'il a été

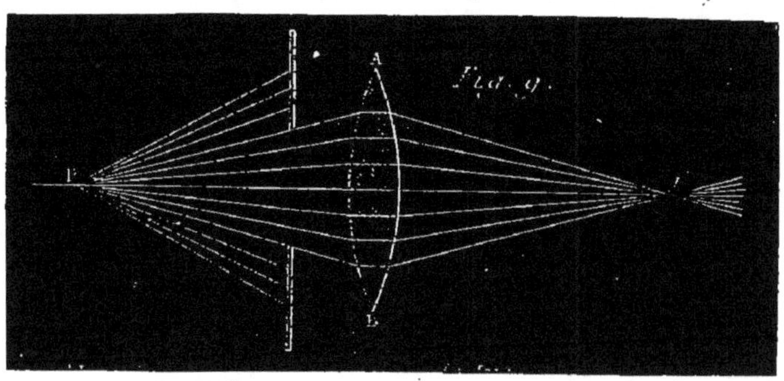

FIG. 285.

FIG. 285. — L'écran (iris) arrête les rayons marginaux issus de P ; tous les autres rayons se rencontrent en *f*, image nette de P.

absorbé par l'intestin ; celui de la fève de Calabar au contraire la rétrécit.

3° **Fonction de la choroïde.** — Par son pigment la choroïde absorbe les rayons lumineux qui ont traversé la rétine, c'est-à-dire qui ont exercé leur effet sur les cônes et bâtonnets; elle les empêche ainsi d'aller jusqu'à la sclérotique et d'être réfléchis irrégulièrement dans toutes les parties de l'œil, ce qui nuirait à la netteté de la vision. La choroïde joue donc un rôle essentiellement *protecteur*. On s'explique par là pourquoi les albinos sont éblouis par la lumière vive du jour; le fond de l'œil est en effet transparent chez eux, à cause de l'absence de pigment. Ils compensent l'effet nuisible de cette imperfection de structure par le rapprochement des paupières.

4° **Fonction du corps ciliaire : Accommodation.** — On appelle *accommodation* la propriété que possède l'œil de disposer ses milieux réfringents de telle façon que les images se forment toujours sur la rétine, quelle que soit la distance des objets.

Supposons les milieux réfringents de forme invariable. Un point lumineux *a* (fig. 286) forme son image en *c*; si la rétine se trouve à ce niveau, l'image sera nette. Si au contraire l'œil est plus court, la rétine sera en $f'f''$; s'il est plus long, elle sera par exemple en $g'g''$. Dans ces deux derniers cas, nous aurons sur la rétine, non plus un point lumineux, mais un cercle, appelé *cercle de dispersion*, dont le diamètre est indiqué sur la figure ; un objet, dans ces conditions, serait vu avec des bords indistincts et noyés ; c'est ce qui a lieu lorsque, regardant une fenêtre, on place un doigt verticalement devant soi : les bords du doigt sont indistincts, parce que l'image de chaque point du bord va se produire en arrière de la rétine et se traduit par suite sur cette dernière par un cercle de dispersion. Tous ces cercles empiètent

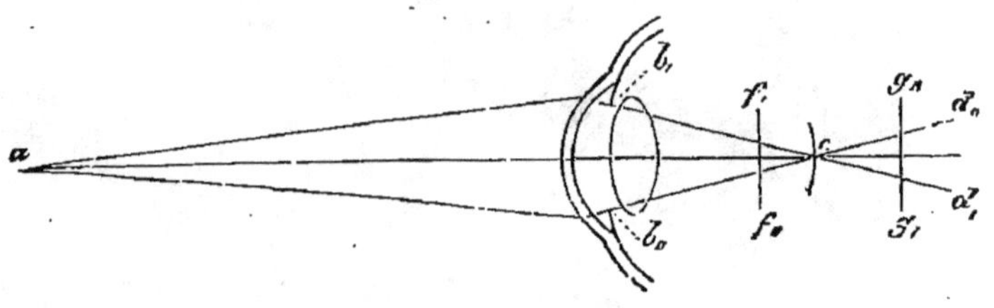

FIG. 286.

FIG. 286. — *a*, point lumineux ; *b' b''*, pupille ; *c*, image de *a*.

les uns sur les autres, de sorte que forcément le contour de l'image manque de netteté.

Grâce à la faculté d'accommodation, les images des objets sur lesquels nous fixons notre attention viennent toujours se peindre exactement sur la rétine, quelle que soit leur distance. C'est par des changements de courbure du cristallin, dus à l'action du muscle ciliaire et du ligament suspenseur, que cette faculté s'exerce.

Lorsque les *objets* sont *très éloignés*, le muscle ciliaire est relâché, et le ligament suspenseur du cristallin, alors complètement tendu, exerce une traction sur la cristalloïde antérieure, sur laquelle il s'insère, et diminue sa convexité (fig. 286 *bis*, F).

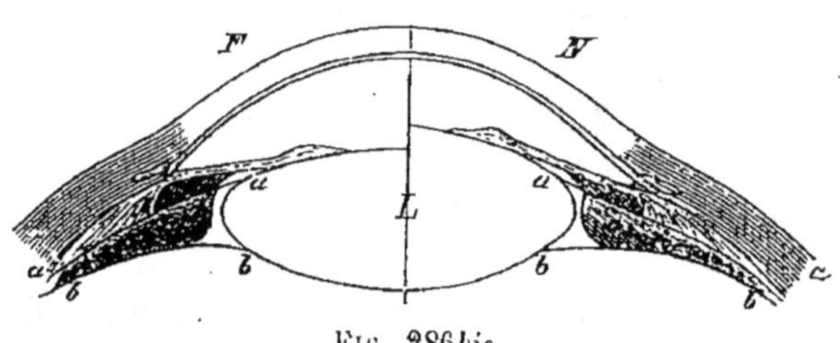

FIG. 286*bis*.

FIG. 286 *bis*. — F, œil accommodé pour la vision lointaine ; N, pour la vision rapprochée ; *a*, ligament suspenseur ; *bb*, membrane hyaloïde ; *a* (à droite), sclérotique ; L, cristallin.

L'image se forme le plus loin possible, précisément sur la rétine. La vision lointaine n'est donc accompagnée d'aucune contraction musculaire : il y a simplement équilibre entre les tensions élastiques de la cristalloïde antérieure et du ligament suspenseur.

Au contraire, lorsque les *objets* se *rapprochent* de l'œil, le muscle ciliaire se contracte. Ses fibres radiales tirent en avant le sac choroïdien et diminuent la tension du ligament élastique; il en résulte que la cristalloïde antérieure, et elle seule, accentue sa convexité (N), d'autant plus que la contraction est plus forte. La contraction des fibres circulaires du muscle ciliaire détermine d'autre part une pression sur le bord du cristallin par l'intermédiaire des procès ciliaires; cet effet s'ajoute au précédent pour augmenter le bombement du cristallin. Par cette double action, l'image, qui se serait produite en arrière de la rétine si la courbure de la lentille n'avait pas changé, se forme exactement sur cette membrane. Les actions musculaires qui se produisent pendant la vision très rapprochée font que cette dernière devient fatigante pour l'œil, surtout aux petites distances, contrairement à ce qui a lieu par la vision éloignée.

Distance minimum de la vision distincte. — Lorsque les objets sont rapprochés jusqu'à 12 ou 15 centimètres de l'œil, la courbure du cristallin ne peut plus augmenter : ils sont alors à la *distance minimum* de la vision distincte. Pour toute distance moindre, la vision est indistincte, l'image se formant en arrière de la rétine; c'est ce qui arrive lorsqu'on veut lire de très près.

Pour déterminer la distance minimum, on fait l'expérience suivante. Dans une carte de visite, on fait avec une aiguille deux trous *e*, *f*, distants de 1 à 2 millimètres (fig. 287); on les dispose horizontalement très près d'un œil et on regarde au travers d'eux une épingle *a* que l'on tient à la

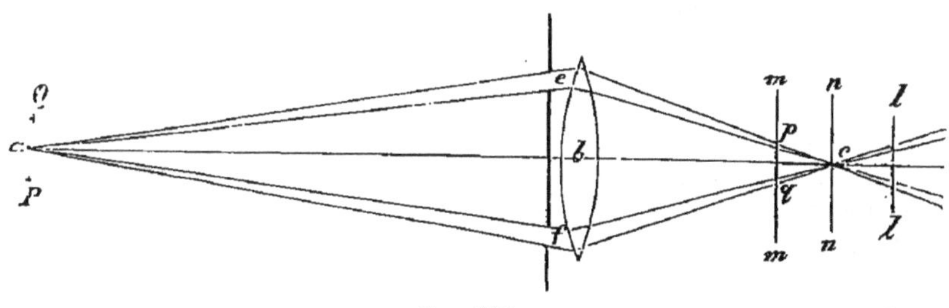

FIG. 287.

FIG. 287. — Distance minimum de la vision distincte. — *a*, point lumineux; *e*, *f*, trous de la carte; *b*, cristallin.

main, immédiatement en avant, dans une position verticale. Lorsque l'épingle est près de la carte, on en voit deux images très distinctes *p* et *q*, reportées au dehors en P et Q; car alors l'image vraie est en *c*, en arrière de la rétine *mm*; lorsque l'épingle s'éloigne, les deux images se fusionnent peu à peu en une seule; une fois leur superposition réalisée, la distance de l'épingle à l'œil représente la distance minimum de la vision distincte : alors seulement l'image unique se forme en *c* sur la rétine que nous supposons maintenant en *nn*.

Presbytie. — Le pouvoir d'accommodation diminue peu à peu avec l'âge;

il en résulte que la distance minimum de la vision distincte devient de plus en plus grande et peut atteindre par exemple 100 mètres au lieu de 15 ou 30 centimètres. On donne le nom de *presbytie* à cette affection dont la cause réside essentiellement dans la perte partielle des propriétés élastiques de la cristalloïde antérieure. On peut atténuer, mais non corriger la presbytie, au moyen de lunettes à verres convexes qui font converger davantage les rayons lumineux et les ramènent sur la rétine, au moins pour une certaine distance avec des lunettes données.

Hypermétropie. — Les yeux normaux ou *emmétropes* sont construits de telle façon que lorsque l'appareil d'accommodation est au repos, l'image des objets situés à l'infini se forme exactement sur la rétine; par l'accommodation, c'est-à-dire par le bombement progressif de la cristalloïde antérieure, ils peuvent voir distinctement à toutes les distances comprises entre l'infini et la distance minimum de la vision distincte.

Les yeux *hypermétropes* (fig. 288) se distinguent des précédents en ce que, au repos, même pour les objets situés à l'infini, les images se forment en arrière de la rétine. Il en résulte que, déjà pour l'infini, l'appareil d'accommodation entre en jeu; comme sa structure est la même que celle des yeux normaux, et que par suite son effet s'exerce dans les mêmes limites, forcément l'adaptation ne pourra se faire jusqu'à la distance normale de la vision distincte (15 centimètres); la distance minimum des yeux hypermétropes est donc toujours plus grande que celle des yeux emmétropes.

L'hypermétropie résulte de ce que le diamètre antéro-postérieur de l'œil est trop court, en d'autres termes de ce que la rétine est trop rapprochée du cristallin. Les hypermétropes qui veulent voir distinctement aux petites distances doivent faire usage de lunettes à verres convexes (fig. 288, C'),

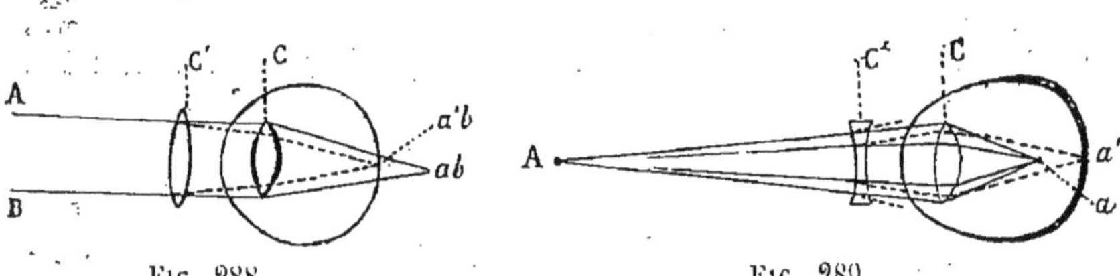

FIG. 288. FIG. 289.

FIG. 288. — Œil hypermétrope. — AB, objet situé à l'infini; *ab*, son image sans la lentille convergente C', l'œil étant au repos; *a' b*, son image (sur la rétine) avec C'.

FIG. 289. — Œil myope. — A, point lumineux à la distance ordinaire de la vision distincte; *a*, son image sans la lentille divergente C'; *a'*, son image (sur la rétine) par l'effet de C'; C, cristallin. *L'œil représenté est très myope.*

c'est-à-dire convergents, qui rapprochent les images du cristallin et les amènent à se former exactement sur la rétine.

Myopie. — Les yeux *myopes*, contrairement aux yeux hypermétropes, ont un diamètre antéro-postérieur trop long, relativement au pouvoir réfringent de leurs milieux, de sorte que la rétine est trop éloignée du cristallin. Aussi les images se forment-elles en avant de la rétine (fig. 289), dans le corps vitré, parfois même pour les objets voisins de l'œil, l'appareil d'accommodation étant au repos; les myopes types ne peuvent donc voir distinctement aucun objet, car, à mesure que la distance augmente, les images se rapprochent de plus en plus du cristallin. On remédie à la trop grande longueur de l'œil au moyen de lunettes à verres concaves (fig. 289, C'), c'est-à-dire divergents, qui écartent les rayons lumineux avant que ces derniers pénètrent dans l'œil : de cette façon, les images vont se former plus en arrière, sur la rétine.

La courbure des lentilles des lunettes est calculée d'après le degré de myopie ou d'hypermétropie.

Ainsi, grâce à l'adjonction de lentilles convexes ou concaves aux milieux oculaires, les yeux hypermétropes et myopes fonctionnent comme des yeux normaux ou emmétropes : leur pouvoir d'accommodation s'exerce alors pour toutes les distances comprises entre l'infini et la distance minimum normale. Nous venons de voir en effet que leur imperfection vient uniquement de ce que la rétine est trop rapprochée ou trop éloignée du cristallin ; le pouvoir d'accommodation demeure intact et ne diffère en rien de celui des yeux emmétropes. Au contraire, les yeux presbytes sont caractérisés par une altération de structure de l'appareil d'accommodation, altération dont on ne peut que partiellement corriger les effets au moyen de lunettes à verres convexes.

5° **Fonctions de la rétine.** — La rétine est la membrane sensible de l'œil ; c'est elle qui est impressionnée par la lumière. Nous y avons distingué deux points spéciaux : la tache aveugle ou *punctum cæcum* et la tache jaune.

Le *punctum cæcum* (fig. 292, *a*) ou point d'arrivée du nerf

Fig. 290.

Fig. 290. — Expérience de Mariotte.

optique est insensible à la lumière. Pour le démontrer, fermons l'œil droit et regardons de l'œil gauche, à la distance de la vision distincte, la petite croix de la figure 290. Si nous écartons lentement la feuille de papier en regardant toujours la croix, il arrivera un moment (à 20 ou 25 centimètres environ) où le grand cercle blanc, visible jusqu'alors, disparaît complètement. Son image se forme alors sur le *punctum cæcum*, situé, comme l'on sait, un peu en dedans de l'axe antéro-postérieur de l'œil. Si l'on éloigne encore la feuille de papier, le cercle reparaît.

Cette expérience montre que les fibres du nerf optique ne sont pas directement excitables par la lumière : celle-ci n'agit que sur les cônes et bâtonnets.

La *tache jaune* (fig. 292, *d*), qui ne contient que des cônes optiques, est, au contraire, la partie la plus sensible de la rétine; sa surface est d'environ 1 millimètre carré. Pour voir distinctement un objet, nous dirigeons exactement vers lui l'axe antéro-postérieur de l'œil : l'image se forme alors sur la tache jaune, qui est précisément située à l'extrémité de cet axe. Nous ne percevons distinctement que les objets dont l'image vient se peindre sur cette partie de la rétine; c'est pourquoi nous ne pouvons lire plus de deux ou trois mots à la fois.

La sensibilité de la rétine diminue peu à peu depuis la tache jaune jusqu'à la partie antérieure de la rétine, les cônes et bâtonnets devenant de moins en moins nombreux et laissant place à des éléments conjonctifs.

Ophthalmoscope. — Normalement, le fond de l'œil est

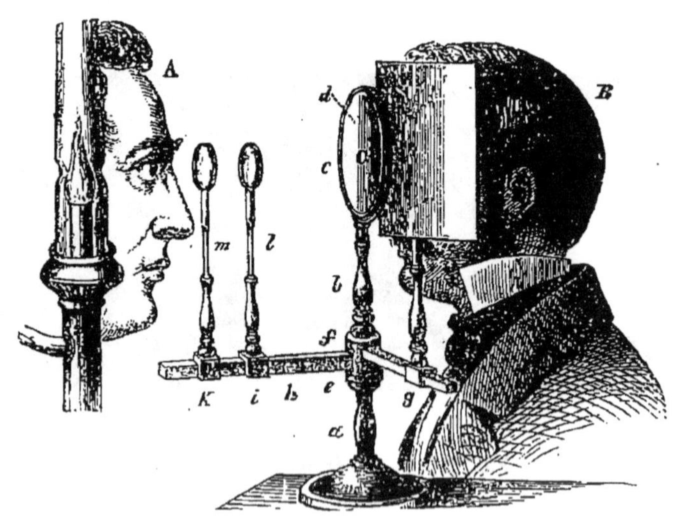

FIG. 291.

FIG. 291. — Ophthalmoscope. — A, sujet; B, observateur; *g*, écran; *d*, miroir concave, percé au centre; *l*, *m*, lentilles mobiles sur *he*.

obscur. Cela tient à ce que la lumière, après avoir traversé la rétine, qui est transparente, est presque totalement absorbée par le pigment choroïdien. L'ophthalmoscope (fig. 291) permet d'étudier la rétine dans tous ses points.

Une lampe, placée à côté du sujet A, envoie des rayons lumineux sur un miroir concave *d* qui les réfléchit sur l'œil de ce dernier. L'observateur B regarde à travers l'ouverture du miroir et fait glisser à la main les deux lentilles *m* et *l*, jusqu'à ce que l'image de la rétine soit très nette. Les rayons réfléchis par l'œil vont former après leur passage au travers de la lentille *l* une image, renversée si les lentilles sont biconvexes, droite si elles sont biconcaves. L'écran *g* préserve l'observateur du rayonnement; un autre est disposé entre la lampe et le sujet.

L'ophthalmoscope est un auxiliaire précieux pour la détermination des maladies oculaires : il permet de voir, grâce à l'éclairement intense du fond de l'œil, le *punctum cœcum* (fig. 292), tache claire sur un fond rosé dû à l'érythropsine, ainsi que les artères *b* et les veines *f* qui en partent pour se répandre dans toute la rétine.

Impressions visuelles. — La lumière, après avoir traversé la rétine, arrive sur la face choroïdienne de cette dernière, c'est-à-dire dans la région des cônes et des bâtonnets. Là se fait l'impression visuelle, sans doute par une action chimique de la lumière sur la substance très irritable des cônes et bâtonnets. L'excitation se communique ensuite au nerf optique, qui la transporte au cerveau dans un centre de perception spécial.

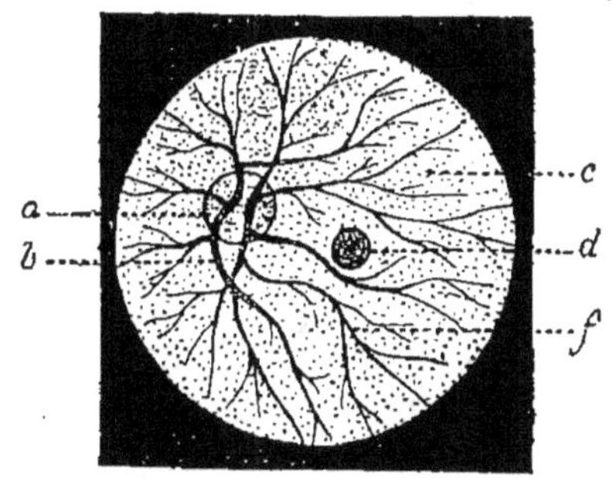

Fig. 292.

Fig. 292. — Fond de l'œil observé avec l'ophthalmoscope. — *a*, tache aveugle; *b*, artère ophthalmique; *f*, veine; *d*, tache jaune; *c*, fond de l'œil (rétine).

On se rappelle que les segments externes des bâtonnets sont colorés en rose par *l'érythropsine*. Or, lorsqu'une image vive se produit sur la rétine, le pourpre rétinien est détruit et la rétine se décolore aux points frappés par la lumière; il en résulte la production d'une véritable image photographique des objets. Pour la conserver, il suffit de plonger dans une dissolution d'alun l'œil d'un Lapin sacrifié, préalablement placé devant une fenêtre très vivement éclairée : on distingue nettement sur le fond rose de la rétine tous les détails de cette dernière.

Le pourpre rétinien est très apparent chez les Batraciens, notamment chez les Grenouilles que l'on vient de retirer d'une obscurité prolongée; le fond de l'œil est nettement rosé. Mais déjà au bout de vingt secondes de séjour à la lumière, elle disparaît pour laisser place à une teinte jaunâtre ; elle reparaît d'ailleurs au bout de dix minutes, à l'obscurité. Ainsi, la lumière détruit le pourpre rétinien, et c'est en cette action chimique que paraît consister l'impression visuelle. Pendant le jour, le pigment rose, détruit à chaque instant par la lumière, se reforme dans la même mesure par les phénomènes de nutrition, de sorte que la rétine garde une teinte constante.

Les cônes optiques n'ont pas de pourpre rétinien et cependant ils représentent les éléments les plus sensibles de l'œil; ils n'en renferment pas moins une substance impressionnable à la lumière. Quelquefois les cônes optiques sont d'un jaune orangé ; ce pigment joue alors probablement le même rôle que l'érythropsine.

Impressions rétiniennes tactiles. — La lumière est l'excitant normal de l'œil ; mais cet organe peut être impressionné aussi par des *excitants généraux*, tels que des pressions, des décharges électriques, etc. Les impressions rétiniennes ainsi produites sont perçues par le cerveau comme les impressions de lumière et constituent alors des sensations visuelles *subjectives* ou *phosphènes*. Ainsi, lorsqu'on comprime le globe de l'œil d'avant en arrière dans l'osbcurité, on voit apparaître des lueurs de coloration variable ; de même, l'excitation électrique du globe de l'œil produit une sorte d'éclair chaque fois que le courant commence ou finit. De sorte que, quels que soient les excitants de l'œil (lumière, électricité...), les impressions rétiniennes se traduisent toujours par l'apparition de sensations lumineuses ; il n'y a donc aucun rapport nécessaire, mais seulement un rapport de fréquence, entre les sensations lumineuses et la lumière.

Phénomènes entoptiques. — Lorsqu'on examine une surface éclairée, comme le ciel, on aperçoit distinctement dans le champ visuel des filaments ou des corpuscules arrondis (fig. 293) qui se meuvent en tous sens. C'est ce qu'on appelle des *mouches volantes*. Elles sont dues à des filaments et des cellules qui se meuvent dans l'espace fort réduit compris entre la membrane hyaloïde et la rétine ; ces corpuscules projettent en effet leur ombre sur la rétine et nous procurent des sensations que nous reportons au dehors par une loi générale, alors que leur cause est interne. On voit quelquefois aussi dans le champ de vision des taches ou des stries, dues les premières à la présence de parties ternes

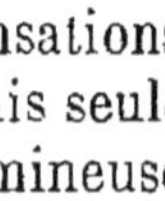

Fig. 293.

Fig. 293. — Mouches volantes.

dans les milieux de l'œil, les secondes à la structure rayonnée du cristallin.

Parmi ces phénomènes entoptiques, le plus curieux est celui qui donne lieu à la *figure vasculaire de Purkinge* (fig. 292). Que l'on se place dans une chambre obscure, vis-à-vis d'un mur foncé et que l'on fasse mouvoir çà et là avec la main, sur le côté de l'œil, une bougie allumée. Avec un peu d'exercice, on verra sur la muraille, vis-à-vis de soi, un réseau vasculaire, comprenant les vaisseaux de la rétine et qui se détache en foncé sur un champ visuel rougeâtre ; le tronc commun de ces vaisseaux apparaît sur le *punctum cæcum*. Une seule place est exempte de vaisseaux : c'est la tache jaune qui occupe le centre de la figure. Les lignes sombres du réseau ne sont pas autre chose que les ombres projetées par les vaisseaux, qui occupent la zone interne de la rétine, sur les cônes et bâtonnets qui en occupent la zone externe, ombres perçues et reportées par nous à l'extérieur.

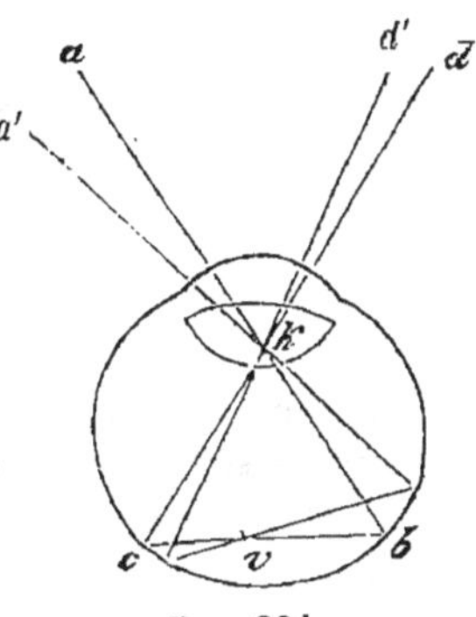

FIG. 294.

FIG. 294. — Explication de la figure vasculaire de Purkinge.

La figure 294 explique le mode de formation de ce réseau : la flamme *a* forme son image en *b*; cette image, agissant comme source lumineuse, éclaire des vaisseaux voisins, *v* par exemple, qui projette son ombre en *c*. Cette ombre est perçue et extériorisée dans la direction *ckd*, *k* étant le centre optique de l'ensemble des milieux de l'œil. Si la flamme passe de *a* au point *a'*, l'ombre du vaisseau *v* sera reportée en *d'*.

SENSATIONS LUMINEUSES.

Les sensations lumineuses sont les unes *incolores* et varient du blanc au noir (absence de lumière) en passant par le gris, les autres *colorées* ou *chromatiques*. Ces dernières ont deux caractères essentiels : le *ton* de la sensation et l'*intensité* ; on les obtient en décomposant la lumière blanche par un prisme (fig. 295).

Le *ton* dépend du nombre de vibrations ou, si l'on veut, de la longueur d'onde, c'est-à-dire du chemin parcouru par la lumière pendant la durée d'une vibration. Pour le rouge, le nombre de vibrations est de 450 trillions à la seconde et la longueur d'onde de 6878 dix-millionièmes de millimètre ; pour le violet, les nombres correspondants sont 790 et 3928 ; les autres couleurs s'étagent entre le rouge et le violet. La lumière blanche résulte de la superposition de toutes les lumières simples.

Action des lumières colorées sur la rétine. — Les diverses radiations, qui se traduisent par des sensations lumineuses distinctes, après l'intervention cérébrale, excitent-elles des bâtonnets et des cônes qui leur sont spécialement affectés, ou bien chaque cône ou bâtonnet est-il en rapport avec plusieurs fibres nerveuses qui conduisent chacune l'impression d'une seule des trois couleurs fondamentales (*violet*, *vert*, *rouge*), ou enfin le cerveau renferme-t-il des centres de perception spéciaux, pour les différentes sensations colorées, c'est là une question à laquelle la science actuelle ne permet pas de répondre avec certitude. Car on ne connaît de différence de structure, ni entre les divers cônes ou bâtonnets, ni entre les fibres du nerf optique, ni entre les cellules cérébrales.

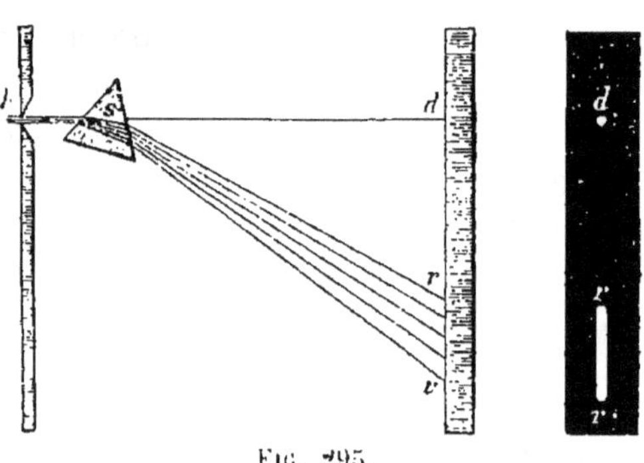

FIG. 295.

FIG. 295. — *b*, fente de la chambre noire; *s*, prisme; *rv*, spectre solaire; *rr*, le même vu de face.

Daltonisme. — Certaines personnes sont privées de la faculté de percevoir une ou plusieurs sensations colorées. Cette cécité partielle, appelée *daltonisme*, est surtout fréquente pour le rouge; sur trente ou quarante personnes, il en est presque toujours une qui ne la distingue pas exactement. Le monde extérieur doit apparaître aux daltoniens sous de tout autres couleurs qu'à nous; ce que nous appelons blanc leur paraît bleu verdâtre, puisque le rouge y manque: ils le désignent néanmoins sous le nom de blanc, parce que cette sensation correspond à l'ensemble des lumières simples qu'ils peuvent percevoir. Le spectre solaire leur paraît raccourci de tout le rouge extrême. Il existe aussi, plus rarement il est vrai, des daltoniens pour d'autres couleurs, par exemple pour le vert.

Persistance des impressions visuelles. — Les impressions de la lumière sur la rétine ne sont pas instantanées; elles durent environ $\frac{1}{10}$ de seconde. Cela tient à ce que le pourpre rétinien détruit demande quelques instants pour être régénéré. Grâce à la persistance des impressions, on peut facilement réaliser la synthèse de la lumière blanche; on se sert, à cet effet, d'un disque mobile, divisé en secteurs d'étendue et de coloration semblables à celles des couleurs spectrales (fig. 296). Lorsqu'on le fait tourner assez rapidement, toutes les couleurs se superposent sur la rétine et nous percevons leur résultante, c'est-à-dire la lumière blanche. De même, lorsqu'on dirige un faisceau lumineux sur le disque vertical (fig. 297), mis en mouvement

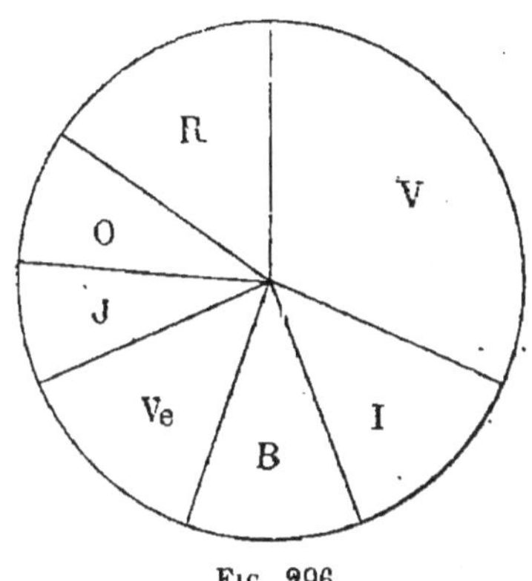

FIG. 296.

FIG. 297.

FIG. 296. — Disque de Newton (fig. sch.). — V, violet; I, indigo; B, bleu; Ve, vert; J, jaune; O, orangé; R, rouge.

FIG. 297. — Disque mobile avec fentes radiales.

dans une chambre obscure, on distingue, en arrière de lui, sur un écran, une image circulaire blanche, au lieu de fentes radiales séparées ; si la vitesse de rotation augmente peu à peu, on voit l'image devenir bleue, puis verte, rouge, etc., ce qui montre que la durée de l'impression n'est pas la même pour les différentes lumières simples dont se compose la lumière blanche.

Sur le disque de la figure 298, on a représenté un pendule dans toutes les positions de son parcours. Si l'on fait tourner ce disque avec une vitesse modérée et qu'on regarde, en arrière de lui, par les ouvertures 1 à 12, dans un miroir placé devant le disque, on verra, par réflexion, les diverses positions du pendule se succéder et donner l'illusion d'une oscillation pendulaire. Cela tient à ce que l'image rétinienne de chaque

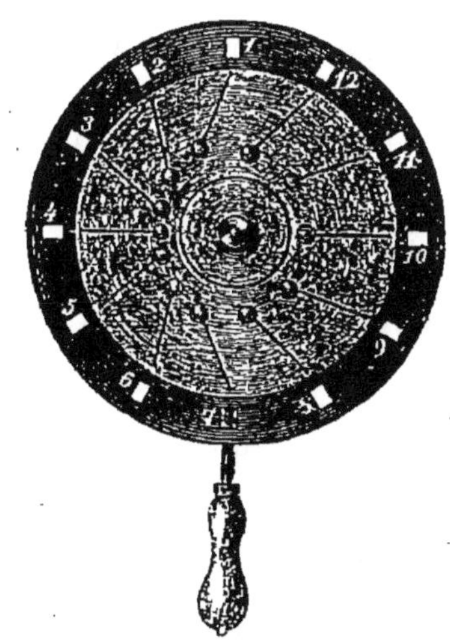

FIG. 298.

FIG. 298. — 1 à 12, orifices.

pendule persiste jusqu'au passage de la position suivante devant l'œil.

Images consécutives. — On appelle ainsi les sensations lumineuses qui apparaissent lorsque la lumière a cessé d'agir sur l'œil; elles sont une conséquence de la persistance des impressions sur la rétine.

Que l'on examine pendant quelques instants une vive lumière comme celle d'une lampe ou du soleil, et que l'on ferme ensuite les yeux, ou mieux, qu'on se place à l'obscurité, on distinguera nettement l'image de la source pendant un temps plus ou moins long ; elle est d'abord blanche comme la lumière observée; puis apparaît une coloration à laquelle succède de nouveau une image blanche, puis une autre coloration plus faible, etc., jusqu'à ce que la rétine revienne au repos.

Lorsqu'on fixe pendant une ou deux minutes une surface claire, comme le ciel, à travers une fenêtre, et qu'on promène ensuite le regard sur une feuille de papier blanc, les vitres apparaissent en foncé et les barreaux en clair ; cela tient à ce que les vitres ont agi sur la rétine avec plus de force, puisqu'elles sont plus vivement éclairées, et ont produit une fatigue rétinienne plus durable que les barreaux qui sont faiblement éclairés. Par conséquent, devant le papier blanc les parties fatiguées seront moins impressionnées que les autres; de là vient que les barreaux sont plus clairs et les vitres plus foncées. — On peut faire cette expérience plus simplement en regardant avec un seul œil un carré noir sur papier blanc (fig. 299) et en portant ensuite brusquement le regard sur une feuille blanche : on y verra un carré clair d'intensité régulièrement décroissante se déplacer avec l'œil.

Images consécutives colorées ou illusions de coloration. — Lorsqu'une lumière *colorée* agit pendant assez longtemps sur l'œil, il se produit, après cette action, une image consécutive dont la teinte est complémentaire de la première.

On sait qu'on appelle *couleurs complémentaires* deux couleurs spectrales qui mélangées donnent du blanc, par exemple le rouge et le vert; le jaune et l'indigo, etc.

1° Plaçons un carré de papier vert au milieu d'une feuille de papier blanc et fixons le carré pendant quelques instants d'un seul œil. Enlevons ensuite brusquement le carré vert et nous verrons apparaître à sa place un carré rose dont la teinte disparaîtra peu à peu. Si on laisse le carré vert en place, une bande rouge apparaît tout autour de lui sur le papier blanc. L'expérience est plus frappante, lorsqu'on place un carré blanc au milieu d'une feuille de papier vert et qu'on recouvre le tout d'un papier demi-transparent : le carré blanc est nettement coloré en rose. On voit que les deux teintes observées, rouge et vert, sont complémentaires l'une de l'autre.

L'explication de cette illusion de coloration est simple. Le vert n'a excité que les éléments de la rétine sensibles à cette couleur et les a rapidement fatigués. La fatigue persistant quelques instants, on ne pourra distinguer sur une surface blanche que le blanc moins le vert, c'est-à-dire la couleur complémentaire, dans laquelle le rouge domine.

De même le rouge donne une image consécutive verte ; le bleu une image jaune, etc. La lumière du soleil produit, comme le rouge, une image consécutive verte.

2° Plaçons maintenant un petit carré vert sur un papier rouge ; le vert développera en nous une image consécutive rouge qui s'ajoutera à la teinte de la feuille pour la renforcer ; on voit, en effet, distinctement, au bout de quelques instants de fixation, une bande rouge tout autour du carré, plus foncée que le reste de la feuille. Réciproquement la teinte rouge renforce la teinte verte qui limite le carré.

On peut donc rehausser l'éclat d'une couleur en l'associant à la couleur complémentaire ; de là le nom de *couleurs de contraste* que l'on donne aux couleurs complémentaires. Cette conséquence des illusions de coloration trouve son application dans les arts décoratifs, dans la confection des costumes de théâtre, etc.

3° Disposons enfin un carré coloré, rouge par exemple, sur un objet de couleur quelconque, mais non complémentaire de la première. La couleur consécutive verte que fera naître le rouge s'ajoutera à la couleur propre de l'objet, de sorte que celui-ci sera vu avec une teinte mixte, résultant du mélange de sa teinte propre et de la couleur complémentaire du carré coloré.

Images par irradiation. — Une surface claire n'excite pas seulement les points de la rétine qui correspondent exactement à l'image, mais encore les points voisins, de sorte que la surface nous paraît plus grande qu'elle ne l'est en réalité. On donne le nom d'*irradiation* à cette extension de l'impression rétinienne. Ainsi un carré blanc sur fond noir (fig. 299) paraît plus grand qu'un carré noir de même surface sur fond blanc. Cela tient à une accommodation incomplète pour la partie claire dans les deux cas. Chaque point clair du bord du carré forme alors, non pas un point, mais un cercle de dispersion sur la rétine (p. 275) et l'ensemble de ces cercles empiète, dans le premier cas sur la feuille noire, dans le second sur le carré noir :

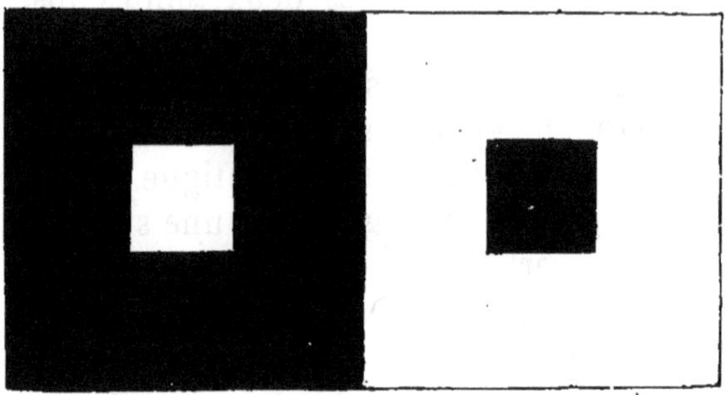

Fig. 299.

Fig. 299. — Irradiation.

de là vient que le carré paraît plus grand dans le premier que dans le second cas.

Illusions d'optique. — Dans bien des circonstances nos sensations visuelles nous donnent des notions fausses sur le monde extérieur ; ces fausses sensations s'appellent *illusions d'optique*. En voici quelques-unes.

Fig. 300.

Fig. 300. — Illusion d'optique.

1, 2, 3 (fig. 300) sont des lignes parallèles, coupées par des lignes obliques également parallèles, concourantes vers le haut à gauche et vers le bas à droite. Or les deux premières lignes, 1 et 2, semblent concourantes vers la base et les lignes 2 et 3, concourantes vers le sommet.

Si l'on demande à une personne de montrer avec la main, contre un mur, la hauteur à laquelle arriverait un chapeau haut de forme que l'on poserait à terre, on voit que toujours elle juge ce dernier plus haut qu'il n'est en réalité.

Le carré *a* (fig. 301) paraît plus haut que large et *b* plus large que haut : ils ont cependant la même surface.

La figure 302 peut être comprise de deux façons : ou bien comme un assemblage de deux triangles équilatéraux, ou comme un hexagone dont chaque côté serait surmonté d'un petit triangle.

Vision unioculaire. — La vue avec un seul œil est im-

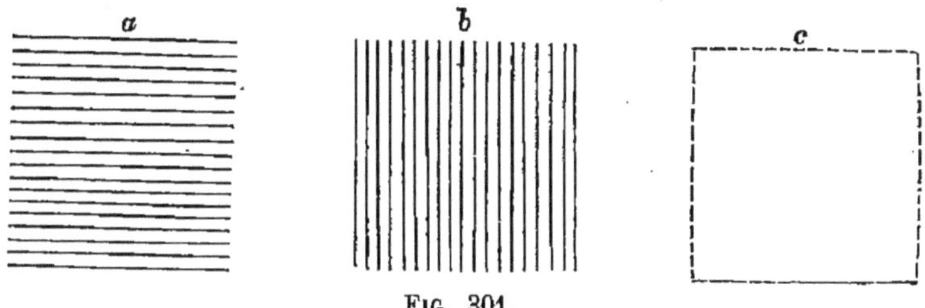

FIG. 301.

FIG. 301. — *a*, *b*, *c*, carrés de même surface.

parfaite ; elle nous montre en effet le champ visuel sous la forme d'une surface plane sur laquelle nous paraissent placés tous les objets et ne nous permet par suite de juger ni de la distance, ni du relief des objets. La vision uni-oculaire ne nous fait connaître que la hauteur et la largeur, mais non la profondeur. En suspendant librement une aiguille à tricoter et en essayant de la toucher exactement avec une baguette, un seul œil étant ouvert, on se rend compte de la difficulté que nous avons à apprécier la distance dans ces conditions.

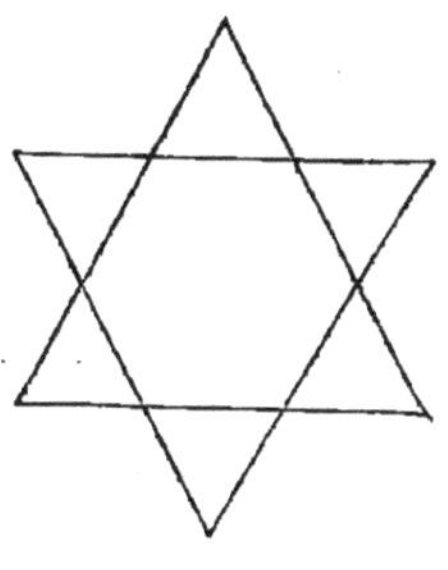

FIG. 302.

FIG. 302. — Illusion d'optique.

Vision binoculaire simple : appréciation des distances. — La vision binoculaire *simple* consiste à considérer non les objets, mais de simples points lumineux, comme l'angle d'une table, avec les deux yeux. L'image du point *a* (fig. 303) ira se peindre sur la tache jaune de chaque œil en *b* et *b'*, de sorte que les axes antéro-postérieurs des yeux, *ba* et *b' a*, convergent en *a*. Si le point lumineux s'éloigne en *a''* ou se rapproche en *a'*, l'angle de convergence diminuera dans le premier cas et augmentera dans le second. Or les actions musculaires qui donnent chaque fois aux globes oculaires la direction convenable pour que les images se forment toujours sur les deux taches jaunes déterminent en nous des sensations dont la variation d'intensité nous permet de juger de la variation de la distance ; c'est là ce qu'on nomme le *sentiment musculaire*.

Bien que chaque point lumineux produise deux images rétiniennes, nous ne percevons qu'un seul et non deux points lumineux. Cette propriété n'est pas commune à toutes les parties de la rétine. On nomme *points correspondants*, les points des deux rétines capables de fusionner les deux images en une seule. Si l'on emboîte les deux rétines l'une dans

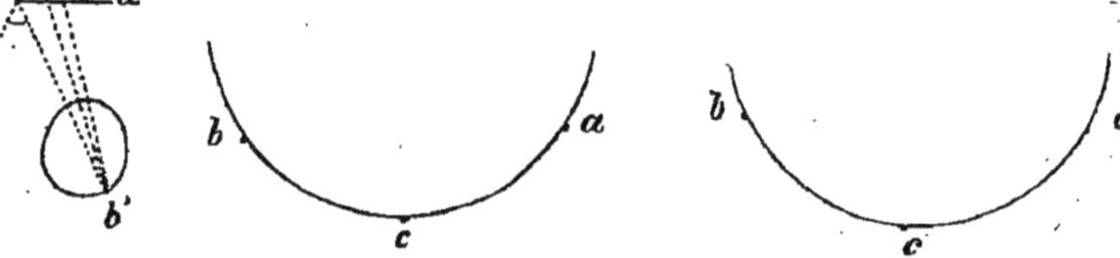

FIG. 303. FIG. 304.

FIG. 303. — b, b', taches jaunes; a, a', a'', points lumineux; $ab, a'b, a''b$, directions de l'axe antéro-postérieur de l'œil dans les trois cas.

FIG. 304. — Points correspondants : aa, bb, cc.

l'autre dans leur position naturelle, tous les points des deux

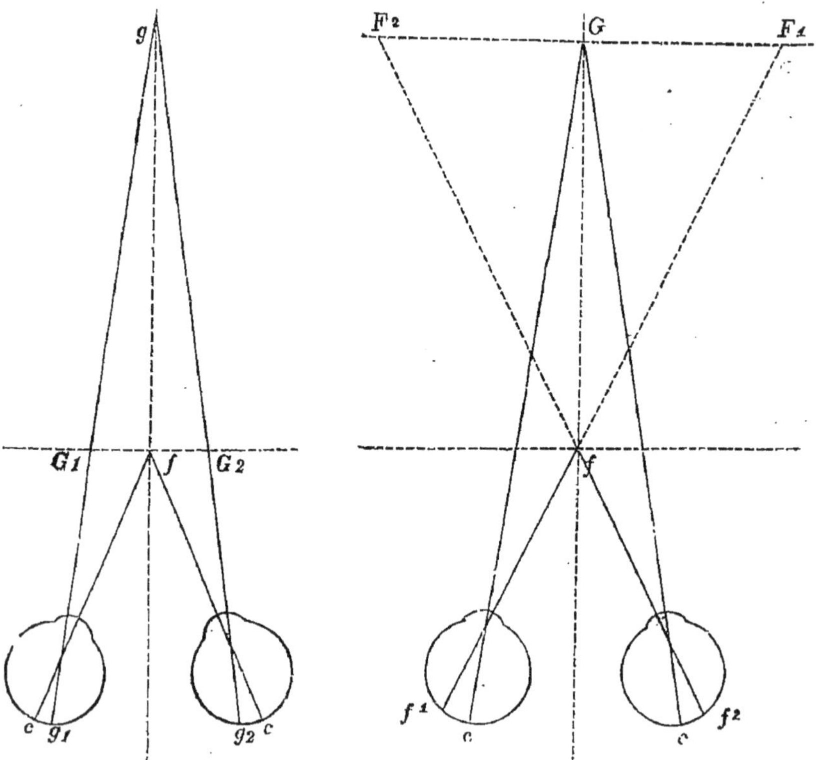

FIG. 305. FIG. 306.

FIG. 305. — c, c (taches jaunes), images de f; g^1, g^2 (points non correspondants), images de g, reportées en G_1 et G_2.

FIG. 306. — c, c (taches jaunes), images normales de G; f_1 et f_2, images de f, reportées en F_1 et F_2.

rétines, qui se trouveront directement en contact, seront des points correspondants; par exemple *b* et *b*; *a* et *a*, ainsi que *c* et *c* (taches jaunes) (fig. 304).

Toutes les fois que les deux images se forment sur des points non correspondants, nous les percevons séparément et les objets paraissent doubles. Soit *f* un doigt (fig. 305), *g* un barreau de fenêtre; fixons le doigt du regard : ses deux images se forment en *c* et *c* sur les taches jaunes; elles se fusionnent donc en une seule. Au contraire, les images du barreau viennent se peindre en g_1 et g_2, *points non correspondants* : aussi le barreau est-il vu double, en G_1 et G_2.

Si nous fixons maintenant le barreau G (fig. 306), en adaptant notre œil à la distance *c* G, les images du doigt *f* viennent se former en f_1 et f_2, points non correspondants, tandis que celles de G se trouvent sur les taches jaunes, en *c*, *c*. Le barreau sera vu simple, tandis que le doigt sera vu double, en F_1 et F_2.

On voit que les images doubles sont toujours extériorisées à la distance pour laquelle l'œil est accommodé.

Vision binoculaire normale : relief. — Il s'agit ici, non plus d'un point, mais d'un objet quelconque. L'avantage de la vision binoculaire consiste dans la notion de *relief* et d'*espace*.

Considérons par sa face supérieure une pyramide tronquée à quatre faces (fig. 307). Vue avec l'œil droit, elle paraît comme

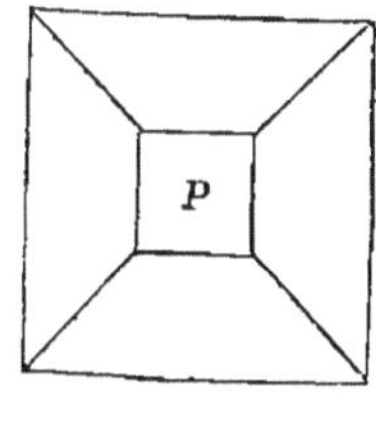

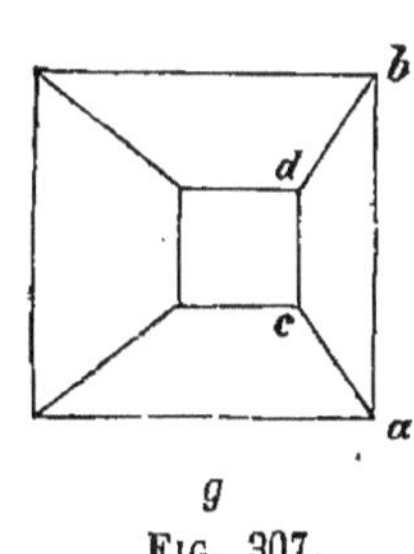

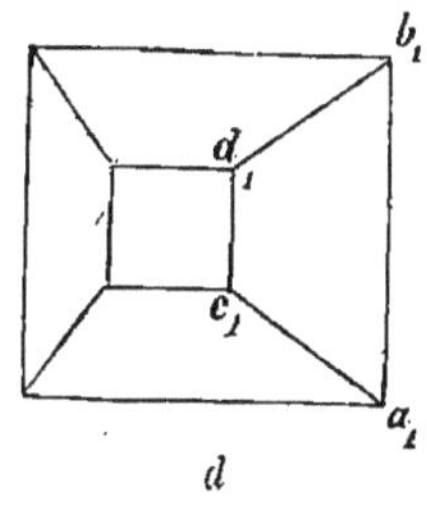

FIG. 307.

FIG. 307. — P, tronc de pyramide vu par le haut; *g*, le même vu seulement avec l'œil gauche; *d*, avec l'œil droit.

l'indique la figure *d*; vue seulement avec l'œil gauche, elle paraît comme *g*; avec les deux yeux à la fois, comme P. Dans ce dernier cas seulement le relief est sensible et il résulte de la *superposition des deux images* *d* et *g* qui séparément en sont totalement dépourvues.

On peut se rendre compte de cette superposition en plaçant les deux perspectives *d* et *g* à côté l'une de l'autre, à une faible distance (fig. 308). Si alors on regarde attentivement, dans un endroit bien éclairé, l'image g avec l'œil gauche et l'image d avec l'œil droit, en s'aidant d'une feuille de papier, placée, d'une part entre les yeux sur le front, d'autre part

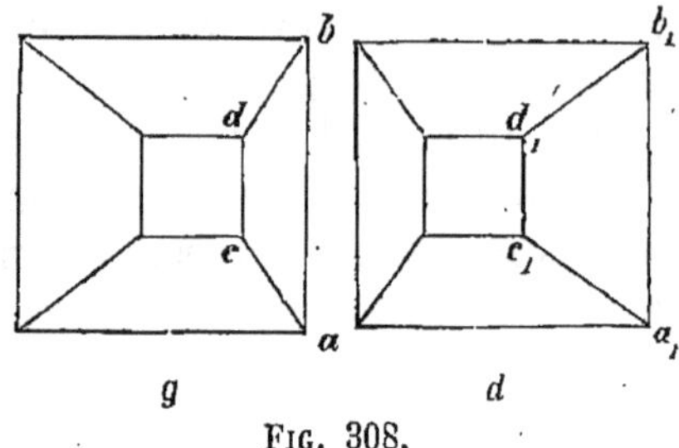

FIG. 308.

FIG. 308. — d, perspective de l'œil droit ; g, perspective de l'œil gauche.

entre les deux perspectives, on verra ces dernières se superposer dans l'espace intermédiaire sous la forme d'un tronc de

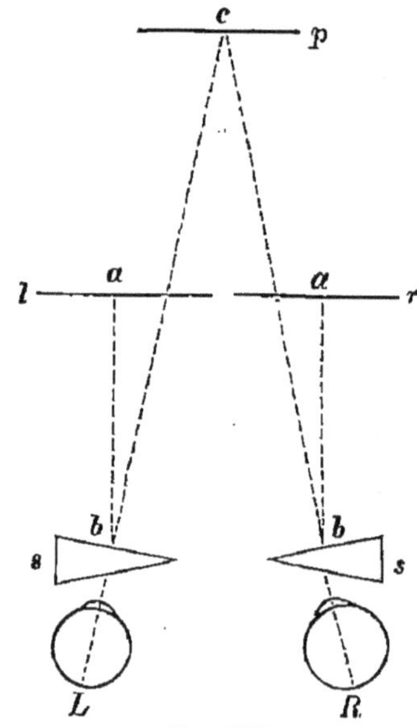

FIG. 309.

FIG. 309. — Stéréoscope. — L, R, taches jaunes ; s, s, prismes ; r, l, perspectives droite et gauche d'un objet ; p, vue de l'objet en relief ; $a\,b\,c$, marche des rayons lumineux.

pyramide en relief, tel qu'on le percevrait par l'observation directe d'un pareil solide.

La notion du relief résulte donc toujours de la superposition de deux images, perçues l'une par l'œil droit, l'autre par l'œil gauche. C'est ce que montre d'ailleurs le *stéréoscope* (fig. 309).

Les deux photographies *a*, *a*, qui représentent les perspectives droite et gauche d'un objet, viennent former leur image en L et R, après une réfraction dans les deux prismes *s*. Ces deux images sont vues, l'une dans la direction L *b*, l'autre dans la direction R *a* et viennent se superposer en *c*, en une seule image dont le relief est fort net.

Pourquoi les objets sont-ils vus droits. — Les images des objets extérieurs étant toujours renversées sur la rétine, il semblerait que les objets dussent eux-mêmes nous paraître dans la même position. Il n'en est rien : nous reportons en effet toujours nos sensations visuelles, non sur le point de l'organisme où se produit l'impression, mais au point de départ même de l'excitant ou tout au moins dans la direction suivant laquelle il s'est propagé jusqu'à nous. C'est ainsi que l'image *a*, jouant en quelque sorte le rôle d'un point lumineux (fig. 283), est reportée en A et l'image *b* en B, de sorte que les objets nous paraissent en réalité droits.

LIVRE IV

SYSTÈME NERVEUX

Définition et division. — Le système nerveux se compose de deux sortes d'organes : 1° de masses centrales, composées de cellules et de fibres nerveuses, et appelées *centres nerveux* (cerveau,...) ; 2° de cordons périphériques, composés uniquement de fibres et reliant les centres, d'une part aux organes sensoriels, d'autre part aux muscles et aux glandes ; ce sont les *nerfs*.

Les nerfs sont simplement des *conducteurs :* ils transmettent aux centres les irritations sensorielles venues des organes des sens, ou conduisent aux muscles et aux glandes les incitations motrices ou glandulaires émanées de ces mêmes centres nerveux. Seuls, les centres ont le pouvoir de *percevoir* les impressions périphériques et d'*élaborer* les incitations motrices ou glandulaires.

On peut donc dire que le *système nerveux est un ensemble continu de parties, répandues dans tout l'organisme, les unes périphériques (nerfs) destinées à transmettre en direction centripète les excitations sensorielles, et en direction centrifuge les incitations motrices ou glandulaires; les autres (centres) destinées à élaborer les sensations, les actes psychiques et les incitations motrices ou glandulaires.*

Le système nerveux de l'Homme comprend trois parties :

1° L'*axe cérébro-spinal* (fig. 310), qui comprend lui-même l'*encéphale*, masse nerveuse intracrânienne, et la *moelle épinière* logée dans le canal neural de la colonne vertébrale;

2° Les *nerfs* (fig. 310), filets blanchâtres issus de l'encéphale et de la moelle et se ramifiant dans toutes les parties de l'organisme;

3° Les *ganglions*, renflements nerveux, peu volumineux, placés sur le trajet de certains nerfs. Le plus grand nombre de ces ganglions forme, avec les nerfs qui en émanent, le *système du grand sympathique*, d'ailleurs intimement relié aux autres parties du système nerveux, c'est-à-dire au système cérébro-spinal.

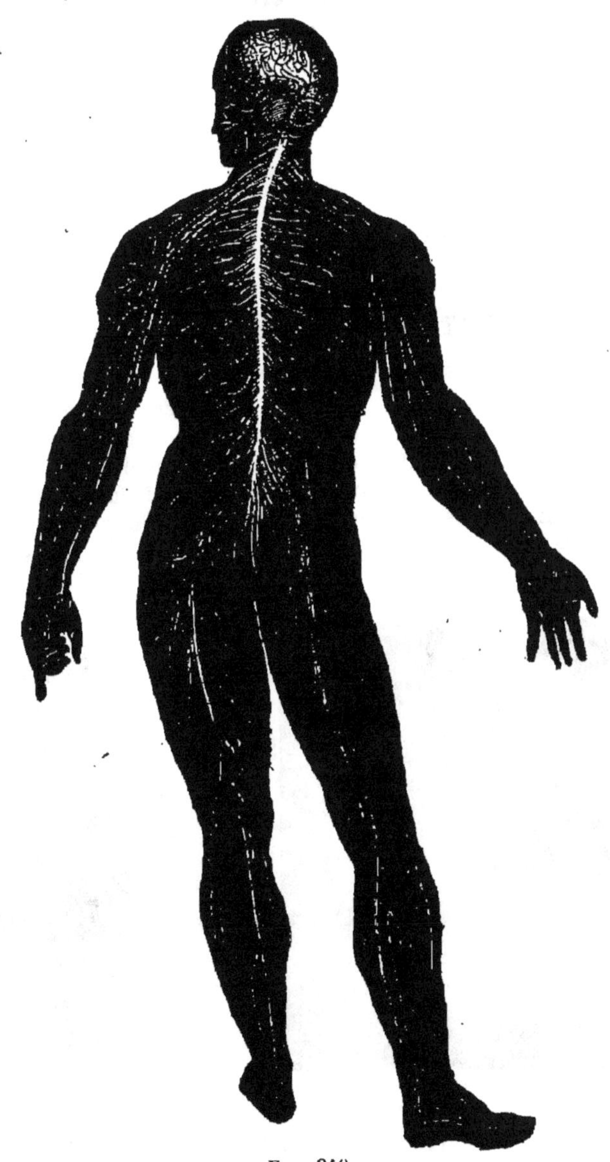

Fig. 310.

Fig. 310. — Système nerveux cérébro-spinal.

Les nerfs du système sympathique se ramifient dans les viscères (cœur, poumons...); de là le nom de *système de la vie organique* qu'on lui donne quelquefois. Au contraire, ceux du système cérébro-spinal se ramifient surtout dans les organes de relation (organes des sens, muscles, squelette...) ; de là le nom de *système nerveux de la vie animale*.

L'encéphale, la moelle épinière et les ganglions sont les centres nerveux.

CHAPITRE PREMIER

SYSTÈME CÉRÉBRO-SPINAL

Développement. — Avant de décrire ce système, voyons en quelques mots comment il se développe dans l'embryon : de cette façon nous comprendrons mieux la disposition des parties chez l'adulte.

Une fois le blastoderme constitué (p. 14), apparaît au milieu de l'ébauche encore non différenciée de l'embryon une fente longitudinale, sorte de sillon sombre, appelé *fente primitive* (fig. 311), qui bientôt se creuse en

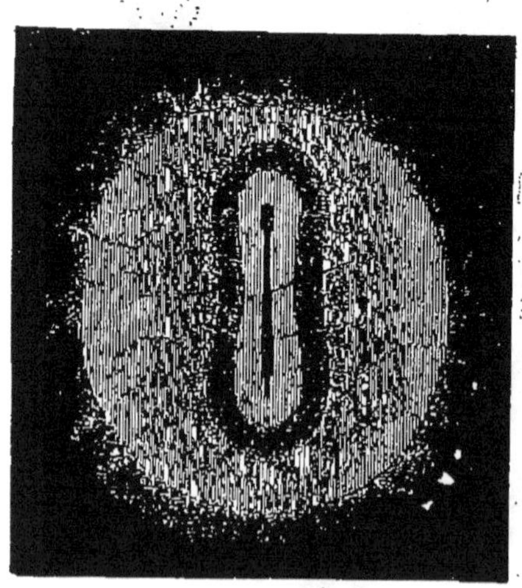

Fig. 311.

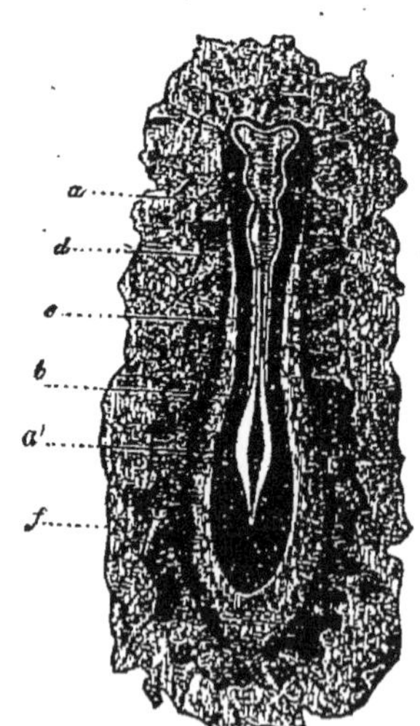

Fig. 312.

Fig. 311. — Ébauche de l'embryon du Lapin. — *a*, fente primitive ; *b*, ébauche embryonnaire ; *c*, aire embryonnaire (partie interne) ; *d*, aire embryonnaire (partie externe).

Fig. 312. — Ébauche embryonnaire de l'œuf du Chien. — *a*, vésicules cérébrales en voie de formation ; *b*, ébauche de la colonne vertébrale ; *c*, paroi du corps ; *a'*, dilatation médullaire lombaire.

gouttière. Celle-ci rapproche peu à peu ses bords et constitue un *tube*, première ébauche de l'axe cérébro-spinal. A sa partie antérieure, ce tube s'élargit et constitue un renflement creux (fig. 312, *a*), nommé *vésicule cérébrale primitive*, qui plus tard formera l'encéphale, tandis que toute sa région postérieure se différenciera en la moelle épinière.

Très peu de temps après, la vésicule cérébrale primitive se divise, par étranglement progressif, en trois autres (fig. 313-315), savoir : la vésicule

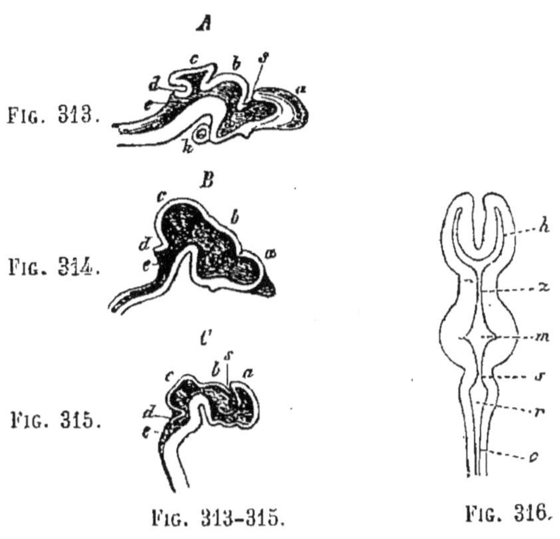

Fig. 313-315. — Vésicules cérébrales.

Fig. 313. — A, encéphale d'un jeune Poisson cartilagineux.

Fig. 314. — B, d'un embryon de Vipère.

Fig. 315. — C, de Chèvre; *a*, cerveau antérieur; *b*, cerveau intermédiaire; *c*, cerveau moyen; *d*, cerveau postérieur; *e*, cerveau terminal; *h*, hypophyse.

Fig. 316. — Cavités de l'encéphale de la Grenouille (f. sch.). — *h*, ventricules latéraux; *z*, troisième ventricule; *m*, cavité du cerveau moyen; *s*, aqueduc de Sylvius; *r*, quatrième ventricule; *c*, canal central de la moelle épinière.

ou *cerveau antérieur*, le *cerveau moyen* et le *cerveau postérieur*. Le cerveau antérieur et le cerveau postérieur se divisent encore chacun en deux autres vésicules, ce qui porte le nombre total de ces dernières à cinq, savoir :

1° Le cerveau *antérieur*, qui correspond, comme nous allons le voir, aux futurs hémisphères cérébraux et aux corps striés; 2° le cerveau *intermédiaire*, qui constituera les couches optiques, l'épiphyse et l'hypophyse; 3° le cerveau *moyen*, qui est resté simple, représente les futurs tubercules quadrijumeaux; 4° le cerveau *postérieur* donnera le cervelet; 5° enfin le cerveau *terminal*, la moelle allongée.

La cavité du cerveau antérieur (fig. 316, *h*), divisée en deux parties, correspondra aux ventricules latéraux des hémisphères; celle du cerveau intermédiaire (*z*) deviendra le troisième ventricule; celle du cerveau moyen (*ms*) formera l'aqueduc de Sylvius; celle du cerveau postérieur ou cervelet a été complètement remplie par une masse de substance grise; enfin la cavité du cerveau postérieur (*r*) formera le quatrième ventricule, librement ouvert en arrière par suite d'une déchirure survenue pendant le développement, et se continuant, inférieurement avec le canal central de la moelle épinière (*c*), supérieurement avec l'aqueduc de Sylvius.

I. — MOELLE ÉPINIÈRE.

La moelle épinière (fig. 310) est un cordon nerveux logé dans le canal neural de la colonne vertébrale; elle s'étend depuis le trou occipital jusqu'à la deuxième vertèbre lombaire; le ligament coccygien, qui lui fait suite, l'unit au coccyx. Le paquet de nerfs qui la termine inférieurement se nomme queue de cheval. La moelle présente deux renflements, le *renflement brachial*, origine des nerfs du plexus brachial, et le *renflement crural* qui la termine en se rétrécissant graduellement (fig. 335).

La moelle épinière est entourée de trois membranes, appelées *méninges* (fig. 317), que l'on trouve également sur l'encéphale.

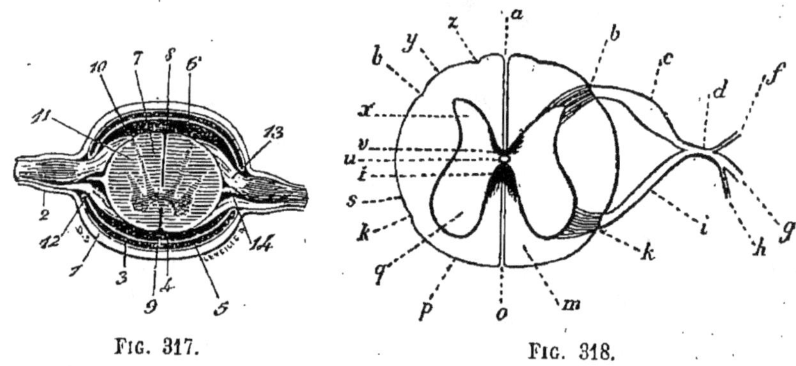

FIG. 317. FIG. 318.

FIG. 317. — Coupe transversale de la moelle et de ses enveloppes. — 1, 2, duremère; 3, 4, arachnoïde (feuillets pariétal et viscéral); 5, cavité intra-arachnoïdienne; 6, espace sous-arachnoïdien; 7, cordon postérieur; 8, sillon médian postérieur; 9, antérieur; 10, substance grise; 11, cordon latéral; 12, 13, racines antérieure et postérieure; 14, ligament dentelé (coupé).

FIG. 318. — Coupe transversale de la moelle épinière (fig. sch.). — *a*, sillon médian postérieur; *bd*, racine postérieure du nerf *d* ; *c*, son ganglion; *f*, branche postérieure; *g*, branche antérieure; *h*, racine sympathique; *i*, racine antérieure; *m*, substance blanche; *o*, sillon médian antérieur; *p*, cordon antérieur; *q*, substance grise; *k*, sillon latéral; *s*, cordon latéral; *t*, commissure blanche; *u*, canal médullaire; *v*, commissure grise; *x*, corne postérieure; *b*, sillon postérieur; *y*, cordon postérieur; *z*, sillon intermédiaire postérieur; *za*, cordon de Goll.

Ce sont : 1° la *dure-mère* (1), membrane fibreuse externe, très résistante, séparée des arcs neuraux par une couche de tissu graisseux; elle se prolonge sur les nerfs jusqu'aux trous de conjugaison; 2° la *pie-mère*, membrane interne, qui adhère fortement à la substance médullaire; elle contient les vaisseaux destinés à la moelle : c'est une membrane fibro-vasculaire; 3° enfin, l'*arachnoïde*, membrane intermédiaire, présentant deux feuillets : le feuillet externe (3), qui tapisse la dure-mère, et le feuillet interne (4), séparé de la pie-mère par un espace annulaire, l'espace sous-arachnoïdien (6), occupé par le *liquide céphalo-rachidien ;* le feuillet interne est uni au feuillet externe, ainsi qu'à la pie-mère, par des brides membraneuses. L'arachnoïde a la structure des membranes séreuses.

La moelle, une fois débarrassée de ses méninges, présente à considérer (fig. 318) deux sillons très profonds, le *sillon médian antérieur* (*o*) et le *sillon médian postérieur* (*a*), qui la divisent en deux moitiés symétriques dans toute sa longueur; les autres sillons sont superficiels, savoir : les *sillons latéraux antérieurs* (*k*) et *postérieurs* (*b*), correspondant aux points d'émergence des racines des nerfs rachidiens, et les *sillons intermédiaires postérieurs* (*z*), situés dans le voisinage immédiat du sillon médian postérieur.

Les sillons délimitent des cordons, savoir : les *cordons antérieurs* (*p*), les *cordons latéraux* (*s*), les *cordons postérieurs* (*y*) et les *cordons de Goll* (*za*). Ces derniers, fort peu développés, sont encore appelés *funicules grêles* de la moelle épinière.

Structure de la moelle. — Sur une section transversale de la moelle épinière, on distingue deux parties (fig. 318 et 319) : une région centrale, composée de *substance grise*, et une région périphérique, composée de *substance blanche*. Cette dernière forme les cordons. Le sillon médian antérieur est limité au fond par une lame longitudinale de substance blanche, appelée *commissure blanche* (fig. 318, *t*); elle établit la communication entre les deux moitiés blanches de la moelle; le sillon médian postérieur est au contraire limité par une bandelette grise, la *commissure grise* (*v*), située en arrière et contre la commissure blanche : elle fait communiquer entre elles les deux moitiés de la substance grise.

La *substance grise* est un cordon irrégulier qui, en coupe transversale, affecte la forme d'un *x* dont les deux branches seraient unies par une lamelle transversale qui n'est autre que la commissure grise. Les extrémités de ces branches s'appellent *cornes*. Les cornes antérieures (fig. 318, *q*) sont courtes et larges et dirigées vers les cordons antérieurs et latéraux; les cornes postérieures (*x*) sont amincies et dirigées vers les cordons postérieurs. L'axe de la substance grise est occupé par un petit canal (fig. 318, *u*), reste de la cavité du tube médullaire primitif.

La *substance blanche* se compose de fibres nerveuses, les unes longitudinales (cordons antérieurs...), les autres transversales

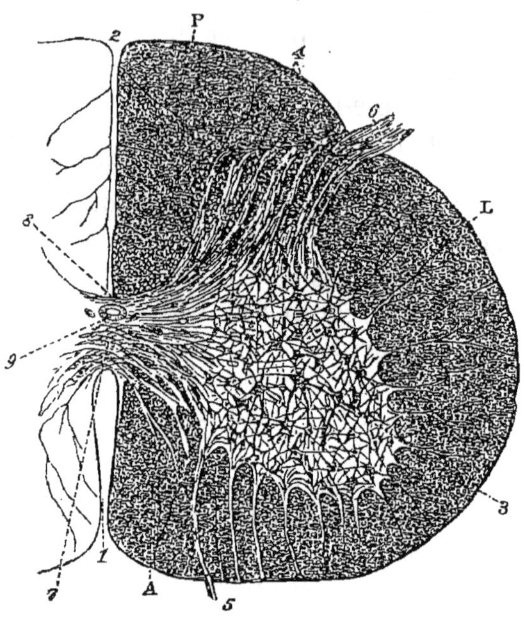

Fig. 319.

Fig. 319. — Coupe transversale de la moelle épinière. — A, L, P, cordons; 1, 2, sillons médians; 3, corne antérieure de la substance grise; 4, corne postérieure; 5, 6, racines antérieure et postérieure; 7, 8, commissures antérieure et postérieure; 9, canal central avec son épithélium.

(commissure blanche), les autres obliques (racines des nerfs rachidiens). Les fibres des cordons antérieurs et latéraux partent des différents étages de la moelle et se continuent directement dans le bulbe rachidien ou moelle allongée (fig. 320, *a*); celles qui composent les cordons postérieurs sont en anse (fig. 320, *b*) et mettent les différents étages de l'axe gris en rapport les uns avec les autres.

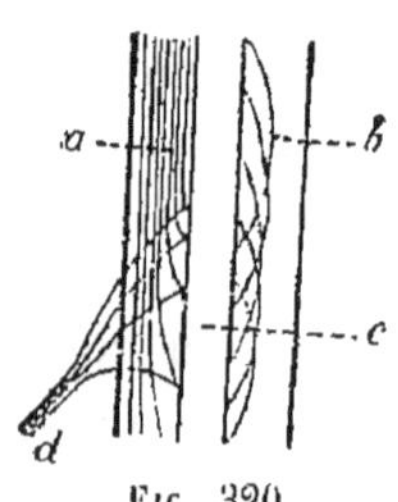

Fig. 320.

Fig. 320. — *a*, fibres des faisceaux antérieurs; *b*, fibres arquées des faisceaux postérieurs; *c*, substance grise; *d*, racine antérieure d'un nerf.

La substance grise se compose de cellules nerveuses multipolaires (fig. 319, 3); dans les cornes antérieures, elles sont beaucoup plus volumineuses que dans les cornes postérieures : chez le Bœuf, les premières sont visibles à l'œil nu. Les grandes cellules sont appelées aussi *cellules motrices;* les petites, *cellules sensitives*. La coupe transversale de la moelle montre en outre que chaque nerf rachidien naît par deux racines (fig. 319, 5 et 6), dont les fibres constitutives partent précisément des cellules des cornes antérieures (racine motrice) et des cellules des cornes postérieures (racine sensitive).

II. — Encéphale.

L'encéphale est la masse nerveuse intracrânienne. Ses méninges sont les prolongements des méninges rachidiennes. La

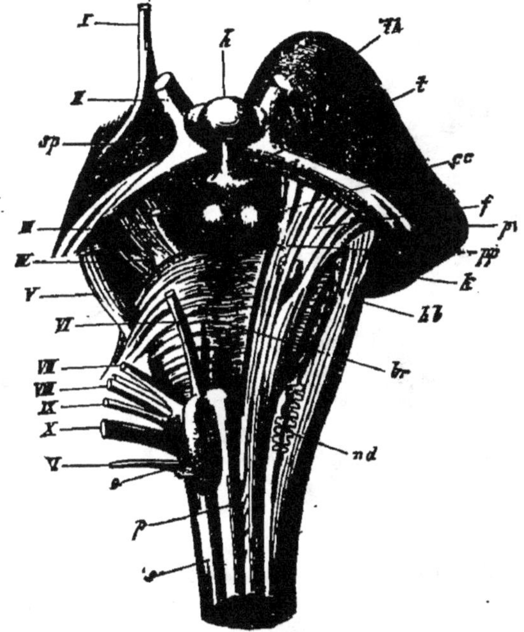

Fig. 321.

Fig. 321. — Bulbe et parties voisines (face antérieure). — Les chiffres I-XI indiquent les nerfs encéphaliques; *h*, hypophyse; *th*, couche optique; *t*, tuber cinereum avec l'infundibulum; *f*, pédoncule cérébral; *cc*, tubercules mamillaires; *pp*, substance perforée postérieure; *br*, pont de Varole; *nd*, noyau denté de l'olive; *s*, cordon latéral; *p*, pyramide; *o*, olive; *sp*, substance perforée antérieure.

dure-mère crânienne adhère fortement aux os du crâne par des prolongements vasculaires et fibreux. Elle renferme plusieurs sinus veineux (fig. 98) qui se réunissent au niveau de l'occipital et se jettent ensuite dans la veine jugulaire. La face interne de la dure-mère présente plusieurs prolongements en forme de lames, destinés à maintenir les diverses parties de l'encéphale;

telles sont la *faux du cerveau*, lame fibreuse séparant les deux hémisphères; la *tente du cervelet*, qui sépare le cervelet des lobes postérieurs du cerveau. L'arachnoïde et la pie-mère crâniennes ont les mêmes caractères que leurs analogues dans la moelle.

Considérons successivement les divers organes que l'on rencontre dans l'encéphale en allant de bas en haut.

1° **Bulbe rachidien ou moelle allongée.** — Le *bulbe rachidien* (fig. 321-323), continuation de la moelle épinière, est un cordon en forme de tronc de cône, élargi de la base au sommet, jusqu'au *pont de Varole* (fig. 321, *br*) au niveau duquel

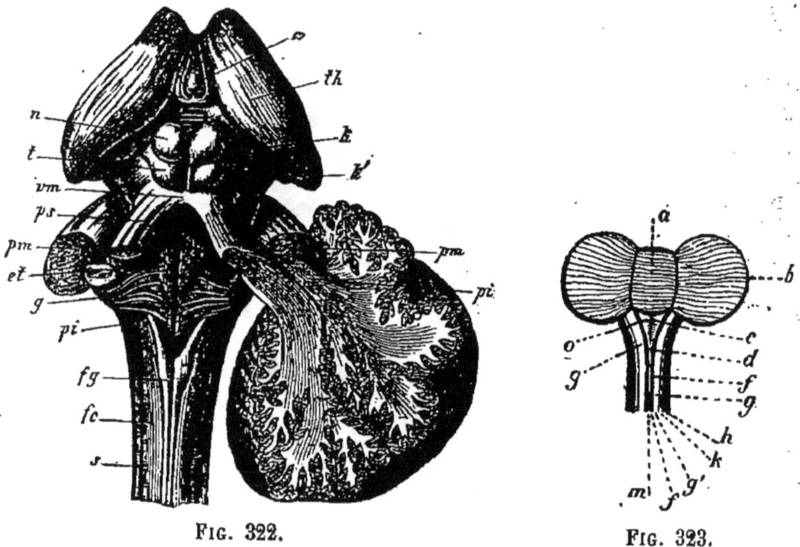

FIG. 322. FIG. 323.

FIG. 322. — Bulbe et parties voisines (face postérieure). — *z*, glande pinéale; *th*, couche optique; *k*, corps genouillé interne; *k'*, externe; *pm*, pédoncules cérébelleux moyens; *pi*, pédoncules cérébelleux inférieurs; à droite, le cervelet; *s*, cordon latéral; *fg*, funicules grêles; *fc*, cordon postérieur; *et*, plancher du quatrième ventricule; *ps*, pédoncules cérébelleux supérieurs; *t*, tubercules quadrijumeaux (*testes*); *n*, tubercules quadrijumeaux (*nates*).

FIG. 323. — Bulbe et cervelet. — *a*, vermis; *b*, hémisphères] cérébelleux; *c*, calamus scriptorius; *d*, nœud vital; *f*, cordons de Goll; *gg'*, cordons postérieurs; *h*, cordons latéraux; *k*, sillons latéraux postérieurs; *m*, sillon médian postérieur; *o*, quatrième ventricule.

il se termine. On y distingue les mêmes cordons que dans la moelle, mais les cordons bulbaires ne sont pas tous dans le prolongement direct des cordons médullaires correspondants.

Les cordons antérieurs se terminent chacun supérieurement par un renflement allongé, appelé *pyramide antérieure* (fig. 321, *p*); inférieurement ils s'entre-croisent, celui de gauche passant à droite dans la moelle épinière et celui de droite à gauche; c'est cet *entre-croisement* (fig. 324, 8) qui représente la limite entre le bulbe et la moelle épinière. Les cordons latéraux (fig. 321, *s*), situés de chaque côté des précédents, sont terminés par un renflement plus saillant que les pyramides et appelé *olive* (*o*). Les cordons de Goll, situés de chaque côté du sillon médian postérieur, s'écartent l'un de l'autre un peu au-dessous du cervelet (fig. 322, *fg*) et laissent entre eux une dépression triangulaire, appelée *quatrième ventricule* (fig. 323, *o*). A côté d'eux sont placés les cordons postérieurs qui s'écartent aussi vers le haut pour constituer les *corps restiformes* (fig. 322, *pi*), lesquels pénètrent ensuite dans le cervelet sous le nom de *pédoncules cérébelleux inférieurs*.

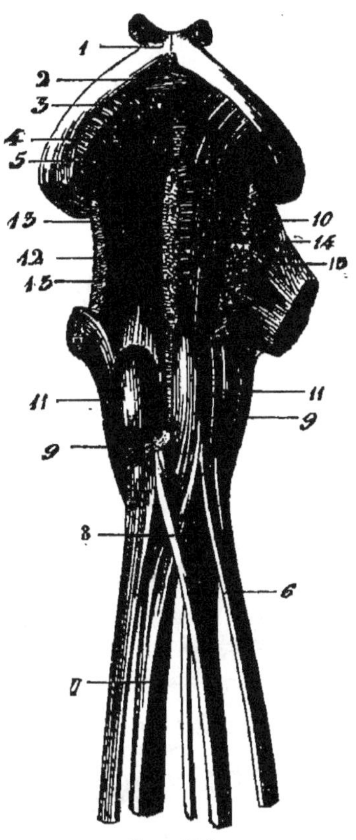

FIG. 324.

FIG. 324. — Cordons bulbaires et médullaires (face ant.). — 1, chiasma des nerfs optiques; 11, olives; 9, pyramides ; 8, entre-croisement des pyramides; 6, moitié externe du cordon latéral de la moelle épinière; 7, sa moitié interne. Pour le reste, voy. fig. 321.

Le quatrième ventricule correspond (fig. 323, *o*) en arrière à la nuque; c'est une dépression en forme de V, librement ouverte, dont le sommet (*d*) se trouve au point d'écartement des cordons de Goll ou funicules grêles du bulbe. En haut il se continue, sous le cervelet, par un pertuis qui lui donne accès dans l'*aqueduc de Sylvius*. Sur sa ligne médiane, on aperçoit une bandelette de substance grise (fig. 323, *c*), pourvue de chaque côté de stries blanches transversales qui représentent les fibres d'origine du nerf auditif; cet ensemble rappelle l'axe d'une plume avec ses barbes : de là le nom de *calamus scriptorius* qu'on donne au plancher du quatrième ventricule; le bec de la plume est le sommet de ce dernier.

Passage des cordons blancs de la moelle dans le bulbe. — Les *cordons antérieurs* médullaires, à part un petit faisceau avoisinant le sillon médian, passent dans le bulbe d'avant en arrière, en s'écartant et en décrivant à eux deux une sorte de boucle elliptique; ils se rejoignent de nouveau vers le plancher du 4ᵉ ventricule et se continuent dans les pédoncules cérébraux. — Les *cordons latéraux* se divisent en deux parties : l'une (fig. 324, 6) continue sa marche et forme le cordon latéral bulbaire du même côté; l'autre (7), plus volumineuse, s'entrecroise avec son analogue (en 8) (celle de droite passant à gauche et réciproquement), et va constituer la partie superficielle de la pyramide opposée (9), qui elle-même se continue avec les pédoncules cérébraux. — Les *cordons postérieurs* s'entrecroisent à peu près complètement pour aller former chacun la partie profonde de la pyramide du côté opposé. — Enfin, les *cordons de Goll* suivent leur marche en s'écartant simplement au niveau du 4ᵉ ventricule (fig. 322, *fg*).

Les parties entrecroisées des cordons latéraux et postérieurs passent dans la boucle formée par les cordons antérieurs.

Structure. — Comme dans la moelle épinière, on trouve dans le bulbe rachidien la substance grise centrale et la substance blanche périphérique. Les sept dernières paires de nerfs encéphaliques y prennent naissance.

2° **Cervelet.** — A la suite du bulbe se trouve une masse

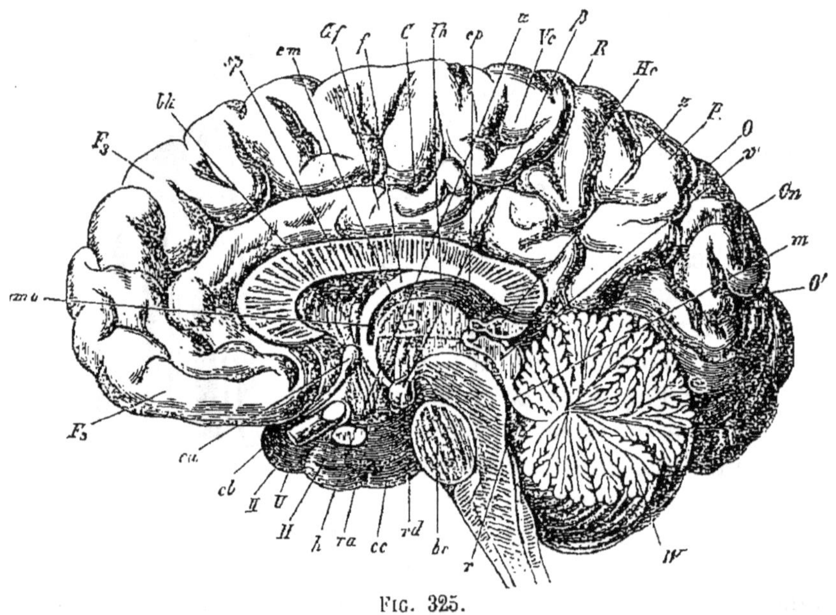

FIG. 325.

FIG. 325. — Coupe médiane de l'encéphale. — F_3, troisième circonvolution frontale : *ck*, corps calleux ; *sp*, cloison transparente ; *cm*, commissure des couches optiques ; *f*, voûte du trigone ; *th*, couche optique ; *cp*, commissure postérieure ; *z*, glande pinéale ; *v*, tubercules quadrijumeaux ; W, vermis du cervelet et arbre de vie ; *r*, quatrième ventricule ; *br*, pont de Varole ; *cc*, tubercules mamillaires ; *rd*, troisième ventricule ; *ra*, piliers du trigone ; *h*, hypophyse ; H, lobe d'hippocampe ; II, nerf optique ; *mo*, fente de Monro.

nerveuse importante, le *cervelet* (fig. 325, *w*), qui, par sa face supérieure, n'est séparée du cerveau que par la *tente du cer-*

velet, prolongement de la dure-mère. Chez l'adulte, son volume est d'environ le septième ou le huitième de l'encéphale; chez l'enfant, le vingtième seulement. Son poids moyen est de 135 grammes.

Le cervelet de l'Homme est composé de trois parties : une partie moyenne, peu développée, située au-dessus du quatrième ventricule, et divisée transversalement par de nombreux plis parallèles rappelant ceux d'un Ver; de là le nom de *vermis* du cervelet (fig. 323, *a*); deux parties latérales, plus renflées, appelées *hémisphères cérébelleux* (fig. 323, *b*); on y remarque de nombreux *sillons* délimitant des saillies, appelées *circonvolutions :* les uns, dits sillons cérébelleux de premier ordre, au nombre de douze à quinze, divisent les hémisphères en lobes; les autres, de second ordre, divisent les lobes en lobules. A l'extrémité supérieure de sa face inférieure, le vermis présente un renflement, appelé *luette*, libre dans le haut du quatrième ventricule; des bords de la luette partent deux replis très minces, appelés *valvules de Tarin*, qui vont aboutir dans le voisinage des corps restiformes.

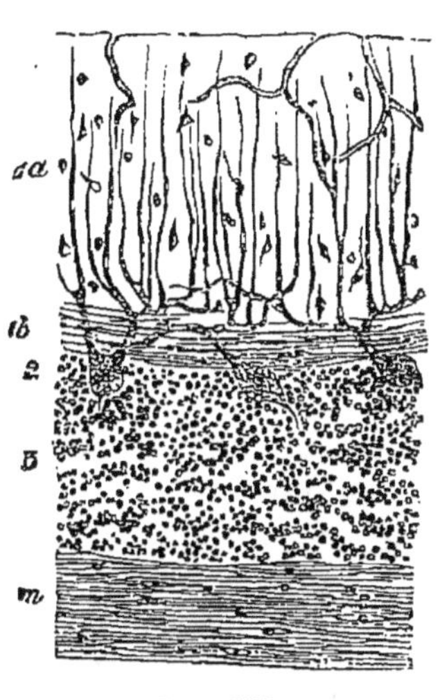

Fig. 326.

Fig. 326. — Coupe de l'écorce grise du cervelet. — 1*a*, couche externe avec quelques cellules; 1*b*, couche avec cellules bipolaires; 2, cellules multipolaires; 3, couche finement granuleuse; *m*, substance blanche.

Structure. — Le cervelet se compose d'une couche périphérique de *substance grise*, et d'une masse centrale de *substance blanche*, occupée en son milieu par un noyau de substance grise, appelé *corps rhomboïdal* ou *festonné* (fig. 322). Sur une section antéro-postérieure des hémisphères, on voit que la substance blanche envoie des faisceaux dans les lobes et lobules et constitue ainsi une arborescence désignée sous le nom d'*arbre de vie* (fig. 325, *w*); chaque branche est recouverte de substance grise.

La substance grise se compose (fig. 326) : 1° d'une couche externe (1*a*), granuleuse, composée de névroglie avec quelques cellules nerveuses; 2° d'une couche de fibres nerveuses transversales avec cellules fusiformes (1*b*); 3° de grosses cellules nerveuses multipolaires (2), dont les prolongements rameux se terminent dans les deux couches précédentes, et le prolongement simple dans les parties plus profondes; 4° une zone épaisse (3), granuleuse, composée de fines cellules. Vient ensuite la substance blanche (*m*).

Par des cordons, appelés *pédoncules cérébelleux*, la substance blanche du cervelet est mise en rapport avec les autres parties de l'encéphale (fig. 322).

3° **Pont de Varole.** — Le pont de Varole ou *protubérance annulaire* est une large plaque de substance blanche, située en avant du cervelet, immédiatement au-dessus du bulbe (fig. 321 et 325, *br*). Supérieurement, il se continue avec les pédoncules cérébraux (fig. 321, *f*); sur les côtés, il se rétrécit et constitue deux cordons blanchâtres, les pédoncules cérébelleux moyens (fig. 322, *pm*), qui pénètrent dans les hémisphères du cervelet; en arrière, il forme le plancher de l'aqueduc de Sylvius, la voûte de ce dernier étant formée par les lobes optiques. Sur le milieu de sa face antérieure, le pont de Varole présente un sillon longitudinal qui loge le tronc basilaire, lequel résulte de l'union des deux artères vertébrales.

Le pont de Varole se compose, outre de fibres nerveuses, de quelques petites masses de substance grise qui en font un centre nerveux.

4° **Pédoncules cérébelleux.** — Ils sont au nombre de trois paires et servent à mettre le cervelet en rapport avec les autres centres encéphaliques. Les *pédoncules cérébelleux supérieurs* (fig. 322, *ps*) partent du corps rhomboïdal, passent sous les tubercules quadrijumeaux (*tn*) et, après s'être entre-croisés, vont se terminer dans les couches optiques et dans les corps striés; ils sont réunis à leur origine par une lamelle nerveuse, appelée *valvule de Vieussens*, qui confine supérieurement au vermis. Les *pédoncules cérébelleux moyens* (fig. 322, *pm*) établissent de chaque côté la communication avec le pont de Varole. Enfin les *pédoncules cérébelleux inférieurs* (fig. 322, *pi*), qui ne sont autres que les corps restiformes, sont en rapport avec le bulbe.

5° **Pédoncules cérébraux.** — Du bord antérieur de la protubérance annulaire partent deux grosses colonnes blanchâtres, d'abord cylindriques et rapprochées, puis aplaties et écartées; ce sont les *pédoncules cérébraux* (fig. 321, *f*; 328, *hs*). Leurs fibres vont se terminer en divergeant dans les couches optiques et les corps striés, qui sont ainsi mis en rapport avec la moelle. Les pédoncules cérébraux sont composés de substance blanche avec quelques noyaux gris, notamment le *locus niger*, où les cellules sont colorées en noir par un pigment.

6° **Tubercules quadrijumeaux.** — On appelle ainsi quatre petites masses nerveuses (fig. 322, *nt*) dont les deux antérieures (*nates*) confinent aux couches optiques et les deux postérieures (*testes*) à la valvule de Vieussens. Entre les tubercules quadrijumeaux et les pédoncules cérébraux, situés au-dessous, se trouve un canal filiforme, appelé *aqueduc de Sylvius* (fig. 327, à côté de *sl*), qui se continue en avant avec le troisième, en arrière avec le quatrième ventricule.

Les tubercules quadrijumeaux ou lobes optiques se composent d'une enveloppe de substance blanche et d'une masse centrale grise; une partie des fibres du nerf optique y prend naissance.

7° **Épiphyse.** — L'épiphyse ou *glande pinéale* (fig. 322, *z*) est un petit corps rougeâtre, situé dans la dépression qui sépare les deux tubercules quadrijumeaux antérieurs. Sa forme ovale rappelle celle d'un cône de pin : de là son nom de glande pinéale. Elle se compose de petites vésicules closes et de cellules nerveuses; son centre est fréquemment occupé par des concrétions calcaires.

8° **Hypophyse.** — L'hypophyse ou *corps pituitaire* est une masse nerveuse logée dans la selle turcique (dépression du sphénoïde) et par conséquent directement visible à la face inférieure de l'encéphale (fig. 321, *h*); elle se continue par un cordon grisâtre, la *tige pituitaire* (*t*), creusée d'un canal et aboutissant à un amas de substance grise, appelé *tuber cinereum;* celle-ci est en rapport avec le troisième ventricule. Le corps pituitaire se compose de vésicules closes, limitant une masse centrale gélatineuse, de nature albuminoïde. Le développement embryogénique montre qu'il représente simplement le témoin d'un prolongement du tube digestif, qui, chez l'embryon, a contracté adhérence avec la face inférieure du cerveau et s'est isolé ultérieurement du reste du tube digestif pour subsister sous la forme d'un rudiment, uni aux parties nerveuses voisines.

9° **Couches optiques.** — En avant des tubercules quadrijumeaux, on rencontre deux masses ovoïdes de couleur rougeâtre, appelées *couches optiques* (fig. 327 et 322, *th*) recou-

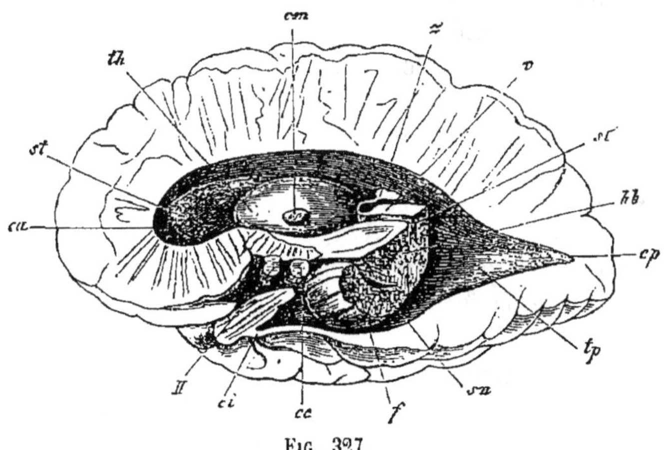

FIG. 327.

FIG. 327. — Coupe verticale antéro-postérieure médiane du cerveau. — On voit le ventricule latéral de l'hémisphère droit : *ca*, sa corne antérieure; *cp*, corne postérieure; *ci*, corne inférieure; *st*, corps strié droit; *th*, couche optique; *cm*, commissure moyenne; *z*, épiphyse; *sl*, ruban de Reil; *tp*, cavité du ventricule; *sn*, substance noire; *f*, pédoncule cérébral droit; *cc*, tubercule mamillaire; II, nerf optique.

vertes comme eux par le cerveau. Elles limitent entre elles un espace irrégulier, appelé *troisième ventricule*, qui communique en arrière avec l'aqueduc de Sylvius, et en avant, par les trous de Monro (fig. 325, *mo*), avec les ventricules latéraux. Les deux couches optiques sont unies par une commissure grise.

Une section longitudinale (fig. 356) permet de distinguer quatre centres gris, composés chacun d'un plexus de cellules anastomosées, et désignés, d'après leurs fonctions probables, sous les noms de *centre olfactif* ou antérieur ; *centre optique* ou moyen (14); *centre tactile* ou médian (9); *centre auditif* ou postérieur (4) ; ce dernier est moins nettement délimité. La partie périphérique des couches optiques se compose de substance blanche qui fait communiquer les noyaux gris avec le cerveau par les fibres convergentes, avec le bulbe par les pédoncules cérébraux, avec le cervelet par les pédoncules cérébelleux supérieurs.

10° **Corps striés.** — Ces deux masses nerveuses molles sont situées en avant et en dehors des couches optiques (fig. 327, *st*), avec lesquelles elles constituent les *noyaux opto-striés*. Chaque corps strié est piriforme; son extrémité amincie est dirigée en arrière et repose sur les couches optiques. Les connexions nerveuses des corps striés sont les mêmes que celles des couches optiques.

Chaque corps strié présente à considérer deux masses grises, séparées par une masse blanche centrale, appelée *capsule interne*, qui est reliée au cerveau et au pédoncule cérébral correspondant. L'une des masses grises fait saillie dans le ventricule latéral du même côté : c'est le *noyau caudé* ou *intra-ventriculaire ;* l'autre est en arrière et s'appelle *noyau extraventriculaire*.

11° **Cerveau.** — Le cerveau est la partie la plus volumineuse de l'encéphale (fig. 328, F_3O). C'est une grande masse nerveuse ovoïde qui s'étend de l'os frontal jusqu'au cervelet dont il recouvre la face supérieure. Un profond sillon antéro-postérieur divise le cerveau en deux *hémisphères cérébraux;* dans ce sillon, appelé *scissure médiane*, descend la *faux du cerveau*, prolongement de la dure-mère qui s'oppose aux compressions des hémisphères. Le cerveau recouvre complètement (fig. 325) les corps striés, les couches optiques (*th*), l'épiphyse (*z*), les lobes optiques (*v*) et bien d'autres parties : seuls le cervelet, le bulbe et le pont de Varole sont visibles directement au dehors. A la face inférieure, chaque hémisphère est divisé en deux lobes par la *scissure de Sylvius* (fig. 329, S) savoir : le lobe frontal (F) en avant et le lobe sphéno-occipital (TQP) en arrière; sur le bord externe des hémisphères, la scissure se divise en deux branches S′ et S″ qui limitent l'*insula de Reil* et puis se perdent au milieu des circonvolutions. On voit à la face inférieure du cerveau divers nerfs, notamment le nerf olfactif (fig. 328, I) et le nerf optique (II).

Circonvolutions. — La surface du cerveau présente un grand nombre de plis et replis, appelés *circonvolutions* (fig. 328);

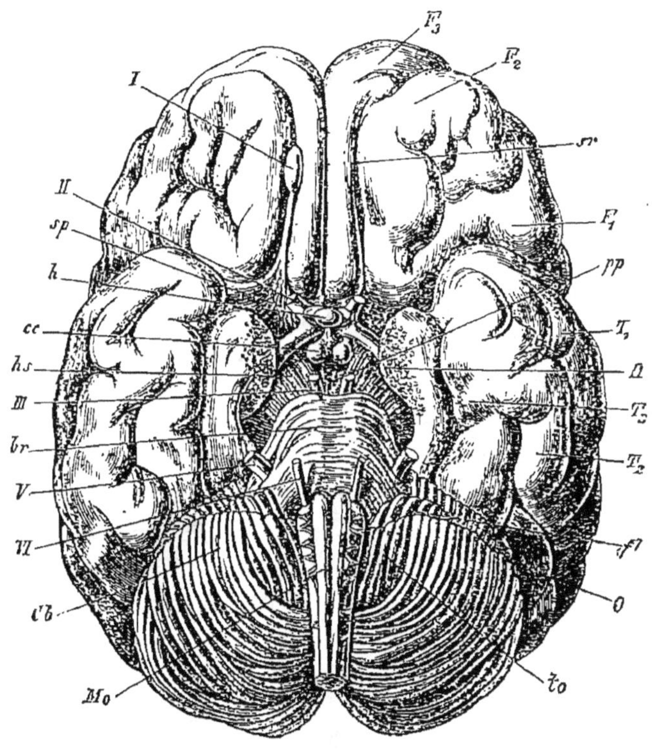

Fig. 328.

Fig. 328. — Face inférieure de l'encéphale. — I à VI, les six premières paires de nerfs crâniens; *sp*, substance perforée antérieure; *h*, hypophyse; *cc*, tubercules mamillaires; *hs*, pédoncule cérébral; *br*, pont de Varole; C*b*, hémisphères cérébelleux; M*o*, moelle allongée; O, circonvolutions occipitales; T_1, T_2, T_3, temporales; F_1, F_2, F_3, frontales; H, lobe d'hippocampe; *pp*, substance perforée postérieure (entre les pédoncules cérébraux).

leurs sinuosités variées ont pour but de donner à cette surface une plus grande étendue. Le plus souvent les circonvolutions cérébrales ne sont pas disposées symétriquement dans les deux hémisphères; pour s'en rendre compte, il suffit de faire une coupe transversale du cerveau, de prendre avec un papier à calquer le profil d'un des hémisphères et de l'adapter sur l'autre après l'avoir retourné : il est rare qu'il y ait concordance parfaite.

On distingue quatre lobes dans chaque hémisphère (fig. 329) avec les circonvolutions suivantes : 1° le *lobe frontal* F, situé en avant du sillon de Rolando *c*; il comprend quatre circonvolutions principales : les circonvolutions frontales (première

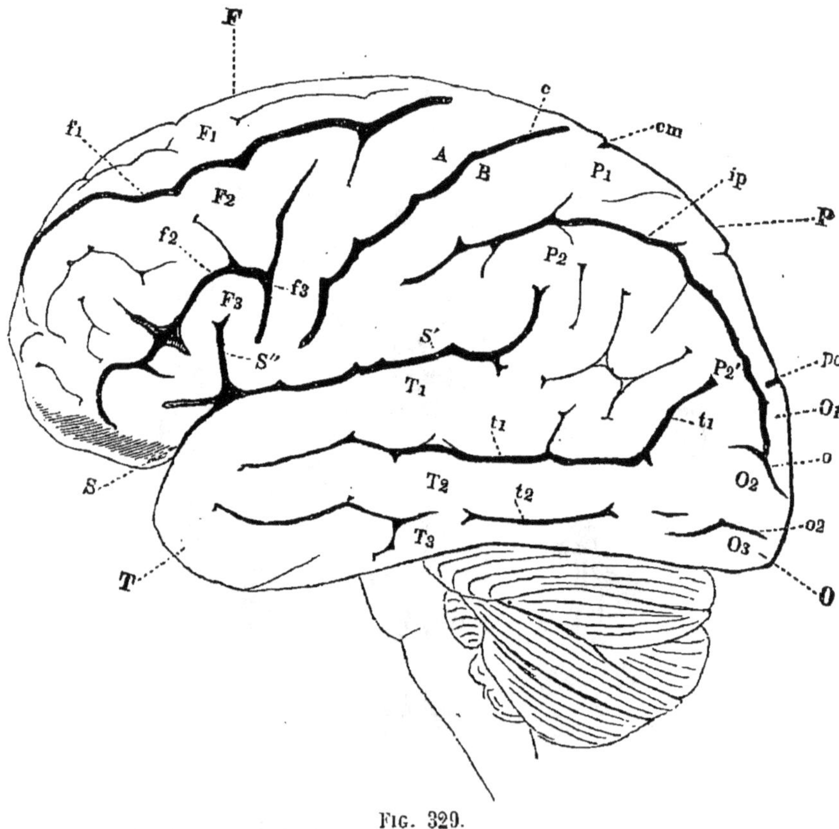

FIG. 329.

FIG. 329. — Circonvolutions (fig. sch.). — F, lobe frontal; P, lobe pariétal; O, lobe occipital; T, lobe temporal; S, scissure de Sylvius; S' et S'', branches en lesquelles elle se divise; F_1, F_2, F_3, circonvolutions frontales; f_1, f_2, f_3, sillons; A, circonvolution frontale ascendante; *c*, sillon de Rolando; B, circonvolution pariétale ascendante; P_1, lobe pariétal supérieur; P_2, lobule pariétal inférieur; P_2', pli courbe; O_1, O_2, O_3 circonvolutions occipitales; T_1, T_2, T_3, circonvolutions temporales.

frontale F_1, deuxième F_2, troisième F_3), et la circonvolution frontale ascendante A, qui longe le sillon de Rolando. La troisième frontale porte encore le nom du physiologiste Broca qui y a découvert le siège de la faculté du langage.

2° Le *lobe pariétal* P comprend la circonvolution pariétale ascendante B, la pariétale supérieure P_1 et la pariétale inférieure P_2.

3° Le *lobe temporal* T, situé au-dessous de la scissure de Sylvius, présente trois circonvolutions parallèles, première, deuxième et troisième temporales, T_1, T_2, T_3.

4° Le *lobe occipital* O a aussi trois circonvolutions, O_1, O_2, O_3.

Corps calleux et trigone cérébral. — Les deux hémisphères sont réunis à leur face inférieure par une large commissure de substance blanche, appelée *corps calleux* (fig. 325, *bk*) : supérieurement, elle est en rapport direct avec les hémisphères et avec la faux du cerveau; inférieurement, elle forme la voûte des ventricules latéraux. Au-dessous du corps calleux se trouve une autre commissure, le *trigone cérébral* (fig. 325, *f*, *ra*), qui se compose de deux cordons ou *piliers postérieurs* en rapport avec la partie latérale des hémisphères, d'une lame triangulaire centrale ou *lyre*, située sur les couches optiques et à laquelle viennent s'unir les deux *piliers*, enfin de deux *piliers antérieurs* qui contournent le bord antérieur des couches optiques et se dirigent de haut en bas, pour aboutir au voisinage de deux petites masses nerveuses, les *tubercules mamillaires* (fig. 328 et 325, *cc*), visibles directement à la face inférieure du cerveau.

Ventricules latéraux et cloison transparente. — Les deux hémisphères sont creusés chacun d'une cavité, appelée *ventricule latéral* (fig. 327). Sur la ligne médiane, les deux ventricules sont séparés par une lame verticale membraneuse, la *cloison transparente* (fig. 325, *sp*), qui s'insère supérieurement sur le corps calleux et inférieurement sur la lyre du trigone ; ils sont limités, en haut, par le corps calleux; en bas, par les corps striés, les couches optiques et une partie du trigone. Par les *trous de Monro*, ils communiquent avec le troisième ventricule et par suite avec les autres cavités encéphaliques. Les ventricules latéraux présentent des prolongements ou *cornes :* la corne antérieure ou frontale (fig. 327, *ca*), la corne latérale ou sphénoïdale (*ci*) et la corne postérieure ou occipitale (*cp*).

Structure du cerveau. — Le cerveau se compose, comme le cervelet, d'une couche interne, épaisse, de substance blanche, et d'une couche superficielle ou écorce cérébrale, de substance grise.

La *substance grise* cérébrale (fig. 330), partie fondamentale de tout le système nerveux, a une épaisseur de 2 à 3 millimètres; elle se compose de cellules de forme et de taille diverses, unies entre elles par la *névroglie*, matière gélatineuse albuminoïde, et communiquant d'autre part avec les fibres venues de la substance blanche. Les vaisseaux capillaires cheminent dans la névroglie.

Sur une coupe fraîche du cerveau, on peut distinguer cinq couches plus ou moins distinctes dans l'écorce grise, savoir : 1° la *couche limitante externe* (1), en rapport avec la pie-mère ; elle est composée de névroglie, qui forme comme un coussinet spongieux protégeant les éléments profonds et qui présente çà et là quelques cellules nerveuses très petites; 2° la couche de *petites cellules pyramidales* (2), cellules nombreuses et serrées, à sommet effilé extérieur; elle paraît être le siège de la *sensibilité;* 3° la couche des *cellules pyramidales géantes* (3), grosses cellules de 40 à 50 millièmes de millimètre, à sommet également dirigé en dehors; elle paraît être le siège de la *motricité;* 4° la couche des *cellules globuleuses* (4), petites cellules arrondies avec prolongements; 5° la couche de *cellules fusiformes* (5) qui confine à la substance blanche (*m*). On évalue à cent ou cent vingt le nombre de cellules que renferme un fragment d'écorce cérébrale de 1 millimètre carré de surface et de $\frac{1}{10}$ de millimètre d'épaisseur. Les *fibres de la substance blanche* cheminent de dedans en dehors et se mettent en rapport par leur cylindre-axe avec les prolongements simples des diverses cellules précédentes. Celles-ci communiquent les unes avec les autres par leurs prolongements ramifiés.

FIG. 330.

FIG. 330. — Coupe de l'écorce grise du cerveau. — 1, couche externe avec cellules disséminées; 2, petites cellules pyramidales; 3, cellules pyramidales géantes; 4, couche globuleuse; 5, couche de cellules bipolaires; *m*, commencement de la substance blanche.

La *substance blanche* est composée de fibres à myéline, destinées à mettre les cellules de l'écorce en communication avec le noyau opto-strié et par suite avec les autres parties de l'encéphale. Ces fibres ont deux directions : 1° les unes sont en anse et vont d'un hémisphère à l'autre; on les appelle *fibres commissurantes;* 2° les autres (fig. 356), issues de la périphérie de chaque hémisphère, convergent les unes vers les autres, comme les rayons d'une roue, sans se mêler à leurs analogues de l'autre côté; ce sont les *fibres convergentes;* une fois concentrés, les faisceaux fibreux de chaque hémisphère pénètrent dans les corps striés et les couches optiques du même côté et s'y irradient pour se mettre en rapport intime avec les cellules de leurs centres gris.

Ce qui précède montre que le cerveau est en rapport intime avec les autres centres de l'axe cérébro-spinal (fig. 356).

III. — Nerfs cérébro-spinaux.

Les nerfs sont des cordons blanchâtres composés de fibres nerveuses, qui mettent les centres nerveux en relation avec les organes des sens, les muscles et les glandes.

Ils sont au nombre de quarante-trois paires, savoir : douze paires encéphaliques et trente et une paires rachidiennes.

Nerfs encéphaliques. — Ces nerfs sont, d'avant en arrière (voy. fig. 321) :

1° Les *nerfs olfactifs* (fig. 251); ils partent, de chaque côté, du *bulbe olfactif* (fig. 328, I), renflement terminal du lobe du même nom (ce dernier est une sorte de prolongement de la substance du cerveau), sous la forme de nombreux filets qui traversent la lame criblée de l'ethmoïde et se terminent dans la région olfactive de la muqueuse pituitaire. Ce sont des *nerfs de sensibilité spéciale :* les impressions qu'ils conduisent au cerveau se traduisent toujours par une sensation olfactive. Ils sont d'autant plus développés que l'olfaction est plus fine (chiens de chasse).

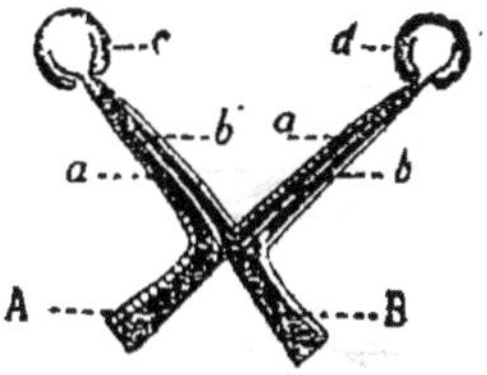

2° Les *nerfs optiques* (fig. 328, II) naissent en partie des tubercules quadrijumeaux, en partie des couches optiques; ils présentent un entre-croisement caractéristique, appelé *chiasma* des nerfs optiques, tel qu'au delà chacun (fig. 331) se compose de la moitié de ses fibres propres et de la moitié des fibres du nerf opposé. Cette disposition explique pourquoi les images formées sur deux *points correspondants* des rétines se fusionnent en une seule dans le cerveau (p. 290). Les nerfs optiques sont des *nerfs de sensibilité spéciale :* toutes les impressions qu'ils transmettent au cerveau (impressions lumineuses, tactiles...) se transforment en sensations lumineuses.

FIG. 331.

FIG. 331. — Chiasma des nerfs optiques. — A, nerf optique gauche; *a*,*a'*, ses branches; B, nerf optique droit; *b*,*b'*, ses branches; *c*,*d*, yeux.

3° Les *nerfs moteurs oculaires communs* (fig. 328, III) innervent tous les muscles du globe de l'œil, sauf le grand oblique et le droit externe; ils donnent aussi des filets aux muscles ciliaires, ainsi qu'à l'iris.

4° Les *nerfs pathétiques* animent le muscle grand oblique de l'œil.

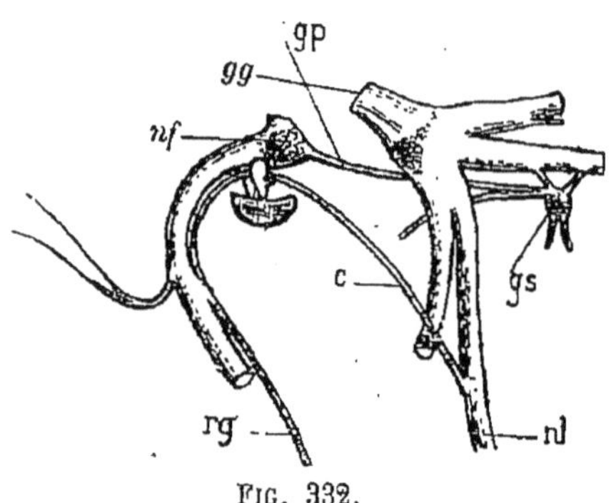

Fig. 332.

Fig. 332. — *gg*, nerf trijumeau, avec le ganglion de Gasser et ses trois branches; *nf*, nerf facial; *c*, corde du tympan; *gp*, grand nerf pétreux; *gs*, ganglion sphéno-palatin; *nl*, nerf lingual, anastomosé avec la corde du tympan.

5° Les *nerfs trijumeaux* (fig. 328, V) émergent des côtés de la protubérance; ils naissent par deux racines, l'une sensitive, l'autre motrice. La première présente le *ganglion de Gasser* (fig. 332), puis se divise en trois branches, savoir : la *branche ophthalmique*, qui donne la sensibilité générale au globe de l'œil, à la muqueuse pituitaire (*rameau nasal*) et envoie de plus un filet sécrétoire à la glande lacrymale; la *branche maxillaire supérieure* donne la sensibilité générale à la muqueuse pituitaire (*rameaux palatins*,...), aux dents de la mâchoire supérieure (*nerf dentaire*), etc.; la *branche maxillaire inférieure* donne la sensibilité tactile à la peau des tempes, à la lèvre inférieure et la *sensibilité spéciale gustative* à la partie antérieure de la langue (*nerf lingual*); elle donne en outre des filets moteurs aux muscles masticateurs, etc., et peut-être des filets sécrétoires aux glandes salivaires.

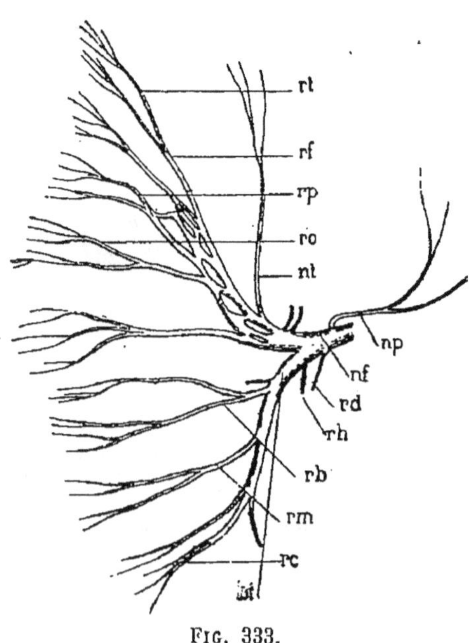

Fig. 333.

Fig. 333. — Nerf facial et ses branches. — De haut en bas : rameaux temporaux, frontaux, palpébraux, sous-orbitaires, temporal superficiel, auriculaire; nerf facial; rameaux digastrique, hyoïdien, buccaux, mentonniers, cervicaux.

6° Les *nerfs moteurs oculaires externes* se ramifient dans le muscle droit externe du globe de l'œil (fig. 328, VI).

7° Les *nerfs faciaux* (fig. 333) distribuent leurs nombreux filets aux muscles de la face; de là leur nom de *nerfs de la physionomie;* quelques branches se rendent aux glandes salivaires, et une autre, la *corde du tympan* (fig. 332, *c*), s'unit au lingual et se ramifie avec lui dans la langue pour y régler la vascularisation.

8° Les *nerfs auditifs* ont pour filets d'origine les barbes du *calamus scriptorius* (fig. 323, *c*), sur le quatrième ventricule; ils pénètrent dans le labyrinthe par le conduit auditif interne. Ce sont des *nerfs de sensibilité spéciale.*

9° Les *nerfs glosso-pharyngiens* (fig. 340) se ramifient dans la partie postérieure de la muqueuse linguale, à laquelle ils donnent la *sensibilité spéciale gustative* et la sensibilité tactile; ils donnent de plus quelques branches motrices au pharynx.

10° Les *nerfs pneumogastriques* (fig. 340, 1), nerfs très importants, qui donnent des branches à la fois sensitives et motrices au cœur, aux poumons, à l'estomac, etc.; on leur donne souvent le nom de *nerfs trisplanchniques*, à cause des trois viscères précités auxquels ils donnent leurs principaux filets. Les impressions sensitives qu'ils conduisent au cerveau se traduisent par des sensations générales, mal définies, qui justifient la dénomination de *nerfs vagues* qu'on applique aussi à ces nerfs; les mouvements auxquels ils donnent naissance sont généralement des mouvements involontaires.

11° Les *nerfs spinaux* naissent, par de nombreuses racines, des parties latérales du bulbe et même de la moelle cervicale; ils cheminent accolés aux pneumogastriques, jusqu'à leur sortie du crâne où ils se divisent en deux branches dont l'une reste intimement unie aux précédents nerfs et se ramifie dans les muscles du larynx, tandis que l'autre chemine librement et se rend dans les muscles trapèze et sterno-cléido-mastoïdien, deux muscles qui permettent de soutenir la voix en ralentissant le courant d'air d'expiration. Les nerfs spinaux sont, en un mot, les *nerfs de la phonation.*

12° Les *nerfs hypoglosses* (fig. 340) naissent aussi, par plusieurs filets, sur le bulbe et se ramifient dans les muscles de la langue. Ce sont les *nerfs moteurs* de cet organe.

Nerfs rachidiens. — Les nerfs rachidiens sont au nombre de trente et une paires (fig. 335); ils se ramifient dans le tégument et les muscles des régions au niveau desquelles ils naissent, et assurent ainsi à la fois la sensibilité et le mouvement à ces régions. On les divise en *huit paires cervicales, douze dorsales, cinq lombaires* et *six sacrées.*

Chaque nerf rachidien (fig. 318 et 334) naît par *deux racines;*

l'une postérieure ou *sensitive*, l'autre antérieure ou *motrice*. La racine sensitive (fig. 334, *rs*) part des cornes postérieures de la substance grise et émerge de la moelle par le sillon latéral postérieur correspondant; la racine antérieure (*rm*) part des cornes antérieures, au même niveau, et apparaît au dehors par le sillon latéral antérieur. Les deux racines cheminent l'une vers l'autre dans le canal rachidien et s'unissent au niveau du trou de conjugaison des deux vertèbres voisines; un peu avant cette union, la racine sensitive présente un renflement ganglionnaire ovale, appelé *ganglion spinal* (*gv*). Le nerf unique, qui

Fig. 334.

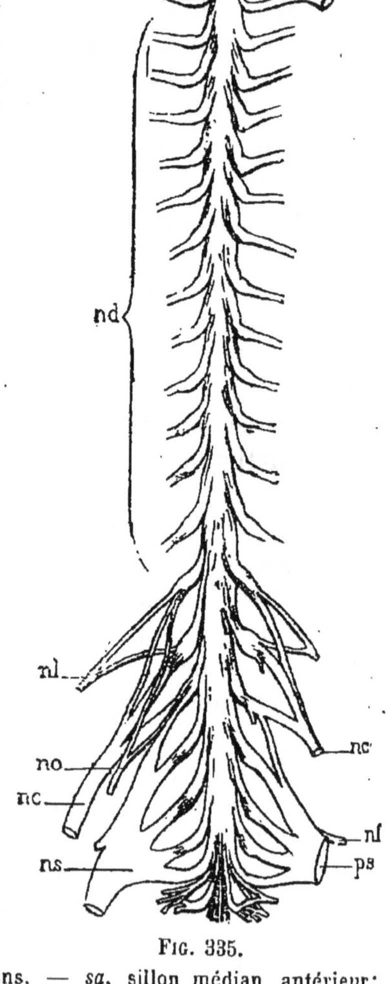

Fig. 335.

Fig. 334. — Origine des nerfs rachidiens. — *sa*, sillon médian antérieur; *sp*, sillon médian postérieur; *si*, sillon intermédiaire postérieur; *rs*, racine sensitive; *gv*, son ganglion; *rm*, racine motrice; *cl*, cordon latéral; r^1, branche postérieure du nerf rachidien; r^2, sa branche antérieure; r^3, branche postérieure; r^4, branche antérieure; *a*, anse; *p*, plexus.

Fig. 335. — Nerfs de la moelle épinière. — M, moelle; *pb*, plexus brachial; *nd*, nerfs dorsaux; *nl*, lombaires; *no*, nerf obturateur; *nc*, nerf crural; *ns*, nerf grand sciatique; *ps*, plexus sacré; *nf*, nerf fessier supérieur.

résulte de la fusion des deux racines, sort du canal rachidien par le trou de conjugaison, puis se divise immédiatement en deux branches (fig. 334) : l'une postérieure (r^1), qui se ramifie dans la partie postérieure du tronc; l'autre antérieure (r^2), plus volumineuse, qui est destinée aux parties latérales et antérieures du tronc et aux membres. La branche antérieure émet en outre des filets qui vont aboutir aux ganglions du système sympathique; ce dernier est donc intimement uni au système cérébro-spinal.

Plexus. — Les branches antérieures des nerfs rachidiens présentent en différents points des enchevêtrements, appelés *plexus* (fig. 335). On distingue : le *plexus cervical*, formé par les quatre premières paires cervicales; les nerfs qui lui font suite se ramifient dans le cou; l'un d'entre eux, le *nerf phrénique*, innerve le diaphragme. Le *plexus brachial* (*pb*), formé par les quatre dernières cervicales et la première dorsale; il en sort trois troncs principaux, qui eux-mêmes donnent de nombreuses branches destinées aux membres supérieurs, par exemple le *nerf médian*. Dans la région dorsale (*nd*), les branches antérieures n'ont pas de plexus : elles constituent les *nerfs intercostaux*. Le *plexus lombaire* (*nl*) résulte de l'anastomose des cinq paires lombaires; le *nerf crural* (*nc*), ou nerf de la cuisse, lui fait suite. Enfin le *plexus sacré* (*ps* et fig. 336), formé par les quatre premières paires sacrées, unit tous ses rameaux pour constituer le *grand nerf sciatique* (*ns*), le plus volumineux de tous, qui se ramifie dans le membre inférieur entier.

Structure des nerfs. — Les nerfs se composent de *fibres nerveuses*, disposées parallèlement les unes aux autres, dans la direction même de ces organes. Les fibres ne communiquent pas entre elles; les unes sont des fibres à myéline, les autres des fibres de Remak (p. 27). Dans les nerfs du système cérébro-spinal, ce sont les premières qui dominent; au contraire, dans ceux du système sympathique (ainsi que dans les nerfs pneumogastriques), ce sont les fibres de Remak qui sont les plus abondantes. Chez les Invertébrés (Insectes, etc.), ces dernières seules existent.

Les fibres nerveuses sont réunies, dans les nerfs, en groupes ou faisceaux, entourés chacun d'une enveloppe propre, appelée *gaine de Henlé*, et l'ensemble des faisceaux, c'est-à-dire le nerf, est compris dans une gaine conjonctive générale, appelée *névrilemme*, qui se prolonge entre les divers faisceaux sous forme de cloisons irrégulières. Lorsqu'un nerf se ramifie, chaque branche possède une gaine de Henlé propre (fig. 186) et la conserve jusqu'à sa terminaison, quelle que soit sa minceur. Les vaisseaux cheminent dans le névrilemme et dans ses cloisons internes, sans jamais pénétrer dans les gaines de Henlé; de là les matières nutritives gagnent les fibres par osmose, les déchets nutritifs suivant la voie inverse.

Origine des nerfs. — Les nerfs prennent leur origine

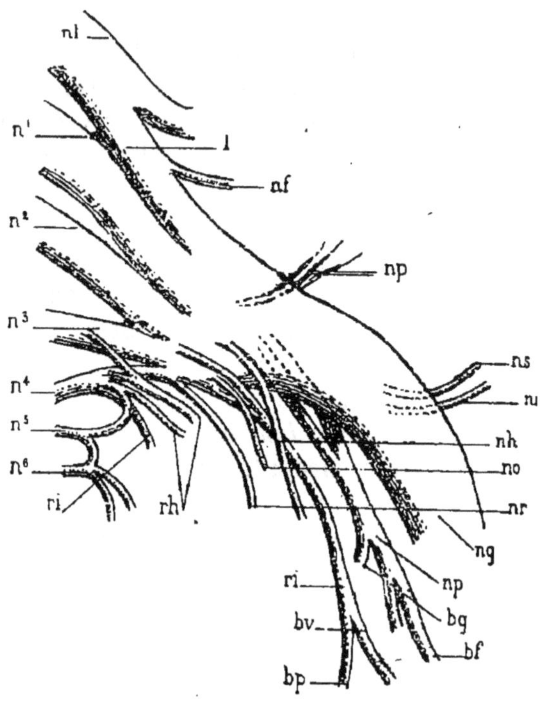

Fig. 336.

Fig. 336. — Plexus sacré; grand nerf sciatique. — *nl*, 5ᵉ paire lombaire ; *n*¹ à *n*⁶, nerfs sacrés; *l*, nerf lomboso-sacré ; *nf*, nerf fessier supérieur ; *np*, nerf du pyramidal; *ng*, grand nerf sciatique; *np*, nerf petit sciatique; *ri*, rameau coccygien inférieur.

dans la substance grise des centres nerveux, en des régions plus ou moins nettement définies, appelées *noyaux d'origine* (fig. 337). A ce niveau, les fibres nerveuses s'amincissent graduellement (fig. 337 *bis*), en perdant d'abord dans la substance blanche leur gaine de Schwann, puis leur gaine protoplasmique, et enfin la myéline dans la substance grise. Ainsi réduites à leur cylindre-axe, elles se mettent chacune en rapport avec le prolongement simple d'une cellule nerveuse du noyau d'origine : de la sorte se trouve établie la continuité entre les différentes parties du système nerveux.

Terminaison des nerfs. — La terminaison périphérique des nerfs dans les tissus est différente suivant qu'il s'agit des organes des sens, des muscles ou des glandes.

Dans les *organes des sens*, les fibres nerveuses (fig. 337 *bis*) se réduisent progressivement à leur cylindre-axe et se terminent le plus souvent par des éléments cellulaires différenciés (cônes et bâtonnets optiques, cellules gustatives, olfactives et acous-

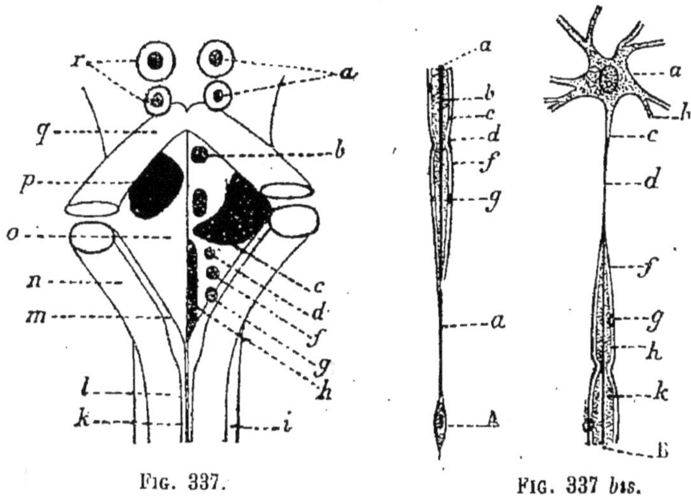

Fig. 337. Fig. 337 *bis*.

Fig. 337. — Origine réelle des nerfs. — *r*, tubercules quadrijumeaux ; *a*, noyaux d'origine des nerfs optiques ; *b*, noyaux d'origine des nerfs pathétiques ; *c*, des nerfs auditifs; entre *b* et *c*, des nerfs moteurs oculaires externes et faciaux; *d*, des nerfs glosso-pharyngiens ; *f*, des nerfs pneumogastriques ; *g*, des nerfs spinaux; *h*, des nerfs hypoglosses; *p*, des nerfs trijumeaux et moteurs oculaires communs; *i*, cordons latéraux du bulbe; *k*, *m*, cordons de Goll ; *l*, cordons postérieurs; *n*, corps restiformes; *o*, plancher du quatrième ventricule; *q*, pédoncules cérébelleux supérieurs.

Fig. 337 *bis*. — Origine et terminaison des nerfs. — A, terminaison périphérique des nerfs sensitifs; *a*, cylindre-axe d'une fibre; *b*, myéline; *c*, lame protoplasmique; *d*, étranglement annulaire; *g*, noyau; *f*, gaine de Schwann; A, cellule sensorielle (gustative, etc.); B, origine centrale des nerfs; *a*, cellule nerveuse; *b*, ses prolongements rameux; *c*, son prolongement simple; *d*, cylindre-axe; *f*, gaine de Schwann; *g*, noyau; *h*, lame protoplasmique; *k*, myéline.

tiques), excitables par l'une des formes du mouvement extérieur (lumière, son, mouvements moléculaires des substances sapides et odorantes). Les fibres tactiles se terminent dans les corpuscules du même nom par des fibrilles extrêmement ténues, munies à leur extrémité d'un léger renflement qui est peut-être aussi de nature cellulaire; il semble toutefois que dans les terminaisons interépidermiques, les fibrilles du cylindre-axe soient terminées librement en une pointe directement excitable.

La terminaison des fibres nerveuses dans les *fibres musculaires* a été précédemment étudiée (fig. 186). Le cylindre-axe seul pénètre dans ces dernières et met ses fibrilles en rapport direct avec les fibrilles musculaires, après avoir traversé la tache motrice.

On ne sait que très peu de chose sur les terminaisons nerveuses dans les *glandes;* le cylindre-axe des fibres paraît se ramifier en fibrilles dans la membrane limitante des acini.

CHAPITRE II

SYSTÈME DU GRAND SYMPATHIQUE

Définition. — Le sympathique est la partie du système nerveux consacrée (avec les nerfs pneumogastriques) à l'innervation des viscères.

Il se compose de trois parties (fig. 338) : 1° d'une double *chaîne de ganglions* (*gr*), unis longitudinalement les uns aux autres par des connectifs, et placés de chaque côté et contre la colonne vertébrale; elle s'étend depuis la première vertèbre cervicale jusqu'à la dernière vertèbre sacrée et se prolonge même en haut dans la cavité crânienne (*ganglions intracrâniens*). L'ensemble formé par chaque file de ganglions et les connectifs qui les unissent s'appelle *nerf grand sympathique.* Inférieurement, les deux grands nerfs sympathiques se réunissent en décrivant chacun une courbe à concavité postérieure; supérieurement, ils communiquent par des anastomoses; 2° de filets nerveux afférents ou *racines sympathiques* (fig. 318, *h*), qui relient les ganglions aux branches antérieures des nerfs rachidiens (p. 316); ils contiennent à la fois des fibres sensitives et motrices, c'est-à-dire des fibres des deux racines des nerfs rachidiens; dans les premières, l'influx nerveux chemine des ganglions vers la moelle; dans les secondes, en sens inverse; 3° de filets nerveux efférents ou *nerfs sympathiques proprement dits* (fig. 338, *f*, *pm*), destinés aux viscères (cœur, poumons, reins, intestin, etc.) et présentant sur leur trajet de nombreux *plexus* pourvus de ganglions secondaires; des ganglions microscopiques existent même dans l'épaisseur des viscères, par exemple dens les vaisseaux.

Ganglions et plexus sympathiques. — Les ganglions de la double chaîne du sympathique (fig. 340) sont de petites masses fusiformes, de couleur rosée, placées dans le voisinage des trous de conjugaison des vertèbres. On les divise en cinq groupes :

1° Les *ganglions intra-crâniens*, situés sur le trajet des branches du nerf trijumeau et unis par des connectifs aux ganglions cervicaux supérieurs; le *ganglion ophthalmique* (fig. 339, *go*), situé sur le côté externe du nerf optique, est en rapport avec la branche ophthalmique du trijumeau; le *ganglion de Meckel* (*gs*), ou ganglion sphéno-palatin, avec la branche maxillaire supérieure, et le *ganglion otique* avec la branche maxillaire inférieure;

2° Les *ganglions cervicaux* (fig. 340, 25-27), au nombre de trois paires; c'est l'inférieure qui est la plus développée; les trois filets qui s'en échappent du côté interne constituent les *nerfs cardiaques* (fig. 338, *f*). Avec les branches cardiaques issues du pneumogastrique, ces nerfs forment le *plexus cardiaque* (fig. 338, *pc*), dans lequel on remarque le *ganglion*

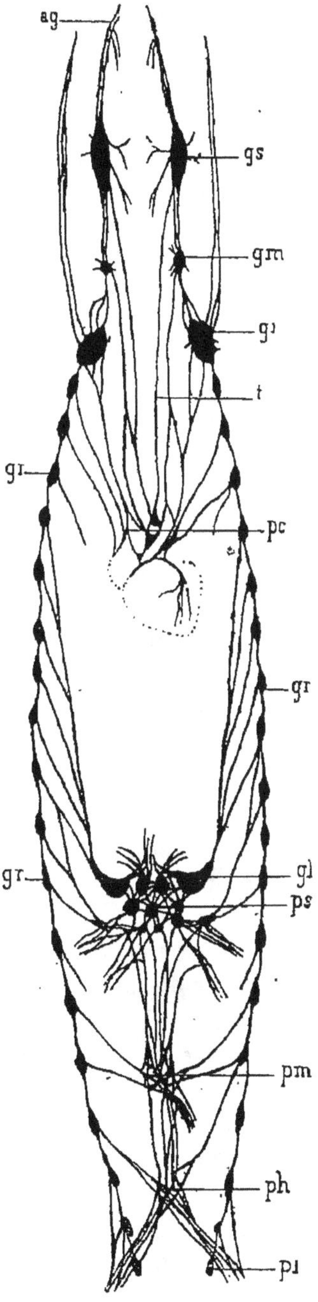

Fig. 338.

Fig. 338. — Système sympathique. — *ag*, anastomose du ganglion cervical avec les nerfs crâniens ; *gs*, *gm*, *gl*, ganglions cervicaux sup., moy., inf.; *f*, nerfs cardiaques; *pc*, plexus cardiaque; *gr*, ganglions rachidiens; *gl*, ganglion semi-lunaire; *ps*, plexus solaire; *pm*, plexus mésentérique; *ph*, plexus hypogastrique; *pi*, plexus iliaque.

cardiaque : les filets qui en partent se ramifient dans le cœur. Le ganglion cervical inférieur donne en outre le *nerf vertébral* qui chemine de bas en haut dans le canal des apophyses transverses, à côté de l'artère du même nom à laquelle il donne de nombreux filets ;

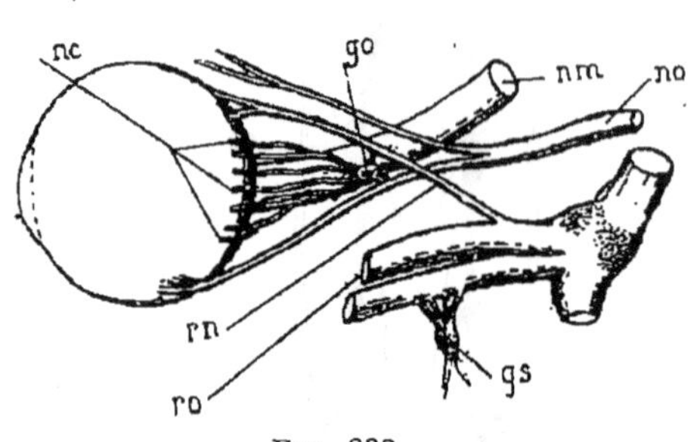

FIG. 339.

FIG. 339. — *go*, ganglion ophthalmique; *nc*, nerfs ciliaires issus de ce ganglion; *nm*, nerf optique; *no*, nerf moteur oculaire commun; plus bas, le trijumeau; *gs*, ganglion sphéno-palatin; *rn*, rameau nasal de l'ophthalmique *ro*.

3° Les *ganglions thoraciques* ou dorsaux (fig. 338, *gr*), au nombre de douze paires; les nerfs qui en partent (du sixième au dixième) s'unissent pour former le *grand nerf splanchnique* (fig. 340, 30) qui traverse le diaphragme et se termine par un gros ganglion arqué, le *ganglion semi-lunaire* (fig. 338, *gl*) ou cerveau abdominal de Bichat. A la suite de ce nerf se trouve le *plexus solaire* (*ps*), muni de plusieurs petits ganglions; les filets qui en partent enlacent les branches de l'aorte descendante, y forment des plexus secondaires et vont se terminer dans l'estomac, le foie, la rate, les reins, etc.;

4° Les *ganglions lombaires*, au nombre de quatre paires; leurs filets efférents donnent naissance au *plexus mésentérique* (*pm*), dont les branches enlacent les gros vaisseaux et se terminent ensuite dans le gros intestin;

5° Enfin, les *ganglions pelviens*, au nombre de quatre paires, constituent par leurs nerfs efférents deux plexus, le *plexus hypogastrique* (*ph*) et le *plexus iliaque* (*pi*), destinés à la vessie et aux organes génitaux.

Structure du système sympathique. — Les *ganglions* se composent de cellules nerveuses unipolaires et bipolaires, en rapport avec les fibres des connectifs et des filets afférents et efférents; ils sont limités par une enveloppe conjonctive.

Les *nerfs* sympathiques, ainsi que les connectifs, ont une teinte grise, tandis que les nerfs cérébro-spinaux sont brillants; ils se composent presque exclusivement de fibres nerveuses sans myéline ou fibres de Remak. Au centre de chacun d'eux se trouve généralement une seule fibre à myéline.

NUTRITION DU SYSTÈME NERVEUX

Tandis que les muscles consomment surtout des principes

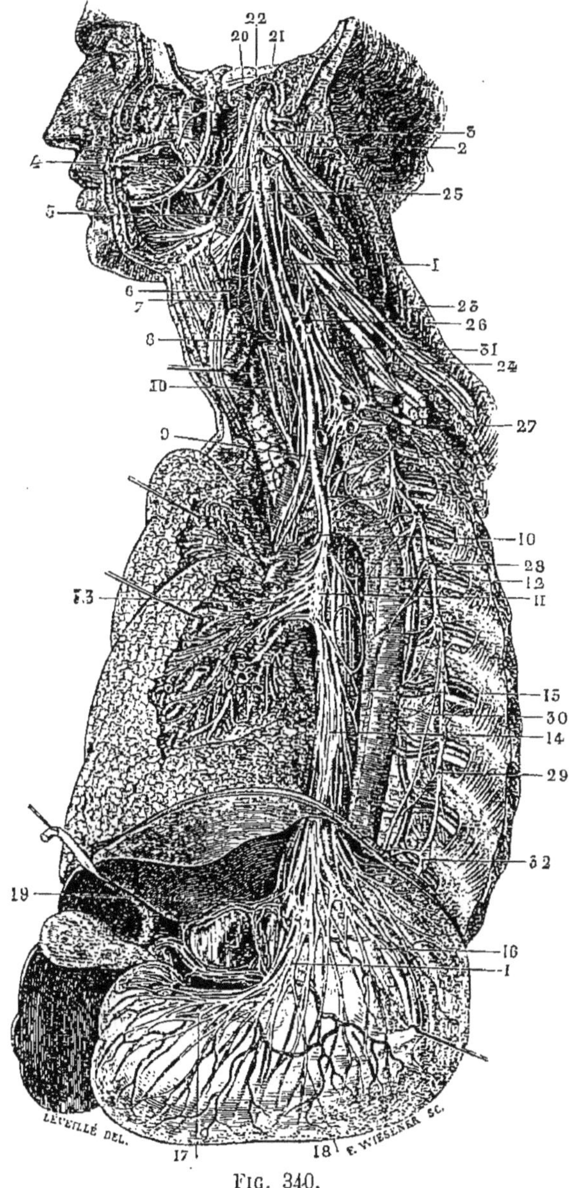

FIG. 340.

FIG. 340. — Nerf pneumogastrique et système sympathique. — 1, 1, pneumogastrique : on voit ses branches pulmonaires (13), gastriques (16) ; 25, 26, 27, ganglions cervicaux ; 8, 9, nerfs cardiaques ; 28, 29, 32, ganglions thoraciques ; 30, grand nerf splanchnique. On voit aussi les nerfs de la langue : 20, glosso-pharyngien ; plus en avant le lingual ; plus bas, l'hypoglosse.

immédiats ternaires (glucose...) pendant leur période d'activité, les éléments nerveux réclament, avant tout, des *principes albuminoïdes* (peptones,...), et en proportion d'autant plus grande que le travail nerveux est plus intense. Les déchets qui caractérisent l'activité nerveuse sont en effet les déchets azotés et les phosphates, rejetés au dehors par les glandes excrétrices, notamment par les reins.

Lorsque le travail cérébral s'exerce très activement, la quantité d'urée est plus grande que lorsque le cerveau reste au repos.

Les principes immédiats qui entrent dans la composition du

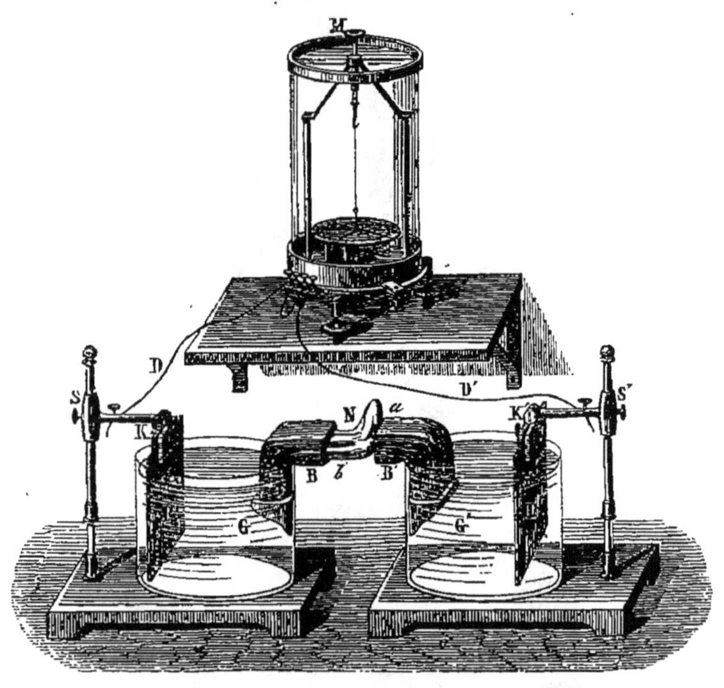

FIG. 341.

FIG. 341. — Appareil pour étudier le courant électrique propre des nerfs. — N, nerf, placé entre deux coussinets de papier B, B'; *a*, sa surface externe; *b*, sa section; G, G', vases avec une dissolution de sulfate de zinc; P, P', lames de zinc amalgamé, communiquant par KD, K'D', avec le galvanomètre M; S, S', supports isolants.

protoplasme nerveux sont : la lécithine, matière albuminoïde phosphorée, la cérébrine, etc.; des principes ternaires, comme la cholestérine, matière riche en carbone et par conséquent éminemment comburante.

Lorsque le système nerveux entre en jeu, les oxydations internes sont activées, ainsi qu'en témoignent à la fois l'augmentation des produits de désassimilation et l'accroissement très faible de température ($\frac{1}{50}$ de degré).

Pouvoir électro-moteur. — Dans le système nerveux au repos, les centres, comme les nerfs, sont le siège de courants électriques dont les caractères sont analogues à ceux des muscles. La surface libre d'un nerf, par exemple, est toujours positive, tandis que les sections transversales sont négatives; c'est-à-dire que si on relie les deux extrémités du circuit d'un galvanomètre, l'une avec un point de la surface (fig. 341, *a*), l'autre avec un point de la section (*b*), le sens de la déviation de l'aiguille nous indiquera un courant qui, dans le circuit, se dirige de la surface naturelle vers la surface de section, et inversement dans le nerf lui-même. On n'obtient pas de courant si le fil touche deux sections ou deux points de la surface naturelle.

Lorsqu'on met un nerf en activité, en l'irritant en un point par une décharge électrique assez intense, on constate une diminution du courant nerveux propre, appelée *oscillation négative*. Remarquons que l'électricité, le principal des excitants nerveux, agit simplement pour mettre en jeu le mouvement moléculaire ou influx nerveux des nerfs, qui n'a d'ailleurs aucun rapport avec le courant électrique, comme nous le verrons plus loin; en un mot, elle produit sur ces organes le même effet que les impressions sensorielles, ou les incitations motrices cérébrales.

L'oscillation négative se produit aussi lorsque le nerf passe normalement de l'état de repos à l'état d'activité.

LIVRE V

FONCTIONS DU SYSTÈME NERVEUX

CHAPITRE PREMIER

FONCTIONS DES NERFS

Les nerfs sont des conducteurs. — Les nerfs ont pour fonctions de *conduire* les impressions sensorielles en direction centripète, jusqu'aux centres nerveux où elles sont perçues, et les incitations motrices ou glandulaires en direction centrifuge, depuis les centres où elles prennent naissance jusqu'aux muscles ou aux glandes qu'elles doivent mettre en action. Ainsi, tantôt ils *transmettent* des mouvements moléculaires *de la périphérie au centre*, tantôt *du centre à la périphérie :* ils représentent donc des sortes de fils télégraphiques mettant les divers centres nerveux en rapport avec toutes les autres parties du corps. Ils ne sauraient, en aucun cas, percevoir une sensation ou élaborer une incitation centrifuge (motrice, glandulaire).

Il résulte de là que les nerfs ont deux propriétés : celle d'être irritables et celle de conduire l'irritation à un organe terminal auquel ils la communiquent.

L'*irritabilité* est mise en jeu, non seulement par les excitants naturels, savoir : les impressions sensorielles et les incitations motrices ou glandulaires, mais par de nombreux excitants artificiels (électricité, acides, sels, etc.).

Pour démontrer la propriété de *conduction* des nerfs, sectionnons, par exemple, un nerf moteur comme le nerf hypoglosse : les muscles de la langue, qu'il innerve, sont immédiatement frappés de paralysie, parce que les incitations motrices parties du cerveau ne peuvent plus arriver jusqu'à eux. Mais l'action cérébrale pourra être remplacée par des excitations électriques appliquées à la partie du nerf qui tient à la langue et, en effet, des contractions se produisent immédiatement. De même la section d'un nerf de sensibilité abolit les sensations correspondantes; celle du nerf optique, par exemple, rend l'organisme insensible à la lumière, car les impressions lumineuses, bien que normalement recueillies par la rétine, ne peuvent plus être transportées au centre cérébral où se fait leur perception.

Lorsqu'on sectionne un nerf quelconque (fig. 342), les deux segments en lesquels on le divise s'appellent *bout périphérique* (*p*) et *bout central* (*c*); le premier est en rapport avec l'organe que dessert le nerf, le second avec le centre nerveux.

FIG. 342.

FIG. 342. — Un nerf sectionné. — *a*, organe terminal, sensoriel ou moteur; *b*, centre nerveux; *p*, bout périphérique du nerf; *c*, son bout central.

Diverses sortes de nerfs. — On distingue trois grandes catégories de nerfs :

1° Les *nerfs centripètes* ou *sensitifs*; on les appelle centripètes, parce que, normalement, ils conduisent les impressions sensorielles vers le centre, c'est-à-dire vers le cerveau; sensitifs, parce que ces impressions se traduisent normalement par une sensation dans les cellules cérébrales. Comme pour chaque nerf purement sensitif la sensation correspondante est spéciale, on les désigne encore sous le nom de *nerfs de sensibilité spéciale*. Ces nerfs sont au nombre de trois paires : les nerfs *olfactifs*, les nerfs *optiques* et les nerfs *auditifs*. Toutes les excitations qu'ils transmettent au cerveau, qu'elles soient dues à leurs excitants spéciaux (odeur, lumière, son) agissant sur les cellules sensorielles (bâtonnets...), ou à des excitants généraux (pression, électricité) agissant sur le nerf lui-même, se traduisent par la sensation spéciale correspondante, olfactive, visuelle ou auditive. Il n'y a donc pas de relation nécessaire entre la sensation lumineuse et la lumière, puisqu'une pression sur le nerf optique suffit à la produire; c'est une simple loi de fréquence qui unit les sensations spéciales aux excitants spéciaux correspondants.

Les nerfs du goût, le *lingual* et le *glosso-pharyngien*, sont encore des nerfs sensitifs, mais non purement de sensibilité spéciale. Nous avons vu, en effet, qu'ils conduisent vers le cerveau aussi bien les impressions spéciales gustatives que les impressions tactiles ou générales. Le glosso-pharyngiens est encore un nerf distinct, comme les trois précédents, mais le lingual n'est qu'une branche d'un nerf très complexe, le trijumeau.

2° Les *nerfs centrifuges* conduisent les incitations nerveuses, depuis les centres où elles prennent naissance jusqu'aux organes périphériques (muscles, glandes) qu'elles doivent actionner; ils sont donc de deux sortes : les nerfs centrifuges *moteurs* et les nerfs centrifuges *glandulaires*.

Les nerfs purement moteurs ne se rencontrent que dans l'encéphale; ce sont : les nerfs *moteurs oculaires communs*, les nerfs *pathétiques*, les nerfs *moteurs oculaires externes*, le *spinal* et l'*hypoglosse* (p. 314). Les mouvements nerveux qui y cheminent naturellement ou dont on provoque l'apparition par l'électricité se traduisent toujours par des contractions musculaires.

Les nerfs sécrétoires règlent la sécrétion des glandes dans lesquelles ils se terminent : on n'en connaît point qui soit exclusivement sécrétoire. Il faut donc les reporter au groupe suivant.

3° Les *nerfs mixtes*, c'est-à-dire à la fois centripètes et centrifuges. La conduction s'y fait dans les deux sens et se traduit, soit par une sensation générale ou tactile, soit par un mouvement, soit par une sécrétion. Lorsqu'on excite un nerf mixte, ces divers effets se produisent à la fois.

Cette catégorie de nerfs est de beaucoup la plus nombreuse; elle comprend tous les *nerfs rachidiens*, tous les *nerfs du système sympathique*, et les nerfs encéphaliques qui n'ont pas été énumérés précédemment, en particulier le nerf trijumeau, sensitif, moteur et sécrétoire; le nerf facial, moteur et sécrétoire; le glosso-pharyngien, nerf doublement sensitif et accessoirement moteur; le pneumogastrique, nerf sensitif, moteur et sécrétoire.

Les branches motrices des nerfs mixtes se terminent tantôt dans les muscles de relation (nerfs rachidiens), tantôt dans les tuniques vasculaires, qui renferment, comme l'on sait, des fibres lisses (nerfs sympathiques). On donne à ces dernières le nom de nerfs *vaso-moteurs*. D'autres ont mérité, par leur mode d'action, le nom de *nerfs d'arrêt* ou *nerfs modérateurs* (pneumogastriques); d'autres encore celui de *nerfs accélérateurs* (nerfs cardiaques).

Les branches sécrétoires des nerfs du système cérébro-spinal se ramifient le plus souvent dans les artérioles qui cheminent dans les glandes et agissent par conséquent sur la sécrétion comme nerfs vaso-moteurs; quelques-unes cependant paraissent agir directement sur les cellules sécrétrices (*nerfs sécréteurs proprement dits*).

Nerfs rachidiens. — C'est sur les nerfs de la moelle épinière qu'a été faite pour la première fois la distinction des fibres sensitives et des fibres motrices. On se rappelle que ces nerfs naissent chacun par deux racines qui s'unissent en un nerf unique, lequel distribue ses filets à la peau et aux muscles sous-jacents (fig. 334).

Pour démontrer les propriétés des nerfs rachidiens, on met à nu la moelle épinière et l'on découvre les racines nerveuses en enlevant la dure-mère; on laisse ensuite l'animal se reposer. Si l'on vient à piquer une racine postérieure avec la pointe d'un scalpel, l'animal pousse des cris et traduit ainsi une sensation douloureuse; en même temps, il exécute des mouvements d'ensemble, conséquence de l'action sensitive (voy. *Actions réflexes*). Si on excite une racine antérieure, les muscles dans lesquels se termine le nerf sont seuls à se contracter et aucune sensation douloureuse ne se produit. Ces faits suffisent à montrer que *la racine postérieure est sensitive*, c'est-à-dire qu'elle conduit au cerveau les impressions tactiles recueillies à la périphérie (peau), tandis que *la racine antérieure est motrice*, c'est-à-dire conduit l'incitation nerveuse du cerveau vers les muscles périphériques.

Si maintenant on sectionne la racine postérieure entre le ganglion et la moelle (fig. 343) et que l'on excite le bout périphérique *c*, l'animal ne réagit d'aucune manière : il n'éprouve pas de sensation et n'accomplit pas de mouvements. Si, au contraire, on excite le bout central (*b*), l'animal pousse des cris et s'agite.

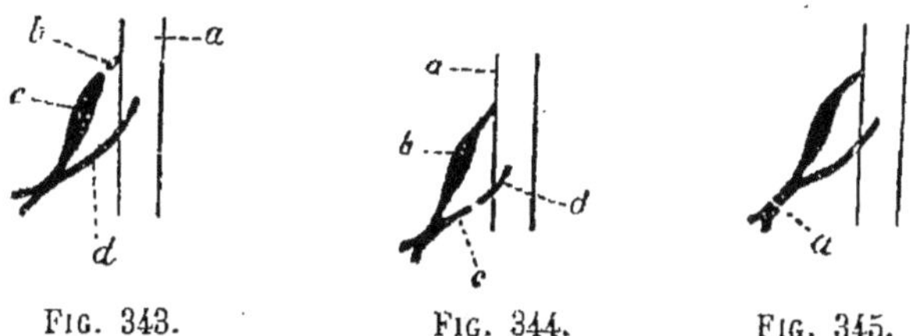

Fig. 343. Fig. 344. Fig. 345.

Fig. 343. — *bc*, racine postérieure sectionnée; *d*, racine antérieure; *a*, moelle épinière.

Fig. 344. — *a*, moelle; *b*, racine postérieure; *dc*, racine antérieure sectionnée.

Fig. 345. — *a*, nerf rachidien sectionné à son origine.

Inversement, l'excitation du bout périphérique (*c*) de la racine antérieure (fig. 344) se traduit simplement par un mouvement et celle du bout central (*d*) reste sans effet. Il résulte de là que la racine postérieure est seule capable de conduire les impressions sensitives et la racine antérieure seulement les incitations motrices. Si donc on irrite un filet rachidien intact (fig. 345, *a*), qui renferme, comme l'on sait, des fibres des deux racines, il se produira à la fois une sensation douloureuse et des mouvements; c'est en effet ce qui a lieu. Les nerfs rachidiens sont donc *mixtes*.

Nerfs d'arrêt ou modérateurs. — On appelle ainsi des nerfs qui ont pour effet de modérer les mouvements de certains organes.

Les plus remarquables sont ceux que le *pneumogastrique* et le *spinal*, fusionnés, comme l'on sait, en un seul nerf, donnent au cœur (fig. 119). Lorsqu'on excite assez énergiquement les deux pneumogastriques, ou l'un des deux seulement, ou encore le bout périphérique de ces nerfs sectionnés, on observe un arrêt momentané du cœur en diastole; puis les mouvements cardiaques reprennent leur rythme normal dans les deux premiers cas.

Les mêmes phénomènes se produisent sur les muscles respiratoires, à la suite de l'excitation des pneumogastriques intacts ou du bout central de ces nerfs sectionnés. Dans ce cas, l'excitation est transmise au bulbe, puis à la moelle épinière et de là réfléchie dans les nerfs rachidiens qui se rendent aux muscles intercostaux et au diaphragme (nerf phrénique).

Voilà donc des nerfs moteurs qui conduisent à la périphérie non des incitations motrices, mais au contraire des incitations suspensives qui ont pour effet de modérer le mouvement; car les mouvements du cœur, par exemple, s'accélèrent au point de doubler en nombre, dès que l'on opère la section des pneumogastriques, et ce n'est qu'au bout de trois ou quatre jours qu'ils reprennent leur rythme normal. De là le nom de *nerfs modérateurs* ou *nerfs d'arrêt* qu'on leur donne : leur excitation accentue l'action modératrice et peut aller jusqu'à arrêter complètement les mouvements, en un mot produire l'*inhibition;* leur section, au contraire, rend ces mouvements plus rapides.

Nerfs accélérateurs. — Outre les rameaux du pneumogastrique, le cœur reçoit des ganglions cervicaux du sympathique des filets, appelés *nerfs cardiaques* (fig. 338, *f*), dont l'action est inverse de celle du pneumogastrique. Les nerfs cardiaques tendent en effet à accélérer les mouvements du cœur. Cet organe se trouve ainsi soumis à deux actions opposées, l'une modératrice, l'autre accélératrice.

Lorsqu'on excite modérément les nerfs cardiaques qui partent des ganglions cervicaux inférieurs, les contractions du cœur sont accélérées; si l'excitation est très forte, l'accélération est telle que l'organe ne tarde pas à être tétanisé ; il s'arrête alors en systole, tant que les excitations continuent. Lorsqu'on sectionne les nerfs cardiaques et qu'on excite leurs bouts périphériques, les mêmes effets se produisent; si on porte l'excitation sur les bouts centraux, le cœur ne tarde pas à s'arrêter, mais en diastole. Dans ce dernier cas, l'action nerveuse se transmet à la moelle épinière par les racines sympathiques, puis au bulbe, qui la réfléchit dans les pneumogastriques; ceux-ci exercent alors leur effet modérateur.

On voit que l'arrêt du cœur peut être dû aussi bien à l'exagération de l'action accélératrice des nerfs cardiaques que de l'action modératrice des pneumogastriques : dans le premier cas, il y a arrêt en *systole ;* dans le second, en *diastole.*

Mécanisme de l'irritation nerveuse. — Un nerf quelconque peut être réduit par la pensée à une fibre nerveuse unique, puisque toutes les fibres

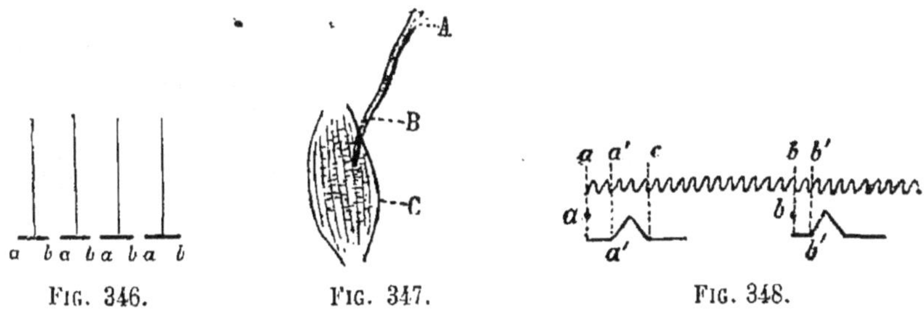

Fig. 346. Fig. 347. Fig. 348.

Fig. 346. — *a*, pôle austral ; *b*, pôle boréal.

Fig. 347. — AB, nerf moteur ; C, muscle.

Fig. 348. — Détermination de la vitesse du mouvement nerveux.

sont semblables et fonctionnent de la même manière. Cette fibre elle-même peut être réduite à son cylindre-axe, puisque les autres parties ne servent qu'à isoler ce dernier des cylindres-axes voisins.

Admettons que le cylindre-axe soit composé de *particules* ou éléments, maintenus dans une position déterminée d'équilibre par leurs actions réciproques; chaque particule se composant des diverses sortes de molécules de la matière nerveuse, savoir : une molécule d'albumine, de lécithine, de graisse, de sels, d'eau, etc., et présentant par suite toutes les propriétés de cette matière. Supposons, en outre, que notre fibre soit sensitive, optique, par exemple. La lumière agit sur le bâtonnet qui la termine et provoque en lui des actions chimiques en lesquelles consiste l'impression visuelle; celle-ci agira sur les particules nerveuses voisines, en détruira l'équilibre, et ainsi, de proche en proche, cheminera dans le cylindre-axe un mouvement particulaire jusqu'à l'extrémité opposée, c'est-à-dire jusqu'à la cellule cérébrale qui la continue. Tel est le mouvement ou *influx nerveux* qui caractérise les nerfs en activité. On voit qu'il n'a aucun rapport avec l'électricité.

Un phénomène du même ordre se produit lorsqu'on suspend les unes à la suite des autres des aiguilles aimantées (fig. 346), dans le plan du méridien magnétique, de façon que les pôles de noms contraires se trouvent en regard et que par suite les aiguilles soient fortement maintenues dans leur position de repos, et qu'ensuite on fait tourner la première aiguille : cette destruction d'équilibre entraînera la déviation successive de toutes les autres; l'ébranlement initial se propage dans toute la série.

Vitesse du mouvement nerveux. — On peut mesurer la vitesse de l'ébranlement nerveux dans les nerfs de la manière suivante. On met un muscle en rapport avec le levier enregistreur d'un myographe, par l'une de ses extrémités préalablement isolée, comme il a été dit précédemment (p. 200); le nerf moteur de ce muscle est mis à découvert sur une certaine longueur AB (fig. 347). Un diapason en mouvement inscrit ses vibrations (fig. 348) sur un cylindre tournant, par le moyen d'un stylet fixé à l'une de ses extrémités; la durée de chacune d'elles est connue. Excitons le nerf électriquement en A, de façon à mettre en jeu le mouvement nerveux particulaire. Au moment précis où cette excitation se produit, un autre levier, actionné par le courant même, grâce à une disposition spéciale, touche le cylindre en un point a. Le levier, qui est en rapport avec le muscle, inscrit la contraction. Or, entre le moment de l'excitation et le commencement (a') de la contraction, il s'est écoulé un temps t, mesuré en fractions de seconde et correspondant au nombre de vibrations $a\ a'$. Portons maintenant l'excitation au point B, plus rapproché du muscle; le mouvement nerveux aura à franchir en moins la distance AB ou d : aussi trouve-t-on un temps moindre t', correspondant au nombre de vibrations $b\ b'$. La différence $t - t'$ représente le temps nécessaire au mouvement nerveux pour franchir la longueur du nerf d, car au delà de B tous les phénomènes sont les mêmes dans les deux cas. En supposant le mouvement uniforme, on aura pour la vitesse :

$$V = \frac{d}{t - t'} = 30 \text{ mètres environ.}$$

On voit que cette vitesse est bien différente de celle de l'électricité (30 000 kilomètres).

Action du curare sur les nerfs moteurs. — Lorsqu'on injecte sous la peau une dissolution de curare, extrait végétal dont les Indiens se servent pour empoisonner leurs flèches, l'animal ne tarde pas à être frappé de paralysie; ses muscles deviennent flasques, mais son cœur continue à battre. Tandis que les plus fortes excitations appliquées aux nerfs moteurs restent sans effet sur les muscles correspondants, ceux-ci se contractent sous l'influence d'une excitation directe. Le curare ne paralyse donc pas les muscles mêmes, mais seulement les nerfs qui leur amènent l'influx nerveux.

Lorsqu'on fait une injection dans la partie antérieure du corps d'une Grenouille, après avoir séparé le train antérieur du train postérieur au moyen d'une ligature (fig. 349), en laissant toutefois à nu les nerfs lombaires (A), on remarque que tout le train antérieur est paralysé, tandis que le train postérieur réagit aux excitations. Si l'on vient à exciter le membre antérieur, un mouvement se produit dans le membre postérieur, comme à la suite de l'excitation directe de ce dernier : le mouvement nerveux a été transmis à la moelle, et par elle aux nerfs lombaires. Or la partie initiale de ces nerfs reçoit l'action du sang curarisé, et cependant ses propriétés ne sont pas abolies. Puisque le curare n'agit, ni sur les muscles, ni sur les troncs nerveux, nous en concluons que son effet para-

Fig. 349.

Fig. 349. — A, A, nerfs lombaires, situés au-dessus de la ligature; B, aorte, comprise dans la ligature.

lysant s'exerce uniquement sur la *plaque motrice :* dans le voisinage de cette dernière, les fibres nerveuses sont, comme l'on sait, réduites à leur cylindre-axe et par suite rendues plus accessibles au sang curarisé que dans les troncs nerveux, où elles sont entourées d'une gaine épaisse et grasse (myéline), difficilement traversée par le poison.

CHAPITRE II

PROPRIÉTÉS DES CENTRES NERVEUX

Nous venons de voir que les fibres nerveuses servent simplement à la conduction centripète ou centrifuge. Or, normalement, l'irritation ne se produit jamais spontanément dans les fibres : toujours elle vient d'un organe périphérique dans les nerfs sensitifs ou d'un centre nerveux dans les nerfs centrifuges. De plus, elle ne peut s'étendre d'une fibre à une autre que par l'intermédiaire des cellules nerveuses avec lesquelles ces fibres sont en contact.

Les *centres nerveux* (encéphale, moelle épinière et ganglions) présentent de tout autres propriétés, savoir : la *motricité*, la *perception*, la *mémoire* et le *pouvoir réflexe*.

1° **Motricité.** — Les cellules nerveuses cérébrales, et elles seules, peuvent élaborer directement, c'est-à-dire sans l'intervention d'une cause externe actuellement agissante, des incitations centrifuges motrices.

Ces incitations prennent naissance sous l'influence de la *volonté*, force que l'on ne saurait définir dans l'état actuel de la science. C'est grâce à elles que nous pouvons contracter à tout instant nos muscles, au moins les muscles de relation.

Comment l'irritation volontaire prend-elle naissance au sein des cellules cérébrales? Tout ce que l'on peut dire, c'est qu'elle est due à un ébranlement des particules matérielles de leur protoplasme, qui se communique aux fibres centrifuges; mais la cause même de cette mise en jeu d'énergie nous reste totalement inconnue. Nous verrons plus loin que les mouvements dits volontaires ne sont volontaires, c'est-à-dire spontanés, qu'en apparence, et qu'ils peuvent toujours être rattachés à une action sensorielle centripète, dont ils ne sont pour ainsi dire que la répercussion plus ou moins lointaine.

2° **Perception.** — Les cellules nerveuses ont la faculté de transformer en sensations les impressions périphériques que leur transmettent les fibres sensitives. Cette élaboration, limitée comme la motricité aux cellules des circonvolutions cérébrales, constitue la *perception*, source des idées et par suite des représentations. C'est grâce à elle que les impressions recueillies par les cônes et bâtonnets et transmises par les nerfs optiques deviennent des sensations lumineuses; que les impressions acoustiques, olfactives, gustatives, se traduisent par les sensations correspondantes, et qu'enfin les excitations tactiles donnent naissance aux sensations générales.

Nous avons vu que les excitations sensorielles provoquent le mouvement particulaire dans les nerfs; ce dernier se transmet lui-même aux cellules nerveuses au contact desquelles se terminent les fibres sensitives. Mais, s'il nous est facile de concevoir comment des forces externes, des vibrations lumineuses par exemple, peuvent se transmettre, successivement et avec des modalités diverses, dans les cônes et bâtonnets, dans le nerf optique et enfin dans le cerveau, nous ne pouvons nous faire aucune idée de la manière dont les mouvements moléculaires cérébraux peuvent constituer une perception.

L'excitation peut être portée directement sur les cellules nerveuses et donner lieu à des *sensations subjectives*. Telles sont les hallucinations, qui proviennent de l'action d'un changement dans la composition du sang sur les cellules nerveuses cérébrales.

La diversité des sensations tient uniquement aux propriétés différentes des cellules nerveuses qui sont en rapport avec les nerfs de sensibilité; mais il n'y a aucun rapport entre les sensations et les excitants sensoriels correspondants. Les sensations lumineuses, par exemple, n'ont rien de commun avec les vibrations de l'éther, car ces mêmes vibrations produisent un tout autre effet, savoir la sensation de chaleur, lorsqu'elles agissent sur la peau. De même, les mouvements d'un diapason peuvent être perçus, soit par l'irritation des nerfs cutanés, soit par l'irritation du nerf auditif, soit enfin par l'excitation du nerf optique : on peut les sentir, les entendre et les voir.

Vitesse de perception. — Une fois l'impression sensorielle produite, il faut un certain temps pour qu'elle arrive au cerveau et qu'elle y devienne une sensation. Voici comment on le mesure approximativement. Une personne est assise dans une chambre obscure; une étincelle se produit brusquement devant elle. Elle fait un signe dès qu'elle l'aperçoit. On note le moment précis de l'apparition de l'étincelle et celui du signe qui lui fait suite : la différence représente le *temps physiologique de la perception visuelle;* sa durée est d'environ $0^{sec},197$. Pour l'audition, $0^{sec},194$; pour le toucher, $0^{sec},173$.

Lorsque deux observateurs calculent la durée du passage d'un astre au méridien, il y a entre leurs résultats une différence qui est égale à la différence de leurs temps physiologiques de vision ; chaque astronome doit donc connaître la vitesse de sa perception ; autrement les résultats des différents observateurs ne seraient pas comparables.

3° **Mémoire.** — Les cellules nerveuses ont la propriété d'emmagasiner des sensations et de les faire reparaître ultérieurement. Cet ensemble de phénomènes cérébraux constitue la *mémoire*, faculté psychique localisée dans la substance grise des hémisphères. On n'a aucune idée des phénomènes chimiques dont les cellules sont le siège lors de la réviviscence des sensations.

4° **Pouvoir réflexe.** — On appelle *pouvoir réflexe* la propriété que possèdent les cellules nerveuses de transmettre les impressions sensorielles qui leur arrivent, à des fibres centrifuges, motrices ou glandulaires. L'action réflexe est, en d'autres termes, la réflexion par les centres nerveux d'une impression centripète quelconque, qui devient ainsi centrifuge ; c'est la sensibilité transformée en mouvement ou en sécrétion. Les réflexes moteurs sont de beaucoup les plus nombreux.

Les actions réflexes sont de deux sortes : les unes sont *conscientes*, c'est-à-dire précédées de la perception de l'impression sensitive ; les autres, *inconscientes;* dans ce dernier cas, l'impression centripète passe par le centre nerveux sans donner lieu à une sensation. Les actions réflexes conscientes ont forcément pour centre le cerveau, organe unique de perception ; les autres centres nerveux (bulbe, moelle épinière, ganglions...) ne sont le siège que de réflexes inconscients.

Réflexes conscients. — Citons quelques exemples. On frôle doucement la muqueuse nasale avec un corps mousse : il en résulte une sensation de chatouillement après l'action cérébrale. Le mouvement nerveux sensoriel se propage du cerveau dans la moelle épinière et se traduit par un mouvement nerveux involontaire des nerfs respiratoires qui détermine l'éternuement. — De même l'excitation tactile des poils du conduit auditif se traduit par une sensation tactile et est réfléchie dans divers nerfs moteurs qui agitent vivement la tête, les membres supérieurs et même le tronc. — L'action tactile de l'air ambiant sur la cornée est transmise au cerveau, perçue et réfléchie dans l'orbiculaire des paupières : de là le mouvement de clignement. — De même, lorsqu'on passe de l'obscurité à la lumière, l'impression visuelle qui se produit est perçue et réfléchie par le cerveau dans les nerfs moteurs oculaires communs, qui provoquent un rétrécissement de la pupille par la mise en jeu du muscle ciliaire.

Ce sont là des réflexes conscients moteurs.

Comme action réflexe consciente glandulaire, citons la sécrétion salivaire abondante qui suit l'action d'un grain de sel posé sur la langue : l'impression gustative, après avoir été perçue par le cerveau, se propage dans le bulbe et est réfléchie par lui dans le nerf facial qui donne des filets aux glandes sous-maxillaires.

Réflexes inconscients. — Les actions réflexes inconscientes sont fort nombreuses.

Parmi les *mouvements* réflexes inconscients, citons : les *mouvements du tube digestif* pendant la digestion ; c'est l'impression sensitive exercée par les aliments sur les nerfs de la paroi qui est réfléchie par un centre (moelle épinière...) et se traduit par les mouvements péristaltiques ; les *mouvements respiratoires*, qui proviennent de la réflexion par le bulbe d'impressions centripètes dues à l'action de l'air sur la muqueuse pulmonaire : ces impressions se rendent dans les muscles respiratoires ; les *mouvements des artérioles*, qui modifient la vitesse de la circulation, sont aussi des mouvements réflexes inconscients ; enfin, lorsque notre cerveau est absorbé par la pensée, la *marche* est complètement *inconsciente*, automatique : les mouvements des membres résultent de la réflexion par la moelle épinière d'impressions sensitives dues à l'action du pied sur le sol.

La plupart des *sécrétions* sont la conséquence d'actions réflexes inconscientes, ayant pour origine une excitation pratiquée sur la muqueuse qui limite les glandes : c'est le cas pour les sécrétions des glandes intrinsèques du tube digestif.

Conditions de l'action réflexe. — D'après ce qui précède, on

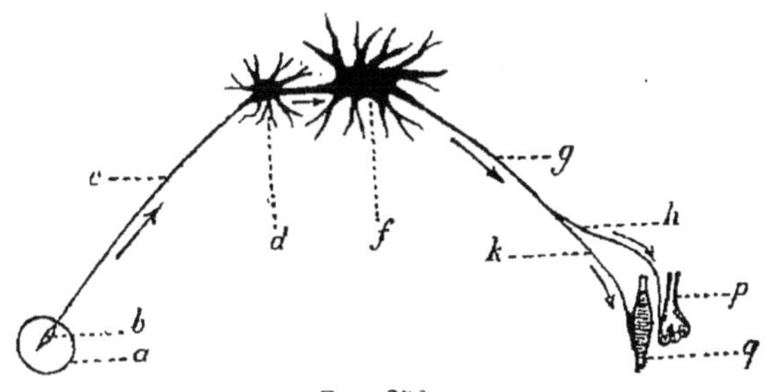

FIG. 350.

FIG. 350. — Arc nerveux (fig. sch.). — *a*, organe sensoriel ; *b*, ses cellules sensibles ; *c*, nerf sensitif ; *d*, cellules nerveuses sensitives ; *f*, cellules motrices ; *g*, nerf centrifuge ; *k*, moteur ; *h*, glandulaire ; *p*, glande ; *q*, muscle.

voit que pour qu'une action réflexe puisse se produire, cinq choses sont nécessaires (fig. 350) : 1° une *surface sensible* (*b*) (rétine, peau...), sur laquelle se produit l'impression; 2° un *nerf centripète* (*c*), qui conduit l'impression; 3° un *centre nerveux* avec des cellules sensitives (*d*) et des cellules motrices (*f*), qui la reçoit et la réfléchit; 4° un *nerf centrifuge*, moteur (*k*), ou glandulaire (*h*), qui conduit l'excitation réfléchie, qu'elle ait été au préalable perçue (cerveau) ou non par les cellules sensorielles; 5° des *muscles* (*q*) ou des *glandes* (*p*) qui reçoivent l'excitation et entrent en jeu grâce à elle. L'ensemble constitue un *arc nerveux*.

Importance de l'action réflexe. — L'action réflexe représente le *phénomème fondamental* auquel peuvent toujours se ramener les manifestations dont le système nerveux est le siège. Les forces externes (lumière, son...) se transmettent aux surfaces sensibles, et, après un trajet circulaire (arc réflexe) dans le système nerveux, reparaissent, sous forme de mouvements et de sécrétions. Les mouvements volontaires eux-mêmes ne doivent être considérés que comme la conséquence de la réflexion plus ou moins éloignée d'impressions sensitives, précédemment emmagasinées (mémoire) dans le cerveau; ce qui revient à dire que tous les mouvements sont réflexes et qu'en définitive, notre système nerveux est simplement, pour les puissances cosmiques inconscientes, une voie de transmission, au cours de laquelle ces dernières, en présence d'un organe approprié (cerveau), revêtent la forme plus élevée, mais toujours idéale, de la sensation, puis de la pensée et de la volonté.

La réflexion a lieu dans les centres nerveux. — *Expérience.* — On décapite une Grenouille et on excite un point quelconque de la peau, par exemple un point du membre antérieur. L'excitation est transmise par les nerfs rachidiens (racine postérieure) à la moelle (fig. 334) et réfléchie ensuite dans ces mêmes nerfs par la racine antérieure de chacun d'eux : il en résulte un mouvement dans le membre soumis à l'expérience. Si l'excitation est très forte, elle peut se propager dans la moelle épinière et déterminer par suite une contraction simultanée des quatre membres.

Si, avec une tige métallique que l'on introduit dans le canal rachidien, on détruit la moelle épinière, les excitations les plus énergiques restent sans effet, tandis que les nerfs moteurs produisent une contraction lorsqu'on les excite directement. Il résulte de là que *ce sont bien les centres nerveux qui sont le siège de la réflexion des impressions sensorielles*.

CHAPITRE III

FONCTIONS DE L'AXE CÉRÉBRO-SPINAL

I. — Fonctions de la moelle épinière.

La moelle épinière a deux fonctions bien distinctes.

Elle transmet au cerveau les impressions sensitives qui lui arrivent par les racines postérieures des nerfs rachidiens et conduit de même jusqu'aux muscles ou aux glandes les incitations centrifuges parties de l'encéphale : c'est la *fonction de conduction.* D'autre part, par sa substance grise, elle agit comme centre nerveux, non pour percevoir les impressions sensitives qu'elle reçoit, mais simplement pour les réfléchir dans les racines antérieures : c'est la *fonction de réflexion.*

1° **Pouvoir conducteur de la moelle.** — Pour étudier la moelle au point de vue de la conduction, on sectionne successivement ses différentes parties et on juge de leur importance par les changements que les sections produisent dans la transmission des impressions centripètes et centrifuges.

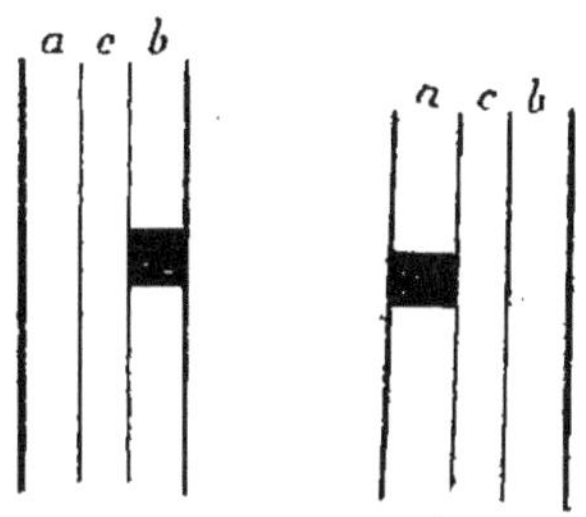

Fig. 351. Fig. 352.

Fig. 351. — *a*, faisceaux antérieurs ; *b*, faisceaux postérieurs ; *c*, substance grise.

Fig. 352. — *a*, faisceaux antérieurs ; *b*, faisceaux postérieurs ; *c*, substance grise.

Lorsqu'on pratique la section des *faisceaux blancs postérieurs* (fig. 351), c'est-à-dire des cordons postérieurs et des cordons de Goll, l'animal éprouve de la douleur. Si on isole ces faisceaux sur une certaine longueur et qu'on les excite, même très légèrement, la réaction est encore douloureuse. Les faisceaux postérieurs servent donc à conduire les *impressions sensitives* au cerveau, par l'intermédiaire de la substance grise, car leurs fibres sont arquées (fig. 320, *b*).

Les *cordons antérieurs et latéraux* sont excitables seulement sous l'influence d'irritants très énergiques, comme la compression entre les mors d'une pince. Une simple piqûre au scalpel est insuffisante. Les excitations se traduisent toujours par des mouvements dans les parties du corps situées au-dessous du point irrité. Si on sectionne horizontalement les cordons antérieurs et latéraux (fig. 352), en suivant aussi exactement que possible le contour sinueux de la substance grise, ces mêmes parties sont frappées de paralysie : ils conduisent donc les *incitations centrifuges*.

La *substance grise* de la moelle, comme d'ailleurs celle de tous les centres nerveux, présente ce caractère particulier qu'elle n'est pas excitable artificiellement ; elle n'entre en jeu que sous l'influence des impressions qui lui arrivent par les nerfs.

Si on sectionne tous les cordons blancs pour ne laisser que l'axe gris (fig. 353), la sensibilité est seulement réduite dans les organes situés au-dessous de la section. Si au contraire on introduit dans la substance grise de la moelle intacte une lame

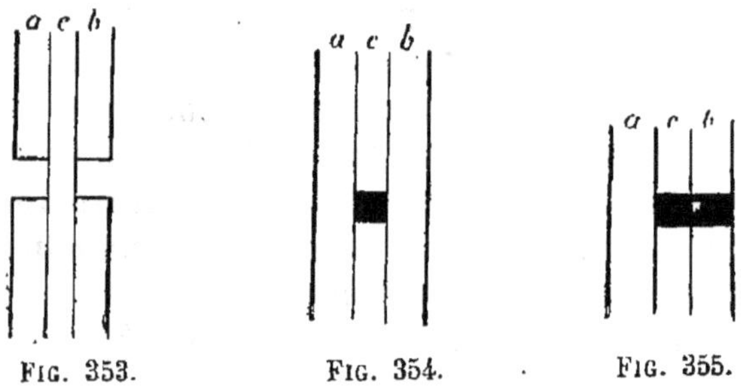

Fig. 353. Fig. 354. Fig. 355.

Fig. 353. — *a*, *b*, substance blanche ; *c*, substance grise.

Fig. 354. — *a*, *b*, substance blanche ; *c*, substance grise.

Fig. 355. — *a*, faisceaux antérieurs ; *b*, faisceaux postérieurs ; *c*, substance grise. Le mouvement volontaire subsiste dans la partie du corps située au-dessous de la section.

métallique de forme appropriée, et qu'on la retourne ensuite sur elle-même pour enlever le plus possible de substance grise, la sensibilité est presque abolie ; elle disparaîtrait complètement si toute la substance grise pouvait être exactement séparée à un niveau donné (fig. 354). C'est donc par cette dernière que les *impressions sensitives* cheminent au cerveau, soit directement de cellule en cellule, soit par l'intermédiaire des fibres arquées des faisceaux blancs postérieurs.

2° **Pouvoir réflexe de la moelle.** — Comme centre nerveux, la moelle est le siège d'un grand nombre de phénomènes réflexes inconscients. A cet égard, on peut diviser la substance grise en autant de tronçons qu'il y a de paires nerveuses rachidiennes, chacun d'eux tenant sous sa dépendance les mouvements des muscles dans lesquels les nerfs correspondants se ramifient. Cependant une excitation énergique peut se transmettre à toute la moelle et donner lieu, par suite, à des mouvements généraux.

La moelle épinière est le centre réflexe de la *locomotion inconsciente :* la décapitation n'entrave en rien les mouvements de progression (saut) ; ainsi un Cheval décapité donne des coups de pied sous l'influence d'une excitation. Lorsque nous marchons sans y penser, les mouvements sont uniquement réflexes ; au contraire, lorsque le pas doit être réglé, ralenti ou accéléré, la volonté intervient.

La partie inférieure de la région médullaire cervicale représente le *centre accélérateur des mouvements du cœur ;* l'action réflexe dont elle est le siège est transmise à cet organe par l'intermédiaire des filets sympathiques qui unissent cette partie de la moelle au ganglion cervical inférieur et par les nerfs cardiaques issus de ce dernier.

La strychnine exerce un effet très remarquable sur le pouvoir réflexe de la moelle. A la dose d'environ $\frac{1}{10}$ de milligramme, ce poison augmente l'excitabilité de la moelle d'une Grenouille au point que le moindre contact produit une convulsion générale ; au contraire, à la dose d'environ 2 milligrammes, le pouvoir réflexe est complètement aboli.

II. — Fonctions de l'encéphale.

Fonctions du bulbe rachidien. — Comme la moelle épinière, le bulbe rachidien ou moelle allongée agit à la fois comme organe conducteur et comme centre réflexe.

Pouvoir conducteur. — Les *impressions sensitives* qui lui arrivent de la moelle épinière continuent leur route par la substance grise du bulbe et arrivent ainsi dans le voisinage du cerveau. Quant aux *incitations motrices*, elles cheminent dans les cordons antérieurs et latéraux et se rendent dans le côté opposé de la moelle, par suite de l'entre-croisement des pyramides ; de sorte que si l'on sectionne la moitié latérale droite du bulbe, ce sont les muscles de la moitié gauche du corps qui sont paralysés.

Pouvoir réflexe. — Comme centre nerveux, le bulbe joue un rôle de première importance : il règle, en effet, grâce aux actions réflexes, le fonctionnement des principaux organes de nutrition. Lorsqu'on enlève successivement à un Mammifère le cerveau, les corps striés, les couches optiques et même le pont de Varole, l'animal continue à vivre ; il respire, en particulier, comme précédemment; mais, si l'on vient à porter les lésions sur le bulbe même, des troubles divers surviennent qui nous témoignent des phénomènes réflexes dont cet organe est normalement le siège.

Le bulbe renferme le *centre des mouvements respiratoires;* lorsqu'en effet on pratique la section de cet organe ou simplement une lésion au niveau de l'origine des nerfs pneumogastriques, la respiration est subitement arrêtée et l'animal expire. La région exacte du bulbe qui correspond au centre respiratoire a été désignée sous le nom de *nœud vital;* elle a environ 1/2 centimètre d'étendue chez le Lapin et occupe la pointe du quatrième ventricule (fig. 323, *d*). C'est au nœud vital que les impressions sensitives, produites sur la muqueuse pulmonaire par l'air et amenées jusqu'à lui par le pneumogastrique, sont réfléchies dans la moelle, puis dans les nerfs respirateurs (nerfs intercostaux, nerf phrénique). La section du bulbe détruisant ce centre réflexe, les mouvements d'inspiration et d'expiration ne sauraient continuer à se produire.

Le bulbe contient aussi un *centre cardiaque d'arrêt :* l'excitation du bulbe, comme celle des pneumogastriques, détermine l'arrêt momentané du cœur.

Il renferme enfin des *centres sécrétoires.* En effet, lorsqu'on pique le plancher du quatrième ventricule, au niveau de l'origine des nerfs pneumogastriques, du glucose apparaît bientôt dans les urines et ce n'est qu'au bout de cinq ou six heures qu'il cesse d'être excrété par les reins. Cette *glycosurie* passagère est due sans doute à une suractivité du foie, qui a pour effet de verser dans le sang, par la voie de la veine sus-hépatique, plus de glucose que n'en consomme l'organisme; or on sait que lorsque ce liquide en renferme plus de trois pour mille, l'excès est rejeté au dehors par les urines. Lorsque la piqûre est faite un peu plus haut que dans le cas précédent, les urines se chargent d'albumine : il y a, en un mot, *albuminurie.* Plus haut encore, une *salivation abondante* se produit.

Fonctions du pont de Varole, des pédoncules cérébelleux et cérébraux. — Le *pont de Varole* (fig. 321, *br*) possède aussi le pouvoir conducteur et le pouvoir réflexe; mais son action est beaucoup moins importante que celle de la moelle et du bulbe. Quelques auteurs admettent, malheureusement sans faits expérimentaux bien précis, que le pont de Varole est le centre de perception des impressions de la sensibilité générale et par suite le centre des mouvements volontaires de la locomotion.

Les pédoncules cérébelleux (fig. 322) et cérébraux (fig. 321) jouent essentiellement le rôle de conducteurs. La section des *pédoncules cérébelleux* moyens détermine des mouvements de rotation, parfois très rapides, autour de l'axe longitudinal du corps; la section des pédoncules supérieurs et inférieurs provoque une flexion du corps. Ces troubles viennent de ce que le cervelet, centre coordinateur des mouvements, se trouve séparé des autres centres encéphaliques, notamment du cerveau, par le fait des sections dont il vient d'être parlé.

Les *pédoncules cérébraux* conduisent aux couches optiques et par suite au cerveau les impressions sensitives et transmettent les incitations motrices, volontaires ou réflexes, au bulbe et à la moelle. La section d'un pédoncule cérébral abolit le mouvement volontaire dans le côté opposé du corps; une simple lésion détermine un mouvement de manège.

Fonctions des tubercules quadrijumeaux. — Ces quatre petits centres (fig. 322, *nt*) ont des fonctions afférentes à la vision. Lorsqu'on les enlève à un animal, la cécité survient comme à la suite de la section du nerf optique, et l'iris reste immobile et dilaté. Leur excitation provoque des mouvements de l'iris et du globe de l'œil. Ils ont sans doute encore d'autres fonctions, car ils existent chez des animaux dont la vision est faible ou nulle, comme la taupe.

On ne sait rien des fonctions de l'épiphyse, de l'hypophyse, des tubercules mamillaires.

Fonctions des couches optiques et des corps striés. — Ces deux centres servent d'intermédiaire entre le bulbe et le cervelet d'une part, et le cerveau d'autre part.

Les *couches optiques* (fig. 356, 1) représentent une sorte de relais nerveux, placé sur le trajet des impressions centripètes dans lequel ces dernières subiraient une première élaboration, avant d'être distribuées aux diverses régions de l'écorce cérébrale où elles doivent être définitivement perçues, spiritualisées (voy. 13, 14, 15). Les impressions olfactives passeraient par le centre antérieur ou olfactif; les impressions visuelles, par le centre moyen ou optique (14), etc. Divers faits pathologiques sont en faveur de cette manière de voir. Une personne perdit successivement, dans l'espace de trois ans, l'odorat, la vue, l'ouïe et la sensibilité générale et resta par suite insensible à toutes les actions sensorielles externes; or, à l'autopsie, on constata que les couches optiques, et elles seules, avaient été envahies par une tumeur qui en avait progressivement détruit toute la substance.

Les *corps striés* (fig. 356, 2) paraissent jouer pour les incitations centrifuges le même rôle que les couches optiques pour les impressions centripètes, c'est-à-dire que l'influx nerveux du mouvement volontaire, au moment où il émerge du cerveau (voy. 10-11; 5-6), passe d'abord par les corps striés (12) où il subit en quelque sorte une première matérialisation et ce n'est qu'après cette élaboration qu'il continue sa marche descendante (12', 12''...) pour provoquer ses manifestations externes dans les différents groupes musculaires. L'excitation électrique de chaque corps strié donne lieu à des mouvements dans le côté opposé du corps.

Fonctions du cervelet. — Le cervelet ne joue aucun rôle sensitif, ni intellectuel ; mais son influence sur la régulation des mouvements, en un mot sur l'*équilibration*, est rendue manifeste par les mutilations variées que l'on peut faire subir à l'organe. Déjà, lorsqu'on enlève quelques tranches du cervelet d'un Oiseau, des troubles se produisent dans la locomotion ; mais, après l'ablation de l'organe entier, l'animal perd tout équilibre et se comporte comme s'il était ivre. Chez les Mammifères, des phénomènes analogues, quoique moins intenses, se produisent.

On se rappelle qu'une partie du nerf acoustique prend naissance dans le cervelet et que cette partie se distribue probablement aux ampoules des canaux semi-circulaires ; or, ces derniers nous ont apparu comme les organes du sens de l'équilibration ; le cervelet serait donc bien le *centre régulateur* de cette fonction motrice.

On peut admettre que les incitations nerveuses parties du cervelet s'associent aux incitations volontaires, émanées du cerveau et modifiées déjà par leur passage dans les corps striés, de manière à constituer un influx nerveux résultant, apte à produire aux différents niveaux la mise en jeu des groupes musculaires. On conçoit dès lors que des troubles doivent survenir dans la locomotion des animaux que l'on a privés de cervelet.

Fonctions du cerveau. — Le cerveau est la partie fondamentale du système nerveux. Les fonctions dont il est le siège ont pris chez l'Homme un tel développement, qu'il constitue à lui seul la majeure partie de la masse nerveuse encéphalique. Le cerveau pèse en moyenne 1200 grammes avec le noyau opto-strié, tandis que le poids total de l'encéphale n'est guère que de 1300 grammes. C'est évidemment la substance grise qui seule règle l'étendue des fonctions cérébrales ; on peut cependant dire, d'une manière générale, que ces dernières augmentent avec la masse totale du cerveau.

Les hémisphères cérébraux ont deux fonctions essentielles qu'ils ne partagent avec aucun autre centre nerveux : d'une part, ils transforment les impressions périphériques en sensations ; de l'autre, ils élaborent les incitations motrices volontaires. Le cerveau est, en un mot, le siège de la *perception* et de la *volonté*.

Quand un hémisphère est enlevé, ou détruit par la maladie,

le mouvement volontaire est aboli dans la moitié opposée du corps ; il y a, comme l'on dit, *hémiplégie*. Mais cette hémiplégie n'est jamais durable et, au bout d'un temps variable, les mouvements reparaissent, d'abord dans le membre antérieur, puis dans le membre postérieur. L'*action croisée* des hémisphères cérébraux vient de l'entre-croisement des faisceaux bulbaires et médullaires (fig. 324).

Lorsque les deux hémisphères viennent à disparaître, la sensibilité, la volonté et l'intelligence sont anéanties et le système nerveux ne réagit plus aux forces externes que par des actes réflexes inconscients. L'animal continue à vivre, même pendant plusieurs mois, grâce au bulbe rachidien où se coordonnent les réflexes nécessaires à l'entretien de la vie, notamment les réflexes digestifs, circulatoires et respiratoires.

I. Perception. — Prenons le phénomène sensitif à son origine, c'est-à-dire dans les organes des sens, et suivons-le jusqu'au moment où il se traduit par une sensation.

Les excitants externes (lumière, son...) (fig. 350 et 356) impressionnent les terminaisons des nerfs sensibles (bâtonnets optiques, cellules acoustiques...); les impressions, véritables mouvements moléculaires, suivent les nerfs sensitifs en direction centripète (fig. 356, 8, etc.) et arrivent de proche en proche aux couches optiques (fig. 356, 1). Là, elles ébranlent le noyau gris correspondant : le noyau antérieur pour les impressions olfactives, le noyau moyen pour les impressions visuelles, etc. Après cette première spiritualisation, elles sont lancées, avec leur modalité nouvelle, dans les différentes régions de la périphérie du cerveau, grâce aux fibres rayonnantes (fig. 356), et se communiquent aux cellules nerveuses (5, 10, 11...). Celles-ci achèvent l'élaboration de l'impression périphérique, lui donnent sa forme définitive, l'assimilent en quelque sorte; mais chaque ordre d'incitation sensorielle est dispersé et perçu dans une aire spéciale de la superficie du cerveau.

Ce dernier fait est établi, non seulement par la disposition même des fibres convergentes, mais par diverses expériences d'un haut intérêt. Lorsqu'en effet on enlève des tranches successives de la substance cérébrale, les animaux perdent parallèlement la faculté de percevoir les impressions visuelles, auditives, etc. Bien plus, on a montré que la substance cérébrale s'échauffe localement, lorsqu'elle est excitée par l'une ou l'autre sorte d'impressions sensorielles, et témoigne ainsi de l'intensité des actions chimiques dont elle est le siège. Lorsque, par exemple, des bruits intenses se produisent, lorsque des odeurs pénétrantes agissent sur la muqueuse pituitaire, on observe, au moyen d'appareils thermo-électriques très sensibles, un très léger échauffement dans deux régions distinctes de l'écorce cérébrale.

Une fois arrivées dans le centre de perception correspondant,

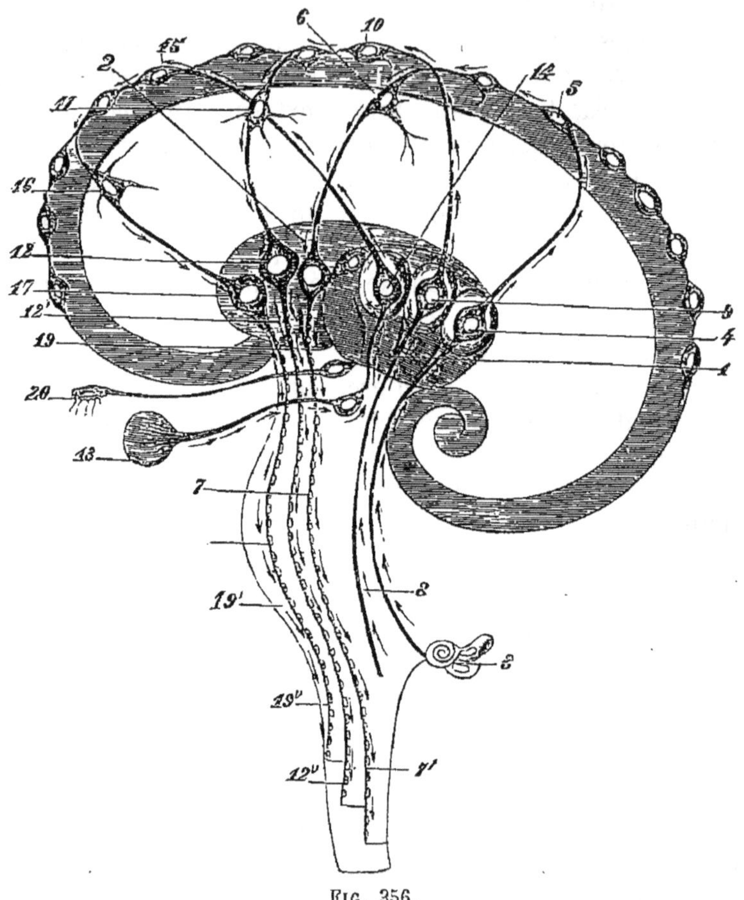

FIG. 356.

FIG. 356. — Fonctions du cerveau (fig. sch.). — 1, couche optique; 2, corps strié; ils sont unis au cerveau par les fibres convergentes; 4, 9, 14, centres de la couche optique; 12, 17, centres du corps strié; 20, muqueuse olfactive; 13, œil; 3, oreille; 5, 10, 15, cellules sensitives cérébrales; 6, 11, 16, cellules motrices. Les flèches centripètes indiquent la marche de l'influx nerveux sensitif; les flèches centrifuges celle de l'influx moteur.

comment se fait la perception des impressions venues de la périphérie? Sur les phénomènes intimes dont le protoplasme nerveux est alors le siège, on ne peut émettre que des hypothèses, basées sur les faits jusqu'ici bien établis. Les cellules nerveuses, irritées par les impressions sensorielles, mettent en jeu leur énergie propre, savoir des mouvements moléculaires d'une modalité particulière. Cette énergie, cet ébranlement, se communique de proche en proche à toutes les agglomérations d'éléments nerveux dont se compose le centre de perception correspondant. Or la perception n'est pas autre chose que l'ensemble de ces mouvements moléculaires cérébraux, qui sont la conséquence des mouvements analogues, mais non identiques, des nerfs sensitifs, ceux-ci eux-mêmes étant mis en jeu par les mouvements externes. Comment ces mouvements des cellules nerveuses peuvent-ils constituer une sensation, c'est ce qu'il nous est impossible de concevoir.

Les sensations représentent la *matière première du travail mental*. Elles peuvent être conservées dans les cellules cérébrales et reparaître à une époque plus ou moins éloignée (mémoire).

Certaines idées, comme les idées abstraites, paraissent se produire spontanément dans le cerveau, c'est-à-dire sans action externe préalable; il est probable que les cellules nerveuses sont alors simplement le siège de la réviviscence de sensations précédemment emmagasinées en elles.

II. Motricité. — Les impressions sensitives, après avoir ébranlé les différents centres de perception, continuent leur route dans les fibres motrices (fig. 356, ↧), et ainsi, venues de la périphérie, elles y retournent sous une autre forme après avoir traversé les corps striés (2) et se traduisent par des mouvements. Cette transformation de l'impression centripète en impression centrifuge n'est pas autre chose qu'un *phénomène réflexe*, conscient ou inconscient, suivant que l'impression sensorielle a été perçue ou non par le cerveau.

Il est vrai que des incitations motrices paraissent surgir directement des cellules cérébrales — de même que certaines idées — par la simple mise en jeu d'une force, appelée volonté, qui leur serait propre; mais, en réalité, l'acte moteur volontaire n'est lui-même que la répercussion plus ou moins reculée d'une impression sensorielle précédemment emmagasinée dans ces mêmes cellules; il ne représente au fond qu'un simple phénomène réflexe.

Il est ainsi démontré que le phénomène réflexe est l'acte nerveux fondamental, grâce auquel s'accomplissent les mouvements et les sécrétions dans l'organisme tout entier (p. 336).

— On admet, par analogie avec ce qui a lieu pour la moelle épinière, que les zones externes de petites cellules cérébrales (fig. 330, 1 et 2) sont affectées à la perception des diverses impressions sensitives et constituent par suite le *sensorium com-*

mun; tandis que les zones profondes de grosses cellules (3) représentent les foyers d'émission des incitations centrifuges, en particulier de celles du mouvement dit volontaire.

III. — Localisations cérébrales.

L'étude des fonctions de la substance grise du cerveau est basée sur l'expérience directe et sur la connaissance des modifications pathologiques de cet organe; elle est à peine naissante.

Nous ne rappellerons que pour mémoire le *système phrénologique* de Gall; cette première tentative de localisation des fonctions psychiques fut en effet surtout une œuvre d'imagination, sans base scientifique sérieuse et par suite sans résultats. Gall partait d'une classification des facultés intellectuelles, qui était d'ailleurs loin d'être admise par tous les psychologues; il divisait la surface du cerveau en autant de compartiments que de facultés et attribuait à chacun d'eux l'une de ces dernières. Comme point de départ, il admettait que les saillies du crâne correspondent à des dispositions intellectuelles spéciales, comme si les circonvolutions les plus développées se traduisaient nécessairement par une bosse crânienne. Pour déterminer les facultés correspondantes aux divers compartiments, il comparait les crânes des personnes qui s'étaient signalées par le développement exceptionnel d'une faculté à ceux des personnes ordinaires; il se servait aussi pour cette comparaison de crânes d'animaux chez lesquels certains instincts sont plus accentués que d'autres. Mais on sait que les circonvolutions qui laissent une trace sur la boîte crânienne ne l'impriment que sur la moitié interne, la moitié externe restant lisse. Aussi le système de Gall fut-il bientôt abandonné pour laisser place à des recherches véritablement scientifiques.

Facultés psychiques localisées. — Elles sont au nombre de quatre.

1° La *mémoire motrice verbale* ou mémoire des mouvements nécessaires à l'articulation de la voix. Les sujets privés de cette faculté, c'est-à-dire les *aphasiques*, ne présentent aucune altération des muscles du larynx : le son glottique a son caractère normal. C'est dans le cerveau que réside la lésion; on a remarqué en effet que l'aphasie est toujours accompagnée de l'altération ou de l'atrophie de la troisième circonvolution frontale, le plus souvent celle de l'hémisphère gauche (fig. 357, *me*).

Les aphasiques savent lire et écrire et répondent à ce qu'on leur dit par des gestes, mais ils ne peuvent parler. Ils ont perdu la mémoire des incitations motrices nécessaires à l'articulation des voyelles et des consonnes. Parfois, avec l'habitude, ils arrivent à prononcer quelques mots, mais alors ils s'en servent pour désigner les objets les plus différents; rarement la mémoire entière des mots leur revient.

2° La *mémoire auditive des mots* a son siège dans la première circonvolution temporale gauche (partie postérieure). Les personnes privées de cette faculté, c'est-à-dire atteintes de *surdité verbale*, présentent une lésion dans cette partie de l'écorce cérébrale; elles entendent les sons, mais sont incapables de discerner le sens des mots parlés; le souvenir de ces derniers a complètement disparu chez elles, à la suite de l'altération du centre nerveux où normalement il réside.

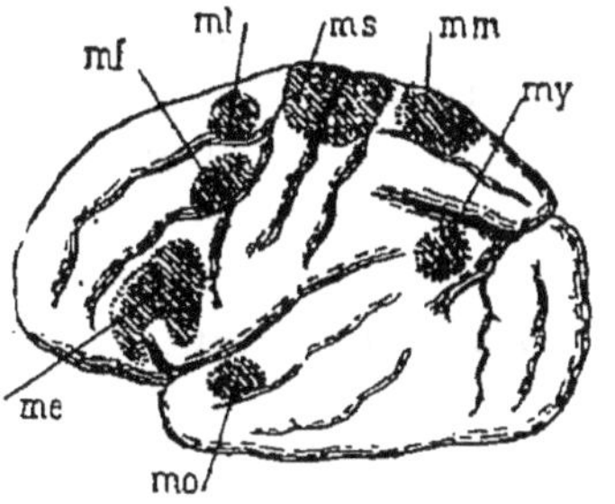

Fig. 357.

Fig. 357. — Centres nerveux localisés. — *mf*, centre des mouvements de la face; *mt*, mouvements de la tête et du cou; *ms*, mouvements du membre supérieur; *mm*, mouvements du membre inférieur; *my*, mouvements des yeux; *mo*, mouvements de la langue; *me*, centre du langage articulé.

3° La *mémoire visuelle des mots* est localisée dans le lobule pariétal inférieur; l'absence de cette mémoire ou *cécité verbale* est corrélative d'une lésion de cette région cérébrale. Les personnes atteintes de cécité verbale voient bien les mots écrits, mais sont incapables de les lire.

4° La *mémoire des mouvements de l'écriture* a pour centre la seconde circonvolution frontale gauche. Les sujets atteints d'*agraphie* ont perdu le souvenir des mouvements nécessaires pour écrire. Parfois l'agraphie se complique d'aphasie.

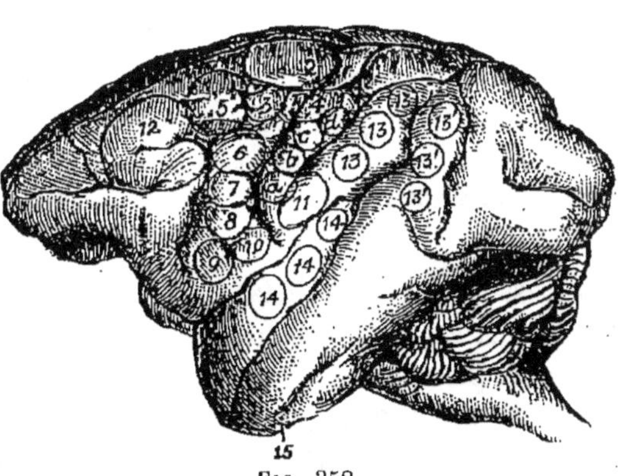

Fig. 358.

Fig. 358. — Hémisphère gauche du Singe montrant les centres nerveux moteurs de nombreux organes; 1, centre des mouvements du pied; 9 et 10, centres des mouvements de la bouche et de la langue; 14, mouvements de l'oreille; 13, mouvements des yeux, etc. En bas, le cervelet et le bulbe.

Centres moteurs localisés. — Pour déterminer les centres moteurs du cerveau, on a eu recours à l'*excitation électrique* de cerveaux de Singes et de Chiens, préalablement mis à nu. L'excitation d'un même point met toujours en jeu les mêmes muscles et détermine, en apparence au moins, le centre directeur de ces derniers. Sur la figure 358 sont représentés, sous forme de cercles, les différents centres d'excitation électrique qui, chez les Singes, produisent des mouvements bien déterminés lorsqu'ils sont stimulés, surtout lorsque l'excitation est portée au point central de chacun d'eux. La figure 357 montre la position probable de ces mêmes centres chez l'Homme. Dans la figure 359 sont représentés les divers centres moteurs déterminés expérimentalement chez le Chien.

Les centres moteurs qu'il s'agit de déterminer ne doivent

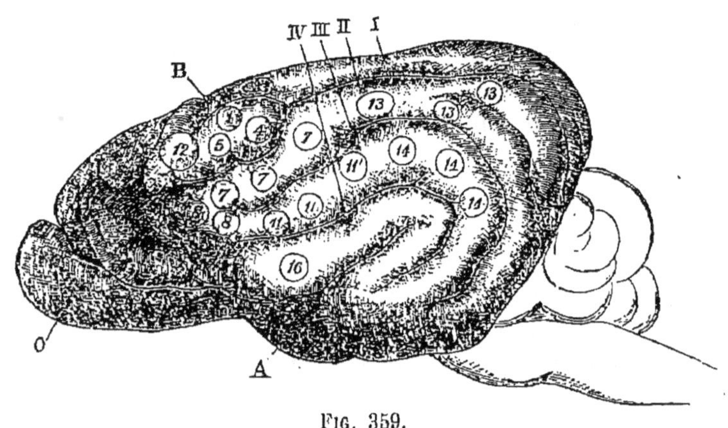

FIG. 359.

FIG. 359. — Hémisphère gauche du cerveau du Chien. — O, bulbe olfactif; A, scissure de Sylvius; I, II, III, IV, les quatre circonvolutions antéro-postérieures. Les chiffres 1 à 16 indiquent les centres moteurs ; 1, la patte de derrière s'avance; 4, rétraction et adduction du membre antérieur opposé ; 9, la bouche est ouverte et la langue s'agite, etc.

intéresser que la substance grise, c'est-à-dire les cellules nerveuses. Il est malheureusement établi que l'excitation électrique ne porte pas sur les cellules nerveuses. La substance grise du cerveau est inexcitable par les agents artificiels ; elle conduit simplement l'électricité jusqu'à la substance blanche sous-jacente et ce sont les fibres de cette dernière qui sont effectivement irritées.

C'est ce que montre l'expérience suivante.

Sur le cerveau d'un Chien, on enlève la substance grise de la région qui, lorsqu'elle est électriquement excitée, provoque des mouvements de la patte antérieure. La paralysie qui survient dans ce membre devrait être persistante si la substance grise enlevée était véritablement le centre moteur de ce dernier; or il n'en est rien : au bout de quelques jours la patte reprend ses mouvements.

Ce qui précède montre qu'il faut être très réservé sur la question des localisations motrices cérébrales.

Nutrition du cerveau. — L'activité cérébrale est placée sous la dépendance étroite de l'irrigation sanguine. C'est en effet le sang qui fournit aux cellules les substances nutritives nécessaires à la régénération des principes immédiats qui, à chaque instant, pendant le jour au moins, sont détruits en elles lors de la mise en jeu de leurs forces spéciales. Aussi les animaux décapités sont-ils instantanément privés de tout fonctionnement cérébral par le fait même de l'arrêt de la circulation ; il suffit d'ailleurs d'injecter dans les vaisseaux du sang défibriné pour rendre aux cellules nerveuses leurs propriétés et leur permettre de percevoir pendant quelques instants encore les excitations externes. C'est l'arrêt plus ou moins complet du sang dans les capillaires du cerveau qui donne lieu aux syncopes, aux vertiges, aux défaillances, etc.

Lorsque les cellules nerveuses entrent en activité, la vitesse du courant sanguin augmente et par suite la nutrition devient plus intense ; il en résulte une légère élévation de température ($\frac{1}{20}$ de degré) et une formation plus considérable de déchets azotés et de phosphates, excrétés par les reins.

Sommeil. — Lorsque l'activité cérébrale est restée pendant quelque temps en éveil, comme cela arrive normalement pendant le jour, les cellules nerveuses consomment peu à peu la réserve de force qu'elles tenaient accumulée sous la forme de principes immédiats divers (lécithine,...) ; il survient alors une période de fatigue, causée par l'épuisement matériel, suivie bientôt de la cessation complète du travail nerveux. C'est à ce repos du cerveau, à cette suspension de la vie de relation, qu'on donne le nom de *sommeil*. Les organes des sens sont restés irritables, les impressions qu'ils recueillent sont régulièrement transmises au cerveau, mais celui-ci est incapable de les percevoir dans l'état d'épuisement où il se trouve : il les réfléchit purement et simplement (réflexes inconscients).

Pendant la période de sommeil, la circulation du sang est fort ralentie ; les cellules régénèrent alors silencieusement, par l'assimilation des principes nutritifs du sang, les matériaux qui, dans la période de veille suivante, seront mis en œuvre pour la perception et la motricité. Vouloir écourter le sommeil au profit du travail intellectuel, c'est faire une dépense physiologique plus grande que la recette, c'est affaiblir le protoplasme nerveux à un point tel qu'à la suite de ces dépenses exagérées d'activité il est incapable de reprendre son fonctionnement normal : de là des maladies cérébrales.

Rêves. — Le plus souvent le cerveau n'est pas à l'état de repos absolu pendant le sommeil. Certains centres se maintiennent dans un état d'ébranlement persistant, par suite d'une surexcitation due à un travail prolongé ou par l'effet de leur plus grande impressionnabilité. Il suffit d'un centre d'ébranlement très restreint pour que le mouvement moléculaire se communique de proche en proche aux cellules voisines, dans les directions les plus variées, et ainsi prennent naissance de nombreuses idées, généralement bizarres, imprévues et le plus souvent désordonnées, constituant un *rêve.* Quelque spontanés qu'ils paraissent dans certains cas, ils peuvent toujours être rattachés à des sensations plus ou moins éloignées, visuelles ou auditives par exemple, qui ont exercé une action durable sur le *sensorium.*

Si l'activité diurne peut se prolonger pendant le sommeil, inversement les rêves peuvent laisser quelques traces après le réveil ; mais leur souvenir s'efface rapidement.

Hypnotisme. — On peut provoquer artificiellement, chez certains sujets dont l'organisation est appropriée, un sommeil qui ne diffère pas au fond du sommeil naturel et qui en présente même tous les caractères dans ses formes atténuées : on l'appelle *sommeil hypnotique.*

Pour produire l'*hypnose,* on applique en divers points du corps des excitants capables de produire la fatigue, par exemple une lumière très vive, comme celle du soleil ou du magnésium, sur l'œil ; plus simplement, on peut endormir le sujet en fixant son regard pendant quelques instants sur un objet peu lumineux, tenu près des yeux, un peu en haut. Au bout de peu de temps, la physionomie prend le caractère de l'extase. Si on éloigne l'objet, le sujet demeure immobile dans la position où il se trouvait auparavant : il reste en un mot en *catalepsie.* Si au contraire on maintient l'objet, le sujet ne tarde pas à tomber en arrière en poussant un soupir : c'est alors la *léthargie.* Dans l'un et l'autre cas, la conscience est abolie.

Le simple contact de la tête d'un sujet naturellement endormi suffit à provoquer le sommeil hypnotique.

Par action psychique, on peut arriver au même résultat, par exemple en disant au sujet qu'il a envie de dormir.

Pour réveiller les sujets hypnotisés, il suffit, le plus souvent, de souffler sur les yeux ou le front, ou d'y laisser tomber quelques gouttes d'eau ; mais on peut procéder aussi par intimation, en disant par exemple : « réveillez-vous ».

Périodes hypnotiques. — Les phénomènes qui s'observent chez les sujets hypnotisés ont pu être ramenés provisoirement à trois types principaux.

1° L'*état cataleptique,* produit par la fixation d'un objet quelconque ; les yeux du sujet sont ouverts, le regard est fixe ; pas de clignement de paupières ; le corps garde fort longtemps les attitudes les plus difficiles à maintenir, dans lesquelles on l'a placé.

2° *L'état léthargique* se produit par le même procédé que la catalepsie, ou par l'occlusion des paupières d'un sujet cataleptisé. Le corps s'affaisse ; les muscles et les nerfs sont devenus extrêmement irritables : ainsi, l'excitation du nerf cubital, au coude, détermine une contracture de la main.

3° *L'état de somnambulisme provoqué* est déterminé par une simple pression de la tête, chez les sujets en catalepsie ou en léthargie. Les yeux sont clos ; les paupières le plus souvent agitées de frémissements ; les nerfs et les muscles ont perdu leur hyperexcitabilité. Cet état hypnotique n'est pas sans rapport avec le somnambulisme ordinaire.

Suggestion. — On appelle *suggestion* toute opération qui consiste à produire un effet quelconque sur un hypnotique par le moyen d'une idée. Lorsque par exemple, on inculque au sujet l'idée que la paralysie frappe son bras, et que la paralysie s'ensuit effectivement, on fait de la suggestion ; car l'effet produit est la conséquence d'un phénomène psychique. Les personnes sensibles à la suggestion sont généralement caractérisées par une inertie mentale plus ou moins complète et par une grande excitabilité cérébrale. On peut faire naître chez elles les *hallucinations* les plus variées ; on leur présente par exemple une feuille de papier en leur disant que c'est un gâteau et elles la mangent avec délices à leur réveil. Mais, chose plus importante, on peut les déterminer aussi à *accomplir des actes* variés, avec une précision extraordinaire ; ces actes peuvent être immédiats ou à longue échéance. « B... était endormi ; je lui dis : « Vous reviendrez tel jour, à telle heure. » Réveillé, le sujet a oublié cette suggestion et me dit : « Quand voulez-vous que je revienne. — Quand vous pourrez. » Et régulièrement, avec une ponctualité surprenante, il revient au jour et à l'heure que je lui avais indiqués. » On peut armer le sujet hypnotisé et lui suggérer l'idée d'accomplir un acte criminel : l'acte est fidèlement exécuté, même à longue échéance, on peut dire automatiquement.

On voit, par ce qui précède, que la suggestion peut avoir des conséquences redoutables. Quoi de plus facile, en effet, que de faire signer à l'hypnotique des promesses, des reconnaissances, etc. ; de l'armer pour lui faire commettre un crime d'autant plus terrible qu'immédiatement après l'acte accompli il ne reste presque jamais trace, ni du sommeil hypnotique, ni du coupable qui l'a provoqué et qu'ainsi des accusations d'une extrême gravité peuvent porter sur des innocents, simples instruments inconscients d'une volonté étrangère.

CHAPITRE IV

FONCTIONS DU SYSTÈME SYMPATHIQUE

Nous avons vu que le système du grand sympathique, loin de constituer un système nerveux autonome, est intimement relié au système cérébro-spinal. Ses fonctions sont aussi du même ordre que celles des autres parties du système nerveux.

1° **Fonctions des nerfs.** — Les filets nerveux issus des ganglions du grand nerf sympathique se distribuent, comme l'on sait, aux viscères (fig. 338 et 340), aux parois des vaisseaux, etc. Au point de vue physiologique, ils appartiennent à la catégorie des *nerfs mixtes :* ils renferment à la fois des fibres sensitives, motrices et sécrétoires, comme les nerfs rachidiens.

En effet, l'excitation directe des ganglions, des grands nerfs splanchniques, des plexus rénaux, etc., se traduit par des sensations douloureuses bien caractérisées, quoique plus obscures que celles qui résultent de l'excitation d'un nerf de la vie animale. A plus forte raison, les faibles impressions recueillies par les nerfs sympathiques, à l'état normal, par exemple celles des aliments sur la terminaison de ces nerfs dans la paroi de l'estomac et de l'intestin, ne se transforment-elles dans le cerveau qu'en *sensations vagues :* le plus souvent même nous n'avons nullement conscience de ces impressions.

L'excitation des ganglions et filets sympathiques détermine aussi la contraction des muscles dans lesquels ils se ramifient. Ainsi, lorsqu'on touche les ganglions solaires avec un fragment de potasse, les mouvements péristaltiques de l'intestin ne tardent pas à se produire. Les incitations motrices, que conduisent naturellement les filets nerveux du sympathique, se traduisent toujours par des *mouvements involontaires.*

Les fibres motrices ne servent pas toutes à faire simplement contracter les parois musculaires dans lesquelles elles se terminent ; il en est qui ont pour effet d'*accélérer* les mouvements, par exemple les nerfs cardiaques ou nerfs accélérateurs du cœur ; d'autres appartiennent à la catégorie des *nerfs d'arrêt,* comme le grand nerf splanchnique dont l'excitation amène la paralysie de l'intestin ; d'autres enfin se distribuent aux parois des vaisseaux dont ils provoquent la dilatation ou la contraction : ce sont les *nerfs vaso-moteurs.*

Les fibres sécrétoires se ramifient les unes dans les artérioles des glandes et représentent par conséquent des nerfs vaso-moteurs glandulaires ; les autres, au contraire, paraissent agir directement sur les cellules sécrétrices, indépendamment de toute vascularisation.

2° **Fonctions des ganglions.** — Les ganglions du système sympathique sont doués, comme les autres centres nerveux, du *pouvoir conducteur* et du *pouvoir réflexe;* mais ils ne sont le siège d'aucune perception. Toutefois il ne faudrait pas croire que toutes les impressions sensitives recueillies par les filets sympathiques soient réfléchies par les ganglions dans les fibres centrifuges de ces mêmes filets pour produire un mouvement ou une sécrétion. On sait en effet aujourd'hui que les centres des actions réflexes sympathiques (réflexes cardiaques, vaso-moteurs; sécrétion des sucs intestinaux) se trouvent presque tous dans la moelle épinière et dans le bulbe rachidien, ainsi qu'on peut en juger par la destruction de ces deux derniers centres nerveux.

Nerfs vaso-moteurs. — Le système sympathique tient sous sa dépendance immédiate la paroi des vaisseaux, notamment celle des artérioles, dont il peut modifier le calibre en agissant sur les fibres lisses de leur tunique moyenne.

Les nerfs vaso-moteurs sont de deux sortes : les uns ont pour effet de maintenir constamment resserré le calibre des vaisseaux; ce sont les vaso-moteurs proprement dits ou *vaso-constricteurs* : ils présentent tous les caractères des nerfs moteurs ordinaires; les autres servent à dilater les vaisseaux par le relâchement de leurs fibres musculaires ; ce sont les *vaso-dilatateurs* : ils font partie de la catégorie des nerfs d'arrêt.

L'expérience suivante rend manifeste l'action des *nerfs vaso-constricteurs*. Sur un Lapin, on coupe le nerf grand sympathique au niveau du cou, au-dessus du ganglion cervical supérieur; un certain nombre de filets sympathiques, notamment ceux qui se ramifient dans l'oreille, sont ainsi séparés de la portion inférieure du nerf grand sympathique. Aussitôt les vaisseaux de l'oreille se dilatent et se dessinent sous la peau, tandis que la température de l'organe augmente d'environ 12 degrés. Les filets sympathiques agissent donc normalement pour maintenir les artérioles dans un certain état de contraction: ce sont des nerfs vaso-constricteurs. D'ailleurs, excitons le bout périphérique du nerf sympathique sectionné, les vaisseaux de l'oreille se contractent, et la rougeur disparaît par l'effet du ralentissement de la circulation; la température redevient normale. Supprime-t-on l'excitation électrique, la paralysie des vaisseaux reparaît et avec elle l'élévation de température.

L'expérience suivante montre l'existence des *nerfs vaso-dilatateurs*. On sectionne la corde du tympan, rameau du facial qui donne des filets aux glandes sous-maxillaires. Dès que l'on excite le bout périphérique de ce nerf, la sécrétion salivaire est accélérée : les vaisseaux de la glande sont dilatés; la veine, au lieu de renfermer comme d'ordinaire du sang noir, charrie du sang rouge, tellement la circulation est activée; la température augmente. La corde du tympan agit donc normalement pour dilater dans une certaine mesure les artérioles de la glande : l'excitation électrique ne fait qu'accroître son effet dilatateur.

Plusieurs expériences ont établi que le système sympathique, au moins dans sa région cervicale, renferme à la fois des filets vaso-constricteurs et des filets vaso-dilatateurs. Les premiers agissent, comme tous les autres nerfs moteurs, pour produire une contraction ; les seconds, loin d'agir directement sur les tuniques contractiles des vaisseaux, paraissent exercer leur effet sur les filets vaso-constricteurs de la même région, de manière à les paralyser et par suite à provoquer le relâchement des parois vasculaires.

Les vaso-constricteurs auraient donc seuls le pouvoir d'actionner les vaisseaux, par contraction, à la manière ordinaire de tous les nerfs moteurs, tandis que les vaso-dilatateurs ne serviraient qu'à paralyser les précédents et par suite à occasionner la dilatation vasculaire.

Action des nerfs vaso-moteurs sur la nutrition. — Les nerfs vaso-moteurs activent ou ralentissent l'irrigation sanguine, suivant qu'ils déterminent la dilatation ou la constriction des artérioles; dans le premier cas, le nombre des battements du cœur augmente; dans le second, il diminue. Or la nutrition des éléments est activée lors de la dilatation, ainsi que le montre l'élévation de température, et ralentie lors de la constriction. Il en résulte que les nerfs vaso-moteurs exercent une action indirecte sur la production de la chaleur dans l'organisme.

TROISIÈME PARTIE

NOTIONS SUR L'ORGANISATION DES VERTÉBRÉS

Dans ce qui va suivre, nous étudierons sommairement la conformation générale des principaux appareils et systèmes organiques dans l'embranchement des animaux vertébrés.

Les Vertébrés ont pour caractère général d'avoir le *système nerveux tout entier au-dessus du tube digestif*. Le plus souvent ils possèdent un squelette intérieur osseux, parfois cartilagineux, composé essentiellement de segments vertébraux, et des membres au nombre de quatre au maximum. L'axe du squelette ou colonne vertébrale, composé de vertèbres, sépare l'axe nerveux cérébro-spinal du tube digestif (fig. 165).

On divise l'embranchement des Vertébrés en cinq classes, savoir : les *Mammifères*, les *Oiseaux*, les *Reptiles*, les *Amphibiens* et les *Poissons*. Toutefois un genre, l'*Amphioxus*, sorte de Vertébré dégradé, mérite par son organisation spéciale une place à part dans la classification, à la suite des Poissons où il constitue en quelque sorte l'intermédiaire entre certains Invertébrés (Ascidies) (fig. 424) et les Poissons.

CHAPITRE PREMIER

APPAREIL DIGESTIF

Les Vertébrés ont le tube digestif complet. Chez les Oiseaux, les Reptiles, les Amphibiens et un grand nombre de Poissons (P. cartilagineux), en un mot chez la plupart des *Vertébrés ovipares* (fig. 367), l'anus, au lieu de s'ouvrir directement au dehors comme chez les Mammifères (exception faite des Monotrèmes), débouche dans le *cloaque*, sorte de poche où viennent se terminer à la fois l'intestin. les conduits urinaires et génitaux. Les Mammifères de l'ordre des Monotrèmes (Echidné, Ornithorhynque) servent d'intermédiaire entre les autres Mammifères et les Vertébrés ovipares : ils ont en effet un cloaque et de plus pondent des œufs, comme ces derniers, tandis qu'ils sont bien Mammifères par les poils et les mamelles.

Parmi les glandes annexes du tube digestif, le foie seul est constant dans l'ensemble des Vertébrés.

DENTITION

1° **Mammifères.** — Chez les Mammifères, la dentition présente de nombreuses différenciations en rapport avec le régime et par suite avec le mode d'articulation de la mâchoire inférieure. On peut distinguer trois types principaux de dentitions auxquels se rapportent plus ou moins nettement tous les autres; ce sont : le type *Rongeur*, le type *Carnassier* et le type *Ruminant*.

a. Les *Rongeurs* (Lièvre, Lapin, Rat, Écureuil) se distinguent immédiatement (fig. 360) par l'*absence de canines;* par les inci-

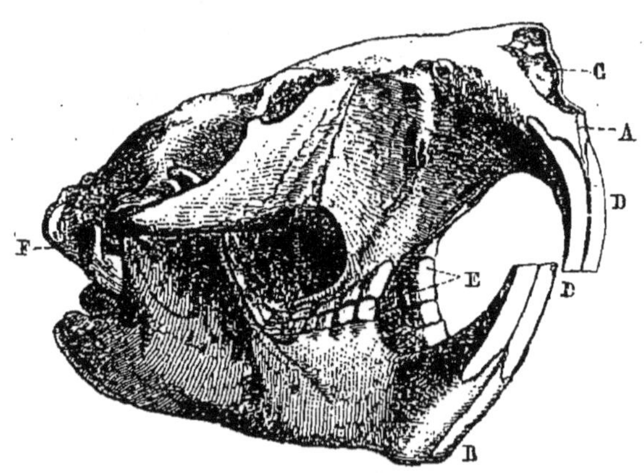

Fig. 360.

Fig. 360. — Squelette de la tête du Castor. — C, fosses nasales ; A, maxillaires supérieurs; D, D, incisives; E, molaires; B, maxillaire inférieur ; F, trou auditif.

sives ou dents rongeuses, très longues et au nombre de deux à chaque mâchoire, sauf chez les Léporiens (Lièvre...) qui en ont quatre à la mâchoire supérieure, deux grandes en avant et deux petites en arrière d'elles. La croissance des incisives est continue; ces dents s'usent en biseau, faute d'émail sur la partie postérieure de la couronne. Les molaires, en nombre variable, trois chez le Rat, cinq chez le Lièvre, ont une couronne aplatie, sillonnée de *plis d'émail transversaux*. On appelle *barre* l'espace vide correspondant aux canines.

$$\text{F. D.} = \frac{1}{1} + \frac{0}{0} + \frac{m}{m'};\quad \frac{m}{m'} = \frac{3}{3}\ (\text{Rat}) = \frac{5}{5}\ (\text{Lièvre}) = \frac{5}{4}\ (\text{Écureuil}).$$

Les condyles de la mâchoire inférieure sont ovales et allongés d'avant en arrière; ils sont reçus en haut dans une gouttière articulaire un peu plus longue qu'eux, ce qui permet à la mâchoire de se mouvoir librement d'avant en arrière, tandis que les mouvements de haut en bas et les mouvements latéraux sont très limités.

Le *mouvement d'avant en arrière*, qui caractérise les Rongeurs, est tout à fait assimilable à celui d'une râpe ou d'une lime : les plis transversaux d'émail des molaires inférieures s'engrènent avec ceux des molaires supérieures et assurent la trituration des matières alimentaires souvent fort dures (racines, fruits, etc.), dont se nourrissent ces animaux.

On voit qu'il y a corrélation intime entre la forme des

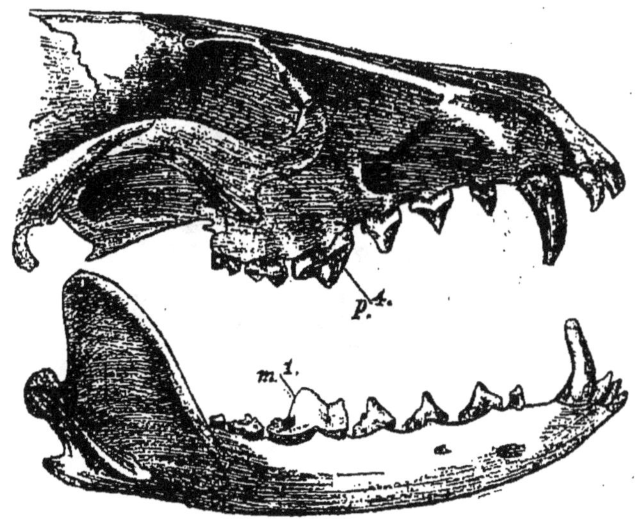

Fig. 361.

Fig. 361. — Dentition du Renard. — p^1 (dernière prémolaire) et m^1 (première mâchelière) : dents carnassières.

molaires, celle de l'articulation et le mouvement de la mâchoire inférieure.

b. Les *Carnassiers* (Chien, Chat, Tigre, etc.) ont la *dentition complète* (fig. 361). Les incisives sont petites et toujours au nombre de six à chaque mâchoire; les canines, très développées, au nombre de quatre en tout, glissent de chaque côté l'une contre l'autre, à la manière de lames de ciseaux; les molaires, en nombre variable, sont aplaties latéralement, élargies et pourvues de crêtes tranchantes; l'une d'elles (dernière prémolaire en haut, première mâchelière en bas) se distingue par sa grande taille et s'appelle *dent carnassière*.

Chez les vrais Carnassiers (Tigre, Lion, Chat), les mâchoires sont courtes et le nombre des molaires très réduit : la carnassière occupe le fond de la mâchoire et agit par conséquent avec une très grande force (fig. 362). Au contraire, chez les Carnassiers qui ne se nourrissent pas exclusivement de chair (Chien, Ours), les molaires sont plus nombreuses et les carnassières sont le plus souvent suivies de deux *molaires tuberculeuses*, à tubercules émoussés.

$$\text{F. D.} = \frac{3}{3} + \frac{1}{1} + \frac{m}{m'} \quad \frac{m}{m'} = \frac{4}{3}\,\text{(Chat, Tigre)} = \frac{6}{7}\,\text{(Chien, Loup, Renard).}$$

Les condyles de la mâchoire sont ici cylindriques et perpendiculaires à l'axe antéro-postérieur de la tête; comme ils sont logés dans une gouttière articulaire de même courbure et de même direction, le seul mouvement possible est le *mouvement de bas en haut*, effectué autour de l'axe qui joint les condyles. Les canines et les molaires supérieures glissant contre les dents correspondantes du bas, ce mouvement est tout à fait comparable à celui des lames d'une paire de ciseaux et par suite éminemment apte à déchiqueter la chair. Ici encore il y a harmonie entre la forme des dents et celle de l'articulation.

FIG. 362. — Tête de Tigre.

c. Chez les *Ruminants* (fig. 363), la *dentition* est *incomplète;* les incisives et les canines manquent à la mâchoire supérieure; à la mâchoire inférieure on trouve six ou huit incisives dirigées en avant, et parfois deux canines. Les molaires sont au nombre de cinq à sept à chaque demi-mâchoire : leur couronne présente des *replis semi-lunaires d'émail* (fig. 362 *bis* et 397), dirigés dans le sens antéro-postérieur.

$$\text{F. D.} = \frac{0}{3} + \frac{0}{1} + \frac{6}{6} \text{ (Bœuf)},$$
$$= \frac{0}{4} + \frac{0}{0} + \frac{6}{6} \text{ (Mouton)}.$$

Les condyles, au lieu d'être allongés dans le sens antéro-

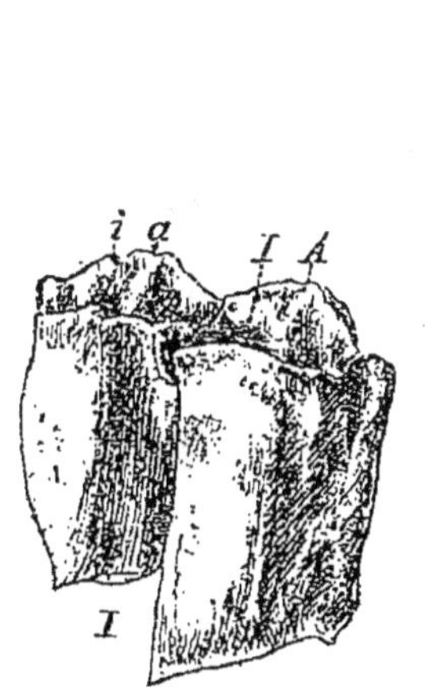

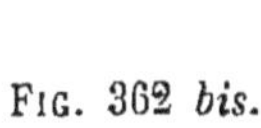

Fig. 362 *bis*.

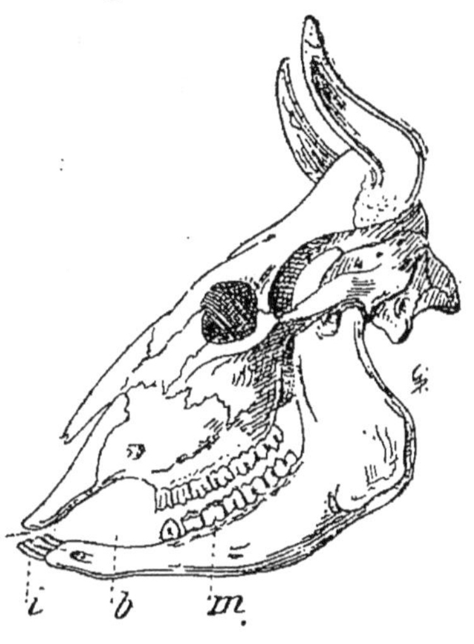

Fig. 363.

Fig. 362 *bis*. — I, molaire supérieure droite du veau, encore incluse dans la gencive. — *v*, face antérieure; *i*, face interne; A, *a*, croissants d'émail externes; I, *i*, croissants d'émail internes.

Fig. 363. — Crâne du Bœuf. *i*, incisives; *b*, barre; *m*, molaires.

postérieur, comme chez les Rongeurs, ou dans le sens transverse, comme chez les Carnassiers, sont plats ou légèrement concaves et s'appliquent sur une surface plane ou légèrement convexe du crâne. Grâce à cette disposition, la mâchoire inférieure peut effectuer des *mouvements circulaires*, caractéristiques des Herbivores, et pendant lesquels les croissants d'émail des dents inférieures s'engrènent avec ceux des dents supérieures et assurent la mastication de l'herbe et autres aliments végétaux. Ce mouvement de circumduction peut être assimilé à celui d'une meule.

d. Les autres types de Mammifères peuvent se rattacher aux précédents. Citons simplement la formule dentaire de quelques-uns d'entre eux :

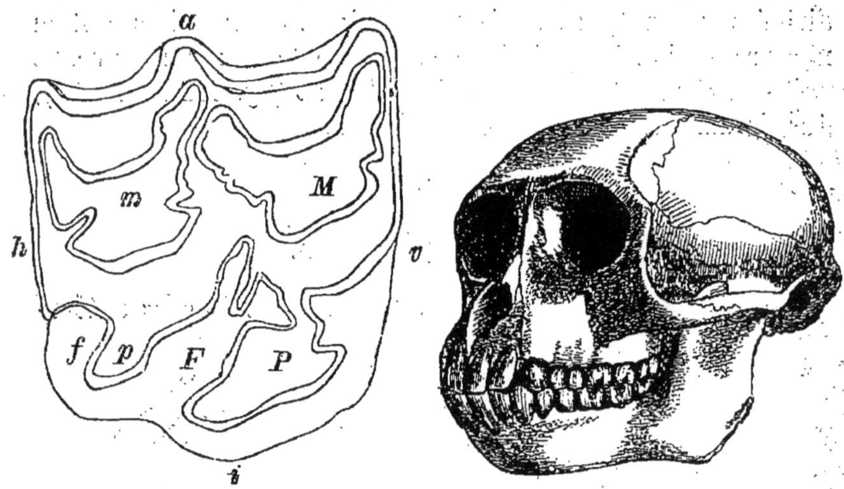

FIG. 363 *bis*. FIG. 364.

FIG. 363 *bis*. — Molaire supérieure droite du Cheval. — *a, i, v, h*, faces externe, interne, antérieure, postérieure ; M, *m*, P, *p*, saillies ; F, *f*, plissements.

FIG. 364. — Tête de Macaque, Singe d'Afrique.

Primates : $\frac{2}{2} + \frac{1}{1} + \frac{5}{5}$ (Gorille...) (fig. 364) ou $\frac{6}{6}$ (Sajou).

Insectivores : $\frac{3}{4} + \frac{1}{1} + \frac{7}{6}$ (Taupe).

Équidés : $\frac{3}{3} + \frac{1}{1} + \frac{6}{6}$ (Cheval) (fig. 363 *bis*).

Porcins : $\frac{3}{3} + \frac{1}{1} + \frac{7}{7}$ (Porc, Sanglier).

2° **Vertébrés ovipares.** — Les *Oiseaux* actuels sont dépourvus de dents. Certaines formes fossiles (Archæoptéryx, etc.), trouvées dans le terrain crétacé, en étaient seules pourvues et paraissent constituer les intermédiaires entre les Reptiles et les Oiseaux proprement dits : elles tiennent, en effet, des premiers par la dentition et par une queue formée de nombreuses vertèbres, des seconds par les plumes.

Chez les *Reptiles* (fig. 365), les dents sont tantôt simplement fixées à la surface des mâchoires (Lézards, etc.), tantôt logées dans des alvéoles (Crocodiliens), comme chez les Mammifères. Parfois on en trouve sur la voûte palatine (Boa). Les *crochets venimeux*, lorsqu'ils existent, sont au nombre de deux à la mâchoire supérieure et creusés, tantôt d'une simple gouttière, tantôt d'un canal complet, qui permet au venin de s'écouler ; ce dernier caractère se remarque chez les Serpents très venimeux. Les glandes à venin représentent les glandes salivaires ; leur canal excréteur communique avec les crochets.

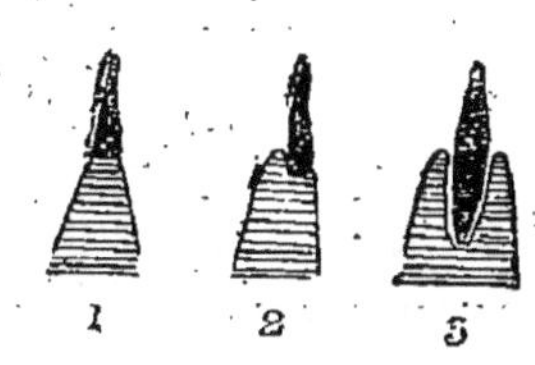

FIG. 365.

FIG. 365. — 1, 2, dents de Sauriens ; 3, dent de Crocodilien.

Chez les *Amphibiens* et surtout chez les *Poissons*, les dents n'existent pas seulement sur les mâchoires, mais sur tous les os formant la paroi de la bouche ; sur les maxillaires, elles sont parfois disposées en rangées concentriques (Squales).

On voit qu'à partir des Poissons, les surfaces osseuses recouvertes par les dents se localisent de plus en plus, à mesure que l'on se rapproche des Mammifères, où elles sont réduites aux deux mâchoires. Chez les Mammifères eux-mêmes, la localisation s'est lentement poursuivie et a atteint son plus haut degré chez les Carnassiers, grâce au raccourcissement progressif des mâchoires ; elle est toujours corrélative d'une spécialisation de la dentition dans la forme et dans le mode d'action.

TUBE DIGESTIF

Le tube digestif est complet. L'*estomac*, le plus souvent simple, est divisé chez les *Ruminants* en quatre poches distinctes (fig. 366), savoir : la *panse* (*c*), à surface interne villeuse ; le *bonnet* (*d*), à surface interne gaufrée ; le *feuillet* (*f*), muni de plis longitudinaux, et la *caillette* ou estomac proprement dit (*g*). Les aliments, incomplètement triturés et mêlés à la salive, s'accumulent d'abord dans la panse ; de là ils passent petit à petit dans le bonnet ; ils remontent ensuite dans la bouche, grâce aux mouvements antipéristaltiques de l'œsophage, pour être soumis à

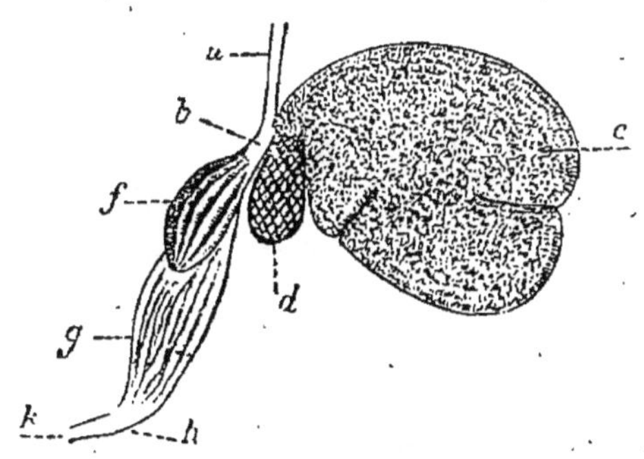

FIG. 366.

FIG. 366. — Estomac de Ruminant ouvert. — *a*, œsophage ; *b*, gouttière dirigée vers *f* ; *c*, panse ; *d*, bonnet ; *f*, feuillet ; *g*, caillette ; *h*, pylore ; *k*, intestin.

une seconde mastication. Ainsi amollis, ils redescendent par l'œsophage et cette fois se rendent dans le feuillet par la gouttière *b*, et enfin dans la caillette. C'est cette dernière poche qui produit le suc gastrique. On trouve aussi dans l'estomac des Herbivores, mélangées aux aliments, un grand nombre de Bactéries qui paraissent faciliter la digestion.

Les Porcins, les Cétacés (Marsouins), divers Singes, ont aussi un estomac à plusieurs poches; mais ils n'ont pas la propriété de ruminer leurs aliments.

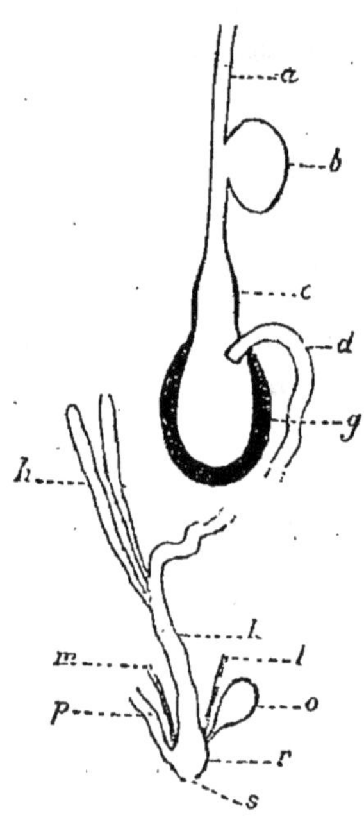

FIG. 367. — Tube digestif d'Oiseau (Poule). — *a*, œsophage; *b*, jabot; *c*, ventricule succenturié; *g*, gésier; *d*, intestin; *h*, cæcums; *k*, rectum; *m*, *l*, conduits urinaires; *p*, oviducte; *o*, bourse de Fabricius; *r*, cloaque; *s*, son orifice.

L'intestin est toujours beaucoup plus long chez les Herbivores que chez les Carnassiers.

Chez les *Oiseaux*, le tube digestif se compose (fig. 367) : de la bouche, munie d'un bec corné; d'un œsophage (*a*), sur lequel on remarque souvent une dilatation unilatérale, le *jabot* (*b*), qui chez les Pigeons sécrète un liquide destiné à l'alimentation des jeunes; d'un estomac différencié en deux parties, savoir : l'estomac proprement dit ou *ventricule succenturié* (*c*), qui produit le suc gastrique, et le *gésier* (*g*), à paroi musculaire fort épaisse, renfermant souvent des graviers (Poule) et destiné à broyer les aliments durs que l'Oiseau avale directement; enfin d'un intestin grêle (*d*) et d'un gros intestin (*k*); ce dernier commence par *deux longs cæcums* (*h*) et débouche dans le cloaque (*r*) avec les uretères et l'oviducte.

Chez les *Poissons*, l'estomac (fig. 368) est fréquemment muni de prolongements en tubes, appelés *cæcums pyloriques* (*f*), dont la structure ne paraît pas différer du reste de l'estomac. Comme dépendance du tube digestif, il faut citer la *vessie natatoire* (fig. 369), placée sous la colonne vertébrale, dans la région moyenne du corps et tantôt fermée (Perche), tantôt en relation par un canal avec l'œsophage (Carpe). Cette poche, qui est l'analogue des poumons des autres Vertébrés, sert à l'animal à monter ou à descendre dans l'eau entre deux limites déterminées. Lorsqu'en effet les muscles du tronc se contractent, la vessie natatoire est comprimée et l'animal, augmentant de poids spécifique, descend; inversement, lorsqu'ils reviennent au repos, la poche se dilate et le poisson remonte vers la surface.

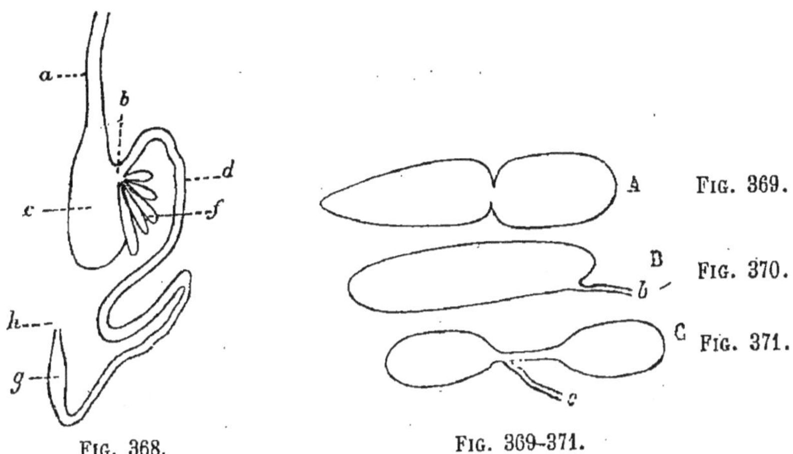

Fig. 369. Fig. 370. Fig. 371.

Fig. 368. Fig. 369-371.

Fig. 368. — Tube digestif de Poisson. — *a*, œsophage ; *c*, estomac ; *b*, pylore ; *f*, cæcums pyloriques ; *d*, intestin ; *g*, poche rectale ; *h*, anus.

Fig. 369-371. — Vessies natatoires.

Fig. 369. — A, vessie natatoire fermée de la Perche.

Fig. 370. — B, vessie natatoire du Brochet.

Fig. 371. — C, vessie natatoire de la Carpe ; *b*,*c*, canaux débouchant dans l'œsophage.

Comme la poche ne peut changer de volume qu'entre de certaines limites, on comprend qu'elle oblige l'animal à demeurer dans des profondeurs déterminées; aussi les Poissons des grandes profondeurs meurent-ils lorsqu'on les amène dans le voisinage de la surface, à cause de la trop grande dilatation de la vessie natatoire, qui exerce alors des pressions nocives sur les organes internes.

CHAPITRE II

APPAREIL RESPIRATOIRE

Les animaux vertébrés vivent les uns dans l'air, les autres dans l'eau; leur appareil respiratoire est conformé d'une manière bien différente dans les deux cas, mais la fonction reste la même. Partout la respiration consiste en une absorption d'oxygène destiné à entretenir les oxydations internes et en un dégagement corrélatif d'acide carbonique.

Au point de vue de l'appareil respiratoire, on peut distinguer trois groupes de Vertébrés : 1° les *Vertébrés pulmonés*, qui respirent toujours par des poumons (Mammifères, Oiseaux, Reptiles); 2° les *Vertébrés branchiaux*, qui respirent toujours par des organes, appelés *branchies* (Poissons); 3° les *Vertébrés, branchiaux* dans le jeune âge et *pulmonés* à l'âge adulte (Amphibiens); ce groupe est intermédiaire entre les deux précédents.

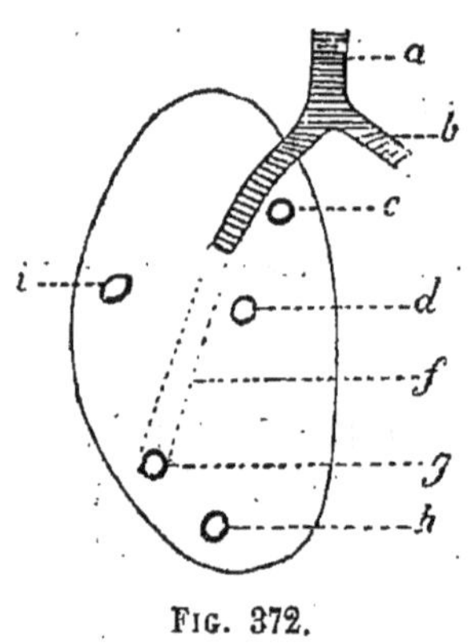

Fig. 372.

Fig. 372. — Poumons des Oiseaux. — *a*, trachée; *b*, bronches; *c*, *d*, *g*, *h*, *i*, orifices communiquant avec les sacs aériens; *f*, bronches non divisées qui s'y terminent.

Oiseaux. — L'appareil respiratoire des Oiseaux (fig. 372) comprend, comme celui des Mammifères, une trachée, deux bronches et deux poumons. La trachée, très longue, présente, outre le larynx ordinaire, inactif dans la production des sons, un larynx inférieur, situé à l'origine des bronches et qui représente l'organe musical. Les poumons sont solidement fixés contre la cage thoracique et se moulent sur les côtes; ils renferment un très grand nombre d'alvéoles. De plus, un certain nombre de canaux bronchiques (fig. 372, *f*) traversent les poumons sans se ramifier et s'ouvrent à la face interne de ces organes par cinq orifices qui communiquent avec des sacs membraneux, caractéristiques des Oiseaux et appelés *sacs aériens*. Ces sacs, placés sous le tégument, sont au nombre de neuf, savoir : un sac impair médian ou *sac claviculaire*, placé entre les clavicules et communiquant avec l'orifice supérieur de chaque poumon; deux *sacs cervicaux*, situés dans le voisinage du précédent; quatre *sacs thoraciques*, et enfin deux *sacs abdominaux*, les plus développés de tous. Ils communiquent avec les cavités des os, notamment celles des os des membres.

Les sacs aériens ont un double rôle : ils servent de réservoir d'air pour la respiration et facilitent le vol, lorsqu'ils sont gonflés, en diminuant le poids spécifique du corps.

La respiration des Oiseaux est fort active, ainsi qu'en témoigne la température de leur corps, qui varie entre 40 et 44 degrés.

Reptiles. — Les Reptiles ont des besoins respiratoires beaucoup plus restreints ; aussi la structure de leurs poumons est-elle d'une grande simplicité.

Chez les *Sauriens* (Lézards, etc.), les poumons sont de simples sacs membraneux, pourvus de vaisseaux sanguins, et dans lesquels les bronches s'ouvrent à plein orifice, sans se ramifier ; leur paroi présente simplement des replis disposés en réseau, simulant une sorte de gaufrure et indiquant une tendance à la division de la cavité pulmonaire unique en lobules.

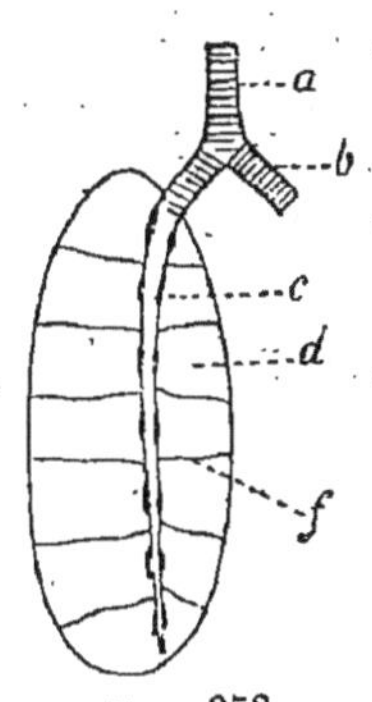

FIG. 373.

FIG. 373. — Poumon de Tortue. — *a*, trachée ; *b*, bronches ; *c*, orifices ; *d*, loges aériennes ; *f*, cloisons.

Chez les *Ophidiens* (Serpents), un des poumons avorte généralement, tandis que l'autre s'étend sur une grande longueur.

Les poumons des *Chéloniens* (Tortues) sont fixés à la partie dorsale de la carapace ; ils sont divisés chacun en deux rangées de loges irrégulières (fig. 373) par des cloisons transversales membraneuses. Les bronches se continuent sans se diviser le long de la paroi et s'ouvrent dans chaque cavité pour permettre l'entrée et la sortie de l'air. Le sang veineux circule dans la paroi et dans les cloisons.

Enfin, chez les *Crocodiliens*, les plus élevés des Reptiles, les poumons sont divisés en cinq loges principales, qui elles-mêmes se subdivisent par des cloisons en loges de deuxième, troisième et quatrième ordres, ce qui augmente notablement la surface destinée à l'hématose.

Amphibiens. — Les Amphibiens (Grenouille, Triton) présentent durant leur développement des métamorphoses fort importantes qui intéressent tout particulièrement l'appareil respiratoire. De l'œuf gélatineux de la Grenouille sort une larve, appelée *têtard* (fig. 374), dont le corps est cylindrique et muni postérieurement d'une queue aplatie latéralement. Le têtard se fixe grâce à deux ventouses qu'il présente un peu en arrière de la bouche : il respire alors uniquement par la *peau*, qui est très molle et très perméable aux gaz. Au bout de deux ou trois jours, le têtard nage librement et l'on voit apparaître de chaque côté de la tête une petite houppe formée de filaments ramifiés, très vasculaires ; ce sont les *branchies externes* (fig. 375) ; elles durent à peine quinze jours ; tandis qu'elles se flétrissent, se développent, sous la peau, des *branchies internes*, placées comme celles des Poissons sur quatre arcs cartilagineux appartenant à l'appareil hyoïdien. En même temps les pattes postérieures, puis les antérieures

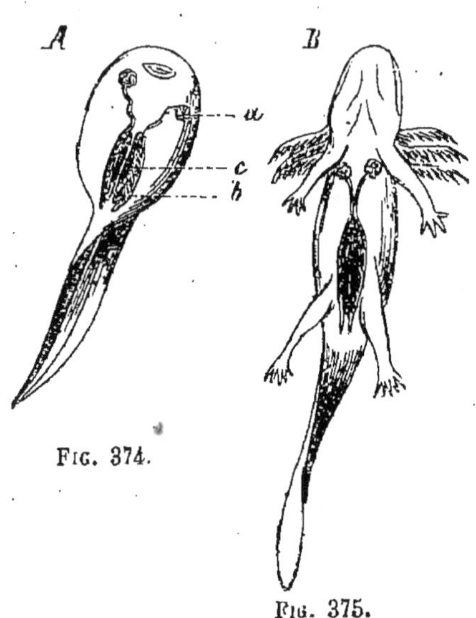

Fig. 374.

Fig. 375.

Fig. 374. — A, têtard ; *a*, *b*, *c*, organes urinaires et génitaux.

Fig. 375. — B, larve de Salamandre ; on voit les mêmes organes, plus les branchies externes.

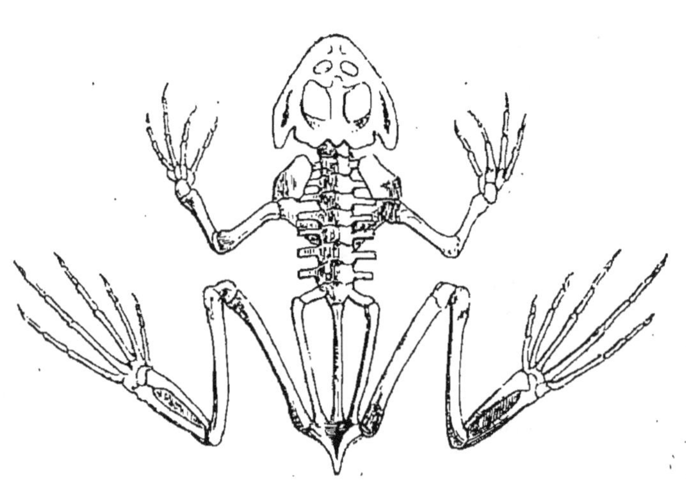

Fig. 376. — Squelette de Grenouille.

apparaissent et la queue se flétrit graduellement. Enfin les branchies internes elles-mêmes s'atrophient, tandis que les *poumons* se développent dans la cavité interne du corps ; ces poumons ont la même structure que ceux des Reptiles inférieurs. Les Grenouilles n'ayant pas de côtes (fig. 376) ne peuvent inspirer et expirer l'air comme les Vertébrés supérieurs : c'est par des *mouvements de déglutition* qu'elles introduisent l'air dans leurs poumons.

Certains Amphibiens (Axolotl, Protée) conservent, à l'âge adulte, les branchies externes qu'ils possédaient pendant la phase de têtard : on les appelle *Pérennibranches :* ils respirent à la fois par les poumons et par les branchies.

Remarquons enfin que la peau, toujours molle, joue, chez tous les Amphibiens adultes, un rôle important dans la respiration.

Poissons. — Chez les Poissons, la respiration est branchiale pendant toute la vie. Les branchies ont une position et une structure différentes, suivant le groupe de Poissons que l'on considère. Prenons comme type un Poisson osseux.

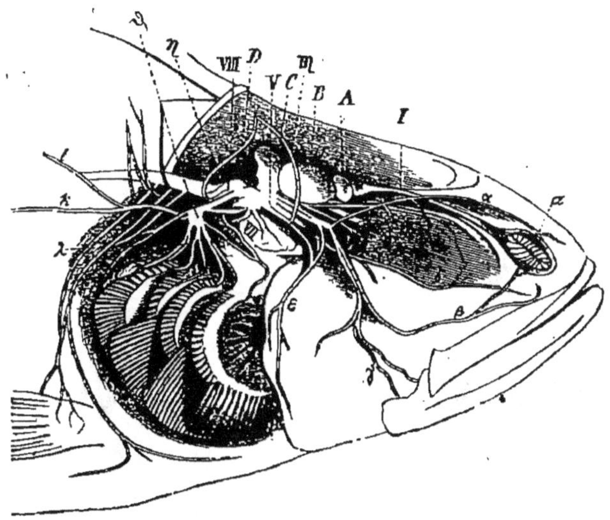

Fig. 377.

Fig. 377. — Système nerveux et branchies des Poissons osseux (Perche). — *a*, sac nasal ; I, nerf olfactif ; A, cerveau ; B, lobes optiques ; C, cervelet ; D, moelle allongée ; II, nerf optique ; III, nerf oculo-moteur ; IV, nerf pathétique ; V, trijumeau ; *m*, sa branche dorsale, unie à *n* ; α, β, γ, trois autres branches du trijumeau ; δ, ε, nerf facial ; VII, nerf auditif ; VIII, nerf vague avec son ganglion ; *n*, *k*, *l*, λ, rameaux du nerf vague. En bas, on voit les branchies.

1° *Poissons osseux* ou *Téléostéens.* — Les branchies sont situées (fig. 377) de chaque côté du pharynx, dans deux poches spéciales, appelées *chambres branchiales*, communiquant, d'un côté avec la bouche par deux ouvertures situées de chaque côté de l'orifice œsophagien, de l'autre avec l'extérieur, par deux longues fentes verticales placées sur les côtés de la tête et appelées *ouvertures des ouïes*. Ces dernières sont limitées par la *ceinture scapulaire* ou appareil suspenseur des nageoires pectorales et par le bord postérieur d'une sorte de volet mobile, appelé *opercule;* elles peuvent s'élargir ou se rétrécir par les mouvements des opercules.

Les *branchies* sont le plus souvent au nombre de quatre de chaque côté, disposées parallèlement. Chacune d'elles se compose (fig. 378) d'un arc osseux (*d*), muni sur sa face externe, convexe, de deux rangées de *lamelles* triangulaires (*b*, *c*); le tout est recouvert d'une *muqueuse* (*f*), partie fondamentale de la

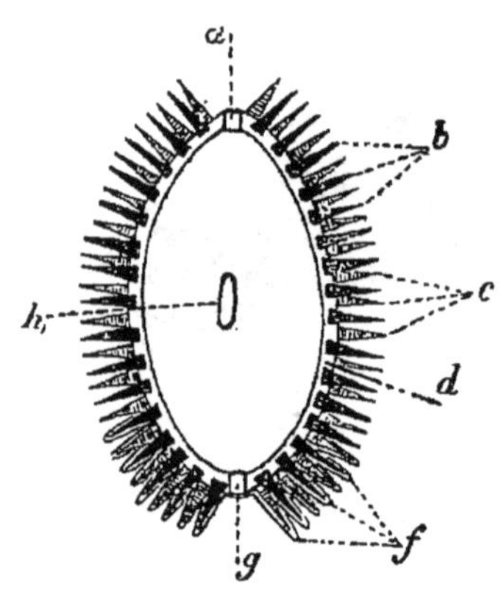

FIG. 378.

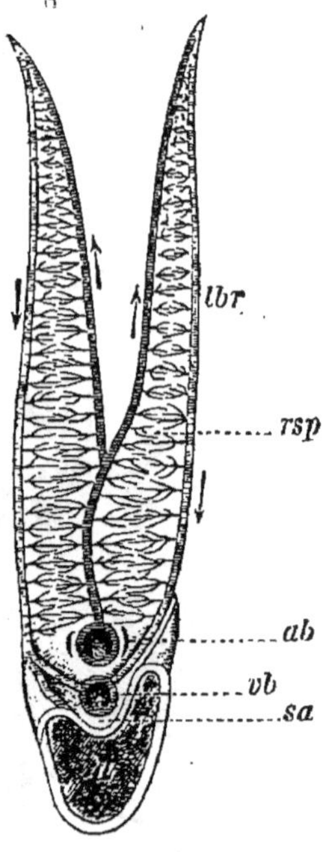

FIG. 379.

FIG. 378. — Coupe transversale de l'appareil respiratoire. — *a*, os pharyngiens supérieurs ; *b*, *c*, les deux rangs de lamelles branchiales ; *d*, arc branchial ; *f*, muqueuse respiratoire ; *g*, os pharyngiens inférieurs ; *h*, œsophage.

FIG. 379. — Section transversale d'une branchie de Poisson osseux. — *a*, arc branchial ; *sa*, nerf ; *vb*, vaisseau efférent ; *ab*, vaisseau afférent ; *rsp*, capillaires dans la muqueuse.

branchie, qui reçoit le sang veineux. Les lamelles servent simplement à augmenter la surface de cette membrane et par suite à faciliter l'échange gazeux. On aperçoit aisément les arcs branchiaux avec leurs lamelles en soulevant légèrement l'opercule ; les vaisseaux sanguins leur communiquent une teinte rouge. Les quatre arcs branchiaux de chaque chambre branchiale s'unissent en haut à une baguette osseuse médiane (*a*), dirigée d'avant en arrière et composée des *os pharyngiens supérieurs* soudés ; en bas, ils sont pareillement unis à une petite chaîne de cinq ou six osselets, appelés *os pharyngiens inférieurs* (*g*).

Chaque arc branchial reçoit (fig. 379) un vaisseau afférent ou *artère branchiale* (*ab*) qui lui apporte le sang veineux parti du cœur, et il en sort un vaisseau efférent ou *veine branchiale* (*vb*) qui forme avec ses analogues l'*aorte*, renfermant le sang artériel destiné aux organes. Chaque artère branchiale donne des rameaux qui suivent le bord interne des lamelles et qui se divisent ensuite en vaisseaux capillaires très nombreux (*rsp*), dans la muqueuse. Les capillaires se réunissent de proche en proche et forment une veinule qui longe le bord externe des lamelles (*lbr*) et se jette enfin dans la veine branchiale. Les branchies renferment, en outre, des nerfs (*sa*).

Le *mécanisme de la respiration* est le suivant : l'eau, renfermant en dissolution les gaz de l'air, entre par la bouche, se rend dans le pharynx par l'effet d'un mouvement de déglutition, et envahit les chambres branchiales; en passant dans les intervalles des arcs branchiaux, elle baigne les lamelles : l'oxygène dissous dans l'eau est absorbé par la muqueuse et fixé peu à peu par les globules rouges du sang ; l'acide carbonique du sang veineux se dégage et se dissout dans l'eau ambiante. Celle-ci, devenue ainsi impropre à la respiration, s'échappe par l'ouverture des ouïes, élargie à ce moment par un léger soulèvement de l'opercule.

Il est à remarquer que l'*air dissous dans l'eau est plus riche en oxygène que l'air atmosphérique*. En effet, les quantités d'oxygène et d'azote dissoutes par l'eau sont proportionnelles au produit de leur pression par leur coefficient de solubilité vis-à-vis de ce liquide. Or les pressions des deux gaz dans l'air sont entre elles comme 1 (oxygène) et 4 (azote), et leurs coefficients de solubilité comme 2 (oxygène) et 1 (azote) ; par suite, les quantités respectives de ces gaz qui sont dissoutes, comme 1×2 et 4×1, c'est-à-dire comme 1 et 2. En d'autres termes, l'air dissous dans l'eau renferme environ $\frac{1}{3}$ ou 33 pour 100 d'oxygène tandis que l'air atmosphérique n'en contient que 21 pour 100.

2° *Chondroptérygiens*. — Dans ce groupe de Poissons cartilagineux, dont les principaux types sont les Requins et les Raies, au lieu de deux chambres branchiales comme chez les Poissons osseux, on en trouve dix, cinq de chaque côté (fig. 380), communiquant avec l'extérieur par autant de fentes, latérales chez les Requins, ventrales chez les Raies.

Les arcs branchiaux (fig. 381, *b*) sont cartilagineux et disposés comme précédemment; chacun d'eux se prolonge extérieurement par une sorte de cloison (*f*) qui va rejoindre la paroi du corps et qui est recouverte sur ses deux faces par la muqueuse bran-

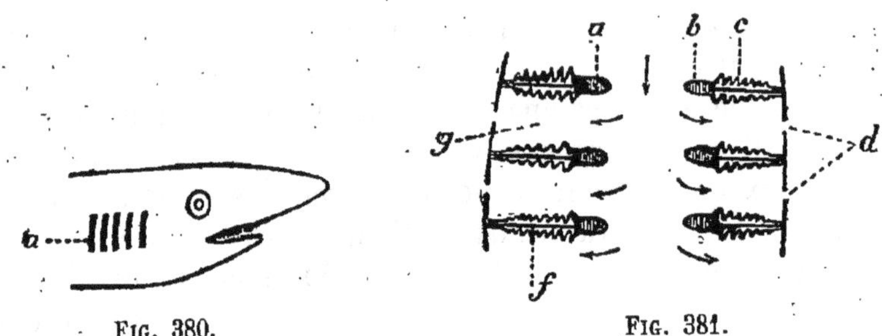

FIG. 380. FIG. 381.

FIG. 380. — Tête de Squale. — *a*, fentes branchiales.

FIG. 381. — Coupe horizontale de l'appareil respiratoire des Requins et des Raies (Élasmobranches). — *a*, *b*, coupe transversale des arcs branchiaux; *c*, muqueuse plissée; *d*, orifices latéraux; *g*, cavités branchiales; *f*, cloisons.

chiale (*c*). Celle-ci forme de nombreux plis transversaux destinés à augmenter la surface respiratoire. En sorte que chaque loge ou chambre branchiale est limitée par deux cloisons et

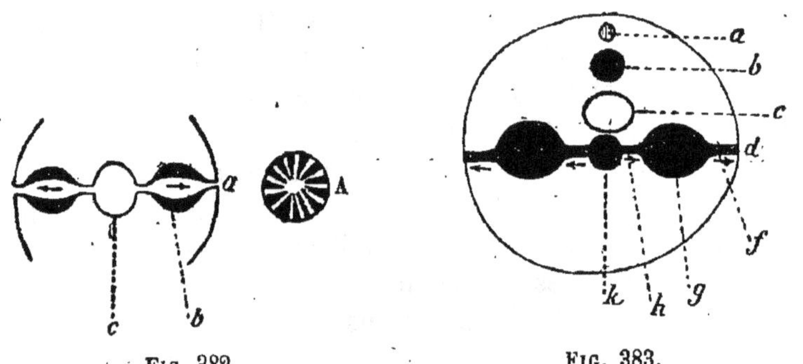

FIG. 382. FIG. 383.

FIG. 382. — Bdellostome (coupe transversale schém). — *c*, œsophage; *b*, branchie; *a*, orifice expirateur; A, section antéro-postérieure d'une branchie.

FIG. 383. — Lamproie (coupe transversale schém). — *a*, système nerveux; *b*, corde dorsale; *c*, œsophage; *k*, canal inspirateur; *h*, canaux afférents des branchies; *g*, branchies; *f*, canaux efférents; *d*, orifice extérieur.

communique intérieurement avec la bouche, extérieurement avec l'eau ambiante par la fente de la paroi du corps.

L'eau, venue par la bouche dans les poches branchiales, baigne la muqueuse et sort par les dix orifices expirateurs.

3° *Marsipobranches* ou *Cyclostomes*. — Les Lamproies, les,

Myxines, les Bdellostomes, sont les principaux genres de ce second groupe de Poissons cartilagineux. L'appareil respiratoire, qui manque ici d'arcs branchiaux, se compose de sept (quelquefois six) poches à droite et à gauche, s'ouvrant chacune au dehors par un orifice expirateur situé sur le côté du corps, près de la tête. Exceptionnellement, dans le genre Myxine, les poches branchiales de chaque côté (fig. 384) communiquent

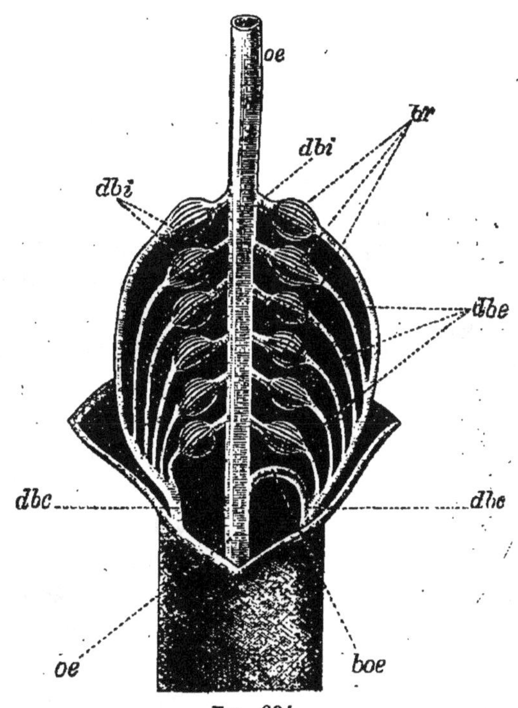

FIG. 384.

FIG. 384. — Appareil respiratoire de Myxine. — œ, œsophage ; *dbi*, canaux afférents des branchies ; *br*, branchies ; *dbe*, canaux efférents ; *dbc*, leur confluent.

toutes avec un canal longitudinal (*dbc*) unique, qui va s'ouvrir en avant sous la gorge.

Dans les genres Bdellostome et Myxine, chaque poche branchiale s'ouvre par un court canal dans l'œsophage (fig. 382); dans les Lamproies, au contraire, c'est un canal inspirateur spécial (fig. 383, *k*), placé au-dessous de l'œsophage, qui établit la communication entre la bouche et les branchies.

Celles-ci sont des poches à paroi musculaire dont la muqueuse interne se prolonge vers le centre sous forme de feuillets rayonnants (fig. 382, A) qui divisent la cavité en autant de loges incomplètes. C'est dans ces feuillets que circule le sang veineux.

L'eau destinée à la respiration passe de la bouche dans l'œsophage ou dans le canal sous-jacent, suivant les genres, baigne les poches branchiales et en sort par les pores latéraux.

CHAPITRE III

APPAREIL CIRCULATOIRE

Oiseaux. — Chez les Oiseaux, la structure de l'appareil circulatoire est la même que chez les Mammifères; toutefois, la crosse aortique se porte à droite et non à gauche comme chez ces derniers, ce qui tient à une origine différente de la crosse dans les deux cas, comme le montre l'étude du développement embryogénique.

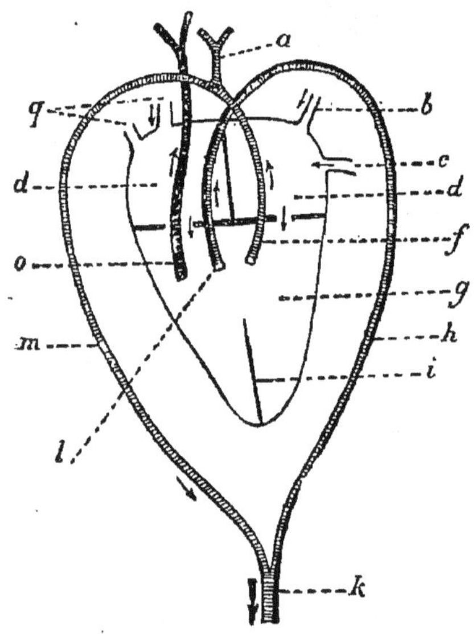

Fig. 385.

Fig. 385. — Cœur des Reptiles (Sauriens). — *a*, artère carotide; *b*, *c*, veines pulmonaires; *d*, oreillette gauche; *fm*, crosse droite; *g*, ventricule; *h*, crosse gauche; *i*, cloison incomplète; *k*, aorte définitive; *l*, crosse gauche; *o*, artère pulmonaire; *d*, oreillette droite; *q*, veines caves.

Reptiles. — Il faut distinguer, d'une part, les Reptiles inférieurs (Sauriens, Ophidiens, Chéloniens); d'autre part, les Crocodiliens.

Chez les *Reptiles inférieurs*, le cœur (fig. 385) ne comprend plus que *trois cavités*, savoir : deux oreillettes et un ventricule; les deux oreillettes communiquent avec le ventricule unique et y versent : celle de droite, le sang veineux que lui apportent les veines caves (*q*); celle de gauche, le sang artériel venu des poumons (par *b*, *c*). Les deux sangs se mêlent donc dans le ventricule. Celui-ci présente quelquefois un commencement de cloison (*i*) ; jamais elle n'est complète.

Du ventricule partent *deux crosses aortiques* (*f*, *l*) qui se dirigent l'une à droite, l'autre à gauche, et s'unissent en un seul tronc artériel. l'*aorte* (*k*), après avoir embrassé l'œsophage. L'*aorte définitive* se ramifie dans toute la partie postérieure du corps ; l'artère carotide (*a*) naît de la crosse droite. On remarque en outre dans le ventricule l'artère pulmonaire (*o*), qui se divise en deux branches destinées à porter le sang veineux aux poumons ; son orifice est situé un peu plus à droite que celui des aortes. Au moment de la systole ventriculaire, le sang mélangé est lancé dans les trois troncs artériels ; mais il faut remarquer que la crosse droite, dont l'orifice est à gauche, sous l'oreillette du même côté, reçoit beaucoup plus de sang artériel que de sang veineux : aussi nourrit-elle la tête ; au contraire, l'artère pulmonaire, située sous l'oreillette droite, reçoit du sang veineux à peu près pur qu'elle porte aux poumons. L'aorte définitive, qui résulte de l'union des deux crosses, contient nécessairement du sang mélangé ; mais le sang artériel y domine.

Chez les *Crocodiliens*, le cœur est plus perfectionné que chez les autres Reptiles ; il comprend, en effet, *deux oreillettes* et *deux ventricules* (fig. 386) ; ces derniers sont séparés par une

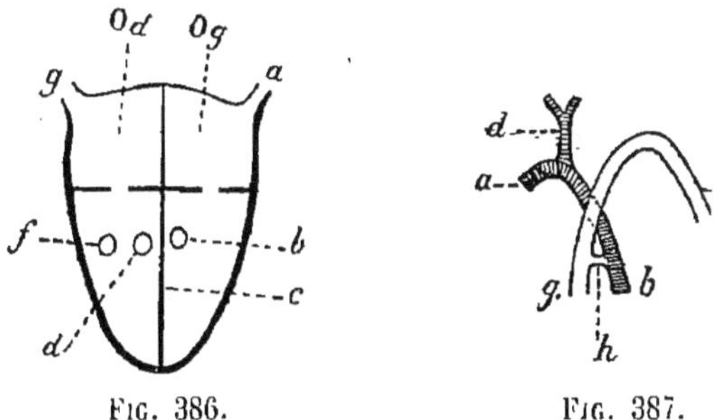

FIG. 386. FIG. 387.

FIG. 386. — Cœur du Crocodile (f. sch.). — Od, Og, oreillettes ; *a*, veines pulmonaires ; *g*, veines caves ; *c*, cloison interventriculaire ; *b*, *d*, origine des deux crosses ; *f*, origine de l'artère pulmonaire.

FIG. 387. — Crocodile. — *g*, *b*, origines des deux crosses ; *h*, communication ; *a*, crosse droite ; *f*, crosse gauche ; *d*, carotide.

cloison complète. Du ventricule gauche part la crosse droite (*b*) qui donne les carotides ; du ventricule droit, la crosse gauche (*d*) et l'artère pulmonaire (*f*). A leur origine, les deux crosses aortiques communiquent par un petit pertuis (fig. 387, *h*), mais dont la disposition est telle que la crosse droite, loin de recevoir un peu de sang veineux de la crosse gauche, donne à celle-ci une quantité, d'ailleurs très notable, de sang artériel. Il résulte de là que la *crosse droite renferme du sang artériel pur :* la tête seule en est nourrie; la crosse gauche renferme du sang mêlé, et enfin l'aorte définitive, du sang surtout artériel, destiné au tronc et aux membres. D'autre part, l'artère pulmonaire ne contient que du sang veineux, contrairement à la crosse gauche.

Amphibiens. — Chez l'adulte, le cœur a *trois cavités*, comme chez les Reptiles inférieurs. Du ventricule (fig. 388, *Ven*) part ici un renflement, appelé *bulbe aortique* (*Bar*), qui se continue par les vaisseaux suivants : en haut, les artères carotides, destinées à la tête, puis les deux crosses aortiques (AA) qui s'unissent, comme précédemment, en une aorte unique destinée aux parties postérieures du corps; enfin les artères pulmonaires, destinées aux poumons et à la peau, qui joue, comme l'on sait, un rôle important dans la respiration.

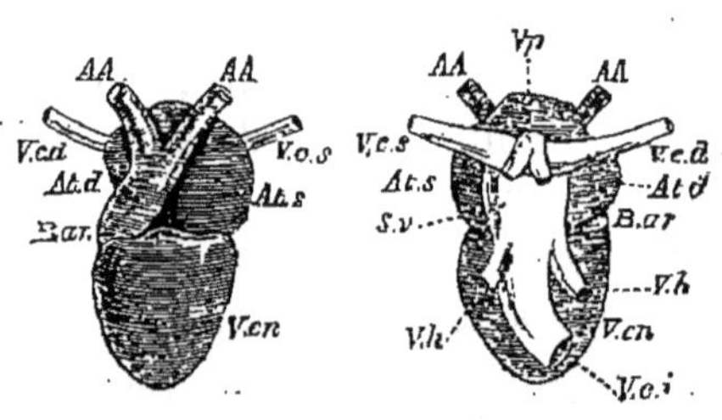

Fig. 388. Fig. 389.

Fig. 388-389. — Cœur de Grenouille.

Fig. 388. — Face antérieure.

Fig. 389. — Face postérieure. — AA, aortes; *Vcs*, *Vcd*, veines caves supérieures; *At.s*, oreillette gauche; *At.d*, oreillette droite; *Ven*, ventricule; *Bar*, bulbe artériel; *Sv*, sinus veineux; *Vci*, veine cave inférieure; *Vh*, veines hépatiques; *Vp*, veines pulmonaires.

Dans le jeune âge, le système artériel se compose de *quatre paires de crosses aortiques*, toutes unies en un seul tronc, l'aorte proprement dite, et donnant sur les côtés des branches afférentes et efférentes, d'abord aux branchies externes, puis aux branchies internes. Lorsqu'apparaissent les poumons, deux crosses seules subsistent; les autres se modifient pour constituer les troncs carotidiens et pulmonaires que l'on vient d'indiquer.

On voit que, chez les Reptiles et les Amphibiens, la *circulation* est *double et incomplète; double*, parce qu'à chaque révolution le sang passe deux fois dans le cœur; *incomplète*, parce que le sang veineux n'est pas intégralement transformé en sang artériel dans les poumons, à cause du ventricule unique. Par opposition, les Mammifères et les Oiseaux sont dits Vertébrés à *circulation double et complète*.

Poissons. — Le cœur des Poissons n'a plus que *deux cavités*, une oreillette et un ventricule, et est constamment *traversé par le sang veineux;* il correspond par conséquent à la moitié droite du cœur des Mammifères.

Considérons un Poisson osseux (fig. 390). L'oreillette (*f*), plus grande, est située au-dessous et en arrière du ventricule (*d*), avec lequel elle communique par un orifice muni d'une valvule à deux lames. Au ventricule fait suite, en avant, un renflement élastique, appelé *bulbe aortique* (*c*), puis un tronc artériel, l'*artère branchiale* (*b*), qui se divise bientôt en quatre paires de branches (*a*) destinées aux huit arcs branchiaux, dont elles constituent, comme il a été dit précédemment, les vaisseaux afférents. Le sang, devenu artériel pendant son passage dans la muqueuse branchiale, sort des arcs par les *artères épibranchiales*, également au nombre de quatre paires, qui s'unissent sur la ligne médiane, en arrière de la tête, en un tronc unique, l'*aorte* (fig. 391, GG), qui chemine sous la colonne vertébrale. Le sang artériel, après avoir nourri les organes, se rassemble dans quatre veines (fig. 390, *h*, *k*), deux venant de la tête (*veines jugulaires*) et

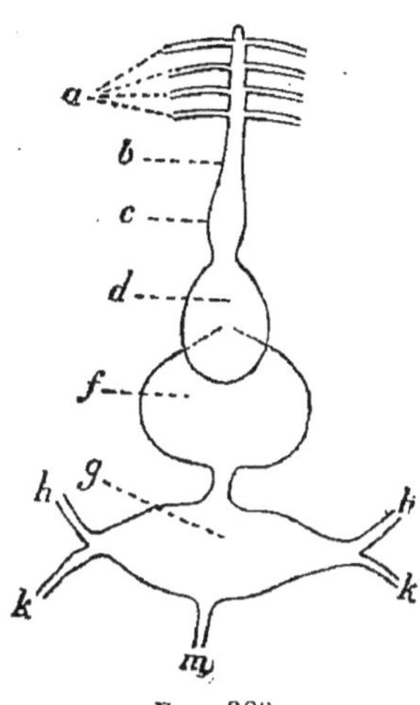

FIG. 390.

FIG. 390. — Cœur des Poissons et parties voisines (de face). — *a*, vaisseaux afférents des branchies ; *b*, artère branchiale ; *c*, bulbe ; *d*, ventricule ; *f*, oreillette ; *g*, sinus de Cuvier ; *h*, veines céphaliques ; *k*, veines abdominales ; *m*, veine sus-hépatique.

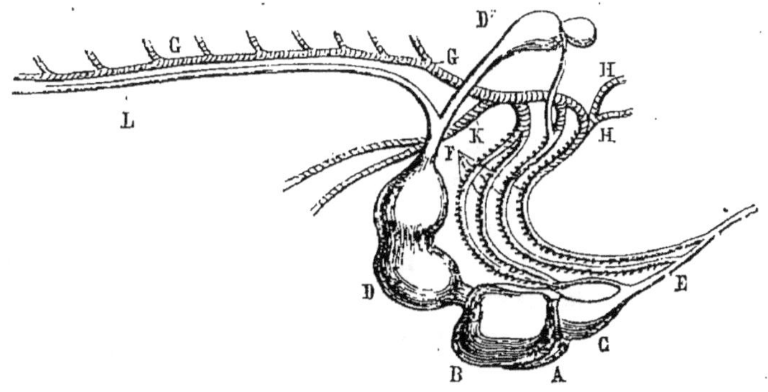

FIG. 391.

FIG. 391. — Appareil circulatoire du Rouget. — L, veine dorsale ; D', sinus veineux recevant le sang de la tête ; D, sinus de Cuvier ; B, ventricule ; A, oreillette ; C, bulbe aortique ; E, artère branchiale ; F, ses ramifications dans les branchies ; G, aorte ; H, artères céphaliques ; K, artère abdominale.

les deux autres de la partie postérieure du corps (*veines cardi-*

nales). Chaque veine jugulaire s'unit à la cardinale du même côté, pour former, au niveau du cœur, un canal unique, le *canal de Cuvier*, qui se jette dans une poche irrégulière, appelée *sinus de Cuvier* (*g*), placée contre l'oreillette et communiquant avec elle.

De l'oreillette (fig. 391, A), le sang veineux venu des organes passe dans le ventricule, puis dans le bulbe et dans les artères branchiales. Une fois devenu artériel dans les branchies, il se rend dans l'aorte par les artères épibranchiales, et de là dans les différents organes.

La circulation du sang est donc *simple*, puisque le sang ne passe qu'une fois dans le cœur à chaque révolution, et *complète*, puisque tout le sang veineux est transformé en sang artériel dans les branchies.

CHAPITRE IV

SQUELETTE

Mammifères. — Chez les Mammifères, le squelette présente des variations nombreuses et intéressantes dont la connaissance est importante, non seulement pour la classification des formes actuelles, mais pour la compréhension de l'évolution des formes fossiles.

Nous n'examinerons ici que le squelette des *membres* chez les Ongulés ou Mammifères à sabots. Leur structure générale est la même que chez l'Homme; les différences sont purement quantitatives et portent principalement sur le pied (tarse, métatarse et phalanges).

Les Mammifères Ongulés se divisent en deux grands groupes: 1° les Ongulés à doigts pairs ou *Artiodactyles*, qui comprennent les Porcins (quatre doigts), l'Hippopotame (quatre doigts) et les Ruminants (deux ou quatre); 2° les Ongulés à doigts impairs ou *Périssodactylés*, savoir: le Rhinocéros (trois doigts) et les Équidés (un doigt).

Toutes ces formes actuelles sont le résultat de l'évolution de formes ancestrales à cinq doigts, appelées *Protungulés*, datant de la fin de la période secondaire et du commencement de la période tertiaire (fig. 392).

Pour comprendre comment les Protungulés, pourvus de cinq doigts, ont pu donner naissance, par réduction progressive de ces derniers, aux Ongulés actuels, les uns à doigts pairs, les autres à doigts impairs, il suffit de se rendre compte du mode de répartition du poids du corps sur les différents doigts. Chez les Artiodactyles, l'axe du membre inférieur passe dans l'intervalle des doigts médians (3e et 4e), tandis que ce même axe, chez les Périssodactyles, passe par le doigt du milieu (Rhinocéros) ou par le doigt unique (Cheval).

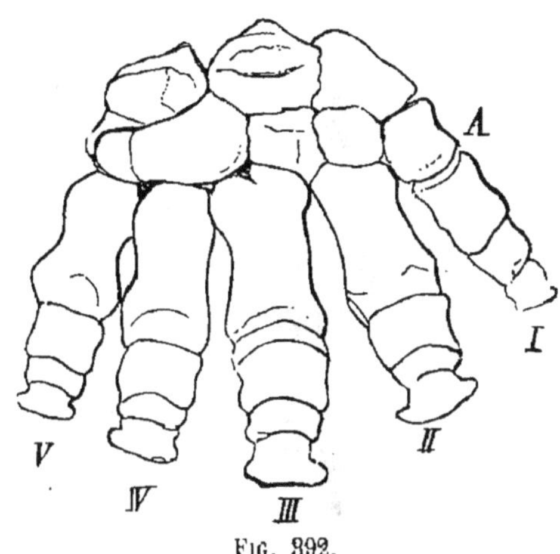

FIG. 392.

FIG. 392. — Membre antérieur droit du Coryphodon. — A, tarse ; I-V, métatarse et doigts.

Admettons que les formes ancestrales pentadactyles aient déjà réalisé ces deux dispositions de structure. Il est évident que, chez celles où l'axe passait entre le troisième et le quatrième doigt (fig. 393), ces deux doigts supportaient la même charge ; le deuxième et le cinquième, disposés symétriquement de chaque côté des précédents, supportaient une charge moindre, et enfin le rôle de soutien le moins important était dévolu au premier. Or, la fonction développant l'organe, le troisième et le quatrième doigts se sont fortifiés peu à peu dans l'accomplissement de leur fonction de soutien, tandis que les autres, soumis à un travail moins pénible, ont été bientôt mis hors d'usage, et

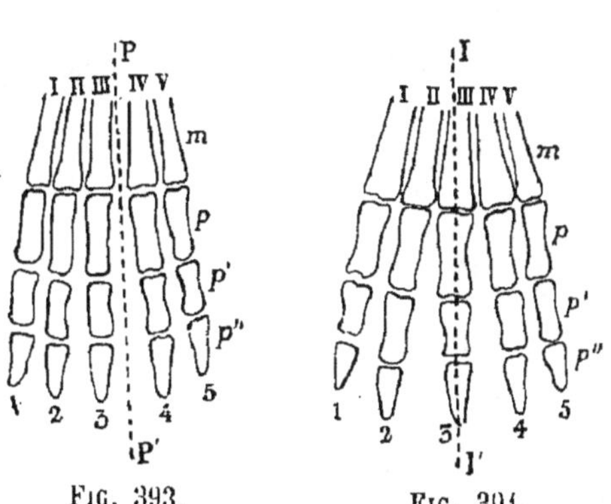

FIG. 393. FIG. 394.

FIG. 393. — PP', axe du membre ; m, métatarse ; p, p', p'', phalanges.

FIG. 394. — II', axe du membre ; I-V, métatarse ; p, p', p'', phalanges.

par suite condamnés à disparaître dans un avenir plus ou moins éloigné, comme tous les organes sans fonction. C'est naturellement le premier doigt qui a subi d'abord la réduction, puis l'atrophie; puis, également et simultanément, le deuxième et le cinquième. Ainsi se constitue une forme à deux doigts. — Si maintenant nous considérons un Protongulé, chez lequel la position des organes soit telle que l'axe du membre inférieur passe par le troisième doigt (fig. 394), c'est ce dernier qui supportera la charge la plus grande; après lui, le deuxième et le quatrième, et enfin le premier et le cinquième. Pour les mêmes raisons que précédemment, le doigt du milieu se développera au détriment des autres et la régression commencera par les doigts extrêmes, puis se continuera sur le deuxième et le quatrième; ce qui donnera successivement une forme à trois doigts et une forme à un doigt unique très développé.

Les réductions dont il vient d'être

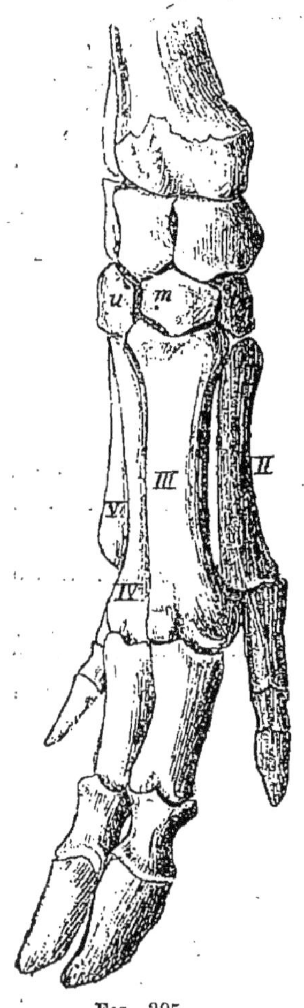

Fig. 395.

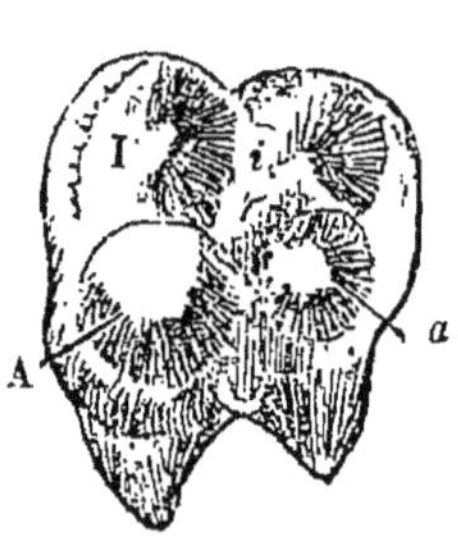

Fig. 396.

Fig. 397.

Fig. 395. — Membre antérieur du Cochon. — *u, m, t*, deuxième rangée d'os du tarse.

Fig. 396. — Molaire mamelonnée de Porcin. — I, *i*, tubercules internes; A, *a*, tubercules externes.

Fig. 397. — Molaire à croissants d'émail, en partie usés (Ruminants).

question se sont accomplies lentement dans le cours des âges géologiques.

I. Artiodactyles. — 1° *Porcins*. — Le pied du porc se compose (fig. 395) : du tarse, formé de six os disposés en deux rangs; du métatarse, réduit à quatre os (II-V); enfin de quatre doigts à trois phalanges, dont deux médians plus développés, seuls actifs dans la locomotion, et deux autres latéraux, suspendus au-dessus du sol et constituant par suite une véritable surcharge, inutile à l'animal. La dernière phalange de chaque doigt est entourée d'un sabot.

Dans le Pécari, Porcin sauvage d'Amérique, la réduction est poussée un peu plus loin, car le membre postérieur n'a plus que trois doigts, le doigt externe ayant disparu par atrophie.

2° *Ruminants.* — Considérons successivement le pied du Chevreuil, du Cerf et du Bœuf. Le pied du *Chevreuil* (fig. 398)

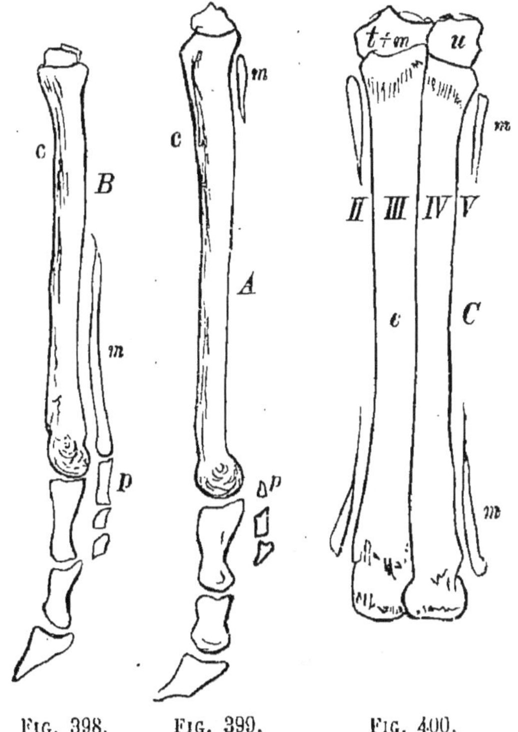

Fig. 398. Fig. 399. Fig. 400.

Fig. 398-399. — Pied de devant gauche : B, de Chevreuil ; A, de Cerf. — c, canon ; m, stylet métatarsien ; p, phalanges (de profil).

Fig. 400. — Tarse (deuxième rangée d'os, t, m, u) et métatarse (II-V) de Gelocus. — c, canon ; m, m, stylets métatarsiens (de face).

se compose du tarse, du métatarse formé lui-même du *canon* (c), très allongé, et de deux stylets latéraux inférieurs (m), enfin de quatre doigts, dont deux plus grands sont insérés sur le canon, les deux autres sur les stylets métatarsiens. Le canon représente les métatarsiens III et IV soudés, ainsi que l'indique d'ailleurs un sillon médian ; les stylets sont les métatarsiens II et V.

Chez le *Cerf* (fig. 399), la seule différence est que les stylets métatarsiens occupent la moitié latérale supérieure (*m*) du canon, et que, par suite, les doigts latéraux (*p*) n'ont plus aucun rapport avec eux.

Dans certaines formes fossiles, telles que le *Gelocus* (fig. 400), les métatarsiens III et IV sont encore distincts, tandis que II et V commencent à disparaître par le milieu, de manière à se diviser chacun en deux stylets. On peut admettre qu'elles représentent la souche commune de tous nos Cervidés; si, en effet, la régression se continue seulement sur les stylets supérieurs, c'est la structure du Chevreuil qui se trouvera réalisée; si, au contraire, elle n'a lieu que sur les stylets inférieurs, c'est à la disposition du Cerf que l'on arrivera.

Le *Bœuf* (fig. 401) a le pied nettement fourchu : les deux

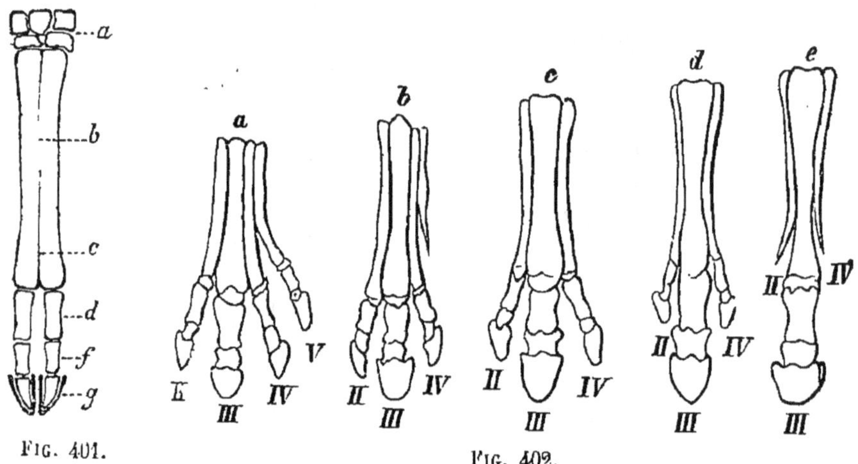

FIG. 401. FIG. 402.

FIG. 401. — Pied de Bœuf. — *a*, tarse; *b*, canon ou métatarse; *c*, sillon antérieur; *d*, phalange; *f*, phalangine; *g*, phalangette entourée d'un sabot.

FIG. 402. — Pied des Chevaux fossiles d'Amérique. — *a*, Orohippus; *b*, Mesohippus; *c*, Miohippus; *d*, Protohippus; *e*, Equus.

seuls doigts bien développés, munis chacun d'un fort sabot, sont le troisième et le quatrième; les deux autres sont rudimentaires.

II. PÉRISSODACTYLES. — Prenons comme exemple les *Équidés* (Cheval, Ane, Zèbre, etc.). Le Cheval, au point de vue du squelette des membres, est assurément le plus instructif de tous les Ongulés, car les découvertes géologiques montrent d'une façon indéniable les transformations successives qu'ont subies les formes ancestrales à cinq doigts, durant les âges tertiaires et quaternaires, pour réaliser la structure du pied du Cheval actuel, à un seul doigt. Les réductions qui se sont opérées dans le pied correspondent à une adaptation progressive de l'animal à la course.

La série ancestrale, dans les dépôts américains, commence par l'*Eohippus* du terrain éocène inférieur, qui possède quatre doigts bien développés et un rudiment du cinquième ; la taille de cet Ongulé était celle du Renard. Vient ensuite l'*Orohippus* (fig. 402, *a*), de l'éocène supérieur, chez lequel le pouce et son métatarsien ont disparu. Le *Mesohippus* (*b*), du terrain miocène, lui fait suite : le cinquième doigt est résorbé et son métatarsien est réduit à un stylet. Dans le *Miohippus* (*c*), du miocène supérieur, on ne trouve plus que trois doigts ; ce genre américain est voisin du *Palæotherium* d'Europe (fig. 403). Les deux

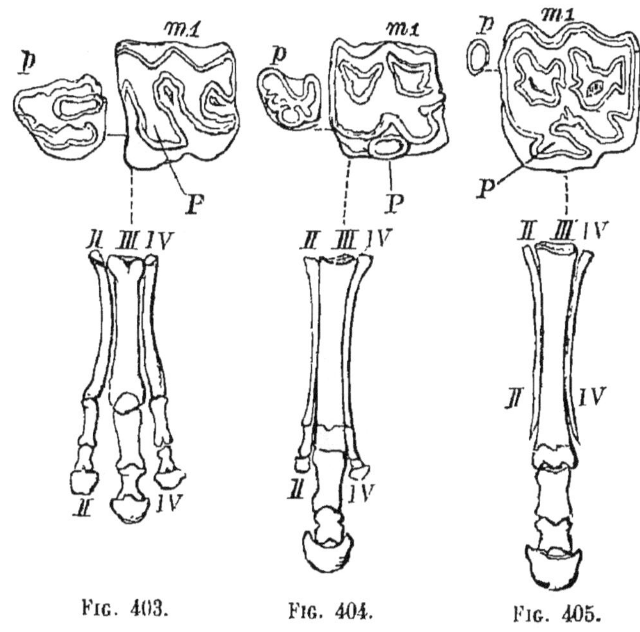

FIG. 403. FIG. 404. FIG. 405.

FIG. 403. — Palæotherium.

FIG. 404. — Hipparion.

FIG. 405. — Cheval. — *p*, première prémolaire ; *m*, première mâchelière ; P, grande saillie interne.

doigts latéraux se réduisant eux-mêmes, on passe au genre *Protohippus* (fig. 402, *d*), du terrain pliocène, qui correspond à l'*Hipparion* d'Europe (fig. 404). Enfin, ces mêmes doigts disparaissant et leurs métatarsiens passant à l'état de stylets, on arrive au genre *Equus*, c'est-à-dire au Cheval actuel.

Le pied du Cheval (fig. 405) se compose : du tarse ; du métatarse, réduit au *canon* (troisième métatarsien), os simple, et non double comme chez les Ruminants, et à *deux stylets latéraux* (II et IV), insérés supérieurement au tarse; enfin un doigt unique, à trois phalanges, dont la dernière est entourée d'un sabot. On voit que l'animal marche sur le bout de son doigt.

On nomme *boulet* l'articulation de la première phalange avec le canon; *paturon*, la deuxième phalange, et *couronne*, l'articulation de la deuxième avec la troisième phalange, située au-dessus de la muraille du sabot.

Oiseaux. — Les *membres supérieurs* des Oiseaux sont re-

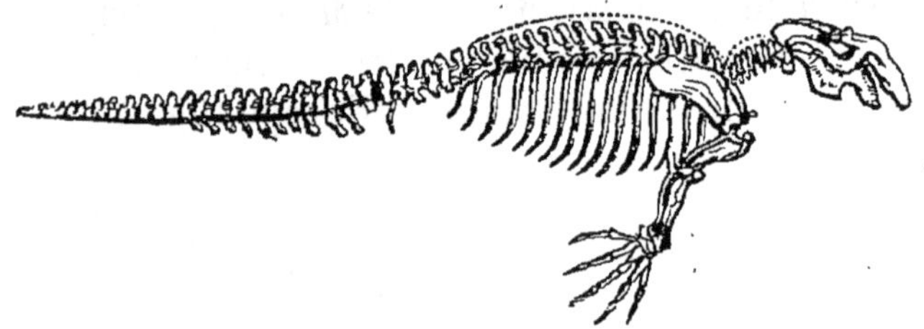

Fig. 405 *bis*. — Squelette de Dugong (1m,50). Les membres antérieurs seuls existent : on y voit les os de l'épaule et ceux du membre proprement dit.

couverts de longues plumes dans toute l'étendue de l'avant-bras et de la main et constituent ainsi l'organe du vol. L'épaule

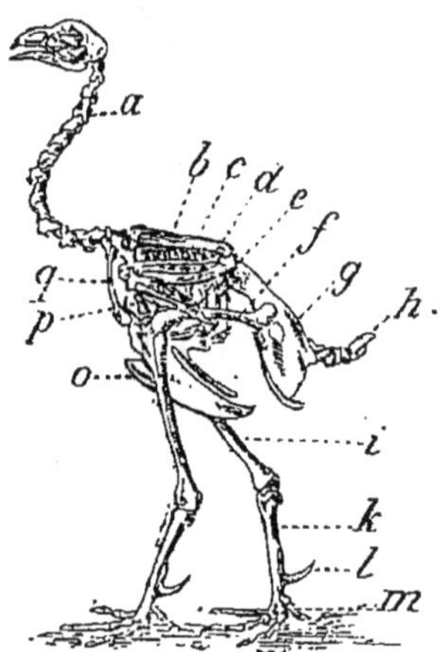

Fig. 406. — Squelette du Coq. *a*, vertèbres cervicales; *b*, humérus; *c*, cubitus; *d*, radius; *e*, phalanges; *f*, fémur; *g*, os du bassin; *h*, coccyx; *i*, tibia; *k*, métatarse; *l*, éperon; *m*, phalanges des doigts; *o*, sternum; *p*, coracoïde; *q*, clavicule.

(fig. 406-408) se compose de trois os, savoir : l'omoplate, la clavicule et l'os coracoïdien. L'omoplate est en forme de sabre, placée sur les côtes, parallèlement à la colonne vertébrale; les clavicules, insérées d'une part sur l'omoplate, sont unies librement entre elles à l'autre extrémité, les coracoïdes vont de l'omoplate au sternum. Le membre antérieur proprement dit

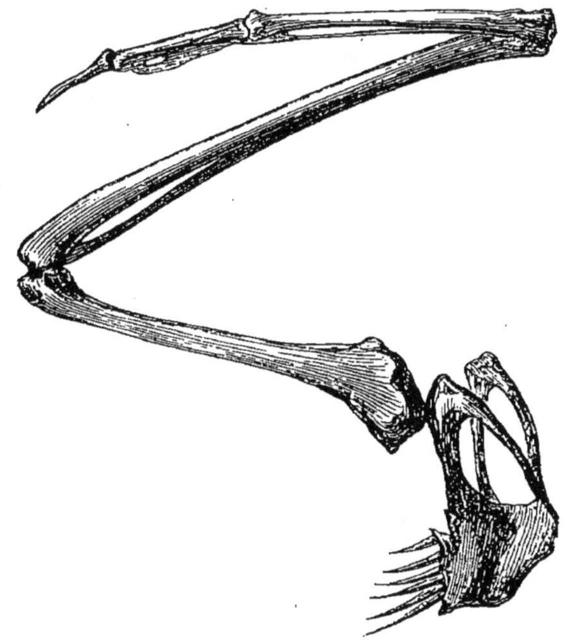

Fig. 407.

Fig. 407. — Squelette de l'aile, coracoïdes, clavic. et sternum de la Frégate. On voit que l'aile est très grande par rapport au sternum : l'oiseau est bon voilier.

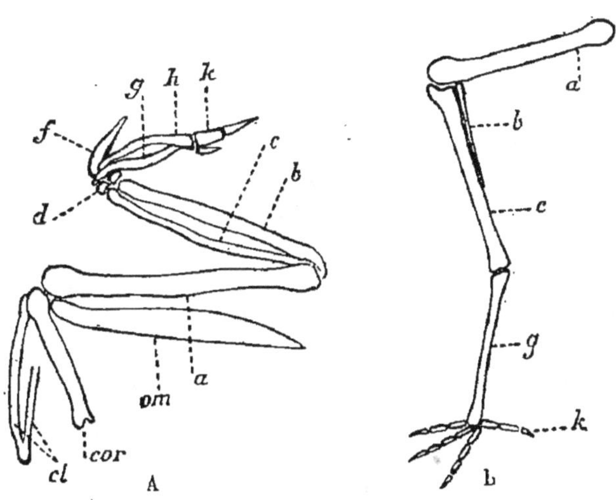

Fig. 408.

Fig. 408. — Membres des Oiseaux. — A, membre supérieur : *cl*, les clavicules soudées (fourchette) ; *cor*, os coracoïdien ; *om*, omoplate ; *a*, humérus ; *b*, tibia ; *c*, péroné ; *d*, carpe ; *g*, *h*, métacarpe ; *f*, pouce ; *k*, les deux autres doigts. —B, membre inférieur : *a*, fémur ; *b*, péroné ; *c*, tibia ; *g*, métatarse ; *k*, doigts.

comprend (fig. 408) l'humérus, le radius et le cubitus, deux os carpiens, deux métacarpiens allongés et trois doigts, savoir : le pouce, inséré au niveau du carpe ; l'index et le médian, fixés au bout des métacarpiens.

Le *membre inférieur* comprend, outre le bassin, le fémur, relativement court ; le tibia et le péroné, ce dernier réduit à l'état de stylet ; un os métatarsien unique, très allongé, portant

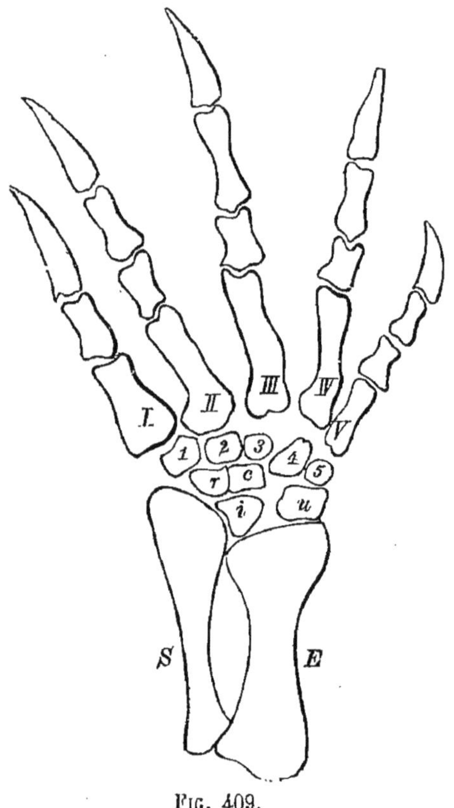

Fig. 409.

Fig. 409. — Membre antérieur de Tortue. — I-V, métatarse et phalanges ; 1,2,..., tarse ; S, tibia ; E, péroné.

parfois un éperon (Coq), et enfin quatre doigts, dont trois en avant et un arrière, parfois (Grimpeurs) deux en avant et deux en arrière. Le métatarse est généralement dégarni de plumes.

Les **Reptiles** et les **Amphibiens** ont la structure des membres des Mammifères ; dans la Tortue, par exemple, elle est fort nette (fig. 409).

Enfin, chez les **Poissons**, les membres antérieurs et postérieurs sont représentés par les *nageoires pectorales* et *abdominales* (fig. 410). Les nageoires impaires (nageoires dorsale, caudale, ventrale) sont des membres spéciaux aux Poissons, sans rapport avec les précédents; leur squelette est une simple dépendance des vertèbres, tandis que celui des nageoires

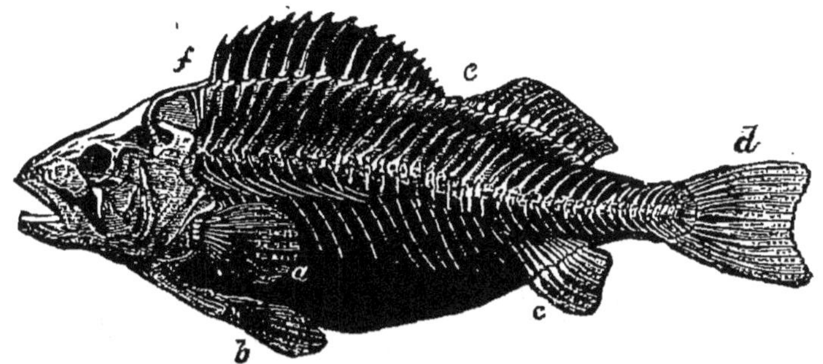

FIG. 410.

FIG. 410. — Squelette de Poisson (Perche). — *a*, nageoires pectorales; *b*, nageoires abdominales, situées dans ce genre sous les précédentes; *c*, nageoire ventrale; *d*, nageoire caudale; *e*, *f*, nageoires dorsales.

pectorales et abdominales est l'homologue du squelette de nos membres supérieurs et inférieurs.

CHAPITRE V

SYSTÈME NERVEUX

Comme les autres appareils organiques, le système nerveux se simplifie peu à peu, à mesure qu'on s'éloigne des Mammifères pour se rapprocher des Poissons. Chez l'Homme et la plupart des Mammifères (fig. 411), le cerveau a acquis un développement tel qu'il recouvre divers autres centres encéphaliques (couches optiques, corps striés, etc.). Dans les autres classes de Vertébrés, il perd peu à peu son caractère prépondérant, surtout chez les Amphibiens et les Poissons, où il occupe simplement la partie antérieure de l'encéphale sans s'étendre sur les centres voisins : les diverses parties de la masse nerveuse encéphalique sont placées alors les unes à la suite des autres et rappellent la disposition des vésicules nerveuses embryonnaires dont elles procèdent.

Chez de nombreux *Mammifères* (fig. 412-416), le cerveau ne

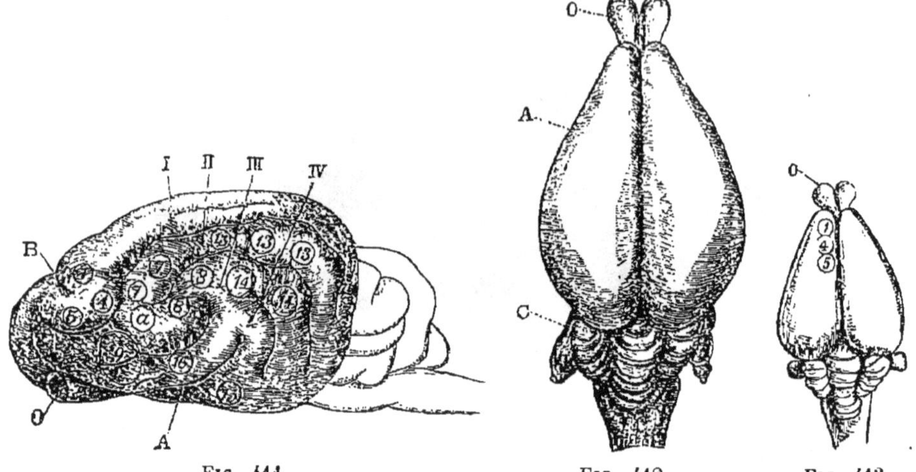

Fig. 411. Fig. 412. Fig. 413.

Fig. 411. — Hémisphère gauche du cerveau du Chat. — I-IV, les quatre circonvolutions externes; O, bulbe olfactif sectionné. Les chiffres indiquent les centres moteurs de divers organes.

Fig. 412. — Encéphale du Lapin. — O, bulbes olfactifs; A, hémisphères sans circonvolutions; C, cervelet.

Fig. 413. — Encéphale du Rat. — O, bulbes olfactifs; 1, 4, 5, centres moteurs déterminés expérimentalement; 1, centre moteur du membre postérieur opposé.

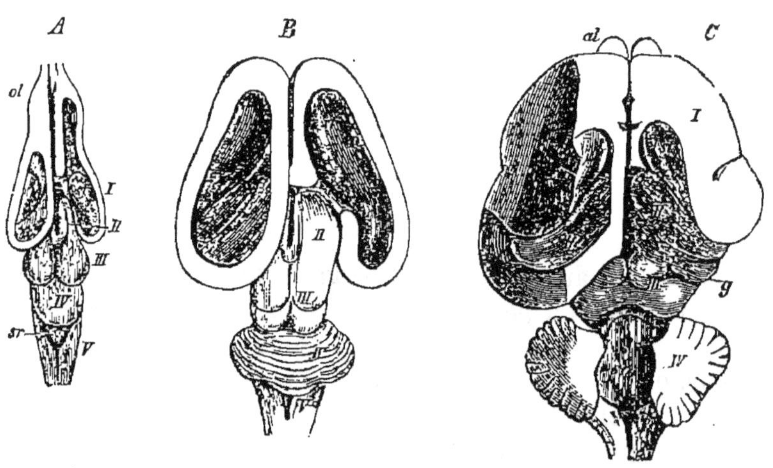

Fig. 414. Fig. 415. Fig. 416.

Fig. 414-416. — Encéphale.

Fig. 414. — A, de Tortue.

Fig. 415. — B, de fœtus de Bœuf.

Fig. 416. — C, de Chat. — *ol*, bulbe olfactif; I, hémisphères cérébraux; *st*, corps striés; II, couches optiques; III, lobes optiques; IV, cervelet; *sr*, quatrième ventricule; V, bulbe rachidien; *f* (dans B), voûte à trois piliers; *g* (dans C), corps genouillés; H, corne d'Ammon.

présente plus trace de circonvolutions (Lapin, Taupe); d'autres sont pourvus d'une seule circonvolution antéro-postérieure (Marmotte...); à un degré plus élevé d'organisation, on en trouve trois antéro-postérieures (Bœuf), ou quatre (Renard) (fig. 411, I-IV); peu à peu on arrive au Singe et enfin à l'Homme où la complexité des plicatures cérébrales atteint son plus haut degré. Chez le Mouton, les circonvolutions sont plus nombreuses que chez le Chien, dont l'intelligence est cependant incomparablement supérieure.

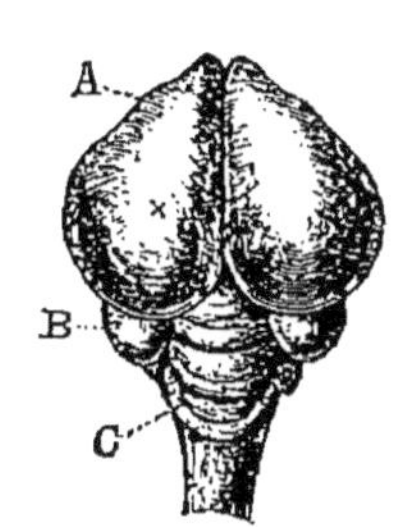

Fig. 417.

Fig. 417. — Encéphale de Pigeon. — A, hémisphère ; B, cervelet; C, cervelet (vermis); X, centre moteur de la pupille opposée.

Les *Oiseaux* (fig. 417) ont tous le cerveau lisse; mais les hémisphères cérébraux sont encore très développés. Les lobes optiques sont au nombre de deux seulement, au lieu de quatre comme chez les Mammifères. Le pont de Varole manque. Dans le cervelet, c'est le vermis qui présente le plus grand développement, tandis que les hémisphères cérébelleux sont fort réduits ou absents. Visiblement l'encéphale est moins perfectionné que chez les Mammifères.

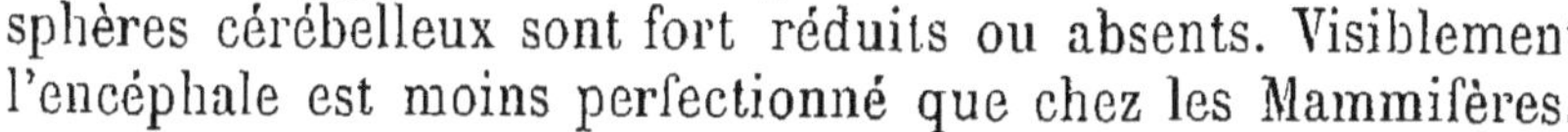

La dégradation est beaucoup plus accentuée chez les *Reptiles* (fig. 418) et les *Amphibiens*. Ainsi, dans l'encéphale de la Grenouille (fig. 419, 420), on distingue d'avant en arrière, les deux

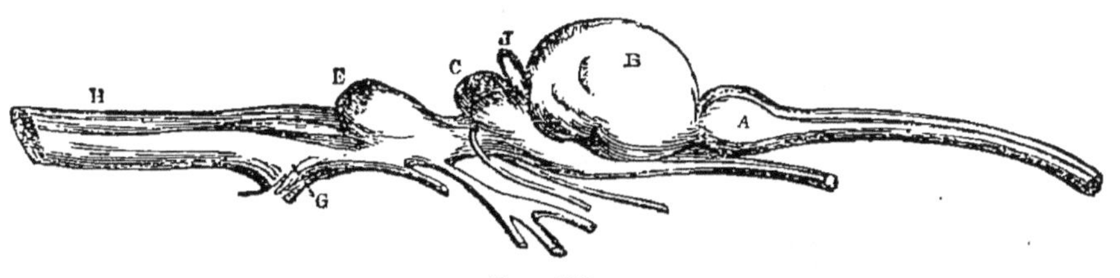

Fig. 418.

Fig. 418. — Encéphale de Tortue. — A, lobes olfactifs; B, cerveau; J, glande pinéale; C, lobes optiques; E, cervelet; H, bulbe; G, nerf vague.

hémisphères cérébraux (*b*) avec leurs lobes olfactifs très apparents (*a*); la glande pinéale, placée au-dessus des couches optiques, ces dernières étant d'ailleurs très réduites; les deux lobes optiques (*c*); le cervelet (*d*), réduit à une petite bandelette nerveuse transversale qui recouvre en avant le quatrième ventricule; le bulbe avec le quatrième ventricule (*s*) largement ouvert. Vient ensuite la moelle épinière.

Les nerfs de sensibilité spéciale (nerfs optique, olfactif et auditif) existent toujours; parmi les autres nerfs, le trijumeau et le pneumogastrique prennent une importance de plus en plus grande, surtout chez les Poissons, et suppléent ceux des autres nerfs qui disparaissent.

Enfin, chez les *Poissons* (fig. 421), le cerveau est très réduit,

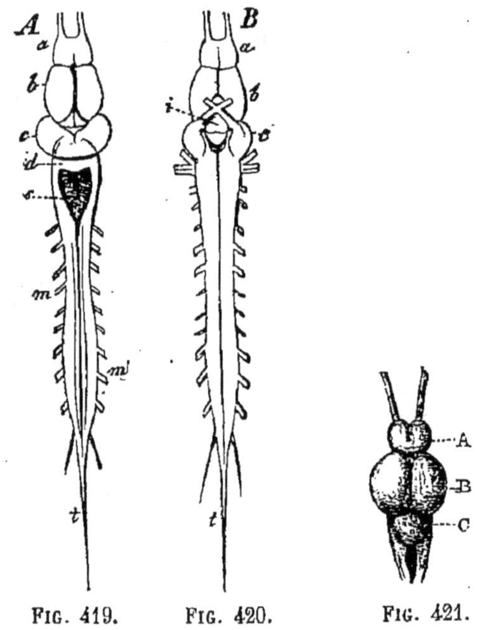

FIG. 419. FIG. 420. FIG. 421.

FIG. 419, 420. — Système nerveux de Grenouille.

FIG. 419. — A, face supérieure : *a*, lobes olfactifs ; *b*, cerveau ; *c*, lobes optiques ; entre *b* et *c*, une partie des couches optiques ; *d*, cervelet ; *s*, quatrième ventricule ; *m*, moelle épinière ; *m'*, son renflement lombaire ; *t*, filet terminal.

FIG. 420. — B, face inférieure : *i*, hypophyse ; un peu en avant de *i*, le chiasma des nerfs optiques.

FIG. 421. — Encéphale de la Carpe. — A, hémisphères cérébraux ; B, lobes optiques ; C, cervelet.

ainsi que les couches optiques. Par contre, les lobes optiques présentent, chez de nombreux genres, un développement très remarquable. Le cervelet et le bulbe ont les mêmes caractères que chez les Amphibiens (voy. aussi la figure 377).

CHAPITRE VI

AMPHIOXUS

L'*Amphioxus* (fig. 422), le plus simple des Vertébrés, représente, en quelque sorte, l'intermédiaire entre les Vertébrés proprement dits et les Tuniciers (Ascidie, Salpe...). Comme les premiers, il possède un système nerveux situé tout entier au-dessus du tube digestif; il se rapproche nettement des seconds (fig. 423, 424) par la conformation de son appareil respiratoire.

On place d'ordinaire ce genre à la suite des Poissons, mais comme type d'un groupe spécial.

L'Amphioxus (fig. 422) est un petit organisme vermiforme de 7 ou 8 centimètres de long, qui vit dans les fonds sableux de la Méditerranée et de l'Océan. L'extrémité antérieure du corps est effilée; l'extrémité postérieure est munie d'une nageoire qui se continue par deux minces replis du tégument, sortes de voiles membraneuses, l'une dorsale, l'autre ventrale. Sur la face ventrale du corps on distingue en avant, la bouche, entourée de cirrhes; plus en arrière, le *pore abdominal* (*e*) qui communique avec la cavité générale du corps, et enfin l'anus (*o*). Sur les faces latérales, on voit des lignes parallèles, dirigées obliquement, de bas en haut et vers la partie antérieure du corps (*a*), et limitant les masses musculaires de l'animal. Il n'y a pas de membres.

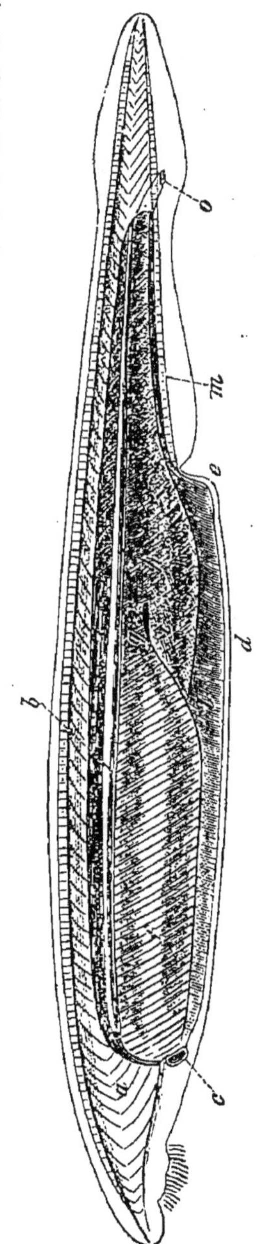

Fig. 422.

Fig. 422. — Amphioxus (5 à 8 centimètres). — *a*, masses musculaires; *b*, vaisseau dorsal; *c*, orifice du sac branchial; *f*, pharynx très développé (branchie); *g*, son orifice postérieur; *h*, œsophage; *i*, diverticule; *k*, intestin; *o*, anus; *e*, pore péritonéal; *l*, cavité générale. En haut, la corde dorsale.

A l'orifice buccal fait suite la

bouche, cavité rétrécie postérieurement par un sphincter. Vient ensuite un vaste pharynx (fig. 422, *f*) qui occupe le tiers ou même la moitié de la longueur totale du corps et qui est différencié en organe respiratoire, c'est-à-dire en *branchie*. Sa paroi représente une sorte de sac treillissé, composé de nombreuses baguettes cartilagineuses parallèles, verticales, au nombre d'environ cent de chaque côté et unies supérieurement et inférieurement à une ligne axile. Ces baguettes sont reliées par des anastomoses transversales et limitent avec elles des espaces quadrangulaires qui établissent la communication entre la cavité branchiale ou pharyngienne (*f*) et la cavité interne du corps (*l*). Ce squelette est recouvert d'une muqueuse à épithélium vibratile, renfermant les vaisseaux capillaires sanguins. A la suite du sac branchial vient un intestin (*hk*), muni à son origine d'un petit diverticule (foie ?); il débouche à l'anus.

Le mécanisme respiratoire est le suivant : l'eau entre par la bouche, gagne la chambre branchiale, baigne la muqueuse et passe par les mailles du treillis pour se répandre dans la cavité du corps et s'échapper au dehors par le pore abdominal.

L'appareil circulatoire, dépourvu de cœur, est réduit à *deux vaisseaux* dont les contractions locales mettent le sang en mouvement : l'un, appelé *tronc branchial*, est situé sous le tube digestif; il recueille le sang veineux et le distribue à la branchie; l'autre, dorsal, appelé *aorte* (*b*), reprend le sang devenu artériel et le distribue aux organes.

Le squelette est réduit à une *corde dorsale*, terminée en pointe à ses deux extrémités; elle est élastique et de nature fibreuse.

Enfin, le système nerveux, placé au-dessus de la corde dorsale et séparé ainsi du tube digestif, consiste en un mince cordon nerveux d'où partent les nerfs. Comme organes des sens on ne peut citer que l'œil, simple masse de pigment située à la partie antérieure du cordon nerveux.

QUATRIÈME PARTIE

NOTIONS SUR L'ORGANISATION DES INVERTÉBRÉS

Embranchements du Règne animal. — On divise aujourd'hui le Règne animal en neuf embranchements, dont les caractères distinctifs sont tirés de la structure du corps, de la position relative des systèmes et appareils, ainsi que du développement embryogénique.

Ces embranchements et les classes en lesquelles on les divise sont :

1° Les *Vertébrés* [Mammifères, Oiseaux, Reptiles, Batraciens, Poissons, Subvertébrés (Amphioxus)].
2° Les *Tuniciers* [Ascidiens, Salpidés, etc.].
3° Les *Arthropodes* ou *Animaux articulés* [Insectes, Arachnides (Araignées, Scorpions), Myriapodes (Mille-pattes), Crustacés (Écrevisse)].
4° Les *Vers* [Annélides (Sangsue, Ver de terre), Nématodes (Trichine), Cestodes (Tænia), Trématodes (Douve du foie) ; etc.].
5° Les *Mollusques* [Céphalopodes (Poulpe), Gastéropodes (Colimaçon), Acéphales (Huître)].
6° Les *Échinodermes* [Échinides (Oursins), Stellérides (Étoile de mer), Holothurides (Holothurie)].
7° Les *Cœlentérés* [Polypes hydraires (Hydre), Méduses, Siphonophores (Physale), Polypes coralliaires (Corail)].
8° Les *Spongiaires* [Éponges calcaires, Éponges cornées, Éponges siliceuses].
9° Les *Protozoaires* [Foraminifères (Nummulites), Radiolaires (Héliosphère), Amœbiens (Amibes)].

— Les huit derniers embranchements forment le vaste groupe des *Invertébrés ;* les Articulés et les Vers celui des *Annelés ;* enfin les quatre derniers représentent les *Zoophytes* ou *Rayonnés* des anciennes classifications.

TUNICIERS

Les Tuniciers sont des animaux marins, libres (Salpe) ou fixés (Ascidie) et offrant des caractères de structure qui les rapprochent des Vertébrés, notamment de l'Amphioxus. Ils vivent tantôt isolés, tantôt en colonies.

Les principaux genres sont : l'Ascidie, la Salpe et l'Appendiculaire. Le premier est en forme de sac ovale ; le second en manière de tonnelet, et le troisième est pourvu d'un appendice caudal.

Ascidiens. — Considérons une Ascidie. On remarque à la surface du corps deux orifices (fig. 423), l'un *buccal* (*a*) servant à l'entrée de l'eau chargée d'air et des matières alimentaires, l'autre *cloacal* (*b*) qui donne passage aux résidus de la digestion et à l'eau chargée d'acide carbonique.

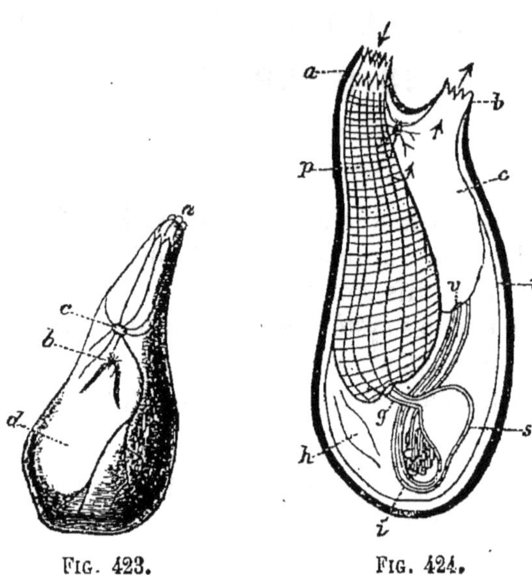

FIG. 423. FIG. 424.

FIG. 423. — Ascidie (de face). — *a*, bouche ; *b*, orifice du siphon expirateur ; *c*, ganglion unique et nerfs ; *d*, tunique musculaire.

FIG. 424. — Ascidie (fig. sch.) (de profil). — *a*, orifice inspirateur ; *p*, pharynx (branchie) ; *g*, œsophage ; *i*, glande génitale ; *s*, estomac ; *v*, anus ; *t* (en noir), tunique cellulosique épaisse ; *c*, cloaque ; *b*, orifice expirateur ; entre *a* et *b*, le ganglion nerveux ; *h*, cœur.

La paroi du corps est très épaisse et formée (fig. 424) extérieurement de *tunicine*, substance voisine de la cellulose végétale, intérieurement d'une couche musculaire.

A la bouche fait suite un vaste pharynx (*p*), différencié en un sac branchial, comme chez l'Amphioxus ; puis un œsophage court (*g*), un estomac (*s*) et enfin un intestin qui débouche dans le cloaque.

La *branchie* a l'aspect d'une sorte de fin treillis par les mailles duquel passe l'eau inspirée : celle-ci cède aux vaisseaux qui y circulent l'oxygène nécessaire à la respiration, puis s'écoule au dehors par le cloaque.

Près de l'estomac se trouve placé le *cœur* (*h*), auquel fait suite un système fort complexe de vaisseaux ; il offre le caractère de *se contracter tantôt dans un sens, tantôt en sens contraire*, ce qui renverse périodiquement le sens du courant sanguin.

Le *système nerveux* est réduit chez les Ascidies à un ganglion, placé entre l'orifice inspirateur et l'orifice expirateur ; il en part des nerfs (fig. 424).

CHAPITRE PREMIER

ARTHROPODES

Le corps des Arthropodes est, comme celui des Vers, divisé en anneaux ou *zoonites* placés bout à bout, et symétrique par rapport au plan médian antéro-postérieur. Le tégument, incrusté d'une

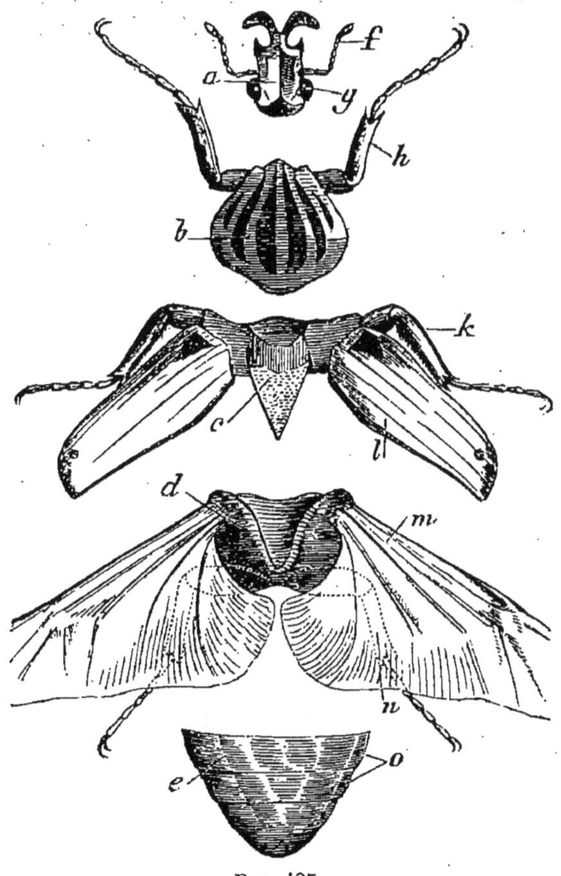

Fig. 425.

Fig. 425. — Corps désarticulé d'un Insecte (le Goliath). — *a*, tête; *b*, prothorax; *c*, mésothorax; *d*, métathorax; *e*, abdomen; *f*, antennes; *g*, yeux composés; *hkn*, pattes; *l*, *m*, ailes; *o*, stigmates.

matière azotée, appelée *chitine*, forme une enveloppe dure, sorte de squelette périphérique; les membres sont composés d'articles durs, rendus mobiles par l'interposition de parties molles: ils sont, en un mot, *articulés*; de là le nom d'Arthropodes.

1° **Insectes.** — Le corps des Insectes (fig. 425) est nettement divisé en trois parties : la tête, le thorax et l'abdomen.

La *tête* (*a*) présente à considérer : 1° deux gros yeux, appelés *yeux composés* (*g* et fig. 426), munis d'une cornée à facettes ; 2° des *yeux simples* (fig. 429), plus petits, disposés sur le milieu de la face supérieure (Papillons, Abeilles...) ; ils manquent chez les Coléoptères (Hanneton...) ; 3° une paire d'*antennes*, organes de sensibilité tactile et sans doute aussi olfactive ; tantôt elles sont terminées en pointe (Abeille), tantôt en massue (Papillons diurnes, fig. 427), tantôt par des lamelles (Hanneton), tantôt enfin, elles sont plumeuses (Bombyx, Cousin, fig. 432) ; 4° à la

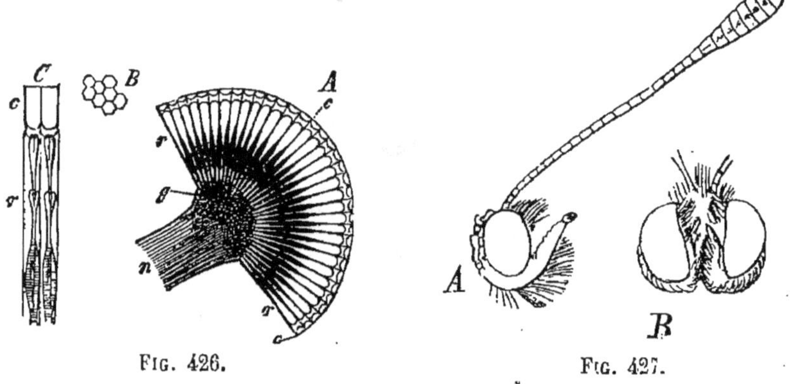

FIG. 426. FIG. 427.

FIG. 426. — A, coupe transversale sch. de l'œil composé d'un Arthropode : *n*, nerf optique ; *g*, son renflement ganglionnaire ; *r*, bâtonnets rétiniens ; *c*, cornée à facettes. — B, facettes cornéennes vues de face. — C, deux bâtonnets rétiniens (*r*) avec leurs cristallins cornéens (*c*).

FIG. 427. — A, tête de Colias (Lépidoptère) avec une antenne et un palpe labial ; B, tête de face.

face inférieure de la tête, la *bouche*, entourée de pièces servant à la préhension et à la mastication des aliments et constituant l'*armature buccale*.

Le *thorax* (fig. 425, *bcd*) comprend toujours trois anneaux (*prothorax*, *mésothorax* et *métathorax*), munis chacun d'une paire de pattes articulées (*k*) ; les deux derniers portent en outre chacun une paire d'*ailes*. Les Diptères (Mouches...) n'ont qu'une seule paire d'ailes, sur le mésothorax. Les Poux, les Puces sont aptères. Sur les ailes on remarque de nombreuses *nervures* dont le mode de disposition est important pour la classification ; dans la cavité des nervures cheminent des filaments nerveux, des trachées : de plus le sang y circule librement.

L'*abdomen* (fig. 425, *e*) se compose de huit à dix anneaux, sans appendices, munis latéralement de deux orifices en forme de boutonnière, appelés *stigmates* (*o*) ; ce sont les orifices respiratoires. Le dernier anneau est parfois muni d'un prolongement, appelé *tarière*, dont les femelles se servent pour piquer les feuilles et y déposer leurs œufs. C'est le cas pour les Cynips : leur piqûre détermine sur les feuilles la production de *galles*, excroissances le plus souvent arrondies, dont les cellules sont riches en tanin (galle du Chêne). D'autres fois, l'abdomen est terminé par un aiguillon venimeux (Abeille, Guêpe...).

Armature buccale. — Elle varie de forme suivant le régime des Insectes. A cet égard on peut distinguer : 1° les

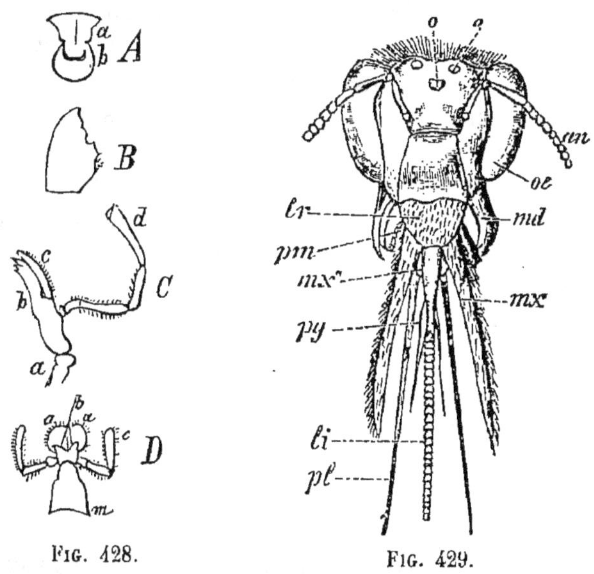

Fig. 428. Fig. 429.

Fig. 428. — Armature buccale de Decticus (Orthoptère). — A : *b*, lèvre supérieure; *a*, partie voisine de la tête. — B, mandibules. — C, mâchoires : *a*, base; *b*, intermaxillaire; *c*, galéa; *d*, palpe. — D, lèvre inférieure : *m*, base; *c*, palpes labiaux; *a*, galéas; *b*, intermaxillaires soudés.

Fig. 429. — Tête et armature buccale d'un Anthophore. — *oo*, yeux simples; *an*, antennes; *oe*, yeux composés; *lr*, lèvre supérieure; *md*, mandibules; *pm*, palpe maxillaire; *mx'*, mâchoires; *mx''*, lèvre inférieure; *pl*, palpes labiaux; *li*, intermaxillaires (languette); *pg*, galéas de la lèvre inférieure.

Insectes *broyeurs*, qui se nourrissent de substances solides (Coléoptères...); 2° les Insectes *lécheurs*, qui se nourrissent de substances molles (Hyménoptères...); 3° les Insectes *suceurs*, qui aspirent des liquides sucrés (Lépidoptères...); 4° les Insectes *piqueurs*, qui perforent les tissus animaux ou végétaux et sucent ou aspirent les liquides dont ils provoquent l'écoulement (Hémiptères, Diptères). Partout l'armature buccale comprend le même nombre de pièces : celles-ci changent seulement de forme selon la fonction à laquelle elles sont adaptées; mais elles peuvent aussi se réduire ou même s'atrophier, faute d'usage.

1° Chez les *Insectes broyeurs* (Hanneton, Perce-oreilles, Termite), l'armature buccale se compose des pièces suivantes (fig. 428) : 1° une petite lamelle médiane, insérée sur le front, un peu au-dessus de la bouche; c'est la *lèvre supérieure* (A); elle est le plus souvent mobile; 2° les *mandibules* (B), situées l'une à droite, l'autre à gauche, au-dessous de la lèvre supérieure; elles sont arquées en manière de serpe et dentées intérieurement. Les diverses pièces qui les composent sont soudées en un tout très solide; aussi les mandibules sont-elles les organes essentiels de la mastication. Elles sont fort développées chez le Lucane mâle; 3° les *mâchoires* (C), également au nombre de deux, viennent après les mandibules; elles se composent de quatre pièces principales, savoir : une *pièce basilaire*, portant, extérieurement un *palpe* mobile à cinq articles, intérieurement une lame dentelée, appelée *intermaxillaire* ou *lacinia*, et entre les deux le *galéa*. Le palpe et le galéa sont deux pièces tactiles; l'intermaxillaire seconde les mandibules dans la mastication; 4° la *lèvre inférieure* (D), pièce impaire, placée sur la ligne médiane et composée d'une base ou *menton*, sur laquelle est articulée une petite pièce, appelée *languette*, et qui porte en outre deux *palpes labiaux* à trois articles.

2° Parmi les *Insectes lécheurs*, considérons, par exemple, une Abeille, une Guêpe, un Frelon ou un Anthophore (fig. 429). La *lèvre supérieure* (*lr*) a les mêmes caractères que précédemment : c'est une petite pièce carrée. Les *mandibules* (*md*) sont courtes et solides; elles peuvent perforer ou broyer des substances fort dures; chez les Abeilles, elles servent à inciser les plantes et à malaxer la cire dont ces Insectes construisent leurs alvéoles. Les *mâchoires* (*mx'*) sont ici allongées, barbelées et munies à leur base d'un petit palpe (*pm*). La *lèvre inférieure* (*mx''*), partie la plus importante, est organisée pour lécher; elle se compose d'une languette allongée et barbelée (*li*), munie à sa base de deux palpes labiaux (*pl*) et vers son sommet, de deux prolongements plus courts (galéas, *pg*). Il est facile d'apercevoir la lèvre inférieure lorsque l'Abeille se pose sur une fleur et l'allonge pour recueillir des substances sucrées.

3° Chez les *Insectes suceurs* (Papillons) (fig. 430), la partie fondamentale de l'armature buccale est une *trompe* (*mx'*), formée par l'union des deux mâchoires sur la ligne médiane. Au repos, elle est enroulée en spirale et cachée sous la tête ; lorsque l'animal veut aspirer le nectar des fleurs, il la déroule. Les

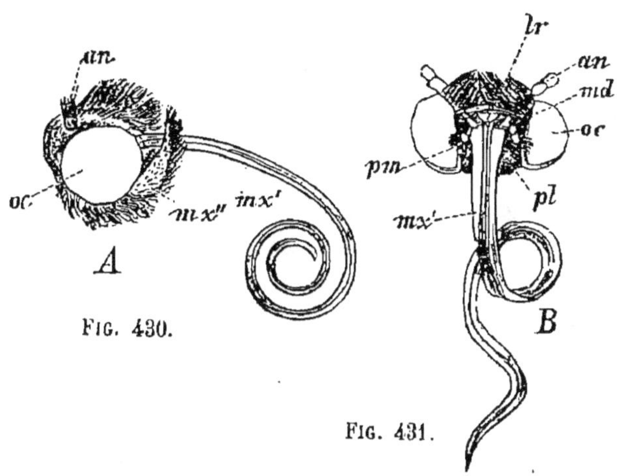

FIG. 430.

FIG. 431.

FIG. 430 et 431. — Armature buccale de Papillon.

FIG. 430. — A : *an*, antennes ; *oc*, yeux composés ; *mx'*, trompe ; *mx''*, palpes labiaux.

FIG. 431. — B : *lr*, lèvre supérieure ; *md*, mandibules ; *pl*, palpes labiaux ; *pm*, palpes maxillaires.

autres pièces (lèvre supérieure, mandibules, lèvre inférieure) sont rudimentaires, sauf cependant les palpes labiaux (*mx''*).

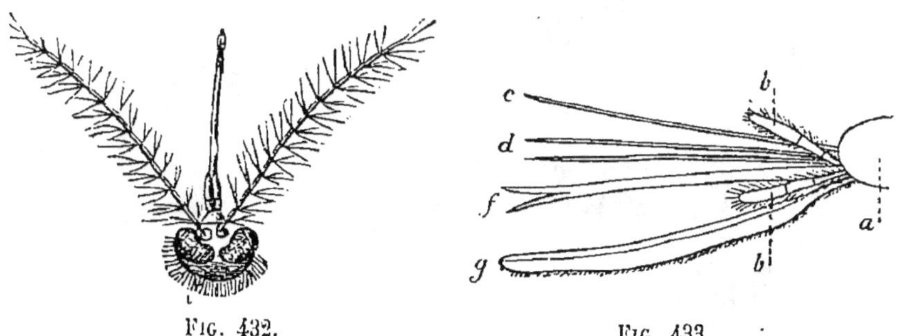

FIG. 432.

FIG. 433.

FIG. 432. — Tête de Cousin. — On voit la trompe et les deux antennes barbelées.

FIG. 433. — Pièces buccales du Cousin. — *a*, tête ; *c*, lèvre supérieure ; *d*, mandibules ; *f*, les mâchoires soudées ; *b*, leurs palpes ; *g*, lèvre inférieure.

Les chenilles des Lépidoptères (Ver à soie...) ont l'armature buccale des Insectes broyeurs.

4° Les *Insectes piqueurs* (Poux, Cochenille, Cigale) ont la bouche armée d'un bec ou *rostre* (fig. 432), composé de deux ou plusieurs articles et formé aux dépens de la lèvre supérieure et de la lèvre inférieure; dans l'intérieur du rostre sont logés *quatre stylets* protractiles, les deux externes correspondant aux mandibules, les internes aux mâchoires. Les tissus animaux ou végétaux sont perforés par ces stylets, et les liquides qui en sortent sont ensuite aspirés par le rostre.

Chez les Diptères, les uns (Cousin, Anthrax) ont l'armature buccale composée d'un certain nombre de stylets ou lancettes (fig. 433), placés au repos dans une sorte de gaîne formée par la lèvre inférieure; les autres (Mouches) sont pourvus d'une trompe.

APPAREIL DIGESTIF. — Le tube digestif des Insectes est très différencié (fig. 434). Il se compose : 1° de la bouche; 2° de l'œsophage (*a*), à l'origine duquel débouchent des glandes salivaires formées, tantôt d'un simple tube bifurqué (Papillons), tantôt d'une double houppe (Courtilière); sur l'œsophage on distingue fréquemment une dilatation unilatérale ou axile, appelée *jabot* (*b*) : les Abeilles y emmagasinent les substances

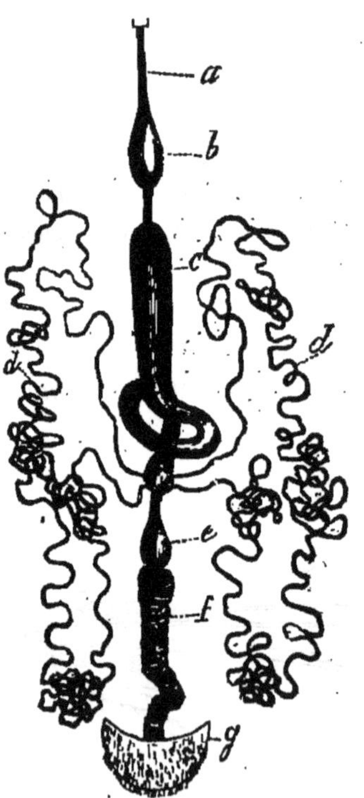

FIG. 434.

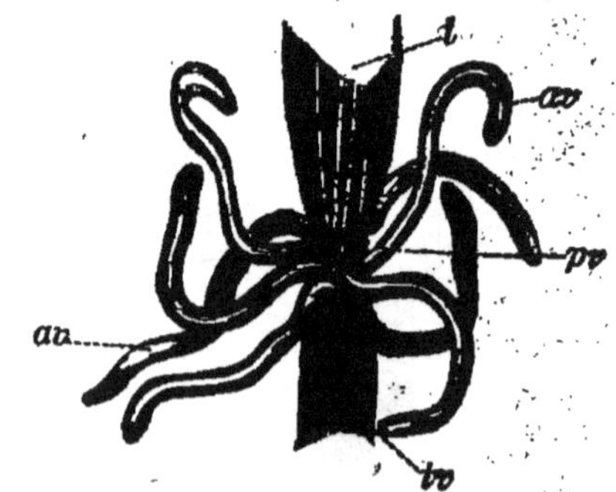

FIG. 435.

FIG. 434. — Appareil digestif du Lucane. — *a*, œsophage; *b*, jabot; *c*, estomac; *d*, tubes de Malpighi; *e*, intestin; *f*, rectum; *g*, dernier anneau abdominal.

FIG. 435. — Tube digestif de la Mante religieuse. — *i*, jabot; *pv*, gésier; *tv*, estomac chylifique; *av*, cæcums glandulaires du gésier.

sucrées des fleurs et les régurgitent plus tard sous forme de miel; 3° l'estomac comprend le plus souvent, comme celui des Oiseaux, un *gésier* (fig. 435, *pv*), organe triturant, et un *ven-*

tricule chylifique (fig. 434, *c*) ou estomac proprement dit qui sécrète le suc gastrique ; ce dernier est recouvert de villosités, sortes de culs-de-sac glandulaires ; 4° enfin, l'intestin (*e*), tube simple, dilaté dans sa partie terminale en une poche rectale, flanquée de deux sacs glandulaires, les *glandes anales*. A l'origine de l'intestin on remarque deux ou plusieurs tubes très allongés, pelotonnés autour de ce dernier ; ce sont les *tubes de Malpighi* (*d*). Ils se composent d'une membrane conjonctive, tapissée de grosses cellules épithéliales. Certains auteurs les considèrent comme des organes hépatiques ; d'autres comme des organes urinaires (on y trouve de l'acide urique) ; d'autres, enfin, comme des organes mixtes, essentiellement hépatiques et accessoirement urinaires.

Appareil respiratoire. — Chez tous les Arthropodes, sauf les Crustacés, il se compose de tubes très déliés, appelés *trachées* (fig. 436, *c*), partant des stigmates et se ramifiant dans

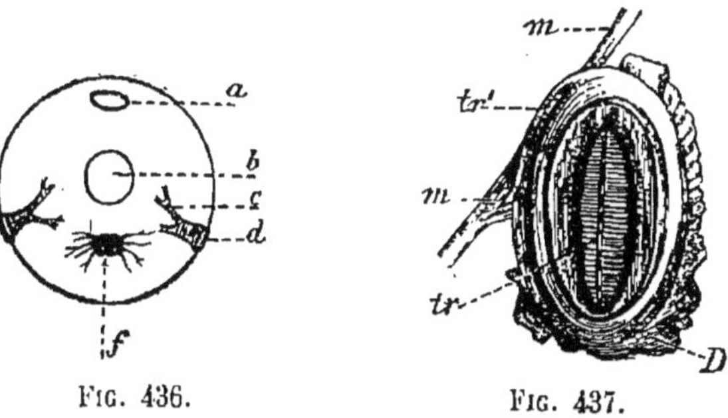

Fig. 436. Fig. 437.

Fig. 436. — Coupe transversale du corps d'un Insecte. — *a*, vaisseau dorsal ; *b*, tube digestif ; *c*, trachées ; *d*, stigmate ; *f*, ganglion nerveux.

Fig. 437. — Un stigmate. — *tr*, orifice ; *tr'*, cadre chitineux ; *mm'*, muscles ; D, tégument voisin.

toutes les parties du corps. Le *système trachéen* ne se rencontre dans aucun autre groupe zoologique.

Les *stigmates* (fig. 437) sont situés sur les côtés des anneaux de l'abdomen ; ils se composent d'un petit cadre chitineux dans lequel est tendue une membrane percée d'une boutonnière. Grâce à des muscles qui actionnent la membrane, les stigmates se ferment très facilement ; cela explique comment certains Insectes (Phylloxéra) peuvent résister pendant assez longtemps à la submersion : ils consomment lentement l'air contenu dans leurs trachées. Chez les Insectes aquatiques (fig. 440), les stigmates sont situés au bout de l'abdomen ; ainsi les Hydrophiles relèvent périodiquement hors de l'eau l'extrémité de leur corps pour puiser de l'air; les Ranatres, sortes de Punaises aquatiques, ont l'abdomen pourvu de deux longs prolongements,

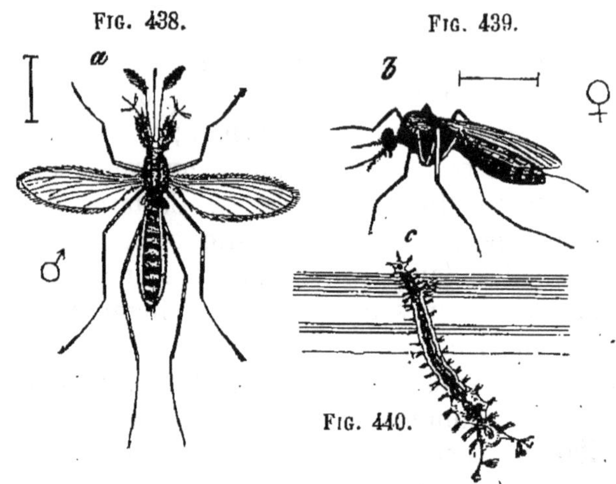

Fig. 438-440. — Cousin (*Culex pipiens*).

Fig. 438. — Mâle.

Fig. 439. — Femelle avec indication de la grandeur naturelle.

Fig. 440. — Larve (aquatique) montrant deux stigmates à l'extrémité postérieure.

terminés chacun par un stigmate, et qu'elles élèvent de même dans l'air. Il en est encore ainsi chez les larves des Cousins, etc.

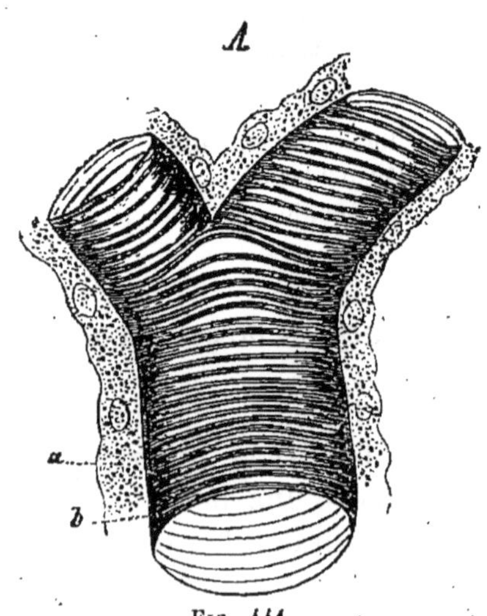

Fig. 441.

Fig. 441. — Trachée d'Insecte.

Les *trachées* (fig. 441) sont des tubes rameux de plus en plus fins jusqu'à leur terminaison. Le plus souvent elles présentent, de distance en distance, des renflements, jouant le rôle de réservoirs d'air, comme les sacs aériens des Oiseaux : les Hannetons en présentent un très grand nombre, de petite taille; les Mouches, au contraire, n'en possèdent que deux, développés en véritables poches et situés à la partie antérieure de l'abdomen.

Une trachée se compose de deux membranes, laissant entre elles un petit intervalle; la membrane interne présente de nombreux épaississements chitineux, situés très près les uns des autres et formant par leur ensemble une spirale régulière, caractéristique des trachées. Cette spirale manque dans les poches aériennes.

La respiration des Insectes est fort active. L'air atmosphérique est introduit directement dans le système trachéen par les mouvements de dilatation et de contraction de l'abdomen. Chez l'animal au repos, on constate une moyenne de seize à vingt mouvements respiratoires par minute; pendant le vol ce nombre peut s'élever jusqu'à deux cent cinquante. Le dégagement de chaleur qui résulte du phénomène respiratoire est surtout sensible dans le thorax : c'est là en effet que se trouvent les muscles qui animent les ailes. Pendant le vol, la température du corps s'élève parfois de 15 ou 20 degrés audessus de celle du milieu ambiant.

Appareil circulatoire. — Autant l'appareil respiratoire est développé, autant l'appareil circulatoire est simple. Il se compose uniquement d'un *vaisseau dorsal* (fig. 442), sans ramifications, s'étendant d'un bout du corps à l'autre, sous le tégument. La partie postérieure, plus large, est divisée en sept ou huit chambres et constitue le *cœur* (*c*); la partie antérieure est l'*aorte* (*ao*) : elle s'ouvre à plein orifice dans la cavité générale du corps.

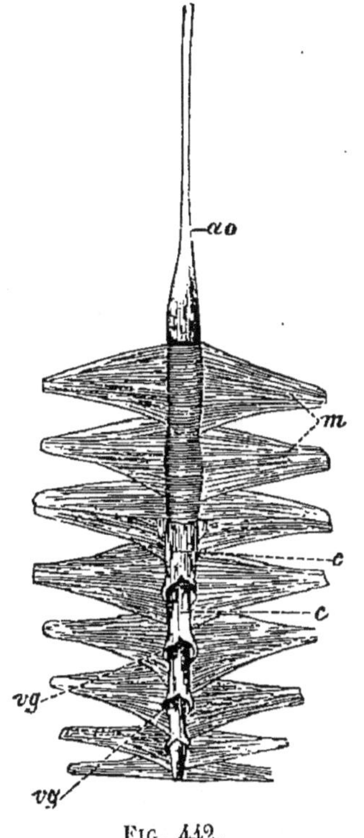

Fig. 442.

Fig. 442. — Vaisseau dorsal du Hanneton. — *ao*, aorte; *m*, muscles; *c*, loges cardiaques; *vg*, fentes latérales laissant entrer le sang dans le cœur.

Chaque loge cardiaque communique avec ses voisines par un orifice étroit, muni d'une valvule qui ne laisse le sang circuler que d'arrière en avant, et avec la cavité générale du corps par deux orifices latéraux par lesquels le sang peut entrer dans le cœur, mais non en sortir. Le cœur est maintenu en place par des lames ou ailes musculaires (*m*), de forme triangulaire, qui s'attachent à la paroi latérale du corps et aux différentes loges.

Le sang est incolore; il renferme des globules blancs amiboïdes. La circulation se fait de la manière suivante. Le cœur se contracte d'arrière en avant et chasse le sang dans l'aorte; arrivé à l'extrémité libre de cette dernière, le liquide nourricier se répand dans les lacunes interorganiques, dans les nervures des ailes et même entre les deux membranes des trachées. Les organes absorbent alors l'oxygène et les matières nutritives qui leur sont nécessaires et abandonnent l'acide carbonique et les autres déchets organiques. Par les trachées et les tubes de Malpighi, ces derniers sont excrétés. Le sang, après avoir absorbé une nouvelle provision d'oxygène que lui apportent de tous côtés les trachées, et après avoir recueilli les matières digérées, pénètre de nouveau dans le cœur par les orifices latéraux de ce dernier, sans qu'il y ait de courant bien défini. On voit que, faute de capillaires, la *circulation* est *lacunaire* chez les Insectes, comme d'ailleurs chez tous les Arthropodes, tandis qu'elle est *capillaire* chez les Vertébrés.

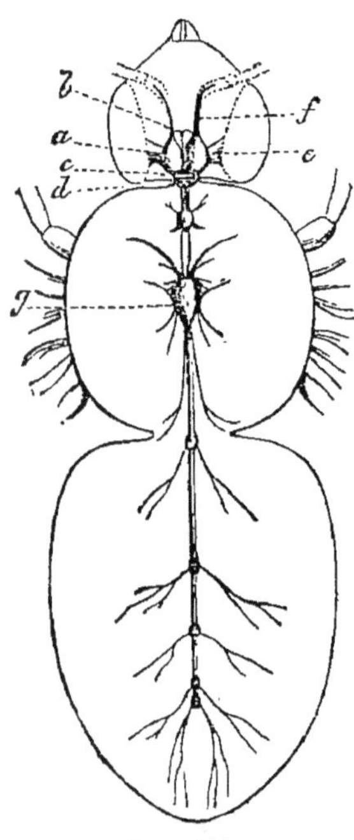

Fig. 443.

Fig. 443. — Système nerveux de l'Abeille. — *a*, ganglions cérébroïdes; *b*, ganglion frontal (très petit); *c*, collier œsophagien; *d*, ganglion sous-œsophagien; *g*, ganglions méso et métathoracique donnant des nerfs aux ailes, aux pattes correspondantes...; *e*, nerfs optiques; *f*, nerfs antennaires.

Système nerveux. — Le système nerveux des Arthropodes (fig. 443) se compose de *ganglions*, placés les uns au-dessus, les autres au-dessous du tube digestif, et de nombreux filets nerveux, émanés de ces ganglions.

Dans la tête, au-dessus de l'œsophage, se trouvent deux ganglions très importants, les *ganglions cérébroïdes* (*a*), généralement unis en une seule masse sur la ligne médiane; ils représentent le *cerveau*, car ils donnent naissance aux nerfs de sensibilité spéciale (nerf optique, nerf antennaire). C'est chez les Abeilles, les Fourmis, que le cerveau atteint son plus grand développement; c'est aussi chez ces Insectes que l'activité psychique est la plus remarquable.

Au-dessous du tube digestif se trouvent de nombreuses paires de ganglions, unies entre elles longitudinalement par des connectifs et constituant ainsi la *chaîne ventrale;* en avant elle est unie aux ganglions cérébroïdes par deux connectifs qui entourent l'œsophage et forment le *collier œsophagien* (*c*). La chaîne ventrale se compose d'un nombre variable de paires ganglionnaires, dix chez le Perce-oreille, sept chez l'Abeille, trois seu-

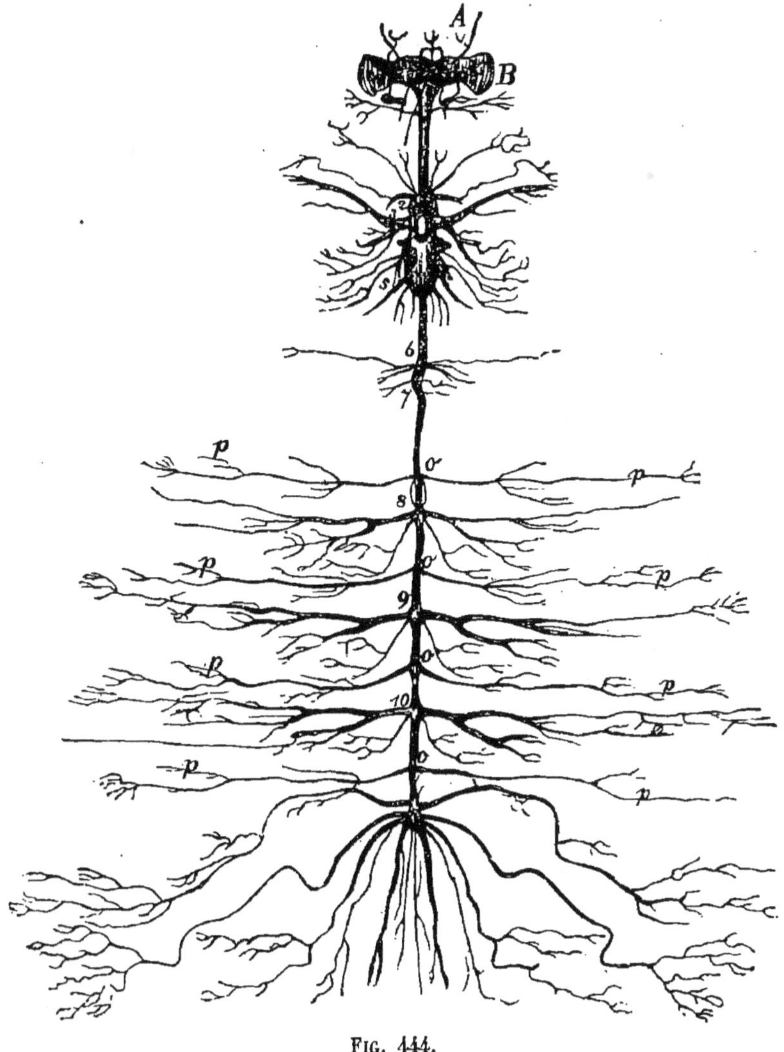

FIG. 444.

FIG. 444. — Système nerveux du Sphynx du Troène. — A, cerveau, présentant en avant le ganglion frontal et le nerf récurrent, de chaque côté les nerfs antennaires et en arrière les ganglions angéens ; B, nerfs optiques ; 2 à 10, chaîne ventrale ; *o*, *o*, nerfs respirateurs ; *p*, *p*, branches destinées aux stigmates.

lement chez le Hanneton ; dans ce dernier genre, la dernière masse nerveuse est très développée et comprend deux paires de ganglions thoraciques et tous les ganglions abdominaux. Théoriquement, chaque anneau devrait renfermer une paire de ganglions libres ou soudés; dans la plupart des cas, deux ou plusieurs paires se fusionnent en une seule, en se rapprochant d'arrière en avant.

Chez les larves, le système nerveux est moins concentré que chez l'adulte; ainsi la larve du Hanneton a une chaîne ventrale formée d'une dizaine de masses ganglionnaires rapprochées, mais distinctes, tandis que l'Insecte adulte n'en offre plus que trois.

Outre le système nerveux dont il vient d'être question et qui correspond à notre système cérébro-spinal, il existe encore chez les Insectes un *système stomato-gastrique*, sorte de pneumogastrique, et même un *système sympathique*. Le *stomato-gastrique* se compose d'un *ganglion frontal* très fin

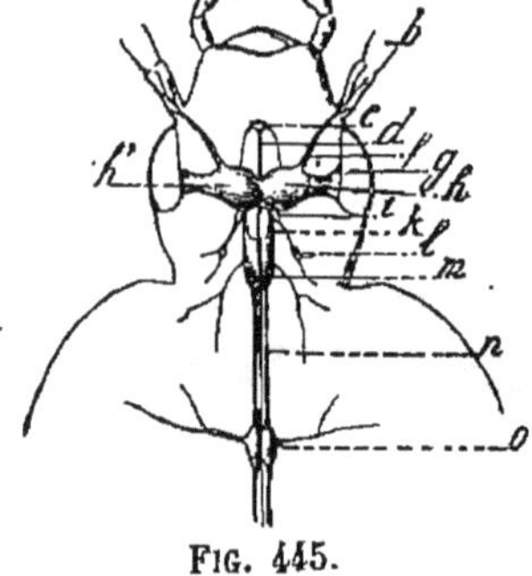

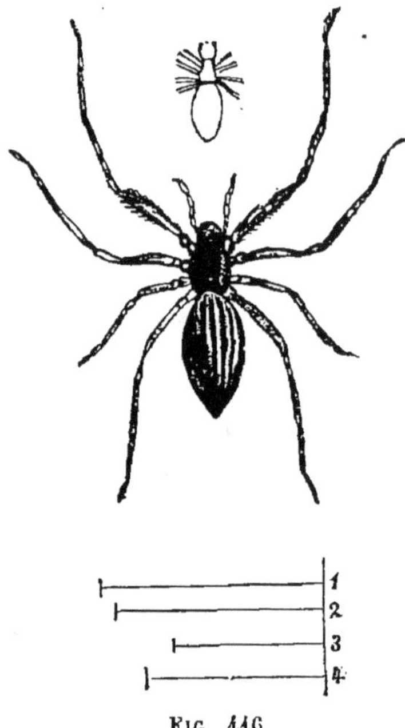

FIG. 445. FIG. 446.

FIG. 445. — Système nerveux du Sylphe obscur. — *a*, palpes buccaux ; *b*, antennes ; *g*, yeux composés. — *Système nerveux ordinaire.* — *h*, *h'*, ganglions cérébroïdes ; *k*, collier œsophagien ; *m*, première paire ganglionnaire ventrale ; *n*, connectifs ; *o*, deuxième paire (g. thoraciques) ; *f*, nerfs antennaires ; de *h* à *g*, nerfs optiques. — *Système stomatogastrique.* — *c*, ganglion frontal ; *d*, nerf récurrent ; *i*, ganglions angéens ; *l*, g. trachéens.

FIG. 446. — Épeire (Arachnide). — En haut, en grandeur naturelle ; 1-4, grandeur relative des pattes.

(fig. 443, *b*, et fig. 445), situé en avant du cerveau et uni à lui par deux filets nerveux ; il donne les *nerfs pharyngiens* et se continue en arrière par le *nerf récurrent* (fig. 445, *b*) qui passe sous le cerveau et se ramifie dans l'estomac. De plus, en arrière et contre le cerveau, se trouvent deux autres paires de ganglions (fig. 445), les *ganglions angéens*, donnant des filets au vaisseau dorsal, et les *ganglions trachéens*, aux tubes respiratoires.

2° **Arachnides.** — Les Arachnides (Araignée, Scorpion) (fig. 446) ont le corps divisé en deux parties seulement : *céphalothorax* et *abdomen*. Chez les Araignées, ces deux régions sont nettement séparées; chez les Scorpions (fig. 448), la partie initiale de l'abdomen est aussi large que le céphalothorax, tandis que la partie terminale forme la queue, terminée par un crochet venimeux.

La tête est munie d'yeux simples au nombre de deux à douze (fig. 448, 7 et 8). L'armature buccale ne se compose que de deux paires de pièces, savoir : 1° les *chélicères*, munies, chez les Araignées, d'une griffe terminale mobile où s'ouvre le canal excréteur d'une glande à venin (fig. 447), et chez les Scorpions, d'une petite pince (fig. 448, 1); les nerfs qui s'y ramifient viennent des ganglions cérébroïdes : c'est

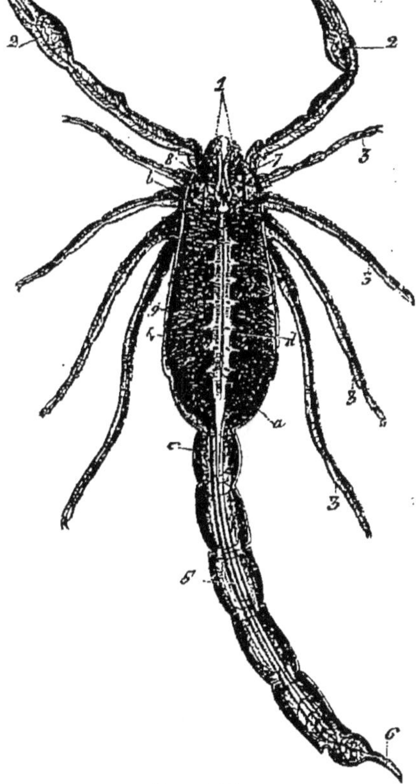

Fig. 447. Fig. 448.

Fig. 447. — Chélicères ou antennes-pinces des Araignées. — *a*, leur corps; *b*, leur crochet; *c*, glande à venin; *d*, point où débouche le canal excréteur.

Fig. 448. — Appareil circulatoire du Scorpion. — 1, chélicères; 2, pédipalpes; 3, pattes; 4, foie, très grand; 5, intestin; 6, dard; 7, 8, yeux latéraux et médians; 9, artères hépatiques; *a*, cœur; *b*, aorte antérieure; *c*, aorte postérieure; *d*, orifices d'entrée du sang dans le cœur.

qu'en effet les chélicères représentent les antennes adaptées à une nouvelle fonction; 2° les *pédipalpes*, ressemblant davantage à une paire de pattes et terminées, en pointe chez l'Araignée (fig. 446), par une grande pince chez le Scorpion (fig. 448, 2).

Les Arachnides ont quatre paires de pattes ambulatoires.

L'abdomen, dépourvu d'appendices, présente sur sa face ventrale deux ou quatre orifices, communiquant avec autant de poches, appelées *poumons*, munies de nombreux prolongements lamelleux dans lesquels circule le sang; d'autres Arachnides (Phalangides) respirent par des *trachées* comme les Insectes. Les Scorpions possèdent quatre paires de sacs pulmonaires ventraux.

Au bout de l'abdomen des Araignées se trouvent quatre ou six mamelons, appelés *filières*, qui laissent échapper un produit

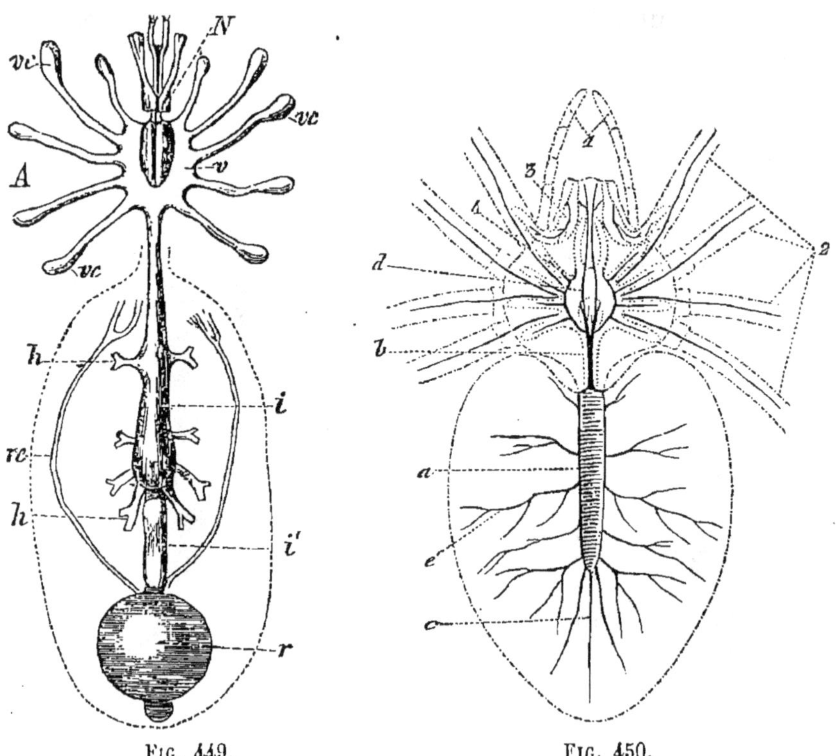

Fig. 449. Fig. 450.

Fig. 449. — Cteniza (Arachnide). — N, ganglions cérébroïdes; *v*, estomac; *vc*, ses prolongements rayonnants; *h*, canaux biliaires; *ii'*, intestin; *r*, poche rectale; *re*, tubes de Malpighi.

Fig. 450. — Appareil circulatoire de l'Épeire-Diadème. — 1, pédipalpes; 2, pattes; 3, glande du venin; 4 (ligne ponctuée), estomac avec ses cæcums; *a*, cœur; *b*, *c*, aortes antérieure et postérieure; *d*, artères antérieures; *e*, artères latérales.

visqueux sécrété par deux glandes tubuleuses ou arborescentes; c'est avec ce produit que les Araignées fabriquent les fils dont elles tissent leurs toiles.

Le *tube digestif* (fig. 449) est complet; l'estomac des Araignées est en forme d'anneau et présente sur tout son pourtour des prolongements en cæcum. Le foie est fort développé.

L'*appareil circulatoire* est beaucoup plus compliqué que celui des Insectes. Il se compose d'un *cœur* dorsal (fig. 450), à sept ou huit loges, donnant naissance à une aorte antérieure, une aorte postérieure et des artères latérales (une paire par loge). Ces vaisseaux se ramifient abondamment, mais ne se terminent pas par des vaisseaux capillaires : la circulation est donc lacunaire. Le sang, après avoir baigné les organes, passe par l'appareil respiratoire, revient au cœur par les orifices latéraux des loges cardiaques (fig. 448, *d*) et est de nouveau lancé dans les artères.

Le *système nerveux* a la même disposition générale que chez les Insectes. Celui des Araignées est particulièrement concentré et comprend, outre le cerveau, seulement deux masses ganglionnaires ventrales.

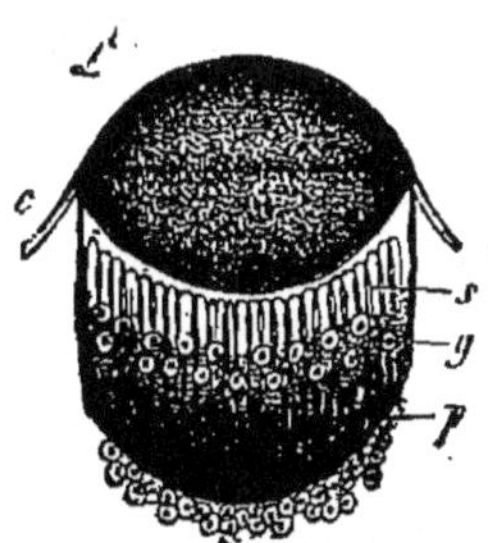

FIG. 450 *bis*.

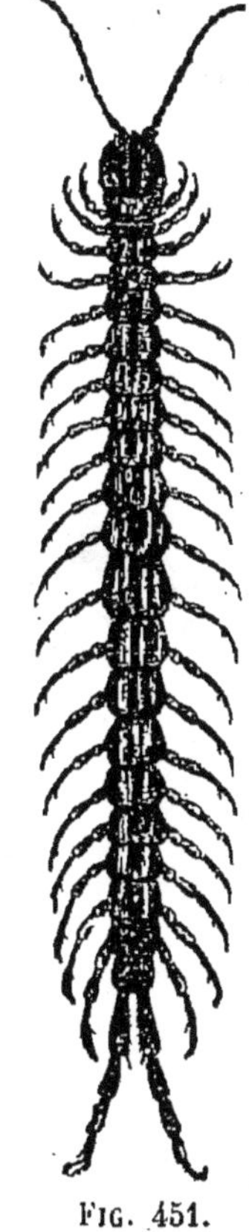

FIG. 451.

FIG. 450 *bis*. — Œil d'une Araignée. — *e*, tégument (sa couche chitineuse) qui forme le cristallin L ; *s*, partie antérieure des bâtonnets ; *g*, cellules ganglionnaires ; *p*, partie postérieure des bâtonnets.

FIG. 451. — Scolopendre.

3° **Myriapodes.** — Les Myriapodes (fig. 451) sont de tous les Arthropodes ceux dont la structure est la plus homogène. Le corps est divisé en deux parties : la *tête* et le *tronc*. La tête est munie d'antennes et d'une armature buccale qui rappelle celle des Insectes broyeurs. Le tronc se compose d'un nombre variable d'anneaux, tous semblables, vingt et un chez la Scolopendre, quatre-vingt chez le Polyzonum, et munis chacun d'une ou de deux paires de pattes, d'un double arbre trachéen communiquant avec l'extérieur par une paire de stigmates latéraux, d'une paire de ganglions nerveux et d'une loge cardiaque. Chaque anneau apparaît, en un mot, comme un individu complet ou *zoonite*, et le Myriapode comme une colonie linéaire de ces individus. L'appareil circulatoire se rapproche de celui des Arachnides. Le système nerveux présente une chaîne ventrale très régulière, allant d'un bout du corps à l'autre.

4° **Crustacés.** — Prenons comme type l'Écrevisse (fig. 452).

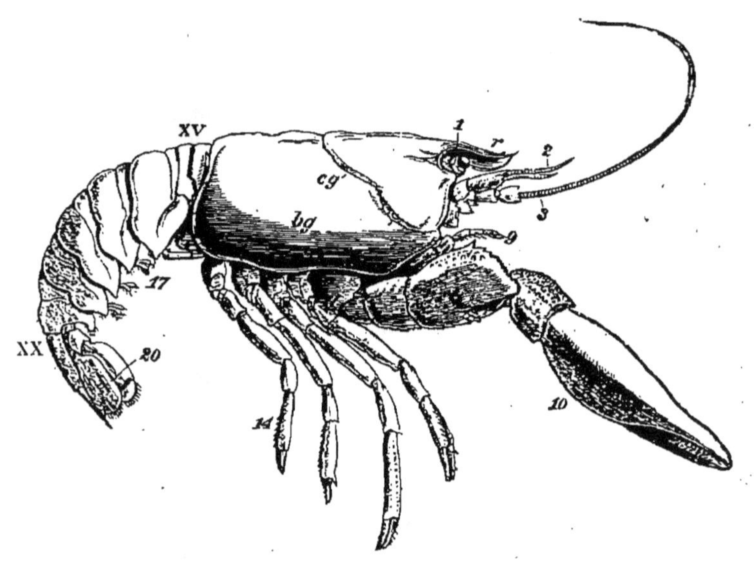

FIG. 452.

FIG. 452. — Écrevisse de rivière. — 1, œil pédonculé; 2, antennule (bifurquée); 3, antenne (simple); 9, une des pattes-mâchoires; 10 à 14, les cinq paires de pattes ambulatoires; 17, petites pattes bifurquées de l'abdomen; 20, nageoire caudale; *bg*, niveau des branchies; *r*, rostre; XV à XX, anneaux de l'abdomen.

Le corps est limité par une carapace dure, incrustée de calcaire; il est divisé en deux parties : le *céphalothorax*, entouré d'une carapace unique, et l'*abdomen*, formé de sept anneaux mobiles.

A la partie antérieure du céphalothorax, on distingue deux paires d'antennes (fig. 456), les unes grandes et simples (*ae*), les autres petites et bifurquées (*ai*); deux gros yeux portés sur des pédoncules; à la face inférieure, la bouche entourée des nombreuses pièces de l'armature buccale; puis les cinq paires de pattes ambulatoires.

L'armature buccale (fig. 453, 454) se compose de pattes de

moins en moins différenciées à mesure qu'on s'approche des pattes locomotrices; on y distingue, d'avant en arrière, *une*

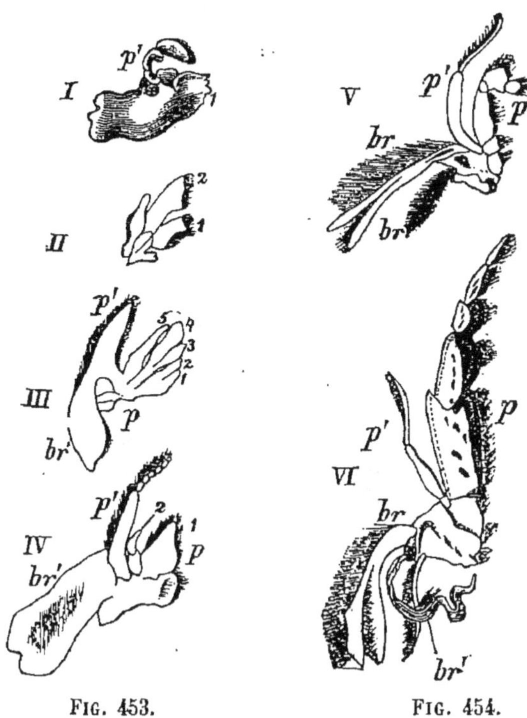

FIG. 453. FIG. 454.

FIG. 453 et 454. — Armature buccale de l'Écrevisse. — I, mandibules ; *p'*, leur palpe ; II, III, mâchoires; IV, V, VI, pattes-mâchoires.

paire de mandibules, *deux paires de mâchoires* et *trois paires de pattes-mâchoires*.

Chaque anneau de l'abdomen, sauf le dernier, est pourvu d'une paire de petites pattes bifurquées (fig. 452); celles de l'avant-dernier anneau sont aplaties et constituent quatre lames qui, avec le dernier anneau ou telson, forment la nageoire caudale. C'est par des mouvements de l'abdomen que l'animal nage à reculons.

FIG. 455.

FIG. 455. — Tube digestif et système nerveux de l'Écrevisse. — *a*, bouche ; *c*, estomac ; *d*, *f*, dents latérales et médiane ; *g*, intestin ; *b*, cerveau ; *k*, *h*, ganglions thoraciques et abdominaux.

L'*appareil digestif* (fig. 455) se compose d'un court œsophage, presque vertical, d'un large estomac et d'un intestin rectiligne qui débouche sur la face ventrale du telson ; en outre, une glande digestive, dont le produit est versé dans la partie initiale de l'intestin. Dans la région pylorique de l'estomac, on remarque trois épaississements chitineux de la

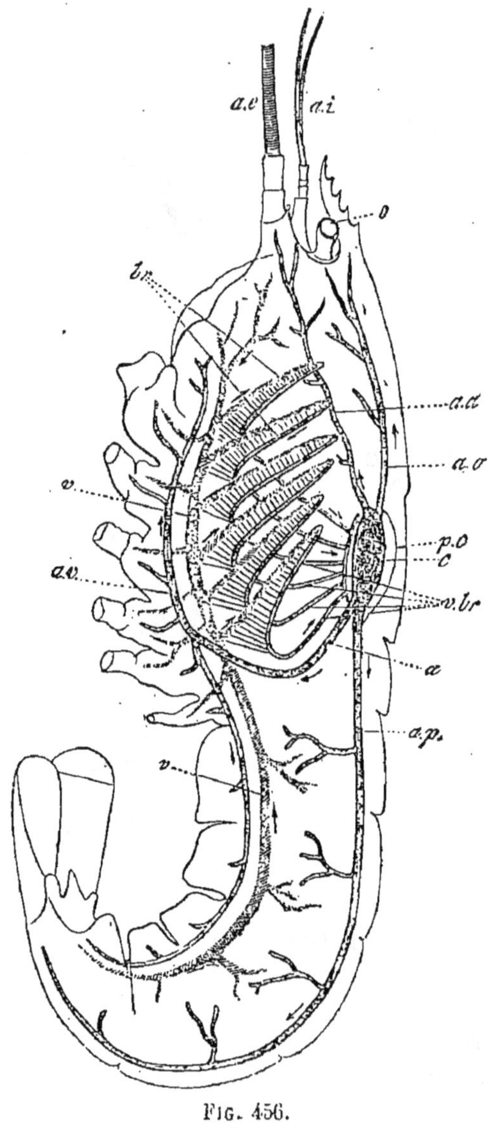

Fig. 456.

Fig. 456. — Appareil circulatoire de l'Écrevisse. — *ae*, antennes externes; *ai*, antennes internes bifurquées; *o*, œil; *aa*, artère antennaire; *ao*, artère ophthalmique; *pc*, péricarde; *c*, cœur; *vbr*, vaisseaux branchio-cardiaques; *a*, artère récurrente; *ap*, artère abdominale supérieure; *av*, artère ventrale; *v*, sinus veineux; *br*, branchies.

paroi, à bord denté, destinés à achever la trituration des matières végétales dont se nourrit l'Écrevisse; l'une de ces saillies est médiane et supérieure (*f*), les deux autres latérales (*d*); elles sont mues par deux paires de muscles extrinsèques très puissants. Au printemps, on trouve dans la région cardiaque de l'estomac deux petites masses calcaires, à peu près hémisphériques, appelées yeux d'écrevisse; elles disparaissent au moment de la mue.

L'*appareil circulatoire* (fig. 456) se compose : 1° d'un *cœur* (*c*) irrégulièrement quadrangulaire, situé sous la partie postérieure de la carapace du céphalothorax; il est entouré d'un péricarde (*pc*) avec lequel il communique par six orifices, munis de valvules qui laissent seulement passer le sang du péricarde dans le cœur; 2° d'*artères antérieures* (*ao*, *aa*) destinées à la tête, d'*artères latérales* ou hépatiques, destinées au foie, et d'une *artère postérieure* (*ap*) qui longe tout l'abdomen (artère abdominale supérieure); à une petite distance du cœur, elle donne une branche verticale descendante (*a*) qui se continue par l'artère abdominale inférieure (*av*). Celle-ci nourrit les pattes. Il n'y a pas de capillaires. — Le sang est lancé par le cœur dans les diverses artères et leurs ramifications, tombe dans les lacunes du corps et nourrit les organes. Devenu veineux, il se rassemble dans une sorte de sinus ventral (*v*) et passe irrégulièrement dans les branchies par des vaisseaux afférents (artères branchiales); après l'hématose, il est ramené au péricarde par six vaisseaux efférents (veines branchiales, *vbr*); il passe ensuite dans le cœur.

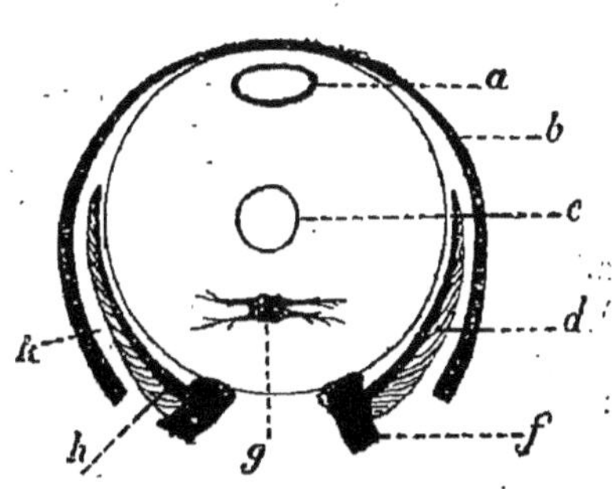

FIG. 457.

FIG. 457. — Coupe transversale de l'Écrevisse. — *a*, cœur; *c*, intestin; *g*, ganglion et nerfs; *d*, branchies; *f*, pattes; *h*, squelette de la branchie; *k*, cavité branchiale; *b*, carapace.

L'*appareil respiratoire* se compose de branchies (fig. 456, *br*) insérées sur les pattes ambulatoires et aussi sur les pattes-mâchoires. Chacune d'elles se compose d'une sorte d'axe cartilagineux couvert de nombreux filaments dans lesquels circule le sang : l'ensemble forme une masse conique (fig. 457, *d*, *h*). Les branchies sont logées, de chaque côté, dans l'espace compris entre la carapace et le corps proprement dit (fig. 457, *k*), espace appelé chambre branchiale; elles ont une teinte grise et sont constamment baignées par l'eau.

Le *système nerveux* (fig. 455) comprend deux ganglions cérébroïdes ou sus-œsophagiens et une chaîne ventrale, composée elle-même de six masses ganglionnaires pour le céphalothorax et de six pour l'abdomen. Il y a de plus un système stomato-gastrique assez compliqué.

Un grand nombre de Crustacés inférieurs de très petite taille

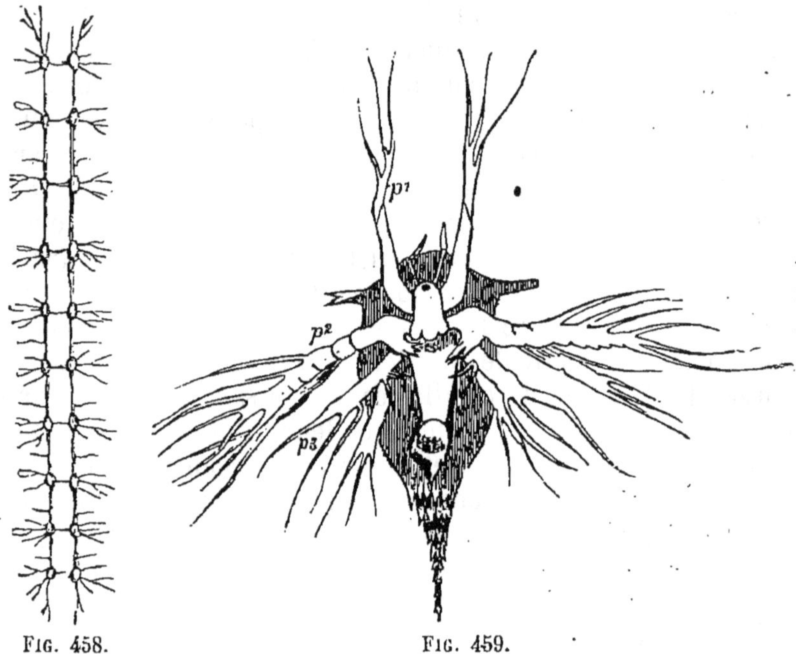

FIG. 458. FIG. 459.

FIG. 458. — Système nerveux du Talitre (Crustacé). — En avant, les deux ganglions cérébroïdes parfaitement distincts, comme les ganglions de la double chaîne ventrale.

FIG. 459. — Nauplius, forme larvaire d'un grand nombre de Crustacés inférieurs. — p^1, pattes antérieures simples; p^2, p^3, pattes postérieures bifurquées.

se présentent au sortir de l'œuf sous la forme d'une larve triangulaire, munie de trois paires de pattes, la première dirigée en avant, les deux autres dirigées en arrière et bifurquées, et appelée *nauplius* (fig. 459). Chez les Crustacés supérieurs (Écrevisse), la forme larvaire est en général bien plus compliquée.

CHAPITRE II

VERS

Conformation. — Le corps des Vers est annelé. Les anneaux, d'ordinaire très nombreux, sont tantôt tous semblables (Lombric), tantôt différenciés à la partie antérieure du corps en une *tête* (fig. 460) pourvue d'yeux (fig. 470 *bis*) et d'antennes (Néréide...). Le tégument des Vers est toujours mou, contrairement à celui des Arthropodes, qui est chitineux ou calcaire. Parfois le corps est complètement dépourvu de membres (Sangsue, Tænia); d'autres fois, il est simplement muni de soies (Lombric); souvent enfin, il présente des membres

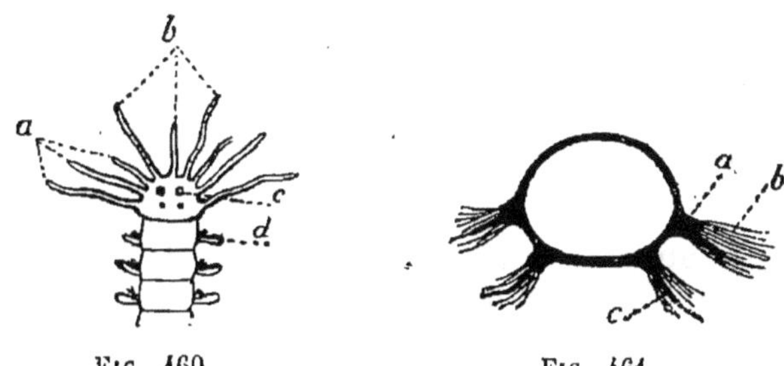

FIG. 460. FIG. 461.

FIG. 460. — Tête d'Autolyte, Annélide marine. — *b*, antennes; *a*, tentacules; *c*, yeux; *d*, cirrhes.

FIG. 461. — Coupe transversale d'une Annélide (Amphinome). — *a*, pattes non articulées; *b*, soies; *c*, cirrhe.

(fig. 461), simples tubercules charnus, non articulés, recouverts de *soies* et portant, en outre, un prolongement plus large, appelé *cirrhe;* tantôt il n'y a qu'une paire de pattes par anneau (Néréide), tantôt deux paires superposées (Amphinome).

Le corps présente encore à considérer, chez certains Vers supérieurs ou Annélides, des houppes de filaments, parfois assez allongés et disposés, tantôt le long du dos (Arénicole), tantôt autour de la tête (Serpule, Térébelle) : ce sont les *branchies*. D'après cela, on distingue des Annélides *céphalobranches*, *dorsibranches*, et *abranches* (Lombric, Sangsue). Chez ces dernières, la respiration se fait uniquement par la peau ; chez les autres, à la fois par les branchies et la peau.

La plupart des Annélides vivent dans la mer; quelques-unes dans l'eau douce (Sangsue médicinale) ou sur la terre (Lombric). Les Vers inférieurs vivent la plupart en *parasites* sur

FIG. 462.

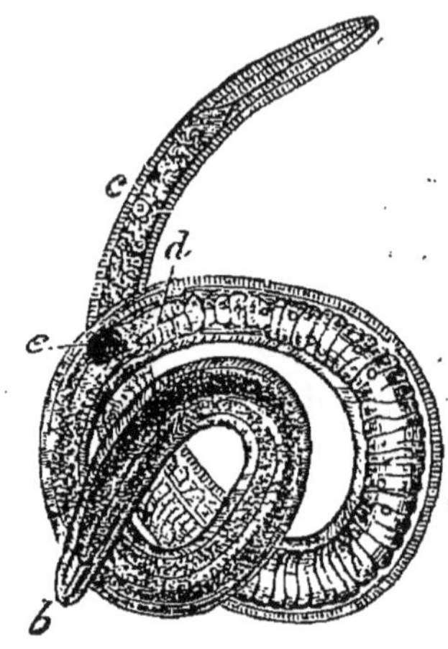

FIG. 463.

FIG. 462. — Tænia solitaire. — 1, *a*, proboscide; *b*, couronne de crochets; *c*, ventouses; 2, un crochet fortement grossi ; *a*, partie fixée à la tête du Tænia.

FIG. 463. — Trichine spirale. — *b*, anus; *c*, tissu musculaire entourant l'œsophage; *d*, intestin; *e*, organes génitaux; elle s'enkyste dans les muscles (porc).

d'autres animaux ou sur l'Homme; tels sont le Tænia (fig. 462), la Douve du foie, la Trichine (fig. 463), etc.

Examinons succinctement l'organisation de la Sangsue et du Lombric, les deux Annélides les plus communes.

Sangsue médicinale. — Le corps de la Sangsue présente extérieurement quatre-vingt-quinze anneaux; à sa partie antérieure (fig. 464), on remarque, sur la face ventrale, une dépression (*a*) au centre de laquelle s'ouvre la bouche, orifice en forme d'étoile à trois branches : c'est l'*appareil de succion* de l'animal; à l'extrémité opposée élargie se trouve la *ventouse anale* (*b*), sorte d'appendice caudal rudimentaire, par lequel l'animal se fixe. L'anus se trouve du côté dorsal, immédiatement en avant de la ventouse.

L'*appareil digestif* se compose (fig. 464) : 1° de la bouche, entourée de *trois mâchoires* chitineuses (fig. 465), dont le bord libre est convexe et couvert d'une soixantaine de petites dents; ces mâchoires convergent vers l'orifice œsophagien et produisent une blessure en forme d'étoile à trois branches (fig. 466) par une sorte de mouvement de scie; 2° d'un court œsophage; 3° d'un estomac très long, divisé en onze poches, qui communiquent entre elles par un orifice étroit; 4° du rectum, qui se termine à l'anus. Pendant la succion, les poches stomacales, fort extensibles, se remplissent peu à peu de sang; lorsqu'elles sont gorgées, l'animal tombe : il renferme alors une dizaine de grammes de sang.

L'*appareil respiratoire* est constitué uniquement par la peau. Lorsqu'on la conserve dans un bocal, la Sangsue renouvelle l'eau qui l'entoure par des mouvements de balancement du corps autour de la ventouse anale.

L'*appareil circulatoire* (fig. 467) se compose de quatre vaisseaux longitudinaux, dont un dorsal, un ventral, et deux autres latéraux; ils communiquent à la partie antérieure et postérieure par de nombreuses anastomoses transversales (*h*); leurs ramifications dans les organes sont fort nombreuses et capillaires, mais paraissent néanmoins communiquer avec la cavité générale

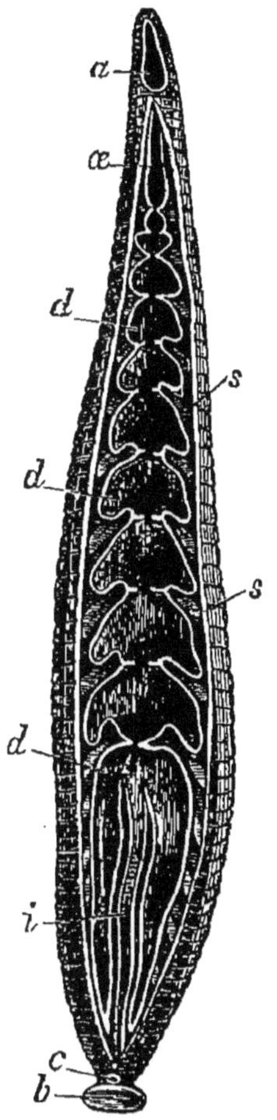

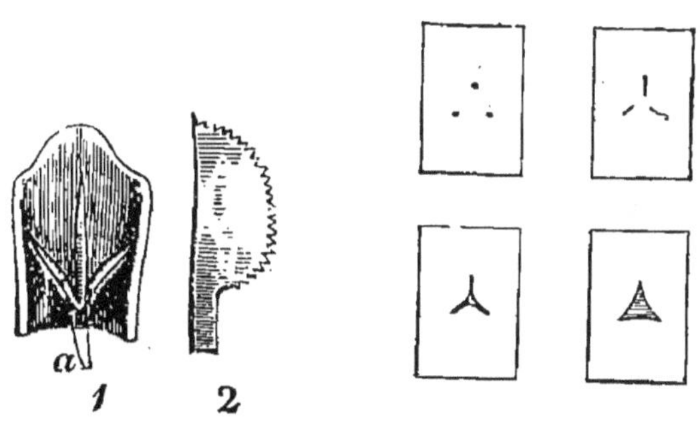

FIG. 464. FIG. 465. FIG. 466.

FIG. 464. — Sangsue officinale ouverte par la face ventrale. — *a*, ventouse buccale ; *œ*, œsophage ; *d*, *d*, poches stomacales ; *i*, intestin ; *c*, anus *dorsal* ; *b*, ventouse anale ; *s*, glandes produisant la mucosité.

FIG. 465. — Mâchoires de la Sangsue. — 1, ventouse buccale ouverte ; *a*, les trois mâchoires ; 2, une mâchoire grossie.

FIG. 466. — Différents temps de la piqûre de la Sangsue.

du corps. Chez la Sangsue, le vaisseau ventral, plus renflé que les autres, englobe complètement la chaîne des ganglions (*f*).

Le sang est rouge; les vaisseaux sont contractiles et remplacent ainsi le cœur. Chez d'autres Annélides, le sang est vert ou à peine coloré.

Le *système nerveux* (fig. 468, 469) présente chez les Vers la même disposition générale que chez les Arthropodes. Chez la Sangsue, il se compose de deux *ganglions cérébroïdes* (fig. 468, *a*), largement unis, donnant naissance aux nerfs optiques destinés aux taches oculaires de la tête (*b*); d'un *collier œsophagien*; d'une première masse ganglionnaire ventrale (*c*), composée en réalité de cinq paires de ganglions soudés; d'une chaîne de vingt et une paires de ganglions, et enfin d'une masse anale formée de la réunion de sept paires de ganglions; cela porte à trente-trois le nombre total des paires de ganglions de la *chaîne ventrale*, incluse, comme on vient de le dire, dans le vaisseau ou sinus vasculaire ventral.

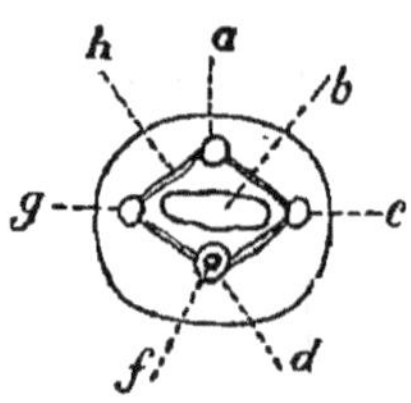

Fig. 467.

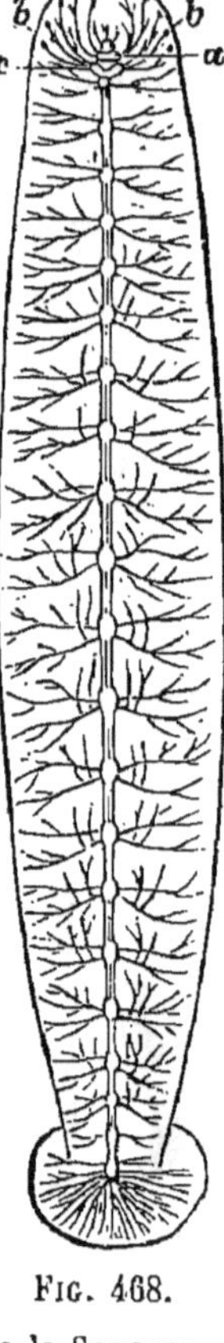

Fig. 468.

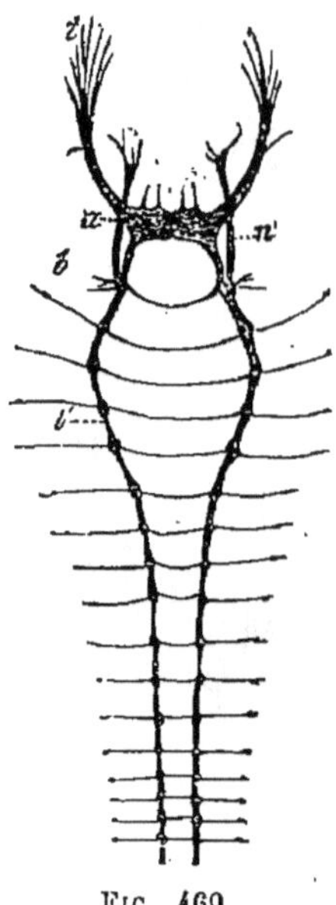

Fig. 469.

Fig. 467. — Coupe transversale de la Sangsue. — *a*, vaisseau dorsal; *b*, estomac; *c*, *g*, vaisseaux latéraux; *d*, vaisseau ou sinus ventral; *f*, la chaîne nerveuse incluse; *h*, anastomoses.

Fig. 468. — Système nerveux de la Sangsue médicinale. — *a*, cerveau; *b*, nerfs optiques; *c*, première masse nerveuse sous-œsophagienne.

Fig. 469. — Système nerveux de la Serpule (Annélide tubicole). — *a*, ganglions cérébroïdes; *t*, nerfs tactiles; *b*, collier œsophagien; *b'*, chaîne ventrale.

Les Vers possèdent des organes spéciaux, appelés *organes segmentaires*, qui présentent une très grande analogie avec les reins de certains Poissons cartilagineux (Requins, Raies); la Sangsue en possède dix-sept paires, occupant autant de segments de la région moyenne du corps (les segments correspondent chacun à cinq anneaux extérieurs). Ce sont de petites poches glandulaires communiquant avec l'extérieur par un orifice situé sur les côtés du corps.

Lombric ou Ver de terre. — Le corps du Lombric est cylindrique et muni simplement de soies latérales.

Le tube digestif est complet. L'appareil circulatoire comprend (fig. 470) un vaisseau longitudinal dorsal et quatre autres ventraux, dont l'un est au-dessus, l'autre au-dessous de la chaîne nerveuse, qui ici est libre. Les anses qui font communiquer ces vaisseaux dans la région antérieure du corps sont larges, contractiles et quelquefois appelées cœurs.

Les *organes segmentaires*, très nets dans le Lombric, se composent d'une sorte de pavillon cilié, li-

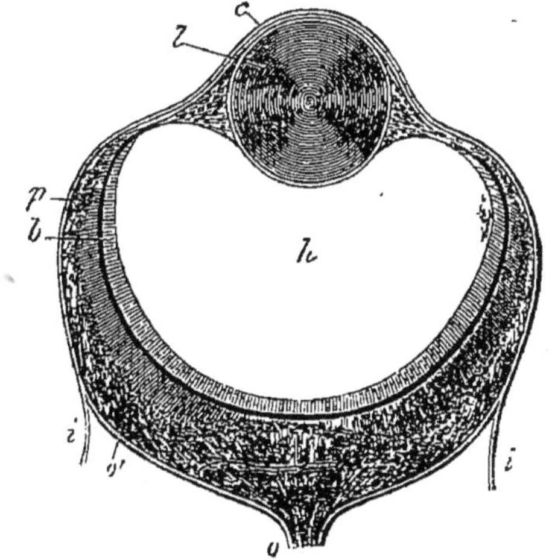

Fig. 470. Fig. 470 *bis*.

Fig. 470. — Coupe transversale schém. du Lombric. — *a*, vaisseau dorsal ; *b*, tube digestif avec appendices latéraux ; *c*, *f*, vaisseaux ventraux ; *d*, soies locomotrices ; *g*, ganglion ; *h*, anastomoses pulsatiles.

Fig. 470 *bis*. — Œil d'une Alciopide, Annélide errante. — *i*, tégument formant *c*, cornée transparente ; *l*, cristallin ; *h*, corps vitré ; *o*, nerf optique ; *o'*, son développement dans la rétine ; *p*, pigment ; *b*, bâtonnets.

brement ouvert dans la cavité générale, et d'un long tube pelotonné sur lui-même, qui s'ouvre au dehors sur les côtés du corps ; chaque segment, sauf les trois premiers, en renferme une paire. Ces organes paraissent servir à l'excrétion.

Individualité des anneaux. — D'après ce qui précède, on voit que chaque segment du corps des Vers est en quelque sorte un organisme complet, un *zoonite ;* car il contient une paire de ganglions, une paire d'organes segmentaires, une paire de membres si le corps en possède, une partie du tube digestif, etc. Le Ver lui-même n'est donc pas autre chose qu'une association, une *colonie linéaire de zoonites*.

Les différents individus étant à peu près homogènes, sauf ceux qui constituent la tête, on comprend comment une partie du corps d'un Ver peut vivre lorsqu'elle est séparée du reste; par exemple, la moitié d'un Lombric. Lorsqu'on coupe en deux un Ver de terre, la partie antérieure du tronçon postérieur ne tarde pas à se différencier en une tête, et la partie postérieure du tronçon antérieur en une queue. La chose n'est plus possible chez la Sangsue, où la solidarité est plus grande entre les différentes régions du corps.

L'individualité des anneaux est si nette chez certaines Annélides qu'un anneau unique peut, en bourgeonnant et sans se séparer de la colonie dont il fait partie, constituer un Ver tout entier; dans les Myrianides, par exemple, un individu qui au début est pourvu d'une seule tête se montre bientôt composé d'une chaîne de cinq ou six individus complets, ayant chacun une tête pourvue d'yeux et d'antennes, et d'autant moins développés qu'on s'approche davantage de la partie antérieure du corps : ce sont les derniers anneaux de l'Annélide qui, en bourgeonnant, ont donné naissance chacun à une chaîne de zoonites dont les premiers forment la tête d'un nouvel individu.

Les Vers sont donc de véritables colonies. Il en est de même des Arthropodes; mais, chez ces derniers, les anneaux ont complètement perdu leur individualité propre, pour laisser place à une individualité nouvelle, d'ordre supérieur à celle des anneaux, qui résulte de l'union intime des divers zoonites par l'effet d'une division plus profonde du travail physiologique.

CHAPITRE III

MOLLUSQUES

Chez les Mollusques, les différentes parties du corps, généralement mou, sont étroitement solidaires les unes des autres et forment par leur ensemble une individualité unique, indivisible. La segmentation, qui caractérise si bien les Arthropodes et les Vers, fait ici complètement défaut. Un grand nombre de Mollusques sont revêtus d'une *coquille* et l'embryogénie montre que même les Mollusques nus en possèdent une dans le très jeune âge.

Les Mollusques comprennent trois classes principales : les *Céphalopodes*, les *Gastéropodes* et les *Acéphales*.

1° **Céphalopodes.** — Prenons comme exemple la Seiche. Le corps est divisé en deux parties, savoir (fig. 471) : la *tête*, munie de deux gros yeux latéraux dont la structure rappelle ceux des Vertébrés, et de dix tentacules couverts de ventouses adhésives et dont deux sont plus longs que les autres ; le *tronc*, muni de deux nageoires latérales. La position des tentacules justifie le nom de Céphalopodes. Sur la face ventrale, on aperçoit un tube conique médian, l'*entonnoir*, et de chaque côté une large ouverture, communiquant avec la chambre branchiale (fig. 473, x). Si l'on fait une coupe longitudinale du corps (fig. 472), on voit que sous le ventre de l'animal se trouve une poche limitée, extérieurement par le *manteau* (h), sorte de repli du tégument dorsal avec lequel il se continue directement, et intérieurement par la paroi ventrale proprement dite du corps : c'est la *chambre branchiale;* on y remarque, au fond, deux branchies (f). Sous le tégument dorsal se trouve une large coquille calcaire, appelée *os de seiche* (q). L'animal peut à volonté changer de couleur et met ordinairement sa coloration en harmonie avec celle du milieu extérieur, de manière à échapper à la vue de ses ennemis ou de sa proie.

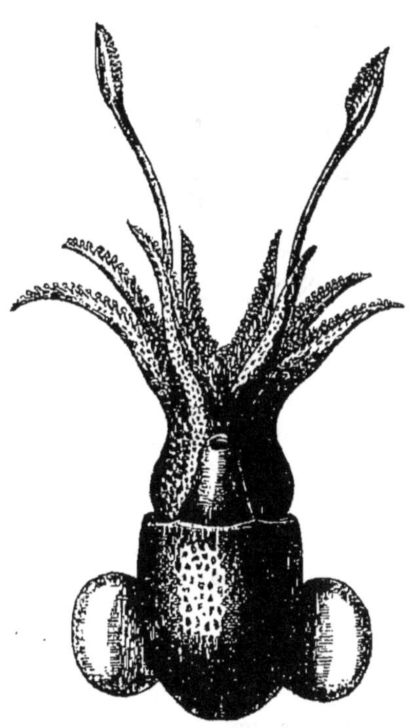

Fig. 471.

Fig. 471. — Sépiole (Céphalopode décapode). — Face ventrale; on voit l'entonnoir.

L'*appareil digestif* est en anse (fig. 472). Il se compose de la bouche, située au centre de la couronne tentaculaire, et entourée de deux mâchoires cornées disposées en manière de bec de perroquet renversé (b) ; elle renferme une petite éminence cornée, recouverte de lamelles et de crochets, et appelée *radula :* celle-ci rappelle la langue des Vertébrés. A la bouche fait suite un œsophage dans lequel débouchent des glandes salivaires; puis l'estomac (n), poche simple, munie, près du pylore, d'un cæcum dans lequel s'ouvrent les canaux excréteurs du foie, qui est très volumineux. L'intestin chemine d'arrière en avant et s'ouvre dans la chambre branchiale, sur la ligne médiane.

A côté de l'estomac se trouve la *poche du noir* (*p*), dont le canal excréteur débouche près de l'anus; lorsque l'animal est

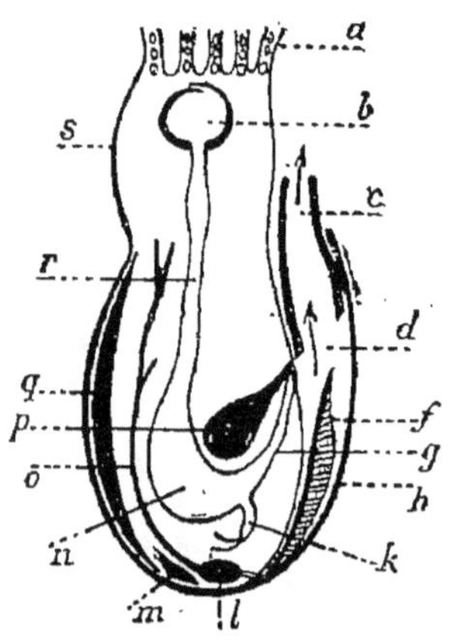

Fig. 472.

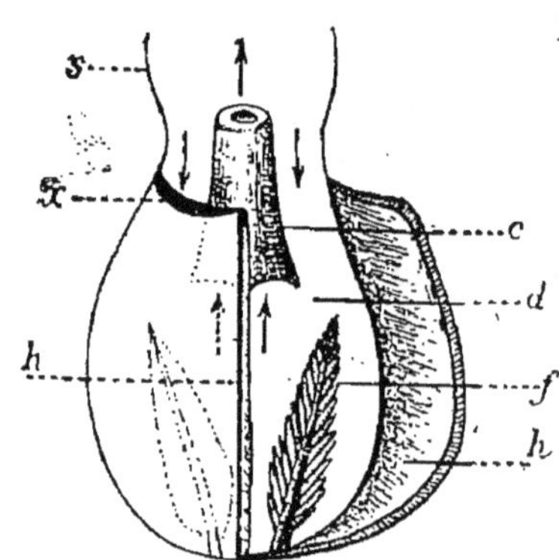

Fig. 473.

Fig. 472. — Coupe antéro-postérieure de la Seiche officinale. — *a*, tentacules; *b*, bulbe buccal avec ses deux mâchoires; *c*, entonnoir; *d*, cavité palléale; *f*, branchies; *h*, paroi du manteau ou sac palléal; *k*, appendice pylorique avec les canaux biliaires; *l*, cœur; *m*, organes génitaux; *n*, estomac; *o*, aorte antérieure; *p*, poche du noir; *q*, os de Seiche; *r*, œsophage; *s*, tête.

Fig. 473. — Mêmes lettres, sauf *x*, orifices inspirateurs. Une des moitiés du manteau a été rabattue sur le côté (*h*, à droite) pour montrer la branchie *f*.

en danger, il contracte cette glande et projette au dehors, par l'entonnoir, son contenu noir très foncé (*sépia*) : l'eau ambiante, ainsi obscurcie, favorise la fuite de l'animal.

L'*appareil circulatoire* des Céphalopodes est plus perfectionné que celui d'aucun autre Invertébré. Le *cœur* (fig. 472, *l*) est situé à l'extrémité postérieure du corps, à la face ventrale de l'estomac; il n'a qu'une seule cavité, un *ventricule*, donnant naissance, en avant à l'*aorte antérieure*, en arrière à l'*aorte postérieure*. Ces deux vaisseaux se ramifient abondamment dans les organes auxquels ils sont destinés et y forment finalement un réseau capillaire très riche; ces derniers communiquent en partie avec des *veines* (fig. 474, *cph*), et en partie avec les lacunes interorganiques qui jouent le rôle d'un vaste *sinus veineux* (S). Les veines s'unissent toutes en un seul tronc, la *veine cave* (*vc*), qui chemine d'avant en arrière, à côté de l'aorte antérieure, et, après avoir reçu le sang du sinus (par *v*), se divise bientôt en deux branches, les *artères branchiales* (*abr*), munies sur leur trajet d'un renflement pulsatile ou *cœur branchial;* ces deux artères se ramifient chacune dans une branchie et y apportent le sang veineux du sinus aussi bien que celui de la veine cave. Une fois devenu artériel, le sang revient au cœur par deux *veines branchiales* (fig. 472). Le sang des Céphalopodes est tantôt incolore, tantôt coloré en violet, en vert ou en bleu.

L'*appareil respiratoire* se compose de deux branchies situées au fond de la chambre branchiale ventrale (fig. 472, *f*). Le genre Nautile seul en possède quatre. Chaque branchie se compose d'une tige médiane, de chaque côté de laquelle s'insèrent

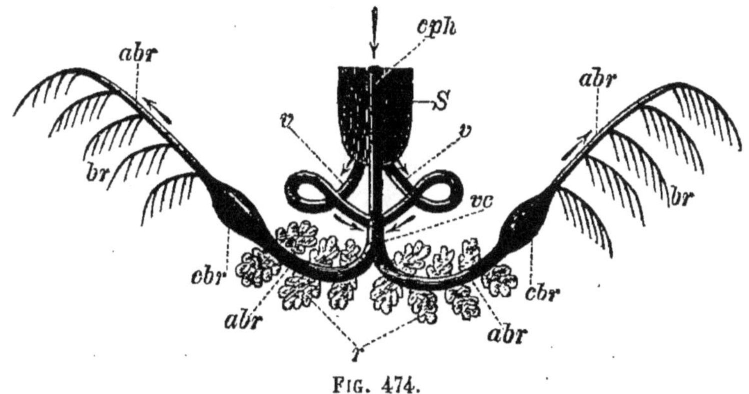

FIG. 474.

FIG. 474. — Système veineux des Céphalopodes (f. sch.). — *cph*, confluent des veines; S, grand sinus veineux; *v*, *v*, veines qui lui font suite; *vc*, veine cave; *abr*, artères branchiales; *cbr*, cœur branchial; *br*, branchies; *r*, organes glandulaires (rein); au niveau de *r*, le cœur.

transversalement de nombreuses lamelles membraneuses, l'ensemble formant une sorte de pyramide allongée; ces lamelles reçoivent les ramifications capillaires des artères et des veines branchiales. L'eau nécessaire à la respiration entre par les deux orifices situés de chaque côté de l'entonnoir (fig. 473, *x*) et envahit la chambre branchiale; l'échange gazeux se produit au contact des lamelles (*f*); puis, à la suite d'une contraction du manteau, l'eau devenue impropre à la respiration est rejetée au dehors par l'entonnoir (*c*), en même temps que les résidus de la digestion; à ce moment les orifices inspirateurs sont fermés par des valvules cartilagineuses. C'est la contraction brusque du manteau qui produit le recul de l'animal.

Le *système nerveux* se compose essentiellement de trois paires de ganglions (fig. 475) :

1° Les *ganglions cérébroïdes* (*h*) ou masse nerveuse sus-œsophagienne ou cerveau ; ils donnent naissance aux nerfs optiques, aux nerfs acoustiques, etc. ; ces derniers se ramifient dans la paroi de deux *otocystes* situés dans le cartilage céphalique ; 2° les *ganglions sous-œsophagiens* ou *pédieux* (*m*), donnant de nombreux nerfs destinés aux tentacules ; 3° les *ganglions viscéraux* (*n*), innervant le manteau, les branchies, etc. Ces deux dernières paires de ganglions sont réunies en une masse unique sous-œsophagienne, traversée par l'aorte antérieure (*o*). Le cer-

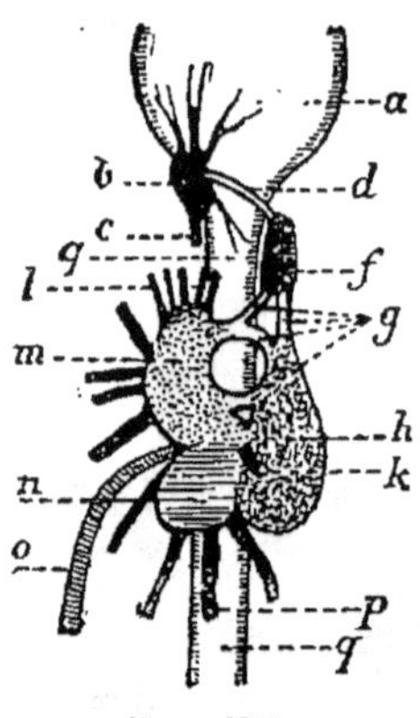

Fig. 475.

Fig. 475. — Système nerveux de la Seiche officinale (vu de côté). — *a*, bulbe buccal ; *q*, *q*, œsophage.

Ganglions : h, cerveau ; *m*, ganglions pédieux ; *n*, ganglions viscéraux ; *f*, *b*, ganglions pharyngiens, supérieur et inférieur (système stomato-gastrique).

Nerfs : k, nerf optique ; *l*, nerfs brachiaux ; *p*, nerf palléal ; *g*, connectifs ; *c*, connectif allant au ganglion gastrique (non représenté sur la figure) ; *o*, aorte antérieure, embrassée par *m* et *n*, rapprochés.

veau est uni par *deux colliers œsophagiens* à la masse sous-œsophagienne. On voit que le système nerveux est très concentré.

Il existe, en outre, un *système stomato-gastrique* composé d'un *ganglion pharyngien supérieur* (*f*), situé en avant du cerveau, d'un *ganglion pharyngien inférieur* (*b*) et d'un *ganglion stomacal*. Ces ganglions, unis entre eux par des connectifs, donnent des nerfs au tube digestif.

2° **Gastéropodes.** — Considérons, par exemple, l'Escargot. Lorsqu'il est en train de ramper, on distingue nettement trois parties dans son corps (fig. 476) : la *tête*, pourvue supérieurement de quatre tentacules rétractiles, dont les deux plus grands portent les yeux à leur extrémité (fig. 478, *bn*), et inférieurement de la bouche ; le *pied* (fig. 476, *mm'*), plaque ventrale musculaire (de là le nom de Gastéropodes) au moyen de laquelle l'animal rampe ; le *corps proprement dit* (*ap*), enfermé dans une coquille univalve et comprenant les viscères. Au niveau du bord libre de la coquille, on voit un bourrelet (*b*) qui représente le bord du *manteau ;* celui-ci apparaît nettement lorsqu'on enlève la partie dorsale de la coquille : il limite la chambre respiratoire (*a*).

L'*appareil digestif* se compose de la bouche, fente transversale limitée par deux lèvres ; de l'œsophage, recouvert par des glandes salivaires blanchâtres qui débouchent au fond de la cavité buccale ; de l'estomac, simple dilatation ; d'un intestin régulier qui se contourne sur lui-même dans le *tortillon* ou partie supérieure de la coquille, et débouche sur le bord du

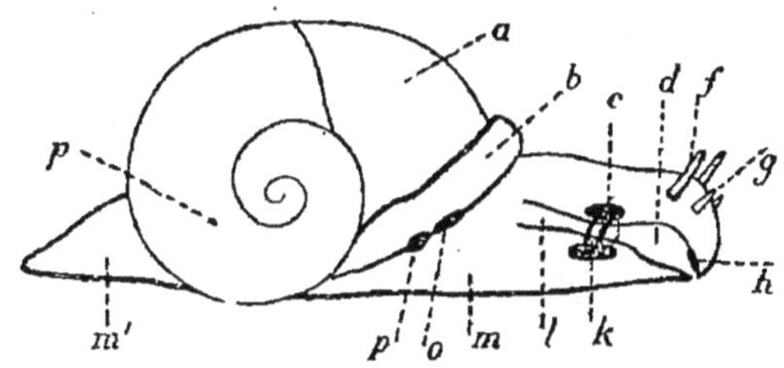

FIG. 476.

FIG. 476. — Colimaçon (f. sch.) — *a*, poumon ; *b*, bourrelet dorsal (bord antérieur du manteau) ; *c*, cerveau ; *d*, pharynx ; *f*, grands tentacules avec les yeux ; *g*, petits tentacules ; *h*, mâchoire calcaire ; *k*, masse nerveuse sous-œsophagienne ; *l*, œsophage ; *mm'*, pied ; *o*, orifice respiratoire ; *p*, anus ; *p* (à gauche), viscères du tortillon.

manteau (*p*), du côté droit du corps, près de l'orifice respiratoire (*o*) ; le foie, très développé, occupe toute la partie supérieure de la coquille ; il se compose de quatre lobes bruns dont les courts canaux excréteurs débouchent dans l'intestin.

Sur la voûte de la cavité buccale, en arrière de la lèvre supérieure, se trouve une petite mâchoire calcaire dentée (*h*), en forme de croissant ; la bouche renferme, de plus, une langue très développée, terminée par une radula armée de nombreuses dents.

L'*appareil circulatoire* de l'Escargot et des Gastéropodes en général (fig. 477) se compose : 1° d'un *cœur*, formé d'une oreillette (*at*) et d'un ventricule (*v*) et situé au fond de la chambre respiratoire dorsale ; 2° d'une *aorte* qui part du ventricule et se ramifie dans les organes en vaisseaux très fins communiquant avec les lacunes interorganiques, lesquelles forment un vaste sinus veineux, comme chez les autres Mollusques ; le foie reçoit une artère importante issue de l'origine même de l'aorte ; 3° d'une *veine pulmonaire* qui ramène du poumon à l'oreillette le sang artériel. Le sang, lancé dans les artères au moment de la contraction du ventricule, nourrit les organes, se répand dans les lacunes du corps ; par ces dernières il arrive irrégulièrement dans le réseau capillaire du poumon, où il se vivifie pour retourner ensuite au cœur.

L'*appareil respiratoire* de l'Escargot se compose d'un poumon

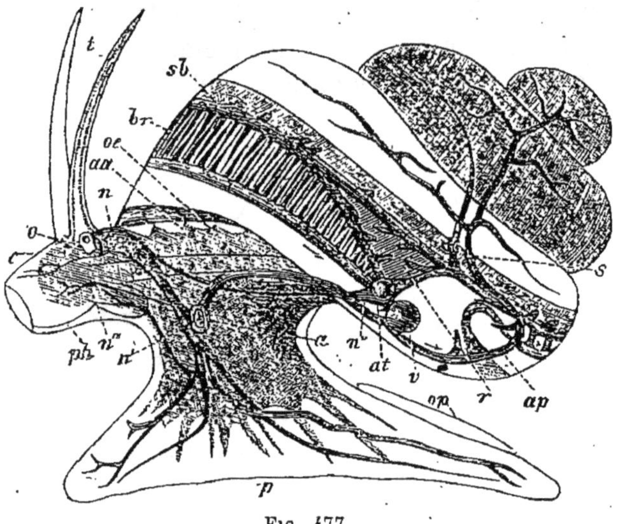

Fig. 477.

Fig. 477. — Paludine vivipare. — *sb*, sinus veineux ; *br*, branchie ; à sa base, le vaisseau branchio-cardiaque ; *œ*, œsophage ; *aa*, aorte antérieure ; *n*, ganglions cérébroïdes ; *t*, tentacules ; *o*, œil ; *c*, tête ; *ph*, pharynx ; *n'''*, ganglion buccal, relié à *n'*, ganglion sous-œsophagien ; *p*, pied ; *op*, opercule ; *a*, otocyste, cachant un ganglion non cité ; *n''*, ganglion branchial ; *at*, oreillette ; *v*, ventricule ; *r*, rein ; *ap*, aorte postérieure ; *s*, artère du tortillon. Les parties hachées représentent un vaste sinus sanguin.

(fig. 476, *a*), poche dorsale séparée de la cavité viscérale par une cloison membraneuse ; sa paroi externe est formée par le manteau ; elle renferme de nombreuses ramifications vasculaires très apparentes. Le poumon communique avec l'extérieur par un orifice (*o*) situé à côté de l'anus. Les mouvements d'inspiration et d'expiration sont effectués par les contractions et dilatations de sa paroi.

Les Gastéropodes *pulmonés* sont peu nombreux ; le plus grand nombre des animaux de cette classe sont marins et respirent par des *branchies* (fig. 477, *br*) dont la position est variable et fournit des caractères importants de classification.

A côté du cœur et un peu en arrière de la cavité pulmonaire se trouve une glande, appelée *organe de Bojanus*, qui représente le rein de l'Escargot; son canal excréteur s'ouvre près de l'orifice pulmonaire.

Le *système nerveux* (fig. 478) de l'Escargot est très concentré. Il se compose d'une *masse cérébroïde* (*l*) ou cerveau, d'où partent les nerfs optiques, acoustiques et tentaculaires, et d'une *masse*

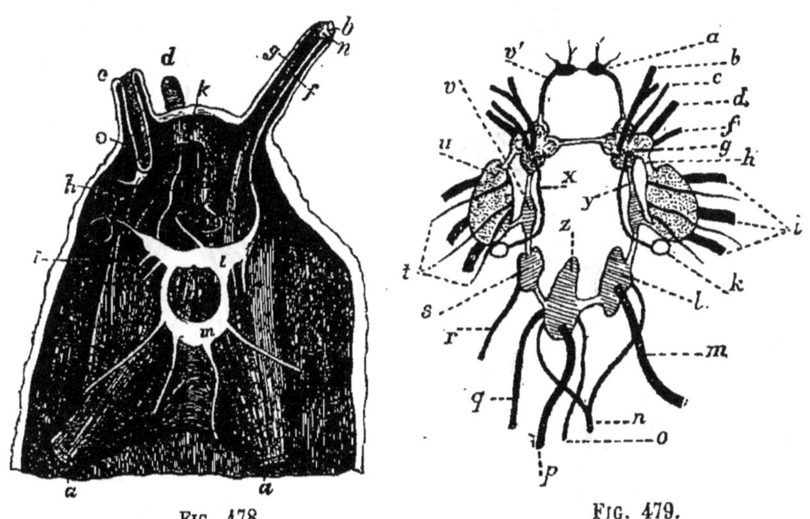

FIG. 478. FIG. 479.

FIG. 478. — Système nerveux du Colimaçon. — *l*, cerveau; *m*, masse ganglionnaire sous-œsophagienne; *a*, *a* (en bas), muscles; *g*, grand tentacule; *n*, œil; *b*, cristallin; *f*, nerf du grand tentacule et nerf optique réunis; *k*, petit tentacule et son nerf.

FIG. 479. — Système nerveux de la Lymnée. — *Ganglions : a*, ganglions du système stomato-gastrique; *g*, ganglions cérébroïdes, divisés en plusieurs lobules; *u*, ganglions pédieux, rejetés sur le côté; *l*, *z*, *s*, *v*, les cinq ganglions du *groupe asymétrique*.

Nerfs : b, nerf optique et nerf tentaculaire soudés; *c*, nerf fronto-labial supérieur; *d*, grand nerf labial moyen; *f*, nerf pénien (à droite seulement); *i*, nerfs pédieux; *m*, nerf palléal post-vulvaire; *n*, *q*, nerfs palléaux præ-vulvaires; *o*, nerf aortique; *p*, nerf génital; *r*, nerf palléal latéral; *t*, nerfs cervicaux; *x*, nerf acoustique, allant à *k*, otocyste.

Connectifs : h, *y*, *v'*, etc.

sous-œsophagienne (*m*), formée elle-même de la réunion de sept ganglions sous une enveloppe commune; en outre, *deux colliers œsophagiens*, unissant entre elles les deux masses nerveuses.

Chez la plupart des autres Gastéropodes, les ganglions de la masse nerveuse ventrale sont plus ou moins écartés les uns des autres; par exemple, dans la Lymnée (fig. 479), Gastéropode pulmoné aquatique.

La légende de la figure 477 explique suffisamment l'organisation de la Paludine vivipare, petit Gastéropode d'eau douce (étangs, bassins...). La figure montre l'*otocyste* (*a*).

3° **Acéphales.** — Prenons comme exemple la Moule, le Pecten (8 centimètres) ou encore l'Anodonte des rivières, qui est très grande (10-12 centimètres). Le corps de l'animal est irrégulier et ne présente pas de tête distincte : de là le nom d'Acéphales ; sur sa face ventrale il est muni d'un *pied* (fig. 481, *i*), conique chez la Moule (fig. 480, *r*), aplati en disque et très développé chez l'Anodonte ; c'est l'organe locomoteur. Les Mollusques sédentaires, tels que les Huîtres, n'en possèdent pas.

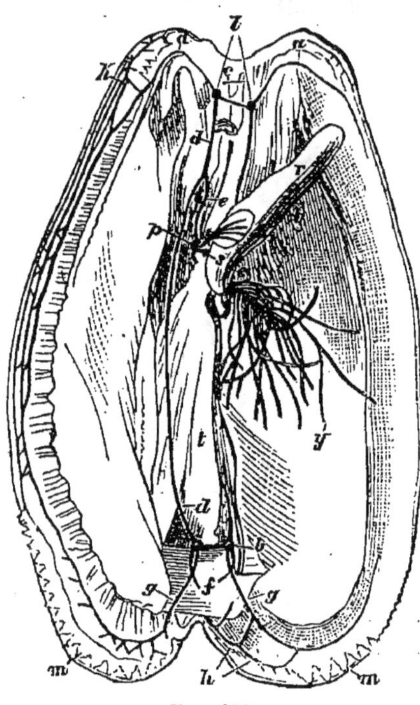

Fig. 480.

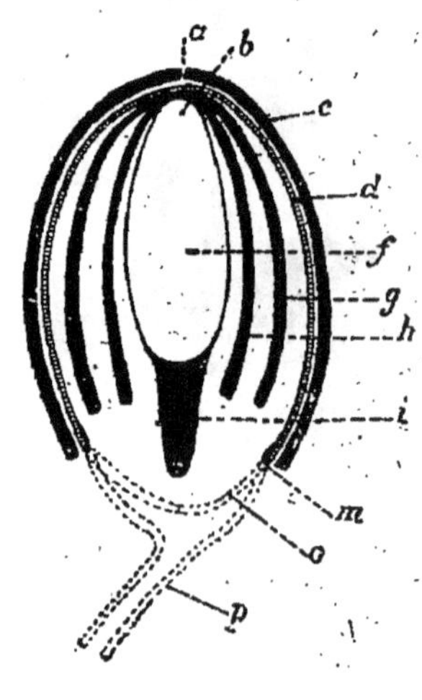

Fig. 481.

Fig. 480. — Système nerveux de la Moule. — Les deux valves sont écartées. — *l*, ganglions cérébroïdes ; *a*, *a*, nerfs du manteau ; *p*, ganglions pédieux réunis, unis au cerveau par *e* ; *r*, pied, recevant des nerfs de *p* ; *s*, otocyste, relié en apparence à *p*, en réalité au cerveau *l* ; *bb*, ganglions branchiaux, reliés au cerveau par les connectifs *d* ; *gg*, nerfs branchiaux ; *y*, byssus par lequel l'animal s'attache aux corps extérieurs ; *mm*, manteau (bord) ; *h*, *h'*, plexus circumpalléal.

Fig. 481. — Coupe transversale du corps d'un Acéphale. — *a*, articulation des valves ; *b*, corps proprement dit (région dorsale) ; *c*, coquille ; *d*, manteau ; *f*, viscères ; *g*, *h*, branchies ; *i*, pied ; *m*, bord du manteau ; *o*, bord du manteau dans d'autres genres ; *p*, siphons (fig. schém.).

La coquille, qui entoure le corps, est formée de *deux valves* (de là le nom de Bivalves) qui adhèrent fortement entre elles, du côté dorsal, grâce à un *ligament élastique* (fig. 482, *o*) ; celui-ci détermine l'ouverture de la coquille. La fermeture est due à la contraction de *deux muscles rétracteurs*, situés aux deux extrémités du corps et allant d'une valve à l'autre. Chez l'Huître, il n'y a qu'un seul muscle, très développé, placé au centre de la coquille (fig. 482, *lm*). Fréquemment, les valves sont unies par une charnière (Pecten) : à cet effet, l'une d'elles présente des dents qui s'engagent dans des cavités de l'autre.

La coquille est revêtue intérieurement de deux lames char-

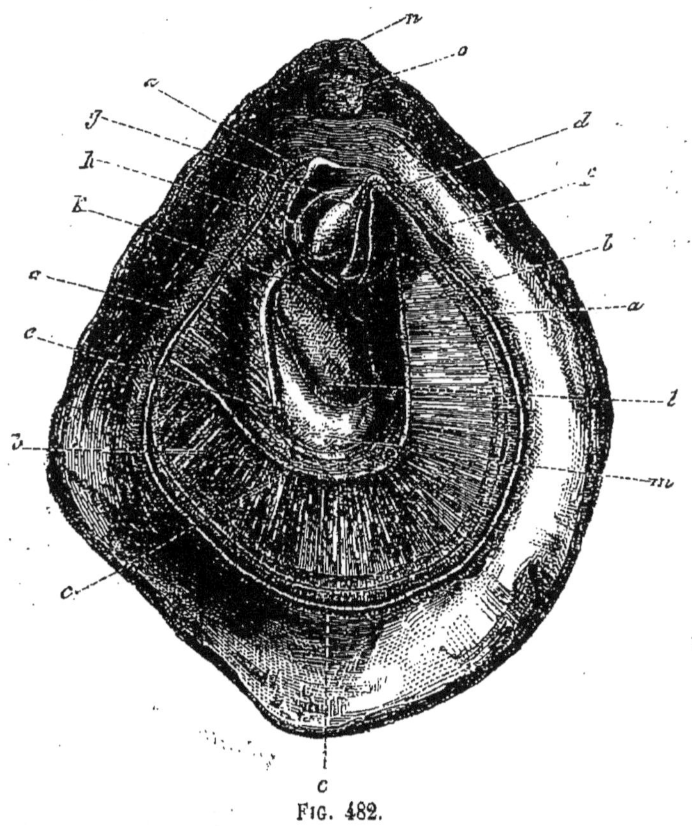

FIG. 482.

FIG. 482. — Huître commune dans sa valve inférieure; on a enlevé la valve supérieure avec la moitié correspondante du manteau, ainsi que les deux lames branchiales de ce côté. — *n*, talon; *o*, place du ligament élastique; *d*, bouche; *f*, palpes labiaux; *b*, *b*, branchies; *a*, *a*, bords de la moitié inférieure du manteau; *l*, partie grise du muscle adducteur des valves; *m*, sa partie blanche; *c*, manteau (moitié inférieure); *e*, anus; *k*, place du cœur; *h*, intestin; *g*, estomac.

nues (fig. 481, *d*), une pour chaque valve, qui partent du tégument dorsal dont elles constituent deux larges replis, enveloppant complètement le corps; elles représentent le *manteau* (fig. 480, *m*, *m*). La face dorsale des Acéphales correspond toujours au point d'union des valves de la coquille (fig. 481, *a*), qui sont, par suite, l'une droite, l'autre gauche; en d'autres termes, ces animaux sont aplatis latéralement et couchés dans leur coquille par le côté.

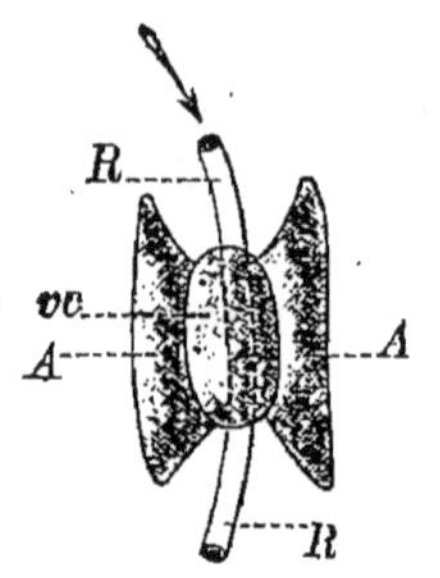

Fig. 483.

Fig. 483. — Cœur de Mollusque acéphale (Anodonte). — *vc*, ventricule traversé par le rectum RR; A, A, oreillettes.

Dans l'espace compris, de chaque côté, entre le manteau et le corps, se trouvent les *branchies* (fig. 481, *g*, *h*), composées chacune de deux lames insérées tout le long du corps et toujours baignées par l'eau ambiante (fig. 482, *b*, *b*).

L'*appareil digestif* (fig. 482) est complet et recourbé en anse; la bouche est entourée de deux paires de *palpes labiaux* (*f*), organes tactiles très développés.

L'*appareil circulatoire* comprend un *cœur* (fig. 483), *traversé par le rectum*, et formé d'une oreillette et d'un ventricule; dans l'oreillette débouchent les veines branchiales qui y déversent le sang artériel; du ventricule part l'aorte, qui se divise en deux branches, l'une pour la partie antérieure, l'autre pour la partie postérieure du corps. Chez l'Huître, le cœur n'englobe pas l'intestin (fig. 484). Le sang qui circule dans les artères se répand dans

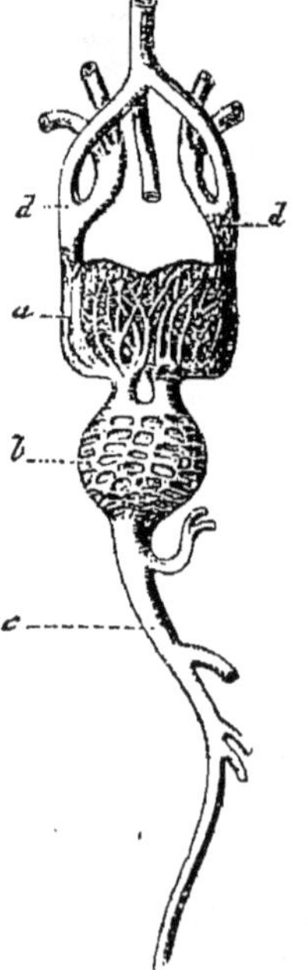

Fig. 484.

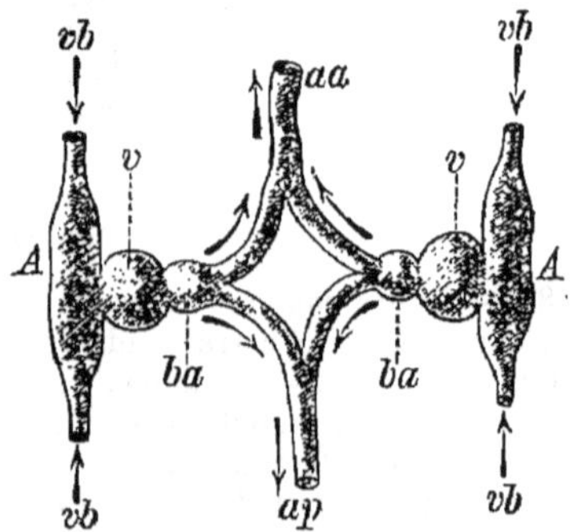

Fig. 485.

Fig. 484. — Cœur de l'Huître commune. — *a*, oreillette; *b*, ventricule; *c*, aorte; *d*, *d*, veines qui apportent le sang des branchies et de quelques parties du corps.

Fig. 485. — Arche de Noé, Mollusque acéphale. Cœur double. — *vb*, vaisseaux venant des branchies; A, A, oreillettes; *v*, *v*, ventricules; *ba*, bulbes aortiques; *aa*, aorte antérieure; *ap*, aorte postérieure; dans l'espace intermédiaire, l'intestin.

les organes, puis dans les lacunes, et se rend de là aux branchies.

Pour se rendre compte des rapports du cœur avec l'intestin, il suffit d'examiner d'autres Acéphales, tels que l'Arche de Noé (fig. 485) ; on y trouve, en effet, deux cœurs distincts, donnant naissance, par quatre branches qui interceptent l'intestin, à une aorte antérieure (*aa*) et à une aorte postérieure (*ap*) ; or il suffit que ces deux cœurs se rapprochent sur la ligne médiane pour qu'ils réalisent la structure normale des Acéphales, c'est-à-dire un cœur unique qui englobe exactement l'intestin.

A côté du cœur, chez l'Anodonte, se trouve le rein ou *organe de Bojanus*, qui communique avec le péricarde, avec les sinus sanguins et aussi avec l'extérieur par un orifice situé sur le côté du pied. Cette disposition permet le mélange de l'eau ambiante avec le sang.

L'*appareil respiratoire* se compose de branchies en forme de lames flottantes (fig. 482, *b*), disposées de chaque côté et le long du corps, entre le manteau et le corps proprement dit (fig. 481, *gh*). Chaque lame branchiale se compose de nombreux filaments à épithélium vibratile, placés côte à côte, et tantôt libres (Pecten), tantôt unis transversalement par de petites lamelles cartilagineuses qui en font un fin treillis (Moule, Huître) : cette conformation explique le mot de Lamellibranches, appliqué quelquefois aux Acéphales. Les cils vibratiles, par leurs mouvements incessants, renouvellent constamment l'eau à la surface des branchies.

Quand les bords du manteau sont complètement libres et interceptent entre eux une large ouverture (Huître), c'est par elle qu'entre l'eau chargée d'oxygène et de matières nutritives et que sort l'eau chargée des divers déchets organiques. Chez les Moules, les bords du manteau sont soudés partout (fig. 481, *o*), sauf en deux points ; l'un des orifices donne passage au pied brunâtre de l'animal et sert aussi d'*orifice inspirateur* ; l'autre est l'*orifice expirateur* : le manteau forme ici une sorte de sac à deux ouvertures renfermant le corps proprement dit. Ailleurs (Solen, Vénus, Cardium), les deux orifices précédents se prolongent en tubes, appelés *siphons* (fig. 481, *p*), qui s'étendent hors de la coquille : l'un des siphons, d'ordinaire plus court, est inspirateur (fig. 486), l'autre est expirateur ; il y a ainsi un courant

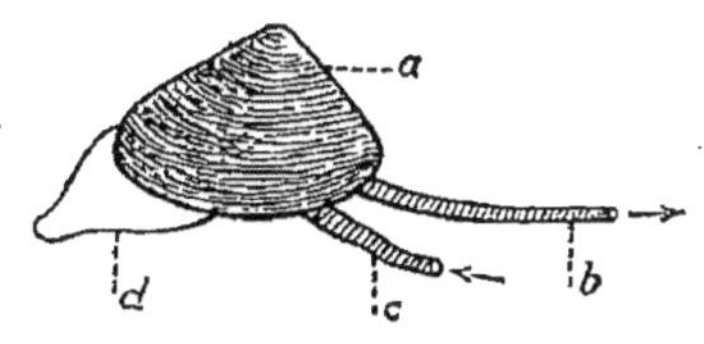

FIG. 486.

FIG. 486. — Telline, Mollusque acéphale. — *a*, coquille ; *b*, siphon expirateur ; *c*, siphon inspirateur ; *d*, pied.

d'entrée et un courant de sortie bien distincts; le pied passe ici par un troisième orifice du manteau.

Le *système nerveux* des Acéphales (fig. 487) se compose de trois paires de ganglions : deux *ganglions sus-œsophagiens* ou *cérébroïdes* (*a*), libres ou soudés, donnant des nerfs aux otocystes (fig. 488) situés sous l'œsophage, et aux yeux qui, lorsqu'ils existent, sont placés sur le bord du manteau (Pecten)

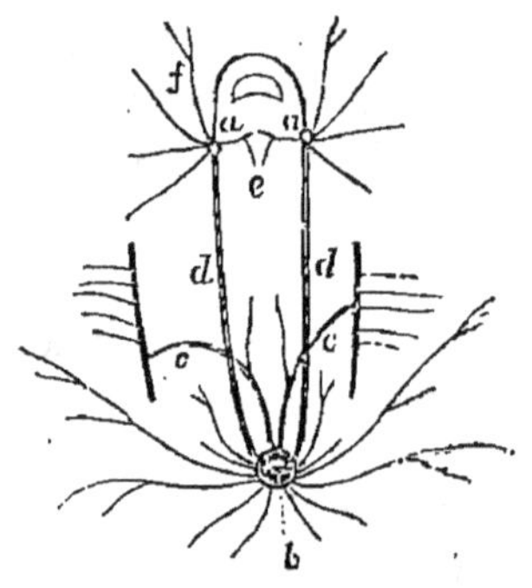

FIG. 487.

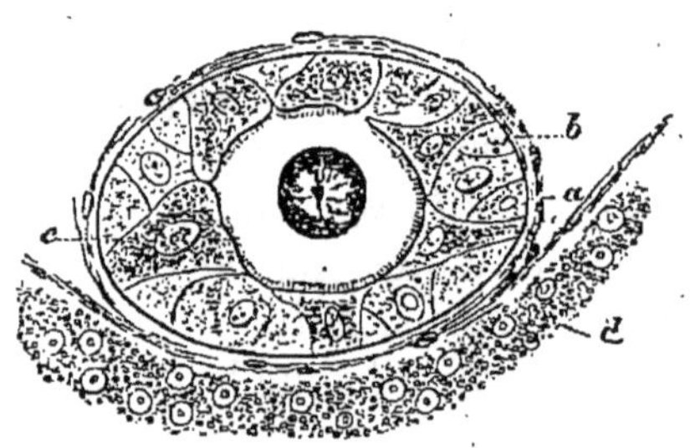

FIG. 488.

FIG. 487. — Système nerveux de l'Huître. — *a*, *a*, ganglions cérébroïdes; *f*, nerfs labiaux; *e*, indication des deux ganglions pédieux, très petits et au même niveau que *a*; *d*, connectifs; *b*, ganglions branchiaux soudés; *c*, nerfs branchiaux.

FIG. 488. — Otocyste de Cyclas (Mollusque acéphale). — *a*, membrane conjonctive; *b*, sa limite interne (membrane propre); *c*, cellules vibratiles, acoustiques; *d*, bord du ganglion sur lequel est placé l'otocyste; au centre, un otolithe sphérique.

ou sur les siphons; deux *ganglions sous-œsophagiens* ou pédieux (fig. 480, *p*), innervant le pied, très petits chez l'Huître; enfin deux *ganglions viscéraux* (fig. 487, *b*). Ces deux dernières paires de ganglions sont unies directement aux ganglions cérébroïdes par des connectifs (*d*); mais les ganglions pédieux ne sont jamais unis aux ganglions viscéraux, comme chez les autres Mollusques.

CHAPITRE IV

ÉCHINODERMES

Les Échinodermes présentent, comme les Cœlentérés, une structure rayonnée. Leur tégument est incrusté de calcaire et le plus souvent muni de piquants : de là le nom donné à ce groupe zoologique.

Les Échinodermes comprennent trois classes principales : les *Échinides* (Oursins), les *Stellérides* (Étoiles de mer, Ophiures...) et les *Holothurides* (Holothuries). Chez ces derniers, le tégument n'est pas aussi calcifié que chez les Échinides et les Stellérides.

Échinides. — Prenons pour exemple un Oursin régulier, tel que le Toxopneuste (7 centimètres), qui vit sur nos côtes. Le corps est couvert de piquants (fig. 489, *p*), insérés sur des tubercules

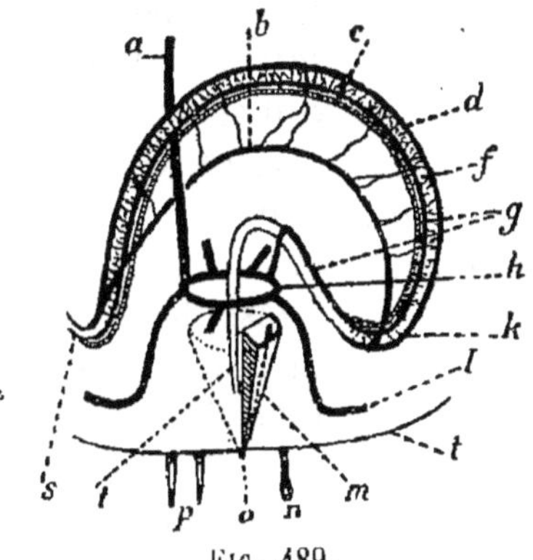

Fig. 489.

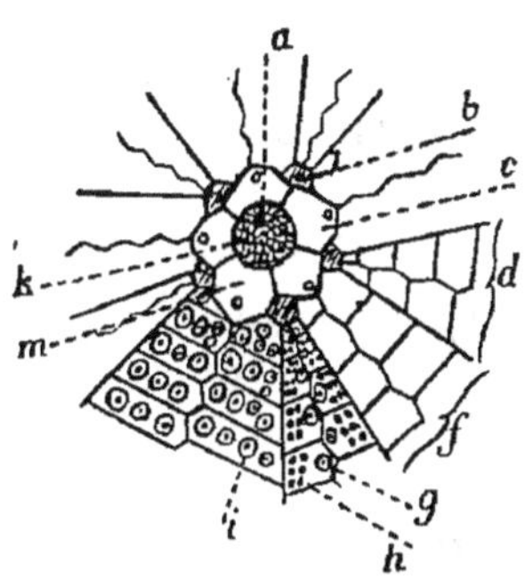

Fig. 490.

Fig. 489. — Appareil circulatoire des Oursins (fig. sch.). — *a*, canal madréporique ; *b*, vaisseau collatéral, appliqué contre le test et relié à *d* et *g* ; *c*, siphon intestinal ; *d*, vaisseau intestinal externe ; *f*, intestin ; *g*, vaisseau intestinal interne ; *h*, cercle vasculaire périœsophagien ; *k*, commencement de la première courbure ; *l*, canaux ambulacraires ; *t*, test ; *m*, une pyramide ; *n*, pédicellaire ; *o*, bouche ; *p*, piquants ; *t*, œsophage ; *s*, commencement de la deuxième courbure et débouché du siphon.

Fig. 490. — Test des Oursins (partie supérieure). — *a*, anus ; *b*, plaques ocellaires ; *c*, plaques génitales ; *d*, zones ambulacraires ; *f*, zones interambulacraires ; *g*, tubercules ; *h*, pores ; *i*, tubercules ; *m*, plaque madréporique ; *k*, membrane anale.

du test, et entremêlés de petits organes de préhension, appelés *pédicellaires* (*n*), qui consistent en une tige surmontée d'une sorte de pince à trois branches mobiles ; ces derniers organes se rencontrent surtout groupés autour de la bouche. Au centre de la face plane se trouve un orifice pentagonal (fig. 491, LA), fermé par une membrane au milieu de laquelle est la bouche ; à l'extrémité opposée du corps se trouve l'anus (fig. 491, *a*).

Le test calcaire (fig. 490) est divisé en dix zones ou fuseaux, partant de la bouche et se terminant à l'anus; cinq d'entre elles sont appelées *zones ambulacraires* (*d*), parce qu'elles laissent passer de fins tubes membraneux, rétractiles, dits ambulacres ou *tubes ambulacraires ;* les cinq autres, plus larges et en alternance avec les précédentes, sont les *zones interambulacraires* (*f*). Les zones ambulacraires se composent de deux rangées de plaques hexagonales, unies l'une à l'autre par une ligne brisée ; ces plaques sont percées de pores (*h*), groupés deux à deux et correspondant par paires aux tubes ambulacraires. Les zones interambulacraires ont pareillement deux rangées de plaques calcaires ; mais ces dernières sont plus grandes et munies simplement de tubercules (*i*) qui servent de base aux piquants et aux pédicellaires et qui existent d'ailleurs aussi, mais moins nombreux, sur les plaques ambulacraires (*g*).

Autour de l'anus, on remarque un ensemble de dix pièces, appelé *rosette apiciale* (fig. 490) ; cinq d'entre elles sont grandes, pentagonales et appelées *plaques génitales* (*c*) ; la plus grande est dite *plaque madréporique* (*m*) : on voit sur chacune d'elles l'orifice des glandes génitales, placées contre les zones interambulacraires ; les cinq autres plaques sont beaucoup plus petites et correspondent aux zones ambulacraires.

L'*appareil digestif* (fig. 491) se compose d'un œsophage vertical (*oe*) ; d'un intestin homogène (*ii*) décrivant plusieurs circonvolutions et relié à la paroi du corps, le long de laquelle il chemine, par une lame membraneuse, appelée mésentère ; enfin d'un rectum (*r*) qui débouche à l'anus. La bouche est munie d'un appareil masticateur spécial, appelé *lanterne d'Aristote* (fig. 489), qui se compose essentiellement de cinq pièces calcaires creuses (*m*), en forme de pyramides triangulaires, exactement juxtaposées et mues par plusieurs muscles. Chaque pyramide porte en dedans et le long de sa face externe une dent qui se prolonge un peu au delà du sommet de la pyramide, et qui est visible au dehors (*o*) au niveau de la bouche.

L'*appareil circulatoire* des Oursins (fig. 489) se compose : 1° d'un *cercle vasculaire* (*h*) entourant l'œsophage, placé au-dessus de la lanterne d'Aristote et muni de cinq petites poches (vésicules de Poli) de signification inconnue ; 2° de *cinq canaux ambulacraires* (*l*), partant du cercle vasculaire et longeant la face interne des zones du même nom jusqu'à la rosette apiciale ; ils donnent latéralement de nombreuses et courtes ramifications, dilatées chacune en une vésicule qui, par deux tubes très fins, se met en rapport avec une paire de pores ambulacraires et par suite avec un tube ambulacraire ; 3° du *canal madréporique* (*a*), canal membraneux unique, issu du cercle vasculaire, et qui débouche à l'orifice de la plaque madréporique (fig. 490, *m*). Grâce à cette disposition, le sang communique constamment avec l'eau ambiante : de là le nom de *canal hydrophore* qu'on donne quelquefois à ce conduit impair. Chez les Étoiles de mer, on l'appelle *canal du sable*, à cause des incrustations calcaires de sa paroi. Tous les canaux précé-

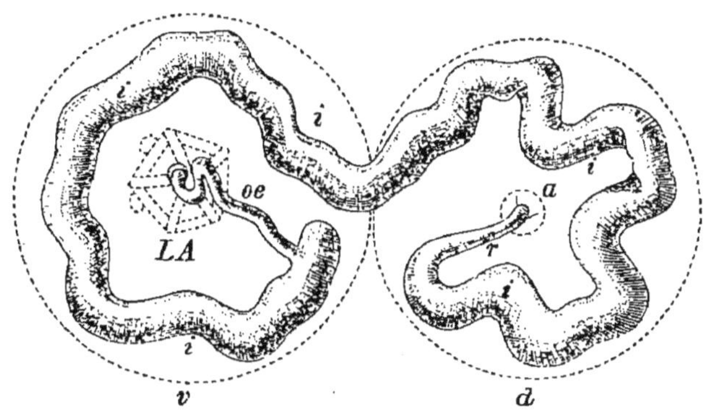

Fig. 491.

Fig. 491. — Oursin; tube digestif. — *d*, moitié supérieure du corps renversée; *v*, moitié inférieure; LA, lanterne d'Aristote ; œ, œsophage; *i*, *i*, première et deuxième courbures de l'intestin; *r*, rectum; *a*, anus, dans la rosette apiciale.

demment énumérés constituent le *système aquifère* des Oursins; 4° on remarque en outre *deux vaisseaux intestinaux* (*d*, *g*) et le *vaisseau collatéral* (*b*), relié à la paroi du corps; ils forment un système vasculaire clos, muni de capillaires, et servent à l'absorption des produits de la digestion.

Lorsque l'eau extérieure entre par le canal hydrophore, les vésicules des canaux ambulacraires se gonflent et, par leur contraction, chassent le liquide qu'elles contiennent dans les tubes ambulacraires ; ceux-ci s'allongent alors et forment comme une forêt de petits filaments membraneux, intercalés entre les piquants, et surtout nombreux autour de la bouche : ils servent à la reptation et aussi à la respiration. Inversement, lorsque les tubes ambulacraires se rétractent, une petite quantité de liquide vasculaire est rejetée au dehors par le canal hydrophore.

L'*appareil respiratoire* se compose essentiellement de la seconde moitié de l'intestin (fig. 491, *d*). A cet effet, à la première courbure de l'intestin, qui fait suite à l'œsophage et qui seule sert à la digestion, est annexée un tube étroit, appelé *siphon intestinal* (fig. 489, *c*), ouvert d'un côté dans l'œsophage, de l'autre dans le commencement de la seconde courbure (*s*). L'eau nécessaire à la respiration entre par la bouche, passe par l'œsophage, puis, par le siphon, dans la seconde courbure : là se fait l'hématose ; le sang contenu dans la cavité viscérale recueille l'oxygène absorbé par la paroi et cède en échange l'acide carbonique et les autres déchets à l'eau, qui est rejetée ensuite au dehors par l'anus.

Le *système nerveux* se compose d'un *anneau nerveux* pentagonal, de couleur violette, muni de cellules nerveuses et dont les angles présentent des renflements ganglionnaires d'où partent *cinq nerfs ambulacraires*, cheminant à côté des canaux radiaires.

CHAPITRE V

CŒLENTÉRÉS

Chez les Cœlentérés, l'organisation du corps est beaucoup plus simple que chez les animaux dont nous nous sommes occupés jusqu'ici. Ces zoophytes vivent tantôt isolés (Méduses...), tantôt en *colonies* arborescentes (Polypes hydraires et coralliaires) ou massives (Madréporaires). La plupart sont marins ; l'Hydre, le Cordylophore, vivent dans l'eau douce.

Les Cœlentérés se divisent en *Hydraires*, *Méduses*, *Siphonophores* et *Coralliaires*.

Hydraires. — Tous vivent en colonies, généralement arborescentes, sauf l'Hydre d'eau douce qui est solitaire.

L'*Hydre d'eau douce* (fig. 492) vit sur les plantes aquatiques, notamment sur les Lentilles d'eau des mares, étangs, bassins, etc. Elle se compose d'un simple sac, muni d'un côté d'un orifice, la bouche (*e*), entourée d'un cercle de filaments pêcheurs, et fixé de l'autre aux objets submergés par un court pédicelle. La cavité du sac (*bc*) représente l'estomac. Par l'orifice unique entrent les matières nutritives et sortent les résidus de la digestion ; c'est donc un orifice bucco-anal. La paroi du corps se compose essentiellement de deux assises de cellules, l'*ectoderme* ou assise externe protectrice et l'*entoderme* ou assise interne digestive; entre ces deux assises se trouvent de plus des cellules nerveuses aplaties, dont les prolongements sont en rapport, les uns avec les cellules ectodermiques (sensitives), les autres avec des cellules musculaires (motrices). Il y a, on le voit, les éléments de l'arc nerveux réflexe (p. 337).

Les bras sont munis de nombreux organes urticants, appelés *nématocystes* (fig. 492, *h*), qui consistent en une petite vésicule

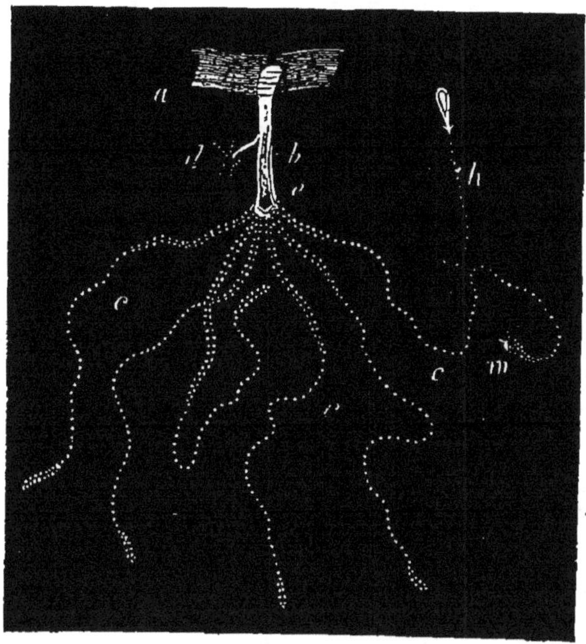

FIG. 492.

FIG. 492. — Hydre d'eau douce (1 centimètre sans les bras). — *a*, objet submergé; *be*, cavité digestive; *e*, bouche; *c*, tentacules pêcheurs, saisissant un petit Crustacé *m*; *h*, nématocyste déployé; *d*, jeune Hydre née par bourgeonnement.

remplie d'un liquide irritant et renfermant un filament creux enroulé en spirale; les nématocystes sont disposés par groupes et visibles à la loupe. Lorsque de petits organismes aquatiques (Crustacés inférieurs, larves d'Insectes...) viennent à toucher les bras, le filament est lancé au dehors par reploiement sur lui-même, pénètre dans leurs tissus et y déverse le venin; l'Hydre porte ensuite sa proie à la bouche.

La respiration s'effectue par toute la surface du corps.

Les deux assises de cellules qui forment le corps de l'Hydre sont assez faiblement différenciées pour qu'on puisse retourner l'animal sans mettre sa vie en danger.

Pour effectuer le *retournement*, on place l'animal dans le creux de la main, avec un peu d'eau, et de préférence lorsqu'il est gorgé d'aliments (on lui donne au préalable à manger une larve d'Insecte); puis, au moyen d'une soie de porc, on refoule doucement l'extrémité du corps vers l'orifice bucco-anal jusqu'à ce que le retournement soit complet. Au début, l'animal souffre de ce changement, mais il suffit de deux jours pour que les fonctions s'accomplissent de nouveau comme d'ordinaire; l'ectoderme est devenu assise digestive, et l'entoderme assise externe protectrice. On peut couper le corps de l'Hydre en deux ou plusieurs fragments sans pour cela faire périr ces derniers; même, si les conditions d'existence sont bonnes, si la nourriture est abondante, chacun d'eux grandit et constitue bientôt une Hydre entière. Ce fait montre bien l'indépendance complète des éléments anatomiques de tissus peu ou point différenciés.

Lorsqu'on observe une Hydre pendant quelques jours, on voit se former à la base du corps, sur le pédoncule, un ou deux petits bourgeons creux, communiquant librement avec l'estomac; bientôt ils s'ouvrent au sommet, développent des tentacules (fig. 492, *d*), puis se ferment à la base et se détachent pour aller se fixer un peu plus loin : chaque bourgeon a donné ainsi une Hydre nouvelle. Toutefois, lorsque la nourriture est abondante, les Hydres nées par *bourgeonnement* ne se détachent pas de l'Hydre mère; elles forment ensemble une petite colonie de deux, trois et jusqu'à une vingtaine d'individus. La vie sociale est ici la conséquence du bien-être matériel; car, dès que les conditions d'existence sont défavorables, les jeunes Hydres émigrent et vont chercher plus loin une vie plus facile.

Le *Cordylophore* (6 centimètres) est aussi un Hydraire d'eau douce qui vit sur une sorte de Moule très abondante dans les rivières; mais les polypes sont associés en petites colonies arborescentes, d'environ 3 à 6 centimètres de hauteur. Une pareille colonie (fig. 493) se compose d'un axe chitineux ramifié, dont les branches sont terminées par les polypes (*a*); la cavité de l'axe communique directement avec celle des individus et permet ainsi aux matières nutritives de se répandre dans toute la colonie; les Hydraires vivent en un mot en communautés. Les polypes, nus dans le genre précédent, sont fréquemment entourés d'une petite cupule chitineuse (fig. 493, *b*) due à l'évasement de l'axe.

Çà et là, sur certains rameaux des colonies d'Hydraires, se forment des bourgeons (fig. 493, *c*) dans lesquels apparaissent des œufs, puis des larves. Celles-ci s'échappent dans l'eau ambiante, se fixent et se développent en une nouvelle colonie.

Au lieu de simples bourgeons ou sacs reproducteurs, on voit quelquefois de petites Méduses (fig. 494, *d*), de sorte que la colonie contient deux sortes d'individus bien distincts : les individus nourriciers (*a*) (polypes) et les individus reproducteurs (*d*) (Méduses).

La division du travail est souvent poussée beaucoup plus loin ; ainsi, dans les *Hydractinies*, qui forment une sorte de fine mousse sur certaines coquilles, on ne distingue pas moins de quatre sortes d'individus, les uns nourriciers, munis d'un esto-

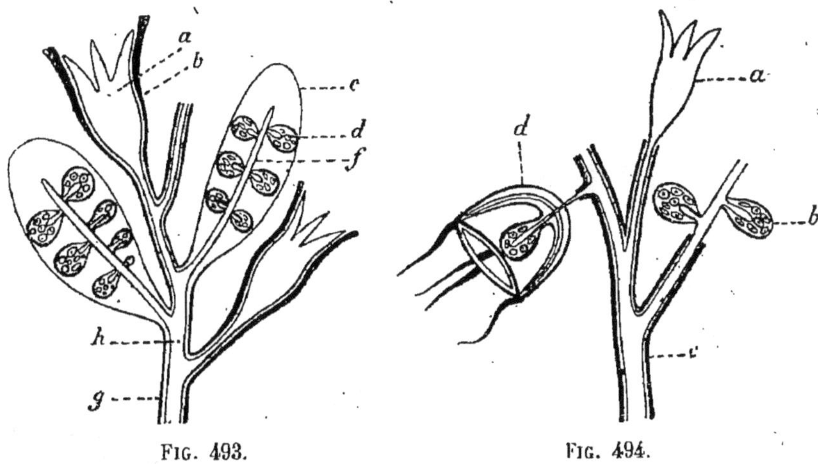

FIG. 493. FIG. 494.

FIG. 493. — Colonie d'Hydraires (g. Campanulaire) (fig. sch.). — *a*, polype ; *b*, cupule chitineuse ; *c*, sacs reproducteurs ; *d*, sacs à œufs ; *f*, blastostyle ; *h*, cavité de l'axe ; *g*, paroi de l'axe.

FIG. 494. — Colonie d'Hydraires (g. Dicoryne) (fig. sch.). — *a*, polypes nus ; *d*, petite Méduse (individu reproducteur) ; *b*, la même, jeune ; *c*, axe de la colonie.

mac librement ouvert, d'autres reproducteurs, portant les bourgeons sexués, mâles ou femelles, d'autres encore, privés de bouche, sortes d'organes tactiles, et enfin des individus protecteurs, réduits à l'état d'épines.

Méduses. — Une Méduse se compose de deux parties (fig. 495) : 1° une *ombrelle* gélatineuse (*p*), parfois fort grande ; 2° le *sac stomacal* (*lv*), incolore ou vivement coloré, terminé par l'orifice bucco-anal et prolongé par quatre ou huit tentacules ; il est appendu à la face inférieure de l'ombrelle.

Le bord de l'ombrelle est muni de longs filaments pêcheurs (*tm*) et de taches colorées que l'on considère comme des organes de vision. Chez le Rhizostome, Méduse très commune sur nos côtes, l'ombrelle atteint jusqu'à 30 centimètres de diamètre :

les bras sont unis les uns aux autres, de façon qu'il n'existe pas de bouche proprement dite, mais seulement un pore au bout de chacun d'eux, par lequel l'animal aspire des substances liquides.

La bouche se continue par une *poche stomacale* (*v*), enfoncée dans l'ombrelle ; du fond de cet estomac partent *quatre* ou *huit canaux rayonnants ;* ceux-ci se ramifient dans la masse gélatineuse de l'ombrelle et sont unis entre eux par un *canal circulaire*, qui longe le bord de cette dernière. L'ensemble de ces canaux forme le système circulatoire ; on voit qu'il communique largement avec le tube digestif, dont il n'est en somme qu'un prolongement, et par suite avec l'extérieur. Les matières digérées mélangées à l'eau de mer sont réparties dans l'ombrelle par certaines ramifications des canaux radiaires, et les déchets organiques reviennent à l'estomac par les autres ramifications pour être rejetées au dehors. Il n'y a pas à proprement parler de sang : le liquide nourricier est simplement constitué par un mélange d'eau de mer et de produits digérés.

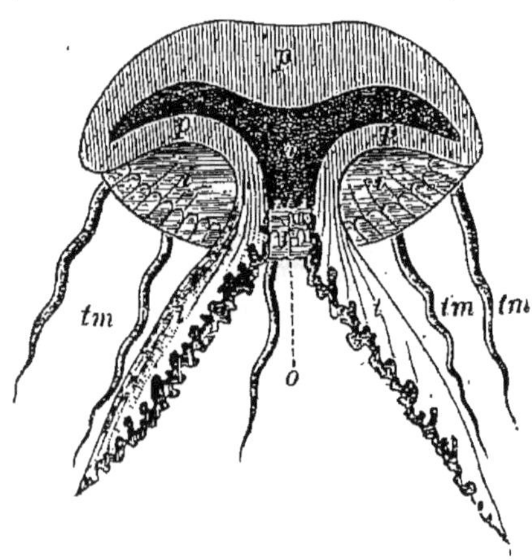

Fig. 495.

Fig. 495. — Méduse (coupe longitudinale schém.). — *p*, substance gélatineuse du corps ; *v*, estomac avec les canaux radiaires ; *i*, *i*, face inférieure de l'ombrelle ; *tm*, tentacules marginaux ; *t*, tentacules buccaux ; *o*, orifice bucco-anal.

Le *système nerveux* se compose d'un anneau nerveux marginal muni de cellules, voisin du canal circulaire, et de filaments nerveux très délicats destinés aux taches oculaires et à la substance de l'ombrelle.

L'ombrelle des Méduses est douée de contractilité ; elle est de plus munie de nombreux *nématocystes* qui irritent vivement la main qui les touche et qui justifient le nom d'Orties de mer donné à ces animaux.

Siphonophores. — On appelle ainsi des colonies libres, très complexes, très différenciées, ayant chacune une individualité parfaitement nette, flottant à la surface de la mer et parfois colorées des teintes les plus belles et les plus étincelantes. L'aspect de ces élégantes associations varie suivant les genres.

Les *Physales*, par exemple, se composent d'un vaste sac membraneux, caréné, rempli d'air et jouant le rôle de flotteur ; sa face inférieure est hérissée d'un grand nombre de prolongements, savoir : des tubes munis d'une bouche et d'un estomac et portant à leur base un long filament pêcheur; ce sont les *siphons*, ou individus nourriciers, qui ont servi à nommer la classe entière; puis des tubes sans ouverture, disposés sur de longs tentacules, qui paraissent sécréter un liquide destiné à digérer la proie (Poissons, Crustacés...), le produit de la digestion étant ensuite absorbé par les siphons; enfin, des grappes d'organes reproducteurs (V. 5e Partie).

Dans la *Physophore* (fig. 496), on trouve sur une tige commune : 1° au sommet, une petite vésicule aérifère; 2° une double rangée de cloches contractiles ou vésicules natatoires, sortes de Méduses réduites à leur ombrelle; 3° un cercle de longs tenta-

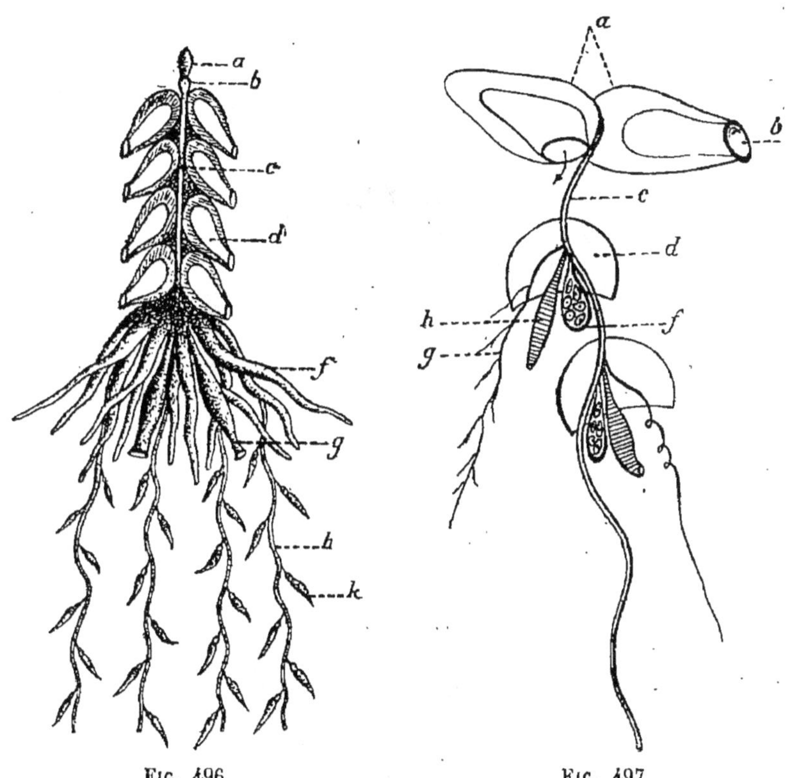

Fig. 496. Fig. 497.

Fig. 496. — Physophore. — *a*, vésicule aérifère; *b*, cloches natatoires en voie de développement; *c*, axe de la colonie; *d*, cloches natatoires; *f*, individus protecteurs; *g*, siphons; *h*, filaments pêcheurs; *k*, groupes de nématocystes.

Fig. 497. — Siphonophore (g. Diphye). — *a*, cloches natatoires; *b*, leur orifice; *c*, tige de la colonie; *d*, plaque protectrice; *f*, sacs à œufs; *h*, siphons; *g*, tentacules pêcheurs.

cules (f) ; 4° des siphons (g) munis d'un long filament pêcheur (h); 5° des grappes d'individus sexués, mâles et femelles.

Dans le *Praya* (fig. 497), on trouve au sommet deux cloches natatoires (a) assez développées, auxquelles fait suite une tige creuse (c) qui n'a pas moins de 1 mètre de longueur lorsque la colonie est épanouie, mais qui se réduit à 10 ou 15 centimètres dès qu'elle est en danger; sur cette tige sont échelonnés de nombreux petits groupes équidistants, comprenant chacun un siphon ou individu nourricier (h), muni d'un filament pêcheur

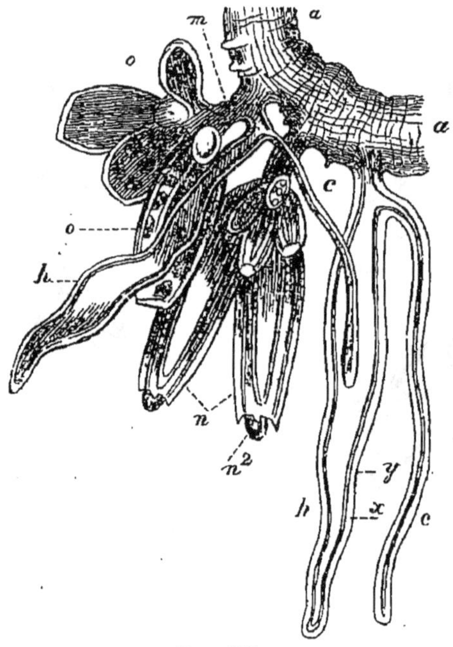

Fig. 498.

Fig. 498. — Fragment d'un Siphonophore. — *aa*, partie de la longue tige charnue de la colonie; *o*, sacs à œufs; *m*, pédoncule qui les unit à la tige principale; *h*, organe tactile; *c*, son tentacule; *n*, individus nourriciers; n^2, aliment; *xy*, paroi.

très long (g), une plaque cartilagineuse (d), protégeant le siphon et représentant une Méduse atrophiée; enfin, un bourgeon ou individu reproducteur (f). Les divers individus communiquent tous entre eux par l'axe de la colonie. Bien qu'ils soient séparés les uns des autres, ils n'en constituent pas moins par leur ensemble une véritable individualité, d'ordre supérieur à celle des individus, mettant en commun toutes les matières nutritives et obéissant à une impulsion unique dans tous ses mouvements.

Dans d'autres genres, on trouve une disposition des individus indiquée par la figure 498.

Coralliaires. — Prenons comme exemple le Corail. Cette colonie se compose de Polypes nombreux disséminés sur une tige ramifiée en arborescence (fig. 499).

La tige comprend deux parties : 1° un axe rouge, sorte de colonne centrale formée de spicules de carbonate de chaux ; c'est le *polypier* : il représente le corail du commerce ; 2° une sorte de chair molle, vivante, qui entoure le polypier et qui est, comme lui, la propriété commune de la colonie ; c'est le *sarcosome*. Les *polypes* sont implantés dans le sarcosome par leur base, mais peuvent librement s'épanouir ou se contracter par leur sommet ;

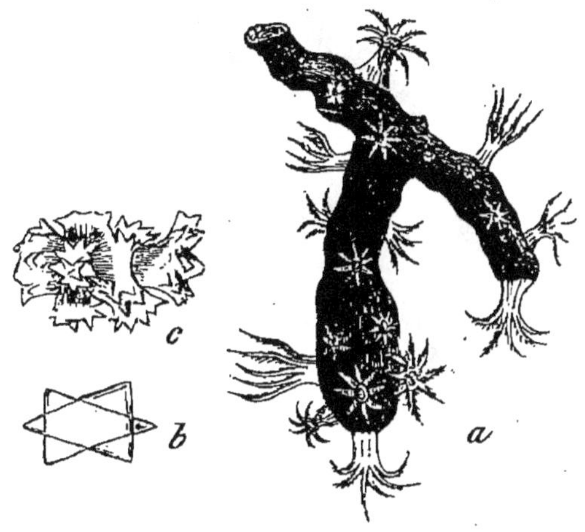

FIG. 499.

FIG. 499. — *a*, branche de Corail garnie de polypes, les uns épanouis, les autres rétractés dans le sarcosome ; *b*, un spicule calcaire ; *c*, groupe de spicules de l'axe de la colonie (*a*, grand. nat.).

ils communiquent tous entre eux par de nombreux canaux creusés dans ce dernier (fig. 500, *vi*) ; ces canaux renferment le liquide nourricier ; ceux qui touchent le polypier sont disposés parallèlement (*vl*) ; les autres sont anastomosés en réseau.

Chaque *polype* (fig. 500) est une sorte de sac, muni supérieurement d'un cercle de huit tentacules creux (*t*), communiquant avec la cavité du corps ; au centre des tentacules se trouve l'orifice bucco-anal (*b*). A la bouche fait suite un tube cylindrique, appelé *estomac* (*oe*), suspendu dans la cavité générale et muni inférieurement d'un sphincter. L'espace compris entre la paroi du corps et l'estomac est divisé par huit cloisons (*m*) en autant de loges qui se continuent chacune avec la cavité d'un bras. Les loges ne sont complètement séparées qu'au niveau du tube stomacal ; plus bas, elles communiquent toutes entre elles au centre de la cavité du corps. Les organes reproducteurs sont situés sur les cloisons. On ne connaît pas de système nerveux.

Les Coralliaires renferment le groupe très important des

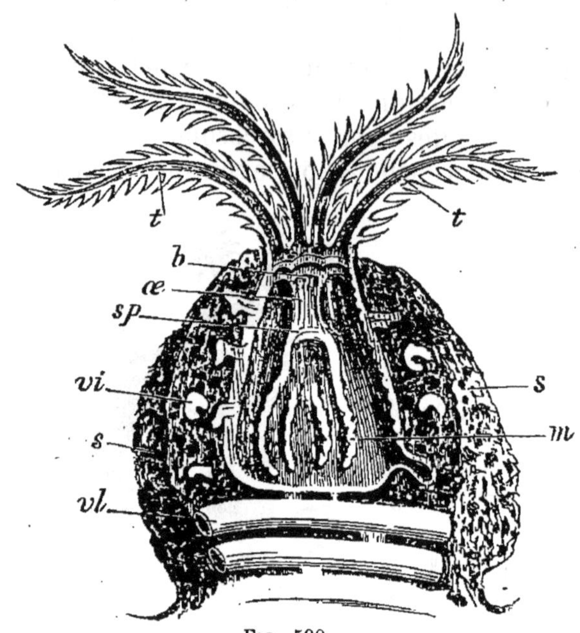

Fig. 500.

Fig. 500. — Un polype du Corail (coupe longitudinale). — *t*, tentacules barbelés; *b*, bouche ; *œ*, estomac ; *sp*, son sphincter inférieur ; *vi*, canaux irréguliers de la paroi ; *s*, sarcosome ; *vl*, canaux longitudinaux, situés sur le polypier ; *m*, replis rayonnants.

Madréporaires, dont les colonies, souvent fort étendues, sont munies de polypiers à structure rayonnée, formant par leur accumulation les récifs coralligènes et des îles.

Par ce qui précède, on voit que les Cœlentérés sont des organismes cellulaires rayonnés, plus ou moins différenciés, vivant le plus souvent de la vie sociale, et dont la cavité digestive est tantôt confondue avec la cavité générale du corps (Hydre), tantôt distincte et alors en communication directe avec la cavité générale (Corail).

CHAPITRE VI

SPONGIAIRES

Les Éponges sont des animaux marins; seule, la Spongille vit dans les rivières et dans les ruisseaux, fixée aux objets submergés. Leur complexité de structure est très variable, et l'on peut passer progressivement des genres les plus simples et très petits aux grandes Éponges dont le squelette constitue l'Éponge du commerce.

L'*Olynthe* est une des formes les plus simples (fig. 501); c'est un simple sac, fixé inférieurement par un pédicelle et muni supérieurement d'une ouverture, appelée *oscule* (*a*). La paroi est pourvue de nombreux petits orifices, appelés *ostioles* (*b*); elle se compose de deux couches distinctes : l'une externe, gélatineuse, composée de cellules sans membrane, plus ou moins fusionnées par leur protoplasme, mais distinctes par leurs noyaux, et douées de mouvements amiboïdes, en un mot, d'un *plasmode :* c'est l'*ectoderme* (*c*); l'autre, qui limite la cavité interne, est composée de cellules très distinctes, munies chacune d'un long cil vibratile : c'est l'*entoderme* (*d*). L'eau ambiante, qui renferme les matières nutritives et l'oxygène dissous, entre par les nombreux ostioles ou orifices inspirateurs, traverse les petits canaux qui leur font suite, se répand dans la cavité centrale et sort par l'oscule ou orifice expirateur, grâce aux mouvements des cils. Dans l'ectoderme se trouvent des spicules calcaires en forme d'étoiles à trois branches.

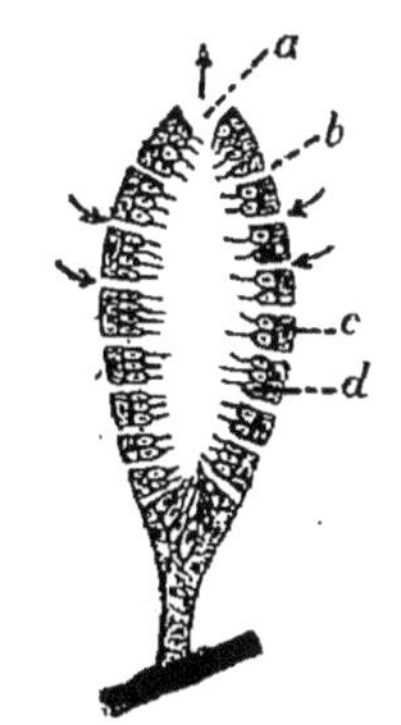

Fig. 501.

Fig. 501. — Olynthe (Éponge simple) (1 centimètre). — *a*, oscule; *b*, orifices inhalants; *c*, ectoderme; *d*, entoderme.

Un pareil organisme, muni d'un seul oscule, est une *Éponge simple;* on en connaît plusieurs genres (Ascette...), tous de très petite taille.

A un degré supérieur, on rencontre le genre *Sycon* (fig. 502), petite Éponge calcaire d'environ 2 centimètres de longueur. La paroi du corps est plus épaisse; les canaux rameux qui la traversent se dilatent en certains points en petites poches, seules tapissées de cellules ciliées, et appelées *corbeilles vibratiles* (fig. 503, *d*) ; le reste du corps est formé par l'ectoderme amorphe et les spicules calcaires qui l'incrustent. Les canaux communiquent avec la cavité centrale et par suite avec l'oscule.

Les Éponges plus complexes, telles que l'Éponge de toilette, dites *Éponges composées*, ne représentent pas autre chose que des associations, des colonies d'Éponges simples, de forme très variable selon les genres.

Examinons, par exemple, la *Spongille* (fig. 504), Éponge sili-

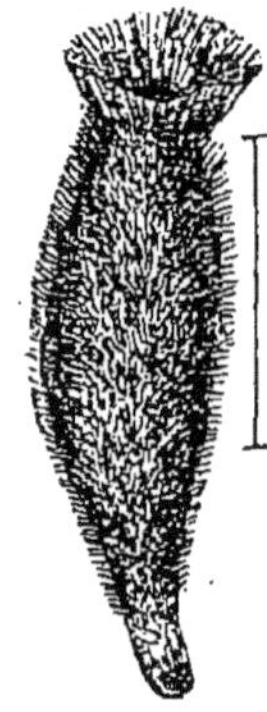

Fig. 502.

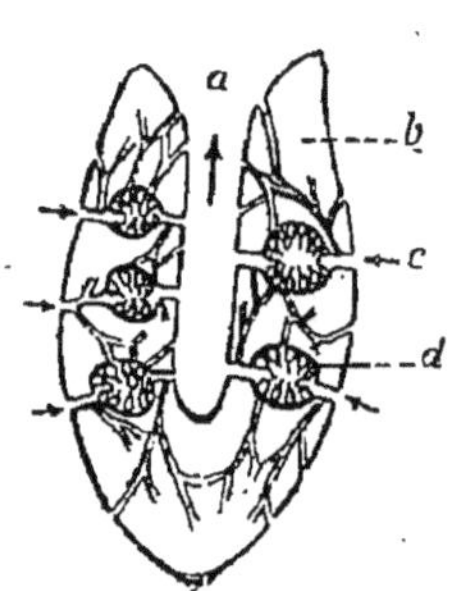

Fig. 503.

Fig. 502. — Sycon cilié (Éponge calcaire), avec indication de la grandeur naturelle.

Fig. 503. — Sycon (petite Éponge calcaire) (2 centimètres). — *a*, oscule; *b*, substance propre (ectoderme et spicules); *c*, pores inhalants; *d*, corbeilles vibratiles (entoderme).

ceuse, molle, qui se présente dans nos cours d'eau sous forme de petites masses cylindriques ou aplaties (4-6 centimètres). Sa surface est couverte de petits mamelons au sommet desquels se trouve un oscule (*d*) ; on y remarque, en outre, de nombreux pores inspirateurs ou ostioles (*b*). Ces orifices se continuent par un système de canaux très ramifiés, irréguliers, pourvus çà et là d'une corbeille vibratile (*c*). Dans la substance amorphe (ectoderme), qui unit canaux et corbeilles, se trouvent des filaments cornés et des spicules siliceux aiguillés, composant le squelette.

L'eau entre par les ostioles, se répand dans les cavités internes et sort par les oscules; le courant peut être facilement observé par le mélange à l'eau d'une poudre colorée.

La structure des grandes Éponges du commerce est analogue. A leur surface les larges orifices, peu nombreux, représentent les oscules; les autres, petits et beaucoup plus fréquents; sont les ostioles; sur le trajet des canaux intérieurs sont disposées des corbeilles vibratiles ; la masse même de l'Éponge est constituée par l'ectoderme gélatineux, incrusté du squelette fibreux,

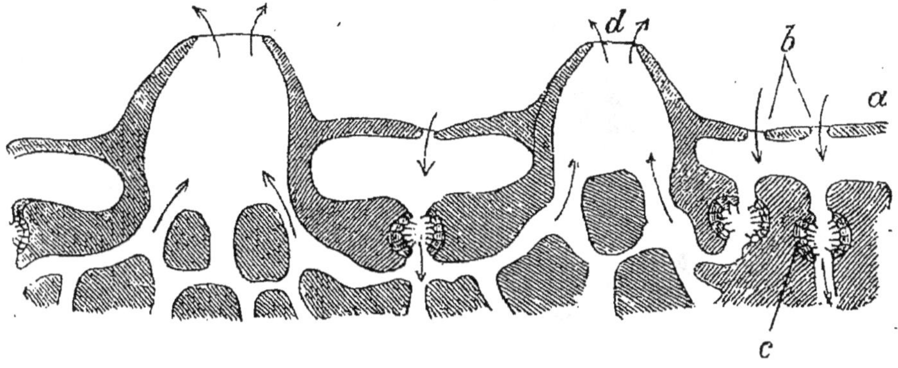

FIG. 504.

FIG. 504. — Spongille d'eau douce (coupe schém.) (6 centimètres). — *a*, enveloppe externe; *b*, orifices inhalants; *c*, corbeilles vibratiles; *d*, oscules.

de nature cornée, qui, à lui seul, constitue l'Éponge du commerce.

Le squelette des Éponges est tantôt fibreux, tantôt siliceux, tantôt calcaire; souvent à la fois siliceux et fibreux; ces différences sont utilisées pour la classification des Spongiaires.

CHAPITRE VII

PROTOZOAIRES

Les Protozoaires sont les plus simples de tous les animaux; leur corps n'est pas divisé en cellules comme celui des autres animaux; aussi leur structure est-elle homogène ou tout au moins faiblement différenciée. La plupart sont microscopiques; ils vivent en très grand nombre dans l'eau douce, notamment dans les eaux stagnantes; mais on les rencontre aussi dans la mer. Leurs formes son extrêmement variées et chaque jour en accroît le nombre.

Les Protozoaires comprennent trois classes : 1° les *Infusoires;* 2° les *Rhizopodes;* 3° les *Amœbiens.*

1° **Infusoires**. — Les Infusoires sont les Protozoaires les plus élevés en organisation ; ils tirent leur nom de la facilité avec laquelle ils apparaissent dans les infusions végétales. Leur corps, non cloisonné, est limité par une enveloppe tégumentaire, munie d'un ou deux longs *flagellums* mobiles (fig. 508), ou cou-

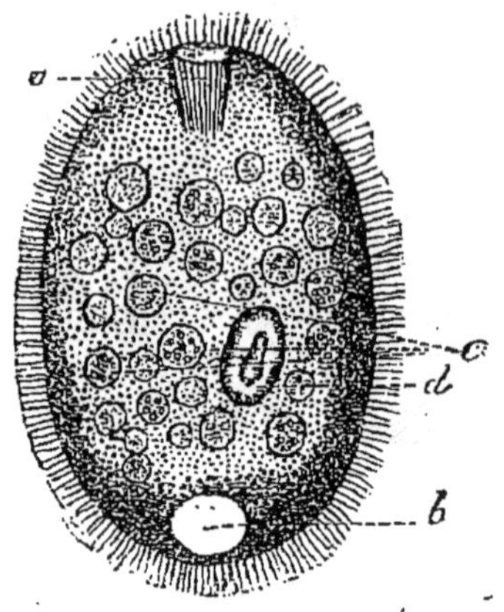

FIG. 505.

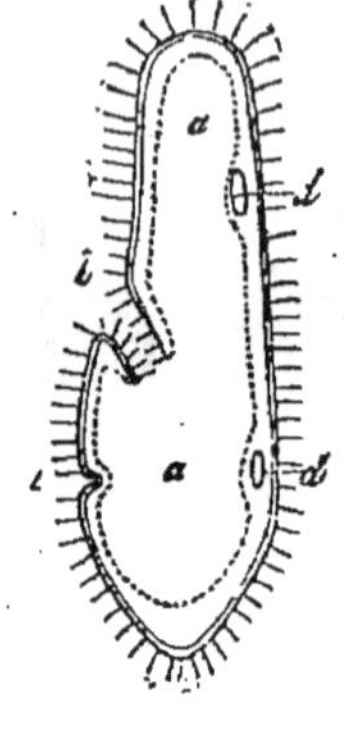

FIG. 506.

FIG. 505. — Infusoire cilié. — *a*, bouche; *c*, aliment; *d*, noyau; *b*, vacuole pulsatile (0 mill.,02).

FIG. 506. — Paramœcie (Infusoire cilié). — *aa*, cavité du corps; *b*, bouche et œsophage; *c*, anus; *d*, vésicules contractiles logées dans la couche protoplasmique hyaline.

verte de *cils vibratiles* (fig. 506). Flagellums et cils sont des appendices locomoteurs. Parfois le tégument est complètement fermé (Acinètes...); ailleurs (fig. 506) il y a une bouche ou à la fois une bouche et un anus (Paramœcie...) : un court œsophage fait suite à la bouche; quelquefois même il existe une ébauche d'intestin; dans ces derniers cas, l'animal peut ingérer des matières solides, par exemple d'autres Infusoires, grâce aux battements des cils qui avoisinent la bouche, et les résidus de la digestion sont rejetés au dehors, soit par la bouche, soit par l'anus si ce dernier existe. Lorsqu'il n'y a pas d'orifices, les matières nutritives, nécessairement dissoutes, traversent le tégument par osmose, ainsi que les déchets organiques. La respiration se fait toujours par le tégument; les cils, par leurs mouvements incessants, servent à renouveler constamment l'eau.

La plupart des Infusoires vivent en liberté; ceux qui sont sédentaires s'associent parfois en petites colonies (Antophyse, Codosiga) supportées par un pédicelle commun.

Les Infusoires se multiplient par division transversale du corps avec une extraordinaire rapidité; ainsi en vingt-quatre heures un individu peut donner naissance par ce mécanisme à plusieurs milliers d'individus semblables à lui (Colpodes) (fig. 507).

Examinons quelques genres de complexité croissante.

Les *Colpodes* apparaissent en abondance dans les infusions de foin. Leur corps est couvert de cils vibratiles et ordinairement pyriforme. Près de l'extrémité amincie on voit, au fond d'une petite dépression, la *bouche*, entourée de cils plus longs que les autres; vers l'extrémité opposée se trouve la *vésicule contractile*, qui se dilate et se resserre régulièrement. Ces petits êtres sont d'une grande agilité; ils parcourent incessamment en tous sens le champ du microscope (fig. 612).

Lorsque les eaux dans lesquelles ils se trouvent viennent à s'évaporer, les Colpodes s'enkystent, c'est-à-dire s'enveloppent d'une membrane résistante; puis ils se divisent en deux ou quatre nouveaux individus qui n'attendent que le retour de l'eau pour se séparer et reprendre la vie indépendante. La

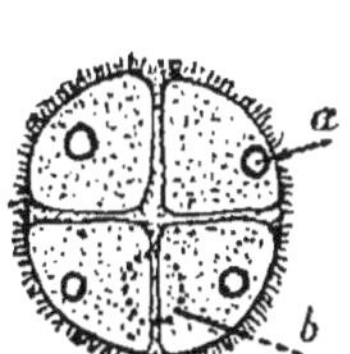

Fig. 507.

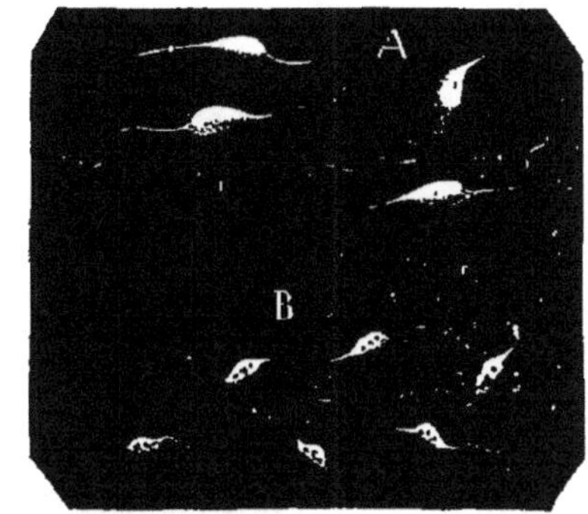

Fig. 508.

Fig. 507. — Colpode (Infusoire cilié), en voie de division. — *b*, vésicule contractile première; *a*, vésicules des quatre nouveaux individus.

Fig. 508. — Cercomonas (Infusoire flagellé). — A, B, deux espèces voisines, fortement grossies.

fig. 507 représente quatre semblables individus, supposés enkystés.

Le *Cercomonas* (fig. 508), trouvé dans l'intestin de l'Homme, est également pourvu d'un flagellum; on y voit un noyau.

Les *Noctiluques* (fig. 509) sont des Infusoires marins phosphorescents; mais ils ne sont lumineux que dans les points où l'eau est en mouvement; ainsi les flaques d'eau de la plage, quoique très riches en Noctiluques, sont incolores ou rougeâtres, mais il suffit, le soir, d'agiter l'eau pour faire apparaître la phosphorescence; cela explique pourquoi les navires laissent derrière eux une longue traînée lumineuse.

Les *Acinètes* (fig. 510) sont des Infusoires suceurs, munis de nombreux tentacules légèrement renflés à leur sommet ; à l'intérieur, un protoplasme abondant et un noyau ; pas de bouche. Ils se nourrissent d'autres Infusoires qu'ils maintiennent au moyen de leurs tentacules ; ceux-ci perforent leur tégument par digestion et aspirent peu à peu le protoplasme.

Les *Paramœcies* (fig. 506), Infusoires ciliés, sont pourvus

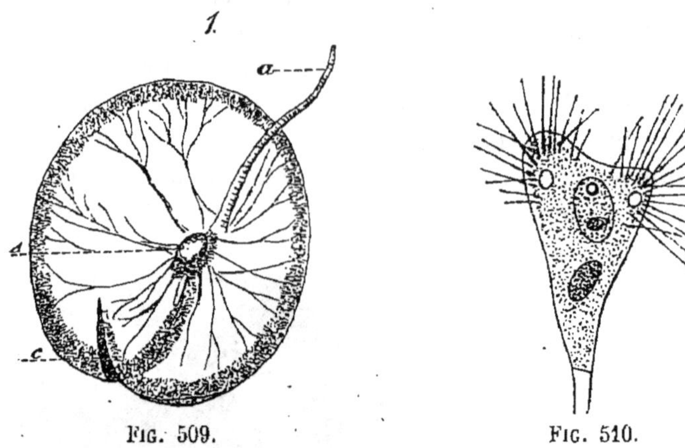

FIG. 509. FIG. 510.

FIG. 509. — Noctiluque (Infusoire flagellé), très grossi (1 millimètre). — *a*, flagellum ; *c*, appendice flabelliforme ; *s*, noyau.

FIG. 510. — Acinète (Infusoire suceur).

d'une bouche suivie d'un court œsophage, et d'un orifice anal ; l'œsophage se perd dans la substance interne.

Dans les *Cryptomonas*, l'anus est précédé d'une ébauche d'intestin.

Enfin le genre *Didymium* est pourvu d'un tube digestif complet ; ce cas est très rare.

Au-dessous du tégument mince de ces différentes formes, on trouve une couche épaisse de protoplasme hyalin, renfermant plusieurs vacuoles contractiles (fig. 506, *d*, *d*), se contractant et se dilatant périodiquement ; dans le reste de la cavité interne, un protoplasme granuleux et deux noyaux dont un très développé.

2° **Rhizopodes.** — Les Rhizopodes sont des Protozoaires uniquement composés de protoplasme, sans membrane d'enveloppe, muni de nombreux prolongements rayonnants, appelés *pseudopodes* ; ces derniers, sortes d'appendices préhenseurs et locomoteurs, s'étendent de tous côtés, et ont fait donner à ces animalcules leur nom de Rhizopodes. Ils possèdent, soit une coquille calcaire, soit un squelette siliceux ; de là deux groupes : les *Foraminifères* et les *Radiolaires*.

Foraminifères. — La coquille *calcaire* qui entoure le protoplasme est percée de nombreux orifices donnant passage à des pseudopodes extrêmement ténus. Elle est le plus souvent divisée en plusieurs loges (fig. 511, B, D) qui communiquent entre elles par une perforation des cloisons de séparation ; quelquefois cependant elle est uniloculaire (A) et munie alors d'un seul et large orifice (C). Certains Foraminifères sont microscopiques ; d'autres sont visibles à l'œil nu et peuvent acquérir plusieurs centimètres ; leur coquille rappelle souvent celle des

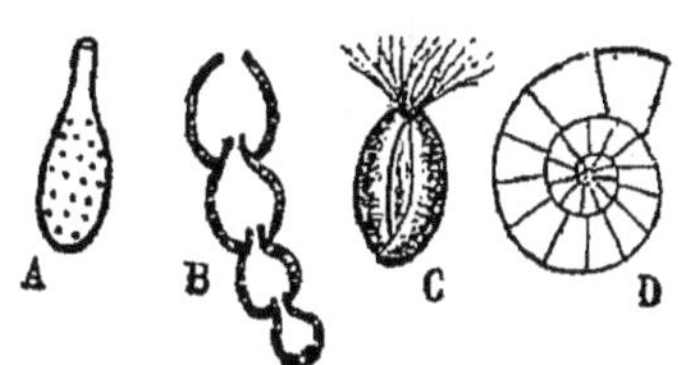

Fig. 511.

Fig. 511. — Foraminifères. — A, Lagena (1/10 de millimètre) ; B, Nodosaria (8 millimètres) ; C, Milliole (1/2 millimètre) ; D, Nummulite (3 centimètres).

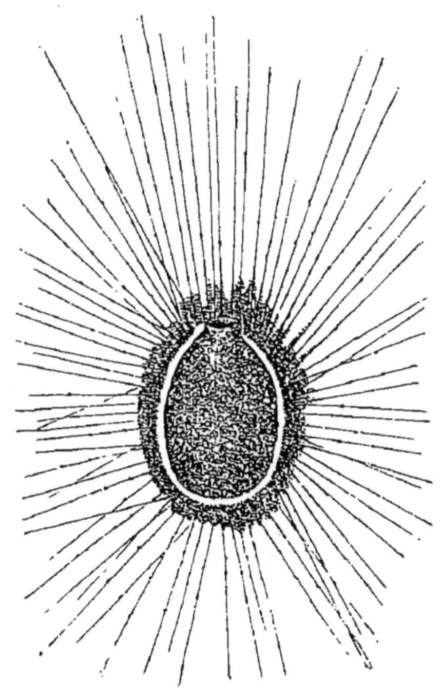
Fig. 512.

Fig. 512. — Gromia (Foraminifère simple).

Mollusques. La plupart vivent dans la mer : tantôt ils rampent sur le fond, où ils s'accumulent en nombre considérable, tantôt ils flottent à la surface ; quelques-uns habitent les eaux douces.

Les Foraminifères, par le dépôt incessant de leurs coquilles, contribuent à accroître l'épaisseur de l'écorce terrestre; parmi les dépôts géologiques, la craie et le calcaire grossier dit calcaire à Milioles (fig. 511, C) sont presque exclusivement formés de pareilles coquilles.

Dans la forme très simple du genre *Gromia* (fig. 512), la masse ovale de protoplasme est entourée d'une simple membrane chitineuse, percée d'un orifice qui donne issue à la substance vivante; celle-ci entoure complètement la membrane et s'étend en pseudopodes rayonnants.

Le genre *Lagena* (fig. 511, A) se compose d'une coquille en forme de bouteille, lisse ou sculptée, à col allongé, laissant passer des pseudopodes à la fois par l'orifice terminal et par les pores de la paroi.

Dans le genre *Nodosaria*, la coquille est divisée par des étranglements en cinq ou six chambres (fig. 511, B), munies de nombreux pores.

Parmi les formes les plus compliquées, citons les *Nummulites* (fig. 511, D), à coquille enroulée en spirale et divisée en nombreuses chambres remplies de protoplasme et communiquant entre elles et avec l'extérieur par des pores.

Radiolaires. — La masse protoplasmique est ici différenciée en deux parties : une capsule centrale, où le protoplasme est plus dense et muni d'un noyau, et une zone périphérique, pourvue de vacuoles contractiles et de nombreux pseu-

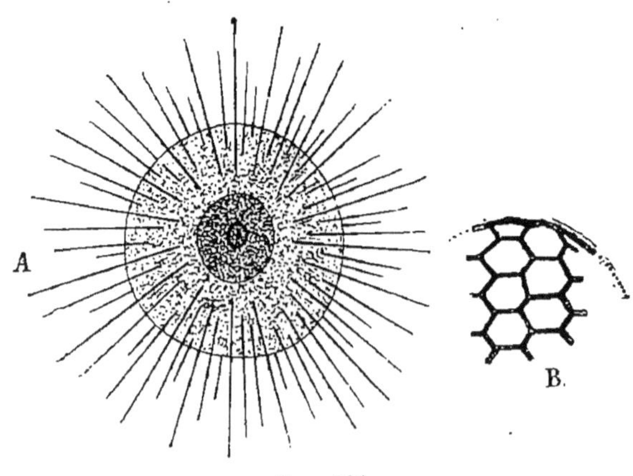

Fig. 513.

Fig. 513. — A, Actinophrys, Foraminifère sans squelette siliceux. B, fragment du squelette siliceux sphérique de l'Héliosphère inerme.

dopodes rigides. Le squelette est *siliceux* et composé de spicules de forme variable.

Le genre *Actinophrys* (fig. 513) montre bien la différenciation du protoplasme, mais est dépourvu de squelette.

Le genre *Héliosphère* possède un squelette périphérique très élégant (fig. 513, B), sorte de réseau à mailles polygonales par lesquelles passent les pseudopodes rayonnants.

Dans le genre *Actinocomme* (fig. 514), le squelette comprend

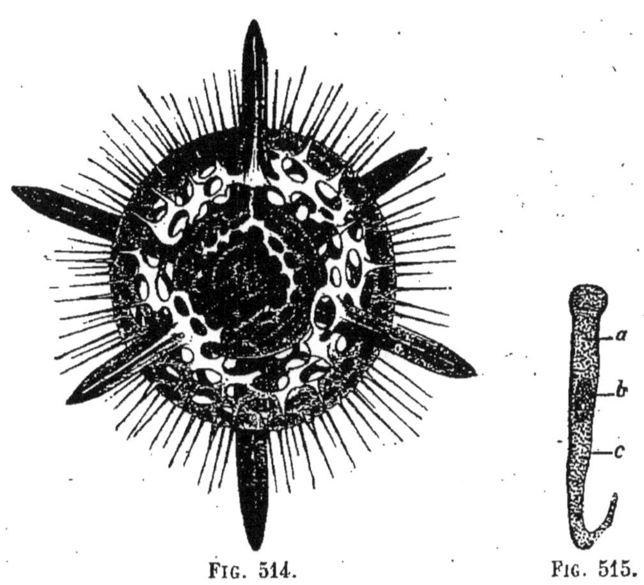

FIG. 514. FIG. 515.

FIG. 514. — Actinocomme (Rhizopode); très grossi.

FIG. 515. — Grégarine gigantesque (16 millim.). — *a*, protoplasme homogène, *b*, noyau; *c*, membrane.

trois réseaux concentriques à mailles ovales, reliés entre eux par six baguettes rayonnantes siliceuses, régulièrement espacées; l'enveloppe externe est de plus hérissée de nombreux spicules radiaires.

Les Radiolaires, comme les Foraminifères, ont formé des dépôts géologiques par l'accumulation lente et longtemps prolongée de leurs squelettes siliceux dans les mers anciennes.

A côté des Radiolaires, on peut placer les *Grégarines*, dont une espèce, la Grégarine gigantesque (16 millimètres), vit dans l'intestin du Homard (fig. 515). Leur corps allongé comprend simplement une enveloppe limitante de nature albuminoïde et un protoplasme granuleux homogène. Ce sont des exemples très nets d'organismes non cloisonnés, c'est-à-dire non divisés en cellules, et par suite sans différenciation interne.

3° **Amœbiens.** — Ce groupe renferme les formes vivantes les plus simples, savoir, les *Amibes* et les *Monères*, simples grumeaux microscopiques de protoplasme sans membrane. Les Amibes (fig. 516) présentent encore un noyau distinct; les Monères (fig. 517) en sont dépourvues. Ces petits êtres présentent les mouvements caractéristiques de la substance vivante, savoir : des mouvements lents de reptation ou *mouvements amiboïdes* et des courants internes de granulations. Ils se nour-

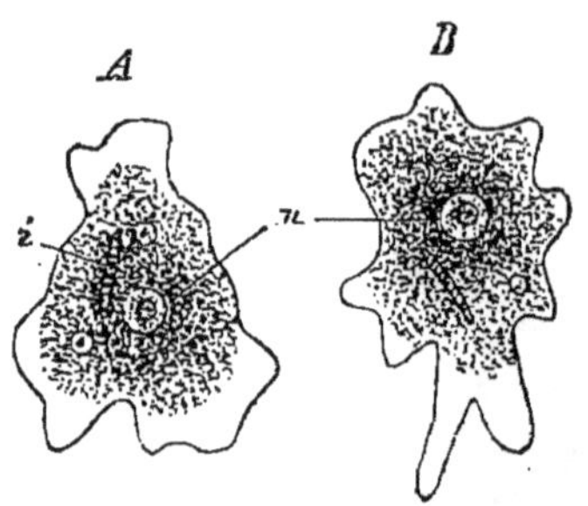

FIG. 516. FIG. 517.

FIG. 516. — Un Amibe à deux moments différents de son mouvement. — *n*, noyau; *i*, nourriture absorbée.

FIG. 517. — Monère. — 1 et 2, la même Monère à deux moments différents.

rissent en absorbant directement les substances dissoutes de l'eau ambiante, ou en englobant avec leurs pseudopodes des corps solides qu'ils digèrent et assimilent, et dont les résidus sont ensuite rejetés au dehors par écartement de ces mêmes pseudopodes.

Nous sommes ainsi arrivés aux organismes les plus infimes, parfaitement homogènes, dont le corps entier est composé de cette même substance que nous avons rencontrée, au début de ces leçons, dans les éléments du corps de l'Homme et des autres êtres à structure cellulaire, savoir : le *protoplasme*, substratum de la vie.

Le protoplasme étant la substance fondamentale du corps, aussi bien chez les plantes que chez les animaux, il ne saurait y avoir de différences absolues entre ces deux catégories d'êtres vivants; mais les propriétés spéciales du protoplasme constituent des caractères distinctifs très nets entre les deux Règnes organiques d'une part et le Règne minéral d'autre part.

CINQUIÈME PARTIE

NOTIONS SUR LA CLASSIFICATION ZOOLOGIQUE

CHAPITRE PREMIER

CONSIDÉRATIONS GÉNÉRALES : ESPÈCE, VARIATION, GÉNÉALOGIE

Définition de la classification. — La connaissance du Règne animal n'est pas limitée à la morphologie et à la physiologie des animaux. Cette œuvre d'analyse, qui se traduit par la constatation d'un nombre immense de faits d'observation et d'expérience, a pour complément obligé un travail de synthèse, dans lequel se trouvent résumés et reliés les résultats acquis, et qui offre à l'esprit l'image exacte de l'état actuel de la science : ce travail synthétique est ce qu'on appelle une *classification.*

Bien entendue, la classification est donc le couronnement des études zoologiques.

Définition de l'espèce. — Les innombrables individus dont se compose aujourd'hui le Règne animal ne sont pas tous fondamentalement différents les uns des autres. Ils ont bien chacun une marque personnelle, soit dans leur forme générale, soit dans leurs fonctions, et il n'est pas exagéré de dire que la ressemblance absolue de deux êtres ne se rencontre jamais dans le monde organisé.

Laissant de côté les petites différences individuelles, l'observation la plus élémentaire est bientôt amenée à constater l'existence de groupes nombreux d'animaux, dans chacun desquels les individus se ressemblent plus entre eux qu'ils ne ressemblent à aucun autre animal, procèdent en outre de parents communs et peuvent à leur tour procréer des êtres semblables à eux. De pareils groupes zoologiques portent le nom d'*espèces*. Tous les Hommes par exemple constituent une espèce; tous les Chiens domestiques, une seconde; tous les Lièvres communs, une troisième; etc.

Fig. 518.

Fig. 518. — Renard (Chien renard), espèce du genre Chien.

La Zoologie, au sens le plus large du mot, est précisément l'étude des espèces animales au quadruple point de vue de la morphologie externe, de l'anatomie, de la physiologie et de la classification.

Par *espèce* on entend une collection d'individus issus les uns des autres ou de parents communs, doués des mêmes caractères essentiels, et capables de se perpétuer avec ces mêmes caractères, si aucun changement ne survient dans les conditions d'existence.

Individualité des espèces. — Les caractères des espèces actuelles sont toujours assez nettement différenciés, et les conditions de milieu assez peu changeantes, pour que chaque espèce puisse être considérée comme un groupe autonome. On s'explique ainsi pourquoi l'union entre individus d'espèces distinctes est frappée de stérilité, sinon immédiatement, du moins après un petit nombre de générations; c'est même là un caractère auquel on peut reconnaître si deux ou plusieurs individus font ou non partie d'une même espèce.

On donne le nom d'*hybrides* aux individus provenant du croisement d'individus d'espèces différentes; ils offrent des caractères intermédiaires. On connaît l'hybride du *Chien* et du *Loup*, celui du *Chien* et du *Renard*, etc.

Les *Lièvres* se répartissent en trois espèces principales, savoir : l'espèce *Lièvre commun*, l'espèce *Lièvre timide* et l'espèce *Lapin*. Que l'on vienne à croiser le Lièvre commun avec le Lapin, et l'hybride résultant, le *Léporide* comme on l'appelle, revêtira une forme intermédiaire à celle des deux individus générateurs, parce que l'œuf dont il procède, provenant de la fusion d'une cellule mâle et d'une cellule femelle, renferme par là même des propriétés de ces deux individus.

Fig. 519.

Fig. 519. — Loup (Chien loup), espèce du genre Chien.

Il a la faculté de se reproduire ; mais, au bout de quelques générations, les caractères propres du Léporide s'effacent, et l'hybride revient inévitablement à l'une ou à l'autre des espèces souches ; ce qui veut dire que ce sont tantôt les propriétés mâles, tantôt les propriétés femelles qui dominent dans l'œuf, et par suite dans l'être adulte, où elles acquièrent un développement de plus en plus prépondérant.

Certains hybrides sont, contrairement aux précédents, incapables de se perpétuer, principalement ceux qui résultent d'espèces bien distinctes les unes des autres, quoique voisines. C'est le cas pour le *Mulet*, qui est l'hybride du *Cheval* et de l'*Ane*.

Races ; variétés. — Si l'espèce zoologique est un groupe d'êtres parfaitement limité, il n'en faut pas conclure qu'elle doive être nécessairement homogène. Les individus qui la composent se ressemblent bien par les caractères essentiels ; mais ils peuvent différer et diffèrent toujours par des caractères secondaires, subordonnés aux précédents, et qui permettent de diviser une espèce en *races*.

Ainsi, l'espèce humaine a pour *caractères essentiels* ou *spécifiques* l'intelligence très développée, la raison, la faculté du langage articulé, etc. ; au contraire, la forme et la nuance des cheveux et de la peau, les proportions relatives des diverses parties du corps, etc., sont des *caractères de races*.

Entre les diverses races d'une espèce, les croisements sont toujours possibles, toujours féconds, parce que la somme des différences qu'elles présentent ne dépasse pas la limite compatible avec le développement normal et continu de l'œuf. En sorte que les races peuvent être reliées les unes aux autres par de nombreux intermédiaires, qui mettent d'autant mieux en lumière l'unité de l'espèce à laquelle toutes ensemble appartiennent.

C'est ainsi que les *mulâtres* sont les intermédiaires entre les blancs et les nègres, et leur teint est de même moyen; les mulâtres et les blancs conduisent aux *quarterons* dont le teint est plus clair encore que celui des mulâtres. Ce sont là deux types de passage très nets entre la race blanche et la race noire.

On peut de même croiser les nombreuses races de Chiens domestiques, de Chevaux, d'Oiseaux de basse-cour, et constituer ainsi toute une série de *races métisses*, multipliant d'autant le nombre des formes dans l'espèce considérée, et toujours les *métis* offrent à la fois des caractères du père et de la mère, mais avec une légère prédominance des uns ou des autres.

Dans une race donnée on remarque encore de légères différences entre les individus, par exemple des différences locales de coloration. L'ensemble des individus qui se distinguent par une même marque constitue une *variété*. Les variétés sont particulièrement nombreuses, comme chacun le sait, dans les races domestiques.

— Ainsi donc, les *races* sont des portions d'espèces dont les caractères sont assez faiblement différenciés pour permettre, dans chaque espèce, le passage des unes aux autres par voie de croisement. On dira au contraire qu'on a affaire à des *espèces* toutes les fois que les groupes d'individus considérés ne se montreront pas susceptibles d'être ainsi reliés définitivement les uns aux autres; qu'en d'autres termes les principaux caractères différentiels de ces groupes sont et demeurent constants, si les conditions d'existence sont et demeurent elles-mêmes constantes. Comme l'appréciation, dans ce genre de questions, ne comporte pas une précision absolue, il n'est pas étonnant que les auteurs ne soient pas toujours d'accord sur le nombre des espèces d'un genre, ou sur le nombre des races d'une espèce.

Fixation des caractères acquis. — 1° Sélection. — *Les variétés peuvent être envisagées comme des races en voie de développement.*

Que l'on choisisse dans une race donnée une variété, c'est-à-dire l'ensemble des individus qui offrent une même particularité dans leur conformation; qu'on isole cette variété, et la marque particulière s'accentuera si bien dans les générations successives, surtout si l'on a soin de ne conserver dans chaque génération que les individus présentant cette marque au plus haut degré, qu'elle finira par se fixer, c'est-à-dire par devenir définitivement héréditaire. A ce moment la variété sera devenue une race. Ce choix, répété ici dans une série de générations, est ce qu'on appelle une *sélection*.

Il va sans dire que pour fixer et développer de certains caractères par sélection, il importe de ne rien changer aux conditions d'existence des êtres soumis à l'expérience, parce que l'adaptation à ces nouvelles conditions serait précisément une source de nouvelles transformations, que, dans le cas précité, il faut au contraire éviter.

Les éleveurs procèdent par sélection pour améliorer les races domestiques. Ils obtiennent par exemple des races bovines à tête très réduite, à musculature fort développée, et par conséquent avantageuses pour la boucherie; ils perfectionnent de même les Moutons à longue laine, les races chevalines, etc.

Ainsi, en utilisant l'aptitude de l'individu à la variation, on peut arriver, par une sélection rationnelle, à constituer des races nouvelles dans chaque espèce. Que l'on suppose maintenant la sélection longuement poursuivie dans chacune de ces races, et que dans chaque génération on ne conserve que les seuls individus présentant le mieux les caractères particuliers à chacune d'elles, ces races se différencieront de plus en plus les unes des autres, et il n'est pas irrationnel de penser qu'au bout d'un nombre suffisant de générations elles finiraient par acquérir le degré de différenciation qui sépare si nettement aujourd'hui les unes des autres les espèces voisines, en d'autres termes que *de nouvelles espèces pourraient résulter du développement et de la fixation des caractères de races*. Une solution expérimentale formelle n'a pas encore été donnée à la question, faute sans doute de recherches poursuivies sur un nombre suffisant de générations; il n'en est pas moins intéressant de constater combien est grande, dans le domaine de chaque espèce, l'aptitude à la variation.

— La sélection n'est pas seulement un moyen employé par l'Homme, dans des limites restreintes, pour développer les caractères d'adaptation dans un but utilitaire. Au-dessus de cette *sélection artificielle*, il y a en effet la *sélection naturelle*, qui s'exerce dans la nature entière et y règle souverainement la survivance de certaines formes, l'extinction d'autres.

Si l'on vient à placer un groupe déterminé d'individus dans de nouvelles conditions d'existence, sous un nouveau climat par exemple, ceux-là seuls dont l'organisme sera assez plastique pour s'adapter à ces conditions pourront se conserver et fixer dans les générations ultérieures les qualités nouvellement acquises; les autres seront sacrifiés, faute d'harmonie entre leur organisme et le milieu ambiant. Les Mammifères dont la toison n'est pas assez fournie sont incapables de résister aux grands froids de l'hiver; les Oiseaux faiblement musclés ne peuvent émigrer à l'approche de la mauvaise saison et périssent; l'Homme des régions froides succombe sous les climats chauds et humides des tropiques, faute de pouvoir varier assez vite pour s'adapter aux nouvelles conditions ambiantes.

Partout ce sont les mieux adaptés qui se trouvent appelés, dans un milieu donné, à exercer le plus complètement leurs facultés et à survivre. La sélection naturelle n'est pas autre chose que l'incessante mise en harmonie de la nature vivante avec les conditions changeantes du milieu extérieur.

2° **Lutte pour la vie.** — Une autre cause qui détermine la survivance du plus apte et en fixe les caractères est la *lutte pour la vie*.

Pour s'assurer l'espace et la subsistance, les espèces se livrent entre elles des combats incessants, et la victoire reste nécessairement aux mieux organisées, ou encore aux espèces qui s'adaptent plus complètement que les autres au milieu où elles se trouvent actuellement en concurrence.

Entre les animaux et les plantes, la lutte est manifeste, mais d'issue fort inégale. Les Insectes, les Herbivores, par exemple, assurent facilement leur subsistance en détruisant une immense quantité de plantes inermes; ils se gardent bien de toucher à celles qui contiennent certains principes désagréables ou toxiques pour eux, comme le tanin, le sel d'oseille, les alcaloïdes : ces substances sont pour les plantes qui les produisent de véritables préservatifs contre les attaques de certains animaux.

Les *Bactéries* ou microbes, ces petits êtres microscopiques si répandus dans la nature, s'attaquent pour vivre à tous les autres êtres vivants et presque toujours sortent victorieuses de la lutte. Elles existent à l'état de germes, et vraisemblablement en nombre immense, dans tout animal et dans toute plante; mais, pendant la croissance de leur hôte, et plus généralement pendant tout le temps que la vie y garde une intensité suffisante, ces germes sont comme étouffés par les forces organisatrices, et ce n'est que plus tard, au déclin de la vie, ou bien chaque fois que l'hôte est le siège d'un changement interne favorable à leur développement, qu'ils apparaissent, prennent le dessus et exercent dès lors leur action décomposante.

Ce sont les Bactéries qui provoquent chez l'Homme les maladies contagieuses et déciment son espèce. La puissance de ces petits organismes, dans un milieu favorable, est si redoutable qu'à Taïti, une population qui comptait plus de deux cent mille âmes au siècle dernier, se trouve réduite aujourd'hui par la phtisie, d'importation européenne, à quelques milliers d'individus.

La concurrence vitale n'est pas moins vive entre les diverses espèces animales. Les *Carnivores* font la chasse aux *Herbivores* et aux *Insectivores ;* ceux-ci détruisent d'innombrables Insectes, et les *Insectes* à leur tour dévorent les fruits, les graines, etc.

Vivre en détruisant ou périr, telle semble donc être la loi.

La lutte s'exerce enfin dans toute son âpreté entre les individus d'une même espèce ou entre ceux d'espèces voisines, et alors elle provoque une véritable sélection, car les individus les mieux constitués pour la lutte peuvent seuls résister et survivre. C'est ainsi que le *Rat noir*, qui abondait en Europe au siècle dernier, a été lentement éliminé par une espèce plus forte, le *Surmulot*, importée d'Orient par des navires marchands; aussi le *Surmulot* pullule-t-il aujourd'hui dans toutes nos villes, tandis que le *Rat noir* est devenu à peu près introuvable.

FIG. 520.

FIG. 520. — Rat noir.

— Ainsi, de quelque côté que l'on porte le regard dans le domaine de la nature vivante, partout on n'observe qu'inégalité et lutte, et partout aussi le faible est éliminé par le fort. L'inégalité organique, toujours entretenue par la lutte pour la vie, loin d'être toujours à l'avantage des mêmes espèces, revêt des aspects variés; car des espèces aujourd'hui toutes-puissantes peuvent dégénérer ; tandis que d'autres, jusqu'alors subordonnées, accèdent lentement à l'apogée de leur développement, pour décliner ensuite à leur tour, selon la loi générale. De la sorte, la nature offre un spectacle incessamment changeant, et cette variation est la marque même de son activité.

De la variation organique. — Ce qui précède montre déjà que les individus, et par suite les espèces auxquelles ils appartiennent, sont susceptibles d'éprouver des variations assez sensibles, sous l'influence prolongée d'un changement survenu dans les conditions d'existence.

La cause la plus générale de la variation organique est l'*adaptation* des formes au milieu dans lequel elles se trouvent actuellement placées ; les propriétés nouvelles qui en résultent pour l'organisme sont ensuite transmises, avec les anciennes, aux générations ultérieures, c'est-à-dire deviennent héréditaires.

1° Considérons d'abord le cas le plus simple, celui d'un organisme qui se multiplie uniquement par division, par exemple un Amibe (fig. 521) ou une Monère. Lorsqu'un Amibe A a grandi pendant quelque temps, son corps s'étrangle par le milieu et se divise en deux moitiés, a et a', c'est-à-dire en deux nouveaux Amibes, doués des mêmes propriétés que l'Amibe unique que tout à l'heure ils constituaient. Si aucun changement ne survient dans les conditions d'existence de ces deux êtres, ils demeureront semblables par la suite, se multiplieront à leur tour par division, ce qui donnera quatre Amibes, et ainsi de suite, les propriétés ancestrales étant transmises intactes aux générations successives, et rien au dehors ne venant troubler cette uniformité : l'espèce est alors *immuable*.

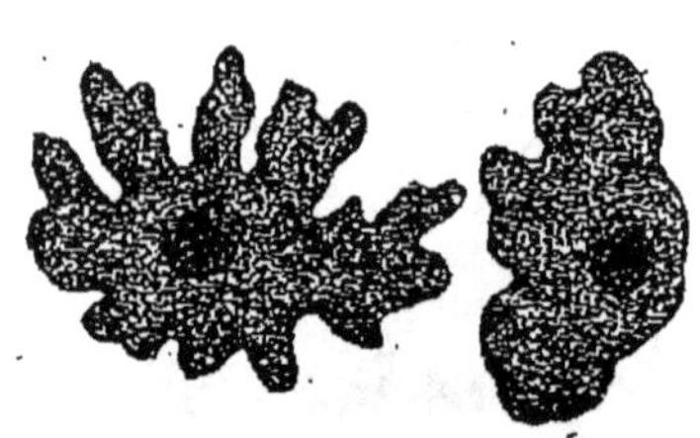

Fig. 521.

Fig. 521. — Amibe, observé à deux moments différents.

Mais le plus souvent, pour ne pas dire toujours, les conditions de milieu de a et de a' diffèrent entre elles, en même temps qu'elles diffèrent de celles de A : a et a' devront alors, au risque de souffrir ou même de périr, se mettre en harmonie, *s'adapter* comme l'on dit, à leur nouveau milieu. Cette adaptation, rendue possible par la plasticité même de l'organisme, introduira dans la nutrition intime du protoplasme un certain changement, qui lui-même retentira sur la forme générale de l'être : celui-ci acquiert ainsi des propriétés nouvelles ; en d'autres termes, il est le siège d'une *variation*.

Or, les qualités nouvellement acquises, a et a' les transmettront avec les anciennes, du moins en partie, à la génération suivante, en sorte que les Amibes issus de a et ceux issus de a' différeront déjà plus entre eux que ne différaient a et a', et ainsi de suite.

Si faibles que soient les acquisitions nouvelles effectuées de la sorte par chaque génération, il est clair qu'en s'accumulant pendant un temps très long, elles finiront par amener une déviation très notable de la forme première.

2° Considérons maintenant un être élevé en organisation, un Vertébré par exemple, qui ait toujours pour origine un œuf, c'est-à-dire le produit de la fusion d'une cellule mâle et d'une cellule femelle. Dans cette origine même, nous trouvons une source de variations, qui ajoutera ses effets à ceux de l'adaptation au milieu. En effet, l'œuf, par son mode même de formation, participe à la fois des propriétés des deux parents, et de la fusion de toutes ces propriétés résulte un ensemble mixte et nouveau, qui constituera la marque personnelle de l'être issu de l'œuf. C'est donc bien une variation que cette fusion de deux sortes de caractères en un être unique, car ce dernier se trouve par là même constituer un être véritablement *nouveau*.

Les propriétés des deux parents étant transmises en proportion relative très variable, cela explique comment dans une espèce donnée, si nombreuse qu'elle soit, il n'existe probablement pas deux individus absolument identiques.

Exemples de variation. — Les exemples de variations organiques, dues à l'adaptation au milieu, abondent.

Il y a d'abord les *variations périodiques*, provoquées par exemple par le changement de saison. C'est ainsi que le *Lièvre variable* est gris en été et complètement blanc en hiver; que l'*Écureuil commun*, roux en été, devient grisâtre pendant la mauvaise saison, etc.

Viennent ensuite les *variations permanentes*, comme celles que réalise l'éleveur sur les animaux domestiques, et beaucoup d'autres encore. Ainsi, les mêmes Poissons changent tellement de forme et de nuance selon les eaux dans lesquelles ils vivent, qu'on se trouve forcément amené à les ranger dans des espèces distinctes; — de même, les Insectes des régions tropicales ont des teintes beaucoup plus belles et plus vives que les mêmes espèces de nos pays; — divers animaux marins acquièrent des caractères tout nouveaux, lorsqu'ils séjournent dans l'eau moins salée des estuaires; — les Mammifères du Nouveau Continent se distinguent généralement de leurs analogues de l'Ancien Continent par une taille un peu plus petite; etc., etc.

C'est encore par l'adaptation à des conditions déterminées d'existence que le système dentaire des Mammifères revêt les formes si nettes que nous lui connaissons chez les Carnassiers, les Rongeurs et les Ruminants; que le pied du Cheval actuel n'offre plus qu'un doigt unique, tandis que ses ancêtres, moins agiles à la course, en présentaient jusqu'à cinq ; que les Cétacés, complètement adaptés à la vie aquatique, n'ont plus trace des membres postérieurs; qu'enfin les animaux fouisseurs, comme la Taupe, sont pourvus de membres antérieurs courts et élargis, parfaitement conformés pour creuser; etc...

Les *plantes* offrent aussi de nombreux exemples de changements, non seulement de forme, mais même de fonctions. Sans parler des transformations remarquables opérées par la culture sur les plantes ornementales, citons simplement celles

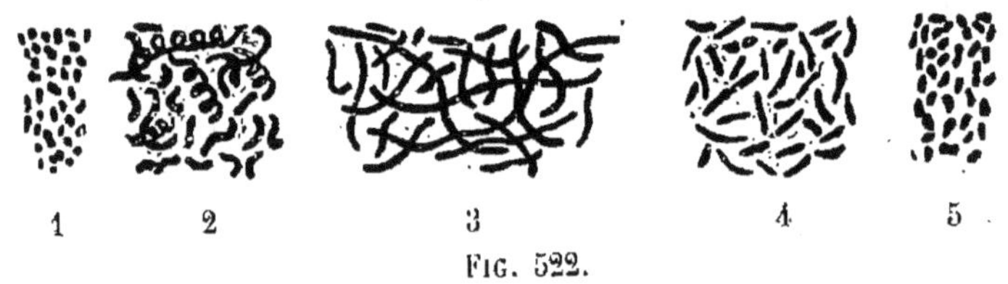

FIG. 522.

FIG. 522. — Formes diverses du Bacille de la maladie dite pyocyanique, selon le milieu de culture. — 1, dans le bouillon de bœuf; 2, dans le bouillon légèrement additionné de naphtol; 3, dans le bouillon additionné de bichromate de potassium; 4, dans le bouillon additionné d'acide borique ; 5, dans le bouillon additionné de créosote.

qu'éprouvent les *Bactéries* (ou microbes), lorsqu'on modifie la composition des bouillons de culture dans lesquels elles se développent : la même espèce (fig. 522) peut se présenter alternativement arrondie, ovale, en bâtonnets, en spirale, etc.; si bien qu'à voir ces diverses formes isolément, on croirait avoir affaire à autant d'espèces.

Nature de la variation organique. — Ainsi donc, grâce à l'adaptation et à l'hérédité des variations, la nature vivante éprouve d'incessantes transformations. C'est grâce à ces deux causes, renforcées par la sélection et la lutte pour la vie, que se sont succédé dans le cours des âges les innombrables formes animales et végétales qui ont peuplé la terre depuis l'origine, toutes ces formes procédant elles-mêmes d'un petit nombre de formes primordiales très simples, peut-être uniquement protoplasmiques.

Ces transformations organiques peuvent être ramenées à des modifications des mouvements protoplasmiques, en lesquels la science résume aujourd'hui la vie cellulaire. La vie d'une cellule donnée se compose ainsi à chaque instant, d'une part, des anciens mouvements moléculaires transmis régulièrement par l'hérédité (ou mémoire cellulaire) de génération en génération ; d'autre part, des mouvements analogues nouvellement acquis par l'adaptation.

Si l'on se rappelle le caractère éminemment éphémère des groupements atomiques de la substance protoplasmique, on y verra sans doute la cause même de l'aptitude à l'adaptation, c'est-à-dire à la variation organique.

Valeur de la classification. — Une fois les espèces étudiées, il faut, pour établir la classification zoologique, procéder à un travail de synthèse et les assembler, d'après le degré de leur ressemblance, en groupes de plus en plus vastes, d'ordre supérieur à l'espèce, comme les familles, les classes, de façon à dresser un tableau complet du Règne animal, dans lequel la place de chaque espèce soit rationnellement marquée d'après l'ensemble de ses caractères, et où apparaissent clairement les liens qui unissent les espèces les unes aux autres.

Un pareil tableau fait du Règne animal, non un assemblage d'éléments sans rapport, mais un ensemble harmonieux, où l'évolution des formes se dessine avec une irréfutable netteté, et qui réalise comme l'image de la nature vivante.

Mais cette image est toujours incomplète et susceptible de perfectionnement, puisqu'elle n'est basée que sur les seuls documents fournis par la science du moment. Chaque grande découverte zoologique ou paléontologique peut y introduire de profondes modifications et bouleverser des groupements basés sur des connaissances moins étendues. Aussi ne faut-il attacher aux classifications que l'importance qu'elles méritent, c'est-à-dire celle d'utiles tables des matières, facilitant les recherches.

La meilleure classification ne peut être qu'une œuvre transitoire, puisqu'elle n'est que l'expression abrégée d'une phase scientifique elle-même transitoire. Elle doit donc sans cesse s'adapter à la marche de la science, au risque de n'en être plus l'image, et par suite varier périodiquement, que ce soit dans ses grands traits ou seulement dans ses détails.

Généalogie du Règne animal. — Une seule classification est exempte de reproche, mais elle exige la science complète des formes organiques actuelles et passées : c'est la *classification généalogique.*

S'il est vrai, en effet, comme il est permis de le croire aujourd'hui, que notre planète n'a été peuplée à l'origine que par une ou un petit nombre de formes simples, et que ces formes primordiales, très plastiques, par l'épanouissement de leur puissance intime, par l'adaptation à des conditions variées d'existence et d'autres causes encore, ont éprouvé dans le cours des âges des transformations telles que toutes les formes vivantes actuelles et passées en sont la multiple résultante, la vraie classification consiste évidemment à retracer l'œuvre même de la nature, c'est-à-dire à enchaîner étroitement ces diverses formes, à partir des formes primordiales, dans des directions variées à l'infini, et dans l'ordre même où elles se sont naturellement succédé. De la sorte se trouveraient mis en évidence leurs liens de parenté, leur *généalogie*.

Une pareille représentation affecterait la forme d'une vaste arborescence, aux innombrables rameaux et ramuscules, parfaitement continue, et dans laquelle on pourrait sans effort remonter d'une forme quelconque à ses formes ancestrales, et de ces dernières aux formes primordiales. Un tel ensemble est éminemment destructif de l'idée étroite de classification, c'est-à-dire de groupes bien définis, bien distincts les uns des autres. Car le tableau généalogique ne révélerait qu'un ensemble complexe de lignées, convergeant toutes, de proche en proche, aux formes premières dont elles dérivent, et se ramifiant à l'infini, dans le cours des âges, durant leur lente évolution. Plusieurs auteurs ont tenté de l'établir avec les documents scientifiques actuels.

La notion d'*espèce* perdrait ainsi singulièrement de son importance, et se trouverait réduite aux divers groupes d'individus, doués actuellement des mêmes caractères essentiels, conservant ultérieurement ces caractères si aucun changement ne survient dans les conditions d'existence, les modifiant lentement par adaptation dans le cas contraire, de façon à établir mille divergences, à moins peut-être que l'espèce n'ait atteint, au moment considéré, la *limite* de son aptitude à la variation.

Termes employés dans la classification. — Revenons aux classifications ordinaires.

Espèce. — L'*espèce* ou unité sociale du premier degré, et ses subdivisions, les *races* et *variétés*, ont été précédemment définies (p. 456).

Genre. — Au-dessus de l'espèce vient le *genre*, unité sociale du second degré. On appelle ainsi une collection d'espèces *voisines*, c'est-à-dire qui, tout en restant bien distinctes les unes des autres par leurs caractères spécifiques, se ressemblent par d'autres caractères, d'ordre supérieur à ces derniers.

Les noms des genres sont des substantifs ; ceux des espèces, le plus souvent des qualificatifs. Ainsi, les termes *Chat*, *Lièvre*, désignent simplement deux genres ; au contraire les expressions *Chat sauvage*, *Chat domestique* ; *Lièvre commun*, *Lièvre timide*, indiquent deux espèces bien distinctes du genre *Chat* et deux espèces du genre *Lièvre*.

Une espèce est donc définie, lorsqu'elle est désignée par ses deux noms, le *nom générique* et le *nom spécifique*, et que cette désignation est suivie de l'indication de ses caractères particuliers.

Famille. — Après le genre vient la *famille*, ou *tribu*, qui est une collection de genres voisins, c'est-à-dire offrant des caractères de ressemblance d'ordre supérieur aux caractères qui servent à les distinguer. Ainsi les genres *Cerf*, *Renne* et *Daim* sont bien distincts, par exemple par leur ramure ; mais ils offrent, d'autre part, des caractères communs, tels que la présence de quatre doigts aux membres, la chute périodique des bois, etc., qui justifient leur réunion en une seule famille, la famille des *Cervidés*.

Ordre. — Au-dessus de la famille vient l'*ordre*, réunion de familles voisines. C'est ainsi que la famille des *Cervidés*, celle des *Antilopidés*, celle des *Bovidés*, et d'autres encore, constituent l'ordre des *Ruminants*, dont les caractères de ressemblance sont : l'estomac multiple, le pied fourchu, l'absence de canines et d'incisives supérieures.

Classe. — Après l'ordre vient la *classe*, collection d'ordres voisins. L'ordre des *Ruminants*, celui des *Carnassiers*, celui des *Rongeurs*, et beaucoup d'autres encore, constituent la classe des *Mammifères*, caractérisée par la présence de poils et de mamelles.

Embranchement. — Plusieurs classes qui possèdent un ou plusieurs caractères communs, auxquels les caractères des ordres, des familles, etc., sont naturellement subordonnés, constituent un *embranchement*. Ainsi les classes des *Mammifères*, des *Oiseaux*, des *Reptiles*, des *Amphibiens* et des *Poissons*, toutes caractérisées par la présence d'un squelette intérieur, osseux ou cartilagineux, et par la position dorsale du système nerveux, forment l'embranchement des *Vertébrés*.

Règne. — Enfin les divers embranchements zoologiques constituent le *Règne animal*, dont les caractères sont ceux de l'ensemble des animaux (voy. p. 507).

— En procédant dans l'ordre inverse, qui consiste à passer du composé au simple, et que nous avons suivi dans cet ouvrage, parce que son but immédiat est la connaissance spéciale du type zoologique le plus élevé, on voit que le Règne animal se divise en embranchements, chaque embranchement en classes, chaque classe en ordres, chaque ordre en familles, chaque famille en genres, et enfin chaque genre en espèces.

Cette manière de procéder est moins naturelle, moins philosophique que la précédente, pour les raisons exposées plus haut (p. 465).

CHAPITRE II

ZOOLOGIE SPÉCIALE : CARACTÈRES DES EMBRANCHEMENTS ET DE LEURS SUBDIVISIONS

Embranchements du Règne animal. — On divise aujourd'hui le Règne animal en neuf embranchements, savoir : 1° les *Vertébrés;* 2° les *Tuniciers;* 3° les *Arthropodes;* 4° les *Vers;* 5° les *Mollusques;* 6° les *Échinodermes;* 7° les *Cœlentérés;* 8° les *Spongiaires ;* 9° les *Protozoaires.*

Leurs principales subdivisions ont été précédemment indiquées (p. 393); reprenons-les maintenant pour en indiquer les caractères distinctifs.

I. — EMBRANCHEMENT DES VERTÉBRÉS

Caractères et classes. — Ce qui caractérise essentiellement un Vertébré, c'est la position relative de son système nerveux dans le corps : l'axe nerveux cérébro-spinal est tout entier du côté dorsal et séparé du tube digestif par la colonne vertébrale, ou par la corde dorsale cartilagineuse (Lamproie...) qui en est l'équivalent.

Les Vertébrés (fig. 523) ont un squelette intérieur ordinairement osseux, formé essentiellement de segments vertébraux (p. 183).

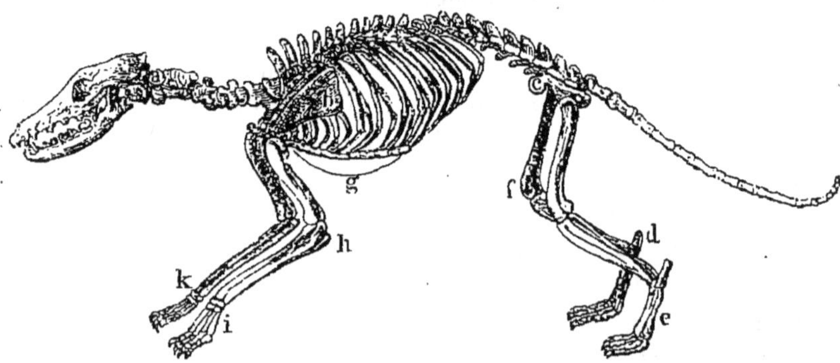

FIG. 523.

FIG. 523. — Squelette du Renard. — *a*, vertèbres cervicales; *b*, omoplate; *c*, os iliaques; *d*, tarse; *e*, métatarse; *f*, fémur; *g*, sternum; *h*, tibia et péroné; *i*, métacarpe; *k*, carpe.

On divise les Vertébrés en six classes, savoir : les *Mammifères*, les *Oiseaux*, les *Reptiles*, les *Amphibiens*, les *Poissons* et les *Subvertébrés.*

La classe des *Subvertébrés* ne renferme que le seul genre *Amphioxus*, qui, notamment par la conformation de son appareil respiratoire, peut être envisagé comme un intermédiaire entre les Vertébrés proprement dits et les Tuniciers (p. 391 et 394).

Les *Vertébrés proprement dits* ont tous un cœur, du sang rouge pourvu d'hématies, et un système vasculaire avec réseau capillaire ; leur système nerveux comprend au moins un cerveau, un cervelet et une moelle ; la respiration est pulmonaire dans les trois premières classes et branchiale chez les Poissons ; dans la classe intermédiaire des Amphibiens, elle est branchiale dans le jeune âge et pulmonaire à l'âge adulte.

I. Classe des Mammifères.

Caractères généraux. — Les Mammifères ou *Pilifères* se reconnaissent, comme ces deux noms l'indiquent, à la présence de *mamelles* et de *poils*.

Les *mamelles* sont des glandes en grappe dont les différents lobules sont unis entre eux par du tissu adipeux et débouchent tous au mamelon de l'organe. Leur position est variable : elles sont tantôt *pectorales* (Singes, Chauves-Souris), tantôt *abdominales* (Vache), tantôt ventrales (Chat). Leur nombre varie aussi selon les genres : tantôt il n'y a que deux mamelles (Singes), tantôt quatre (Vache), tantôt huit (Chat), ou dix (Cochon), etc.

Le *lait* qu'elles sécrètent est un aliment complet. Il se compose en effet d'*eau*, tenant en dissolution de la *caséine*, matière albuminoïde, coagulable par les acides, du *sucre de lait* ou *lactose*, des *sels*, et de nombreux *globules gras* en suspension (crème), pourvus chacun d'une fine enveloppe albuminoïde.

Les *poils* offrent des aspects variés (cheveux, laine, soies, crins, piquants); leur structure a été précédemment étudiée (p. 228).

Le *cœur* des Mammifères a toujours quatre cavités; le sang est chaud et la température sensiblement constante pour chaque individu.

Placenta. — Tous les Mammifères sont *vivipares* : l'œuf ou cellule primordiale se développe dans le corps de la mère contre la paroi d'une poche musculaire, nommée *utérus*, grâce à un organe intermédiaire très riche en vaisseaux sanguins, le *placenta*, au travers duquel se font par osmose les échanges nutritifs entre le sang de la mère et celui de l'embryon en voie de développement : cet organe manque chez les Marsupiaux et les Monotrèmes.

Le placenta naît de l'union intime des enveloppes de l'embryon avec la paroi utérine, peu après le moment où l'œuf venu de l'ovaire est arrivé dans l'utérus. A cet effet ces enveloppes offrent des villosités qui s'engagent dans des dépressions correspondantes de la muqueuse utérine; dépressions et villosités enchevêtrées acquièrent rapidement des vaisseaux sanguins fort nombreux, mais non en continuité, par lesquels s'opère le double courant nutritif d'entrée et de sortie de l'embryon.

Selon l'aspect que présente le placenta chez les divers Mammifères, on distingue : 1° le *placenta diffus*, à nombreuses villosités séparées, non enchevêtrées (Cheval, Cochon) ; 2° le *placenta cotylédonaire*, différencié en plusieurs petits placentas distincts (Ruminants); 3° le *placenta zonaire* (Carnassiers); 4° le *placenta discoïde* (Homme, Singes). Ces distinctions fournissent des caractères de classification.

Classification. — Selon la présence ou l'absence du placenta, on distingue deux grands groupes de Mammifères :

1° Les Mammifères *placentaires* ou *Monodelphes* (1 utérus) ; 2° les Mammifères *implacentaires*, divisés eux-mêmes en *Didelphes* (2 utérus) et *Ornithodelphes* (utérus d'Oiseau).

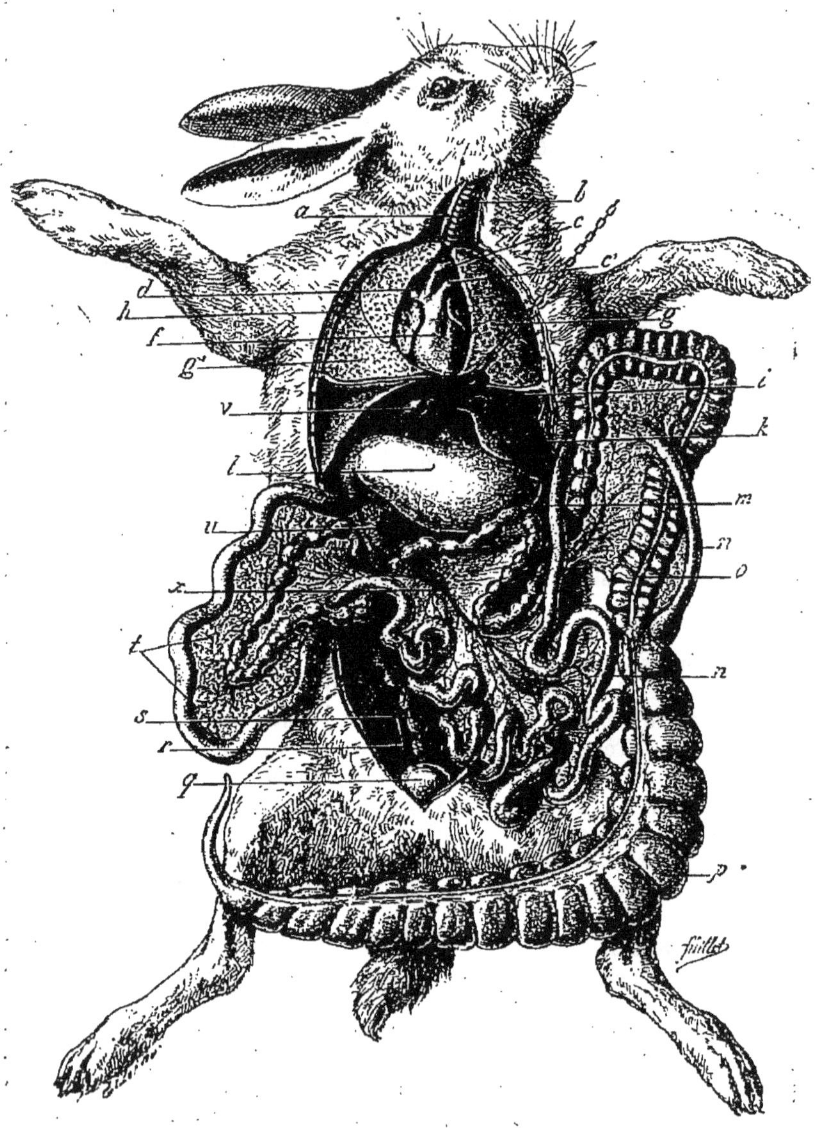

FIG. 524.

FIG. 524. — Anatomie du Lapin, ouvert par la face ventrale. — *a*, œsophage et artère carotide ; *b*, trachée ; *c*, aorte ; *c'*, artère pulmonaire ; *d*, veine cave supérieure ; *h*, section de la paroi thoracique ; *f*, ventricule droit ; *g*, *g'*, poumons ; *i*, diaphragme ; *k*, foie ; *l*, estomac ; *m*, rate ; *n*, *n*, intestin grêle ; *o*, gros intestin ; *p*, cæcum, très long ; *q*, vessie ; *r*, uretère droit ; *s*, rectum ; *t*, pancréas, rameux ; *x*, veines intestinales dans le mésentère ; *u*, rein droit ; *v*, vésicule biliaire.

A. — *Monodelphes.*

Les Monodelphes se divisent en trois groupes principaux :

4 membres....	*Quadrupèdes*	ongles ou griffes..	*Q. onguiculés.*
		sabots...........	*Q. ongulés.*
2 membres (antérieurs) seulement		....	*Mamm. pisciformes.*

Quadrupèdes onguiculés. — Ils comprennent neuf ordres dont voici les principaux caractères.

1. *Hominiens* (Homme). — Etres doués de raison; doués du langage articulé; intelligence la plus élevée; incitation incessante au perfectionnement. Une seule espèce, l'*espèce humaine*, divisible en plusieurs races (races blanche, jaune, noire, cuivrée, olivâtre).

2. *Primates* (Singes). — Deux mains, deux pieds ; pouce opposable aux autres doigts aux quatres membres; deux mamelles pectorales. F. D. = $+\frac{1}{1}+\frac{5}{5}$ (Gorille, fig. 525) ou $\frac{6}{6}$ (Singes du Nouveau Continent). Frugivores

3. *Prosimiens* (Makis).—Rappellent les Singes. Pouce opposable aux quatre membres. Plusieurs paires de mamelles ventrales. Localisés à Madagascar. F. D. $=\frac{2}{2}+\frac{1}{1}+\frac{6}{6}$ (Maki).

4. *Chéiroptères* (Chauves-Souris). — L'aile des Chauves-Souris est constituée de chaque côté par un large repli de la peau, qui s'étend des

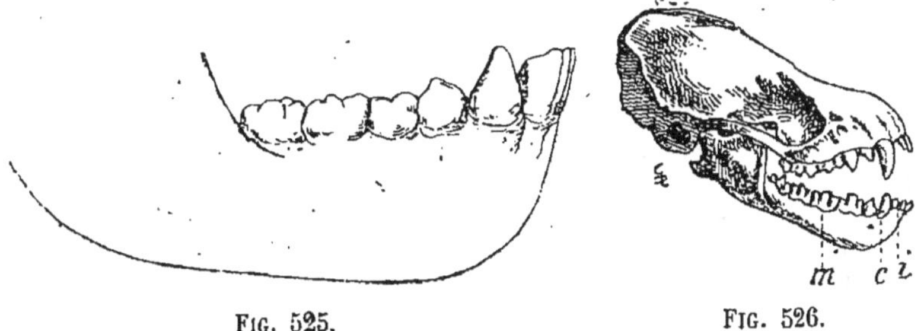

Fig. 525. Fig. 526.

Fig. 525. — Dentition du Gorille.

Fig. 526. — Tête osseuse de la Chauve-Souris. — *i*, incisives ; *c*, canines ; *m*, molaires.

membres antérieurs à la queue et dans lequel sont tendus quatre doigts très allongés du membre supérieur, le pouce étant libre et onguiculé ; elle est douée d'une grande sensibilité. F. D. $=\frac{2}{3}+\frac{1}{1}+\frac{6}{6}$ (Vespertilion) (fig. 526). Ces animaux sont nocturnes. Hibernants.

On distingue les Chauves-Souris *insectivores* (Oreillard...), *frugivores* (Roussette de l'Inde) et *sanguinaires* (Vampire).

Fig. 527.

Fig. 527. — Taupe.

5. *Insectivores* (Taupe). — Dentition complète; molaires munies de pointes; museau allongé et sensible (*boutoir* de la Taupe). Hibernants. F. D. $=\frac{3}{4}+\frac{1}{1}+\frac{7}{6}$ (Taupe) (fig. 527).

6. *Rongeurs* (Rat). — Dentition incomplète : incisives à croissance continue; pas de canines; molaires en nombre variable, à plis d'émail transversaux (p. 358). F. D. $=\frac{1}{1}+\frac{0}{0}+\frac{m}{m}$. Les Léporiens ont $\frac{2}{1}$ pour les incisives (fig. 528). — Les pattes sont munies de griffes; rarement de petits sabots (Cochon d'Inde).

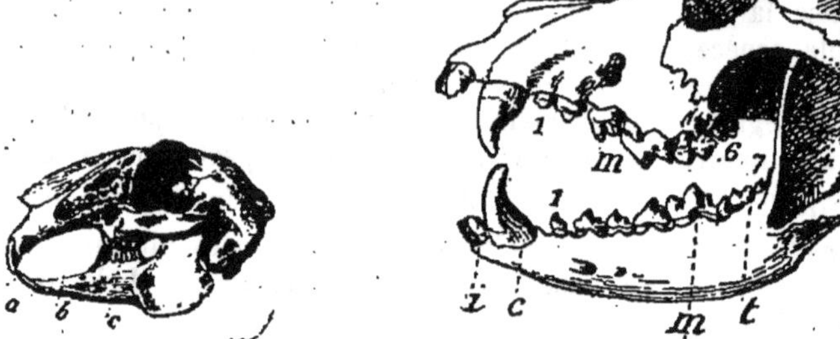

Fig. 528. Fig. 529.

Fig. 528. — Tête osseuse du Lapin. — *a*, incisives; *b*, barre; *c*, molaires.
Fig. 529. — Tête osseuse du Chien. — *a*, incisives; *c*, canines; 1-6, 1-7, molaires; *m*, dents carnassières; *t*, tuberculeuses; *p*, condyle maxillaire.

7. *Carnassiers* (Chat). — Dentition complète, à canines très développées (p. 360); molaires peu nombreuses chez les vrais Carnassiers (Félins, Vermiformes). F. D. $=\frac{3}{3}+\frac{1}{1}+\frac{4}{3}$ (Chat).

On distingue: les *Félins*, Carnassiers féroces (Chat, Tigre, Lion...); les *Vermiformes*, au corps élancé, sanguinaires (Putois, Marte, Loutre); les *Viverridés*, corps élancé, molaires nombreuses (Civette); les *Canidés* (fig. 529), molaires nombreuses, animaux digitigrades comme les précédents (Chien, Loup, Chacal, Renard); les *Ursidés*, molaires nombreuses, animaux plantigrades (Ours, Blaireau).

Fig. 530.

Fig. 530. — Tatou.

8. *Pinnipèdes* ou *Amphibies* (Phoque). — Carnassiers adaptés à la vie aquatique. Quatre membres courts et élargis en rames.

9. *Édentés* (Tatou). — Dentition incomplète : pas d'incisives; rarement de petites canines; assez souvent de nombreuses

Fig. 531.  Fig. 532.

Fig. 531. — Tête osseuse du Tatou.
Fig. 532. — Tête osseuse du Fourmilier.

molaires sans émail (Tatou, fig. 530-531); quelquefois enfin, pas de dents du tout (Fourmilier, fig. 532). Animaux indolents, dépourvus d'intelligence.

Quadrupèdes ongulés. — On les divise en Ongulés à doigts pairs ou *Artiodactyles*, et Ongulés à doigts impairs ou *Périssodactyles*.

I. — Les Artiodactyles comprennent :

1. *Porcins* (Sanglier). — Peau épaisse. Groin. 4 doigts (p. 380). Dentition

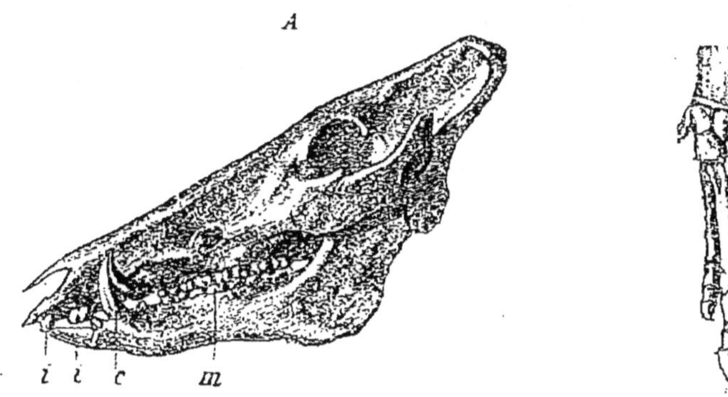

Fig. 533.

Fig. 533. — A. Tête osseuse du Sanglier. — *i*, incisives; *c*, canines; *m*, molaires — B. Pied osseux. — *a*, base du tibia; *b*, tarse; *c*, métatarse; *d*, *d'*, phalanges.

complète: molaires nombreuses et mamelonnées. Omnivores. F. D. = $\frac{3}{3}+\frac{1}{1}+\frac{7}{7}$ (Sanglier) (Fig. 533).

2. *Hippopotamidés* (Hippopotame). — Peau épaisse (pachydermes); tête énorme et disgracieuse; 4 doigts. Dentition complète. Animaux aquatiques (Afrique).

3. *Ruminants* (Bœuf). — Estomac divisé en quatre poches (p. 363). — Dentition incomplète (fig. 534) : les incisives supérieures et les canines manquent; les molaires sont pourvues de replis semi-lunaires d'émail (p. 361). F. D. = $\frac{0}{4}+\frac{0}{0}+\frac{6}{6}$ (Mouton). — Pied fourchu (2 doigts); quelquefois 4 doigts (fig. 535) (Chevreuil, p. 381). — Des cornes, tantôt persistantes (Bœuf), tantôt caduques (bois du Cerf...).

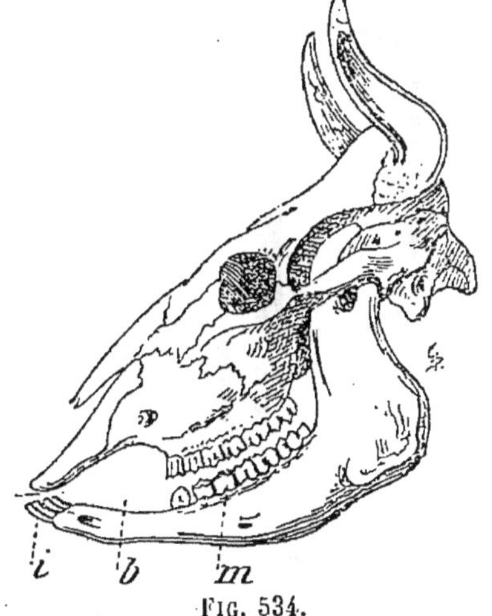

Fig. 534.

Fig. 534. — Tête osseuse du Bœuf. — *i*, incisives; *b*, barre; *m*, molaires.

Les principales familles sont : 1° les *Caméliens :* pas de cornes; canines bien développées (Chameau, Lama); 2° les *Moschidés :* chez le mâle, des canines saillantes à la mâchoire supérieure (Chevrotain porte-musc); 3° les *Cervidés :* le mâle seul porte une ramure, qui est caduque; 4 doigts (Cerf, Chevreuil, Renne...); 4° les *Girafidés:* cornes petites, couvertes d'une peau velue, et persistantes (Girafe); 5° les *Cavicornes :* cornes creuses; 2 ou 4 doigts (Antilope, Bœuf, Brebis, Chèvre). Une corne de Bœuf, par exemple, se compose d'un cornillon osseux, prolongement de l'os frontal, et d'une enveloppe cornée beaucoup plus longue et creuse.

II. — Les Périssodactyles comprennent trois ordres :

1. *Proboscidiens* (Éléphants). — 5 doigts soudés jusqu'aux sabots. Une trompe. Dentition incomplète : les incisives supérieures forment les défenses de l'animal ; les canines manquent ; les molaires (fig. 536) sont composées et en nombre variable, 1, 2 ou 3, selon l'âge. F. D. $= \frac{1}{0} + \frac{0}{0} + \frac{m}{m}$. Deux espèces : Éléphant de l'Inde (molaires à espaces transversaux en manière de bandes étroites *parallèles ;* oreilles petites) ; E. d'Afrique (molaires à espaces transversaux *losangiques ;* oreilles grandes).

2. *Rhinocéridés* (Rhinocéros). — 3 doigts avec sabots ; 1 corne (Rh. de l'Inde) ou 2 (Rh. d'Afrique) de nature épidermique sur le nez.

3. *Équidés* (Cheval). — Dentition incomplète (fig. 537) ; F. D. $= \frac{3}{3} + \frac{0}{0} + \frac{6}{6}$. Le mâle ou étalon a de petites canines. Estomac simple. Pied

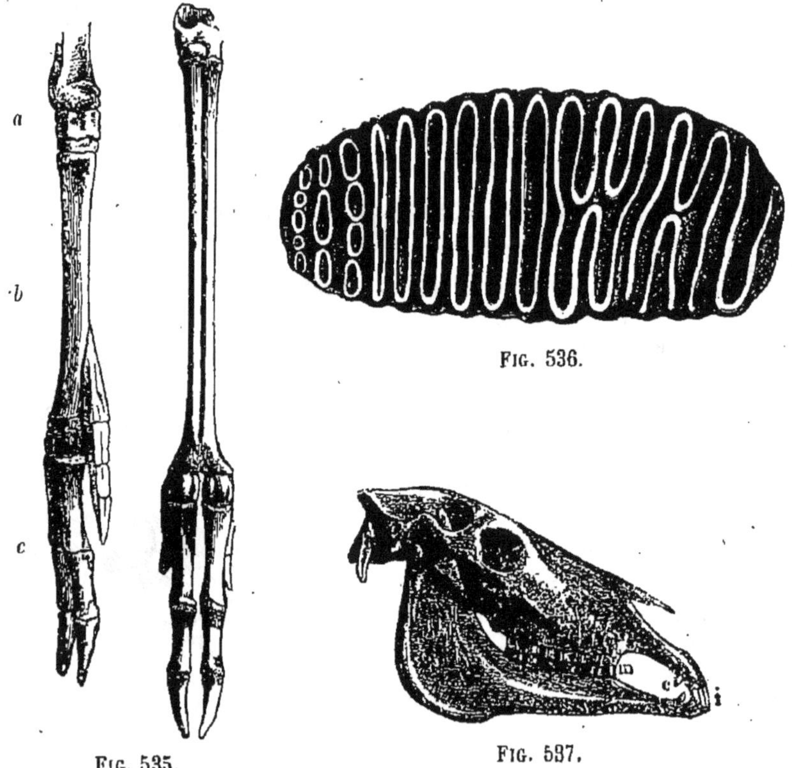

Fig. 535. Fig. 536. Fig. 537.

Fig. 535. — Pied antérieur et postérieur du Chevrotain. — *a*, tarse ; *b*, canon ; *c*, phalanges.

Fig. 536. — Couronne d'une molaire de l'Éléphant de l'Inde.

Fig. 537. — Tête osseuse du Cheval étalon. — *i*, incisives ; *c*, canines ; *m*, molaires.

terminé par un seul doigt (p. 383) ; très exceptionnellement par trois doigts dans le cas d'atavisme, ce qui rappelle l'Hipparion de l'époque géologique tertiaire (Cheval, Ane, Mulet, Zèbre...).

Mammifères pisciformes. — Le corps de ces animaux est allongé en fuseau, comme celui des Poissons; les membres antérieurs seuls existent (p. 384). Au bout du corps on remarque une nageoire horizontale. Le sang est chaud; la respiration pulmonaire.

On distingue deux ordres :

1. *Cétacés*. — Dents nombreuses et coniques; régime piscivore; un ou deux *évents* (narines) sur le vertex; mamelles *abdominales* (Dauphin, Cachalot, Baleine).

2. *Sirénides*. — Dents mamelonnées; régime herbivore; narines antérieures, comme à l'ordinaire (pas d'évents); mamelles *pectorales* (Lamantin, Dugong).

B. — *Didelphes ou Marsupiaux.*

Marsupiaux (Kanguroo). — Les Didelphes comprennent le seul ordre des Marsupiaux. A la face ventrale se trouve la *poche marsupiale*, soutenue par deux os spéciaux, les *os marsupiaux*, fixés au bassin; au fond débouchent les mamelles. La poche sert d'abri aux jeunes qui naissent incomplètement développés. Vivent en Australie.

FIG. 538.

FIG. 538. — Kanguroo.

La dentition est variée et rappelle celle des principaux types de Mammifères de l'Ancien Continent. On distingue : 1° les Marsupiaux carnassiers (Sarigue), à dentition complète; 2° les Marsupiaux rongeurs (Phascolome), dépourvus de canines; 3° les Marsupiaux herbivores (Kanguroo), à dentition également incomplète (fig. 538).

C. — *Ornithodelphes ou Monotrèmes.*

Monotrèmes (Échidné). — Cet ordre contient deux genres australiens, l'Ornithorhynque et l'Échidné, offrant, outre les caractères de Mammifères,

FIG. 539.

FIG. 539. — Ornithorhynque.

des caractères d'Oiseaux. Ainsi, les conduits urinaires et génitaux s'ouvrent au même point que l'intestin, dans une petite poche, nommée *cloaque*, comme chez les Ovipares. En outre, ils pondent des œufs et sont dépourvus de dents. Les os marsupiaux existent, ainsi qu'une poche marsupiale rudimentaire.

L'Ornithorhynque (fig. 539) a un bec aplati, rappelant celui du Canard; c'est un animal aquatique. L'Échidné a le museau allongé en trompe; il est fouisseur.

II. Classe des Oiseaux.

Caractères généraux. — Le corps des Oiseaux (fig. 543) est couvert de plumes. Dans une plume (fig. 540), on distingue l'*axe*, implanté dans la peau, les *barbes* et les *barbules*. On appelle *rémiges* les longues plumes de l'aile (fig. 542); *rectrices*, les plumes de la queue ordinairement au nombre de douze; *tectrices*, les rangées de petites plumes de la base de l'aile.

La bouche est garnie d'un *bec* corné, formé de deux mandibules, et dépourvue de dents. Il y a un *cloaque*. Des sacs aériens (fig. 541). L'organisation générale a été décrite dans la 3e partie.

Fig. 540.

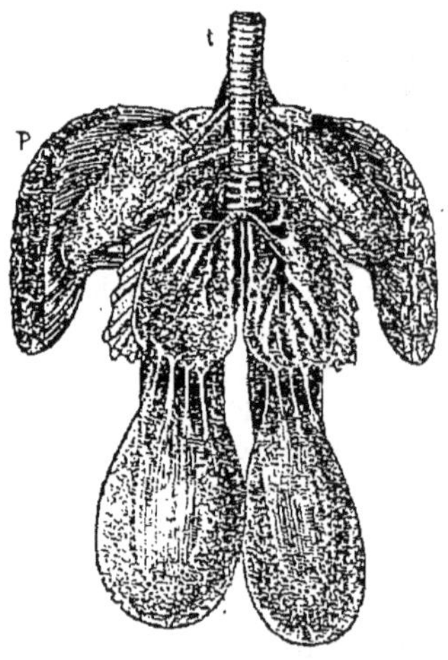

Fig. 541.

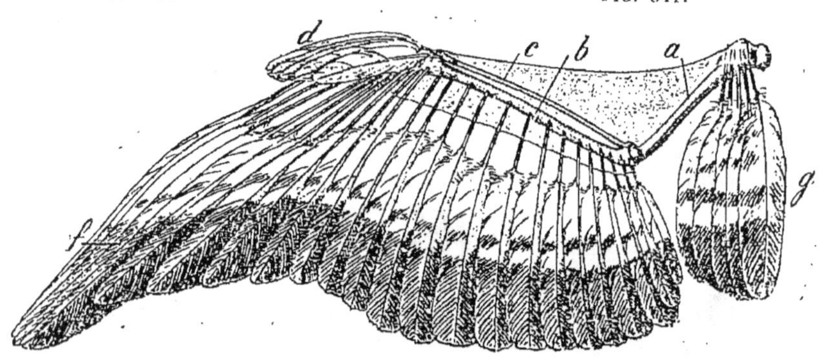

Fig. 542.

Fig. 540. — Plume (fig. théor.). — *a*, tige; *b*, barbes; *c*, barbules en crochet.

Fig. 541. — Sacs aériens des Oiseaux. — *t*, trachée; *p*, masses musculaires. En bas, les sacs aériens abdominaux.

Fig. 542. — Aile de l'Oiseau. — *a*, humérus; *b*, radius; *c*, cubitus (au-dessus de ces os, le repli élastique supérieur); *d*, rémiges bâtardes (au pouce); *f*, grandes rémiges (à l'avant-bras); *g*, rémiges scapulaires (à l'humérus).

Œuf. — Les Oiseaux sont tous ovipares. L'*Œuf* (fig. 544) se compose: 1° d'une *coquille* calcaire poreuse; 2° d'une *membrane coquillière* qui la tapisse intérieurement, sauf au gros bout de l'œuf où elle s'en écarte pour

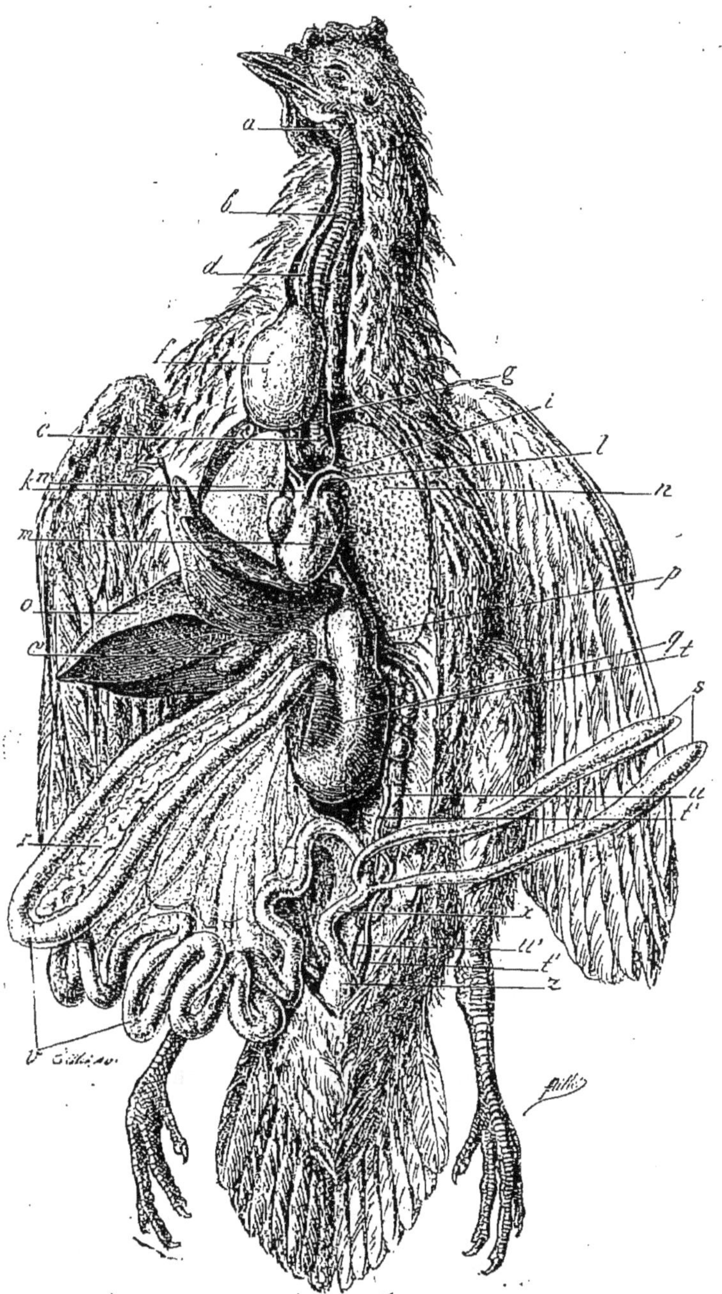

Fig. 543. — Anatomie de la Poule, ouverte par la face ventrale. — *a*, larynx ordinaire ; *b*, trachée ; un peu à droite, la colonne vertébrale ; *d*, œsophage ; *f*, jabot ; *g*, artère carotide ; *i*, artère sous-clavière ; *l*, artère pulmonaire ; *n*, poumon ; *p*, ventricule succenturié ; *q*, gésier ; *t*, ovaire avec des œufs (jaune) à divers états de développement ; *s*, cæcums ; *u*, rein gauche ; *t'*, oviducte ; *x*, rectum ; *u'*, uretère ; *z*, cloaque (son ouverture n'est pas indiquée sur la figure) ; *v*, intestin grêle, avec le mésentère ; *r*, pancréas ; *o'*, vésicule biliaire ; *o*, foie ; *m*, cœur ; *k*, aorte ; *n'*, sac aérien ; *c*, larynx inférieur.

former la chambre à air; 3° le *blanc* d'œuf ou albumine, matière nutritive de réserve; 4° le *jaune* ou *œuf proprement dit* (p. 13), portant une petite tache blanchâtre, la *cicatricule*, qui n'est autre chose que le blastoderme, c'est-à-dire le futur embryon. Celui-ci se développe en absorbant au fur et à mesure le jaune et le blanc.

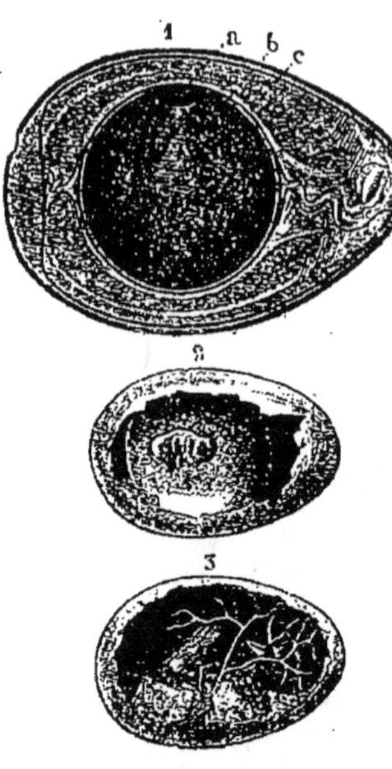

FIG. 544.

FIG. 544. — Œuf de la Poule.
1. — *a*, germe ; *bc*, jaune ou vitellus nutritif.
2. — Ébauche de l'embryon.
3. — Embryon plus développé avec vaisseaux ramifiés dans le jaune.

Classification des Oiseaux. — La division de la classe des Oiseaux en ordres est basée sur la forme du bec et des pattes (fig. 545).

1. *Rapaces.* — Oiseaux de proie (fig. 545, 1, 10, 11). Bec crochu; pattes pourvues de griffes très fortes (*serres*). Les Rapaces sont les uns *diurnes* (Aigle, Vautour, Faucon) : 3 doigts en avant, 1 en arrière ; les autres *nocturnes* (Hibou, Chouette) : 2 doigts en avant, 1 en dehors et 1 en arrière.

2. *Grimpeurs.* — 2 doigts en avant, 2 en arrière. Bec long et droit (Pic), un peu arqué (Coucou), fortement recourbé (Perroquet).

3. *Passereaux.* — 3 doigts en avant, 1 en arrière. Oiseaux de petite taille, migrateurs et ordinairement chanteurs (fig. 545, 3 à 6).

On distingue : les *Conirostres*, bec conique et court (Moineau, Bouvreuil); les *Dentirostres*, mandibule supérieure plus ou moins échancrée vers l'extrémité (Mésange, Grive); les *Ténuirostres*, bec long et grêle (Colibri); les *Fissirostres*, bec court, aplati et largement fendu (Hirondelle) ; les *Syndactyles*, les deux doigts antéro-externes soudés, bec grand.

4. *Pigeons.* — Bec faible; narines couvertes d'écailles renflées. Le jabot sécrète un liquide crémeux destiné à l'alimentation des jeunes (Pigeon messager, P. migrateur...).

5. *Gallinacés.* — Ailes courtes; vol lourd et bruyant. Bec fort. Oiseaux de basse-cour. Le mâle possède souvent un *ergot* (fig. 545, 15) aux pattes (Coq, Faisan, Paon).

6. *Coureurs.* — Oiseaux de grande taille; sternum sans bréchet ; ailes rudimentaires. Ne volent presque pas, mais sont très agiles à la course. 2 ou 3 doigts seulement, tous en avant (Autruche, Casoar, Aptéryx).

7. *Échassiers.* — Métatarse très long et dégarni de plumes (*b*). Bec ordinairement très développé (Bécasse, Cigogne, Flamant).

On distingue : les *Cultrirostres*, bec fort, tranchant (Cigogne, Ibis); les *Longirostres*, bec long, et droit (Bécasse), recourbé (Avocette) ; les *Pressirostres*, bec plat, peu allongé (Outarde, Vanneau); les *Macrodactyles*, doigts longs, et élargis par un repli cutané (Poule d'eau, Foulque).

8. *Palmipèdes.* — Pattes palmées. A l'extrémité de l'abdomen se trouvent deux glandes dont le produit de sécrétion sert à ces Oiseaux aquatiques à huiler leur plumage, ce qui les préserve des atteintes de l'eau

(Canard, Cygne...). Quelques-uns sont excellents voiliers (Sterne, Albatros, Mouette, Frégate...).

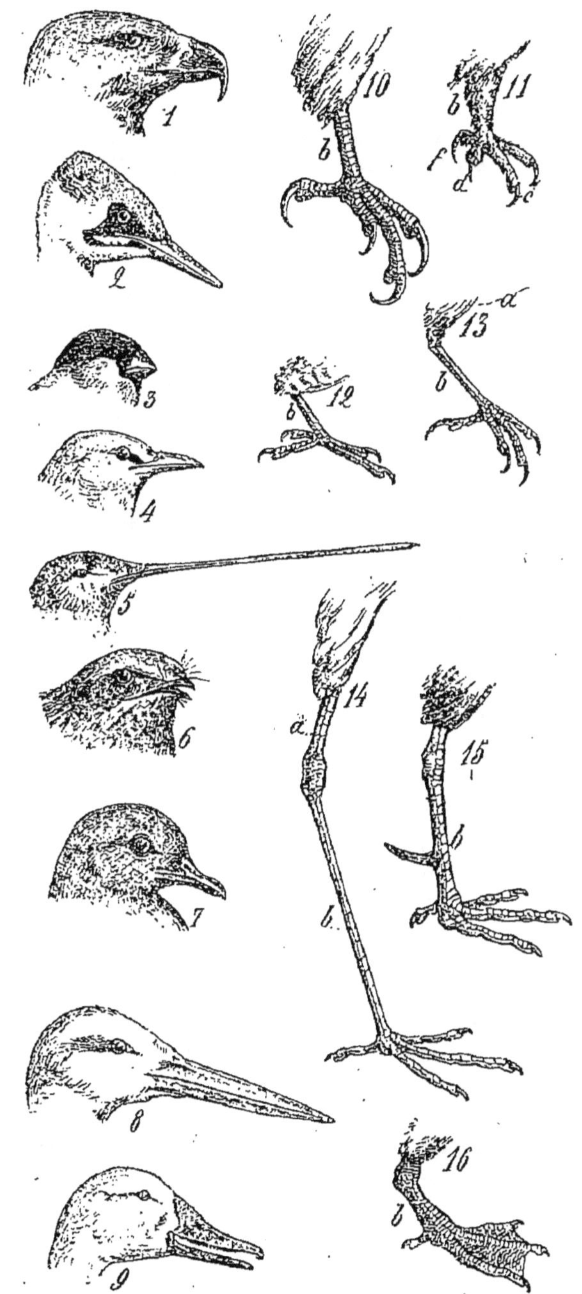

Fig. 545.

Fig. 545. — Becs et pattes des Oiseaux. — *a*, jambe ; *b*, métatarse.

1, 10, Aigle ; 11, Chevêche (*c*, doigts antérieurs ; *d*, doigt externe ; *f*, doigt postérieur) ; 2, 12, Pic ; 3, Bouvreuil ; 4, Loriot ; 5, Oiseau-Mouche ; 6, Engoulevent ; 13, Merle ; 7, Pigeon ; 15, Coq (en *b*, ergot) ; 8, Cigogne ; 14, Héron ; 9, 16, Canard.

On distingue : les *Lamellirostres*, bec large, garni intérieurement de lamelles cornées transversales (Canard, Oie) ; les *Longipennes*, ailes très développées, bons voiliers (Mouette) ; les *Impennes*, ailes rudimentaires (Manchot) ; les *Totipalmes*, palmure très développée (Pélican).

III. Classe des Reptiles.

Caractères généraux. — Le corps des Reptiles est couvert d'écailles ou de plaques ossifiées. Les membres, ordinairement au nombre de quatre, peuvent manquer (Serpents). Le cœur n'a plus que trois cavités (fig. 546) ;

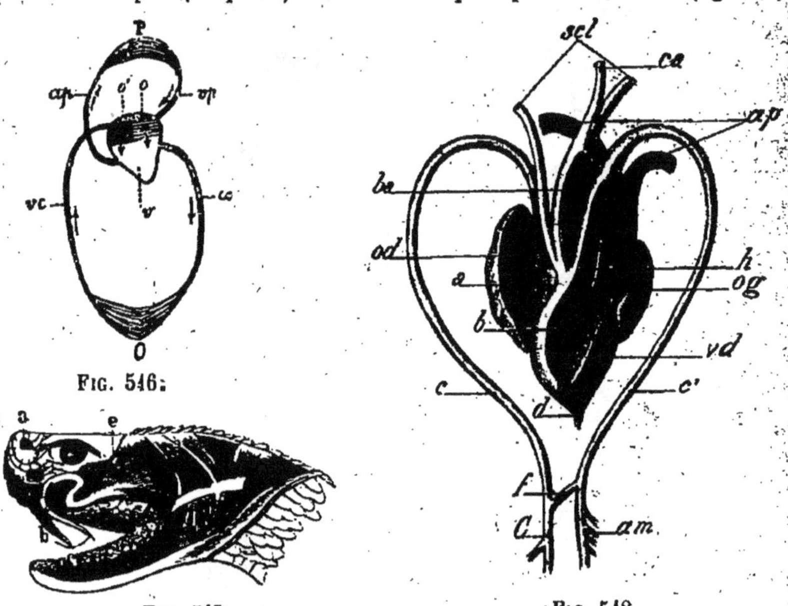

Fig. 546.

Fig. 547.

Fig. 548.

Fig. 546. — Circulation chez les Reptiles ordinaires (fig. sch.). — P, poumons ; *vp*, veines pulmonaires ; *a*, aorte ; O, capillaires des organes ; *vc*, veines caves ; *ap*, artère pulmonaire ; *o*, *o'*, oreillettes ; *v*, ventricule.

Fig. 547. — *a*, narine ; *b*, crochets venimeux et glandes à venin ; *d*, muscles.

Fig. 548. — Cœur et vaisseaux de l'Alligator. — *scl*, artères sous-clavières ; *ca*, carotide ; *ap*, artères pulmonaires ; *h*, origine de la crosse gauche, née du ventricule droit ; un peu au-dessous se trouve le trou de Panitza ; *og*, oreillette gauche ; *vd*, ventricule droit ; *c'*, crosse gauche ; *d*, pédicule rattaché au péricarde ; *am*, artère mésentérique ; C, aorte ; *f*, communication entre les deux crosses aortiques ; *c*, crosse droite ; *b*, orifice auriculo-ventriculaire droit ; *a*, orifice des veines caves ; *od*, oreillette droite ; *ba*, bulbe aortique, donnant les crosses, les carotides et les sous-clavières.

le sang est mélangé dans l'aorte. La respiration est pulmonaire et peu active : aussi la calorification est-elle faible (animaux à sang froid). Les œufs sont ordinairement abandonnés après la ponte ; parfois ils éclosent dans le corps même (Vipère) : il y a alors *ovoviviparité*.

Classification. — Quatre ordres bien distincts.

1. *Chéloniens* (Tortues). — Une carapace ossifiée très solide, à laquelle sont soudées les côtes. Bec corné et dépourvu de dents. Les plaques de la carapace fournissent l'écaille. Les os de l'épaule, au nombre de trois, sont forcément situés *en dedans des côtes*, celles-ci étant ici soudées à la carapace. Les Tortues sont terrestres, ou fluviatiles, ou marines (Caret).

Fig. 549.

Fig. 549. — Anatomie du Lézard vert, ouvert par la face ventrale. — *a*, langue bifide; *b*, trachée; *c*, pharynx; *d*, *d'*, crosses aortiques; *g*, bronche; *f*, ventricule; *h*, *h'*, poumons; *i*, ovaire; *k*, oviducte; *l*, cæcum; *m*, rectum; *n*, *n'*, reins (petits dans cette espèce); *o*, écaille cloacale; un peu plus bas, la fente cloacale transversale; *p*, intestin grêle, avec le mésentère; *q'*, *q*, foie; *r*, pancréas; *s*, rate; *t*, estomac; *u*, artères carotides.

2. *Sauriens* (Lézards). — Écailles ou tubercules sur la peau ; 4 membres ; mâchoires non dilatables. Fente cloacale *transversale* (Caméléon, Varan...).

3. *Ophidiens* (Serpents). — Écailles. Pas de membres ; pas de ceinture scapulaire. Bouche très dilatable : la mâchoire inférieure est divisée en deux pièces, unies en avant par un ligament fort élastique. Crochets venimeux (Vipère, fig. 547) à la mâchoire supérieure, ou non (Boa). Poumon gauche rudimentaire. Fente cloacale *transversale*.

A cause de leur fente cloacale transversale, les *Sauriens* et les *Ophidiens* sont fréquemment désignés sous le nom de *Plagiotrèmes*.

4. *Crocodiliens* (Crocodile). — Plaques osseuses recouvrant le corps ; dents implantées dans des alvéoles ; cœur à quatre cavités (fig. 548). Au sternum thoracique fait suite ici un *sternum abdominal*. Aquatiques.

IV. Classe des Amphibiens.

Caractères généraux. — La peau des Amphibiens (ou Batraciens) est nue, visqueuse et très perméable aux gaz. Ordinairement il y a 4 membres. Cœur à trois cavités (fig. 553) ; globules du sang très développés.

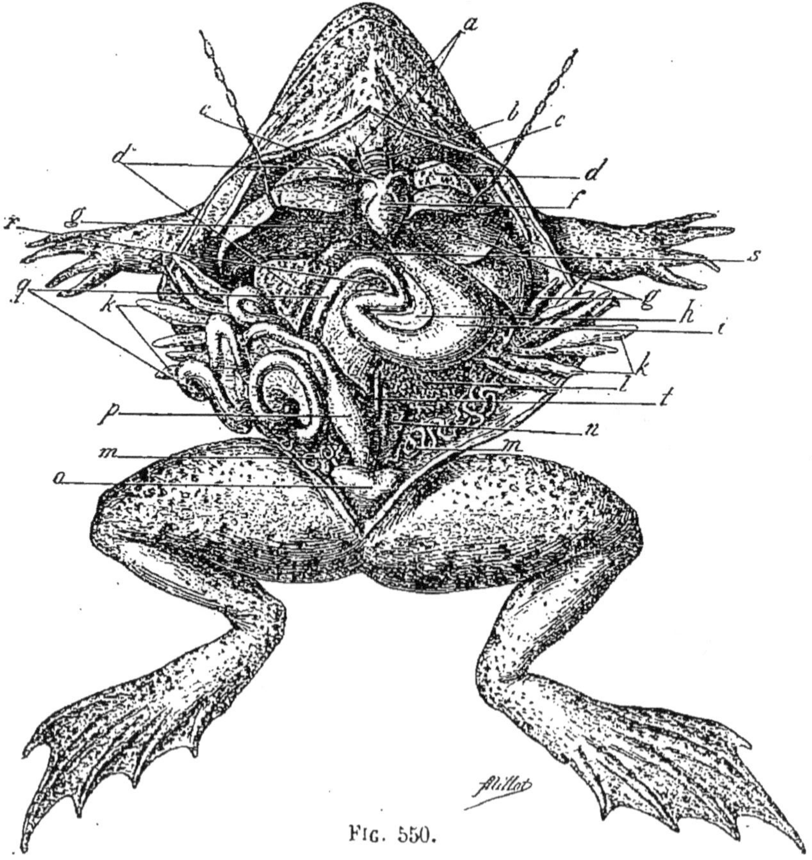

Fig. 550.

Fig. 550. — Anatomie de la Grenouille verte (femelle), ouverte par la face ventrale. — *a*, artères carotides ; *b*, trachée ; *c*, *c*, crosses aortiques ; *d*, *d*, poumons ; *f*, cœur ; *g*, *g*, foie ; *s*, vésicule biliaire ; *h*, pancréas ; *i*, estomac ; *k*, *k*, corps adipeux digités, réservoirs nutritifs ; *l*, ovaire gauche ; *t*, nerf sciatique gauche ; *n*, rein gauche ; *m*, *m*, oviductes ; *o*, vessie ; *p*, rectum ; *q*, intestin grêle ; *r*, rate.

Les Amphibiens offrent pendant leur développement des *métamorphoses* importantes (fig. 551), portant non seulement sur la forme extérieure, mais

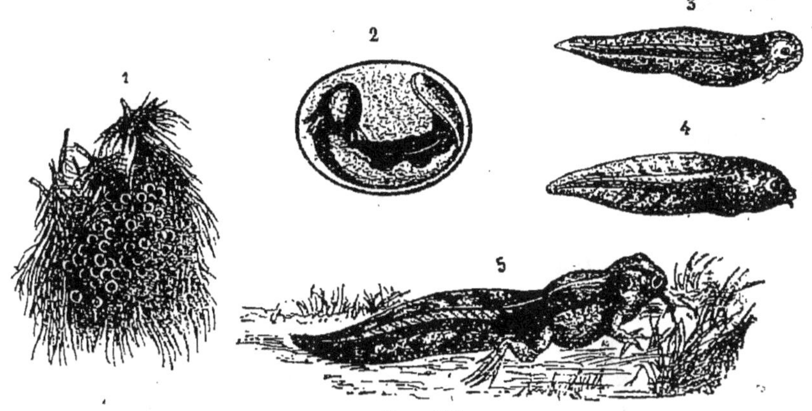

Fig. 551.

Fig. 551. — 1, œufs de la Grenouille ; 2, têtard ; 3, le même avec branchies externes ; 4, 5, le même plus développé, conduisant à la Grenouille adulte.

encore sur les appareils internes. Les œufs sont pondus dans l'eau. Il en sort des *têtards*, qui respirent d'abord par la peau, puis successivement

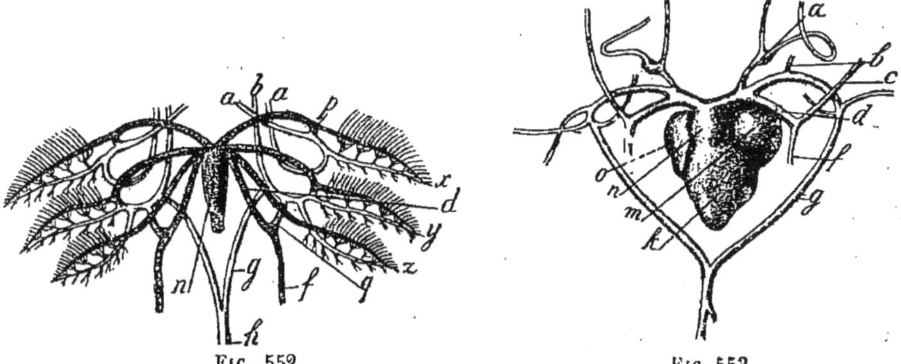

Fig. 552. Fig. 553.

Fig. 552. — Vaisseaux chez le têtard de la Grenouille, quand les branchies externes commencent à se flétrir. — *n*, bulbe aortique ; *x*, *y*, *z*, branchies externes ; *a*, *a*, carotides (vaisseaux efférents de la 1re branchie) ; *g*, crosse aortique (v. eff. de la 2e branchie), donnant *b*, artère orbitaire ; *h*, aorte ; *d*, *f*, artère pulmonaire en voie de développement ; *p*, anastomose récente entre le vaisseau afférent et le vaisseau efférent (*a*), ce dernier recevant ainsi un peu de sang veineux ; de même pour *q*, anastomose entre *f* et *b*, *g*. (Comparer cette figure à la figure 553, qui en est la transformation naturelle ; mêmes lettres, mêmes vaisseaux.)

Fig. 553. — Cœur et vaisseaux de la Grenouille. — *a*, carotides ; *b*, artère orbitaire ; *c*, artère cutanée (veineuse) ; *d*, *f*, artère pulmonaire ; *g*, crosses aortiques ; *k*, ventricule ; *m*, *o*, oreillettes ; *n*, bulbe artériel.

par des branchies externes, disposées en houppes, et par des branchies internes ; enfin l'animal adulte respire par des poumons. — L'appareil circulatoire (fig. 552) éprouve des modifications correspondantes : chez le têtard, le cœur donne naissance à quatre paires de crosses aortiques ; plus tard elles se réduisent à une seule paire (fig. 553).

Classification. — On distingue quatre ordres d'*Amphibiens*.

1. *Anoures* (Grenouille). — Pas de queue ; pas de côtes. Alternativement terrestres et aquatiques.
2. *Urodèles* (Salamandre). — Une queue. Aquatiques.
3. *Pérennibranches* (Protée). — Des branchies externes persistantes chez l'adulte. Aquatiques.
4. *Apodes* (Cécilie). — Pas de membres postérieurs. Corps vermiforme. Vivent sous terre.

V. Classe des Poissons.

Caractères généraux. — Le corps des Poissons est conformé pour la vie aquatique libre. Il est allongé en fuseau, couvert d'écailles ordinairement lisses et visqueuses, et pourvu de membres élargis en rames appelées *nageoires*.

Les *écailles* sont tantôt arrondies ou *cycloïdes* (Carpe), tantôt dentelées ou *cténoïdes* (Perche, fig. 555), tantôt munies de piquants (Coffre), tantôt développées en larges plaques ou *placoïdes* (Esturgeon).

Les *nageoires* sont les unes paires, les autres impaires. Les premières (n. pectorales et n. abdominales, fig. 556) correspondent à nos membres (p. 387); les nageoires abdominales, d'ordinaire situées vers l'extrémité postérieure du corps (Truite,

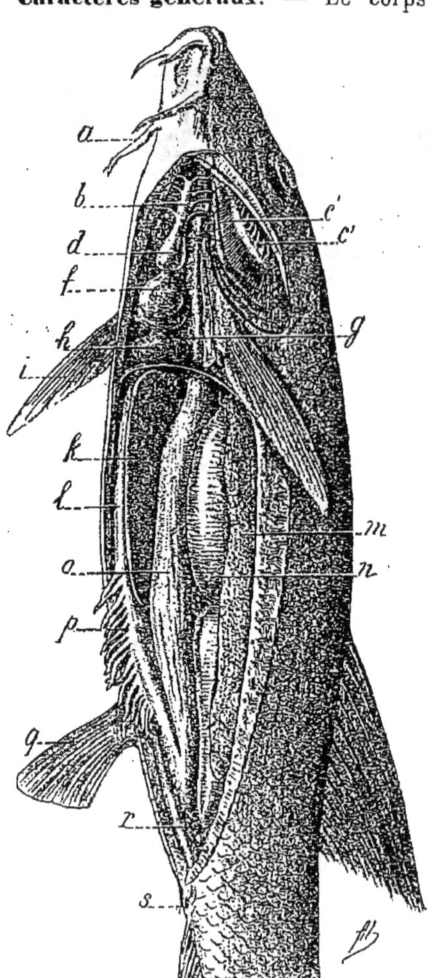

Fig. 554.

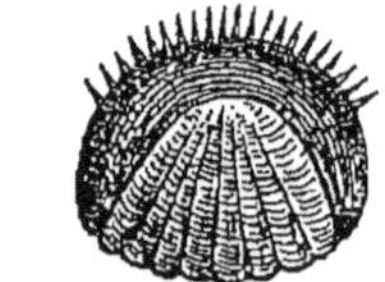

Fig. 555.

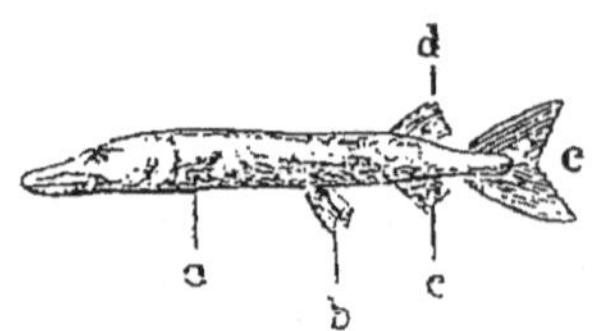

Fig. 556.

Fig. 554. — Anatomie du Barbillon. — *a*, barbillons buccaux ; *b*, artère branchiale ; *c*, lamelles branchiales ; *c'*, arcs branchiaux dentelés ; *d*, bulbe artériel ; *f*, ventricule (et au-dessous, oreillette) ; *h*, sinus veineux ; *g*, œsophage ; *i*, nageoires pectorales ; *k*, foie ; *l*, intestin ; *m*, ovaire ; *n*, vessie natatoire ; *o*, estomac ; *p*, cæcums pyloriques ; *q*, nageoires abdominales ; *r*, rectum ; *s*, anus.

Fig. 555. — Écaille cténoïde (Perche).

Fig. 556. — Nageoires du Brochet. — *a*, nageoires pectorales ; *b*, abdominales ; *d*, dorsale ; *e*, caudale ; *c*, ventrale.

Brochet), remontent quelquefois jusque sous les ouïes, près des nageoires pectorales (Merlan, Perche, fig. 410); elles peuvent manquer (Anguille). — Les nageoires impaires sont des replis de la peau soutenus par une rangée de rayons osseux (fig. 410); ceux-ci sont rattachés aux apophyses épineuses des vertèbres par une rangée de rayons internes, appelés *os interépineux*.

Au tube digestif est annexée une *vessie natatoire* (fig. 557), organe hydrostatique. Tantôt il y a un cloaque (Sélaciens), tantôt l'anus est libre

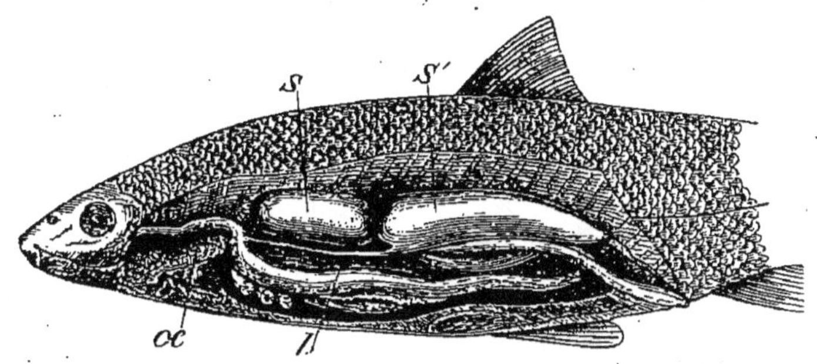

FIG. 557.

FIG. 557. — Poisson osseux. — *S, S'*, vessie natatoire, étranglée au milieu; *l*, son canal débouchant dans l'œsophage; *œ*, œsophage, puis l'estomac et l'intestin.

(P. osseux). Les branchies, le cœur et le système nerveux ont été étudiés dans la troisième partie.

Classification. — La classification des Poissons est basée sur la conformation du squelette, des branchies (fig. 558), de la vessie natatoire et du revêtement tégumentaire. On distingue cinq ordres principaux.

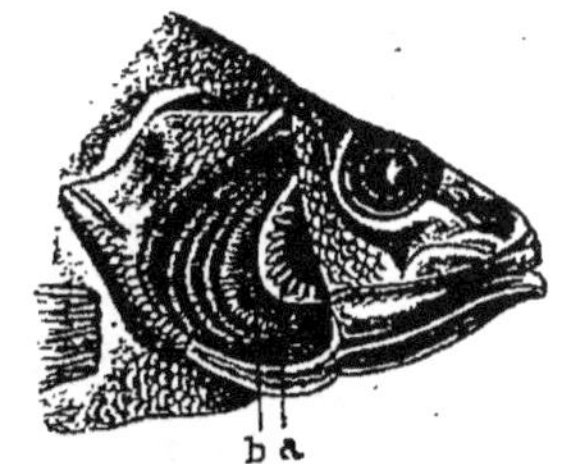

FIG. 558.

FIG. 558. — Branchies d'un Poisson osseux (l'opercule a été soulevé). — *a*, arcs branchiaux denticulés; *b*, lamelles branchiales.

1. *Téléostéens* (P. osseux). — Squelette ossifié. Quatre paires de branchies pectinées, en communication avec l'extérieur par deux longues fentes, l'une à droite et l'autre à gauche. Écailles dépourvues d'émail.

Il faut distinguer : les *Physostomes*, à vessie natatoire toujours en communication avec l'œsophage (Hareng, Brochet, Carpe, Anguille); — les *Anacanthines*, nageoires molles; vessie natatoire fermée; nageoires abdominales sous les pectorales (Merlan, Morue, Sole); — les *Acanthoptères*, nageoire dorsale épineuse; vessie natatoire fermée (Perche, Maquereau, Thon...); — les *Plectognathes*, maxillaires supérieurs et intermaxillaires soudés; peau chagrinée ou couverte de plaques (Coffre, Baliste); — les *Lophobranches*, branchies en forme de houppes; ouvertures branchiales petites (Syngnathe, Hippocampe ou Cheval marin).

2. *Ganoïdes* (Esturgeon). — Poissons cartilagineux ou osseux. Deux ouvertures branchiales, comme les Téléostéens. Plaques tégumentaires. Bulbe artériel muni de nombreuses rangées de valvules, empêchant le reflux du sang vers le cœur (Esturgeon, sq. cart.; Lépidostée, sq. osseux).

3. *Sélaciens* (Chondroptérygiens). — Poissons cartilagineux ; cinq paires de sacs branchiaux et autant d'orifices expirateurs (fig. 559). Bouche large ; pas de vessie natatoire.

Fentes branchiales latérales : *Squalidés :* Requin, Marteau.

Fentes branchiales ventrales : *Rajidés :* Raie, Torpille (fig. 560).

4. *Cyclostomes* (Marsipobranches). — Bouche arrondie au moment de la succion ; sept paires de poches branchiales spéciales, et autant d'orifices expirateurs (Lamproie, fig. 561), quelquefois deux orifices seulement (Myxine). Pas de vessie natatoire. Squelette très réduit (corde dorsale).

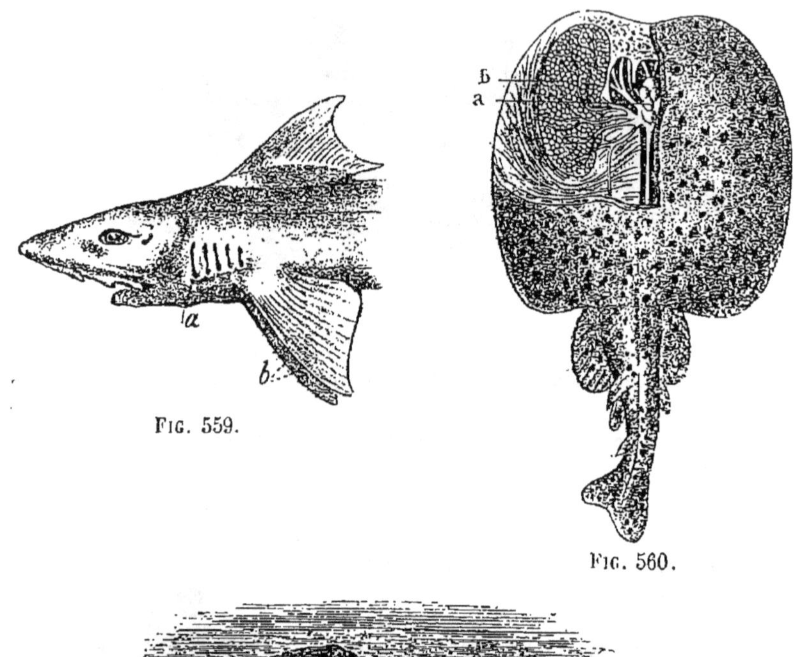

Fig. 559.

Fig. 560.

Fig. 561.

Fig. 559. — Squale griset. — *a*, fentes branchiales ; *b*, nageoires pectorales.
Fig. 560. — Torpille électrique. — *a*, encéphale ; *b*, organe électrique.
Fig. 561. — Lamproie : on voit les sept orifices expirateurs.

5. *Dipnoïques* (Lépidosiren). — A la fois des branchies, et deux *sacs pulmonaires* correspondant à la vessie natatoire des Téléostéens et débouchant dans le pharynx.

VI. Classe des Subvertébrés.

Amphioxus. — Ce genre a été précédemment étudié (p. 391).

II. — EMBRANCHEMENT DES TUNICIERS

Principaux groupes. — Les Tuniciers ont presque toujours le corps enveloppé d'une *tunique* épaisse, composée de *tunicine*, principe ternaire voisin de la cellulose végétale. La tunique offre deux orifices, l'un d'entrée, l'autre de sortie, voisins chez l'Ascidie (p. 394), opposés chez les Salpes.

L'organisation de l'Ascidie a été étudiée dans la quatrième partie.

L'embranchement des Tuniciers comprend trois grandes classes.

1. *Ascidiens.* — Corps en forme de sac ovale, ordinairement fixé. Les uns sont solitaires (Ascidies), les autres associés en colonies (Pyrosome, Botrylle, fig. 562). Sac branchial très développé.

2. *Salpidés.* — Corps allongé en tonnelet présentant l'orifice d'entrée et de sortie à chaque extrémité. Nageurs. Branchie rubanée ou lamelleuse.

Les Salpes sont tantôt *solitaires*, et alors ne se multiplient que par bourgeonnement, tantôt réunies en chaînes d'individus plus petits (Salpes *agrégées*), qui seules se reproduisent sexuellement. Les Salpes solitaires

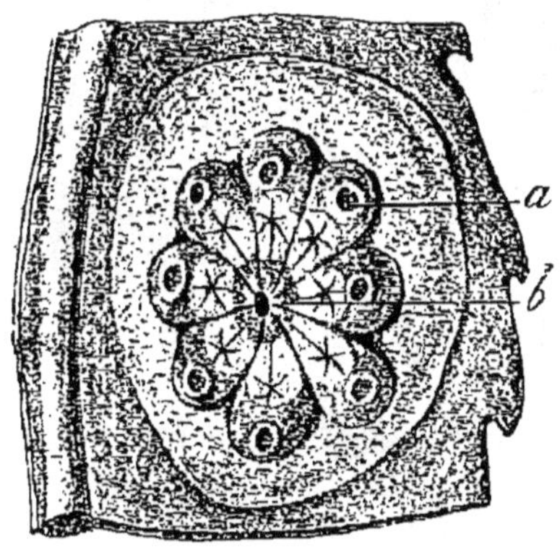

Fig. 562.

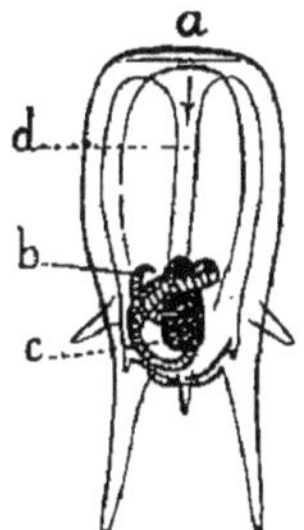

Fig. 563.

Fig. 562. — Botrylle (Ascidie composée). — *a*, orifice inspirateur de chaque individu ; *b*, orifice expirateur ou cloaque commun de la colonie étoilée.

Fig. 563. — Salpe solitaire (fig. schém.). — *a*, orifice inspirateur ; *d*, branchie ; *c*, masse foncée des viscères (cœur, tube digestif....) ; *b*, colonie de jeunes Salpes agrégées, enroulée autour de *c*.

(fig. 563) produisent, par un bourgeonnement intérieur tout particulier, de petites chaînes de Salpes agrégées qui bientôt s'en détachent et achèvent leur développement en liberté ; ces dernières donnent ensuite naissance à des œufs qui deviennent autant de Salpes solitaires, et ainsi de suite : il y a, comme on dit, *génération alternante*.

3. *Appendiculariés.* — Tuniciers libres, munis d'un appendice caudal dans lequel on remarque une sorte de *corde dorsale*, et un *cordon médullaire nerveux* faisant suite au ganglion et situé du côté dorsal (Appendiculaires).

— Par leur sac branchial (Ascidies), leur corde dorsale et leur moelle nerveuse (Appendiculaires), les Tuniciers se rapprochent nettement des Vertébrés.

III. — EMBRANCHEMENT DES ARTHROPODES

Caractères généraux. — Les Arthropodes ont le corps annelé, protégé souvent par une carapace résistante, et les membres *articulés* (p. 395).

Classification. — On les divise en quatre classes : les *Insectes*, les

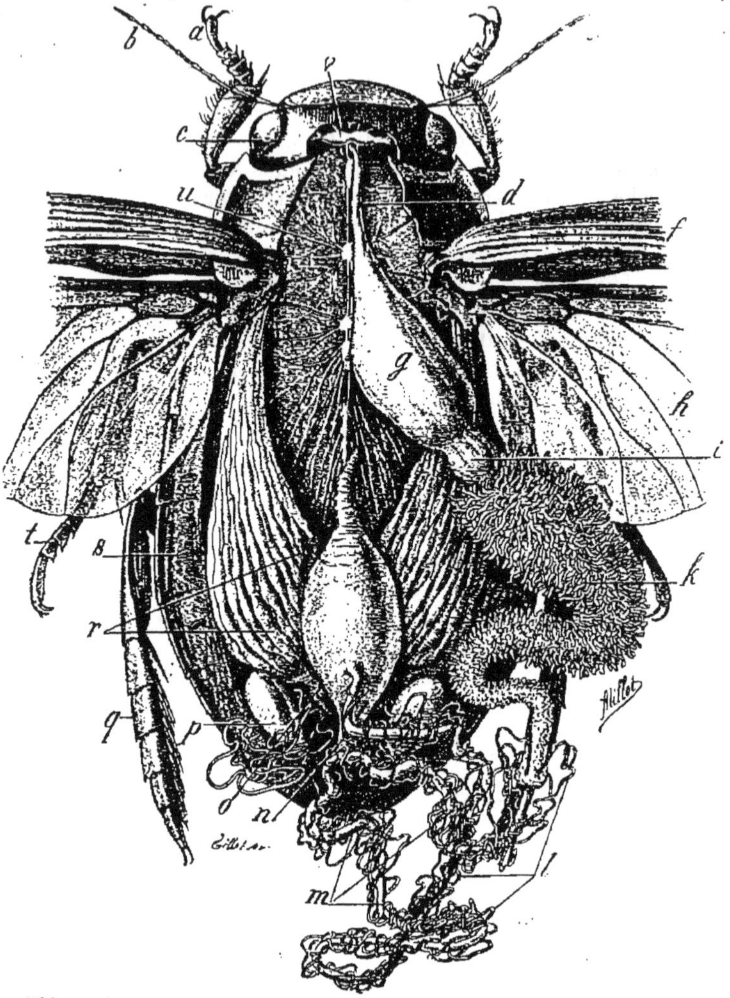

FIG. 564. — Anatomie du Dytique, Coléoptère pentamère carnassier, aquatique. — *a*, *t*, *q*, pattes ; *v*, cerveau ; *b*, antennes ; *c*, yeux ; *d*, œsophage ; *u*, chaîne nerveuse ; *f*, *h*, ailes ; *g*, jabot ; *i*, gésier ; *k*, estomac ; *l*, tubes de Malpighi ; *m*, intestin grêle ; *n*, rectum, précédé d'un renflement ; *o*, oviducte ; *p*, glandes anales ; *r*, ovaires ; *s*, stigmates.

Myriapodes, les *Arachnides* et les *Crustacés*. Dans les trois premières, la carapace est *chitineuse* ; chez les Crustacés, elle est incrustée de calcaire.

A. CLASSE DES INSECTES.

Caractères généraux. — Les Insectes ont le corps divisé en *tête*, thorax pourvu de trois paires de pattes et ordinairement de deux paires d'ailes, et *abdomen* (fig. 564). (Voy. aussi p. 396.)

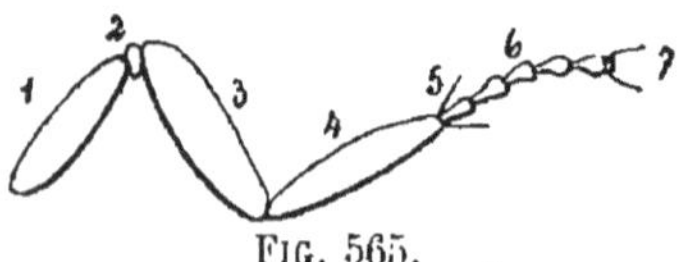

FIG. 565.

FIG. 565. — Patte d'Insecte. — 1, hanche ; 2, trochanter ; 3, cuisse ; 4, jambe ; 5, éperons de la jambe ; 6, tarse ; 7, éperons du tarse.

Une patte (fig. 565) comprend un article basilaire ou *hanche*, puis le *trochanter*, très petit, puis la *cuisse*, la *jambe* et enfin le *tarse*, composé ordinairement de cinq articles et terminé par deux *éperons*.

Métamorphoses. — Les métamorphoses par lesquelles passent les Insectes pendant leur développement sont tantôt au nombre de trois principales, tantôt au nombre de deux seulement, ce qui fait distinguer les *métamorphoses complètes* et les *métamorphoses incomplètes.*

Les métamorphoses *complètes* se rencontrent chez les Papillons, chez les Hyménoptères (Abeille...), chez les Coléoptères (Hanneton...). De l'œuf sort une *larve* vermiforme (fig. 567), ou *chenille*, qui vit de substances végétales : la chenille du Bombyx du Mûrier, ou Ver à soie, dévore les feuilles du Mûrier; la larve du Hanneton, ou Ver blanc, mange les racines. — Après un certain nombre de *mues*, la larve devient *nymphe* ou *chrysalide* : dans cet état elle cesse de se nourrir et est complètement immobile. La nymphe est tantôt nue (divers Papillons), tantôt enveloppée d'un cocon (Ver à soie); les organes de l'Insecte adulte s'y ébauchent peu à peu : on voit bientôt apparaître les ailes et les pattes sous l'enveloppe tégumentaire chitineuse et brune. — Les métamorphoses une fois achevées, l'*Insecte ailé* rompt ses enveloppes, étale ses ailes, et peu de temps après prend son essor.

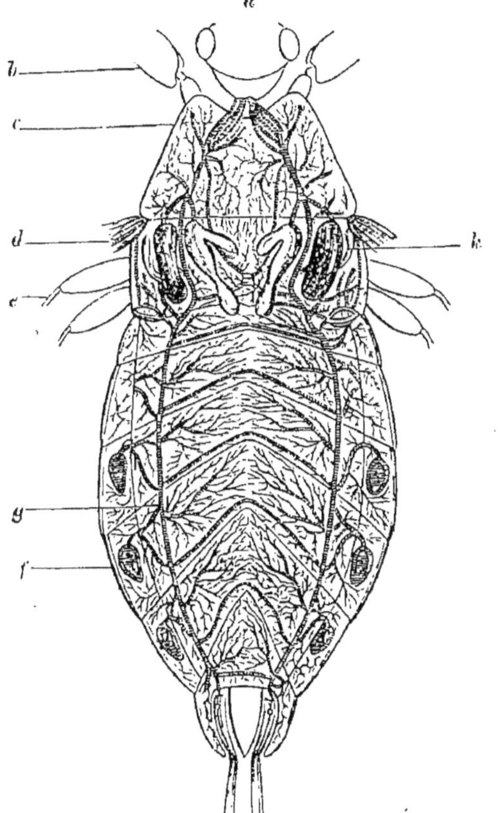

Fig. 566.

Fig. 567, *a*.

Fig. 567, *b*.

Fig. 566. — Système trachéen de la Nèpe. — *a*, tête ; *b*, *e*, pattes ; *c*, premier anneau thoracique ; *d*, base des ailes ; *g*, troncs trachéens principaux ; *f*, stigmates ; *h*, vésicules aériennes.

Fig. 567, *a*. — Ver blanc. — Fig. 567, *b*. — Hanneton adulte.

Les métamorphoses sont *incomplètes* chez les Orthoptères (Sauterelle), chez certains Névroptères (Éphémère), etc. Dans ce cas, la larve ne passe pas par la phase de nymphe; elle subit simplement un certain nombre de mues, continue toujours à se nourrir, et passe ainsi à l'état d'*Insecte parfait*, ordinairement ailé. Les Éphémères, par exemple (fig. 568), vivent pendant environ trois ans à l'état de larve; puis elles sortent de l'eau qu'elles avaient jusqu'alors habitée et grimpent sur les objets avoisinants; bientôt la peau se fend sur le dos et livre passage à l'Insecte ailé, qui ne vit que quelques heures, juste le temps de pondre ses œufs.

Fig. 568.

Fig. 568. — Éphémères. — En bas, larve aquatique ; en haut, Insecte ailé.

Classification des Insectes. — Ce sont les ailes, l'armature buccale, les métamorphoses et les pattes qui fournissent les principaux caractères distinctifs des ordres entomologiques.

Les Insectes sont les uns *tétraptères* (4 ailes), Papillons, etc., les autres *diptères* (2 ailes), Mouches... Un assez grand nombre de genres, appartenant aux ordres les plus divers, sont dépourvus d'ailes ou *aptères;* par exemple, le Pou, la Cochenille femelle, certaines générations de Pucerons, parmi les Hémiptères; le Lampyre femelle ou Ver luisant, parmi les Coléoptères (fig. 571); les Termites ouvriers et soldats, et la reine, parmi les Névroptères; les Fourmis ouvrières et soldats, parmi les Hyménoptères, etc.

On distingue sept ordres principaux d'Insectes.

1. *Coléoptères* (Hanneton). — Ailes antérieures (ou *élytres*) dures

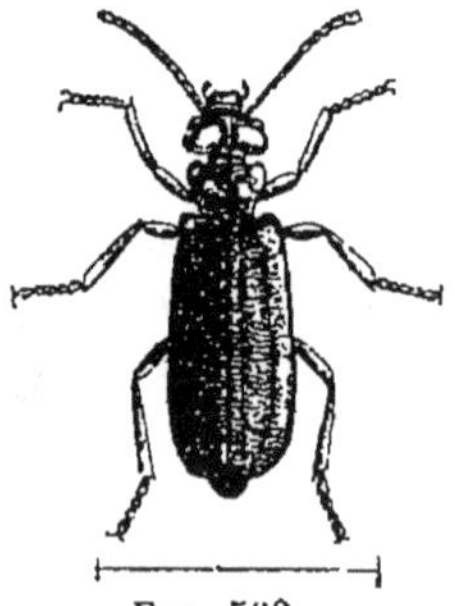

Fig. 569.

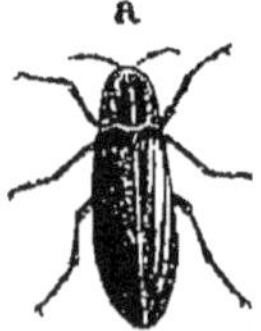

Fig. 570.

Fig. 571.

Fig. 569. — Cantharide vésicante (Coléoptère hétéromère).
Fig. 570. — *a*, Lampyre mâle (Coléoptère pentamère).
Fig. 571. — *b*, Lampyre femelle (Coléoptère pentamère).

(fig. 564, *f*), en bouclier, recouvrant au repos les ailes membraneuses, lesquelles sont alors pliées *transversalement*. Insectes broyeurs. Métamorphoses complètes.

On distingue : les Coléoptères *pentamères* (fig. 564), 5 articles au tarse (Hanneton, Carabe, Cétoine...) ; les Coléoptères *tétramères*, 4 articles (Charançons, Chrysomèle) ; les Coléoptères *trimères*, 3 articles (Coccinelles); les Coléoptères *hétéromères*, 5 articles aux deux premières paires de pattes, 4 aux pattes postérieures (Cantharide, Meloë, Sitaris). Ces trois derniers genres comprennent des Insectes vésicants, c'est-à-dire sécrétant une substance (*cantharidine*) qui irrite fortement la peau (vésicatoires).

2. *Orthoptères* (Sauterelle). — 2 élytres, et 2 ailes membraneuses ployées longitudinalement *en éventail* au moment du repos. Insectes broyeurs. Métamorphoses incomplètes.

Les uns sont *coureurs* (Perce-oreilles), d'autres *marcheurs* (Mante religieuse), d'autres enfin *sauteurs* (Sauterelle, Criquet, fig. 572).

3. *Névroptères* (Termites). — 4 ailes membraneuses avec riche réseau de nervures. Broyeurs. Métamorphoses tantôt complètes (Fourmilion), tantôt incomplètes (Libellule, fig. 573; Éphémère, fig. 568; Termites). Les Termites vivent en sociétés parfaitement organisées.

Fig. 572.

Fig. 572. — Criquet.

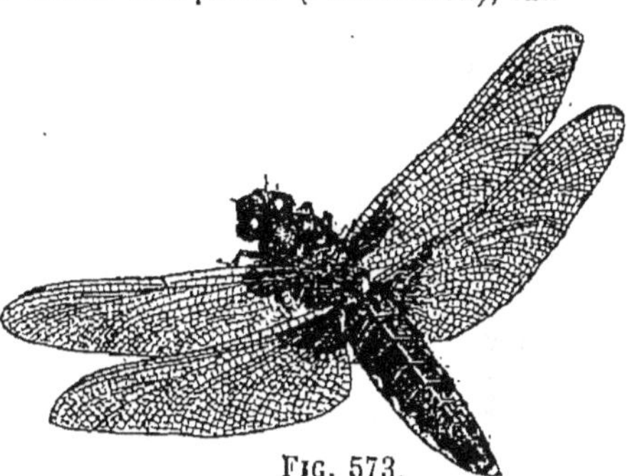

Fig. 573.

Fig. 573. — Libellule déprimée.

4. *Hémiptères* (Pucerons). — Les ailes de la première paire sont tantôt des demi-élytres, c'est-à-dire cornées dans leur moitié antérieure (Nèpe ou Scorpion d'eau, Notonecte ou Punaise d'eau); tantôt membraneuses comme les ailes de la seconde paire (Cigale); tantôt les ailes manquent (Pou); tantôt enfin les mâles seuls en sont pourvus (Cochenille, etc.). Insectes piqueurs et suceurs (fig. 574, *b*). Métamorphoses incomplètes.

— Aux Hémiptères appartiennent les *Pucerons*, et notamment le genre *Phylloxera*, qui dévaste la Vigne. Dans ce groupe d'Insectes, certaines générations sont ailées, d'autres aptères. Au printemps et en été, les Pucerons femelles, nouvellement éclos, donnent naissance directement, c'est-à-dire sans fécondation préalable, à une génération de Pucerons ailés, qui se multiplient à leur tour de la même manière, en sorte qu'une dizaine de générations, d'ailleurs vivipares, peuvent se succéder de la sorte : c'est à ce développement direct qu'on donne le nom de *parthénogénèse*. En automne, les dernières générations vivipares donnent naissance à des mâles et à des femelles aptères; celles-ci, après avoir été fécondées, pondent chacune un œuf unique qui, au printemps suivant, devient la source des générations vivipares.

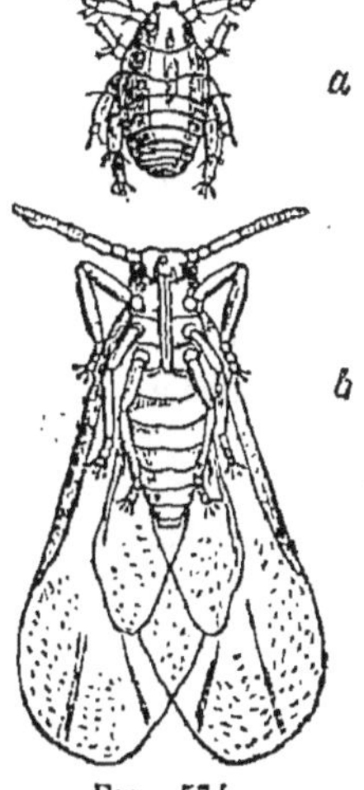

Fig. 574.

Fig. 574. — Phylloxera.— *a*, larve; *b*, Insecte ailé (très grossi). En *b*, on voit le rostre, appliqué contre la face ventrale.

On voit que les générations de femelles parthénogénétiques et vivipares succèdent régulièrement aux générations sexuées et ovipares : c'est ce qu'on appelle la *génération alternante*.

Dans le Phylloxera, les œufs d'hiver pondus par les dernières femelles en automne, après fécondation, donnent lieu au printemps à des femelles aptères, qu'on trouve sur la racine des ceps de Vigne sous la forme d'une poussière jaunâtre ; puis viennent un certain nombre de générations parthénogénétiques, les unes aptères, les autres ailées, aboutissant aux générations sexuées automnales, chaque femelle pondant alors un œuf fécondé unique, muni d'un petit crochet, qui passe l'hiver dans le sol.

5. *Hyménoptères* (Abeille). — 4 ailes membraneuses avec peu de nervures (fig. 577). Insectes lécheurs. Métamorphoses complètes. Vivent fréquemment en sociétés (Abeilles, Fourmis, Bourdons, Guêpes, etc.), parfois très remarquables au point de vue psychique (Fourmis).

On distingue deux familles : 1° les Hyménoptères *térébrants*, munis d'une *tarière* abdominale perforante (fig. 576), formée de trois stylets maintenus entre deux lames bombées ; les femelles, qui seules en sont pourvues, s'en servent pour piquer les feuilles et déposer ensuite un œuf dans la plaie. Les Cynips piquent les feuilles du Chêne, et la piqûre, par l'inflam-

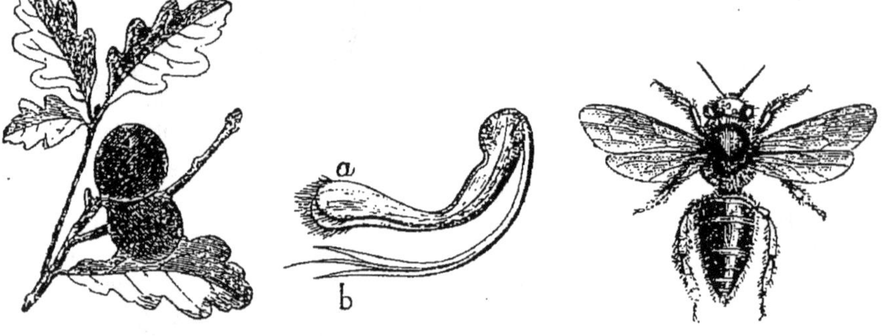

FIG. 575. FIG. 576. FIG. 577.

FIG. 575. — Galles du Chêne, avec l'orifice de sortie de la larve.
FIG. 576. — Tarière du Cynips. — *a*, valves ; *b*, lancettes perforantes.
FIG. 577. — Reine d'Abeilles.

mation qu'elle provoque, donne lieu à la formation d'excroissances arrondies, riches en tanin, nommées *galles* (fig. 575) ;

2° Les Hyménoptères *porte-aiguillons* (Abeille, Guêpe...) ; l'aiguillon consiste essentiellement en deux dards ou *lancettes*, dentées en scie, et contenues dans une sorte de gouttière nommée *gorgeret ;* le canal excréteur des deux glandes à venin vient déboucher à la base des lancettes. Les Fourmis n'ont pas d'aiguillon venimeux.

6. *Lépidoptères* (Papillons). — 4 ailes membraneuses, souvent colorées de teintes éclatantes, et toujours couvertes de petites *écailles* imbriquées. Ces Insectes sont inférieurs au point de vue de l'instinct, et presque tous nuisibles. Insectes suceurs. Métamorphoses complètes.

On peut distinguer trois groupes : 1° les *Papillons diurnes*, antennes en massue, ailes au repos dressées verticalement (Piéride du chou, Vanesse) ; 2° les *Papillons crépusculaires*, antennes en pointe ou en fuseau ; ailes inclinées au repos l'une sur l'autre, en manière de toit (Sphinx) ; 3° les *Papillons nocturnes* (fig. 578), antennes souvent pectinées, ailes étalées horizontalement au repos (Bombyx, Pyrale). La chenille appelée improprement *Ver à soie* est la chenille du *Bombyx du Mûrier ;* ce dernier ne vit que quelques jours, consacrés uniquement à la ponte.

7. *Diptères* (Mouche). — 2 ailes membraneuses ; courts *balanciers*

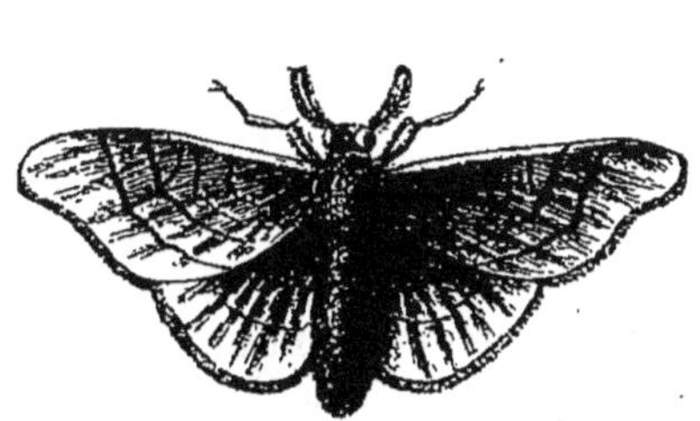

Fig. 578.

Fig. 579.

Fig. 578. — Bombyx du Mûrier. Fig. 579. — Taon des Bœufs.

remplaçant les ailes de la seconde paire. Insectes piqueurs. Métamorphoses complètes (Cousin ; Taon des Bœufs, fig. 579 ; Œstre du Cheval).

B. Classe des Arachnides.

Caractères généraux. — Le corps des Arachnides est divisé le plus souvent en deux parties : céphalothorax, pourvu de quatre paires de pattes, et abdomen. L'organisation a été précédemment étudiée.

Classification. — On distingue deux grands groupes :

1° Les *Arachnides pulmonaires,* qui comprennent eux-mêmes les *Aranéides* ou Araignées et les *Scorpionides* ou Scorpions : les Aranéides sont les unes *dipneumones* (deux poumons,

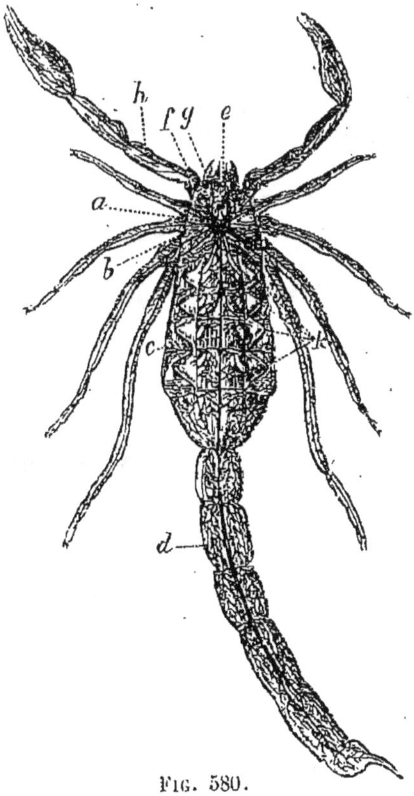

Fig. 580.

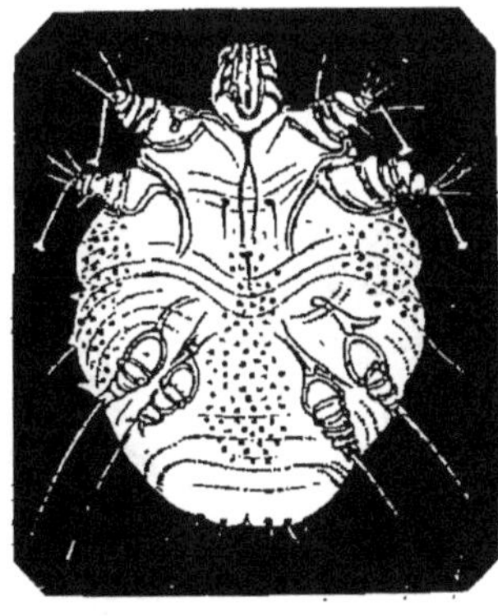

Fig. 581.

Fig. 580. — Anatomie du Scorpion. — *a*, ganglions cérébroïdes ; *b*, ganglions sous-œsophagiens ; *c*, *d*, chaîne ganglionnaire ventrale ; *k*, sacs pulmonaires ; *e*, nerfs des yeux médians ; *f*, nerfs des yeux latéraux ; *g*, nerfs des chélicères ; *h*, nerfs des pédipalpes ou pattes-mâchoires.

Fig. 581. — Sarcopte de la gale (1/2 millim.).

plus quelquefois des trachées), les autres *tétrapneumones* (quatre poumons); quant aux Scorpionides, ils ont quatre paires de sacs pulmonaires ventraux (fig. 580);

2° Les *Arachnides trachéens*, respirant par des trachées comme les Insectes; tels sont les *Phalangides;* les *Acariens* ou Mites, sauf les genres inférieurs qui manquent d'organes respiratoires (Sarcopte de la gale, fig. 581; Thyroglyphes ou Mites du fromage; Démodex des follicules, parasite dans le nez de l'Homme, à la base des poils).

C. Classe des Myriapodes.

Caractères et classification. — Le corps comprend seulement une *tête* et une longue suite d'*anneaux semblables*, pourvus chacun d'une ou de deux paires de pattes. L'armature buccale rappelle celle des Insectes broyeurs.

On distingue deux groupes : 1° les *Monopodes*, une seule paire de pattes par anneau (Scolopendre, 21 anneaux; Lithobie, 15); 2° les *Diplopodes*, deux paires de pattes par anneau (Siphonophore, 80 anneaux; Iule, 30).

D. Classe des Crustacés.

Caractères et principaux groupes. — La carapace est incrustée de sels calcaires. Le corps comprend un *céphalothorax* à anneaux soudés, et un

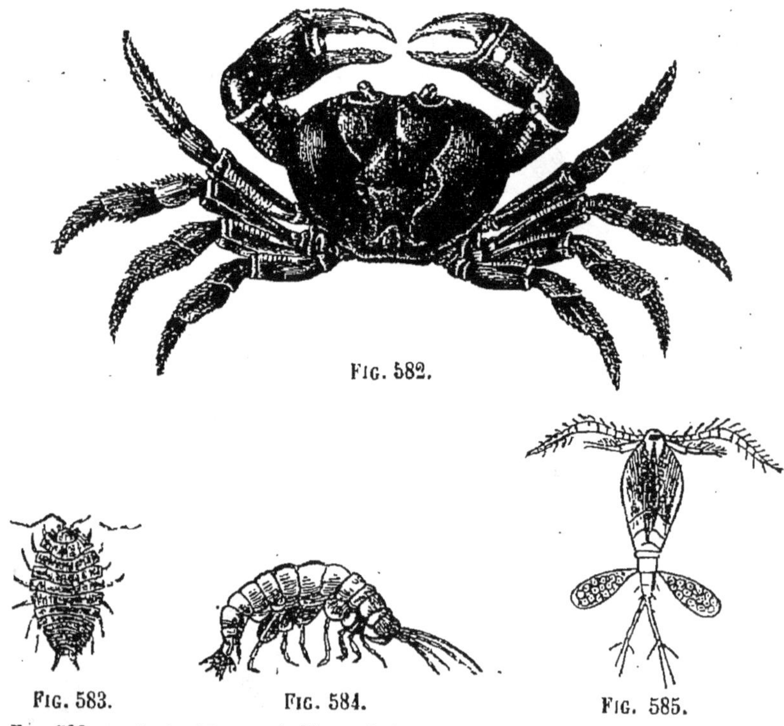

Fig. 582. Fig. 583. Fig. 584. Fig. 585.

Fig. 582. — Crabe (Crustacé *décapode brachioure*).
Fig. 583. — Cloporte (Crustacé *isopode*).
Fig. 584. — Gammarus, vulg. Crevette d'eau douce (Crustacé *amphipode*).
Fig. 585. — Cyclope (grossi) (Crustacé *copépode*).

abdomen, à anneaux libres (Écrevisse); quelquefois cependant les anneaux antérieurs du corps sont libres également (Cloporte).

Les Crustacés qui se rapprochent plus ou moins de l'Écrevisse par leur forme générale et qui ont cinq paires de pattes ambulatoires forment le groupe important des *Décapodes* : les uns ont un abdomen très développé (Écrevisse, Homard, Langouste); ce sont les Décapodes *macroures*; les autres ont l'abdomen très court et replié sous le céphalothorax élargi (Crabes, fig. 582); ce sont les Décapodes *brachioures*.

Outre les Décapodes, on distingue plusieurs autres ordres de Crustacés, moins élevés en organisation et comprenant parfois des formes très simples et très petites. Ainsi le Cloporte (fig. 583) qui vit sous les pierres, la Crevette d'eau douce ou Gammarus (fig. 584), et le Cyclope (fig. 585), que l'on rencontre tous deux dans l'eau des puits, sont trois genres appartenant à autant d'ordres particuliers de la classe des Crustacés.

IV. — EMBRANCHEMENT DES VERS

Principales classes. — Les Vers ont le corps annelé et revêtu d'une enveloppe tégumentaire molle. Ils constituent un embranchement très hétérogène, et c'est pourquoi il est difficile d'en donner une caractéristique générale (p. 415). Étudions donc les diverses classes séparément.

On distingue quatre classes principales : les *Annélides*, les *Nématodes*, les *Cestodes* et les *Trématodes*.

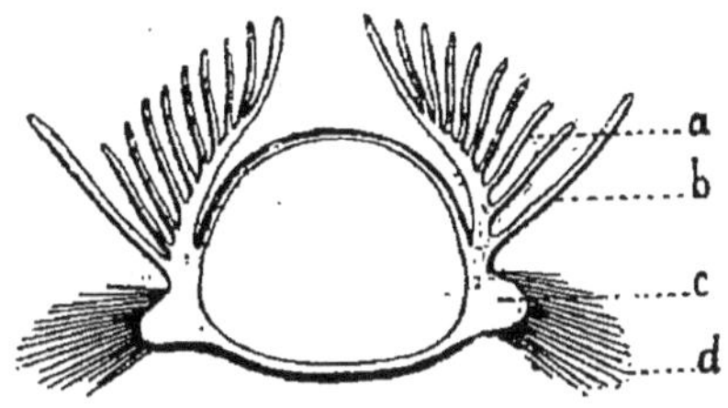

FIG. 586.

1. **Annélides** (Ver de terre). — Les Annélides sont les Vers les plus élevés en organisation.

Les anneaux du corps ne sont pas seulement séparés les uns des

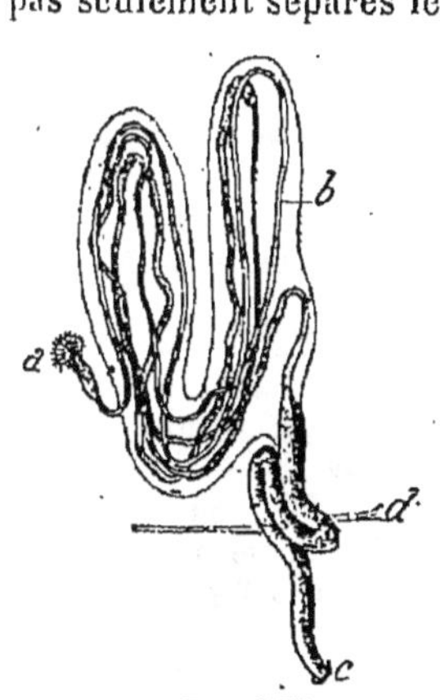

FIG. 587.

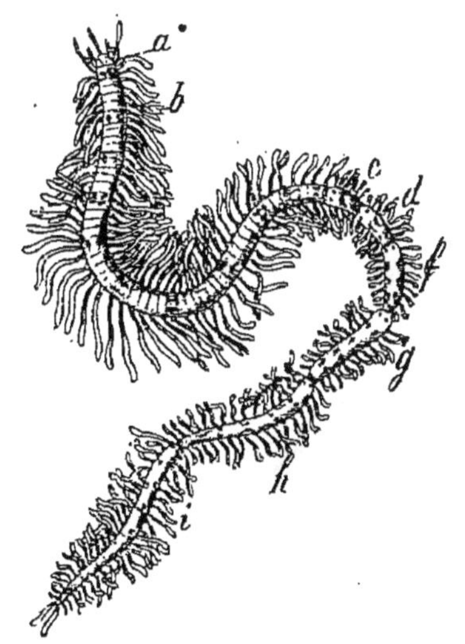

FIG. 588.

FIG. 586. — Coupe transversale d'une Eunice. — *a*, houpe branchiale; *b*, cirrhe ; *c*, patte; *d*, soies.

FIG. 587. — Organe segmentaire du Lombric isolé. — *a*, pavillon vibratile, ouvert dans la cavité générale du corps ; *b*, tube pelotonné qui lui fait suite ; *c*, ouverture externe, ventrale ; *d*, cloison séparatrice de deux anneaux du Ver. (Voy. aussi fig. 589, *n*.)

FIG. 588. — Myrianide en voie de multiplication. — *a*, tête avec yeux et tentacules, de l'individu d'abord unique; *b*, cirrhes très développés ; *c*, *d*, *f*, *g*, *h*, *i*, individus nés par bourgeonnement des derniers anneaux de l'individu *ab*, et pourvus chacun d'une tête avec yeux : ils se détachent bientôt de l'individu mère *ab* ; *ac* est ce qui reste de l'Annélide mère. (Voy. p. 420.)

autres par des sillons externes; il existe en outre des cloisons séparatrices ou *diaphragmes* internes. Tantôt chaque anneau est régulièrement limité par deux diaphragmes intérieurs (Lombric); tantôt au

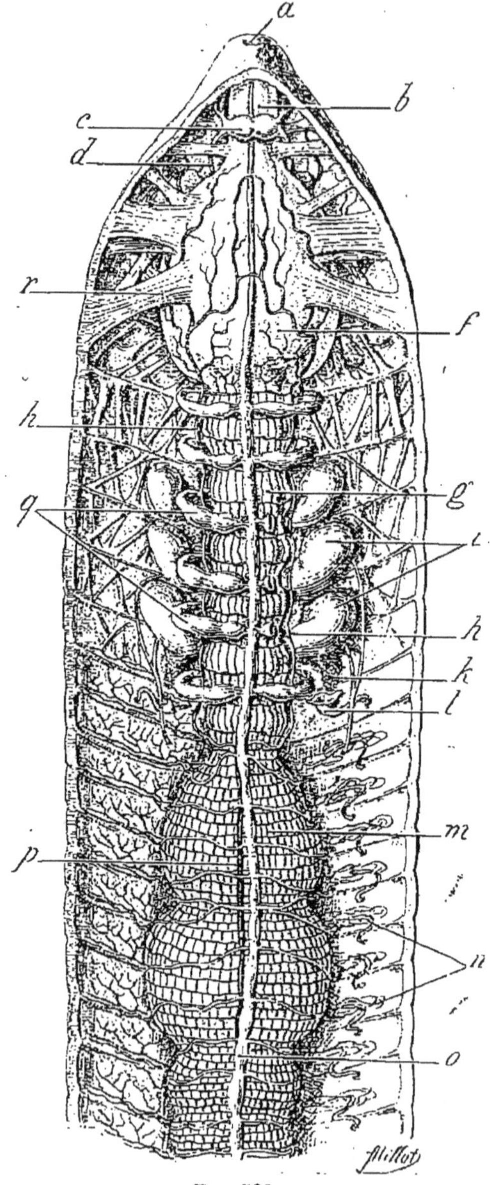

Fig. 589.

Fig. 589. — Anatomie du Lombric terrestre, ouvert par la face dorsale. — *a*, bouche; *bf*, pharynx glandulaire; *c*, cerveau et nerfs; *d*, collier nerveux péripharyngien, allant à la chaîne ventrale; *g*, œsophage; *i*, vésicules séminales, cachant les quatre glandes génitales mâles, plus petites; on voit, un peu plus à droite, le canal déférent de ces dernières, s'ouvrant plus bas au dehors par un orifice unique situé sur le quinzième anneau, et en haut par quatre pavillons vibratiles, voisins des glandes mâles, et aussi en rapport avec les vésicules séminales (sur la figure, les pavillons ciliés sont figurés à gauche et contre les vésicules); *h*, *h*, vaisseaux latéraux, branches de *o*; *k*, ovaire; *l*, oviducte court, débouchant sur la face ventrale du quatorzième anneau; *m*, jabot; plus bas le gésier; *n*, organes segmentaires, débouchant chacun dans l'anneau suivant; *o*, vaisseau dorsal contractile; *p*, vaisseau sus-intestinal, situé au-dessous de *o*, et donnant le réseau (*g*, *m*...) du tube digestif; *q*, anses latérales contractiles ou cœurs latéraux du vaisseau dorsal, allant rejoindre le vaisseau sous-intestinal; *r*, ligaments. On voit encore, à gauche, les vaisseaux tégumentaires, les uns afférents, les autres efférents, qui établissent la communication entre les vaisseaux longitudinaux dorsaux et ventraux de l'animal. (Voy. aussi fig. 470.)

contraire un diaphragme est séparé du précédent ou du suivant par plusieurs anneaux externes, cinq par exemple chez la Sangsue, qui a, comme l'on sait, les anneaux externes très étroits.

Les *organes locomoteurs* peuvent manquer (Sangsue); ailleurs il y a seulement des soies très fines, quatre rangées longitudinales de chaque côté du corps chez le Lombric ; ailleurs enfin on trouve des pattes molles munies d'un faisceau de soies, d'un cirrhe tactile, et quelquefois en outre de *houppes branchiales* (fig. 587). Pieds, soies, cirrhes et branchies se rencontrent chez les Eunices ; mais les houppes branchiales sont d'ordinaire limitées à la région moyenne du corps ou à la région céphalique (p. 415).

Le *tube digestif* est complet et ordinairement simple. Celui du Lombric se compose de : pharynx, œsophage muni de glandes latérales (fig. 470, *b*), estomac à peine élargi, et intestin. Le long de ce dernier, du côté dorsal, se trouve une forte dépression en forme de gouttière.

Le *sang* est tantôt rouge, tantôt vert, etc. ; mais il ne contient que des leucocytes. La circulation se fait par des *vaisseaux longitudinaux*.

Chez le Lombric (fig. 589), on distingue : un *vaisseau dorsal* (*o*), visible du dehors, à parois contractiles, dans lequel le sang chemine d'arrière en avant ; un *vaisseau sous-intestinal*, dans lequel le sang chemine en sens inverse ; en avant, il communique avec le précédent par de larges anses contractiles (*q*), faisant office de cœur ; un troisième vaisseau plus grêle est situé sous la chaîne nerveuse ; enfin deux autres cheminent à droite et à gauche du précédent.

Les *organes excréteurs* des Annélides sont caractéristiques (fig. 587). Ils se composent d'un entonnoir cilié, librement ouvert dans la cavité générale, et d'un tube pelotonné sur lui-même qui va déboucher sur le côté du corps, mais dans l'anneau suivant, après avoir traversé au préalable le diaphragme correspondant.

Ces organes sont disposés par paires dans un plus ou moins grand nombre de segments du corps, par exemple 17 chez la Sangsue, presque tous chez le Lombric : de là leur autre nom d'*organes segmentaires*.

Chez certains Vers, ces organes excréteurs donnent en outre passage aux œufs.

Principaux groupes. — On distingue deux sortes d'Annélides :

1° Les *Polychètes*, munies de pattes avec nombreuses soies chitineuses, et assez souvent de branchies (Eunice, Myrianide, fig. 588) ; 2° les *Oligochètes*, dépourvues de pattes, et munies seulement de soies (Lombric ou Ver de Terre).

2. **Nématodes** (Trichine). — Le corps des Nématodes est filiforme et atténué en pointe à ses deux extrémités (fig. 590). Comme il n'offre pas de

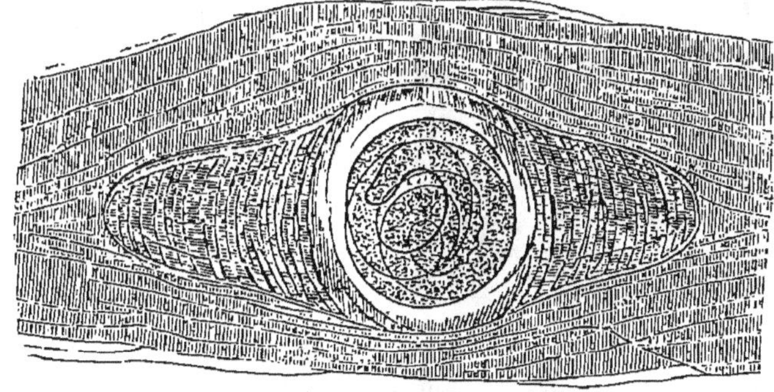

FIG. 590.

FIG. 590. — Trichine spirale, enkystée dans un muscle (très grossie).

tête distincte, il est souvent difficile de dire, au simple examen extérieur, quelle est l'extrémité buccale ou anale (fig. 463).

Il y a toujours un tube digestif complet; un système nerveux réduit à un collier œsophagien, pourvu de cellules nerveuses, et donnant naissance à un certain nombre de nerfs, les uns antérieurs, les autres postérieurs.

L'excrétion se fait par deux canaux longitudinaux, qui cheminent d'arrière en avant et vont déboucher par un pore unique à la face ventrale.

La plupart des Nématodes sont parasites.

Principaux genres. — L'*Oxyure vermiculaire* (1 cent.) abonde dans le gros intestin des enfants; l'*Ascaride lombricoïde* (3 ou 4 mill.), muni de trois petits tubercules céphaliques, vit dans l'intestin grêle de l'Homme; les *Anguillules* vivent dans la colle; la *Filaire* (6 cent.) se tient dans le tissu sous-cutané de l'Homme, surtout dans le bras, et y produit une grosse tumeur (Afrique tropicale); enfin la *Trichine*, qui est microscopique, vit enkystée dans les muscles du Rat, quelquefois aussi dans ceux du Porc; ce dernier prend la maladie en mangeant les Rats morts qu'on jette sur les fumiers.

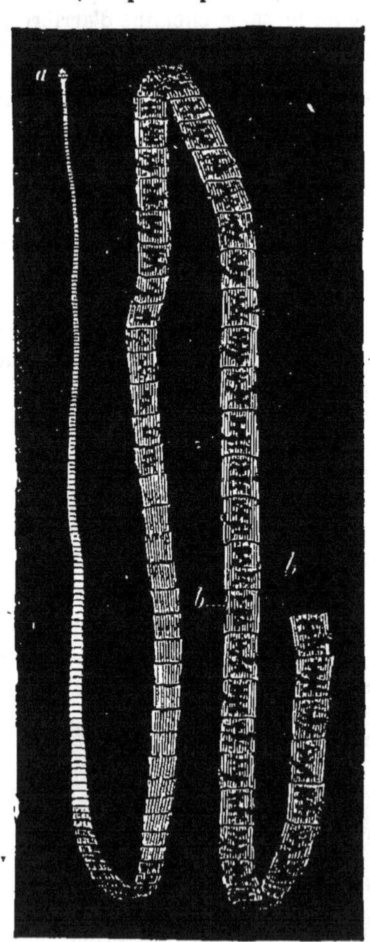

FIG. 591.

FIG. 591. — Ténia solitaire. — *a*, tête; *b*, pores génitaux.

Lorsqu'on mange du Porc trichinosé insuffisamment cuit, les Trichines, mises en liberté dans l'estomac par la digestion du kyste qui les contenait, pondent leurs œufs. Les jeunes qui en proviennent traversent l'intestin et vont, charriés par le sang, se loger dans les muscles où ils s'enkystent à leur tour : ils provoquent ainsi des troubles mortels.

3. **Cestodes** (Ver solitaire). — Les Cestodes sont des Vers plats.

Le *Ténia* ou *Ver solitaire* adulte (fig. 591) mesure de 2 à 3 mètres de longueur et vit dans l'intestin de l'Homme. Il présente en avant une toute petite tête, munie d'une double couronne de crochets et de quatre ventouses adhésives (fig. 592); puis viennent les anneaux très nombreux du corps, les premiers étroits, les autres de plus en plus larges jusqu'à l'extrémité opposée : on les appelle quelquefois *proglottis*.

Les derniers anneaux, qui sont complètement développés, sont littéralement remplis d'œufs. Ils se détachent au fur et à mesure qu'ils mûrissent et sont rejetés au dehors avec les résidus de la digestion. Les œufs sont tôt ou tard mis en liberté par la destruction de l'enveloppe du zoonite : ils offrent ce caractère particulier de ne pouvoir se développer que dans l'estomac ou l'intestin du Porc. Celui-ci les avale en buvant de l'eau contaminée, ou en mangeant des légumes crus qu'il trouve par exemple sur les fumiers.

Chaque œuf donne alors naissance à un petit embryon ovale, muni de six crochets allongés à l'aide desquels il traverse l'intestin et va, transporté par le sang, se fixer dans les muscles. Là il se transforme en une sorte de sac de la grosseur d'un pois, à la face interne duquel ne tarde pas à se produire, par bourgeonnement, une jeune tête de Ténia suivie de quelques anneaux. On donne le nom de *Cysticerque* (fig. 593, 1) à ce jeune

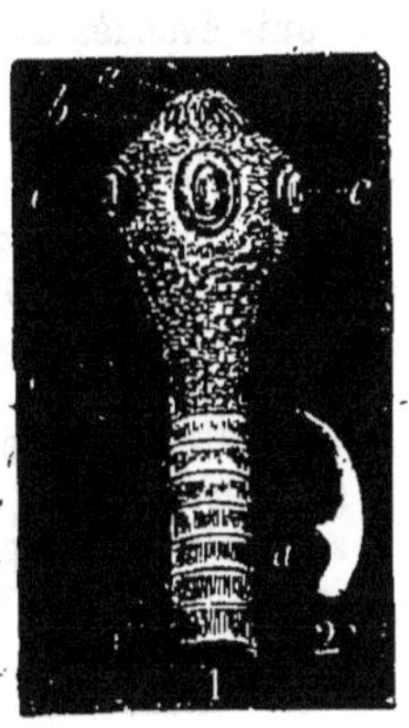

Fig. 592.

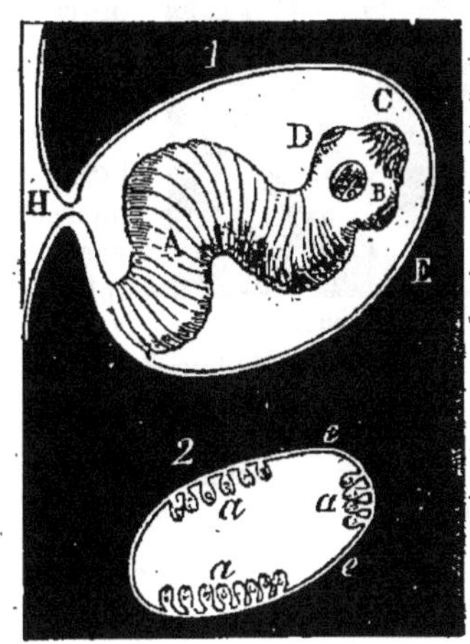

Fig. 593.

Fig. 592. — Ténia solitaire. — 1. *a*, proboscide; *b*, crochets; *c*, ventouses. — 2. Un crochet grossi.

Fig. 593. — 2. Cénure cérébral (sorte de Cysticerque) du Mouton (8 centim.) ; à la face interne de cette vésicule sont nés par bourgeonnement un grand nombre de jeunes *Ténias cénures*, renfermés chacun dans une vésicule propre.

1. Un des jeunes Ténias (ou scolex) de la figure précédente, représenté isolément avec sa vésicule. A, premiers anneaux; B, D, ventouses; C, crochets (double couronne). — Ce scolex achève son développement dans le Chien.

Ténia enkysté: il caractérise la *ladrerie* du Porc. (Un autre Cysticerque, celui du *Ténia cénure*, se développe dans le cerveau du Mouton, où il peut atteindre la taille d'un œuf. Il provoque le *tournis* chez ces animaux.)

Il suffit maintenant que l'Homme mange du Porc ladre insuffisamment cuit pour que le Ténia, mis en liberté après la digestion de l'enveloppe du Cysticerque, se développe rapidement en un Ver solitaire entier.

Les Cestodes n'ont pas de tube digestif; mais ils possèdent des canaux excréteurs longitudinaux, en nombre variable; deux cordons nerveux, et des organes reproducteurs très développés. Les orifices génitaux sont alternativement situés *à droite et à gauche*, sur les anneaux successifs.

Un genre voisin du Ténia est le *Bothriocéphale* (12 mètres). Il s'en distingue par la position des orifices reproducteurs : ceux-ci sont situés *au milieu* de chaque anneau, à la face ventrale.

4. **Trématodes** (Douve). — Les Trématodes sont des Vers plats, de petite taille et parasites. Leur corps n'est pas segmenté.

La *Douve* (fig. 594) vit dans les canaux biliaires du foie du Mouton. Son corps est ovale, foliacé, long d'un à deux centimètres et muni, sur l'une des faces, de deux ventouses, l'une antérieure ou buccale présentant la bouche, l'autre simplement adhésive.

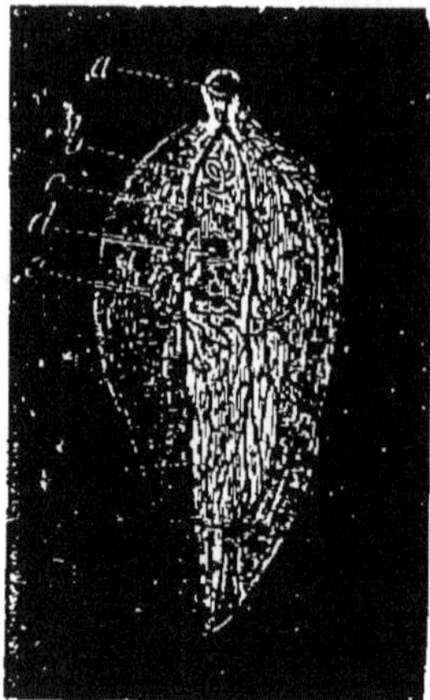

FIG. 594.

FIG. 594. — Douve du foie. — *a*, ventouse buccale; *b*, organe génital; *c*, tube digestif rameux; *d*, ventouse ventrale.

A la bouche fait suite un tube digestif ramifié à droite et à gauche en arborescence; il n'y a pas d'anus.

On trouve d'ailleurs chez les Trématodes les autres organes cités pour les Cestodes.

Les œufs de la Douve sont amenés du foie dans l'intestin avec la bile, puis évacués avec les excréments. Ils éclosent dans l'eau. A cet effet, l'œuf s'ouvre par le soulèvement d'un petit opercule et laisse sortir une larve ovale, couverte de cils vibratiles, et ressemblant assez à un Infusoire; de là son nom de *larve infusoriforme*.

Elle se métamorphose bientôt, par exemple dans les Lymnées ou autres Mollusques qui les avalent, en une forme nouvelle, allongée en boyau, et appelée *Rhédie* (ou *Sporocyste*). Dans l'intérieur de la Rhédie apparaissent un grand nombre d'embryons aplatis, munis chacun d'une queue, et nommés *Cercaires*. Ce sont ces derniers qui, s'ils sont ingérés par un Mouton, se développent dans le foie en autant de Douves adultes.

V. — EMBRANCHEMENT DES MOLLUSQUES

Caractères généraux et principales classes. — Le corps des Mollusques est mou, non segmenté et le plus souvent revêtu d'une *coquille* univalve ou bivalve. Les caractères d'organisation ont été précédemment exposés (p. 420).

On distingue trois classes : les *Céphalopodes*, les *Gastéropodes* et les *Acéphales*.

1. **Céphalopodes** (Poulpe). — Les Céphalopodes sont les plus élevés des Mollusques (fig. 595). Leur tête est entourée d'une couronne de bras, munis de ventouses. Le corps offre rarement une coquille externe (Argonaute, Nautile); plus souvent, on trouve une coquille interne, logée dans le tégument dorsal (*os* de la Seiche, fig. 596; *plume* du Calmar); quelquefois la coquille manque complètement (Poulpe). A la face ventrale, on voit l'*entonnoir* ou tube expirateur (p. 421).

Principaux groupes. — Les Céphalopodes se divisent en deux classes : 1° les *Dibranchiaux* (2 branchies); 2° les *Tétrabranchiaux* (4 branchies).

Les Dibranchiaux se divisent eux-mêmes en *Décapodes* (10 bras) : Seiche, Calmar; et *Octopodes* (8 bras) : Poulpe.

Les Tétrabranchiaux ne comprennent aujourd'hui que le seul genre *Nautile*, pourvu sur la tête de nombreux tentacules courts. La coquille est divisée en loges par des cloisons transversales et la première loge seule est occupée par l'animal. Le Nautile vit dans la mer des Indes.

2. **Gastéropodes** (Escargot). — Le *pied* ou organe de reptation consiste souvent chez ces animaux en une large plaque musculaire ventrale (fig. 597) : de là leur nom. La tête est distincte; la coquille *univalve*, spiralée.

On distingue trois ordres principaux : 1° les *Gastéropodes pulmonés*

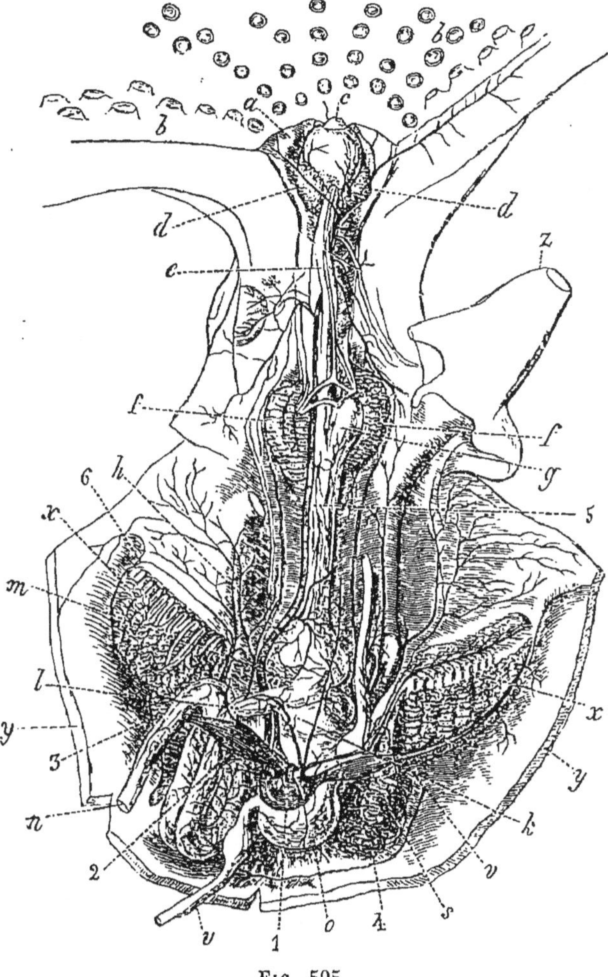

Fig. 595.

Fig. 595. — Anatomie du Poulpe, ouvert par la face ventrale. — 1, ventricule ; 2, oreillette (sang artériel) ; 3, cœur branchial veineux avec le tronc veineux qui y débouche ; 4, organe glandulaire enveloppant ce dernier tronc ; 5, aorte antérieure ; 6, vaisseaux afférents des branchies, faisant suite à 3 ; *a*, tête ; *b*, ventouses des bras ; *c*, bec ; *d*, glandes salivaires (première paire) ; *e*, œsophage ; *f*, glandes salivaires (deuxième paire) ; *g*, jabot ; *h*, estomac ; *k*, appendice cæcal de l'estomac ; *l*, intestin ; *m*, section du canal biliaire ; *n*, anus (rectum rejeté de côté) ; *o*, ovaire ; *v*, oviducte renversé (l'autre, en place) ; *x*, branchies ; *y*, manteau coupé et étalé ; *z*, entonnoir expirateur. (Voy. aussi fig. 472.)

(Escargot, Limace) : un *poumon*, en arrière duquel est situé le cœur ; 2° les *Gastéropodes prosobranches* (Paludine, fig. 477 ; Cône) ; branchies diversement conformées (en frange chez les *cténobranches*, comme la Paludine, en cercle chez les *cyclobranches*, comme la Patelle...), mais toujours situées *en avant du cœur ;* 3° les *Gastéropodes opisthobranches* (Aplysie) ; branchies placées *en arrière du cœur* (fig. 598).

3. **Acéphales** ou **Bivalves** ou **Lamellibranches** (Huître). — Dans cette classe, la tête est indistincte; la coquille est formée de deux valves mo-

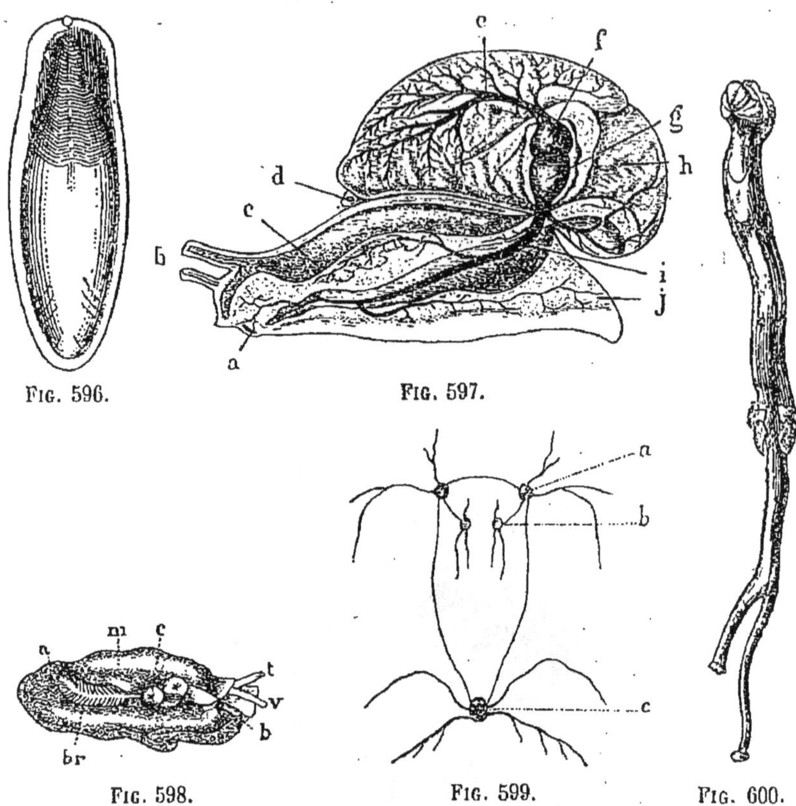

Fig. 596. Fig. 597. Fig. 598. Fig. 599. Fig. 600.

Fig. 596. — Os de la Seiche.

Fig. 597. — Anatomie de l'Escargot. — *a*, bouche; *b*, tentacules; *c*, sinus veineux; *d*, anus; *e*, veine pulmonaire avec ses ramifications dans le poumon; *f*, oreillette; *g*, ventricule; *h*, foie; *i*, aorte, donnant une forte branche (artère hépatique) au foie; *j*, pied. Sur l'estomac, on voit les glandes salivaires.

Fig. 598. — Pleurobranche (Gastéropode opisthobranche). — *t*, deux tentacules; *v*, voile; *b*, bouche avec trompe courte; *c*, oreillette et ventricule; *m*, manteau relevé pour montrer la branchie *br*, qui est située *en arrière du cœur*, caractère des Opisthobranches; *a*, anus. En bas le pied.

Fig. 599. — Système nerveux de l'Arrosoir, Mollusque acéphale. — *a*, ganglions cérébroïdes; *b*, ganglions pédieux; *c*, ganglions viscéraux soudés.

Fig. 600. — Taret (Mollusque acéphale), sorti de sa coquille, ici en forme de tube, et montrant les deux siphons.

biles; les branchies sont en forme de lames, au nombre de deux de chaque côté du corps; de là les noms donnés à ces Mollusques.

On distingue deux ordres : 1° les *Acéphales siphoniens* (Taret, fig. 600; Vénus...): bords du manteau soudés, sauf en deux points où ils se prolongent sous la forme de *siphons;* 2° les *Acéphales asiphoniens* (Moule, Huître, Peigne) : bords du manteau plus ou moins complètement libres; pas de siphons.

VI. — EMBRANCHEMENT DES ÉCHINODERMES

Caractères généraux. — Le corps des Échinodermes est protégé par une carapace formée de plaques calcaires et souvent munies de piquants.

L'Oursin a été décrit dans la quatrième partie.

Dans une *Étoile de mer* (fig. 601), on distingue un *disque* central et cinq

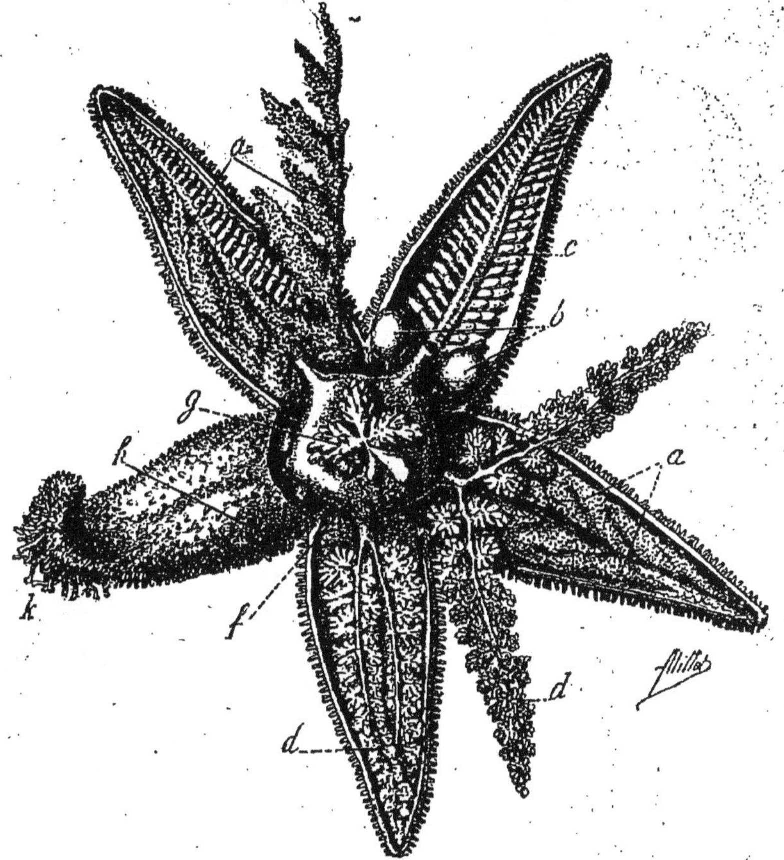

FIG. 601.

FIG. 601. — Anatomie de l'Étoile de mer (ouverte par la face dorsale). — *a*, organes génitaux ; *b*, vésicules de Poli (attenant au cercle vasculaire non figuré) ; *c*, vésicules ambulacraires, en rapport avec *k*, tubes ambulacraires ; *d*, doubles cæcums rameux de l'estomac ; *f*, estomac ; *g*, ses appendices supérieurs (cæcums interradiaires) ; *h*, bras intact.

ou un plus grand nombre de *bras* rayonnants. Au centre du disque, sur la face ventrale, est la bouche, dépourvue de lanterne d'Aristote ; du côté opposé, la *plaque madréporique* où débouche le canal du sable (p. 435), et quelquefois un orifice anal. Chaque bras offre une gouttière ventrale le long de laquelle sortent les *tubes ambulacraires* (*k*), qui sont en rapport avec les vésicules internes du même nom (*c*) ; au bout des bras, un peu en dessous, se trouvent les *yeux*.

Le *tube digestif* est constitué par un simple sac (fig. 601, *f*), ordinairement sans anus, qui envoie deux cæcums rameux, glandulaires (*d*), dans chaque bras. L'animal a la faculté de le renverser au dehors pour digérer sa proie (Moules...) par simple apposition.

L'*appareil circulatoire* et le *système nerveux* sont construits sur le même plan que ceux des Oursins.

Principaux groupes. — On distingue quatre groupes : 1° les *Stellérides*, pourvus de bras rayonnants, et divisés eux-mêmes en *Astérides* ou Étoiles de mer, et *Ophiurides* ou *Ophiures*; chez ces derniers, le disque est très distinct des bras, lesquels peuvent se ramifier; 2° les *Échinides* (fig. 602), au corps globuleux (Oursins) ou discoïde (Clypéastre); 3° les

FIG. 602. FIG. 603.

FIG. 602. — Oursin (les piquants sont enlevés à gauche).
FIG. 603. — Holothurie. — *a*, tentacules buccaux; *b*, rangées de tubes ambulacraires.

Holothurides, au corps cylindrique, et à téguments faiblement calcifiés; tentacules formant une couronne autour de la bouche (*Holothurie*, fig. 603); 4° les *Crinoïdes*, fixés à une tige calcaire articulée (*Encrine*).

VII. — CŒLENTÉRÉS

Principaux groupes. — Les *Hydraires* (fig. 604); les *Méduses* ou *Acalè-*

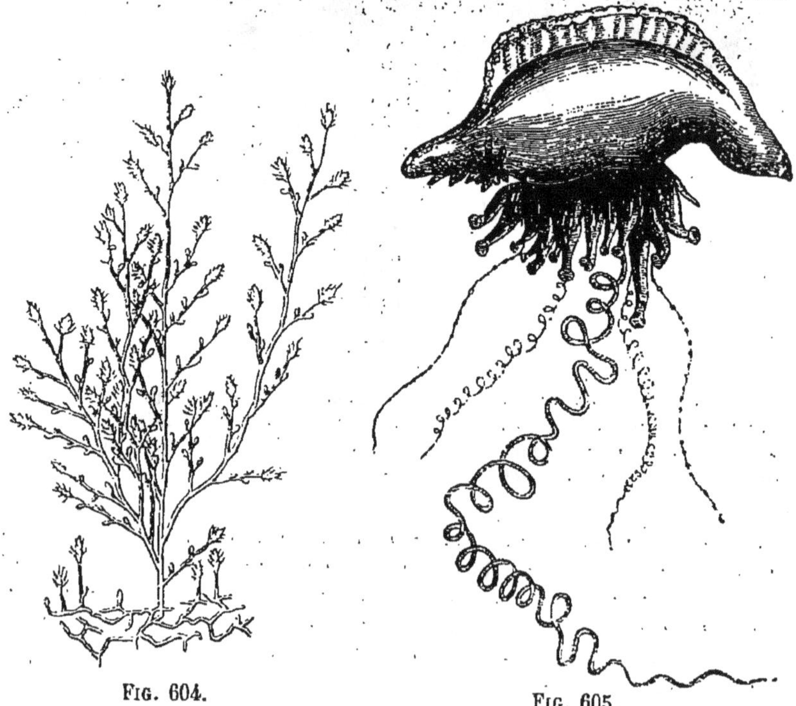

FIG. 604. FIG. 605.

FIG. 604. — Cordylophore lacustre, colonie de Polypes hydraires (5 centim.).
FIG. 605. — Physale ou Grande galère, montrant sous le sac membraneux (flotteur) les siphons avec leurs tentacules pêcheurs, etc. (Voy. p. 441.)

phes, les *Siphonophores* (fig. 605) et les *Coralliaires*, principales classes de l'embranchement, ont été précédemment étudiés (p. 436).

Le corps de ces animaux est tantôt mou et dépourvu de squelette (Hydre, Méduses, Actinie), tantôt soutenu par un *polypier* calcaire (fig. 607). Celui-

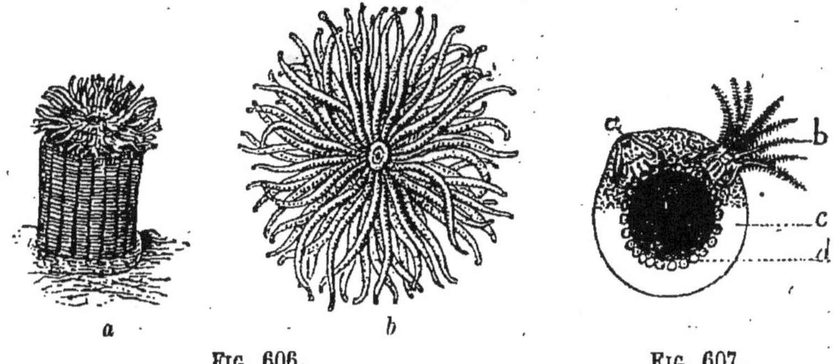

Fig. 606. Fig. 607.

Fig. 608.

Fig. 609.

Fig. 606. — Actinie. — *a*, entière et épanouie ; *b*, bouche et tentacules (de face).

Fig. 607. — Corail rouge (section transversale). — *a*, polype contracté ; *b*, polype épanoui ; *c*, sarcosome ; *d*, canaux cheminant parallèlement à la surface du polypier ou axe calcifié central.

Fig. 608. — Tubipore (fragment de polypier), avec quelques polypes épanouis.

Fig. 609. — Astrée (polypier) : on voit le polypier étoilé des divers polypes de la colonie, qui est massive.

ci peut être arborescent (Corail), ou massif (Madréporaires, fig. 609), et acquérir des dimensions considérables, par suite du *bourgeonnement* incessant des individus : de là les récifs et îles coralligènes.

Les Cœlentérés vivent le plus souvent en nombreuses *colonies* (fig. 604).

Ajoutons que les *Coralliaires* sont les uns pourvus de 8 tentacules seulement (Corail, Alcyon ; Tubipore, fig. 608 ; Pennatule), les autres de 6 ou un multiple de 6 tentacules (Actinie ou Anémone de mer, fig. 606 ; Madrépores) : les premiers s'appellent *Octactiniaires* ou *Alcyonaires* ; les seconds, *Hexactiniaires* ou *Zoanthaires*.

VIII. — SPONGIAIRES

Principaux groupes. — Les Éponges (fig. 610) se répartissent en quatre grands groupes, d'après la nature du squelette : 1° les *Éponges siliceuses* (Euplectelle); 2° les *Éponges calcaires* (Sycon); 3° les *Éponges fibreuses*

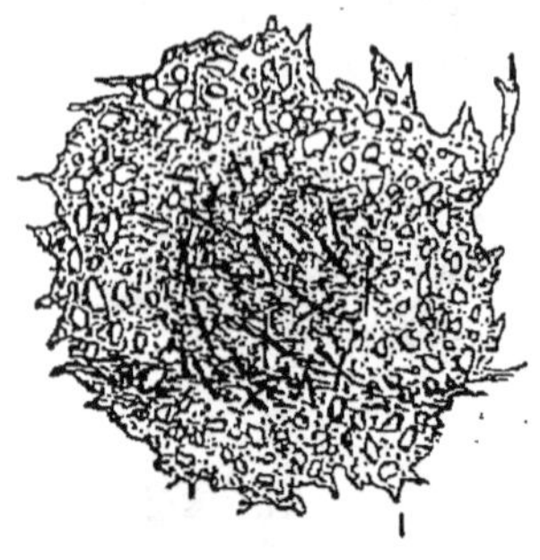

Fig. 610.

Fig. 610. — Spongille d'eau douce (on voit les spicules siliceux). (Voy. p. 446.)

(Éponge du commerce); 4° les *Éponges gélatineuses* (Halisarca), dépourvues de squelette.

IX. — PROTOZOAIRES

Principaux groupes. — Les Protozoaires (fig. 611) se divisent en trois grands groupes : 1° les *Infusoires*, qui sont les uns *ciliés* (Colpode, fig. 612), les autres *flagellés* (Noctiluque, fig. 509), ce qui permet de distinguer plusieurs ordres ; car les cils sont tantôt répartis sur tout le corps, tantôt localisés en certaines régions; 2° les *Rhizopodes*, qui comprennent les *Foraminifères* et les *Radiolaires*; 3° les *Amœbiens*, formes les plus simples du Règne animal (Amibe, Monère) (p. 447).

Fig. 611. Fig. 612.

Fig. 611. — Vorticelle, Infusoire fixé par un pédoncule contractile *a*, et en voie de multiplication par division longitudinale. On voit que le noyau se divise préalablement en deux. Il y a bouche et anus voisins, près du disque cilié.

Fig. 612. — Colpodes, Infusoires ciliés. — On voit les cils plus grands qui avoisinent la bouche, et la vésicule contractile opposée.

CHAPITRE III

CARACTÈRES GÉNÉRAUX DES ANIMAUX

Difficulté du sujet. — Maintenant que nous avons parcouru, à grands traits, les divers échelons du Règne animal et que, chemin faisant, nous en avons tracé sommairement les caractères morphologiques et physiologiques, il convient de rechercher, dans la masse des faits zoologiques acquis, les caractères les plus généraux, ceux qui sont communs à tous les animaux, qui en constituent comme la marque distinctive dans la nature, et, s'il existe de pareils caractères, de savoir en quoi ils diffèrent des caractères les plus généraux des végétaux, puis ensuite de ceux des minéraux.

Au premier examen, rien ne semble plus facile que de caractériser les animaux, les plantes et les minéraux. C'est qu'en effet, dans une vue superficielle, on choisit tout naturellement comme termes de comparaison dans chacun des trois règnes de la nature matérielle les êtres les plus nettement différenciés, qui se trouvent par là même le plus nettement en opposition, savoir : le *minéral cristallisé*, la *plante phanérogame*, et l'*animal vertébré*.

Le *minéral* apparaît alors comme l'être homogène, astreint à une forme géométrique définie, et inerte; la *plante*, comme l'être hétérogène, doué de vie végétative, mais ne réagissant que d'une manière confuse à l'impulsion des forces externes, incapable notamment de locomotion; l'*animal* enfin, comme l'être hétérogène par excellence, aux formes plus variées encore, doué non seulement de vie végétative, mais encore de vie sensorielle, et acquérant avec elle le pouvoir de réagir diversement aux puissances extérieures, notamment par la locomotion volontaire.

Ces caractères distinctifs si simples et si nets perdent bientôt leur apparence de vérité, lorsque, cessant d'envisager les choses à un point de vue aussi général et en même temps aussi immédiat, on fait intervenir dans les comparaisons non plus seulement les êtres les plus perfectionnés de chaque règne, mais la série entière des formes jusqu'aux plus rudimentaires : alors la difficulté qu'on éprouve à établir les caractères distinctifs des animaux, des plantes et des minéraux s'accuse de plus en plus; et peu à peu, de la comparaison aussi complète que possible des faits les plus divers se dégage non plus la notion de différences tranchées et en quelque sorte absolues, mais bien plutôt comme on va le voir l'idée d'identité fondamentale de toutes choses dans la nature.

Les caractères généraux des animaux sont tirés les uns de leur morphologie (forme externe, structure, développement), d'autres de leur physiologie (nutrilité, motilité, irritabilité...), d'autres enfin de leur chimie (composition chimique...).

1. Forme externe. — En premier lieu, la forme externe ne saurait fournir aucun trait distinctif général des *animaux*, si ce n'est par sa *variabilité*. Elle revêt, en effet, les aspects les plus divers dans la série animale, et chaque individu, sous l'influence de causes variées, par exemple de nouvelles conditions d'existence, est susceptible d'éprouver de nouveaux changements.

Les *plantes* ne diffèrent en rien des animaux, sous ce rapport.

Les *minéraux* eux-mêmes, que l'on se figure volontiers assujettis à des formes régulières et inflexibles, sont loin de revêtir toujours des aspects géométriques. C'est ainsi que le soufre, le calcaire, l'acide arsénieux, etc., en présentent soit cristallisés, soit amorphes; que le mercure est liquide. De plus, nombre d'espèces minéralogiques sont dimorphes; etc.

La variabilité des formes est donc une propriété commune à tous les corps de la nature.

2. Structure. — La structure ou *organisation* du corps est un caractère biologique général; mais elle présente des degrés très divers de complexité.

Les formes animales les plus différenciées offrent une division interne du corps en nombreux *organes* (organes digestifs, respiratoires...), présentant chacun la structure cellulaire, et la *cellule* à son tour possède une structure d'ordre plus simple, caractérisée essentiellement par une différenciation en protoplasme et en noyau.

Les formes animales les plus rudimentaires n'ont qu'une structure continue, c'est-à-dire une structure dans laquelle on ne remarque que l'arrangement propre aux particules du protoplasme et à celles du noyau (Amibes...). Ces deux dernières formations peuvent donc être considérées comme indispensables à la manifestation de la vie.

Dans les plantes, on observe aussi la structure cellulaire ou la structure continue, selon le degré de perfectionnement de l'être considéré; il est vrai qu'on ne rencontre jamais chez elles le degré supérieur de la différenciation interne, c'est-à-dire la division du corps en organes distincts, mais ce n'est là qu'une différence quantitative.

Si, enfin, nous considérons les minéraux, la forme même de leurs cristaux trahit un arrangement déterminé des molécules élémentaires, c'est-à-dire une structure, et la plus simple des structures, puisque, dans un cristal donné (Soufre, Carbone), elle ne comporte très fréquemment qu'une seule sorte de molécules; tandis que, même dans la structure purement protoplasmique, on remarque des éléments divers, eux-mêmes complexes (granules, suc...).

Il est donc rationnel de dire que toute substance est organisée, et qu'il n'y a que des degrés entre la structure minérale, la structure biologique continue, et la structure cellulaire la plus différenciée.

3. Développement. — Un caractère général des animaux est que tous procèdent d'une cellule unique, le plus souvent un *œuf*, qui n'apparaît jamais par organisation spontanée de la matière inerte, mais qui toujours fait suite à des êtres vivants préexistants; en sorte qu'il faut tout au moins remonter jusqu'aux premiers êtres vivants apparus sur la terre, si l'on veut aborder le problème de l'origine de la vie. Or, cette cellule traverse, dans un ordre déterminé, un certain nombre de phases (multiplication, différenciation...), qui amènent successivement l'être qu'elle représente en puissance, à l'état complet d'agrégation, puis à la désagrégation et à la mort : en un mot, l'existence de tout animal se traduit par un *développement*, par une *évolution*.

Le même phénomène, identiquement, se présente chez les plantes.

Il en est de même aussi pour les minéraux. Le granit, par exemple, est né de l'action réciproque d'un certain nombre d'éléments dans les profondeurs, comme probablement la première substance vivante est résultée du libre jeu des forces cosmiques, s'exerçant sur un ensemble d'éléments pondérables mis en présence; puis il a été émis au dehors, ce qui l'a amené à son état définitif d'agrégation; après quoi il a subi et subit encore l'action des agents terrestres et atmosphériques, et se désorganise lentement, par voie mécanique ou chimique, ce qui donne lieu à une formation de sable dans le premier cas, de kaolin dans le second, qui met fin à l'existence du granit considéré comme tel. Tout cet ensemble de phénomènes est l'évolution du granit.

Par conséquent, l'évolution, loin d'être spéciale aux animaux et aux plantes, est une manifestation inhérente au principe même de toute matière.

4. Nutrilité. — Une propriété fondamentale de la matière vivante, quelle qu'elle soit, est la *nutrilité*, c'est-à-dire la double faculté d'assimilation et de désassimilation, en laquelle consiste la vie pure, inconsciente, de tout être vivant. Comme elle se résume en un ensemble d'actions chimiques, ici encore nous nous trouvons en présence d'une propriété universelle.

Tout ce que l'on peut dire, c'est que la matière vivante se distingue, entre toutes les autres matières, par la complexité des phénomènes qui constituent sa nutrition; car l'oxydation lente du fer à l'air, les combustions vives, par exemple, sont des phénomènes qui ne diffèrent de la respiration que quantitativement.

5. Motilité. — Le mouvement externe paraît spécial aux animaux. En réalité, il se présente aussi chez les plantes, toutes les fois que le protoplasme n'est pas maintenu captif dans une enveloppe rigide (membrane cellulosique) : c'est le cas pour les zoospores des Cryptogames, pour les Myxomycètes ou Champignons gélatineux, etc.

D'autre part, il ne faut pas oublier que les mouvements des granulations protoplasmiques s'observent aussi bien, sinon mieux, chez les plantes que chez les animaux.

Mais cette mobilité, interne ou externe, n'est nullement un caractère distinctif des êtres vivants; les minéraux la possèdent aussi, mais seulement dans leur intimité, et là elle échappe à l'observation directe. Il est en effet universellement reconnu que les éléments primordiaux de toute matière sont dans un état incessant de mouvement vibratoire, mouvement dont la vitesse est même extraordinairement rapide.

6. Irritabilité. — L'*irritabilité* est la faculté que possède la substance vivante de réagir sous l'influence des puissances extérieures (chaleur, lumière,...) : elle se manifeste chez les plantes comme chez les animaux.

Les mouvements accomplis par les végétaux sous l'influence de la pesanteur, de la lumière, du contact (Sensitive, etc.), ainsi que par les animaux inférieurs (Amibes, Infusoires...), témoignent nettement de cette irritabilité. Chez la plupart des animaux, indépendamment des mouvements par lesquels elle se manifeste, elle affecte la forme plus élevée de la *sensibilité* qui, à son tour, dans les rangs les plus perfectionnés de l'échelle zoologique et particulièrement chez l'Homme, se traduit par le travail mental et la volonté.

L'irritabilité existe aussi chez les minéraux. Qu'est-ce, en effet, sinon la manifestation d'une irritabilité très simple, que la dilatation des corps par la chaleur, que les attractions et répulsions magnétiques ou électriques ? Ce n'est pas sans raison que l'aiguille aimantée est dite *sensible* à l'action terrestre.

Du reste l'irritabilité, et par suite la sensibilité, ne sont que des conséquences du mouvement moléculaire, en ce sens qu'elles sont liées aux modifications qu'éprouve ce mouvement sous l'action des forces ambiantes : l'irritabilité est donc une propriété universelle.

7. Composition chimique. — La composition chimique ne donne pas davantage la caractéristique des êtres vivants. Les animaux et les plantes contiennent les mêmes *principes immédiats*, ternaires, quaternaires, etc., et les éléments constitutifs de la matière vivante (C, H, O, Az, etc.) sont aussi les mêmes de part et d'autre et tous tirés de la nature dite inerte.

Seulement la substance vivante se distingue de toutes les substances minérales par son extrême complexité chimique.

8. Variabilité spontanée. — La molécule protoplasmique n'est pas seulement une agrégation complexe d'un nombre plus ou moins considérable de corps simples, comme le carbone, l'hydrogène, des métaux, etc., que nous révèle l'analyse élémentaire de l'être. Ce qui la distingue plus encore (mais non absolument) des molécules inertes, c'est sa grande *variabilité ;* par là s'expliquent tous les phénomènes généraux de la vie, notamment l'assimilation et la désassimilation, qui en sont des manifestations continues.

La molécule protoplasmique est comme une source toujours vive d'énergie, qui s'est constituée dès l'instant où les atomes qu'elle renferme se sont trouvés combinés les uns aux autres, et qui, à partir de ce moment, s'est *développée* par le seul épanouissement de son ressort naturel.

A cet égard on peut, semble-t-il, distinguer dans la nature trois catégories de corps : 1° ceux qui ne peuvent sortir de leur état actuel sans l'intervention d'une puissance étrangère appréciable ; ce sont la plupart des corps inertes, les métaux par exemple; 2° ceux moins nombreux à qui une très faible excitation permet de se décomposer, ce qui suppose une énergie interne beaucoup plus considérable : ce sont les corps explosifs; 3° enfin, au degré le plus compliqué, nous trouvons la substance vivante qu'anime une puissance telle, qu'elle en acquiert la faculté de se transformer incessamment et spontanément, de se décomposer tour à tour, puis de se régénérer par l'accession à la vie de nouvelles particules.

9. Mémoire inconsciente. — Il est une dernière propriété fort remarquable de la substance vivante.

Tout porte à croire aujourd'hui que les formes vivantes très simples de l'origine, en se transformant et se perfectionnant à l'infini, ont donné naissance notamment à la série entière des animaux, c'est-à-dire à tous les êtres échelonnés entre la Monère et l'Homme. Or les animaux les plus élevés, et particulièrement les Mammifères, reproduisent transitoirement, pendant leur développement individuel, les diverses phases par lesquelles ont passé lentement, dans le cours des âges géologiques, tous leurs ancêtres à partir des formes primordiales.

On donne quelquefois le nom d'*Ontogénie* au développement embryogénique qui amène l'individu de l'état d'œuf à l'état adulte, et celui de *Phylogénie* à l'évolution lente de sa race dans le cours des âges passés. D'après ce qu'on vient de dire, l'histoire ontogénique d'un individu donné est simplement un abrégé de l'histoire phylogénique de sa race.

C'est ainsi que l'œuf des Mammifères, qui est comparable comme tel à la forme permanente très simple *Amibe*, traverse rapidement diverses phases qui rappellent les premiers développements des animaux inférieurs; plus tard l'embryon présente des fentes branchiales transitoires sur les côtés du cou, correspondant aux fentes permanentes des Poissons; un cœur et des crosses aortiques qui sont d'abord ceux d'un Poisson, puis seulement ceux d'un Batracien, etc. Finalement toutes ces dispositions embryonnaires s'effacent pour laisser place à la forme définitive plus parfaite.

Ce fait remarquable suppose une propriété particulière, la *mémoire inconsciente* (ou hérédité), grâce à laquelle les transformations antérieurement accomplies sont conservées par l'être considéré, transmises à ses descendants et accumulées lentement dans les générations successives. Et chacune de ces transformations reparaît d'ordinaire dans le développement individuel d'une manière d'autant plus fugace qu'elle a été suivie, dans la réalisation progressive de la forme complète actuelle, d'un plus grand nombre d'autres transformations. Quelquefois cependant une disposition de structure fort ancienne peut reparaître dans les générations actuelles avec tous ses caractères ancestraux : c'est ainsi qu'on a rencontré à notre époque quelques Chevaux pourvus non d'un doigt unique comme leurs ancêtres immédiats, mais de trois doigts comme l'*Hipparion*, leur ancêtre de l'époque géologique tertiaire.

De la sorte le développement de l'individu à partir de l'œuf apparaît comme la brève répétition, comme l'image raccourcie de la lente évolution de l'espèce correspondante dans le cours des âges, à partir des formes vivantes primordiales.

La mémoire, à envisager le phénomène dans son ensemble, n'est pas plus que les précédentes propriétés, un privilège exclusif des plantes et des animaux : on en trouve comme une ébauche dans les minéraux. Ainsi, l'eau résulte de la combinaison de deux corps distincts, l'oxygène et l'hydrogène ; comme telle, elle n'est plus ni hydrogène, ni oxygène. Or, le fait de la réapparition de ces deux gaz sous diverses influences, par exemple en présence de l'énergie électrique, n'est pas autre chose que la manifestation de la mémoire moléculaire.

CONCLUSION.

Unité de la nature. — On vient de voir que les divers caractères qui, au premier abord, semblent pouvoir être invoqués pour caractériser les formes animales, ou d'une manière plus générale les êtres vivants (car il n'y a pas de divergences fondamentales entre les plantes et les animaux), ne diffèrent pas absolument, mais seulement par degrés, de ceux des êtres qualifiés d'inertes.

Par là se trouve révélée l'unité fondamentale de la nature. du moins de celle qui est accessible à l'investigation humaine,

On se voit ainsi amené, dans la logique scientifique, à envisager l'apparition de la vie sur la terre, et le développement multiple des formes organiques qui en a été le mystérieux épanouissement, non comme un phénomène exceptionnel et comme central dans l'univers, mais seulement comme une manifestation particulière, en quelque sorte comme un prolongement des lois primordiales, qui ont présidé à la constitution des divers systèmes planétaires.

TABLE DES MATIÈRES

PREMIÈRE PARTIE

STRUCTURE DU CORPS DES ANIMAUX EN GÉNÉRAL

DEUXIÈME PARTIE

ANATOMIE ET PHYSIOLOGIE DE L'HOMME

LIVRE PREMIER

Appareils et fonctions de nutrition.

LIVRE II

Appareils et fonctions de relation.

LIVRE III

Organes des sens.

LIVRE IV

Système nerveux.

LIVRE V

Fonctions du système nerveux.

TROISIÈME PARTIE

NOTIONS SUR L'ORGANISATION DES VERTÉBRÉS

QUATRIÈME PARTIE

NOTIONS SUR L'ORGANISATION DES INVERTÉBRÉS

CINQUIÈME PARTIE

NOTIONS SUR LA CLASSIFICATION ZOOLOGIQUE

FIN DE LA TABLE DES MATIÈRES.

3128. — Imp. réunies, rue Mignon, 2, Paris.

www.ingramcontent.com/pod-product-compliance
Lightning Source LLC
Chambersburg PA
CBHW060912220326
41599CB00020B/2934